東大の化学

25ヵ年［第9版］

小原悠介 編著

教学社

はじめに

　本書は東京大学の 1999 年度から 2023 年度までの入試問題を分類・収録し，解答・解説を付したものです。大学入試としての評価・検討に必要な基礎的データ，例えば，各問の正答率や得点分布，合格者の平均点や不合格者の平均点などは公開されていませんので，それらを基にした分析は付すことができませんでした。

　2021 年度入試から「大学入試改革」が行われ，入学試験において思考力・判断力・表現力がより重視されるようになるとともに，長らく続いたセンター試験は「大学入学共通テスト」に取って代わられました。時代とともに入試制度や出題形式は変化してきましたが，受験生に求められる力は，どんなに試験が変わったところで，根本的に変わることはありません。そしてそれは，東京大学の入学試験においても同じです。

　東京大学の入学試験の問題は，皆さんもご存じの通り，易しいものではありません。化学について言えば，聞いたことのない物質の性質を考えたり，学校で経験したことのないような実験から考察したりしなければならない問題が数多く存在します。では，そのような問題が解けるようになるためには，高等学校の教科書のレベルを超えた，何か特別な学習が必要になるのでしょうか。そうではありません。東大のアドミッションポリシーには，

　　「東京大学の入試問題は，どの問題であれ，高等学校できちんと学び，身につけた
　　力をもってすれば，決してハードルの高いものではありません。」

とあります。大学側がはっきりと，高校で学ぶ内容をしっかり理解していれば解けるものであると明言しているのです。

　それでもやはり，東京大学の入試で合格点を取るためには，レベルの高い問題への対策が必要となることは言うまでもありません。「過去問が最良の問題集である」とよく言われますが，本書にはまさしくその過去問が実に 25 年分も収録されており，充実した解答・解説により，1 冊で十分な対策ができるようになっています。

　私も東京大学出身ですが，3 月 10 日の合格発表の日，掲示板に自分の番号を見つけたときのことは今でも忘れられません。自分の決めたゴールに向かって努力をし，それが実を結んだ瞬間の喜びは，何にも代えがたいものです。本書を有効に活用し，ぜひ「東大合格」という目標を達成してほしいと思います。

小原悠介

目次

本書の活用法

　本書は化学の教科書をすべて修了した人を対象としていますが，まだ修了していない場合でも，分野によっては十分取り組むことが可能です。出題の内容は，年度により順序に多少の変化はありますが，2016年度まではおおよそ以下のようになっていました。

　　　第1問　理論化学　　　第2問　理論化学・無機化学　　　第3問　有機化学

ほとんどの大問が中間2問に分かれているので，全体では6問程度の出題になっていました。しかし，2017年度以降は第1問が有機化学となり，2017〜2019年度は第1問が中間に分かれていませんでした。今後も多少の変化はあるものと予想されますが，問題量に大きな変化はなく，出題の順序が解答に際して大きな影響を与えることもないでしょう。試験時間は理科2科目で150分なので，1科目75分程度で解くことになります。

　東大の出題の特徴は，問題量が多く，新傾向の問題がしばしば出題されることです。問題量が多いということは，問題文が長いということも含みます。したがって，問題文を素早く正確に読み取る能力が必要になります。また，新傾向の問題では，高校の教科書に記されていない素材（物質）や実験方法が取り扱われていることがあります。そのような問題では，問題文に実験方法の説明が丁寧に記されており，その内容を理解すれば解答できるようになっています。問題文には必ずヒントが隠されているので，そこを素早く読み取り，思考していくことが必要になります。簡単なことではないのは言うまでもありません。

　では，このような問題にどう対処したらよいでしょうか。それは本書の問題に接し，具体的に解く努力をすることです。その中で新しい知識を吸収することができます。はじめは時間がかかるでしょうが，とにかく問題を丁寧に追求し，深く考えることが大切です。東大の問題は思考力を身に付けるためには大変有効です。問題を解いているとどうしてもわからないことに出くわすことがあります。このような時，どうしますか。解答や解説をすぐ見てしまわないようにし，教科書や参考書，あるいは資料集などを徹底的に調べてみましょう。正解がわからなくても一生懸命調べ，考えることが必要なのです。その後，解答と解説に向かうといいでしょう。このような努力が思考力を高めるのです。

　そして，合格のためには高校化学の全範囲をこなす必要があり，不得意分野を作らないことも大切です。東大の問題では単なる知識を問うことは少ないのですが，「化学の基礎」は上記の新傾向の問題を解く際にも土台になります。理論分野においても物質の理解は不可欠です。周期表を最大限活用して物質の理解を広げ，確実なものにしていきましょう。

古い年度の問題に取り組む際の注意点

　学習指導要領が改訂されたり，国際的な取り決めが変更されたりすることで，現在は使われていない単位や量が，古い年度の問題にみられることがあります。本書ではそのまま掲載していますが，以下によく出てくるものを列挙しておきます。

・エネルギーの単位　cal（カロリー）　$1\,cal = 4.2\,J\,(4.19\,J)$，$1\,kcal = 1.0 \times 10^3\,cal$
　　現在では，Jが用いられる。

・電気量の単位　F（ファラデー）　1 F は電気素量 1 mol の電気量で $9.65 \times 10^4\,C$ に等しい。現在では，代わりにファラデー定数 $9.65 \times 10^4\,C/mol$ が用いられる。

・圧力の単位　atm（気圧）　$1\,atm = 1.013 \times 10^5\,Pa$
　　これにより気体定数 R も表現が異なる。
　　$R = 0.0821\,atm \cdot L/(K \cdot mol) = 8.31\,Pa \cdot m^3/(K \cdot mol) = 8.31 \times 10^3\,Pa \cdot L/(K \cdot mol)$
　　現在では，主に $R = 8.31 \times 10^3\,Pa \cdot L/(K \cdot mol)$ が用いられる。

【お断り】本書では，国際単位系（SI）の表記に基づきリットルをLと表しています。また，編集の都合上，実際の問題冊子には掲載されていた構造式の記入例を省略している場合があります。

「化学反応と熱」の分野における旧課程との違いについて

　旧課程（2024 年度以前）の入試問題では，「化学反応と熱」の分野において，現行課程（2025 年度以降）と異なる定義・表現に基づいて出題されています。本書ではそのまま掲載していますが，旧課程と現行課程の大まかな違いについて，以下に述べます。

(1)　反応熱

　旧課程では，化学反応に伴って，一定圧力下で放出または吸収する熱量のことを反応熱といい，着目する物質 1 mol あたりの熱量〔kJ/mol〕で表す。通常，発熱反応では正の値，吸熱反応では負の値で表す。ただし，状態変化に伴う熱は，発熱であっても吸熱であっても，絶対値のみで表す。

　現行課程では，化学反応に伴い出入りする熱量は反応エンタルピーといい，エンタルピー変化 ΔH〔kJ/mol〕を用いて表す。

　それぞれの反応における表現の対応を次表にまとめた。

<旧課程と現行課程における表現の対応>

旧課程（反応熱）	現行課程（反応エンタルピー）
燃焼熱	燃焼エンタルピー
生成熱	生成エンタルピー
溶解熱	溶解エンタルピー
中和熱	中和エンタルピー
蒸発熱	蒸発エンタルピー
融解熱	融解エンタルピー
昇華熱	昇華エンタルピー

※蒸発熱，融解熱，昇華熱は正の値で表す。

(2) 熱化学方程式

旧課程では，化学反応式の右辺に反応熱を書き，両辺を等号（＝）で結んだ式で化学反応と各物質のもつエネルギー関係を表した。

例）　C（黒鉛）$+ O_2$（気）$= CO_2$（気）$+ 394 \, kJ$

上の熱化学方程式は，反応物である $1 \, mol$ の C（黒鉛）と $1 \, mol$ の O_2（気）のエンタルピーの和が，生成物である $1 \, mol$ の CO_2（気）のエンタルピーよりも $394 \, kJ$ 大きいことを表している。

現行課程では，化学反応式に反応エンタルピー ΔH を付した形で化学反応に伴う熱の出入りを表す。

例）　C（黒鉛）$+ O_2$（気）$\longrightarrow CO_2$（気）　$\Delta H = -394 \, kJ$

(3) 反応熱と生成熱の関係

反応熱と生成熱の間には，「反応熱＝（生成物の生成熱の総和）－（反応物の生成熱の総和）」の関係がある。

現行課程では，「反応エンタルピー＝（生成物の生成エンタルピーの総和）－（反応物の生成エンタルピーの総和）」が用いられる。

(4) 結合エネルギーと反応熱の関係

反応熱と結合エネルギーの間には，「反応熱＝（生成物の結合エネルギーの総和）－（反応物の結合エネルギーの総和）」の関係がある。

現行課程では，「反応エンタルピー＝（反応物の結合エネルギーの総和）－（生成物の結合エネルギーの総和）」が用いられる。

解答用紙について

　例年，東大では理科（物理・化学・生物・地学）で共通の解答用紙が使われています。下に見本としてその一例を示してあります。解答用紙は下に示したように罫線の入ったものが使用されており，A3判の用紙に大問ごとのスペース（〔1〕〔2〕はB5判，〔3〕はB4判程度）が与えられています。実際の解答枠の左右の大きさはおよそ23.5cmです。

　スペースをどのように使うかの明確な指示はありませんが，考察過程や結論がはっきりわかるように記述すべきでしょう。ただし，答案を整理して書かないと，解答欄に書ききれなくなってしまいます。問題を解く際には，実際に解答用紙に解答を書くつもりで練習をしておくとよいでしょう。

第1問	

（解答欄）

1 点数

編著者

2020年度〜2023年度：小原　悠介

1999年度〜2019年度：堀　芙三夫

東大の化学　傾向と対策

第1章　物質の構造・状態

番号	内　　　　　　　　容	年　　　　度	問題頁	解答頁
1	水和水を含む塩の溶解度，飽和蒸気圧を含む気体の分圧と法則	2016 年度　第 1 問	2	20
2	CO_2 の状態変化と溶解度，酢酸の電離・緩衝作用と pH	2015 年度　第 1 問	6	23
3	イオン結晶と格子エネルギー，錯体と EDTA による滴定	2012 年度　第 2 問	10	28
4	物質の解離と活量	2007 年度　第 1 問	13	31
5	質量モル濃度と蒸気圧降下	1999 年度　第 1 問	18	34

🔍 傾向

　第1章は理論分野で，内容は物質の構成と化学結合・結晶，物質量と化学反応式，物質の状態変化，気体の性質，溶液の性質である。新傾向の問題が多く，高校では扱わない実験も出題される。題材は各問題で異なり，同じ題材が出題されることはほとんどない。気体の状態方程式を中心に気体の法則に関わる問題が多く，溶液の性質や蒸気圧に関する問題も気体の法則と絡めて出題されている。また，結晶格子に関する問題も多い。理論分野では化学反応の量的関係が常に問われており，計算問題が多く，解答のほとんどは途中の考え方や式も書くように指示されている。

✏️ 対策

　新傾向の問題に対処するには，まず，問題の正確な把握が必要になる。そのためには，過去問にあたり，慣れることが一番である。問われている内容は高校生が解けるように工夫されているので，落ち着いて考えることが肝心である。また，計算量が多いので，計算力をつけることが不可欠である。電卓に頼らず，常に筆算で計算を行うこと。分圧の法則や蒸気圧なども頻出であるので，類似の演習問題で練習し，考え方を身に付けよう。常々「なぜ？」と疑問をもち，思考力を養うことが大切である。

第2章　物質の変化

番号	内　　　　容	年　　　　度	問題頁	解答頁
6	鉄の製錬，CO_2 の圧力と状態変化，サイトカインと抗体の結合反応の反応速度と化学平衡	2022 年度　第 3 問	20	38
7	トロナ鉱石の分析と炭酸の電離平衡，火山ガスの反応とマグマの密度	2020 年度　第 3 問	26	42
8	金属酸化物の結晶構造と融点，Al の電解精錬と錯イオンの構造	2018 年度　第 2 問	29	46
9	アンモニアの中和と緩衝作用，実在気体，メタノール合成の反応熱	2018 年度　第 3 問	31	49
10	鉛蓄電池と電気分解，NH_3 合成と圧平衡定数，平衡の移動，触媒の作用	2017 年度　第 3 問	34	55
11	酸化還元反応と滴定，ハロゲン単体と化合物の性質・反応	2015 年度　第 2 問	37	58
12	中和滴定と指示薬，化学平衡	2013 年度　第 1 問	41	62
13	Ca^{2+} の濃度と酸化還元滴定，NaOH の工業的製法	2011 年度　第 2 問	45	65
14	メタンハイドレートの熱化学，酵素反応の反応速度	2010 年度　第 1 問	48	68
15	化学的酸素消費量，Al の融解塩電解	2005 年度　第 2 問	51	71
16	ホタル石型結晶構造，ヨウ素滴定	2004 年度　第 2 問	54	74
17	オゾンの分解・再生サイクル，燃料電池	2003 年度　第 1 問	57	76
18	NaOH 水溶液の逆滴定，酸化還元滴定	2003 年度　第 2 問	61	78
19	窒素酸化物，溶解度積	2000 年度　第 2 問	64	80

🔍 傾向

　第 2 章も第 1 章と同様に理論分野であり，内容は化学反応と熱，酸と塩基，酸化還元反応，電池と電気分解，反応の速さと化学平衡となっている。理論分野の問題のほとんどは物質の変化の理解が前提となっており，様々な化学反応が扱われている。化学反応では量的関係を問われることが多く，必然的に計算問題が多い。酸化還元反応，酸・塩基反応に関する問題が頻出で，化学平衡の問題もよく出題される。教科書では扱わない反応もみられ，特に環境問題やエネルギー問題に関する出題が多い。環境問題やエネルギー問題に関する出題としては，6．鉄の製錬で発生する CO_2 の処理法，14．メタンハイドレート，15．水質汚濁の指標である COD，16．高温超伝導体，17．オゾンの分解・再生と燃料電池，18．硫黄酸化物，19．窒素酸化物などがある。なお，第 5 章にもこの種の問題が含まれている。

対策

　化学反応を大きく分類すると，「酸化還元反応」と「酸・塩基反応」の2つがある。前者は「電子の授受」で，後者は「水素イオンの授受」で見ていくのが原則である。まずは，この2つの反応をすぐに区別できるようにしよう。

　化学反応の量的関係については，正しい化学反応式を書くことが前提である。教科書で扱われている重要な反応はすべて化学反応式で書けるようにしておく必要がある。化学反応式はただ暗記するのではなく，この変化はなぜ起こるのか，生成物は何か，などを意識的にとらえ，理解することが大切である。このような学びによって，教科書で扱われない反応にも対応できるようになる。物質の理解は，化学変化と関連づけると一層深まるはずである。

　化学平衡の問題は，気相平衡，溶解平衡，電離平衡など様々な対象がある。この分野はやや理解しにくいところがあるので，演習問題をこなしながら考え方を身に付ける必要がある。計算もかなり複雑になるので，計算力をつけるためにも多くの演習問題にあたってほしい。

　環境問題やエネルギーの問題は人類の課題であり，関心をもち，考えることが大切である。その姿勢がこの種の問題に対処する力になるはずである。

第3章　無機物質

番号	内　　　　容	年　　　　度	問題頁	解答頁
20	陽イオンの分離と溶解度積，窒素の化合物の性質と反応	2017年度　第2問	67	84
21	種々の乾燥剤，銅の化合物	2001年度　第2問	70	88
22	イオンの推定，硫酸銅（Ⅱ）五水和物の脱水	1999年度　第2問	72	90

Q 傾向

　第3章の内容は，非金属元素の性質および金属元素の性質である。有機化合物を除いた物質を対象にした各論であり，物質の製法，性質あるいは用途が問われることになる。イオンの推定および分離に関する問題は頻出で，次いで，各種酸化物の識別がよく問われている。また，重要な工業的製法と絡めた出題が多い。近年では，無機分野は総合問題・複合問題として出題されることが多く，単独での出題はほとんどみられない。

対策

　まずは，周期表を活用し，いろいろな物質を系統的に理解することが大切である。特に酸化物については同族元素の中でまとめておく必要がある。次に，各イオンについて，沈殿反応や沈殿が溶解する反応をきちんと理解しよう。沈殿の色にも特徴があるのでしっかり覚えておく。また，沈殿の溶解と錯イオンの形成は関連があることが多い。錯イオンは立体構造にも注目して，理解しておくこと。イオンの分離および検出反応は頻出であるので，演習問題などでよく練習しておきたい。

　重要な気体についても製法や捕集法を化学反応式とともに理解する必要がある。その際，実験装置にも注目し，なぜそのような装置を用いるのかについても考えることが大切である。また，ソルベー法，オストワルト法，ハーバー・ボッシュ法，接触法などの工業的製法はきちんとおさえておく必要がある。工業的製法は触媒反応が多いので，どのような触媒が用いられているかにも注目しておこう。物質の用途は性質と結びつけて理解しないと無意味なので，具体例と関連づけて理解すること。

　この分野は単独での出題がほとんどないが，理論分野も無機物質の理解が前提になっているので十分な学習が必要である。

第 4 章	有機化合物の性質

番号	内　　　容	年　　　度	問題頁	解答頁
23	芳香族化合物の構造決定，配座異性体	2023 年度　第 1 問	74	94
24	油脂の構造決定，C_5H_{10} のアルケンの構造決定	2022 年度　第 1 問	79	101
25	分子式 $C_6H_{12}O$ をもつ化合物の構造決定，窒素原子を含む芳香族化合物の反応	2021 年度　第 1 問	83	107
26	糖類とその誘導体，セルロースの誘導体の性質と反応	2020 年度　第 1 問	87	112
27	フェノールを出発物質とした有機化合物の合成	2019 年度　第 1 問	90	117
28	ジケトピペラジンの構造決定と異性体	2018 年度　第 1 問	93	122
29	不飽和結合をもつ未知エステルの構造決定と異性体，アクリル系繊維，吸水性高分子	2017 年度　第 1 問	96	127
30	芳香族エステルの構造決定，アドレナリンの阻害剤と化学平衡	2016 年度　第 3 問	97	130
31	アルケンの合成と酸化，幾何異性体，オレンジⅡの合成	2015 年度　第 3 問	102	134
32	グルコースと縮合体，ナイロン 66，ポリアミド化合物	2014 年度　第 3 問	106	139
33	ポリマーの合成，アミノ酸の分離，アドレナリンの合成	2013 年度　第 3 問	111	143
34	チロキシンの合成，炭素数 3 の有機化合物	2012 年度　第 3 問	116	147
35	炭化水素の構造決定，酸無水物の反応	2011 年度　第 3 問	121	150
36	$C_4H_6O_5$ の構造決定，芳香族の多段階電離	2010 年度　第 3 問	124	155
37	環状エステルの構造，立体構造とエネルギー	2009 年度　第 3 問	129	159
38	酢酸エステルの構造決定，酵素による多段階反応	2008 年度　第 3 問	132	163
39	エステルの構造決定，ペプチドの加水分解	2007 年度　第 3 問	135	168
40	$C_3H_8O_2$ および C_6H_{12} の化合物の構造決定	2006 年度　第 3 問	138	173
41	エステルの反応，有機化合物の構造決定	2005 年度　第 3 問	140	177
42	ポリスチレン，$C_4H_{10}O$ の異性体	2004 年度　第 3 問	142	180
43	炭素の同素体，ジアステレオ異性体	2003 年度　第 3 問	146	184
44	油脂の構造決定	2002 年度　第 3 問	150	187
45	有機化合物の極性，エステルのけん化	2001 年度　第 3 問	152	190
46	芳香族の分離，元素分析，トリペプチド	2000 年度　第 3 問	154	193
47	アルカン・ベンゼンの置換反応	1999 年度　第 3 問	157	197

🔍 傾向

　第4章の内容は，有機化合物の特徴と分類，脂肪族化合物，芳香族化合物，天然高分子化合物，合成高分子化合物である。

　題材としては，エステルが最も多く選ばれている。その理由は，有機化合物の反応性や性質について幅広い観点から問うことができるからであろう。内容としては，エステルの構造決定・加水分解・合成・油脂についてなどがある。

　構造決定に関する問題が多く出題されており，中にはかなり難度の高いものも含まれている。例えば，25では構造を決定する化合物の数が多い上に，ヘミアセタール構造をもつ環状化合物もあった。また，23では，構造を決定するための手がかりが少なく，試行錯誤しながら構造を決めなければならないため，時間がかかるものもあった。さらに，高校では学習しない内容を，説明文を与えた上で考えさせる問題も多い。同じ題材が出題されることもあり，例えば23と37ではともに配座異性体がテーマとなっている。

　脂肪族化合物や芳香族化合物の出題の割合としては，芳香族化合物のほうが比較的多い傾向にある。また，高分子化合物の出題は近年多くなってきている。題材は天然高分子化合物，合成高分子化合物で偏りはない。

✏️ 対策

　元素分析と組成式，分子式の決定の仕方をマスターすることが必要である。元素分析の計算は有効数字に注意して丁寧に行うこと。演習問題を数多くこなし，組成式，分子式の決定には慣れておこう。

　教科書に記載されている有機化合物はすべて覚えなければならないが，種類が多いので，官能基を中心にまとめる方法が有効である。有機化合物の性質を理解するには，官能基の理解が不可欠であり，官能基を見ればおよその性質がわかるようでなければいけない。また，有機化合物では構造式が重要な意味をもつので，問題を解く際には，構造式を書く癖をつけておくこと。構造異性体が問われる際には，幾何異性体や光学異性体（鏡像異性体）も出てくるので，相当深みのある学習が必要である。

　有機化合物の反応性を理解するには反応系統図の活用が有効である。教科書レベルの反応についてはすべて化学反応式で書けるようにしよう。なぜそのような反応が起こるかということを官能基に注目して理解することが大切である。

　高分子化合物は近年，脂肪族・芳香族と同じくらいの頻度で出題されている。糖類やタンパク質・アミノ酸といった代表的な天然高分子化合物や，付加重合・縮合重合といった合成高分子化合物の代表的な反応は，実例とともに理解しておく必要がある。糖類の中の単糖および二糖は立体構造にも注目して学習するとよい。また生命化学の分野にも取り組む必要がある。

第5章　総合問題・複合問題

（表つづく）

73	製塩過程での反応，コバルトの錯イオン	2002 年度　第 2 問	251	287
74	石炭の燃焼による排出気体	2001 年度　第 1 問	254	289
75	転炉法による鉄鋼の製錬	2000 年度　第 1 問	256	291

🔍 傾向

　東大の化学の出題の特徴として，いろいろな分野にまたがった総合問題や複合問題が多いことがあげられる。化学という学問の性質上，必然的にこのような出題になると考えてよいであろう。第 1 章から第 4 章までの分類もややあいまいなものにならざるを得ない。このような分類は本質的なものではないので，あまり気にせず解いていってほしい。

　いくつかの問題を概観し，その特徴を整理する。例えば，67 について見てみると，問題が 2 つに分かれており，それぞれ異なる題材を扱っている複合問題のパターンである。1 問目は無電解めっきについて，2 問目はゼオライトの組成や構造に関する問題である。どちらも教科書では扱われないので，かなり難しく感じるであろう。問題文をよく読み，意味を考えながら解くしかない。このように，東大の化学では教科書ではほとんど扱われていない題材が多く出題されている。問題の意味がわからないと解答できないので，まず，内容をしっかり把握することである。問題文に解決のヒントになる記述があるので落ち着いて取り組むことが大切である。

　また，49 は，受験生にとってはなじみの薄い不均一触媒についての出題であり，リード文は先生と生徒の会話形式であった。ほとんどの設問がパターン暗記的な学習で解けるようなものではなく，会話文の内容と与えられた図の意味を正しく理解する必要がある。

　さらに，68 について見てみよう。化学史に題材を求め，様々な角度から問いを発している総合問題のパターンである。問題文が長いので，まず，読み取りを素早く行う必要がある。長文の問題がよく出題されるのも東大の化学の特徴のひとつである。本番では，いかに速やかに内容を読み取るかがポイントになる。

　その他の問題も検討すると，東大の特徴がよく出ている。第 5 章は他の分野以上に様々な題材が扱われており，東大の化学の真骨頂といえる問題を扱った章である。

✏️ 対策

　総合問題および複合問題は，苦手な分野があると太刀打ちできない。まずは，第 1 章から第 4 章までの問題を解いてみて自分の苦手分野を見つけ，それを克服することである。その後，総仕上げとして第 5 章に取り組むことをお勧めする。また，第 5 章でも新傾向の問題が多くみられる。新傾向の問題に対して特別な対策を講ずることは

難しいが，できるだけ多くの問題をこなすことが実力アップにつながる。大切なことは，本書で過去問にあたり，実際に解くことである。もちろん他大学の問題でも，この種の思考力を必要とする問題なら有効に働くはずである。また，問題を解くとき，各理論が他の理論とどう関わっているかを意識していくことが大切である。理論が複雑に絡み合うことも多いので，多面的に考える習慣が必要となるだろう。「問題を通して学ぶ」という姿勢で臨もう。

第１章　物質の構造・状態

1

ポイント

Ⅰ．**ウ**．水溶液 X 中の Na_2SO_4 の質量を x〔g〕，水の質量を y〔g〕とすると計算しやすくなる。水和物の析出に伴い溶媒の水が減少することに留意する。

エ．溶解度曲線の傾きが負であることに注目する。

Ⅱ．窒素については操作中に状態変化することはない。

ク．(1)と(2)の判断は，水の蒸気圧曲線の減り方に注目すればよい。

解　答

Ⅰ．**ア**．再結晶

イ．a．33　冷却温度：10℃

ウ．水溶液 X 中の無水物の質量を x〔g〕，水の質量を y〔g〕とする。(1)に 60℃における飽和溶液の無水物と水の質量の比を用いると

$$\frac{x+10}{y}=\frac{45}{100}$$

次に，$Na_2SO_4=142.1$，$Na_2SO_4 \cdot 10H_2O=322.1$，$H_2O=18.0$ であるから，(2)に 20℃における飽和溶液の無水物と水の質量の比を用いると

$$\frac{x-32.2\times\dfrac{142.1}{322.1}}{y-32.2\times\dfrac{180.0}{322.1}}=\frac{20}{100}$$

これらの式を解くと　　$x=27.0$〔g〕，$y=82.4$〔g〕

となるから，水溶液 X をつくるのに用いた十水和物の質量は

$$27.0\times\frac{322.1}{142.1}=61.2\fallingdotseq61 \text{〔g〕}　\cdots\cdots\text{(答)}$$

同じく水の質量は，上記で求めた水の質量 y〔g〕から水和物が含む水和水の質量を差し引けばよいので

$$82.4-(61.2-27.0)=48.2\fallingdotseq48 \text{〔g〕}　\cdots\cdots\text{(答)}$$

エ．発熱反応

理由：溶解度曲線の傾きが負であるから，低温ほどより多くの結晶が溶解する。すなわち，溶解平衡において，低温ほど結晶が溶解する方向へ平衡が移動する。したがって，ルシャトリエの原理より溶解反応は発熱反応である。

Ⅱ．**オ**．水は分子間において水素結合を形成するが，ヘキサンには水素結合よりもはるかに弱いファンデルワールス力しか作用しないため。(60 字以内)

カ．78℃

キ. 55℃における水およびヘキサンの飽和蒸気圧は図1−2より，それぞれ
1.5×10⁴Pa，6.5×10⁴Pa である。また，このときヘキサンは全量が気体であり，
気体の物質量は分圧に比例する。

したがって，求める水蒸気の物質量は

$$0.10 \times \frac{1.5 \times 10^4}{6.5 \times 10^4} = 2.30 \times 10^{-2} \fallingdotseq 2.3 \times 10^{-2} \,(\text{mol}) \quad \cdots\cdots(\text{答})$$

ク. (1)

理由：ヘキサンの分圧は水が凝縮を始めるまでは一定である。水の分圧が凝縮によ
り減少するとヘキサンの分圧は増加する。水の飽和蒸気圧は温度変化よりも緩やか
に減少するので，ヘキサンの分圧も温度変化より緩やかに増加する。さらに冷却す
るとヘキサンの分圧は飽和蒸気圧と等しくなって凝縮が始まり蒸気圧曲線に沿って
減少する。(150字程度)

解 説

Ⅰ. ア. 再結晶は固体中の不純物を取り除く精製法のひとつである。

イ. 加熱して水を蒸発させた水溶液における水の質量は

$$135 - (70 + 15) = 50 \,(\text{g})$$

この水溶液を30℃にすると，化合物Aの溶解度は図1−1の溶解度曲線より75で
あるから，析出する化合物Aの質量は

$$70 - \left(75 \times \frac{50}{100}\right) = 32.5 \fallingdotseq 33 \,(\text{g})$$

次に，15gの化合物Bが50gの水に対して飽和になる温度が，純粋な化合物Aを
取り出せる最も低い冷却温度である。この温度での化合物Bの溶解度は

$$15 \times \frac{100}{50} = 30$$

図1−1より，この溶解度に対応する温度は10℃である。

ウ. 水和物の溶解度を用いて溶質等の質量を求める場合，まず未知数として水和物の
質量を用いるか無水物の質量を用いるかの判断が必要であるが，溶解度曲線は無水
物の質量で示してあるので，無水物の質量を用いる方がよいことが多い。

次に，溶液，溶質，溶媒のうちどの2つの量の比を選ぶかの判断が必要になる。本
問の場合は，溶質と溶媒の質量が問われているので，溶解度についてそれらの比を
用いればよいと考えられる。

また，水溶液Xをつくるのに用いた水の質量は，水溶液の質量 $x+y$(g) から水和
物の質量61.2gを差し引いても求められる。

$$82.4 + 27.0 - 61.2 = 48.2 \fallingdotseq 48 \,(\text{g})$$

エ. 溶解熱を Q(kJ/mol) としたときの溶解に関する熱化学方程式は

$$Na_2SO_4\,(s) + aq = Na_2SO_4\,(aq) + Q\,kJ$$

いま，溶解度曲線の傾きが負であるので，低温ほど溶解平衡は右へ偏ると考えられるから，溶解反応は発熱反応である。

Ⅱ．オ． 分子量について，水 $H_2O = 18.0$，ヘキサン $C_6H_{14} = 86.0$ であるから，ヘキサンの方が分子量は大きい。しかし，ヘキサンは無極性分子であり，水素結合を形成しないので，沸点は低い。

カ． ヘキサンと水の物質量は等しいから，全量気体のときの分圧も等しい。また，一定の圧力では常に水の沸点が高いから，この混合気体を冷却していくと先に水が凝縮することになる。

したがって，水滴が生じる直前の水蒸気の分圧は

$$1.0 \times 10^5 \times \frac{0.10}{0.231} = 4.32 \times 10^4\,[Pa]$$

図1－2より，この飽和蒸気圧に対応する温度は78℃である。

キ． 混合気体について，分圧と物質量は比例する。したがって，2つの成分気体について，一方の分圧と物質量がわかり，他方の分圧がわかっていると，その物質量を計算で求めることができる。

ク． 水が凝縮を始めると水の分圧は減少する。その減少分はヘキサンと窒素の分圧が増加することで補われ，全圧は一定値を保つ。ヘキサンが凝縮を始めるまでは，ヘキサンと窒素の物質量の比は $0.10 : 0.031$ で一定であるので，水の分圧の減少分はこの比によってヘキサンと窒素へ分配される。

一方，水の蒸気圧曲線は温度低下に対して徐々に緩やかに減少するので，下側に膨らんでいる。したがって，ヘキサンの分圧の増加も温度低下に対して徐々に緩やかになり，分圧を示す曲線は上側に膨らむことになる。そのことを表しているのは，(1)のグラフである。

2

ポイント
Ⅰ．**エ**．圧力と温度（絶対温度でもよい）の関係式を作り，この直線を図に描き，交点を求める必要がある。
Ⅱ．**コ**．加水分解定数の式で，$[CH_3COOH]=[OH^-]$ とすることにより $[OH^-]$ を求めることができる。

解 答

Ⅰ．**ア**．a．ファンデルワールス　b．二　c．180　d．分子量
イ．昇華する温度：$-79℃$　液体が生成する最低の圧力：$5.1×10^5Pa$
ウ．1.3g
エ．すべて昇華する温度：$-70℃$　0℃での圧力：$2.8×10^5Pa$
オ．求める圧力を $P×10^5〔Pa〕$ とすると，この圧力は CO_2 の圧力に等しい。水に溶解している CO_2 の質量は，$CO_2=44.0$ より

$$\frac{P×10^5}{1.0×10^5}×0.080×0.25×44.0=8.8×10^{-1}×P〔g〕$$

したがって，気体の CO_2 についての状態方程式は

$$P×10^5×(0.50+0.25)=\frac{2.7-8.8×10^{-1}×P}{44.0}×8.3×10^3×273$$

$$P×10^5=1.15×10^5≒1.2×10^5〔Pa〕　……(答)$$

よって，水に溶け込んだ CO_2 の物質量は

$$\frac{8.8×10^{-1}×P}{44.0}=\frac{8.8×10^{-1}×1.15}{44.0}$$

$$=2.30×10^{-2}≒2.3×10^{-2}〔mol〕　……(答)$$

Ⅱ．**カ**．e．$\dfrac{cα^2}{1-α}$　f．$\sqrt{cK_a}$
キ．$[H^+]=\sqrt{cK_a}=\sqrt{0.10×2.7×10^{-5}}=\sqrt{2.7×10^{-6}}$
したがって

$$pH=-\log_{10}[H^+]=-\log_{10}\sqrt{2.7×10^{-6}}=-\frac{1}{2}×(0.43-6)$$

$$=2.78≒2.8　……(答)$$

ク．$CH_3COOH+NaOH\longrightarrow CH_3COONa+H_2O$ だから，反応前後の各成分の物質量を示すと次のようになる。

$$\text{CH}_3\text{COOH} + \text{NaOH} \longrightarrow \text{CH}_3\text{COONa} + \text{H}_2\text{O}$$

反応前	0.10	0.050	0	〔mol〕
変化量	-0.050	-0.050	$+0.050$	〔mol〕
反応後	0.050	0	0.050	〔mol〕

したがって，反応後の溶液は，$[\text{CH}_3\text{COOH}] = [\text{CH}_3\text{COO}^-]$ と考えてよいので

$$K_{\text{a}} = \frac{[\text{CH}_3\text{COO}^-][\text{H}^+]}{[\text{CH}_3\text{COOH}]} = [\text{H}^+]$$

よって，求める pH は

$$\text{pH} = -\log_{10}[\text{H}^+] = -\log_{10}(2.7 \times 10^{-5})$$
$$= -(0.43 - 5) = 4.57 \fallingdotseq 4.6 \quad \cdots\cdots(答)$$

ケ．溶液 **D** に含まれる NaOH は $\quad \dfrac{1.0 \times 10}{1000} = 0.010$〔mol〕

したがって，③の操作後の CH_3COOH および CH_3COO^- の物質量はそれぞれ，$0.050 - 0.010 = 0.040$〔mol〕，$0.050 + 0.010 = 0.060$〔mol〕 となり，それらのモル濃度はそれぞれの物質量に比例する。

よって

$$K_{\text{a}} = \frac{[\text{CH}_3\text{COO}^-][\text{H}^+]}{[\text{CH}_3\text{COOH}]} = \frac{0.060 \times [\text{H}^+]}{0.040} = \frac{3}{2}[\text{H}^+]$$

$$[\text{H}^+] = \frac{2}{3}K_{\text{a}}$$

ゆえに

$$\text{pH} = -\log_{10}[\text{H}^+] = -\log_{10}\frac{2}{3}K_{\text{a}} = -\log_{10}\left(\frac{2}{3} \times 2.7 \times 10^{-5}\right)$$
$$= -(0.30 - 0.48 + 0.43 - 5) = 4.75 \fallingdotseq 4.8 \quad \cdots\cdots(答)$$

コ．④の操作後の水溶液は，CH_3COONa の水溶液である。したがって，加水分解の程度はきわめて小さいので，$[\text{CH}_3\text{COO}^-] = \dfrac{0.10}{2} = 0.050$〔mol/L〕 とみなすことができる。

また，$\text{CH}_3\text{COO}^- + \text{H}_2\text{O} \rightleftharpoons \text{CH}_3\text{COOH} + \text{OH}^-$ の電離定数（加水分解定数）を K_{h} とすると

$$K_{\text{h}} = \frac{[\text{CH}_3\text{COOH}][\text{OH}^-]}{[\text{CH}_3\text{COO}^-]} = \frac{K_{\text{W}}}{K_{\text{a}}}$$

さらに，加水分解の反応式から $[\text{CH}_3\text{COOH}] = [\text{OH}^-]$ と考えられるので

$$K_{\text{h}} = \frac{[\text{CH}_3\text{COOH}][\text{OH}^-]}{[\text{CH}_3\text{COO}^-]} = \frac{[\text{OH}^-]^2}{0.050}$$

$$= \frac{\left(\dfrac{K_{\text{W}}}{[\text{H}^+]}\right)^2}{0.050} = \frac{K_{\text{W}}}{K_{\text{a}}}$$

よって

$$[\mathrm{H^+}] = \sqrt{\frac{K_\mathrm{W} K_\mathrm{a}}{0.050}} = \sqrt{2.0 \times 10 \times K_\mathrm{W} K_\mathrm{a}}$$

ゆえに

$$\mathrm{pH} = -\log_{10}[\mathrm{H^+}] = -\frac{1}{2}\log_{10}(2.0 \times 2.7 \times 10^{-18})$$

$$= -\frac{1}{2}(0.30 + 0.43 - 18) = 8.63 \fallingdotseq 8.6 \quad \cdots\cdots(答)$$

解　説

Ⅰ. ア. a. 分子間力のうち，CO_2 のような無極性分子に作用するのは主にファンデルワールス力である。

b. CO_2 の構造式は，O=C=O であるから，C と O の共有結合は二重結合である。

c. CO_2 は直線型分子であるので，結合角は 180° である。

d. CO は，水にほとんど溶けないことからも極性の小さい分子だと考えられる。極性の小さい分子に作用するファンデルワールス力の大きさは，分子量が大きいほど大きい傾向がある。また，ファンデルワールス力が大きいほど同温での蒸気圧は小さくなる。

イ. 圧力 $1.0 \times 10^5\,\mathrm{Pa}$ での蒸気圧曲線の値を読み取ると，$-79\,\text{℃}$ である（$-78\,\text{℃}$ も可）。液体が生成する最低の圧力は，三重点での圧力を読み取ればよいので，$5.1 \times 10^5\,\mathrm{Pa}$ である。

ウ. 与えられた条件で，気体である CO_2 の質量を $x\,[\mathrm{g}]$ とすると，$CO_2 = 44.0$ だから，気体の状態方程式は

$$1.0 \times 10^5 \times 0.50 = \frac{x}{44.0} \times 8.3 \times 10^3 \times (-79 + 273)$$

$$x = 1.36\,[\mathrm{g}]$$

よって，ドライアイスの質量は　$2.7 - 1.36 = 1.34 \fallingdotseq 1.3\,[\mathrm{g}]$

〔注〕　ドライアイスの体積は無視できる。

エ. 求める温度を $t\,[\text{℃}]$，そのときの圧力を $P \times 10^5\,[\mathrm{Pa}]$ とすると，ドライアイスはすべて気体になっているので，気体の状態方程式は

$$P \times 10^5 \times 0.50 = \frac{2.7}{44.0} \times 8.3 \times 10^3 \times (t + 273)$$

$$P = 1.01 \times 10^{-2}t + 2.78 \quad \cdots\cdots\text{①}$$

この式が示す直線を図1－2に描き込み，蒸気圧曲線との交点を求めると，$-70\,\text{℃}$ を得る。

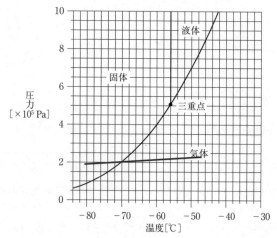

0℃では，ドライアイスはすべて気体になっているので，①に $t=0$ を代入して

$P = 1.01 \times 10^{-2} \times 0 + 2.78$

$P \times 10^5 = 2.78 \times 10^5 \fallingdotseq 2.8 \times 10^5$〔Pa〕

オ. まず，求める圧力を未知数とし，その値を用いてヘンリーの法則から溶解量を表す式を得る。次に，もとのドライアイスの量から溶解している CO_2 の量を引いた値が気体の CO_2 の量であるから，それを表す式を用いて気体の状態方程式をつくる。数学的にいうと，溶解量の式と気体の状態方程式とが，溶解量と圧力についての連立方程式をなしており，それらを解くことになる。

Ⅱ. **カ.** 酢酸の電離前後の各成分の濃度を示すと次のようになる。

$$CH_3COOH \rightleftharpoons CH_3COO^- + H^+$$

	CH₃COOH	CH₃COO⁻	H⁺
電離前	c	0	0
電離後	$c(1-\alpha)$	$c\alpha$	$c\alpha$

したがって

$$K_a = \frac{[CH_3COO^-][H^+]}{[CH_3COOH]} = \frac{c^2\alpha^2}{c(1-\alpha)} = \frac{c\alpha^2}{1-\alpha}$$

次に，$1-\alpha \fallingdotseq 1$ より

$$K_a \fallingdotseq c\alpha^2 \qquad \alpha \fallingdotseq \sqrt{\frac{K_a}{c}}$$

よって $\quad [H^+] = c\alpha = c\sqrt{\dfrac{K_a}{c}} = \sqrt{cK_a}$

キ. $pH = -\log_{10}[H^+]$ を用いる。

ク. 同一水溶液に含まれる各成分の物質量はモル濃度に比例している。したがって，物質量が等しいときはモル濃度も等しい。このことを用いると計算が速くなる。

ケ. 新たに加えられた NaOH によって，未反応の酢酸が中和されるから，加えられ

た NaOH の量だけ，CH_3COOH は減少し，CH_3COO^- は増加する。そのことは各成分の濃度についても同様である。

コ．④の操作は完全な中和であるから，塩である CH_3COONa の水溶液が生じている。また，加水分解の反応式から $[CH_3COOH] = [OH^-]$ と考えられるので，加水分解定数 K_h を用いて $[OH^-]$（ひいては $[H^+]$）が得られることに気づきたい。

さらに，CH_3COO^- の加水分解の程度はきわめて小さいので，$[CH_3COO^-]$ は CH_3COONa の濃度に等しいとみなせることが重要である。

〔注〕　混合溶液の体積は 2 L である。

3

ポイント

I．**イ**は半径を求める必要はない。**ウ**では，金属結合半径が金属の結晶で最近接粒子間距離の半分であり，原子半径と等しいということがわかれば，比較は容易である。

II．**キ**および**ケ**の異性体（シス体とトランス体）は，図 2 － 3 のさまざまな錯体の構造式より導くことができる。**コ**は，Ca^{2+} と EDTA（4 価の陰イオン）が 1 : 1 で錯体を生成すると示され，かつ生成定数 K が極めて大きいことから求められる。

解 答

I．**ア**．0.115 nm

イ．ナトリウム原子の金属結合半径を r〔cm〕とすると，体心立方格子の単位格子の一辺の長さは，$\dfrac{4r}{\sqrt{3}}$〔cm〕となる。一方，単位格子中の原子の数は 2 個だから，この単位格子の質量について

$$1.00 \times \left(\dfrac{4r}{\sqrt{3}}\right)^3 = \dfrac{23.0}{6.02 \times 10^{23}} \times 2$$

よって　$r^3 = 6.19 \times 10^{-24}$〔cm³〕

アで求めたナトリウムイオンの半径の 3 乗と比べると

$$r^3 > (0.115 \times 10^{-7})^3 = 1.52 \times 10^{-24}$$

となるので，ナトリウムイオンの半径の方が小さい。 ……(答)

ウ．ナトリウム原子とナトリウムイオンの最外電子殻はそれぞれM殻，L殻であるから。（40 字以内）

エ．図 2 － 2 より

$$U_B + 354 = 433 + 79 + 242 \times \dfrac{1}{2} + 376$$

$$U_B = 655〔kJ/mol〕 ……(答)$$

オ．塩化ナトリウムはイオン結合性が強いが，塩化銀は共有結合性が強いから。（40 字以内）

II．**カ**．$\alpha : Ag^+$　$\gamma : Zn^{2+}$

キ.

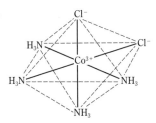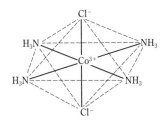

ク. Fe

ケ.

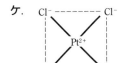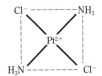

コ. $5.0 \times 10^{-4}\,\mathrm{mol/L}$

サ. 活性化エネルギー

解 説

Ⅰ. ア. 塩化物イオンの半径を x〔nm〕とすると，CsCl の単位格子について

$$\sqrt{3} \times 0.402 = 0.181 \times 2 + 2x \qquad x = 0.1667\,〔nm〕$$

よって，ナトリウムイオンの半径を y〔nm〕とすると，NaCl の単位格子について

$$2y + 0.1667 \times 2 = 0.564 \qquad y = 0.1153 \fallingdotseq 0.115\,〔nm〕$$

イ. 単位格子の質量や密度について式をたてるとよい。（単位格子の体積）×（密度）＝（単位格子の質量）＝（原子1個の質量）×（単位格子に含まれる原子数）の関係である。

ウ. ナトリウムイオンの最外電子殻は，ナトリウム原子が電子を1個放出したことによりL殻となっているが，ナトリウム原子はM殻に電子が1個存在しているので，ナトリウムイオンより半径が大きい。

エ. 図2-2と与えられた反応熱を対応させて計算すればよい。塩素 Cl_2 の結合エネルギーは，結合1mol についての値であるから，ここではその半分の値を用いる。

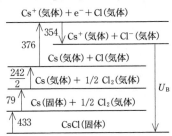

オ．NaCl や CsCl の場合，Na や Cs と Cl の電気陰性度の差は大きくイオン結合性は強い。しかし，Ag の電気陰性度は H とほぼ同じで，Ag と Cl との結合では共有結合性が大きくなる。格子エネルギー U_A はイオン結合を前提に計算されているので，AgCl の場合 U_A と U_B の値は一致しなくなる。

Ⅱ．カ．α：直線形構造であり，$[Ag(NH_3)_2]^+$ が代表例である。

γ：正四面体形構造であり，$[Zn(NH_3)_4]^{2+}$ が代表例である。

キ．2 つの塩化物イオンが隣り合っているか，離れているかの違いがある。このような異性体も，幾何（シス・トランス）異性体という。

ク．鉄イオン（通常は 2 価）が中心となる錯体である。

ケ．同じ種類の配位子が隣り合っているか，離れているかの違いがある。

コ．生成定数 K の値が極めて大きいことから，滴定の終点ではカルシウムイオン Ca^{2+} の全量が錯体 Ca-EDTA となっていると考えられる。よって，反応における Ca^{2+} と EDTA の物質量の比は 1：1 であるから，求める濃度を x〔mol/L〕とすると

$$\frac{x \times 100}{1000} = \frac{0.010 \times 5.0}{1000}$$

$$x = 5.00 \times 10^{-4} \fallingdotseq 5.0 \times 10^{-4} \,〔mol/L〕$$

サ．触媒は，その反応の活性化エネルギーを小さくして反応速度を大きくする。反応熱の大きさには影響を与えない。

4

ポイント
　「活量」という考え方は高校の教科書では扱わないので，問題文からその中身を理解しなければならない。まず，長文をしっかり読むことが必要である。浸透圧の式や電離度と電離定数の関係などは必ず理解しておきたい。また，**カ**のようなグラフから数値を読み取る問題では，ケアレスミスがないように縦軸，横軸が何を表しているかをきちんと確認すること。

解答

Ⅰ. ア. $\Pi = CRT$

イ. 100 g のショ糖水溶液中には 1.2 g のショ糖が含まれており，そのときの水溶液の体積は 100 cm³ である。ショ糖のモル質量を M〔g/mol〕とすると

$$M = \frac{mRT}{\Pi V}$$

$$= \frac{1.2\,\text{g} \times 8.3\,\text{Pa·m}^3/(\text{K·mol}) \times (273 + 12)\,\text{K}}{8.3 \times 10^4\,\text{Pa} \times 100\,\text{cm}^3}$$

$$= 342\,\text{g/mol} ≒ 3.4 \times 10^2\,\text{g/mol}$$

したがって　　分子量 $= 3.4 \times 10^2$　……(答)

〔**別解**〕水溶液 100 cm³ $= 1.0 \times 10^{-1}$ L であるので

$$M = \frac{1.2\,\text{g} \times 0.082\,\text{atm·L}/(\text{K·mol}) \times (273 + 12)\,\text{K}}{0.82\,\text{atm} \times 1.0 \times 10^{-1}\,\text{L}}$$

$$= 342\,\text{g/mol} = 3.4 \times 10^2\,\text{g/mol}$$

ウ. (B) 0.86　(C) 1.90

エ. 水酸化ストロンチウム（$Sr(OH)_2$），塩化水素（HCl），塩化カリウム（KCl），硝酸カリウム（KNO_3）

オ. 3.0×10^{-2}

Ⅱ. カ. 塩化カリウム KCl（式量 74.6）のモル濃度は

$$\frac{1\,\text{g/L}}{74.6\,\text{g/mol}} = 0.0134\,\text{mol/L}$$

よって，図 1 − 1 の $z = 1$ 曲線から　　$\gamma = 0.88$　……(答)

硫酸マグネシウム $MgSO_4$（式量 120.4）のモル濃度は

$$\frac{1\,\text{g/L}}{120.4\,\text{g/mol}} = 0.00830\,\text{mol/L}$$

よって，図 1 − 1 の $z = 2$ 曲線から　　$\gamma = 0.43$　……(答)

キ. $i = \dfrac{\Pi}{\Pi_0} = \dfrac{Ck\gamma RT}{CRT} = k\gamma$

ク. 塩化カリウム： $i = k\gamma = 2 \times 0.88 = 1.76 \doteqdot 1.8$ ……(答)

　　硫酸マグネシウム： $i = k\gamma = 2 \times 0.43 = 0.86$ ……(答)

解　説

Ⅰ. **ア.** 溶液の浸透圧 Π は気体の状態方程式と類似の式で示される。

$$\Pi V = nRT$$

　　　　　　（V：溶液の体積，n：溶質の物質量，R：気体定数，T：絶対温度）

溶質のモル濃度は $C = \dfrac{n}{V}$ であるので　　$\Pi = CRT$

また，$n = \dfrac{m}{M}$ であるので　　$M = \dfrac{mRT}{\Pi V}$

イ. ショ糖の 1.2 % 水溶液は，水溶液 100 g にショ糖 1.2 g の割合で溶けた水溶液であり，水溶液の密度が 1.0 g/cm³ であるので，質量モル濃度〔mol/kg〕とモル濃度〔mol/L〕は等しいと考えてよい。

ウ. (B) 水酸化ストロンチウムは水溶液中で次のように電離する。

$$\mathrm{Sr(OH)_2 \rightleftharpoons Sr^{2+} + 2OH^-}$$

　　したがって，$k=3$ であるので(4)式に $i=2.72$，$k=3$ を代入して

　　　$2.72 = 1 + (3-1)\alpha$　　∴　$\alpha = 0.86$

(C) $\mathrm{HCl \rightleftharpoons H^+ + Cl^-}$

　　したがって，$k=2$，$\alpha=0.90$ を(4)式に代入して

　　　$i = 1 + (2-1) \times 0.90 = 1.90$

エ. 浸透圧から求めた i が 1.00 よりも大きくずれているものが，ファントホッフの法則から著しく外れるものである。非電解質のエタノール，転化糖（グルコース ＋ フルクトース）以外の電解質物質を選ぶとよい。

オ. 酢酸 $\mathrm{CH_3COOH}$（分子量 60.0）の平衡時の濃度は次のようになる。

$$\mathrm{CH_3COOH \rightleftharpoons CH_3COO^- + H^+}$$

電離前	C	0	0	〔mol/L〕
平衡時	$C(1-\alpha)$	$C\alpha$	$C\alpha$	〔mol/L〕

$$K = \dfrac{C\alpha \cdot C\alpha}{C(1-\alpha)} = \dfrac{C\alpha^2}{1-\alpha}$$

電離度 α は 1 より十分小さいので，$1 - \alpha \doteqdot 1$ とおける。

したがって，電離度 α は

$$\alpha = \sqrt{\dfrac{K}{C}} = \sqrt{\dfrac{1.5 \times 10^{-5}\,\mathrm{mol/L}}{\dfrac{1}{60.0}\,\mathrm{mol/L}}} = 3.0 \times 10^{-2}$$

Ⅱ．カ．KCl の希薄水溶液では K^+ と Cl^- は互いに影響を及ぼさないほど離れており電離度 $\alpha = 1$ となるが，濃度が大きくなると K^+ と Cl^- は互いに影響しあうので $\alpha < 1$ となる。このときの見かけ上のイオン濃度をイオンの「活量」という。活量係数 γ は次式で定義される。

$$\gamma = \frac{a}{C} \quad (a \text{ は活量})$$

デバイとヒュッケルは，活量係数 γ が次式で表現されることを示した。

$$\log_{10}\gamma = -Az^3\sqrt{C} \quad (A = 0.51 \fallingdotseq 0.5)$$

KCl（式量 74.6）は次のように電離する。

$$KCl \longrightarrow K^+ + Cl^-$$

KCl のモル濃度は

$$C = \frac{1\,\mathrm{g/L}}{74.6\,\mathrm{g/mol}} = 0.0134\,\mathrm{mol/L}$$

K^+ と Cl^- はともに 1 価だから $z = 1$ となる。したがって，図 1 − 1 中の $z = 1$ の曲線より $\gamma = 0.87 \sim 0.88$ を読み取る。

$MgSO_4$（式量 120.4）は次のように電離する。

$$MgSO_4 \longrightarrow Mg^{2+} + SO_4^{2-}$$

$MgSO_4$ のモル濃度は

$$C = \frac{1\,\mathrm{g/L}}{120.4\,\mathrm{g/mol}} = 0.00830\,\mathrm{mol/L}$$

Mg^{2+} と SO_4^{2-} はともに 2 価だから $z = 2$ となる。したがって，図 1 − 1 中の $z = 2$ の曲線より $\gamma = 0.42 \sim 0.43$ を読み取る。

キ．解離しないときの浸透圧 Π_0 に対して，解離度 α が活量係数 γ に等しい電解質水溶液の浸透圧 Π は，（すべてのイオン濃度の和）×（活量係数 γ）に比例するので

$$\Pi_0 = CRT, \quad \Pi = Ck\gamma RT$$

これらの式を式(2)に代入して

$$i = \frac{\Pi}{\Pi_0} = \frac{Ck\gamma RT}{CRT} = k\gamma \quad \therefore \quad i = k\gamma$$

〔**別解**〕　溶液内のすべてのイオン濃度の和は $kq\gamma$ となる。
また，すべて解離していることから，式(3)において $p = 0$ となるので

$$i = \frac{p + kq\gamma}{p + q} = \frac{0 + kq\gamma}{0 + q} = k\gamma$$

ク．KCl について，K^+，Cl^- より $k = 2$，**カ**より $\gamma = 0.88$ だから

$$i = 2 \times 0.88 = 1.76$$

$MgSO_4$ について，Mg^{2+}，SO_4^{2-} より $k = 2$，**カ**より $\gamma = 0.43$ だから

$$i = 2 \times 0.43 = 0.86$$

5

ポイント

　問題文から実験操作をきちんと把握することが大切である。質量モル濃度の定義と計算の仕方を身に付けておきたい。エは水銀柱の図を描いて考えると高さを間違えることはないだろう。

解　答

ア. フラスコⅡの水溶液に溶けている塩化リチウム LiCl（式量 42.4）の質量を x 〔g〕とすると

$$\frac{x}{42.4\,\text{g/mol}} \times \frac{1000}{100-x}\,\text{kg}^{-1} = 2.0\,\text{mol/kg}$$

よって　　$x = 7.81\,\text{g} \doteqdot 7.8\,\text{g}$　……（答）

〔別解〕　2.0 mol/kg の水溶液では水 1000 g に LiCl が $42.4 \times 2 = 84.8\,\text{g}$ 溶けているので次式が成り立つ。

　　$100\,\text{g} : 100-x = 1084.8\,\text{g} : 1000\,\text{g}$

　　$\therefore\quad x = 7.81\,\text{g} \doteqdot 7.8\,\text{g}$

イ. フラスコⅡでは，LiCl が溶けているため，純水に比べて蒸気圧が低下する。

　　よって，$h_{\text{I}} < h_{\text{II}}$ となる。

ウ. $2Na + 2H_2O \longrightarrow 2NaOH + H_2$

エ. ウの反応式より，発生した水素の物質量を求めると

$$\frac{9.2 \times 10^{-3}\,\text{g}}{23\,\text{g/mol}} \times \frac{1}{2} = 2.0 \times 10^{-4}\,\text{mol}$$

したがって，発生した水素の圧力 P〔atm〕は気体の状態方程式より

$$P = \frac{nRT}{V} = \frac{2.0 \times 10^{-4}\,\text{mol} \times 0.082\,\text{L·atm/(mol·K)} \times 300\,\text{K}}{0.40\,\text{L}}$$

　　$= 0.0123\,\text{atm}$

1 atm は 760 mmHg であるので

　　$0.0123\,\text{atm} = 0.0123 \times 760\,\text{mmHg} = 9.348\,\text{mmHg} \doteqdot 9.35\,\text{mmHg}$

よって，h_{I} と h_{II} の差を 9.35 mm にするために，$\dfrac{9.35\,\text{mm}}{2} \doteqdot 4.7\,\text{mm}$ 押し下げることになる。

オ. フラスコⅠからフラスコⅡへ y〔g〕の水が移動して，両者の蒸気圧（すなわち溶質粒子の質量モル濃度）が等しくなったとすると，フラスコⅠで反応して生じた NaOH は，Na の物質量と等しいので

$$\frac{9.2\times10^{-3}\,\mathrm{g}}{23.0\,\mathrm{g/mol}} = 4.0 \times 10^{-4}\,\mathrm{mol}$$

したがって

$$4.0 \times 10^{-4}\,\mathrm{mol} \times 2 \times \frac{1000}{80 - y}\,\mathrm{kg}^{-1} = \frac{7.81}{42.4}\,\mathrm{mol} \times 2 \times \frac{1000}{100 - 7.81 + y}\,\mathrm{kg}^{-1}$$

$$\therefore \quad y = 79.6\,\mathrm{g}$$

よって，最終的なフラスコ II 内の LiCl の質量モル濃度は

$$\frac{7.81\,\mathrm{g}}{42.4\,\mathrm{g/mol}} \times \frac{1000}{100 - 7.81 + 79.6}\,\mathrm{kg}^{-1} = 1.07\,\mathrm{mol/kg} \fallingdotseq 1.1\,\mathrm{mol/kg}$$

……(答)

解　説

ア．質量モル濃度：溶媒 1 kg 中に溶けている溶質の量を物質量で表したもの。

イ．どちらの蒸気圧が大きいかを考えればよい。

ウ．アルカリ金属は水と激しく反応し，水素を発生する。

エ．水銀柱の差が 9.3 mm になるので，押し下げる長さは
その半分であることに気づくこと。なお，ここではフラ
スコ I 内の NaOH の濃度は 1×10^{-3} mol/kg なので，
LiCl 水溶液と比べて，蒸気圧降下は無視できるほど小
さい。

オ．LiCl，NaOH ともに電解質であるから，次式に示すよ
うに，LiCl，NaOH の物質量の 2 倍の粒子（イオン）が
電離して生じる。

$$\mathrm{LiCl} \longrightarrow \mathrm{Li}^+ + \mathrm{Cl}^- \qquad \mathrm{NaOH} \longrightarrow \mathrm{Na}^+ + \mathrm{OH}^-$$

1 mol　　　　1 mol　1 mol　　　　1 mol　　　　1 mol　1 mol

2 mol　　　　　　　　　　　　　　2 mol

コック B を開いたのであるから，フラスコ I とフラスコ II の気相部分の蒸気圧
（すなわち，NaOH と LiCl の溶質粒子の物質量を考えた質量モル濃度）が等しく
なるまで，水分がフラスコ I からフラスコ II へ移動して相平衡に達する。

第2章　物質の変化

・化学反応と熱
・酸と塩基
・酸化還元反応
・電池と電気分解
・反応の速さと化学平衡

6

ポイント

Ⅰ. イ. Fe の質量の単位を g に直さず「トン」のまま計算すると楽である。

ウ. 水深が 1 m 増加するごとに圧力が 1.00×10^4 Pa 増加することから，水深 10.0 m での CO_2 の圧力が求められる。

エ. 状態図から，15℃における CO_2 の飽和蒸気圧を読み取る。

カ. リード文中の「液体 CO_2 は，浅い水深では上昇する」という記述から，浅い水深では，液体 CO_2 の密度は海水密度よりも小さいことがわかる。

Ⅱ. 「抗原抗体反応の反応速度と化学平衡」がテーマとなっている。リード文中に問題を解くためのカギがあるので，しっかり読んでうまく流れに乗りたい。

キ. Ck は，Ab に結合しているか，またはしていないかのどちらかの状態で存在するから，$[Ck]_0 = [Ck] + [Ck \cdot Ab]$ が成り立つ。

コ. $[Ab]_0 = \dfrac{1}{K}$ のときに，平衡状態での X がいくらになるかを求める。

サ. **ケ**より，$[Ck \cdot Ab] = \dfrac{K[Ck]_0[Ab]_0}{K[Ab]_0 + 1} = \dfrac{[Ck]_0[Ab]_0}{[Ab]_0 + \dfrac{1}{K}}$ であるから，$[Ck]_0$，$[Ab]_0$ が一定のとき，平衡定数 $K = \dfrac{k_1}{k_2}$ が大きいほど，平衡状態での $[Ck \cdot Ab]$ は大きくなることがわかる。

解　答

Ⅰ. ア. $3Fe_2O_3 + CO \longrightarrow 2Fe_3O_4 + CO_2$

$Fe_3O_4 + CO \longrightarrow 3FeO + CO_2$

$FeO + CO \longrightarrow Fe + CO_2$

イ. **ア**の反応式を 1 つにまとめると

$Fe_2O_3 + 3CO \longrightarrow 2Fe + 3CO_2$

となるから，求める CO_2 の質量は

$$44.0 \times \frac{7.50 \times 10^7}{55.8} \times \frac{3}{2} = 8.87 \times 10^7 \fallingdotseq 8.9 \times 10^7 \text{ トン} \quad \cdots\cdots(\text{答})$$

ウ. 水深 10.0 m における CO_2 の圧力は

$1.00 \times 10^5 + 1.00 \times 10^4 \times 10.0 = 2.00 \times 10^5 \text{[Pa]}$

よって，求める CO_2 の密度は

$$\rho = \frac{2.00 \times 10^5 \times 44.0}{8.31 \times 10^3 \times (273 + 15)} = 3.67 \fallingdotseq 3.7 \text{[g/L]} \quad \cdots\cdots(\text{答})$$

エ. 5×10^2 m

オ. a. ファンデルワールス力　b. 水素結合　c. 分子量

カ. (4)

II. キ. d. $k_1([Ck]_0-[Ck\cdot Ab])[Ab]_0-k_2[Ck\cdot Ab]$

　e. $k_1[Ab]_0+k_2$　f. $k_1[Ck]_0[Ab]_0$

ク. $k_1=5\times10^5\,[L\,mol^{-1}s^{-1}]$, $k_2=1\times10^{-3}\,[s^{-1}]$

ケ. g. $\dfrac{[Ck\cdot Ab]}{([Ck]_0-[Ck\cdot Ab])[Ab]_0}$　h. $\dfrac{K[Ab]_0}{K[Ab]_0+1}$

コ. (I)

　理由：$X=\dfrac{K[Ab]_0}{K[Ab]_0+1}$ において $[Ab]_0=\dfrac{1}{K}$ とすると $X=0.5$ となるから。

サ. Ab2 : (iii)　Ab3 : (iv)

シ. Ab1, $[Ab]_0=9\times10^{-9}\,[mol\,L^{-1}]$

解　説

I. ア. いずれの反応においても CO が還元剤となって酸化され，CO_2 が排出される。

イ. アの反応式を順に①，②，③とする。Fe_3O_4 と FeO を消去することを目標にして，(①＋②×2＋③×6)÷3 により，1 つにまとめた反応式が得られる。

ウ. 理想気体の状態方程式 $PV=\dfrac{w}{M}RT$ （M：分子量，w：質量）から，密度を表す式をつくると

$$\rho=\frac{w}{V}=\frac{PM}{RT}$$

となる。

エ. CO_2 が放出されたときの周囲の圧力が CO_2 の飽和蒸気圧以上であると，CO_2 は気体の状態では存在できないので，液体として放出される。図3−2より，15℃における CO_2 の飽和蒸気圧は $50\times10^5\,Pa$ であるから，圧力がこの値になるときの水深を $h\,[m]$ とおくと

　　$1.00\times10^5+1.00\times10^4\times h=50\times10^5$

∴　$h=4.9\times10^2\fallingdotseq5\times10^2\,[m]$

これ以上の水深では，周囲の圧力が $50\times10^5\,Pa$ 以上となり，CO_2 は液体となる。

オ. CO_2 は無極性分子なので，分子間にはファンデルワールス力しか働かない。一方，H_2O は極性分子であることに加えて O−H 結合の極性が非常に大きいため，分子間にはファンデルワールス力に加えて，極性に基づく引力，水素結合が働く。

カ. 水深が増して圧力が高くなると，CO_2 が気体として放出されている間は，

$\rho=\dfrac{PM}{RT}$ より，密度は直線的に大きくなる。圧力が飽和蒸気圧に達して CO_2 が液体

になると，体積が急激に減少し，密度は急激に大きくなる。ただし，リード文に「液体 CO_2 は，浅い水深では上昇する」とあるので，液体になった段階ではまだ海水の密度よりは小さい。さらに水深が増して圧力が高くなっていくと，CO_2 の密度が海水の密度より大きくなり，海水中を下降していく。以上に合致するグラフは(4)である。

Ⅱ．**キ**．サイトカイン（Ck）は，Ab と結合せずに Ck のままか，Ab と結合して Ck・Ab になっているかのどちらかの状態で存在するので

$$[Ck]_0 = [Ck] + [Ck \cdot Ab] \quad \therefore \quad [Ck] = [Ck]_0 - [Ck \cdot Ab]$$

が成り立つ。また，$[Ab] = [Ab]_0$ なので，Ck・Ab の生成速度 v は

$$v = k_1[Ck][Ab] - k_2[Ck \cdot Ab]$$
$$= k_1([Ck]_0 - [Ck \cdot Ab])[Ab]_0 - k_2[Ck \cdot Ab]$$

と表される。この式を $[Ck \cdot Ab]$ について整理すると

$$v = -(k_1[Ab]_0 + k_2)[Ck \cdot Ab] + k_1[Ck]_0[Ab]_0$$

となるので，$\alpha = k_1[Ab]_0 + k_2$，$\beta = k_1[Ck]_0[Ab]_0$ とおくと

$$v = -\alpha[Ck \cdot Ab] + \beta$$

よって，v は $[Ck \cdot Ab]$ を変数とする 1 次関数になることがわかる。

ク．$\alpha = k_1[Ab]_0 + k_2$ を，横軸に $[Ab]_0$，縦軸に α をとってグラフにしたときの直線の傾きが k_1，α 切片が k_2 である。図3－5から傾きを読み取ると

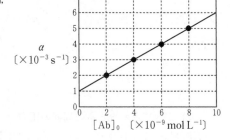

$$k_1 = \frac{1 \times 10^{-3}}{2 \times 10^{-9}}$$
$$= 5 \times 10^5 \,[\text{L mol}^{-1}\text{s}^{-1}]$$

α 切片は　$k_2 = 1 \times 10^{-3}\,[\text{s}^{-1}]$

ケ．g．平衡状態では $v_1 = v_2$ より $v = 0$ なので

$$k_1([Ck]_0 - [Ck \cdot Ab])[Ab]_0 - k_2[Ck \cdot Ab] = 0$$

$$\therefore \quad K = \frac{k_1}{k_2} = \frac{[Ck \cdot Ab]}{([Ck]_0 - [Ck \cdot Ab])[Ab]_0}$$

h．$K = \dfrac{[Ck \cdot Ab]}{([Ck]_0 - [Ck \cdot Ab])[Ab]_0}$ より

$$K[Ab]_0[Ck]_0 = (K[Ab]_0 + 1)[Ck \cdot Ab]$$

$$\therefore \quad X = \frac{[Ck \cdot Ab]}{[Ck]_0} = \frac{K[Ab]_0}{K[Ab]_0 + 1}$$

コ．$X = \dfrac{K[Ab]_0}{K[Ab]_0 + 1} = \dfrac{K}{K + \dfrac{1}{[Ab]_0}}$ であるから，$[Ab]_0 \to \infty$ とすると，$X \to 1$ となる。

ここで，$X=1$ を結合率の最大値と考えて $X_{max}=1$ とおき，$X=\dfrac{1}{2}X_{max}=0.5$ になる

ときの $[Ab]_0$ を求めると

$$0.5=\frac{K[Ab]_0}{K[Ab]_0+1} \qquad \therefore \quad [Ab]_0=\frac{1}{K}$$

となる。つまり，$\dfrac{1}{K}$ は結合率 X がその最大値の $\dfrac{1}{2}$ になるときの $[Ab]_0$ を表す定

数であると考えることができる。

サ. $K=\dfrac{[Ck\cdot Ab]}{([Ck]_0-[Ck\cdot Ab])[Ab]_0}$ より

$$[Ck\cdot Ab]=\frac{K[Ck]_0[Ab]_0}{K[Ab]_0+1}=\frac{[Ck]_0[Ab]_0}{[Ab]_0+\dfrac{1}{K}}$$

であるから，$[Ab]_0$，$[Ck]_0$ が一定のとき，平衡状態での $[Ck\cdot Ab]$ は K が大き
いほど大きく，K が小さいほど小さい。Ab1～Ab3 を用いた場合の平衡定数はそ
れぞれ

$$Ab1 : K=\frac{1.0\times10^6}{1.0\times10^{-3}}=1.0\times10^9\,[L\,mol^{-1}]$$

$$Ab2 : K=\frac{5.0\times10^5}{5.0\times10^{-4}}=1.0\times10^9\,[L\,mol^{-1}]$$

$$Ab3 : K=\frac{1.0\times10^5}{1.0\times10^{-3}}=1.0\times10^8\,[L\,mol^{-1}]$$

であるから，平衡状態での $[Ck\cdot Ab]$ は，Ab2 の場合は Ab1 の場合と等しく，
Ab3 の場合は Ab1 の場合よりも小さくなる。

よって，Ab2 の場合の曲線は(iii)，Ab3 の場合の曲線は(iv)となる。

シ. $X=\dfrac{K[Ab]_0}{K[Ab]_0+1}$ において，$X=0.9$ とすると

$$0.9=\frac{K[Ab]_0}{K[Ab]_0+1} \qquad \therefore \quad [Ab]_0=\frac{9}{K}$$

よって，K が大きいほど，より低い $[Ab]_0$ で平衡状態に達する。

さらに，より短時間で平衡状態に達するためには，Ck・Ab が生成する速度が大き
ければよいので，k_1 が大きければよい。

したがって，適切な Ab は K と k_1 がともに最も大きい Ab1 であり，このとき必要
となる $[Ab]_0$ は

$$[Ab]_0=\frac{9}{K}=\frac{9}{1.0\times10^9}=9\times10^{-9}\,[mol\,L^{-1}]$$

7

ポイント

I．イ． c は，NaHCO₃ の電離により生じた HCO₃⁻ の一部が，加水分解により H₂CO₃ に，電離により CO₃²⁻ に変化することから立式する。

d は，水溶液中に存在する陽イオンと陰イオンが何であるかを把握した後，正の電気量と負の電気量が等しいという式をつくる。CO₃²⁻ は 2 価なので，そのモル濃度に 2 を掛けることに注意。

エ．ウでトロナ鉱石に含まれる Na₂CO₃ と NaHCO₃ の物質量が等しいことがわかるから，$[CO_3^{2-}]=[HCO_3^-]$ である。このことがわかれば，K_2 の式から pH は容易に求められる。

Ⅱ．問題のテーマこそ見慣れないものであるが，問自体は標準的なものばかりであり，完答を目指したい。

キ．気体ができる前後で全体の質量は変化しないから，体積の変化のみに注目すればよいことになる。

コ．SO₂ と H₂S の酸化還元反応により，単体の硫黄が生じることは基本事項である。

解　答

I．ア． 第一反応：$Na_2CO_3 + HCl \longrightarrow NaHCO_3 + NaCl$

第二反応：$NaHCO_3 + HCl \longrightarrow NaCl + CO_2 + H_2O$

イ． a. $\dfrac{[H^+][HCO_3^-]}{[H_2CO_3]}$　b. $\dfrac{[H^+][CO_3^{2-}]}{[HCO_3^-]}$

c. $[H_2CO_3] + [HCO_3^-] + [CO_3^{2-}]$

d. $[Na^+] + [H^+] = [HCO_3^-] + 2[CO_3^{2-}] + [OH^-]$

e. $\sqrt{K_1K_2}$　f. 8.34

ウ． 炭酸ナトリウム：炭酸水素ナトリウム：水和水 = 1:1:2

エ． 10.33

オ． 酸を微量加えた場合：次の反応により H⁺ 濃度の増加が抑制されるから。

$HCO_3^- + H^+ \longrightarrow H_2CO_3$

塩基を微量加えた場合：次の反応により OH⁻ 濃度の増加が抑制されるから。

$H_2CO_3 + OH^- \longrightarrow HCO_3^- + H_2O$

Ⅱ．カ． 1.00L のマグマに含まれる 1.00% の水が水蒸気に変化することから，生じた H₂O（気）の体積 V〔L〕は，理想気体の状態方程式および H₂O = 18.0 より

$$8.00 \times 10^7 \times V = \dfrac{1.00 \times 2.40 \times 10^3 \times \dfrac{1.00}{100}}{18.0} \times 8.31 \times 10^3 \times (1047 + 273)$$

$V = 0.182 \fallingdotseq 0.18$〔L〕　……（答）

キ. 0.85倍

ク. 式1の正反応の熱化学方程式を次のようにおく。

$$SO_2 \text{（気）} + 3H_2 \text{（気）} = H_2S \text{（気）} + 2H_2O \text{（気）} + Q \text{kJ}$$

各成分の生成熱および H_2O（液）の蒸発熱を表す熱化学方程式は次のとおり。

$$S \text{（固）} + O_2 \text{（気）} = SO_2 \text{（気）} + 296.9 \text{kJ} \quad \cdots\cdots \text{①}$$

$$H_2 \text{（気）} + S \text{（固）} = H_2S \text{（気）} + 20.2 \text{kJ} \quad \cdots\cdots \text{②}$$

$$H_2 \text{（気）} + \frac{1}{2} O_2 \text{（気）} = H_2O \text{（液）} + 285.8 \text{kJ} \quad \cdots\cdots \text{③}$$

$$H_2O \text{（液）} = H_2O \text{（気）} - 44.0 \text{kJ} \quad \cdots\cdots \text{④}$$

$-\text{①} + \text{②} + \text{③} \times 2 + \text{④} \times 2$ より

$$Q = -296.9 + 20.2 + 285.8 \times 2 - 44.0 \times 2 = 206.9 \text{〔kJ〕} \quad \cdots\cdots \text{（答）}$$

ケ. g. 発熱　h. 正　i. 増加　j. 逆

コ. 表3－1の値から，H_2S が少なく SO_2 が多いことがわかる。したがって，式1の正反応が進行しても SO_2 が残存しており，これが生成する H_2S と反応するため。

硫黄析出の反応式：$2H_2S + SO_2 \longrightarrow 3S + 2H_2O$

解　説

I. イ. 第一反応の終点時の pH は 0.10mol/L の $NaHCO_3$ 水溶液の pH に等しいから，こちらの pH を計算すればよい。

a・b. H_2CO_3 の二段階電離平衡の平衡定数は，それぞれ次のようになる。

$$K_1 = \frac{[H^+][HCO_3^-]}{[H_2CO_3]} \quad \cdots\cdots \text{①}$$

$$K_2 = \frac{[H^+][CO_3^{2-}]}{[HCO_3^-]} \quad \cdots\cdots \text{②}$$

c. 0.10mol/L の $NaHCO_3$ 水溶液では，まず次のように電離が生じる。

$$NaHCO_3 \longrightarrow Na^+ + HCO_3^-$$

このときの $[HCO_3^-]$ を $[HCO_3^-]_0$ と表すと，$[HCO_3^-]_0 = 0.10 \text{mol/L}$ とみなせる。

その後，一部の HCO_3^- は加水分解および電離により，それぞれ H_2CO_3 および CO_3^{2-} に変化する。したがって，次の関係が成り立つ。

$$[Na^+] = [H_2CO_3] + [HCO_3^-] + [CO_3^{2-}] = [HCO_3^-]_0 = 0.10 \text{mol/L} \quad \cdots\cdots \text{③}$$

d. 次に，水溶液は電気的に中性であり，CO_3^{2-} が2価の陰イオンであることに注意すると，次の関係が成り立つことがわかる。

$$[Na^+] + [H^+] = [HCO_3^-] + 2[CO_3^{2-}] + [OH^-]$$

また，題意より，$[Na^+] \gg [H^+]$，$[OH^-]$ であるので，上記の式は次のように近似することができる。

$[Na^+] = [HCO_3^-] + 2[CO_3^{2-}]$ （$=0.10\,mol/L$） ……④

e．式③，④より

$[H_2CO_3] = [CO_3^{2-}]$

一方，式①，②より

$$[H_2CO_3] = \frac{[H^+][HCO_3^-]}{K_1}$$

$$[CO_3^{2-}] = \frac{K_2[HCO_3^-]}{[H^+]}$$

したがって

$$\frac{[H^+][HCO_3^-]}{K_1} = \frac{K_2[HCO_3^-]}{[H^+]}$$

$$[H^+]^2 = K_1 K_2$$

$$[H^+] = \sqrt{K_1 K_2}$$

f．　$pH = -\log_{10}[H^+] = -\dfrac{1}{2}\log_{10}K_1 K_2 = -\dfrac{1}{2}(\log_{10}K_1 + \log_{10}K_2)$

$$= -\frac{1}{2}(-6.35 - 10.33) = 8.34$$

ウ．与えられたトロナ鉱石が含む Na_2CO_3（式量 106）および $NaHCO_3$（式量 84.0）の物質量を，それぞれ x〔mol〕，y〔mol〕とする。第一反応では，Na_2CO_3 と HCl の物質量は等しいから

$$x = \frac{1.00 \times 20.0}{1000} = 2.00 \times 10^{-2} \text{〔mol〕}$$

第二反応では，第一反応で生じた $NaHCO_3$ を中和するのに第一反応と同量の HCl が必要である。そのため，もともとトロナ鉱石に含まれていた $NaHCO_3$ の中和に用いられた HCl は，$40.0 - 20.0 = 20.0$〔mL〕である。

$$y = \frac{1.00 \times 20.0}{1000} = 2.00 \times 10^{-2} \text{〔mol〕}$$

したがって，このトロナ鉱石が含む水和水（$H_2O = 18.0$）の質量は

$$4.52 - (106 \times 2.00 \times 10^{-2} + 84.0 \times 2.00 \times 10^{-2}) = 0.72 \text{〔g〕}$$

よって，求める物質量の比は

$$x : y : H_2O = 2.00 \times 10^{-2} : 2.00 \times 10^{-2} : \frac{0.72}{18.0} = 1 : 1 : 2$$

エ．炭酸ナトリウムおよび炭酸水素ナトリウムは水溶液中で次のように電離する。

$$Na_2CO_3 \longrightarrow 2Na^+ + CO_3^{2-}$$

$$NaHCO_3 \longrightarrow Na^+ + HCO_3^-$$

問**ウ**より，トロナ鉱石中の Na_2CO_3，$NaHCO_3$ の物質量は等しいので，$[CO_3^{2-}] = [HCO_3^-]$ となる。したがって

$$K_2 = \frac{[\text{H}^+][\text{CO}_3{}^{2-}]}{[\text{HCO}_3{}^-]} = [\text{H}^+]$$

よって，水溶液の pH は

$$\text{pH} = -\log_{10}[\text{H}^+] = -\log_{10}K_2$$
$$= 10.33$$

オ． H_2CO_3，$\text{HCO}_3{}^-$，$\text{CO}_3{}^{2-}$ による緩衝作用を考えればよい。pH $=7$ 付近では，K_1，K_2 の電離定数より

$$K_1 = \frac{10^{-7} \times [\text{HCO}_3{}^-]}{[\text{H}_2\text{CO}_3]} = 10^{-6.35} \qquad [\text{HCO}_3{}^-] \fallingdotseq [\text{H}_2\text{CO}_3]$$

$$K_2 = \frac{10^{-7} \times [\text{CO}_3{}^{2-}]}{[\text{HCO}_3{}^-]} = 10^{-10.33} \qquad [\text{CO}_3{}^{2-}] \ll [\text{HCO}_3{}^-]$$

よって，比較的高濃度の $[\text{HCO}_3{}^-]$，$[\text{H}_2\text{CO}_3]$ をもとに，緩衝作用を説明すればよい。

Ⅱ．キ． 水蒸気が発生する前のマグマの体積は 1.00L であり，水蒸気が発生することでその体積は $1.00 + 0.18 = 1.18〔\text{L}〕$ になったとみなせる。水蒸気発生の前後でマグマ総体の質量は変化しないから，求める値は

$$\frac{1.00}{1.18} = 0.847 \fallingdotseq 0.85 \text{ 倍}$$

ケ． ルシャトリエの原理に基づいて考えればよい。

コ． 圧力の低下によって火山ガスが発生する状況では，H_2O（気）が多くなるので平衡は左に移動し，SO_2 が H_2S より多くなると考えられる。しかし，火山ガスが地表に噴出されると急激な温度低下が生じ，今度は式 1 の平衡が発熱反応の方向，すなわち右に移動することになり，H_2S の増加を招く。そのため SO_2 との反応により単体の硫黄が析出すると考えられる。

8

ポイント

ウ. 結晶構造が同じなので，イオン間の距離を比較する。

エ. 1mol の Al から $\frac{1}{2}$mol の Al_2O_3 が得られるので，Al 1mol のときのそれぞれの体積を求め，体積比を計算する。

カ. 反応物質を Al_2O_3 でなく $Al_2O_3 \cdot 3H_2O$ とする必要がある。

キ. シス形とトランス形が明確に区別されていればよい。H_2O は O 原子の側で配位している書き方でよい。

ケ. **ク**の半反応式が正しく書けていれば容易。

解答

ア. $Ca(OH)_2 + CO_2 \longrightarrow CaCO_3 + H_2O$

$CaCO_3 \longrightarrow CaO + CO_2$

イ. 0.48 nm

ウ. MgO

理由：与えられた結晶では，陰イオンは O^{2-} で共通であり，陽イオンはいずれも2価である。したがって，陽イオンの半径が小さいほどクーロン力が大きくイオン結合が強いと考えられる。

エ. 1.3

オ. アルミニウムのイオン化傾向はきわめて大きいので，水溶液中では Al^{3+} の還元反応よりも H_2O の還元反応が優先的に生じるため。

カ. $Al_2O_3 \cdot 3H_2O + 2NaOH \longrightarrow 2Na[Al(OH)_4]$

キ.

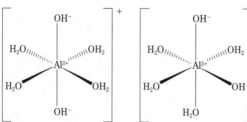

ク. $C + O^{2-} \longrightarrow CO + 2e^-$

$C + 2O^{2-} \longrightarrow CO_2 + 4e^-$

ケ. 発生した CO と CO_2 の物質量をそれぞれ x〔mol〕，y〔mol〕とすると

$$x + y = \frac{72.0 \times 10^3}{12.0}$$

また，陽極と陰極を通過した電子の物質量は等しい。陰極では

$$Al^{3+} + 3e^- \longrightarrow Al$$

の反応で Al が生成するので

$$2x + 4y = \frac{180 \times 10^3}{27.0} \times 3$$

この連立方程式を解くと

$$x = 2.00 \times 10^3 \,[\text{mol}], \quad y = 4.00 \times 10^3 \,[\text{mol}]$$

したがって，求める CO_2 の質量は，$CO_2 = 44.0$ より

$$4.00 \times 10^3 \times 44.0 \times 10^{-3} = 1.76 \times 10^2 \,[\text{kg}] \quad \cdots\cdots(\text{答})$$

解 説

ア. 白色沈殿は炭酸カルシウム $CaCO_3$ であり，その熱分解で酸化カルシウム（生石灰）CaO が生じる。アンモニアソーダ法で CO_2 を得るのに用いられる反応である。

イ. 単位格子の一辺の長さは陽イオンと陰イオンの直径の和に等しい。したがって，酸化物イオン O^{2-} の半径を $r_0\,[\text{nm}]$ とし，求める CaO の単位格子の一辺の長さを $x\,[\text{nm}]$ とすると

MgO について　　$(0.086 + r_0) \times 2 = 0.42$　　$\cdots\cdots$①

CaO について　　$(0.114 + r_0) \times 2 = x$　　　$\cdots\cdots$②

②−① より

$$x = 0.476 \doteqdot 0.48 \,[\text{nm}]$$

[別解] $r_0\,[\text{nm}]$ を求めてもよい。

$$(0.086 + r_0) \times 2 = 0.42$$

$$r_0 = 0.124 \,[\text{nm}]$$

よって，CaO の単位格子の一辺の長さは

$$(0.114 + 0.124) \times 2 = 0.476 \doteqdot 0.48 \,[\text{nm}]$$

ウ. 化学結合（イオン結合）の強さ（クーロン力）が大きいほど融点が高いと考えてよい。陽イオンのイオン半径が小さくても，結晶構造が異なると必ずしもイオン間のクーロン力が大きいとはいえないが，MgO，CaO，BaO のいずれもが NaCl 型の結晶構造をもつことが示されているので，そのことを考慮する必要はない。

エ. 1 mol の単体の Al とその酸化物 Al_2O_3 の体積を比較する。

1 mol の単体の体積は，表 2−2 より Al の単体の密度が $2.70\,\text{g/cm}^3$ であるから

$$\frac{27.0 \times 1}{2.70} = 10.0 \,[\text{cm}^3]$$

1 mol の Al から $\frac{1}{2}$ mol の Al_2O_3 が得られるので，得られる Al_2O_3 の質量は，$Al_2O_3 = 102.0$ より

$$102.0 \times \frac{1}{2} = 51.0 \, (g)$$

したがって，その体積は，表 2－1 より，Al_2O_3 の密度が $3.99 \, g/cm^3$ であるから

$$\frac{51.0}{3.99} = 12.7 \, (cm^3)$$

よって，求める体積比は

$$\frac{12.7}{10.0} = 1.27 \fallingdotseq 1.3$$

オ．金属のイオン化列は次のとおりである。

$$Li > K > Ca > Na > Mg > Al > Zn > Fe > Ni > Sn > Pb$$
$$(> H_2) > Cu > Hg > Ag > Pt > Au$$

Al のイオン化傾向がかなり大きいため，水溶液を電気分解すると，Al^{3+} ではなく，H_2O が還元されて，水素 H_2 が発生する。

$$2H_2O + 2e^- \longrightarrow H_2 + 2OH^-$$

カ．$Al_2O_3 \cdot 3H_2O$ は $2Al(OH)_3$ と考えることも可能であり，その場合には，水酸化物の沈殿である $2Al(OH)_3$ が過剰の $2NaOH$ によって再溶解する実験室的反応と同様の反応式となる。

$$2Al(OH)_3 + 2NaOH \longrightarrow 2Na[Al(OH)_4]$$
$$(Al(OH)_3 + NaOH \longrightarrow Na[Al(OH)_4])$$

キ．問題文に示されている $m + n = 6$ とは，この錯イオンは H_2O も含めて 6 配位であることを示している。また，その構造が正八面体であることは，同じく 6 配位の $[Fe(CN)_6]^{3-}$ などから予想したい。このような錯イオンには，2 つの OH^- が離れているトランス形と隣接しているシス形の 2 種類の幾何異性体が存在する。〔解答〕の左側がトランス形，右側がシス形である。

ク．陽極では酸化反応が起こっている。CO と CO_2 の発生は競争的に生じている。

ケ．炭素の消費量と Al の生成量の値から，消費された炭素の物質量と融解塩電解に用いられた電気量（電子の物質量）がわかる。これらから得られる連立方程式を解けばよい。

9

ポイント

I．イ． $K_a = \dfrac{[NH_3][H^+]}{[NH_4^+]}$ を変形し，K_b と比較する。

ウ． $t = 40$ 分では水溶液は NH_4Cl と NH_3 の緩衝液となっていることに気づくこと。

オ． $t = 80$ 分のときの水溶液に存在する物質（HCl，NH_3，$NaOH$）がそれぞれ何 mol か をつかみ，そこに NH_4Cl をある量溶解させたときの $[H^+]$ が 1.0×10^{-9} mol/L である と考えればよい。

Ⅱ．カ． CH_4 のような一般的な物質の状態図を考えればよい。体積の変化に注目してい るので，その変化の程度を正しく示す。

ク． 高圧下では分圧が高くなるので，反応速度が大きくなるということも記述する。

コ． いろいろな導き方が可能であるが，与えられている反応熱に関する熱化学方程式を正 しく書くことが必要である。

解　答

I．ア． もとの塩酸 HCl の物質量は，$9.0 \times 10^{-2} \times 2.0 = 1.8 \times 10^{-1}$〔mol〕であり，10 分間に溶け込んだ NH_3 の物質量は

$$\frac{1.0 \times 10^5 \times 0.20 \times 10}{8.3 \times 10^3 \times 300} = 8.03 \times 10^{-2} \text{〔mol〕}$$

また，$HCl + NH_3 \longrightarrow NH_4Cl$ であり，$t = 10$ 分では HCl に NH_4Cl が溶け込んだ状 態であるとみなせるので，水素イオン濃度 $[H^+]$ は未反応の HCl の電離によって 生じる H^+ の濃度に等しいと近似できる。したがって

$$[H^+] = \frac{1.8 \times 10^{-1} - 8.03 \times 10^{-2}}{2.0}$$

$$= 4.98 \times 10^{-2} \fallingdotseq 5.0 \times 10^{-2} \text{〔mol/L〕} \quad \cdots\cdots \text{（答）}$$

イ． 5.6×10^{-10} mol/L

ウ． 40 分間に溶け込んだ NH_3 の物質量は

$$\frac{1.0 \times 10^5 \times 0.20 \times 40}{8.3 \times 10^3 \times 300} = 3.21 \times 10^{-1} \text{〔mol〕}$$

この値はもとの HCl の物質量よりも多いので，HCl はすべて反応し，この時点で の水溶液は NH_4Cl と NH_3 の混合溶液とみなせる。したがって，NH_4Cl と NH_3 の 物質量は，それぞれ 1.8×10^{-1} mol，$3.21 \times 10^{-1} - 1.8 \times 10^{-1} = 1.41 \times 10^{-1}$〔mol〕で ある。

よって

$$[H^+] = K_a \times \frac{[NH_4^+]}{[NH_3]}$$

$$= \frac{1.0 \times 10^{-14}}{1.8 \times 10^{-5}} \times \frac{\dfrac{1.8 \times 10^{-1}}{2.0}}{\dfrac{1.41 \times 10^{-1}}{2.0}}$$

$$= 7.09 \times 10^{-10} \fallingdotseq 7.1 \times 10^{-10} \, \text{(mol/L)} \quad \cdots\cdots \text{(答)}$$

エ. (4)

オ. 1.2

Ⅱ. カ.

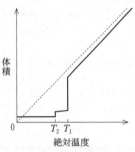

体積

0　　T_2　T_1

絶対温度

キ. $CH_4 + H_2O \longrightarrow CO + 3H_2$

ク. 高圧ほど反応物の分圧が大きいので反応速度が大きくなる。また，式1の正反応は総分子数が減少する反応であるから，高圧ほど平衡が右に偏るので，平衡状態でのメタノールの収率がよくなる。

ケ. 一酸化炭素：0.32 mol　メタノール：1.24 mol

コ. 求める反応熱を $Q \, \text{(kJ)}$ とし，式1に関する熱化学方程式を示すと次のようになる。

$$CO \, (気) + 2H_2 \, (気) = CH_3OH \, (気) + Q \, \text{kJ} \quad \cdots\cdots ①$$

$Q =$ $(CH_3OH \, (気)$ の生成熱$) -$ $(CO \, (気)$ の生成熱$)$ である。ここで，$CH_3OH \, (気)$ の生成熱 $Q_1 \, \text{(kJ/mol)}$ についての熱化学方程式を次のようにおく。

$$C \, (黒鉛) + 2H_2 \, (気) + \frac{1}{2} O_2 \, (気) = CH_3OH \, (気) + Q_1 \, \text{kJ} \quad \cdots\cdots ②$$

また，$CH_3OH \, (液)$ の燃焼および蒸発に関する熱化学方程式は，それぞれ次のようになる。

$$CH_3OH \, (液) + \frac{3}{2} O_2 \, (気) = CO_2 \, (気) + 2H_2O \, (液) + 726 \, \text{kJ} \quad \cdots\cdots ③$$

$$CH_3OH \, (気) = CH_3OH \, (液) + 38 \, \text{kJ} \quad \cdots\cdots ④$$

③ + ④ より

$$CH_3OH \, (気) + \frac{3}{2} O_2 \, (気) = CO_2 \, (気) + 2H_2O \, (液) + 764 \, \text{kJ} \quad \cdots\cdots ⑤$$

$764 =$ $(CO_2 \, (気)$ と $2H_2O \, (液)$ の生成熱の和$) -$ $(CH_3OH \, (気)$ の生成熱$)$ であり，$H_2O \, (液)$ の生成熱は $H_2 \, (気)$ の燃焼熱に等しいので

$$764 = (394 + 286 \times 2) - Q_1 \qquad Q_1 = 202 (kJ)$$

ゆえに

$$Q = Q_1 - 110 = 202 - 110 = 92 (kJ) \quad \cdots\cdots (答)$$

よって，式1のメタノール生成反応は　　発熱反応　……(答)

解　説

I．ア．強酸の塩酸 HCl に NH_4Cl が溶け込んだ状態では，NH_4^+ の加水分解反応

$$NH_4^+ + H_2O \rightleftarrows NH_3 + H_3O^+$$

の平衡は，HCl の電離による $[H^+]$ が大きいので左に偏っており，H_3O^+ はほとんど生じない。したがって，未反応の HCl の電離による H^+ のみを考えればよい。

イ．K_a，K_b，K_w を表す式はそれぞれ次のとおりである。

$$K_a = \frac{[NH_3][H^+]}{[NH_4^+]}, \quad K_b = \frac{[NH_4^+][OH^-]}{[NH_3]}, \quad K_w = [H^+][OH^-]$$

したがって

$$K_a = \frac{[NH_3][H^+]}{[NH_4^+]} = \frac{[NH_3]}{[NH_4^+][OH^-]} \times [H^+][OH^-] = \frac{K_w}{K_b}$$

$$= \frac{1.0 \times 10^{-14}}{1.8 \times 10^{-5}} = 5.55 \times 10^{-10} \fallingdotseq 5.6 \times 10^{-10} (mol/L)$$

ウ．$t = 40$ 分での水溶液は NH_4Cl と NH_3 による緩衝液となっている。したがって，$[H^+]$ を計算する際，NH_4^+ の加水分解と NH_3 の電離は無視してよい。

エ．ア．ウで求めた $[H^+]$ の値より，それぞれの pH はおよそ 1.3 と 9.2 である。したがって，(1)・(5)・(6)は不適である。

また，中和に達する時間を t 分とすると，このとき HCl と NH_3 の物質量は等しいから

$$1.8 \times 10^{-1} = \frac{1.0 \times 10^5 \times 0.20 \times t}{8.3 \times 10^3 \times 300} \qquad t = 22.4 \text{ 分}$$

これより，$t = 40$ 分あたりを中和点として pH が大きく変化している(2)は不適である。

$t = 40$ 分では，水溶液は NH_4Cl と NH_3 による緩衝液であり，$1.8 \times 10^{-1} mol$ の NH_4Cl が存在している。この後 NaOH を加えることで緩衝作用としての次のような反応が生じる。

$$NH_4Cl + NaOH \longrightarrow NaCl + NH_3 + H_2O$$

この反応が完了するまでは pH は大きく上昇しないが，それに要する時間を x 分とすると

$$\frac{1.0 \times 10 \times x}{1000} = 1.8 \times 10^{-1} \qquad x = 18 \text{ 分}$$

したがって，$t=40+18=58$ 分のとき NaOH の継続的な滴下による pH の大きな上昇が生じるので，(4)が最も適当である。

オ. $t=80$ 分に至るまでに加えられた HCl，NH$_3$，NaOH の物質量は

    HCl：1.8×10^{-1} mol

    NH$_3$：3.21×10^{-1} mol

    NaOH：$\dfrac{1.0 \times 10 \times 40}{1000} = 4.0 \times 10^{-1}$〔mol〕

したがって，NaOH は HCl を中和したのちも

    $4.0 \times 10^{-1} - 1.8 \times 10^{-1} = 2.2 \times 10^{-1}$〔mol〕

が未反応で残存しているとみなすことができる。

これに a〔mol〕の NH$_4$Cl を加えると，**エ**で示した緩衝作用としての反応

    NH$_4$Cl + NaOH $\longrightarrow$ NaCl + NH$_3$ + H$_2$O

によって，NH$_4$Cl は $a-2.2 \times 10^{-1}$ mol となり，NH$_3$ は $3.21 \times 10^{-1} + 2.2 \times 10^{-1}$
$=5.41 \times 10^{-1}$〔mol〕となる。

ゆえに，このときの水溶液の体積が 2.4L であることを考慮して

$$[\text{H}^+] = K_\text{a} \times \frac{[\text{NH}_4{}^+]}{[\text{NH}_3]} = \frac{1.0 \times 10^{-14}}{1.8 \times 10^{-5}} \times \frac{\dfrac{a-2.2 \times 10^{-1}}{2.4}}{\dfrac{5.41 \times 10^{-1}}{2.4}} = 1.0 \times 10^{-9}$$

    $a = 1.19 \fallingdotseq 1.2$〔mol〕

化合物がどのような順序で加えられようが，強酸と強塩基は優先的に中和反応し，過剰な方が未反応となって残存すると考えればよい。しかも，生成した塩 NaCl は加水分解を受けないから pH すなわち〔H$^+$〕に影響を与えない。また，上記の場合のように，ともに塩基である NaOH と NH$_3$ が残存する場合にはそれ以上の反応は生じないが，新たに NH$_4$Cl が加えられることによって，緩衝作用の反応が生じて，NH$_4{}^+$ と NH$_3$ がともに存在する状態になり，そのそれぞれの濃度によって〔H$^+$〕が決まることになる。

Ⅱ．**カ**．実在気体の温度を下げていくと，沸点近くになるほど分子間力の影響が大きくなり，体積は理想気体の値よりも小さくなる。そして，沸点 T_1 に達すると凝縮が始まり，全量が液体になるまで温度は変化せず，体積は気体状態よりも極端に小さくなる。さらに温度を下げていくと，分子間力がより強く作用するので，わずかに体積が減少して融点 T_2 で凝固が始まり，全量が固体になるまで温度は変化せず，凝固が完了した時点で体積は液体状態よりもわずかに小さくなる。その後，温度を下げ続けるとわずかに体積を減少させ続けるが，絶対零度においても体積が 0 になることはない。

なお，〔解答〕は上記の説明に基づいて描いたものであるが，例えば 1 気圧下での

水の場合，液体状態では 4℃ で最も体積が小さくなり，固体になると液体状態よりも体積が大きくなる。したがって，すべての物質について〔解答〕のグラフが当てはまるわけではない。

キ． メタンの水蒸気改質反応では，メタン CH_4 が還元剤，水 H_2O が酸化剤として作用している。H_2O の還元によって水素 H_2 が得られるので，きわめて有用な反応であり，燃料電池自動車などでの活用が期待されている。

ク． 工業的な合成反応では，反応速度を大きくすることと平衡状態での収率を上げることが大切である。ハーバー・ボッシュ法によるアンモニア合成反応も次のとおりであり，やはり高圧で行う方が有利である。

$$N_2 + 3H_2 \rightleftharpoons 2NH_3$$

実際問題としては，さらに反応温度の問題があり，高温ほど反応速度ははるかに大きくなるが，求める反応（正反応）が発熱反応である場合には，高温にすると平衡状態での収率が低下するため，装置の耐圧性能なども含めた総合的な検討をしたうえで反応条件を決めている。

ケ． 平衡状態で 0.24 mol の H_2 が残っていたから，反応した H_2 と CO および生成した CH_3OH は次のように計算できる。

反応した H_2 : $2.72 - 0.24 = 2.48$ 〔mol〕

反応した CO : $\dfrac{2.48}{2} = 1.24$ 〔mol〕

生成した CH_3OH : $\dfrac{2.48}{2} = 1.24$ 〔mol〕

したがって，各成分の平衡前後での物質量の変化は次のとおりである。

	CO	+ 2H_2	$\rightleftharpoons$ CH_3OH	
平衡前	1.56	2.72	0	〔mol〕
変化量	-1.24	-2.48	$+1.24$	〔mol〕
平衡時	0.32	0.24	1.24	〔mol〕

コ． 反応熱を求める場合，まず反応式上の反応物や生成物の生成熱との関係をどのように活用するかを考えるとよい。

（反応熱）＝（生成物の生成熱の和）－（反応物の生成熱の和）

また，本問では炭素，水素やメタノールの燃焼に関する反応熱が与えられていることから，次の 2 通りの反応経路およびその反応熱を考えることが大きなヒントになる。

（i）　単体の炭素 C（黒鉛），水素 H_2（気）が酸素 O_2（気）によって直接完全燃焼して CO_2（気）や H_2O（液）を生成する反応経路。

（ii）　炭素 C（黒鉛），水素 H_2（気），酸素 O_2（気）によってメタノール CH_3OH（気）や一酸化炭素 CO（気）を生成する反応経路を経たのちに，さらに燃焼により

CO_2（気）や H_2O（液）を生成する反応経路。

この(i)と(ii)の反応熱をヘスの法則を用いて考察することで，各反応熱（生成熱）の関係を理解することができる。

以上のことをエネルギー図で示すと次のようになる。

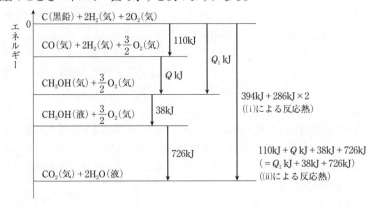

10

ポイント

Ⅰ．**ア**．この変化を正しく書けることが以下の問いを解く前提である。酸化数の変化に注目して導く。

イ．グラフ(6)で，1000 秒（または 500 秒）の所に注目すると，流れた電子の物質量が容易にわかる。これに基づき正しいグラフを示すことができる。

Ⅱ．**オ**．温度が同じであるからアンモニアの生成率は同じ。平衡に達する時間が短縮される。

キ．Q_1 と K_P を P を用いて表せば，大小関係がわかり判断できる。全圧が一定で，容積が変化することに注意が必要である。

解　答

Ⅰ．**ア**．正極：$PbO_2 + 4H^+ + SO_4{}^{2-} + 2e^- \longrightarrow PbSO_4 + 2H_2O$

　　　　　負極：$Pb + SO_4{}^{2-} \longrightarrow PbSO_4 + 2e^-$

イ．正極：(3)　負極：(2)

ウ．(i)酸素

(ii)　白金電極Bでの反応式は次のとおりである。

　　　$4OH^- \longrightarrow 2H_2O + O_2 + 4e^-$

　一方，電池全体の反応式は

　　　$PbO_2 + Pb + 2H_2SO_4 \longrightarrow 2PbSO_4 + 2H_2O$

したがって，電解液について，1mol の H_2SO_4 の消費につき 1mol の H_2O が生成し，このとき 1mol の電子 e^- が流れている。また，1000 秒間での電解液の減少質量は 0.320g であるから，この間に流れた電子 e^- の物質量は，$H_2SO_4 = 98.1$，$H_2O = 18.0$ より

$$\frac{0.320}{98.1 - 18.0} = \frac{0.320}{80.1} \text{[mol]}$$

流れた電子 e^- と発生した O_2 の物質量の比は $4 : 1$ だから，発生した O_2 は

$$\frac{0.320}{80.1} \times \frac{1}{4} = 9.98 \times 10^{-4} \fallingdotseq 1.0 \times 10^{-3} \text{[mol]} \quad \cdots\cdots \text{(答)}$$

(iii)　酸素の分圧は，$1.013 \times 10^5 - 4.3 \times 10^3 \text{[Pa]}$ である。よって，状態方程式を用いると，求める体積 $V \text{[L]}$ は

$$V = \frac{9.98 \times 10^{-4} \times 8.3 \times 10^3 \times 300}{1.013 \times 10^5 - 4.3 \times 10^3} = 0.0256 \fallingdotseq 2.6 \times 10^{-2} \text{[L]} \quad \cdots\cdots \text{(答)}$$

Ⅱ．**エ**．$a : a - 2$　$b : b - 1$

オ．(3)

カ. $0.40\,\mathrm{mol}$

キ. $Q_1 = \dfrac{25}{14P^2}$ $K_\mathrm{P} = \dfrac{49}{32P^2}$

説明：$Q_1 > K_\mathrm{P}$ であるから，$Q = K_\mathrm{P}$ となるために，Q_1 の分母にある N_2 や H_2 が増加し，分子にある NH_3 が減少する逆反応の方向に平衡は移動する。

解　説

Ⅰ．**ア**．正極では還元反応，負極では酸化反応が起こる。Pb 原子の酸化数の変化に注目するとよい。

イ．アで示した両電極での反応式をもとに考える。

$1\,\mathrm{mol}$ の電子 e^- が流れると，正極での変化 $PbO_2 \longrightarrow PbSO_4$ は，それぞれ $0.5\,\mathrm{mol}$ だから，$\dfrac{303.1 - 239}{2} \fallingdotseq 32\,〔\mathrm{g}〕$ 質量が増加する。

同じく，負極での変化 $Pb \longrightarrow PbSO_4$ は，それぞれ $0.5\,\mathrm{mol}$ だから，$\dfrac{303.1 - 207}{2} \fallingdotseq 48\,〔\mathrm{g}〕$ 質量が増加する。

これに対して，電解液の変化 $H_2SO_4 \longrightarrow H_2O$ は，それぞれ $1\,\mathrm{mol}$ だから，$98.1 - 18.0 = 80.1\,〔\mathrm{g}〕$ 質量が減少する。

図 $3-2$ の 1000 秒について見ると，電解液は $-0.320\,\mathrm{g}$ であるので，正極の変化 x 〔g〕は

$$-80.1 : 32 = -0.320 : x$$
$$x \fallingdotseq 0.13\,〔\mathrm{g}〕$$

同様に，負極の変化 y〔g〕は

$$-80.1 : 48 = -0.320 : y$$
$$y \fallingdotseq 0.19\,〔\mathrm{g}〕$$

よって，正極は(3)，負極は(2)の直線となる。

ウ．(i) 白金電極Bでの反応式は　$4OH^- \longrightarrow 2H_2O + O_2 + 4e^-$

(ii) 電池全体の反応式は

$$PbO_2 + Pb + 2H_2SO_4 \longrightarrow 2PbSO_4 + 2H_2O$$

で，各物質の物質量の比はよくわかるが，電子 e^- との物質量の比がわかりづらい。各電極での反応式から

$$PbO_2 : Pb : H_2SO_4 : e^- = 1 : 1 : 2 : 2$$

であることを理解しておくことが大切である。

さらに，白金電極Bでの反応式から，流れた電子 e^- と発生した O_2 の物質量の比は $4 : 1$ であることも重要である。

(iii) 混合気体（酸素と水蒸気）について，分圧の法則を用いてその体積 V を求め

ればよい。

Ⅱ．エ． ルシャトリエの原理で考える。

a．正反応は発熱反応であるから，平衡を右へ移動させるためには反応温度を低くすればよい。

b．正反応は総分子数が減少する反応であるから，平衡を右へ移動させるためには全圧を高くすればよい。

オ． 触媒は反応速度を大きくするが，平衡状態には影響を与えないので，(1)よりも速く(1)と同じ平衡状態に達している(3)が正しい。

カ． 容積と温度が一定のとき，各成分の分圧の比は物質量の比に等しいから，平衡時の水素 H_2 の物質量は

$$6.0 \times 0.9 = 5.4 \, [mol]$$

したがって，反応した H_2 の物質量は　　$6.0 - 5.4 = 0.6 \, [mol]$

一方，NH_3 の合成反応は，$N_2 + 3H_2 \longrightarrow 2NH_3$ であるから，生成した NH_3 は

$$0.6 \times \frac{2}{3} = 0.40 \, [mol]$$

キ． 実験 2 の平衡状態において，各成分の物質量の比は分圧の比に等しいから

$$P_A = \frac{4.0}{7.0}P, \quad P_B = \frac{2.0}{7.0}P, \quad P_C = \frac{1.0}{7.0}P$$

したがって，圧平衡定数 K_P は

$$K_P = \frac{(P_C)^2}{(P_A) \cdot (P_B)^3} = \frac{\left(\dfrac{1.0}{7.0}P\right)^2}{\left(\dfrac{4.0}{7.0}P\right) \times \left(\dfrac{2.0}{7.0}P\right)^3} = \frac{49}{32P^2}$$

N_2 を 3.0 mol 加えた直後の各成分の物質量は，N_2 が 7.0 mol，H_2 が 2.0 mol，NH_3 が 1.0 mol であり，総物質量は 10.0 mol である。分圧の比は物質量の比に等しいから，Q_1 は次のように表すことができる。

$$Q_1 = \frac{\left(\dfrac{1.0}{10.0}P\right)^2}{\left(\dfrac{7.0}{10.0}P\right) \times \left(\dfrac{2.0}{10.0}P\right)^3} = \frac{25}{14P^2}$$

反応物の N_2 を加えたにもかかわらず，平衡は N_2 が増加する逆反応の方向へ移動するのは，全圧が一定に保たれているからである。すなわち，N_2 を加えたことによって容積が増加して，H_2 や NH_3 の濃度が小さくなったのである。濃度の減少は，H_2 について 3 乗，NH_3 について 2 乗で影響してくる。その違いによって平衡は逆反応の方向へ移動する。

実験 1 のように，容積一定で N_2 を加えたのなら，N_2 の濃度のみ大きくなり，他の成分の濃度は変化しないから，平衡は明らかに正反応の方向へ移動する。

11

ポイント

I．**ウ．**銅酸化物に 2 種類あることはわかっていても，生成条件までは認識されていないかもしれない。ここでは質量が減少したことがヒントになる。

II．**キ．**$H_2S + I_2 \longrightarrow 2HI + S$ の反応式が与えられていないが，教科書レベルとして理解しておけば，酸化力が $I_2 > S$ であると判定できる。

シ．(1)の反応式は，水がある限り I_2 はすぐ消失することを意味する。

解　答

I．**ア．**$2CuSO_4 + 4KI \longrightarrow 2CuI + I_2 + 2K_2SO_4$

（または $2CuSO_4 + 5KI \longrightarrow 2CuI + KI_3 + 2K_2SO_4$）

イ．CuO

ウ．含まれる物質：酸化銅（I）と酸化銅（II）

理由：酸化銅（II）が酸化銅（I）に変化する反応が途中であるため。（30 字程度）

エ．硝酸には酸化作用があり，滴定結果に影響を与えるため。（30 字程度）

オ．実験 4 の結果を用いると，$I_2 = 254$ より，反応したヨウ素は $\dfrac{0.115}{254}$ mol，また，

$Na_2S_2O_3$ の物質量は $\dfrac{0.10 \times 9.0}{1000}$ mol だから，実験 5 で存在した I_2 の物質量は，反応物間の比例関係を用いて

$$\frac{\dfrac{0.115}{254}}{\dfrac{0.10 \times 9.0}{1000}} \times \frac{0.10 \times 24.0}{1000} = 1.20 \times 10^{-3} \fallingdotseq 1.2 \times 10^{-3} \,(mol) \quad \cdots\cdots(答)$$

カ．反応に関与する各物質の物質量の比は次のようになる。

$$CuO : I_2 : Na_2S_2O_3 = 2 : 1 : 2$$

また，固体 A に含まれている CuO の物質量は $1.20 \times 10^{-3} \times 2$ mol であるから，固体 A に含まれる Cu_2O の質量は，$CuO = 79.5$，$Cu_2O = 143.0$ より

$$0.30 - 1.20 \times 10^{-3} \times 2 \times 79.5 = 0.109 \,(g)$$

したがって，そこに含まれる Cu の物質量は

$$\frac{0.109}{143.0} \times 2 \,mol$$

よって，銅の含有率は

$$\left(1.20 \times 10^{-3} \times 2 + \frac{0.109}{143.0} \times 2 \right) \times 63.5 \times \frac{1}{0.30} \times 100$$

$=83.0 \fallingdotseq 83 \, [\%]$ ……(答)

Ⅱ．**キ**．$F_2 > O_2 > I_2 > S$

ク．HF は分子間で水素結合を生じるから。(20字程度)

ケ．$2F_2 + 2H_2O \longrightarrow 4HF + O_2$

コ．反応式：$MnO_2 + 4HCl \longrightarrow MnCl_2 + 2H_2O + Cl_2$

精製装置：フラスコを出た気体は，水を入れた洗気びんを潜らせて塩化水素を除去し，さらに濃硫酸を入れた洗気びんを潜らせて水蒸気を除去する。

捕集装置：下方置換で捕集する。

サ．与えられた炭化水素分子の二重結合の数を n 個とすると，その分子式は $C_{20}H_{42-2n}$ であり，分子量は $282.0 - 2n$ である。また，臭素付加の反応式は次のとおりである。

$$C_{20}H_{42-2n} + nBr_2 \longrightarrow C_{20}H_{42-2n}Br_{2n}$$

臭素付加物の分子量は $282.0 + 157.8n$ である。

したがって

$$\frac{282.0 + 157.8n}{282.0 - 2n} = \frac{33.3}{10.0} \qquad n = 3.9 \fallingdotseq 4 \quad \text{……(答)}$$

シ．エタノールに水分が含まれているため，電解によって生じた I_2 は，式(1)によって，H_2O が消費されるまでは HI に変化する。その間は，I_2 特有の色は観測されない。また，式(1)より I_2 と H_2O の物質量は等しい。

$$2I^- \longrightarrow I_2 + 2e^-$$

より，与えられたエタノールが含む H_2O の物質量は

$$\frac{100 \times 10^{-3} \times 120}{9.65 \times 10^4} \times \frac{1}{2} \, \text{mol}$$

$H_2O = 18.0$ だから，含水率は

$$\frac{100 \times 10^{-3} \times 120}{9.65 \times 10^4} \times \frac{1}{2} \times 18.0 \times \frac{1}{10.0 \times 0.789} \times 100$$

$$= 0.0141 \fallingdotseq 1.4 \times 10^{-2} \, [\%] \quad \text{……(答)}$$

解 説

Ⅰ．**ア**．この反応は酸化還元反応であり，反応物の物質量の比は $Cu^{2+} : I^- = 1 : 1$ であるが，生成物として CuI が生じるため，$CuSO_4$ と KI の係数は異なっている。

〔注〕 問題文に与えられた注1)で，生成する I_2 は I_3^- として存在するとあるので，$2CuSO_4 + 5KI \longrightarrow 2CuI + KI_3 + 2K_2SO_4$ も正解としている。

イ．Cu は空気中で酸化されるとき，1000℃以下では黒色の CuO を生じるが，1000℃以上では赤色の Cu_2O が生成する。

ウ．固体**A**では，CuO が Cu_2O に変化する途上にあり，両方の物質が存在している。

また，その変化は次のように表される。

$$4CuO \longrightarrow 2Cu_2O + O_2$$

そのため，図2−1では固体Aの質量がやや減少した状態にある。

エ. 固体Aが含むCuOによって，I^-が酸化されてI_2が生じる。しかし，硝酸を用いると，その酸化作用によっても，I^-が酸化されてI_2が生じるため，$Na_2S_2O_3$による酸化還元滴定が正確に行えなくなる。なお，Cu_2Oはこの酸化還元反応には関与しない。

オ. 次のようにして求めてもよい。

実験5での反応は，$I_2 + 2Na_2S_2O_3 \longrightarrow Na_2S_4O_6 + 2NaI$ だから，ヨウ素の物質量は

$$\frac{0.10 \times 24.0}{1000} \times \frac{1}{2} = 1.20 \times 10^{-3} \fallingdotseq 1.2 \times 10^{-3} \text{[mol]}$$

カ. 固体AにはCuOとCu_2Oが含まれている。そのうち，CuOだけがI^-と酸化還元反応をする。そのことを用いて，酸化還元滴定によりCuOとCu_2Oの物質量を求めるのである。

II. **キ.** 問題文中に示されているように，F_2はH_2O中のOを酸化することから，酸化力は$F_2 > O_2$である。次に，同じく問題文中にO_2がBr^-を酸化することが書いてあるから，酸化力は$O_2 > (Br_2 >) I_2$である。

さらに，問題文中にはないが，反応$H_2S + I_2 \longrightarrow 2HI + S$ が生じることから，酸化力は$I_2 > S$であることがわかる。

以上より，酸化力の大小関係は$F_2 > O_2 > I_2 > S$である。

〔注〕 ハロゲンの単体間の酸化力の強さは，$F_2 > Cl_2 > Br_2 > I_2$である。

ク. HFは分子間で水素結合を生じるから，他のハロゲン化水素と比較して沸点が高く，唯一弱酸である。

ケ. H_2O中のO原子は酸化されて単体O_2に変化している（F_2は還元されてHFに変化している）。

コ. MnO_2が酸化剤，HClが還元剤としてはたらく酸化還元反応である。精製装置，捕集装置の例を図示すると次のようになる。

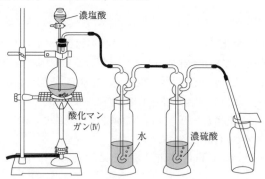

サ. 炭素数 20 の直鎖の飽和炭化水素（アルカン）の分子式は $C_{20}H_{42}$ である。二重結合が 1 つあると H の数は 2 個減少するから，二重結合が n 個あると，その分子式は $C_{20}H_{42-2n}$ になる。また，臭素の付加反応は次の反応式のとおりである。

$$C_{20}H_{42-2n} + nBr_2 \longrightarrow C_{20}H_{42-2n}Br_{2n}$$

分子量と質量は比例するから，〔解答〕の式が得られる。

シ. 電解によって陽極に生じる I_2 は，H_2O が存在する限り式(1)によって速やかに HI に変化する。そのため，H_2O が存在する間は I_2 特有の色は観測されない。本問では，100 mA の電流を流した 120 秒間がその間に相当する。

〔注〕　陽極の反応：$2I^- \longrightarrow I_2 + 2e^-$

12

ポイント

Ⅰ. **ウ**はアミド硫酸という見慣れない物質が用いられているが，構造式が示されているので計算は容易だろう。

Ⅱ. **コ**は「半透膜の両側で同じ分圧を示す」という条件から，反応箱中の A，B，C の濃度が $[A]=\dfrac{1}{V_A}$，$[B]=\dfrac{2}{V_B}$，$[C]=\dfrac{2}{V_C}$ であることに気づく必要がある。

解 答

Ⅰ. ア. 潮解

イ. $Ba(OH)_2 + Na_2CO_3 \longrightarrow BaCO_3 + 2NaOH$

　理由：水酸化ナトリウムは，空気中の二酸化炭素を速やかに吸収し炭酸ナトリウムを生じる。これを炭酸バリウムの沈殿として取り除くとともに，新たな炭酸ナトリウムの生成を防ぐために密栓をする。(50〜100 字程度)

ウ. 0.978 mol/L

エ. 4.7

オ. $2.4 \leqq pH \leqq 4.4$

カ. **エ**の結果より，酢酸の半量が中和された段階で pH が 4.7 であるので，中和点ではより大きい pH となる。よって，**オ**の結果より，中和点の pH は X の変色域を大きく超えていると考えられ，指示薬としては不適である。(50〜100 字程度)

Ⅱ. キ. 化学平衡の法則（質量作用の法則）

ク. 操作 1 終了後の非平衡状態では，始めの状態よりも A，B の濃度が高い。そのため，ルシャトリエの原理により，それらの濃度を減少させようとして，反応は右向きに進行した。(50〜100 字程度)

ケ. (ii)

　理由：(1)式の係数の関係から，操作 1 で反応箱に加えられた原子の種類と物質量は，操作 2 で反応箱から取り出されたそれらに等しい。よって，反応箱の原子の種類と物質量も変化がなく，始めの状態と同じ状態に戻るため。(50〜100 字程度)

コ. **ケ**で示されたように，始めの状態と操作 2 が終了した状態での反応箱中の A，B，C のモル濃度は等しい。さらに，シリンダ **A**，**B**，**C** における各成分の圧力が反応箱中のそれらの分圧に等しいから，モル濃度も等しい。

　よって，$[A]=\dfrac{1}{V_A}$，$[B]=\dfrac{2}{V_B}$，$[C]=\dfrac{2}{V_C}$ より

$$K = \frac{[C]^2}{[A][B]^2} = \frac{\left(\dfrac{2}{V_C}\right)^2}{\left(\dfrac{1}{V_A}\right)\left(\dfrac{2}{V_B}\right)^2} \qquad \therefore \quad V_C = \sqrt{\frac{V_A V_B{}^2}{K}} \quad \cdots\cdots(答)$$

サ. 発熱反応

理由：ルシャトリエの原理より，温度を上昇させると吸熱反応側に平衡が移動する
ため，正反応は発熱反応である。（50 字以内）

解　説

Ⅰ. ア. 空気中の水分を吸収することによって表面が濡れてくる。さらには，吸収し
た水に溶けて水溶液になる。

イ. 水酸化ナトリウムは，空気中の二酸化炭素と反応して炭酸ナトリウムを生じる。

$$2NaOH + CO_2 \longrightarrow Na_2CO_3 + H_2O$$

炭酸バリウムの溶解度は極めて小さいので，生じた炭酸イオンの除去に適している。
密栓をするのは，新たに空気中の二酸化炭素が溶け込むことを防ぐためである。

ウ. アミド硫酸 HSO_3NH_2 水溶液と $NaOH$ 水溶液の中和反応は次のとおり。

$$HSO_3NH_2 + NaOH \longrightarrow NaSO_3NH_2 + H_2O$$

求める $NaOH$ 水溶液の濃度を x〔mol/L〕とすると，$HSO_3NH_2 = 97.1$ より

$$\frac{1.444}{97.1} = x \times \frac{15.20}{1000} \qquad \therefore \quad x = 0.9783 \fallingdotseq 0.978 〔mol/L〕$$

エ. $NaOH$ 水溶液と CH_3COOH 水溶液の中和反応は次のとおり。

$$CH_3COOH + NaOH \longrightarrow CH_3COONa + H_2O$$

20 mL で中和点に達するので，10 mL の $NaOH$ 水溶液を加えたとき，中和反応が
半分完了したことになる。このとき生じた酢酸ナトリウムは酢酸イオンとナトリウ
ムイオンに完全に電離し，未反応の酢酸はほとんど電離しないので，$[CH_3COOH]$
$\fallingdotseq [CH_3COO^-]$ と近似できる。

よって，酢酸の電離定数 K について

$$K = \frac{[CH_3COO^-][H^+]}{[CH_3COOH]} \fallingdotseq [H^+]$$

$$\begin{aligned}
pH &= -\log[H^+] = -\log K \\
&= -\log(1.8 \times 10^{-5}) = -\log(18 \times 10^{-6}) \\
&= 6 - \log(2 \times 3^2) = 6 - (\log 2 + 2\log 3) \\
&= 6 - (0.30 + 2 \times 0.48) = 4.74 \fallingdotseq 4.7
\end{aligned}$$

オ. 指示薬 X の電離定数 K_a は次のようになる。

$$K_a = \frac{[H^+][A^-]}{[HA]} = 4.0 \times 10^{-4}$$

$\dfrac{[\text{A}^-]}{[\text{HA}]}=0.1$ のとき：

$$K_{\text{a}}=\dfrac{[\text{H}^+]}{10}=4.0\times10^{-4} \quad \therefore \quad [\text{H}^+]=4.0\times10^{-3}\,\text{(mol/L)}$$

$$\text{pH}=-\log[\text{H}^+]=-\log(4.0\times10^{-3})=3-2\log2$$
$$=3-(2\times0.30)=2.4$$

$\dfrac{[\text{A}^-]}{[\text{HA}]}=10$ のとき：

$$K_{\text{a}}=[\text{H}^+]\times10=4.0\times10^{-4} \quad \therefore \quad [\text{H}^+]=4.0\times10^{-5}\,\text{(mol/L)}$$

$$\text{pH}=-\log[\text{H}^+]=-\log(4.0\times10^{-5})=5-2\log2$$
$$=5-(2\times0.30)=4.4$$

よって，色調の変化が肉眼でわかる pH の値の範囲は $2.4\leqq\text{pH}\leqq4.4$ となる。

カ．指示薬Xの変色域は酸性側にある。一方，与えられた中和反応は，弱酸と強塩基の組み合わせであるから，中和点は塩基性側にある。よって，指示薬として用いることができない。

Ⅱ．**ク**．「可逆反応が平衡状態にあるとき，その条件を変化させると，変化の影響を和らげる方向に平衡が移動する」というルシャトリエの原理より，1 mol のAと 2 mol のBが反応箱に加えられると，AとBの濃度が一時的に上昇するので，平衡はそれらが減少する方向，すなわち正反応の方向へ移動する。

ケ．操作1によって反応箱に加えられた分子A，Bの構成原子の種類とその物質量（または原子数）は，操作2によって反応箱から取り去られた分子Cの構成原子の種類とその物質量に等しい。すなわち，始めの状態と操作2終了後の状態の反応箱における構成原子の種類とその物質量は等しい。さらに，反応箱の体積は一定であるから，始めの状態と操作2終了後の平衡状態は全く同じ条件のもとに形成されており，両状態におけるA，B，Cの濃度は同一でなければならない。

コ．分圧が等しいとモル濃度も等しいことは次のように示される。
反応箱の体積を V，Aの分圧を P_{A}，物質量を n，温度を T，気体定数を R とすると，気体の状態方程式は

$$P_{\text{A}}V=nRT \quad \text{これより} \quad [\text{A}]=\dfrac{n}{V}=\dfrac{P_{\text{A}}}{RT}$$

一方，シリンダ**A**について

$$P_{\text{A}}V_{\text{A}}=1\times RT \quad \text{これより} \quad [\text{A}]=\dfrac{1}{V_{\text{A}}}=\dfrac{P_{\text{A}}}{RT}$$

よって，両者のモル濃度は等しい。分子B，Cについても同様である。

サ．ルシャトリエの原理より，高温にすると平衡は吸熱反応の方向へ移動する。よって，正反応が発熱反応，逆反応が吸熱反応である。

13

ポイント

Ⅰ．**オ・カ**は普段の実験への取り組み方で差がつくかもしれないが，そのほかの問題は，量的な関係に気をつければ解答できるだろう。

Ⅱ．**ク**は水の蒸発にともない，NaCl が析出することをどのように扱うかがポイントである。溶解度はあくまでも水 100g に対する値であることに注意すること。**サ**は式(3)と陽極の反応から導いた熱化学方程式を，与えられた熱化学方程式から導けることに気づけるかどうかである。

解 答

Ⅰ．**ア**．手順1：ホールピペット　手順5：ビュレット

イ．$2KMnO_4 + 5H_2C_2O_4 + 3H_2SO_4 \longrightarrow K_2SO_4 + 2MnSO_4 + 10CO_2 + 8H_2O$

ウ．無色からわずかに赤紫色になる。(20 字以内)

エ．447mg

オ．洗浄が過剰だと沈殿の一部が洗浄水に溶け出してしまうため。(30 字以内)

カ．洗浄が不十分だと未反応のシュウ酸イオンが沈殿に付着するため。(30 字以内)

Ⅱ．**キ**．ⅰ. 2　ⅱ. 1　ⅲ. 2　ⅳ. 1　ⅴ. 2　ⅵ. 2　ⅶ. 4　ⅷ. 4

　　A. Cl^-　B. Cl_2　C. H_2O　D. H_2　E. Na^+　F. H_2O

ク．599g

ケ．45.6 %

コ．物質名：次亜塩素酸ナトリウム

　　反応式：$2NaOH + Cl_2 \longrightarrow NaClO + NaCl + H_2O$

サ．$4NaCl + O_2 + 2H_2O$ (液) $= 4NaOH + 2Cl_2 - 320 kJ$

解 説

Ⅰ．**ア**．手順1：一定体積の液体を量りとるにはホールピペットを用いる。

手順5：滴定には滴下量が測定できるビュレットを用いる。

イ．手順4で $CaC_2O_4 + H_2SO_4 \longrightarrow Ca^{2+} + SO_4^{2-} + H_2C_2O_4$ の反応が起こる。この反応は弱酸遊離の反応である。また，$CaSO_4$ は水に溶けにくいが，低濃度なので溶解し電離していると考えられる。生成したシュウ酸 $H_2C_2O_4$ は還元剤であるので，$KMnO_4$ と次のような酸化還元反応を起こす。

$$H_2C_2O_4 \longrightarrow 2H^+ + 2CO_2 + 2e^- \quad \cdots\cdots①$$

$$MnO_4^- + 8H^+ + 5e^- \longrightarrow Mn^{2+} + 4H_2O \quad \cdots\cdots②$$

①×5+②×2 より

$$2MnO_4^- + 5H_2C_2O_4 + 6H^+ \longrightarrow 2Mn^{2+} + 10CO_2 + 8H_2O$$

この式の両辺に $2K^+$ と $3SO_4^{2-}$ を加えて整理すると，〔解答〕の反応式となる。

ウ. シュウ酸水溶液は無色であるが，MnO_4^- は赤紫色である。また，反応によって生じる Mn^{2+} はうすい桃色であるが，低濃度ではほとんど無色である。終点では，MnO_4^- の色がわずかに残る。

エ. 1回目の実験は不正確なので除外して，2～5回目の滴定値の平均値を用いる。

$$(4.47 + 4.45 + 4.44 + 4.48) \times \frac{1}{4} = 4.46 \,\text{[mL]}$$

求める質量を x〔mg〕とすると，Ca^{2+} と $H_2C_2O_4$ の物質量は等しく，過不足なく反応する $KMnO_4$ と $H_2C_2O_4$ の物質量の比は $2:5$ であるので

$$x \times 10^{-3} \times \frac{10.00}{1.00 \times 10^3} \times \frac{1}{40.1} \times 2 = \frac{1.00 \times 10^{-2} \times 4.46}{1000} \times 5$$

$$\therefore \quad x = 447.1 \fallingdotseq 447 \,\text{[mg]}$$

オ. CaC_2O_4 は極めて水に溶けにくいが，過剰の水で洗浄すると少しずつ溶け出してしまう。また，冷水でなく温水を用いると沈殿が溶けやすくなることを述べてもよい。

カ. 反応水溶液中には未反応の $C_2O_4^{2-}$ が多量に存在する。この $C_2O_4^{2-}$ は沈殿に付着したままろ過される。よって，洗浄が不十分だとこの未反応の $C_2O_4^{2-}$ が硫酸水溶液に加えられ滴定値は真の値よりも大きくなる。

Ⅱ. キ. 反応式(1)～(3)は次のとおりである。

(1) $2Cl^- \longrightarrow Cl_2 + 2e^-$ ……陽極での酸化反応

(2) $2H_2O + 2e^- \longrightarrow H_2 + 2OH^-$ ……陰極での還元反応

　　（NaCl 水溶液は中性なので，H^+ が還元される反応式は不適）

(3) $O_2 + 2H_2O + 4e^- \longrightarrow 4OH^-$ ……陰極での還元反応

　　（陰極付近の溶液は中性～塩基性へと変化するので，$O_2 + 2H^+ + 4e^- \longrightarrow 2OH^-$ は不適）

ク. 水の蒸発前後の各成分の質量を次のように考える。

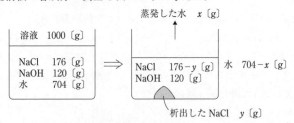

蒸発後の水溶液は NaOH の飽和水溶液であるから，x〔g〕の水が蒸発したとして，水と NaOH の質量の比を用いると

$$\frac{120}{704-x}=\frac{114}{100} \qquad \therefore \quad x=598.7 \fallingdotseq 599 \, [\,g\,]$$

ケ．蒸発後の水溶液は NaCl の飽和水溶液であるので，$y\,[\,g\,]$ の NaCl が析出したとして，水と NaCl の質量の比を用いると

$$\frac{176-y}{704-598.7}=\frac{35.9}{100} \qquad \therefore \quad y=138.1\,[\,g\,]$$

よって，NaOH の質量パーセント濃度は

$$\frac{120}{1000-(598.7+138.1)}\times100=45.59 \fallingdotseq 45.6\,[\,\%\,]$$

〔**別解**〕　濃縮後の水溶液は NaCl と NaOH の飽和水溶液である。水 100 g に NaCl が 35.9 g，NaOH が 114 g 溶解していると考えられる。

よって，NaOH の質量パーセント濃度は

$$\frac{114}{100+35.9+114}\times100=45.61 \fallingdotseq 45.6\,[\,\%\,]$$

コ．陰極で生じた NaOH はイオン交換膜の亀裂を通して陽極側へ入り，発生した Cl_2 と反応する。この反応の反応式は Cl_2 が H_2O と反応して生じた HCl と HClO が，NaOH と反応すると考えてつくることができる。

サ．陰極での反応：$O_2+2H_2O+4e^- \longrightarrow 4OH^-$ ……①

　　陽極での反応：$2Cl^- \longrightarrow Cl_2+2e^-$ ……②

①＋②×2 より

　　$O_2+2H_2O+4Cl^- \longrightarrow 2Cl_2+4OH^-$

両辺に $4Na^+$ を加えると

　　$4NaCl+O_2+2H_2O \longrightarrow 4NaOH+2Cl_2$

この反応の反応熱を $Q\,[\,kJ\,]$ とすると

　　$4NaCl+O_2+2H_2O\,(液)=4NaOH+2Cl_2+Q\,[\,kJ\,]$

次に，与えられた熱化学方程式を上から③，④とする。

③×2＋④×4 より

　　$4NaCl+O_2+2H_2O\,(液)=4NaOH+2Cl_2+\{286\times2+(-223)\times4\}\,[\,kJ\,]$

よって　　$Q=286\times2+(-223)\times4=-320\,[\,kJ\,]$

14

ポイント

Ⅰ．メタンハイドレートは目新しい素材であるが，熱化学方程式と量的関係がしっかりできていれば解けるだろう。**エ**は蒸気圧の扱いがポイントである。

Ⅱ．**オ**の(a)～(d)を問題文にしたがって正しく解答していれば，**カ**は導出できる。$v_1 = v_4$ であることに気づけるかどうかがポイントである。

解　答

Ⅰ．**ア**．メタンハイドレートの形成は，エネルギーが低下する発熱反応であり，気体の分子数も減少する。よって，ルシャトリエの原理より，低温・高圧ほど生成物がより多く得られる。(80 字)

イ．メタンハイドレートの燃焼の熱化学方程式を

$$4CH_4 \cdot 23H_2O (固) + 8O_2 (気) = 4CO_2 (気) + 31H_2O (液) + Q [kJ]$$

とおく。

与えられた熱化学方程式について，$(1)-(2)\times4+(3)\times4+(4)\times8$ より

$$4CH_4 \cdot 23H_2O (固) + 8O_2 (気)$$
$$= 4CO_2 (気) + 31H_2O (液) + (Q_1 - 4Q_2 + 4Q_3 + 8Q_4) [kJ] \quad \cdots\cdots(答)$$

ウ．$4CH_4 \cdot 23H_2O = 478.0$，$4CH_4 \cdot 23H_2O + 8O_2 \longrightarrow 4CO_2 + 31H_2O$ であるから

$$\frac{1.0 \times 0.91}{478.0} \times 31 = 5.90 \times 10^{-2} \fallingdotseq 5.9 \times 10^{-2} [mol] \quad \cdots\cdots(答)$$

エ．燃焼前の O_2 の物質量を $n [mol]$ とすると，気体の状態方程式より

$$5.1 \times 10^4 \times 1.0 \times 10^3 \times 10^{-6} = n \times 8.3 \times 273$$
$$\therefore \quad n = 2.25 \times 10^{-2} [mol]$$

また，与えられたメタンハイドレートの完全燃焼に必要な O_2，生成する CO_2 の物質量は，それぞれ次のようになる。

$$O_2 : \frac{1.0 \times 0.91}{478.0} \times 8 = 1.52 \times 10^{-2} [mol]$$

$$CO_2 : \frac{1.0 \times 0.91}{478.0} \times 4 = 7.61 \times 10^{-3} [mol]$$

以上より，完全燃焼後の O_2, CO_2, H_2O の物質量は

$$O_2 : 2.25 \times 10^{-2} - 1.52 \times 10^{-2} = 0.73 \times 10^{-2} [mol]$$
$$CO_2 : 7.61 \times 10^{-3} [mol]$$
$$H_2O : 5.90 \times 10^{-2} [mol]$$

ここで，O_2 と CO_2 の分圧の和を $P [Pa]$ とすると

$$P \times 1.0 \times 10^3 \times 10^{-6} = (0.73 \times 10^{-2} + 7.61 \times 10^{-3}) \times 8.3 \times 300$$

$$\therefore \quad P = 3.71 \times 10^4 \, [Pa]$$

一方，生成した H_2O がすべて気体になったとすると，その圧力 P_{H_2O} [Pa] は

$$P_{H_2O} \times 1.0 \times 10^3 \times 10^{-6} = 5.90 \times 10^{-2} \times 8.3 \times 300$$

$$\therefore \quad P_{H_2O} = 1.46 \times 10^5 \, [Pa]$$

これは27℃での水の飽和蒸気圧 3.5×10^3 Pa より大きいので，水の一部は液体のままである。

ゆえに，全圧は

$$3.71 \times 10^4 + 3.5 \times 10^3 = 4.06 \times 10^4 \fallingdotseq 4.1 \times 10^4 \, [Pa] \quad \cdots\cdots (答)$$

II．オ． (a)$k_1[E][S]$　(b)$k_2[E \cdot S]$　(c)$k_3[E \cdot S]$　(d)$(k_2 + k_3)[E \cdot S]$

カ． 題意より，$v_1 = v_4$ と考えられるので

$$k_1[E][S] = (k_2 + k_3)[E \cdot S]$$

ここで，$[E]_T = [E] + [E \cdot S]$ であるから

$$[E] = [E]_T - [E \cdot S]$$

よって

$$k_1([E]_T - [E \cdot S])[S] = (k_2 + k_3)[E \cdot S]$$

これより

$$[E \cdot S] = \frac{k_1[E]_T[S]}{k_2 + k_3 + k_1[S]}$$

ゆえに

$$v_2 = k_2[E \cdot S] = \frac{k_1 k_2 [E]_T[S]}{k_2 + k_3 + k_1[S]}$$

分母分子を k_1 で割ると

$$v_2 = \frac{k_2[E]_T[S]}{\dfrac{k_2 + k_3}{k_1} + [S]} = \frac{k_2[E]_T[S]}{K + [S]}$$

キ． (A)

理由：$K \gg [S]$ であるから，$K + [S] \fallingdotseq K$ と近似できる。

よって　　$v_2 = \dfrac{k_2[E]_T[S]}{K + [S]} \fallingdotseq \dfrac{k_2[E]_T[S]}{K}$

$\dfrac{k_2[E]_T}{K}$ は一定値なので，v_2 は $[S]$ にほぼ比例する。

ク． (D)

理由：$K \ll [S]$ であるから，$K + [S] \fallingdotseq [S]$ と近似できる。

よって　　$v_2 = \dfrac{k_2[E]_T[S]}{K + [S]} \fallingdotseq \dfrac{k_2[E]_T[S]}{[S]} = k_2[E]_T$

$k_2[E]_T$ は一定値なので，v_2 は $[S]$ によらずほぼ一定値となる。

解　説

I．ア． $4CH_4$（気）$+23H_2O$（液）$=4CH_4 \cdot 23H_2O$（固）$+Q$〔kJ〕とすると，題意より，正反応は全体としてエネルギーが低下することから，$Q>0$ と考えられる。また，正反応は，気体と液体から固体への変化であるから体積は減少する。

よって，低温で高圧にするほど平衡は右へ偏り，メタンハイドレートの生成に有利である。

ウ． $4CH_4 \cdot 23H_2O$ 中の $23H_2O$ も燃焼後は水として存在することを考慮すること。

エ． 密閉容器が飽和水蒸気で満たされたときの水蒸気の物質量を n〔mol〕とすると

$$3.5 \times 10^3 \times 1.0 \times 10^3 \times 10^{-6} = n \times 8.3 \times 300$$

$$\therefore \quad n = 1.40 \times 10^{-3} \text{〔mol〕}$$

一方，生成する H_2O の物質量は，5.90×10^{-2} mol であるから，明らかに H_2O の一部は液体として存在する。

II．オ． 式(1)〜(3)は酵素反応の素反応と呼ばれ，各反応式によってそれぞれの速度式は決まる。

$$v_1 = k_1[\text{E}][\text{S}], \quad v_2 = k_2[\text{E} \cdot \text{S}], \quad v_3 = k_3[\text{E} \cdot \text{S}]$$

$$v_4 = v_2 + v_3 = (k_2 + k_3)[\text{E} \cdot \text{S}]$$

カ． E·S の生成速度 v_1 と E·S の分解速度 v_4 が等しいとき平衡に達し，[E·S] は一定となる。よって，$k_1[\text{E}][\text{S}] = (k_2 + k_3)[\text{E} \cdot \text{S}]$ を得る。

キ・ク． 近似計算をすることに気づくことである。

15

ポイント

Ⅰ．COD の測定は水質検査の一つとして行われるが，化学変化の観点から見るとやや複雑である。したがって，化学変化を正しくとらえることが必要。**ウ**の問は電子を含んだイオン反応式（半反応式）が書ければ対応がつかめる。

Ⅱ．**オ**の化学反応式を作るのがやや戸惑うところであるが，Al_2O_3 が両性酸化物であること，CO_2 が中和剤として働いていることがわかれば導ける。**ク**は，電気量［C］× 電圧［V］＝ エネルギー［J］の関係を知らなければ解けない。物理に関する基礎的な知識も身に付けておくこと。

解答

Ⅰ．**ア**．試料水中の塩化物イオンが過マンガン酸カリウムによって酸化されるので，COD の値が実際より大きくなる。(50 字程度)

イ．$2KMnO_4 + 5H_2C_2O_4 + 3H_2SO_4 \longrightarrow K_2SO_4 + 2MnSO_4 + 8H_2O + 10CO_2$

ウ．過マンガン酸カリウムの物質量は

$$4.80 \times 10^{-3} \, mol/L \times 1.0 \times 10^{-3} \, L = 4.80 \times 10^{-6} \, mol$$

過マンガン酸カリウムは，酸化剤として次式のように反応する。

$$MnO_4^- + 8H^+ + 5e^- \longrightarrow Mn^{2+} + 4H_2O$$

したがって，$4.80 \times 10^{-6} \, mol$ の過マンガン酸カリウムは $2.40 \times 10^{-5} \, mol$ の電子を受け取ることができる。一方，O_2 は酸化剤として次式のように反応する。

$$O_2 + 4H^+ + 4e^- \longrightarrow 2H_2O$$

したがって，$1 \, mol$ の O_2 は $4 \, mol$ の電子を受け取ることができる。求める O_2 の質量を x〔mg〕とすると，$O_2 = 32.0$ であるので

$$\frac{x}{32.0 \, g/mol} \times 4 = 2.40 \times 10^{-5} \, mol$$

$$\therefore \quad x = 1.92 \times 10^{-4} \, g \fallingdotseq 1.9 \times 10^{-1} \, mg$$

よって，$1.9 \times 10^{-1} \, mg$ の O_2 に相当する。

エ．操作5の比較実験と，**ウ**より

$$4.80 \times 10^{-3} \, mol/L \times (3.11 - 0.51) \times 10^{-3} \, L \times \frac{1.92 \times 10^{-1} \, mg}{4.80 \times 10^{-6} \, mol} \times \frac{1000}{100.0} \, L^{-1}$$

$$= 4.99 \, mg/L \fallingdotseq 5.0 \, mg/L \quad \cdots\cdots(答)$$

Ⅱ．**オ**．

n_A	A	n_B	B	n_C	C	n_D	D
2	NaOH	2	$Na[Al(OH)_4]$	1	CO_2	1	Na_2CO_3

カ. アルミニウムはイオン化傾向が大きく，水溶液を電気分解しても水の還元が優先して起こり，水素が発生するため。(50字程度)

キ. $Al^{3+} + 3e^- \longrightarrow Al$ の反応でアルミニウムが得られるので

$$9.65 \times 10^4\,C/mol \times \frac{1.00 \times 10^3\,g}{27.0\,g/mol} \times 3 = 1.07 \times 10^7\,C \fallingdotseq 1.1 \times 10^7\,C$$

……(答)

ク. 電気量 [C] × 電圧 [V] ＝ エネルギー [J] の関係より

$$\frac{1.07 \times 10^7\,C \times 4.50\,V \times 10^{-3}}{3600\,kJ/kWh} = 13.3\,kWh \fallingdotseq 1.3 \times 10\,kWh \quad ……(答)$$

ケ. アルミニウムは銅よりも，原子量が小さく，イオンの価数が大きく，さらにイオン化傾向が大きいため，必要な電力量は大きくなる。(60字程度)

解　説

I . ア. 試料水中に Cl^- が含まれていると，次のような反応が起こり MnO_4^- が消費される。

$$10\,Cl^- + 2MnO_4^- + 16H^+ \longrightarrow 2Mn^{2+} + 8H_2O + 5Cl_2$$

つまり，試料水に余分な還元剤が入っていることになり，操作4での酸化還元滴定で，$KMnO_4$が実際より多く用いられ，COD の値が大きくなるのである。

イ. 酸化剤：$MnO_4^- + 8H^+ + 5e^- \longrightarrow Mn^{2+} + 4H_2O$　……①

還元剤：$H_2C_2O_4 \longrightarrow 2H^+ + 2CO_2 + 2e^-$　　　　　　……②

① × 2 ＋ ② × 5より e^- を消去すると，イオン反応式が得られる。

$$2MnO_4^- + 5H_2C_2O_4 + 6H^+ \longrightarrow 2Mn^{2+} + 8H_2O + 10CO_2$$

両辺に $2K^+$，$3SO_4^{2-}$ を加えて整理すると化学反応式になる。

$$2KMnO_4 + 5H_2C_2O_4 + 3H_2SO_4 \longrightarrow K_2SO_4 + 2MnSO_4 + 8H_2O + 10CO_2$$

エ. COD の測定において，$KMnO_4$ の一部が加熱により分解したり，$Na_2C_2O_4$ 水溶液の濃度が不明確であったりする場合がある。そこで正確な COD を求めるには，純粋な水について操作1〜4と同じ実験を同じ試薬を使って行う。この実験をブランクテストという。ここで，試料水で生じる誤差と同じ誤差が純粋な水でも起こるので，$KMnO_4$ 水溶液の正確な滴定値は，試料水と純粋な水の場合の差となる。

なお，COD は試料1L 当たりに必要な O_2 の mg なので，1L 当たりに換算するのを忘れないこと。

II . オ. Al_2O_3 は両性酸化物であるから，NaOH 水溶液と反応し，テトラヒドロキソアルミン酸ナトリウム $Na[Al(OH)_4]$ になる。この水溶液に CO_2 を吹き込んだときの反応は次のように考えればよい。

$$CO_2 + H_2O \longrightarrow H_2CO_3 \longrightarrow 2H^+ + CO_3^{2-}$$

$$[Al(OH)_4]^- + H^+ \longrightarrow Al(OH)_3 + H_2O$$

この 2 式より

$$2[Al(OH)_4]^- + CO_2 \longrightarrow 2Al(OH)_3 + CO_3^{2-} + H_2O$$

両辺 $2Na^+$ を加えて，整理すると化学反応式が得られる。CO_2 は反応液の pH により HCO_3^- に変化することもある。本問では両辺の H の数を比較することで，CO_3^{2-} に変化していると考えられる。

カ．Al のイオン化傾向が大きいため，陰極で水の還元が優先的に起こる。

$$2H_2O + 2e^- \longrightarrow H_2 + 2OH^-$$

キ．陰極の反応では次のような反応が起こる。

$$Al^{3+} + 3e^- \longrightarrow Al$$

したがって，Al を 1 mol 析出させるのに 3 mol の電子が必要である。

ク．電気量［C］× 電圧［V］= エネルギー［J］（電力量[kWh]）の関係は覚えておくこと。

ケ．電力量の大小は，「電気量」と「電圧」の大きさで決まる。

・原子量：Cu＞Al。アルミニウムのモル質量は銅の 0.43 倍で，アルミニウムの方が単位質量当たりに含まれる原子の物質量が大きい。

・イオンの価数：Al^{3+}＞Cu^{2+}。アルミニウムのイオンの価数は銅の 1.5 倍である。このため還元するのに必要な電気量が大きい。

・電解電圧：アルミニウムはイオン化傾向が大きいため，分解電圧が約 5 V 程度である。一方，銅の電解精錬では，約 0.5 V の低電圧で行う。

16

> **ポイント**
> Ⅰ．酸素空孔の数が，陽イオン Ca^{2+} の数と等しいことがわかればよい。
> Ⅱ．文字式にとまどわないこと。物質量の関係を正しく捉えれば導ける。

解 答

Ⅰ．ア． 陽イオン：4 個　陰イオン：8 個

イ． 酸化物中での陽イオンと陰イオンの数の比は

$$(0.85 + 0.15) : (2 \times 0.85 + 0.15) = 1.00 : 1.85$$

ホタル石型構造ではこの比が 1：2 であるので，空孔の割合は

$$\frac{2 - 1.85}{2} \times 100 \, \% = 7.5 \, \% \quad \cdots\cdots(答)$$

ウ． 単位格子には $8 \times \dfrac{7.5}{100} = 0.60$ 個の空孔があるので，$1 \, cm^3$ 当たりでは

$$\frac{1.00 \, cm^3}{1.36 \times 10^{-22} \, cm^3} \times 0.60 = 4.41 \times 10^{21} \fallingdotseq 4.4 \times 10^{21} \, 〔個〕 \quad \cdots\cdots(答)$$

エ． 陰極：$O_2 + 4e^- \longrightarrow 2O^{2-}$　　陽極：$2O^{2-} \longrightarrow O_2 + 4e^-$

オ． エの反応式より，酸素 1 mol が反応するのに電子 4 mol が流れる必要がある。したがって，移動した酸素の物質量は

$$\frac{1.93 \, A \times 500 \, s}{9.65 \times 10^4 \, C/mol} \times \frac{1}{4} = 2.5 \times 10^{-3} \, mol$$

よって，移動した酸素の体積 $V \, 〔mL〕$ は，気体の状態方程式より

$$V = \frac{nRT}{P}$$

$$= \frac{2.5 \times 10^{-3} \, mol \times 0.082 \, atm \cdot L/(K \cdot mol) \times (273 + 800) \, K}{1 \, atm}$$

$$= 0.219 \, L = 219 \, mL \fallingdotseq 2.2 \times 10^2 \, mL \quad \cdots\cdots(答)$$

Ⅱ．カ． (指示薬) デンプン水溶液　　(反応終点前後の色の変化) 青紫色→無色

キ． (1)式より $Cu^{(2+p)+}$ 1 mol から I_2 が $\dfrac{1+p}{2}$ mol 生じる。また(2)式より I_2 1 mol と $Na_2S_2O_3$ 2 mol が過不足なく反応するので

$$\frac{N(Na_2S_2O_3)}{N(Cu^{(2+p)+})} = \frac{2}{\dfrac{2}{1+p}} = 1 + p \quad \cdots\cdots(答)$$

ク． キより $N(Cu^{(2+p)+}) \times (1 + p) = N(Na_2S_2O_3)$ なので

$$\frac{W}{M} \times \frac{1 + p}{2} \times 2 = C \times V$$

$$\therefore \quad p = \frac{MCV - W}{W} = \frac{MCV}{W} - 1 \quad \cdots\cdots (答)$$

ケ. 化合物中の電荷の総和は 0 なので

$$(2 - x) \times 3 + 2x + (2 + p) + (4 - y) \times (-2) = 0$$

$$\therefore \quad y = \frac{x - p}{2} \quad \cdots\cdots (答)$$

コ. $\quad M = 138.9(2 - x) + 87.6x + 63.5 + 16.0\left(4 - \frac{x - p}{2}\right)$

$$= 405.3 - 59.3x + 8.0p \, (g/mol) \quad \cdots\cdots (答)$$

サ. クで求めた関数にコで求めたモル質量 M を代入すると

$$p = \frac{(405.3 - 59.3x + 8.0p) \, CV - W}{W}$$

$$= \frac{(405.3 - 59.3x) \, CV - W}{W - 8.0 \, CV} \quad \cdots\cdots (答)$$

解　説

Ⅰ. ア. 陽イオンのみに目を向けると面心立方格子を形成している。

したがって　$\dfrac{1}{8} \times 8 + \dfrac{1}{2} \times 6 = 4$

イ. ホタル石型結晶構造の単位格子では，陰イオンの入る位置は陽イオンの入る位置の 2 倍あり，酸素空孔の数は，CaO_2 となれず CaO となることで生じているのであるから，陽イオン Ca^{2+} の数に等しい。

ウ. Ca^{2+} に着目して考えれば，単位格子当たり 4×0.15 個の酸素空孔が生じている。

オ. エの電極反応式より，電子 4 mol に相当する電気量で 1 mol の酸素が移動できるので，気体の状態方程式に代入する。

Ⅱ. キ〜サ. 問題文の誘導どおりに計算していけばよい。

17

ポイント

I. 図 1 － 1 の拡大グラフは上のグラフと異なり，x 軸が対数となっているので読み取りに注意が必要。

II. 1 J の定義が示されている。したがって，**キ**の計算は J/C の単位で求めればよい。

解　答

I. ア. 式(1)，(2)を反応速度式で表すと

$$v_1 = k_1[O_3], \quad v_2 = k_2[O][O_2] \quad \cdots\cdots(答)$$

イ. 下線部の記述から，$v_1 = v_2$ とおいて

$$k_1[O_3] = k_2[O][O_2] \quad \therefore \quad [O] = \frac{k_1[O_3]}{k_2[O_2]} \quad \cdots\cdots(答)$$

ウ. 図 1 － 1 の拡大グラフより，高度 30 km におけるオゾン濃度および酸素分子濃度は，それぞれ 2.0×10^{-8} mol/L，2.0×10^{-4} mol/L であるから

$$[O] = \frac{k_1[O_3]}{k_2[O_2]} = \frac{3.2 \times 10^{-4}\,s^{-1} \times 2.0 \times 10^{-8}\,mol/L}{3.8 \times 10^5\,L/(mol \cdot s) \times 2.0 \times 10^{-4}\,mol/L}$$

$$= 8.42 \times 10^{-14}\,mol/L \doteqdot 8.4 \times 10^{-14}\,mol/L \quad \cdots\cdots(答)$$

エ. $v_2 = v_1 = k_1[O_3] = 3.2 \times 10^{-4}\,s^{-1} \times 2.0 \times 10^{-8}\,mol/L$

$$= 6.4 \times 10^{-12}\,mol/(L \cdot s) \quad \cdots\cdots(答)$$

オ. **エ**より，大気 1 L あたりの 1 日のオゾン再生反応による発熱量は，(3)式より

$$6.4 \times 10^{-12}\,mol/(L \cdot s) \times 10 \times 60 \times 60\,s \times 106 \times 10^3\,J/mol$$

$$= 2.44 \times 10^{-2}\,J/L \doteqdot 2.4 \times 10^{-2}\,J/L \quad \cdots\cdots(答)$$

次に，高度 30 km における 1 L あたりの O_2 は，2.0×10^{-4} mol/L，N_2 は，8.0×10^{-4} mol/L なので 1 日あたりの温度上昇は

$$Q\,[J] = n\,[mol] \times c\,[J/(K \cdot mol)] \times \varDelta T\,[K]$$

であるから

$$\varDelta T = \frac{2.44 \times 10^{-2}\,J/L}{(2.0 \times 10^{-4} + 8.0 \times 10^{-4})\,mol/L \times 29\,J/(K \cdot mol)}$$

$$= 8.41 \times 10^{-1}\,K \doteqdot 8.4 \times 10^{-1}\,K \quad \cdots\cdots(答)$$

II. カ. $O_2 + 2H_2O + 4e^- \longrightarrow 4OH^- \quad \cdots\cdots(7)$

キ. (5) + (7) $\times \dfrac{1}{2}$ より

$$H_2\,(気体) + \frac{1}{2}O_2\,(気体) = H_2O\,(液体) + 286\,kJ$$

したがって，286×10^3 J で電子 2 mol とり出せることになる。

よって，電圧は

$$\frac{286 \times 10^3 \text{ J}}{2 \times 9.6 \times 10^4 \text{ C}} = 1.48 \text{ J/C} \fallingdotseq 1.5 \text{ J/C} = 1.5 \text{ V} \quad \cdots\cdots(答)$$

解　説

Ⅰ．**ア〜エ**．反応速度式，質量作用の法則を用いる出題で，それほど戸惑うことはないだろう。拡大グラフは片対数グラフとなっている。グラフの読み方には気をつけなければならない。

オ．（mol あたりの熱量）＝（熱容量）×（温度上昇）

Ⅱ．**カ**．電解液が水酸化カリウム溶液であることに注意。リン酸が電解質の反応の場合と異なるからであるが，いずれにしても(5)式とあわせると H_2 の燃焼式と同じになる。

$$2H_2 + O_2 \longrightarrow 2H_2O$$

キ．1 J/C = 1 V を問題文より読み取ること。

18

> **ポイント**
> Ⅰ．CH_3COONa 水溶液の pH の求め方と同じである。加水分解定数を表す際 $[H_2O]$ を含めないこと。
> Ⅱ．$2H_2S + SO_2 \longrightarrow 3S + 2H_2O$ の反応だけにこだわっていると導けない。H_2SO_3 として反応式を示すことにより，H_2O の係数が合うようになる。

> **解答**

Ⅰ．**ア**．$NH_4HSO_4 + 2NaOH \longrightarrow Na_2SO_4 + NH_3 + 2H_2O$

イ．$(COOH)_2 \cdot 2H_2O$ のモル濃度は

$$\frac{3.15\,g}{126.0\,g/mol} \div 1\,L = 2.5 \times 10^{-2}\,mol/L$$

シュウ酸と水酸化ナトリウム水溶液の反応は次のとおり。

$$(COOH)_2 + 2NaOH \longrightarrow (COONa)_2 + 2H_2O$$

したがって，水酸化ナトリウム水溶液のモル濃度 $x\,[mol/L]$ は

$$x \times 11.1\,mL = 2.5 \times 10^{-2}\,mol/L \times 10\,mL \times 2$$

$$\therefore \quad x = 4.50 \times 10^{-2}\,mol/L \fallingdotseq 4.5 \times 10^{-2}\,mol/L \quad \cdots\cdots(答)$$

ウ．三角フラスコ D に導入されたアンモニアの物質量は，$4.5 \times 10^{-2}\,mol/L$ 水酸化ナトリウム水溶液 $(21.2 - 9.2)\,mL = 12.0\,mL$ 分に相当するので

$$4.5 \times 10^{-2}\,mol/L \times 12.0 \times 10^{-3}\,L = 5.4 \times 10^{-4}\,mol \quad \cdots\cdots(答)$$

エ．シュウ酸と水酸化ナトリウム水溶液の中和で生じる $(COONa)_2$ は，次のように電離する。

$$(COONa)_2 \longrightarrow 2Na^+ + C_2O_4{}^{2-}$$

ここで，Na^+ の濃度が $Y\,[mol/L]$ だから，$C_2O_4{}^{2-}$ の濃度は $\dfrac{Y}{2}\,[mol/L]$ である。

電離で生じた $C_2O_4{}^{2-}$ は次のように加水分解する。

$$C_2O_4{}^{2-} + H_2O \rightleftharpoons HC_2O_4{}^- + OH^-$$

この反応の加水分解定数を K_h とすると

$$K_h = \frac{[HC_2O_4{}^-][OH^-]}{[C_2O_4{}^{2-}]} = \frac{[HC_2O_4{}^-][OH^-][H^+]}{[C_2O_4{}^{2-}][H^+]} = \frac{K_w}{K_2}$$

また，$[HC_2O_4{}^-] = [OH^-]$，$[C_2O_4{}^{2-}] = \dfrac{Y}{2}\,[mol/L]$ と考えてよいので

$$[OH^-] = \sqrt{\frac{Y}{2} \cdot \frac{K_w}{K_2}}$$

$$[H^+] = \frac{K_w}{[OH^-]} = \frac{K_w}{\sqrt{\dfrac{YK_w}{2K_2}}} = \sqrt{\frac{2K_2K_w}{Y}}$$

$$\therefore \quad pH = -\log_{10}[H^+] = -\log_{10}\sqrt{\frac{2K_2K_w}{Y}}$$

$$= -\frac{1}{2}\log_{10}\frac{2K_2K_w}{Y} \quad \cdots\cdots(答)$$

Ⅱ. オ. (a) 2　(A) H_2SO_3　(B) S

（硫化水素のはたらき）硫化水素は還元剤としてはたらいている。

カ. $H_2SO_3 + I_2 + H_2O \longrightarrow H_2SO_4 + 2HI$

$\quad$ ($SO_2 + I_2 + 2H_2O \longrightarrow H_2SO_4 + 2HI$)

キ. I_2 1 mol に対し，H^+ が 4 mol 生成するので

$$1.0 \times 10^{-3}\,\text{mol/L} \times y \times 10^{-3}\,[\text{L}] \times 4 = 10^{-3}\,\text{mol/L} \times \frac{30+y}{1000}\,\text{L}$$

$$\therefore \quad y = 1.0 \times 10\,\text{mL} \quad \cdots\cdots(答)$$

解　説

Ⅰ. ア.「弱塩基の塩 + 強塩基 ⟶ 強塩基の塩 + 弱塩基」の反応により，弱塩基で
あるアンモニアが発生している。

イ. シュウ酸標準溶液による水酸化ナトリウム水溶液の中和滴定である。

ウ. アンモニアを過剰の塩酸に加え中和し，残りの塩酸と水酸化ナトリウムを中和し
ている。

Ⅱ. オ. H_2SO_3 という物質は単離されないので

$\quad$ $2H_2S + SO_2 \longrightarrow 3S + 2H_2O$

が正しい反応式であるが，問題では右辺に $3H_2O$ とあるので，SO_2 の水溶液を
H_2SO_3 と記せばよい。H_2S の S の酸化数の変化は $-2 \rightarrow 0$ であり，この S は酸化さ
れているので，還元作用をしている。

キ. pH を考えるとき，生成物の H_2SO_4 も HI も強酸として完全電離しているとする。

$\quad$ $H_2SO_4 \longrightarrow 2H^+ + SO_4^{2-}$

$\quad$ $2HI \longrightarrow 2H^+ + 2I^-$

19

ポイント

Ⅰ．**ウ**の反応式は明らかであるが，この反応が酸化還元反応であるという意識がないととまどう。同様の自己酸化還元反応の例として，過酸化水素の分解がある。

Ⅱ．**オ**は $AgNO_3$ 水溶液の添加量を 100 mL の前後で入れて計算してみないと断定できないが，この反応における平衡が酸と塩基の中和反応と同じであると気づくことができれば容易になる。

解　答

Ⅰ．**ア**．窒素の酸化数を x とすると，アンモニア NH_3 では

$$(+1) \times 3 + x = 0 \quad \therefore \quad x = -3 \ \cdots\cdots(答)$$

硝酸 HNO_3 では

$$(+1) + x + (-2) \times 3 = 0 \quad \therefore \quad x = +5 \ \cdots\cdots(答)$$

イ．①$3Cu + 8HNO_3 \longrightarrow 3Cu(NO_3)_2 + 2NO + 4H_2O$

③$2NO_2 + H_2O \longrightarrow HNO_3 + HNO_2$

④$4NH_3 + 5O_2 \longrightarrow 4NO + 6H_2O$

⑤$2NO + O_2 \longrightarrow 2NO_2$

ウ．⑥$3NO_2 + H_2O \longrightarrow 2HNO_3 + NO$

酸化数の変化は　　$N：+4 \rightarrow +5\,(HNO_3)，+4 \rightarrow +2\,(NO)$

すなわち，酸化剤も還元剤も NO_2 である。

エ．CO（一酸化炭素）

Ⅱ．**オ**．d

カ．Ag^+ と結合する Cl^- がほぼ 0 になった後も，$AgNO_3$ 水溶液を加えるので $[Ag^+]$ が急激に増大して，$[Ag^+]^2[CrO_4{}^{2-}]$ の値が溶解度積を超えるから。

キ．Ag_2CrO_4 の赤色沈殿が生じるときの $[CrO_4{}^{2-}]$ は

$$[CrO_4{}^{2-}] = \frac{2.0 \times 10^{-3}\,mol}{0.200\,L} = 1.0 \times 10^{-2}\,mol/L$$

このとき，$[Ag^+]$ は溶解度積より

$$[Ag^+]^2 \times 1.0 \times 10^{-2}\,mol/L = 9.0 \times 10^{-12}\,mol^3/L^3$$

$$\therefore \quad [Ag^+] = 3.0 \times 10^{-5}\,mol/L \ \cdots\cdots(答)$$

また，このときの $[Cl^-]$ は

$$3.0 \times 10^{-5}\,mol/L \times [Cl^-] = 1.2 \times 10^{-10}\,mol^2/L^2$$

$$\therefore \quad [Cl^-] = 4.0 \times 10^{-6}\,mol/L$$

したがって

$$-\log_{10}[Cl^-] = -\log_{10}(4.0 \times 10^{-6}) = 6 - 2\log_{10}2 = 5.4 \quad \cdots\cdots(答)$$

ク．Ag_2CrO_4 の赤色沈殿が生じれば，$[Cl^-]$ はほぼ 0 になっており，それまでに加えた $AgNO_3$ 水溶液によって，元の水溶液に存在した $[Cl^-]$，すなわち NaCl 水溶液の濃度が求められるから。

解　説

Ⅰ．イ．①銅に希硝酸を加えると一酸化窒素が発生する反応は有名であるが，次のように半反応式から導くことも可能である。

$$Cu \longrightarrow Cu^{2+} + 2e^- \quad \cdots\cdots ⓐ$$

$$HNO_3 + 3H^+ + 3e^- \longrightarrow NO + 2H_2O \quad \cdots\cdots ⓑ$$

ⓐ × 3 ＋ ⓑ × 2 より，$3Cu + 2HNO_3 + 6H^+ \longrightarrow 3Cu^{2+} + 2NO + 4H_2O$ を得た後，両辺に $6NO_3^-$ を補えば，①が得られる。

ウ．このように同一物質が，酸化も還元もされる反応を「不均化」という。

エ．一酸化炭素中毒は，Fe^{2+} に CO が配位結合して，O_2 を体中に送れなくなる状態である。二原子分子ではないが，CN^-（シアン化物イオン）も Fe^{2+} に配位結合し，窒息死を招く。これは O_2 よりも CO や CN^- が Fe^{2+} に配位結合しやすいためである。

Ⅱ．オ．$AgNO_3$ を加えていったとき，添加量 100 mL 前後での $[Cl^-]$ について考えてみる。

(ⅰ)$AgNO_3$ 90 mL を加えたとき

$Ag^+ + Cl^- \longrightarrow AgCl\downarrow$ の反応が起こるので

$$[Cl^-] = \frac{0.10\ mol/L \times 100\ mL - 0.10\ mol/L \times 90\ mL}{190\ mL} = \frac{1}{190}\ mol/L$$

$$\therefore \quad -\log_{10}[Cl^-] = -\log_{10}190^{-1} \fallingdotseq \log_{10}(2 \times 10^2) = 2.3$$

(ⅱ)$AgNO_3$ 99 mL を加えたとき

(ⅰ)と同様に　　$[Cl^-] = \dfrac{1}{1990}\ mol/L$

$$\therefore \quad -\log_{10}[Cl^-] = -\log_{10}\frac{1}{1990} \fallingdotseq \log_{10}(2 \times 10^3) = 3.3$$

(ⅲ)$AgNO_3$ 100 mL を加えたとき

$Ag^+ + Cl^- \longrightarrow AgCl\downarrow$ の反応は過不足なく起こり

$[Ag^+][Cl^-] = 1.2 \times 10^{-10}\ mol^2/L^2$ より

$$[Ag^+] = [Cl^-] = 2\sqrt{3} \times 10^{-5.5}\ mol/L$$

$$\therefore \quad -\log_{10}[Cl^-] = -\log_{10}(2\sqrt{3} \times 10^{-5.5}) = 5.5 - \log_{10}2 - \frac{1}{2}\log_{10}3 = 4.96$$

(ⅳ)$AgNO_3$ 101 mL を加えたとき

未反応で残る Ag^+ の濃度は

$$[Ag^+] = \frac{0.10\,\mathrm{mol/L} \times 101\,\mathrm{mL} - 0.10\,\mathrm{mol/L} \times 100\,\mathrm{mL}}{201\,\mathrm{mL}} = \frac{1}{2010}\,\mathrm{mol/L}$$

$[Ag^+][Cl^-] = 1.2 \times 10^{-10}\,\mathrm{mol^2/L^2}$ より

$$[Cl^-] = 2010\,\mathrm{L/mol} \times 1.2 \times 10^{-10}\,\mathrm{mol^2/L^2} \fallingdotseq 24 \times 10^{-8}\,\mathrm{mol/L}$$

$\therefore \quad -\log_{10}[Cl^-] = -\log_{10}(24 \times 10^{-8}) = 8 - \log_{10}3 - 3\log_{10}2 = 6.6$

(ⅴ) $AgNO_3$ 110 mL を加えたとき

未反応で残る Ag^+ の濃度は

$$[Ag^+] = \frac{0.10\,\mathrm{mol/L} \times 110\,\mathrm{mL} - 0.10\,\mathrm{mol/L} \times 100\,\mathrm{mL}}{210\,\mathrm{mL}} = \frac{1}{210}\,\mathrm{mol/L}$$

$[Ag^+][Cl^-] = \dfrac{1}{210}\,\mathrm{mol/L} \times [Cl^-] = 1.2 \times 10^{-10}\,\mathrm{mol^2/L^2}$ より

$$[Cl^-] = 210\,\mathrm{L/mol} \times 1.2 \times 10^{-10}\,\mathrm{mol^2/L^2} = 252 \times 10^{-10}\,\mathrm{mol/L}$$
$$\fallingdotseq 250 \times 10^{-10}\,\mathrm{mol/L}$$

$\therefore \quad -\log_{10}[Cl^-] = -\log_{10}(250 \times 10^{-10}) = 7.6$

これら 5 つの条件をすべて満たすのは，d のみである。

カ．d の曲線の概形を見ると，$AgNO_3$ と $NaCl$ の物質量が等しくなる前後で $[Cl^-]$ が一気に小さくなっているのがわかる。

キ．赤色沈殿が目に見えはじめたときは，Ag_2CrO_4 の沈殿ができはじめたときなので，溶液内の CrO_4^{2-} は $2.0 \times 10^{-3}\,\mathrm{mol}$ と考えてよい。また，溶解度積は，問題文の定義を利用して

$$[Ag^+][Cl^-] = 1.2 \times 10^{-10}\,\mathrm{mol^2/L^2}, \quad [Ag^+]^2[CrO_4^{2-}] = 9.0 \times 10^{-12}\,\mathrm{mol^3/L^3}$$

ク．オ～キにより，Cl^- が完全に $AgCl$ となって沈殿した時点で Ag_2CrO_4 が生成しはじめる（赤色沈殿が見えはじめる）ことがわかる。

第3章　無機物質

・非金属元素の性質
・金属元素の性質

20

ポイント

Ⅰ．**イ**．操作 x，操作 y で生じる反応がわからなくても，操作 z で硫酸塩の沈殿を生じる陽イオンが Ba^{2+} だけであることから，正解を導ける。

オ．$[H^+] \geqq \sqrt{[Zn^{2+}][H_2S]\,K_1K_2/K_{sp(ZnS)}}$ の関係を導く。

Ⅱ．**ク**．NO_2 を水に溶かす反応は，$3NO_2 + H_2O \longrightarrow 2HNO_3 + NO$ と示されるが，これが可逆反応であることがわかれば容易である。

コ．NO_2 には不対電子が存在しているので，2 分子で共有結合を形成することが推定できる。

解 答

Ⅰ．**ア**．(1)光を照射する。　(2)ギ酸

イ．操作 x：$Ba^{2+} + CO_3^{2-} \longrightarrow BaCO_3$

　　　操作 z：$BaCO_3 + H_2SO_4 \longrightarrow BaSO_4 + H_2O + CO_2$

ウ．操作 a：煮沸する。

　　　操作 b：希硝酸を加える。

　　　操作 c：過剰のアンモニア水を加える。

エ．炎色：赤　元素名：リチウム

オ．与えられた条件で ZnS の沈殿が生じる限界の $[S^{2-}]$ は，$K_{sp(ZnS)}$ を用いて

$$[Zn^{2+}][S^{2-}] = 1.0 \times 10^{-1} \times [S^{2-}] = 3.0 \times 10^{-18}$$

$$[S^{2-}] = 3.0 \times 10^{-17}\,[mol \cdot L^{-1}]$$

一方　$K_1 = \dfrac{[H^+][HS^-]}{[H_2S]}$,　$K_2 = \dfrac{[H^+][S^{2-}]}{[HS^-]}$

したがって

$$K_1 \times K_2 = \frac{[H^+]^2[S^{2-}]}{[H_2S]} = \frac{[H^+]^2 \times 3.0 \times 10^{-17}}{1.0 \times 10^{-1}} = [H^+]^2 \times 3.0 \times 10^{-16}$$

$$= 8.0 \times 10^{-8} \times 1.5 \times 10^{-14} = 1.2 \times 10^{-21}\,[mol^2 \cdot L^{-2}]$$

ゆえに，求める $[H^+]$ は

$$[H^+] = 2.0 \times 10^{-3}\,[mol \cdot L^{-1}] \quad \cdots\cdots(答)$$

Ⅱ．**カ**．〔最大の酸化数〕化学式：HNO_3（または N_2O_5）　酸化数：$+5$

　　　　〔最小の酸化数〕化学式：NH_3　酸化数：-3

キ．$3NO_2 + H_2O \longrightarrow 2HNO_3 + NO$　（または $2NO_2 + H_2O \longrightarrow HNO_3 + HNO_2$）

ク．NO_2 と NO の生成は次のような可逆反応式で示すことができる。

$$3NO_2 + H_2O \rightleftharpoons 2HNO_3 + NO$$

このとき，ルシャトリエの原理により，HNO_3 の濃度が大きければ平衡は左に移動するので NO_2 が多く生成し，HNO_3 の濃度が小さければ平衡は右に移動するので NO が多く生成する。

ケ．$KNO_3 + H_2SO_4 \longrightarrow HNO_3 + KHSO_4$

理由：濃硫酸は不揮発性であるが，濃塩酸は揮発性であり，蒸留すると揮発性の硝酸に混じって気体となって捕集されるため。

コ．発熱反応

理由：NO_2 には不対電子があり，これが共有結合に用いられ，N_2O_4 が生成する。すなわち，N_2O_4 の生成により，共有結合のエネルギーが放出されて安定化するので発熱反応である。

解　説

Ⅰ．**ア**．実験 1 によって生じる白色沈殿は，$AgCl$ と $PbCl_2$ である。

$$Ag^+ + Cl^- \longrightarrow AgCl$$
$$Pb^{2+} + 2Cl^- \longrightarrow PbCl_2$$

このうち，$PbCl_2$ は熱湯に溶けやすく，ろ紙上に残った沈殿は $AgCl$ である。また，クロム酸カリウム K_2CrO_4 による黄色沈殿は，クロム酸鉛（Ⅱ）$PbCrO_4$ である。

$$Pb^{2+} + CrO_4{}^{2-} \longrightarrow PbCrO_4$$

⑴　$AgCl$ は，光のエネルギーによって次のように分解する。

$$2AgCl \longrightarrow 2Ag + Cl_2$$

$AgCl$ をろ紙上にしばらく放置しておくと，徐々に黒色に変化するが，その変化が上記の反応である。

⑵　硝酸銀にアンモニア水を加えると，褐色の酸化銀 Ag_2O が生じる。

$$2Ag^+ + 2OH^- \longrightarrow Ag_2O + H_2O$$

さらに過剰にアンモニア水を加えると，錯イオンのジアンミン銀（Ⅰ）イオン $[Ag(NH_3)_2]^+$ が生じて溶解する。

$$Ag_2O + 4NH_3 + H_2O \longrightarrow 2[Ag(NH_3)_2]^+ + 2OH^-$$

この錯イオンに，脂肪酸のうち最小の分子量をもち，還元性のあるアルデヒド基をもつギ酸 $HCOOH$ を加えて加熱すると，銀鏡反応を示す。

イ．〔操作 x〕　操作 x では，炭酸ナトリウム Na_2CO_3 によって塩酸は中和されたと考えられる。

$$2HCl + Na_2CO_3 \longrightarrow 2NaCl + H_2O + CO_2$$

さらに Na_2CO_3 を加えると塩基性になるので，$Fe(OH)_3$ や $BaCO_3$ の沈殿が生じると推測できる。

$$Fe^{3+} + 3Na_2CO_3 + 3H_2O \longrightarrow Fe(OH)_3 + 3NaHCO_3 + 3Na^+$$

$$Ba^{2+} + Na_2CO_3 \longrightarrow BaCO_3 + 2Na^+$$

一方，Zn^{2+} や Al^{3+} は両性元素であるので，強塩基性（Na_2CO_3 は強塩基と考えてよい）下では錯イオンの $[Zn(OH)_4]^{2-}$ や $[Al(OH)_4]^-$ となって溶解している可能性がある。なお，Li^+ は沈殿しない。

(注) $Ba(OH)_2$ は，水によく溶ける強塩基なので沈殿しない。なお，炭酸鉄(Ⅲ) $Fe_2(CO_3)_3$ は，単離されないので考慮しなくてよい。

〔操作 y〕 操作 y の目的は，溶液中の過剰な CO_3^{2-} を気化させて CO_2 として取り除くことにある。

〔操作 z〕 操作 z では，強酸の希硫酸 H_2SO_4 が $BaCO_3$ に作用して，弱酸の CO_2 が遊離する反応が生じる。

$$BaCO_3 + H_2SO_4 \longrightarrow BaSO_4 + H_2O + CO_2$$

なお，$BaSO_4$ は水に溶けないが，硫酸鉄(Ⅲ) $Fe_2(SO_4)_3$ は水によく溶けるので，操作 z では沈殿として得られることはない。さらに，Zn^{2+} や Al^{3+} は十分な希硫酸によって，それぞれ $ZnSO_4$ や $Al_2(SO_4)_3$ となるが，いずれも水によく溶けるので沈殿しない。また，Li^+ は沈殿を生じない。

ウ．〔操作 a〕 操作 a では，過剰な H_2S を気化させて取り除くために煮沸する。

〔操作 b〕 操作 b では，H_2S の還元作用によって生じた $Fe^{3+} \longrightarrow Fe^{2+}$ の変化を，酸化剤である希硝酸を加えることで $Fe^{2+} \longrightarrow Fe^{3+}$ のように反応させて，もとの Fe^{3+} に戻している。

〔操作 c〕 操作 c では，過剰のアンモニア水を加えることで，$Fe(OH)_3$ と $Al(OH)_3$ の 2 種類の沈殿が生じるとともに，Zn^{2+} は次のように反応して錯イオンのテトラアンミン亜鉛(Ⅱ)イオンとなり，Ba^{2+}，Li^+ とともにろ液(b)に含まれることになる。

$$Zn^{2+} + 4NH_3 \longrightarrow [Zn(NH_3)_4]^{2+}$$

操作 c で，アンモニア水でなく NaOH 水溶液を加えると，両性元素である Zn^{2+} と Al^{3+} はどちらも錯イオン（$[Zn(OH)_4]^{2-}$ と $[Al(OH)_4]^-$）となり，沈殿は $Fe(OH)_3$ の 1 種類になってしまう。

エ．実験 3 では Zn^{2+} が ZnS として分離され，実験 4 では Ba^{2+} が $BaSO_4$ として分離された。

$$Ba^{2+} + H_2SO_4 \longrightarrow BaSO_4 + 2H^+$$

したがって，実験 4 の上澄み液には Li^+ のみが残る。Li の炎色は赤色である。

(注) ZnS は，中性〜塩基性状態でないと沈殿しない。

オ．与えられた条件で CuS の沈殿が生じる限界の $[S^{2-}]$ の値は，$K_{sp(CuS)}$ を用いると

$$[Cu^{2+}][S^{2-}] = 5.0 \times 10^{-2} \times [S^{2-}] = 6.5 \times 10^{-30}$$

$$[S^{2-}] = 1.3 \times 10^{-28} \, [mol \cdot L^{-1}]$$

一方，K_1，K_2 の値より

$$K_1 \times K_2 = \frac{[H^+]^2 [S^{2-}]}{[H_2S]} = \frac{[H^+]^2 \times 1.3 \times 10^{-28}}{1.0 \times 10^{-1}} = [H^+]^2 \times 1.3 \times 10^{-27}$$

$$= 1.2 \times 10^{-21}$$

$$[H^+] \fallingdotseq 1 \times 10^3 \,[mol \cdot L^{-1}]$$

よって，$pH \fallingdotseq -3$ となり，通常のどのような pH 条件下でも沈殿が生成する。

II．カ． 窒素は周期表 15 族の元素であるから，窒素原子 N の価電子の数は 5 個である。「酸化される」とは，電子を失うことであるから，この価電子をすべて失った状態が，最も酸化数が大きな状態である。よって，最大の酸化数は +5 と考えられる。身近な物質としては硝酸 HNO_3 があり，その他にも N_2O_5 などが存在する。

一方，N 原子の最外殻は L 殻であり，L 殻に入る最大の電子数は 8 個である。したがって，N 原子の L 殻には，$8 - 5 = 3$ 個の電子が入る余地があり，このとき最も多くの電子を受け取ったことになるから，最小の酸化数は -3 となる。身近な物質としてはアンモニア NH_3 がある。

キ． NO_2 と H_2O の反応には複数の可能性がある。いずれも N 原子の酸化数が不均等化するが

$$3NO_2 + H_2O \longrightarrow 2HNO_3 + NO$$

では，$+4$ が $+5$ と $+2$ に変化している。

$$2NO_2 + H_2O \longrightarrow HNO_3 + HNO_2$$

では，$+4$ が $+5$ と $+3$ に変化している。

ク． 硝酸と銀や銅との反応では，いったん NO_2 が発生するが，NO_2 と H_2O との反応が平衡反応であり，HNO_3 の濃度によって平衡が移動すると考えてもよい。

$$3NO_2 + H_2O \rightleftharpoons 2HNO_3 + NO$$

ケ． NaCl に濃硫酸 H_2SO_4 を加えて加熱し，塩化水素 HCl を発生させる反応を思い出せばよい。

$$NaCl + H_2SO_4 \longrightarrow NaHSO_4 + HCl$$

この反応も，H_2SO_4 の不揮発性，HCl の揮発性を利用している。

また，本問では酸化剤の HNO_3 が発生するから，HCl は酸化される可能性もあり，複雑な反応になってしまう。

コ． 共有結合（化学結合）の結合エネルギーは正の値で表すが，熱化学方程式で表すときには負の値となる。

（例）　$H_2(気) = 2H(気) - 432\,kJ$

すなわち，化学結合を切断するためにはエネルギーが必要であり，逆に化学結合が生じればその結合エネルギーの分だけ発熱して分子は安定化する。

$$2H(気) = H_2(気) + 432\,kJ$$

88

21

2001 年度　第 2 問

ポイント

Ⅰ．種々の乾燥剤に関して総合的に問われている。それぞれの乾燥剤がどのような原理で水を吸収するのかはきちんと学習しておきたい。

Ⅱ．銅の化合物について，マラカイトや緑青を題材に問われている。基本的な内容が主で，銅に関して幅広く学習しておけば対処は容易である。

解　答

Ⅰ．ア． A：$P_4O_{10} + 6H_2O \longrightarrow 4H_3PO_4$

**　B**：シリカゲルは親水性のヒドロキシ基を多くもつ，多孔質の高分子であるから。

イ． (3)，(6)

ウ． 炭酸ナトリウムは Na^+ と CO_3^{2-} からなり容易に水に溶けるが，ケイ酸ナトリウムのケイ酸イオンは鎖状の高分子であるため，水中で拡散しにくいから。

エ． $CaCl_2 \longrightarrow CaCl_2 \cdot nH_2O$ となっていたとすると，分子量はそれぞれ 111.1，111.1 + 18.0n であるから

$$10.0\,g \times \frac{111.1 + 18.0n}{111.1} = 19.7\,g \quad \therefore \quad n = 5.98 \fallingdotseq 6$$

よって，結晶の化学式は　　$CaCl_2 \cdot 6H_2O$　……(答)

Ⅱ．オ． ①$CH_2Cu_2O_5 \longrightarrow 2CuO + H_2O + CO_2$

②$Cu(OH)_2 \longrightarrow CuO + H_2O$

③$2CuO + C \longrightarrow 2Cu + CO_2$

カ． $\dfrac{H_2O + CO_2}{CH_2Cu_2O_5} \times 100\,\% = \dfrac{62.0}{221.0} \times 100\,\% = 28.0\,\% \fallingdotseq 28\,\%$　……(答)

キ． $Fe + 2HCl \longrightarrow FeCl_2 + H_2$

ク．

（正方形，Cu^{2+} と 4 分子の NH_3 は配位結合）

ケ． SO_4^{2-}

解　説

I．ア．A． 十酸化四リンは水と反応し，（オルト）リン酸を生じる。

B． シリカゲルは層状の網目構造をもつ高分子で，多孔質で表面積が大きく，よい乾燥剤である。ヒドロキシ基の部分で水素結合することにより水分子を吸着する。

イ．(1)　塩化水素は酸であり，塩基性酸化物である酸化カルシウムと反応するので，無水塩化カルシウム（中性）の方がよい。

$$CaO + 2HCl \longrightarrow CaCl_2 + H_2O$$

(2)　酸化カルシウムは水と激しく反応して水酸化カルシウムになるが，水酸化カルシウムは水に溶けにくいので潮解性はない。

(3)　脱水作用による炭化の化学反応式は次のとおり。

$$C_{12}H_{22}O_{11} \longrightarrow 12C + 11H_2O$$
　ショ糖

(4)　**ア．** Aの反応により，リン酸が生じ，乾燥させるべき固体にリン酸が混じってしまう。

(5)　シリカゲルが水分を吸って着色するのは，塩化コバルトを含んでいるときである。

$$CoCl_2 + 6H_2O \longrightarrow [Co(H_2O)_6]Cl_2$$
　青色　　　　　　　　　　ピンク色

(6)　十酸化四リンと酸化カルシウムは水との反応が発熱反応であるからで，他は水和熱と考えてよい。

ウ． ケイ酸ナトリウムのケイ酸イオンは $\left[\begin{array}{c} O^- \\ | \\ -O-Si- \\ | \\ O^- \end{array} \right]_n$ のような構造をとっている。

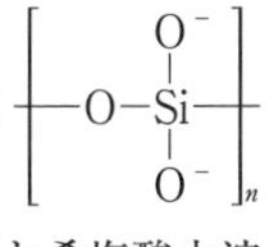

II．キ． 赤色固体Cは銅であり，鉄くぎと希塩酸水溶液の入ったビーカーに一緒に浸しても，反応するのは水素よりもイオン化傾向の大きい鉄くぎである。また，この際，還元性をもつ水素ガスが発生するので，鉄は Fe^{3+} とはならず，2価の Fe^{2+} にとどまる。

ク． $[Cu(NH_3)_4]^{2+}$ の立体構造を問うている。

$$Cu(OH)_2 + 4NH_3 \longrightarrow [Cu(NH_3)_4]^{2+} + 2OH^-$$

によって生成する。

ケ． Ba^{2+} によって沈殿するのは CO_3^{2-} か SO_4^{2-} であるが，CO_3^{2-} は酸性では沈殿しない。したがって，SO_4^{2-} が含まれていると考えられる。

22

ポイント

Ⅰ．金属イオンは，沈殿の生成とその色でかなり推定できる。いくつかの可能性がある場合はさらに検討しなければならないが，この問題では明確に区別できるだろう。気体の発生では CO_2 が発生することに気づけば推定が容易になる。

Ⅱ．硫酸銅（Ⅱ）五水和物の組成式を $[Cu(H_2O)_4]SO_4 \cdot H_2O$ と表すことを知っていれば解答は容易である。知らなくても，データをきちんと読み取り，計算すれば水和水の数は決定できるだろう。

解　答

Ⅰ．**ア．** A：$H_2SO_4 + BaCl_2 \longrightarrow BaSO_4\downarrow + 2HCl$

B：$Na_2CO_3 + BaCl_2 \longrightarrow BaCO_3\downarrow + 2NaCl$

イ． $AgCl$

ウ． CO_2

エ． $Zn(OH)_2 + 4NH_3 \longrightarrow [Zn(NH_3)_4](OH)_2$

オ．

A	B	C	D	E
(2)	(5)	(4)	(1)	(3)

Ⅱ．**カ．** $CuSO_4 \cdot 5H_2O$

キ． $CuSO_4$

ク． $CuSO_4 \cdot H_2O$　理由：150℃まで加熱したときに失われた 28.8 mg の水和水は，100 mg の硫酸銅（Ⅱ）五水和物全体に占める水和水の 5 分の 4 にあたるから。

ケ． Cu^{2+} イオンは 4 配位の錯イオンを形成しやすく，硫酸銅（Ⅱ）五水和物の組成式は $[Cu(H_2O)_4]SO_4 \cdot H_2O$ と表される。50℃から 90℃付近の低温では，Cu^{2+} に配位結合している 4 分子の水和水が，200℃以上の高温では，SO_4^{2-} に水素結合している 1 分子の水和水が脱離するため変化が明確に現れる。

解　説

Ⅰ．〔実験 1〕推定される白色沈殿は，$BaSO_4$ と $BaCO_3$ である。

$Ba^{2+} + SO_4^{2-} \longrightarrow BaSO_4 \qquad Ba^{2+} + CO_3^{2-} \longrightarrow BaCO_3$

〔実験 2〕$Ag^+ + Cl^- \longrightarrow AgCl$

Cl^- の検出反応である。したがって，**C，D，E**は Cl^- を含むことがわかる。

〔実験 3〕**A，D**が強酸で，**B**には CO_3^{2-} が含まれることがわかる。発生する気体は二酸化炭素である。

$2H^+ + CO_3^{2-} \longrightarrow H_2O + CO_2\uparrow$

〔実験4〕(1)～(5)の陽イオンの中で，アンモニアと錯イオンをつくるのは亜鉛イオン Zn^{2+} のみである。

$$Zn^{2+} + 2OH^- \longrightarrow Zn(OH)_2 \quad （白色沈殿の生成）$$

$$Zn(OH)_2 + 4NH_3 \longrightarrow [Zn(NH_3)_4]^{2+} + 2OH^- \quad （錯イオンの生成）$$

以上〔実験1～4〕の情報で **A**～**E** の陽イオンと陰イオンの組み合わせがわかる。

Ⅱ．〔実験1〕$CuO + H_2SO_4 \longrightarrow CuSO_4 + H_2O$
　　　　　　黒色　　　　　　　　　青色水溶液

この反応で，$CuSO_4$ の水溶液ができるので，加熱濃縮した後に徐々に冷却すると $CuSO_4 \cdot 5H_2O$ が析出する。

〔実験2〕硫酸銅(Ⅱ)五水和物 $CuSO_4 \cdot 5H_2O$ を徐々に加熱していくと，次のように水和水が失われていく。

$$CuSO_4 \cdot 5H_2O \xrightarrow{\ 50\,℃～90\,℃\ } CuSO_4 \cdot H_2O \xrightarrow{\ 200\,℃～270\,℃\ } CuSO_4$$
　　　　青色　　　　　　　　　　　　淡青色　　　　　　　　　　白色

青色の結晶 $CuSO_4 \cdot 5H_2O$ は下図のような構造をしている。まず，低温領域で平面内の H_2O が，続いて高温領域で SO_4^{2-} に結合している H_2O が脱離する。なお，平面上で Cu^{2+} に配位している4分子の H_2O にも結合力の違いがあり，途中 $CuSO_4 \cdot 3H_2O$ が生成する。この様子は問題文中の図1からもわかる。

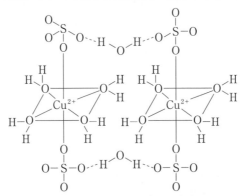

キ. 270℃まで加熱すると，水和水が，$(100 - 64.0)\,mg = 36.0\,mg$ 減少している。

$$\frac{nH_2O}{CuSO_4 \cdot nH_2O} = \frac{18n}{160 + 18n} = \frac{36\,mg}{100\,mg} \quad \therefore \quad n = 5$$

270℃まで加熱すると，水和水がなくなる。つまり，硫酸銅(Ⅱ)無水物が得られる。

ク. 150℃まで加熱すると，水和水が，$(100 - 71.2)\,mg = 28.8\,mg$ 減っている。この割合は，水和水全体の $\dfrac{28.8\,g}{36.0\,g} = \dfrac{4}{5}$ にあたる。したがって，化学式は，$CuSO_4 \cdot H_2O$ と書ける。

第4章　有機化合物の性質

23

ポイント

I. 決め手となる手がかりが非常に少なく，特にA，Cの構造決定は難しい。ある程度構造を予想しながら決めていく必要がある。

イ. Cについては，まず実験2と解説1から，主要炭素骨格が炭素の六員環が2つ並んだものであることをつかむ。その上で，実験3の情報を整理して構造を考える。不飽和度が8であることを利用するのもよいだろう。

オ. まず，Aに2つあるヒドロキシ基がともにフェノール性であることをおさえる。また，Aのアセチル化によって得られたDのオゾン分解によりアセトンが生成することがわかっているので，Aには $\underset{}{>}C=C\underset{CH_3}{\overset{CH_3}{<}}$ の構造があることがわかる（炭素が4個使われている）。主要炭素骨格で炭素は10個使われているので，残りの炭素数は2となり，コハク酸が生成したことから構造が推定できる。

II. キ. メチル基どうしの反発が最も小さくなるのがアンチ形，最も大きくなるのが $\theta=0°$，$360°$ の重なり形であることがわかれば，正しい図が選べる。

ケ. CH_2 どうしは必ずゴーシュ形になるので，配座異性体の安定性は，CH_2 と CH_3 がなす角と，CH_3 どうしがなす角で決まる。

解 答

I . ア. $C_{16}H_{16}O_4$

イ. B : 　C :

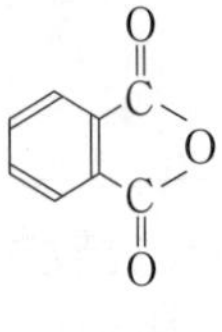

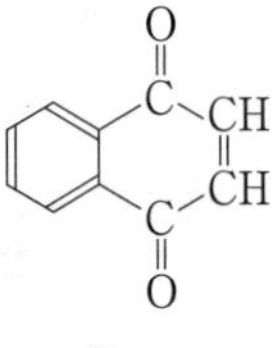

ウ. 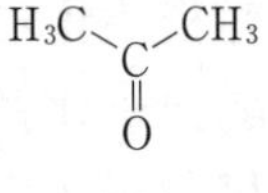 　**エ.**

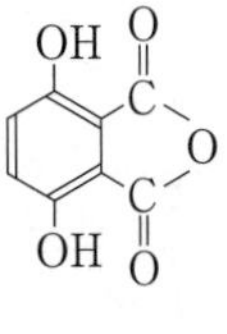

オ.

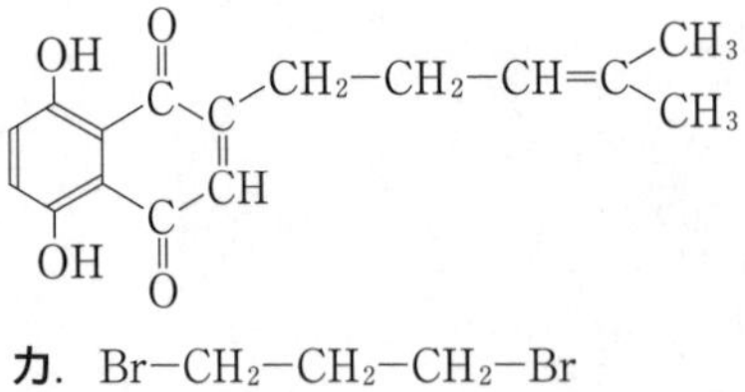

II . カ. $Br-CH_2-CH_2-CH_2-Br$

キ. (3)

ク．ゴーシュ形

ケ．M：

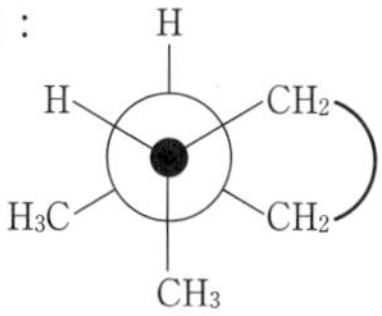

または

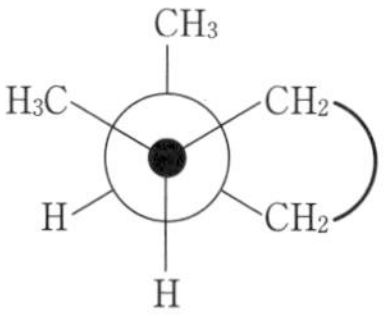

N：

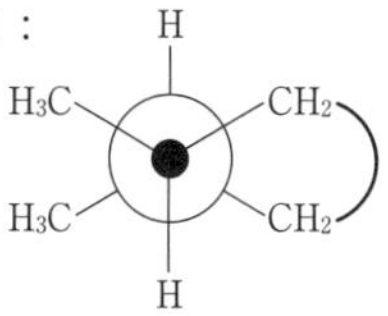

コ．N

　　理由：メチル基と CH_2 の位置関係が，Mでは一方がゴーシュ形であるのに対し，Nではいずれもアンチ形であるから。

サ．b・e

解　説

Ⅰ．ア．実験 1 より，136 mg の芳香族化合物Aに含まれる C，H，O の質量はそれぞれ

$$C：352 \times \frac{12.0}{44.0} = 96.0 \,[mg]$$

$$H：72.0 \times \frac{2.0}{18.0} = 8.0 \,[mg]$$

$$O：136 - (96.0 + 8.0) = 32.0 \,[mg]$$

よって，Aの分子式を $C_x H_y O_z$ とおくと

$$x：y：z = \frac{96.0}{12.0}：\frac{8.0}{1.0}：\frac{32.0}{16.0} = 4：4：1$$

となるから，Aの組成式は $C_4 H_4 O$（式量 68.0）である。

これより，n を正の整数として，Aの分子式を $(C_4 H_4 O)_n$ とすると，Aの分子量が 272 であることから

$$68.0n = 272　\quad \therefore\quad n = 4$$

したがって，Aの分子式は $C_{16} H_{16} O_4$ となる。

イ．B．$V_2 O_5$ を触媒に用いてナフタレンを酸化して生成した化合物であり，分子式が $C_8 H_4 O_3$ であることから，無水フタル酸であるとわかる。

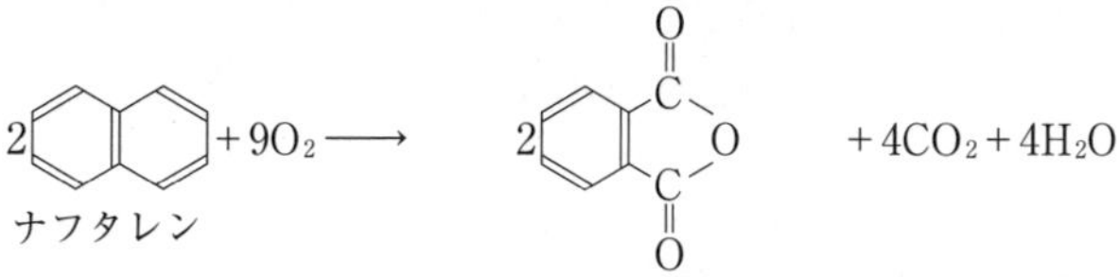

化合物B（無水フタル酸）

C．実験 3 の説明文の「Cの一部の水素原子を何らかの置換基にかえたものがAである」という記述から，化合物Aと化合物Cの主要炭素骨格は同じである。さらに，

実験2と解説1より，Aの主要炭素骨格は，ナフタレンのように炭素の六員環が2つ並んだ形をしたものであるとわかる。

これらのことと

(1) 分子式が $C_{10}H_6O_2$ である。

(2) ベンゼン環を有する。

(3) 環境の異なる5種類の炭素原子をもつ。

の3点をあわせて考えると，Cの構造が右図のように決まる。右図の破線は対称面で，5種類の炭素原子に①～⑤を付して示している。

化合物C

ウ. 実験6より，化合物Eは化合物Dの酸化により得られた化合物なので，カルボニル化合物またはカルボン酸である。このことと，実験7でヨードホルム反応を示したことから，Eはカルボニル化合物とわかる。そこで，Eの構造を $CH_3-\overset{\displaystyle O}{\underset{\displaystyle \|}{C}}-R$ と

表すと，ヨードホルム反応の化学反応式は次のようになる。黄色固体Gはヨードホルム CHI_3 である。

$$CH_3-\overset{O}{\underset{\|}{C}}-R + 3I_2 + 4NaOH \longrightarrow \underset{黄色固体G}{CHI_3} + R-\overset{O}{\underset{\|}{C}}-ONa + 3NaI + 3H_2O$$

化合物E

この反応で酢酸ナトリウム CH_3COONa が得られたことから，Rはメチル基 CH_3 とわかる。したがって，Eはアセトン CH_3COCH_3 と決まる。

エ. 実験8より，化合物Fについて次の4つのことがわかっている。

(1) 分子式が $C_8H_6O_6$ である。

(2) 部分構造としてサリチル酸を含む。

(3) 環境の異なる4種類の炭素原子をもつ。

(4) 加熱すると分子内脱水反応が起こる。

(4)から，Fは2つのカルボキシ基がオルト位に位置していることがわかる。(2)と(4)を考慮すると，Fの部分構造は次のようになる。

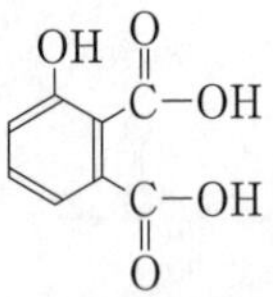

化合物Fの部分構造

さらに，(1)と(3)をあわせて考えると，Fの構造は次のように決まる。

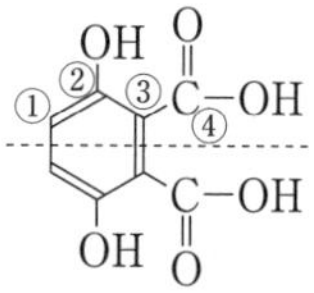

化合物F

これにより，Fを分子内脱水させて得られる化合物Hの構造もわかる。

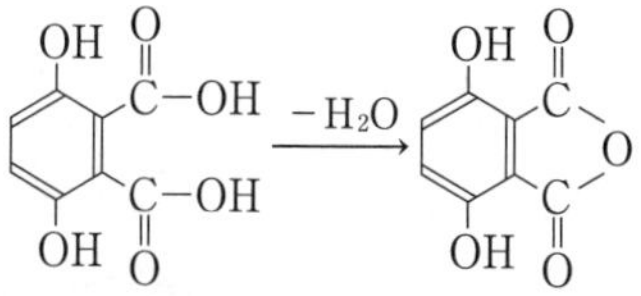

化合物F　　　　　　化合物H

オ． 次の手順でAの構造を考える。

(1) Aのヒドロキシ基について

実験4と実験5より，Aにはヒドロキシ基が2つあり，そのうちの少なくとも1つはフェノール性ヒドロキシ基である。ヒドロキシ基のアセチル化およびアセチル基の加水分解は次のように表せる。

これと，実験6でのDの酸化および加水分解でFが得られたことから，Aがもつ2つのヒドロキシ基は，ともにフェノール性ヒドロキシ基であり，それらがパラの位置にあることがわかる。

(2) Aの置換基の数について

Aのヒドロキシ基をアセチル化したDから得られたFはベンゼンの四置換体であるから，Aもベンゼンの四置換体である。

(3) Aの置換基の構造について

実験6で得られたアセトンは，図1−1(a)の酸化的処理により得られるので，Aには $\diagdown C=C \diagdown^{CH_3}_{CH_3}$ の構造がある。

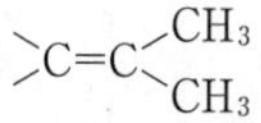

(1)〜(3)でわかったことと，部分構造としてCを含むことから，Aは次のような構造をしているとわかる。

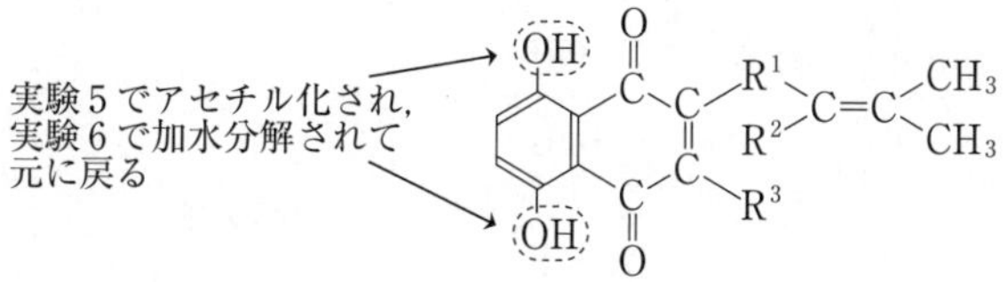

実験5でアセチル化され，
実験6で加水分解されて
元に戻る

Aの炭素数は 16 であり，$R^1 \sim R^3$ を除いた部分の炭素数は 14 であるから，$R^1 \sim$ R^3 に含まれる炭素数の合計は 2 である。このことと，実験 6 でコハク酸 HOOC−CH_2−CH_2−COOH が得られたこと，および分子式が $C_{16}H_{16}O_4$ であることを考慮すると，$R^1 = CH_2$−CH_2，$R^2 = H$，$R^3 = H$ であり，Aの構造は次のようになると考えられる。

$$\text{OH} \quad \overset{O}{\underset{||}{C}} \quad \text{CH}_2\text{−CH}_2\text{−CH}=\text{C}\overset{\text{CH}_3}{\underset{\text{CH}_3}{\diagdown}} \quad \cdots\cdots(*)$$

（ベンゼン環に OH（上）、OH（下）、上部に C=O、下部に C=O、中央に CH 基を持つ構造）

実験 6 で得られた酢酸は，Aのアセチル化によりつくられたエステル結合が加水分解されて生じたものであるから，アセチル化する前のAに実験 6 の酸化的処理を行うと，E（アセトン），F，コハク酸，CO_2 が生じることになる。

上で示した化合物（*）に図 1−1(a)の酸化的処理を行うと，破線部分の C=C が開裂して，次のような反応が起こる。

（化合物（*）の構造式、破線で C=C を示す）

$$\xrightarrow[\text{酸化的処理}]{\text{オゾン}}$$

（ベンゼン環に OH, OH を持ち、O=C−C−CH_2−CH_2−C−OH および C−C−OH を持つ構造）

$$+ \quad CH_3\text{−}\overset{}{\underset{O}{C}}\text{−}CH_3$$

化合物E（アセトン）

この反応で生じたアセトン以外の化合物は，図 1−1(b)の酸化的分解を受けると，破線部分の結合が切断されて，次のように反応する。

（ベンゼン環に OH, OH を持ち、C−C−CH_2−CH_2−C−OH および C−C−OH を持つ構造、破線で結合を示す）

$$\xrightarrow{\text{酸化的分解}}$$

（ベンゼン環に OH, OH, C−OH（O=）, C−OH（O=）を持つ構造） $+ \text{HO−}\overset{}{\underset{O}{C}}\text{−CH}_2\text{−CH}_2\text{−}\overset{}{\underset{O}{C}}\text{−OH} + \text{HO−}\overset{}{\underset{O}{C}}\text{−OH}$

化合物F　　　　　　　　　　　　コハク酸　　　　　　　炭酸

炭酸 H_2CO_3 は不安定で，すぐに H_2O と CO_2 に分解する。

$$H_2CO_3 \longrightarrow H_2O + CO_2$$

以上から，先に示した化合物（＊）は，その酸化生成物が実験6の結果と整合するので，確かに化合物Aであると判断できる。

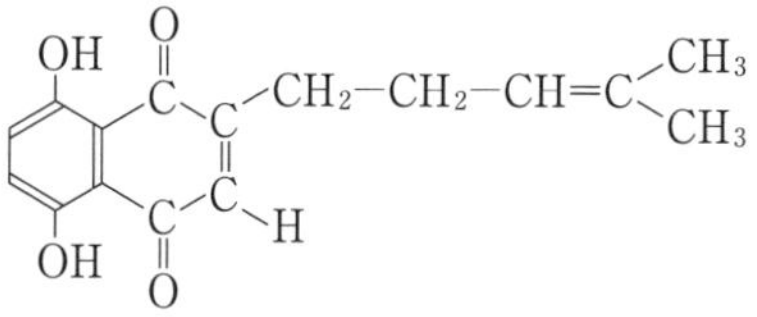

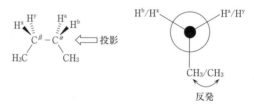

化合物 A

Ⅱ. カ. シクロプロパンが Br_2 と反応すると，開環して両端のC原子に Br 原子が結合した鎖式化合物となる。

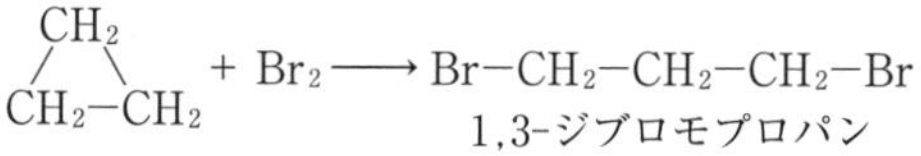

$\begin{array}{c} CH_2 \\ CH_2-CH_2 \end{array}$ + $Br_2 \longrightarrow$ $Br-CH_2-CH_2-CH_2-Br$
1,3-ジブロモプロパン

キ. 次の3点を考慮すると，正しい図が選べる。

- エネルギーは低いほうが安定である。
- $\theta = 0°$，$360°$ のときにメチル基どうしの反発が最も強くなるので，最も不安定になる。

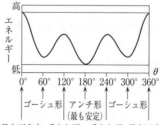

$\theta = 0°$，$360°$ のときのブタンの投影図

- $\theta = 180°$（アンチ形）のときにメチル基どうしの反発が最も弱くなるので，最も安定になる。

高
エ
ネ
ル
ギ
ー
低

0°　60°　120°　180°　240°　300°　360°　θ

ゴーシュ形｜アンチ形｜ゴーシュ形
（最も安定）

最も不安定　重なり形　重なり形　最も不安定

ク. 図1−4のJの投影図より，★の CH_2 と☆の CH_2 は，なす角が $60°$ または $300°$ であり，ゴーシュ形になっている。

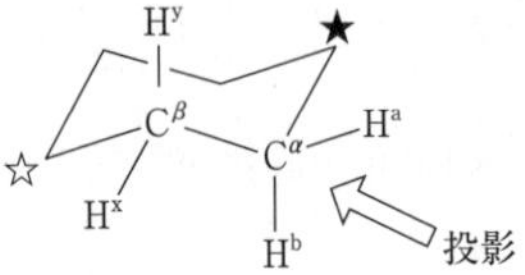

| J | Jの投影図 |

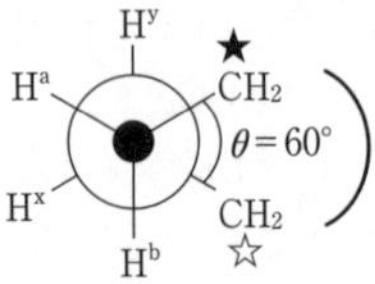

ケ. 図1-4のシクロヘキサンの H^a と H^b のどちらか，H^x と H^y のどちらかの計2つのH原子を CH_3 に置換した化合物が，1,2-ジメチルシクロヘキサンである。そこで，Jの投影図をもとに，CH_3 に置換するH原子の組合せを考えると，次の表に示す①～④の4種類の異性体が考えられる。

置換するH原子	H^a, H^x	H^a, H^y	H^b, H^x	H^b, H^y
上段：構造式 下段：投影図	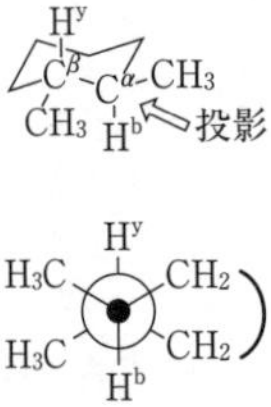 ①	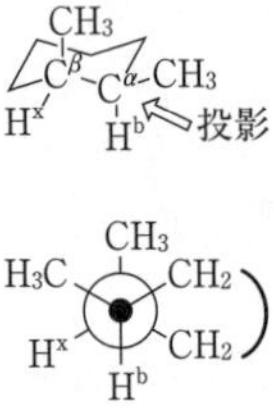 ②	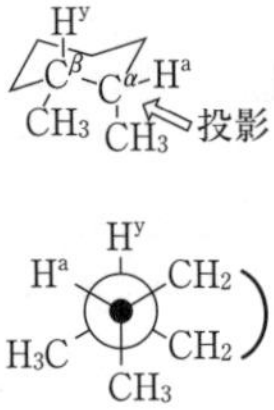 ③	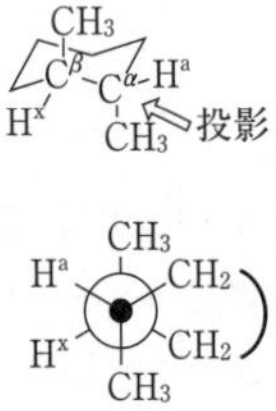 ④
CH_3 どうしがなす角	60°	60°	60°	180°
CH_2 と CH_3 がなす角	180°, 180°	60°, 180°	60°, 180°	60°, 60°

②と③は，ともに環の上下に出たH原子と環の外側を向いたH原子を1個ずつ CH_3 に置換したものであり，互いに配座異性体である。角の大きさを見ると，エネルギー的に等価であることがわかるので，②と③がMである。安定性は②も③も同じなので，解答にはどちらを書いてもよい。

①は環の外側を向いたH原子2個を，④は環の上下に出たH原子2個をそれぞれ CH_3 に置換したものであり，互いに配座異性体である。これらがNであるが，ゴーシュ形よりもアンチ形のほうが安定なので，180°が2つある①のほうが安定である。よって，①が正答となる。

コ. 最も安定ないす形の配座異性体において，MもNも CH_3 どうしはゴーシュ形となっているので，2組ある CH_3 と CH_2 の位置関係に言及すればよい。

サ. Nの最も安定ないす形の配座異性体は**ケ**の①なので，図1-6の構造式において，2つの CH_3 が占める位置はb，eである。

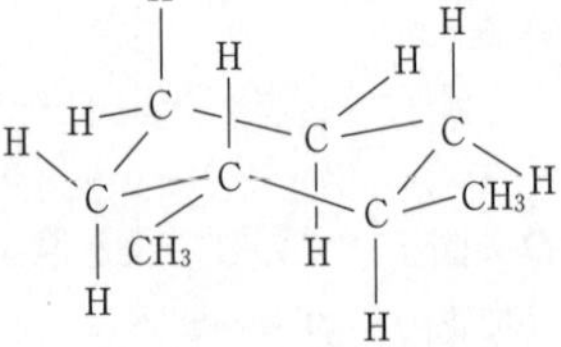

24

ポイント

Ⅰ．油脂の構造決定に関する標準的な問題である。

イ．油脂 A に H_2 を付加した結果，不斉炭素原子がなくなったことから，不飽和脂肪酸 C に H_2 を付加すると，飽和脂肪酸 B になることがわかる。つまり，B と C は炭素数が等しい。なお，ステアリン酸のみからなる油脂の分子量が 890 であることを用いて，油脂 A の分子量が 884 であることから，ただちに B がステアリン酸，C がリノレン酸であると判断することもできる。

エ．まず炭化水素基 R^1～R^4 を用いて C の構造式を書き，それをオゾン分解し，その後メチル化したときに生成する物質を考え，それらを実験 3 の結果と照合すればよい。

Ⅱ．分子式が C_5H_{10} のアルケンの構造異性体は 5 種類しかないので，すべて書き出して，実験結果に合うものを選んでいくとよい。マルコフニコフ則の解説がやや難しいが，「より多くの H 原子が結合している C 原子に H 原子が付加する」という考え方でよい。

解　答

Ⅰ．ア．884

イ．B：$C_{18}H_{36}O_2$　　C：$C_{18}H_{30}O_2$

ウ．C　理由：C はシス形なので，分子が折れ曲がることで分子どうしの接する面積が小さくなり，分子間力が B よりもはたらきにくくなるため。

エ．$CH_3-CH_2-CH=CH-(CH_2)_7-CH=CH-CH_2-CH=CH-CH_2-COOH$

$CH_3-CH_2-CH=CH-CH_2-CH=CH-(CH_2)_7-CH=CH-CH_2-COOH$

$CH_3-CH_2-CH=CH-CH_2-CH=CH-CH_2-CH=CH-(CH_2)_7-COOH$

オ．

$CH_3-(CH_2)_{16}-COO-CH_2$
$CH_3-(CH_2)_{16}-COO-CH$
$CH_3-CH_2-CH=CH-CH_2-CH=CH-CH_2-CH=CH-(CH_2)_7-COO-CH_2$

Ⅱ．カ．I：
$\underset{CH_3}{\overset{CH_3}{\underset{\big|}{CH}}}-CH_2-CH_3$
　　J：$CH_3-CH_2-CH_2-CH_2-CH_3$

キ．L：
$CH_3-\underset{OH}{\overset{\big|}{CH}}-CH_2-CH_2-CH_3$
　　N：
$CH_3-\underset{\big|}{\overset{CH_3}{\underset{|}{CH}}}-\underset{OH}{\overset{\big|}{CH}}-CH_3$

O：$HO-CH_2-\underset{CH_2-CH_3}{\overset{CH_3}{\underset{\big|}{CH}}}$

ク．K

ケ．E・H

解　説

Ⅰ．ア． 油脂のけん化においては，1 mol の油脂から 1 mol のグリセリン（分子量 92.0）が得られる。よって，油脂Aの分子量を M とおくと，実験1の結果から

$$92.0 \times \frac{2.21}{M} = \frac{230}{1000} \qquad \therefore \quad M = 884$$

イ． 1つの炭素間二重結合に1分子の H_2 が付加するので，炭素間二重結合の物質量と，付加する H_2 の物質量は等しい。よってAに含まれる炭素間二重結合の数を n とすると

$$\frac{2.21}{884} \times n = \frac{168}{22.4 \times 10^3} \qquad \therefore \quad n = 3$$

となる。Aを構成する不飽和脂肪酸はCのみであることから，Aは2分子の飽和脂肪酸Bと，炭素間二重結合を3個もつ1分子の不飽和脂肪酸Cからできていることがわかる。さらに，Aは不斉炭素原子をもつが，H_2 を付加して得られた油脂Dは不斉炭素原子をもたないことから，Bに H_2 を付加するとCになることがわかるので，BとCは炭素数が等しい。以上のことから，Bの示性式を $C_nH_{2n+1}COOH$ と表すと，Cの示性式は $C_nH_{2n-5}COOH$ と表すことができ，AからDが得られる反応は次のようになる（不斉炭素原子には＊を付している）。

$$
\begin{array}{l}
C_nH_{2n+1}-COO-CH_2 \\
C_nH_{2n+1}-COO-\overset{*}{C}H \quad +3H_2 \\
C_nH_{2n-5}-COO-CH_2 \\
\text{油脂A}
\end{array}
\longrightarrow
\begin{array}{l}
C_nH_{2n+1}-COO-CH_2 \\
C_nH_{2n+1}-COO-CH \\
C_nH_{2n+1}-COO-CH_2 \\
\text{油脂D}
\end{array}
$$

よって，Aの分子量が884であることから

$$42n + 170 = 884 \qquad \therefore \quad n = 17$$

となるので，Bは $C_{17}H_{35}COOH$（ステアリン酸），Cは $C_{17}H_{29}COOH$（リノレン酸）であることがわかる。

ウ． ステアリン酸のような飽和脂肪酸は，直鎖状の分子であるから，分子どうしが接することができる面積が大きく，分子が密に詰まりやすい。その結果，融点が高くなる。一方，シス形の不飽和脂肪酸は折れ曲がった構造をとるため，分子どうしが接近しにくくなり，分子間力が飽和脂肪酸に比べてはたらきにくくなる。そのため，融点は飽和脂肪酸よりも低くなる。

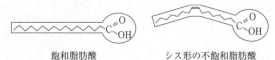

飽和脂肪酸　　　　　シス形の不飽和脂肪酸

エ． Cの構造を次のように表すことにする（$R^1 \sim R^4$ は炭化水素基）。

$$R^1-CH=CH-R^2-CH=CH-R^3-CH=CH-R^4-COOH$$

これにオゾンを作用させ，酸化的処理を行うと，次のように 1 つのモノカルボン酸と 3 つのジカルボン酸が得られる。

$$R^1-COOH$$

$$HOOC-R^2-COOH \qquad HOOC-R^3-COOH \qquad HOOC-R^4-COOH$$

これらをジアゾメタンによりメチル化すると，次のような化合物が得られる。

これと実験 3 の結果を比較すると，R^1 は CH_3-CH_2- と決まる。$R^2 \sim R^4$ については，$-(CH_2)_7-$ か $-CH_2-$ のどちらかであるが，炭素数が 18 であることを考慮すると，$R^2 \sim R^4$ のうち 1 つが $-(CH_2)_7-$ で，2 つが $-CH_2-$ である。よって，**C** の構造は $R^2 \sim R^4$ のうちのどれが $-(CH_2)_7-$ であるかにより，次の 3 通りが考えられる。

- R^2 が $-(CH_2)_7-$

$$CH_3-CH_2-CH=CH-(CH_2)_7-CH=CH-CH_2-CH=CH-CH_2-COOH$$

- R^3 が $-(CH_2)_7-$

$$CH_3-CH_2-CH=CH-CH_2-CH=CH-(CH_2)_7-CH=CH-CH_2-COOH$$

- R^4 が $-(CH_2)_7-$

$$CH_3-CH_2-CH=CH-CH_2-CH=CH-CH_2-CH=CH-(CH_2)_7-COOH$$

オ．**C** をジアゾメタンによりメチル化すると，末端の $-COOH$ が $-COO-CH_3$ になる。その後，オゾンを作用させ還元的処理を行ったときに得られる，R^4 を含む化合物は次のようになる。

$$HO-CH_2-R^4-C \underset{O-CH_3}{\overset{O}{\diagup}}$$

これと実験 4 の結果から，R^4 が $-(CH_2)_7-$ であることがわかる。これにより，**C** の構造は

$$CH_3-CH_2-CH=CH-CH_2-CH=CH-CH_2-CH=CH-(CH_2)_7-COOH$$

と決まるので，**A** の構造も次のように決まる。

$$\begin{array}{l} CH_3-(CH_2)_{16}-COO-CH_2 \\ CH_3-(CH_2)_{16}-COO-CH \\ CH_3-CH_2-CH=CH-CH_2-CH=CH-CH_2-CH=CH-(CH_2)_7-COO-CH_2 \end{array}$$

Ⅱ．カ．C_5H_{10} の構造をもつアルケンの構造異性体は，次の 5 種類ある。これらに①〜⑤の番号をつけて区別する。

① $CH_2=CH-CH_2-CH_2-CH_3$ ② $CH_3-CH=CH-CH_2-CH_3$

③ $CH_2=\underset{\underset{CH_3}{|}}{C}-CH_2-CH_3$ ④ $CH_3-\underset{\underset{CH_3}{|}}{C}=CH-CH_3$

⑤ $CH_3-\underset{\underset{CH_3}{|}}{CH}-CH=CH_2$

実験5と実験6の結果をまとめると，次のようになる。

実験5：$E\xrightarrow{+H_2}$ $\quad$ $G\xrightarrow{+H_2}$
$\qquad$ $F\xrightarrow{+H_2}$ I $\qquad H\xrightarrow{+H_2}$ J

実験6：$E\xrightarrow{+H_2O}$ K，(N) $\qquad F\xrightarrow{+H_2O}$ K，(O)

$\qquad$ $G\xrightarrow{+H_2O}$ L，(P) $\qquad H\xrightarrow{+H_2O}$ L，M

（　）内は副生成物を表す。

実験5から，アルケンEとF，GとHはそれぞれ同じ炭素骨格をもつことがわかる。アルケン①〜⑤にH_2Oを付加すると，それぞれ次のような化合物が得られる。ⓐ〜ⓙはH原子が付加するC原子の位置およびそのときに生成するアルコールを表す（不斉炭素原子には＊を付している）。

① $\overset{ⓐ}{\underset{\downarrow}{}}\ \overset{ⓑ}{\underset{\downarrow}{}}$
$\quad CH_2=CH-CH_2-CH_2-CH_3$

$\xrightarrow{+H_2O}$ $CH_3-\overset{*}{\underset{\underset{OH}{|}}{CH}}-CH_2-CH_2-CH_3$ と $HO-CH_2-CH_2-CH_2-CH_2-CH_3$
$\qquad\qquad\qquad\qquad$ ⓐ $\qquad\qquad\qquad\qquad$ ⓑ

② $\overset{ⓒ}{\underset{\downarrow}{}}\ \overset{ⓓ}{\underset{\downarrow}{}}$
$\quad CH_3-CH=CH-CH_2-CH_3$

$\xrightarrow{+H_2O}$ $CH_3-CH_2-\underset{\underset{OH}{|}}{CH}-CH_2-CH_3$ と $CH_3-\overset{*}{\underset{\underset{OH}{|}}{CH}}-CH_2-CH_2-CH_3$
$\qquad\qquad\qquad\qquad$ ⓒ $\qquad\qquad\qquad\qquad$ ⓓ（ⓐと同一）

③ $\overset{ⓔ}{\underset{\downarrow}{}}\overset{ⓕ}{\underset{\downarrow}{}}$
$\quad CH_2=\underset{\underset{CH_3}{|}}{C}-CH_2-CH_3 \xrightarrow{+H_2O}$ $CH_3-\underset{\underset{CH_3}{|}}{\overset{\overset{OH}{|}}{C}}-CH_2-CH_3$ と $HO-CH_2-\overset{*}{\underset{\underset{CH_3}{|}}{CH}}-CH_2-CH_3$
$\qquad\qquad\qquad\qquad\qquad\qquad$ ⓔ $\qquad\qquad\qquad$ ⓕ

④ $\overset{ⓖ}{\underset{\downarrow}{}}\overset{ⓗ}{\underset{\downarrow}{}}$
$\quad CH_3-\underset{\underset{CH_3}{|}}{C}=CH-CH_3 \xrightarrow{+H_2O}$ $CH_3-\underset{\underset{CH_3\ OH}{}}{CH}-\overset{*}{CH}-CH_3$ と $CH_3-\underset{\underset{CH_3}{|}}{\overset{\overset{OH}{|}}{C}}-CH_2-CH_3$
$\qquad\qquad\qquad\qquad\qquad\qquad$ ⓖ $\qquad\qquad\qquad$ ⓗ（ⓔと同一）

⑤ $\underset{\overset{|}{CH_3}}{CH_3-\overset{①↓}{CH}-\overset{①↓}{CH}=CH_2}$ $\xrightarrow{+H_2O}$ $\underset{\overset{|}{CH_3}}{CH_3-CH-CH_2-CH_2-OH}$ と $\underset{\overset{|}{CH_3}\ \overset{|}{OH}}{CH_3-CH-\overset{*}{CH}-CH_3}$

$\qquad\qquad\qquad\qquad\qquad\qquad\qquad\qquad$ ① $\qquad\qquad\qquad\qquad$ ⑤（ⓖと同一）

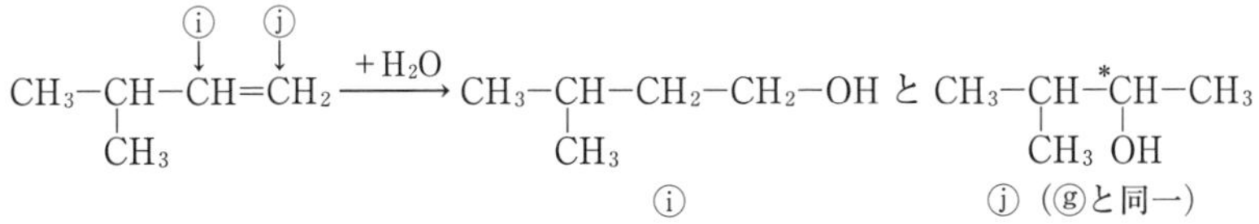

解説1のマルコフニコフ則は、「H_2O が付加するとき、より多くのH原子と結合しているC原子にH原子が付加する」と読みかえることができるので、これを考慮すると、ⓐ～ⓙの主生成物、副生成物の分類は次のようにまとめられる。

①		②	③		④	⑤			
ⓐ	ⓑ	ⓒ	ⓓ	ⓔ	ⓕ	ⓖ	ⓗ	ⓘ	ⓙ
主	副	主	主	主	副	副	主	副	主

よって、実験6から、副生成物が生成しない②がH、Hと炭素骨格が同じ①がGと決まる。E、Fは③～⑤のいずれかとなる。これらのことから、化合物Iは枝分かれのある 2-メチルブタン、化合物Jは直鎖状のペンタンと決まる。

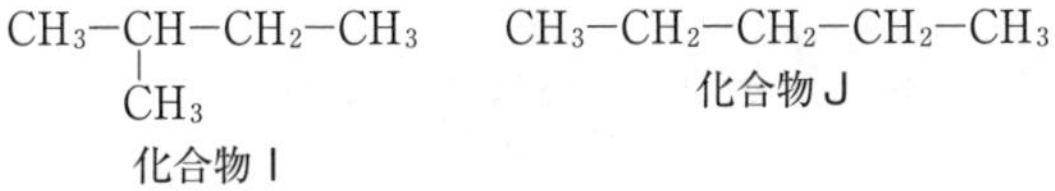

$\underset{\overset{|}{CH_3}}{CH_3-CH-CH_2-CH_3}$ $\qquad$ $CH_3-CH_2-CH_2-CH_2-CH_3$

$\qquad\qquad\qquad\qquad\qquad\qquad\qquad\qquad$ 化合物J

化合物I

キ. カでGとHが決まったので、実験6から、アルコールK～Pのうち、ⓐ、ⓓがL、ⓑがP、ⓒがMとわかる。

実験7から、Kは第三級アルコールのⓔ、ⓗであるから、E、Fは③、④のいずれかとわかる。

実験8から、Nは $\underset{\overset{|}{OH}}{CH_3-CH-}$ の構造をもつⓖであるから、④がEとなり、③がF

とわかる。よって、ⓕがOと決まる。

以上の結果をまとめると、次のようになる。

①(G)		②(H)	③(F)		④(E)		
ⓐ	ⓑ	ⓒ	ⓓ	ⓔ	ⓕ	ⓖ	ⓗ
L	P	M	L	K	O	N	K

したがって、K～Pのうち、不斉炭素原子をもつものは、L、N、Oである。

ク. 解説1、解説2における安定な陽イオンは、イオン化したC原子により多くの炭化水素基が結合したものであると考えられる。解説2の図1－4から判断すると、アルコールから陽イオンが生成するとき、－OH が結合していたC原子がイオン化する。よって、イオン化したC原子に、3個の炭化水素基が結合した陽イオンが生成するKの脱水反応が最も速く進行すると考えられる。

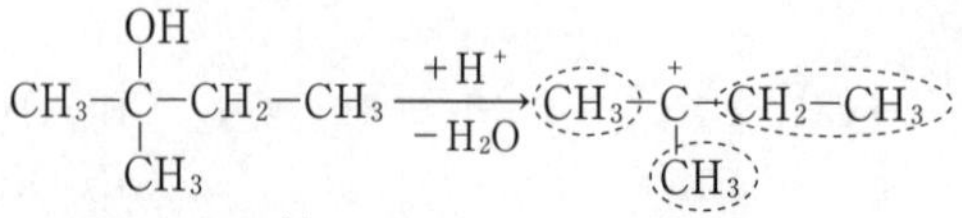

$$CH_3-\overset{\displaystyle OH}{\underset{\displaystyle CH_3}{C}}-CH_2-CH_3 \xrightarrow[-H_2O]{+H^+} CH_3-\overset{+}{\underset{\displaystyle CH_3}{C}}-CH_2-CH_3$$

アルコールK   陽イオン

ケ. E〜Hに H_2O を付加したときに主生成物として得られるアルコールはK・L・Mなので，これらのアルコールの脱水反応により主生成物として得られるアルケンをザイツェフ則に従って考える。

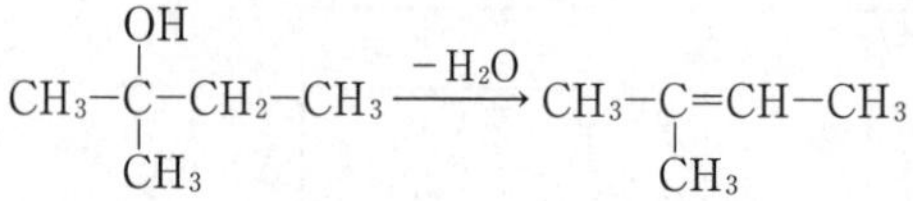

$$CH_3-\overset{\displaystyle OH}{\underset{\displaystyle CH_3}{C}}-CH_2-CH_3 \xrightarrow{-H_2O} CH_3-\overset{}{\underset{\displaystyle CH_3}{C}}=CH-CH_3$$

アルコールK   アルケンE

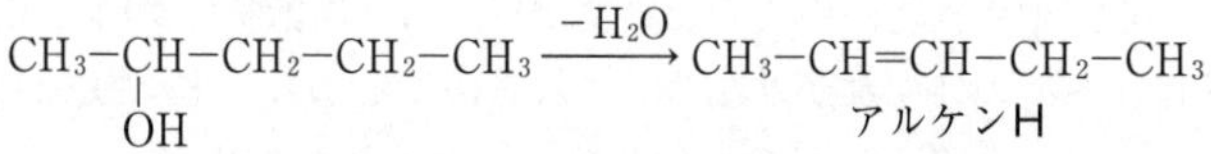

$$CH_3-\overset{}{\underset{\displaystyle OH}{CH}}-CH_2-CH_2-CH_3 \xrightarrow{-H_2O} CH_3-CH=CH-CH_2-CH_3$$

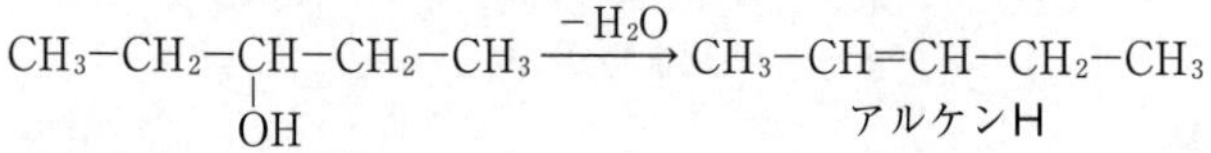

アルコールL   アルケンH

$$CH_3-CH_2-\overset{}{\underset{\displaystyle OH}{CH}}-CH_2-CH_3 \xrightarrow{-H_2O} CH_3-CH=CH-CH_2-CH_3$$

アルコールM   アルケンH

H_2O の付加反応において，KはEとFから，LはGとHから，MはHから得られるので，問題の条件を満たすアルケンはEとHである。

25

ポイント

Ⅰ．C$_6$H$_{12}$O という分子式と，カルボニル基が存在しないということから，A〜F はアルコールまたはエーテルであることがわかる。まずはそれぞれの特徴を，例えば，「E．C=C あり，第一級アルコール」のように簡単にまとめていくとよい。

ア．不斉炭素原子をもつためには，酸素原子が五員環に含まれなければならないことに注意。

オ．H は，グルコースのような単糖類が還元性を示すことを想起し，ヘミアセタール構造をもつことに気づかなければならない。

Ⅱ．ケ．K がフェノールであることが下線部⑤の記述から判断できれば，M がクロロベンゼンであることも容易にわかる。

サ．塩化ベンゼンジアゾニウムの加水分解反応が可逆反応であることに注目する。

解　答

Ⅰ．**ア**．

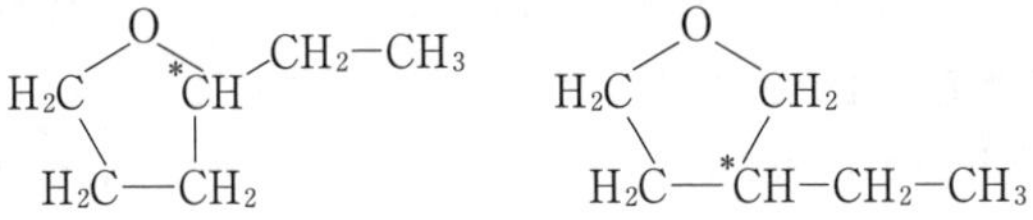

H$_2$C—O—*CH—CH$_2$—CH$_3$ （五員環構造）

H$_2$C—CH$_2$

H$_2$C—O—CH$_2$

H$_2$C—*CH—CH$_2$—CH$_3$

イ．

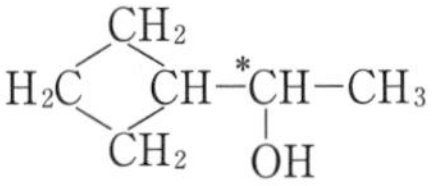

H$_2$C CH$_2$ CH—*CH—CH$_3$ OH

ウ．

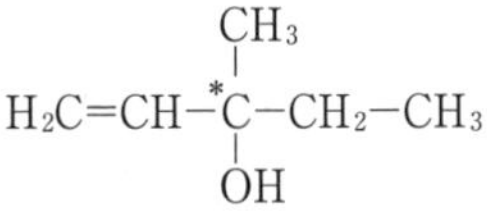

CH$_3$

H$_2$C=CH—*C—CH$_2$—CH$_3$

OH

エ．H$_2$C=CH—*CH—CH$_2$—CH$_3$

O—CH$_3$

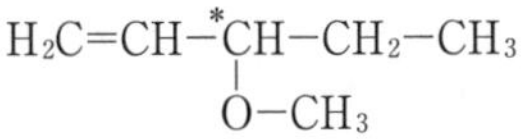

オ．G：H—C—*CH—CH$_2$—OH

O CH$_3$

H：H$_2$C—O—CH—OH

H*C—CH$_2$

H$_3$C

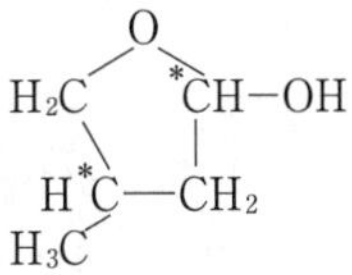

カ．a．ヒドロキシ　b．水素　c．起こりにくくなって

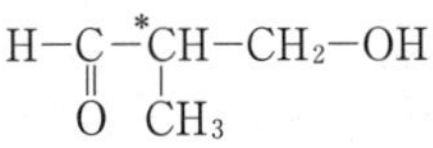

Ⅱ．**キ**．同位体

ク．2⟨ ⟩—NO$_2$ + 3Sn + 14HCl ⟶ 2⟨ ⟩—NH$_3$Cl + 3SnCl$_4$ + 4H$_2$O

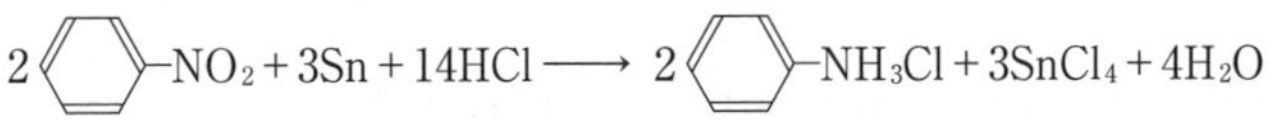

ケ．L：⟨ ⟩—N=N—⟨ ⟩—OH　　M：⟨ ⟩—Cl

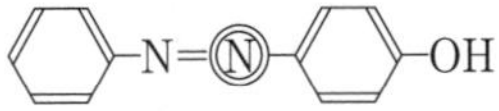

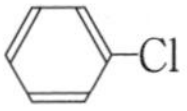

コ. $^{15}N : {}^{14}N = 12 : 13$

サ. 下線部⑦の化合物 J は，$^{14}N_2$ の存在下で可逆反応である加水分解を受けており，その逆反応によって ^{14}N が取り込まれているが，下線部⑥で用いた J には新たな ^{14}N は取り込まれていないため。

解　説

I. 与えられた分子式 $C_6H_{12}O$ より，化合物 A〜F は不飽和度が 1 であり，実験 5 より，カルボニル基をもたないことから，炭素間二重結合（C=C）を 1 つ，あるいは環構造を 1 つ含む，アルコールまたはエーテルであることがわかる。

次に，それぞれの実験から次のように推測できる。

実験 1：A と D はエーテル，B，C，E，F はアルコールである。

実験 2：A と B は水素付加が起きないことから，それぞれ環構造をもつエーテルとアルコールである。一方，C，E，F は C=C を 1 つもつ鎖状のアルコールであり，D は C=C を 1 つもつ鎖状のエーテルである。また，C と D は，水素付加によって不斉炭素原子 $^*C$ をもたない分子に変化したから，この 2 つの水素付加物は，いずれも C または D に由来する $^*C$ について対称性をもっている。さらに，E と F は分子内での炭素原子の配列および OH 基の位置が同じで，C=C の位置のみが異なる分子であることがわかる。

実験 3：C は鎖状の第三級アルコール，B は環構造をもつ第二級アルコール，E と F は鎖状の第一級アルコールである。

実験 4：B のみが，$CH_3-CH(OH)-$ の構造をもつ。

実験 6 および注 1：E は，オゾン分解によってアセトアルデヒド CH_3CHO が生じたことから，分子の末端に $CH_3-CH=C\!\!<$ の構造をもっており，さらにこの構造の右端の C 原子には OH 基は結合していない。また，化合物 G は炭素原子数が 4 で，カルボニル基とヒドロキシ基をもつ化合物である。

実験 7：G は E 由来の $^*C$ をもっていたが，$\!\!>\!\!C=O$ の還元によって $\!\!>\!\!\underset{H}{C}\!\!-\!\!OH$ が生じたことで，この $^*C$ について対称な分子となり $^*C$ をもたないようになった。すなわち，G のもとの OH 基と新たに生じた OH 基とは E 由来の $^*C$ について対称の位置関係にある。したがって，G の構造式およびその $\!\!>\!\!C=O$ の還元反応は次のようになる。

$$\underset{O\quad CH_3}{\overset{}{H-C}}\overset{*}{-CH}-CH_2-OH \xrightarrow{H_2} HO-CH_2-\underset{CH_3}{CH}-CH_2-OH$$

G

よって，Eの構造式は次のとおりである。

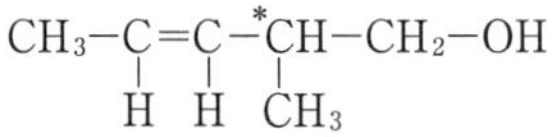

$$CH_3-\overset{}{\underset{H}{C}}=\overset{}{\underset{H}{C}}-\overset{*}{\underset{CH_3}{CH}}-CH_2-OH$$

実験8：オゾン分解により生じた物質の分子式から，Fの末端には $H_2C=C\big\langle$ の構造がある。さらに，実験2の結果（EとFは水素付加により同一の分子となる）より，Fの構造式は次のように推測される。

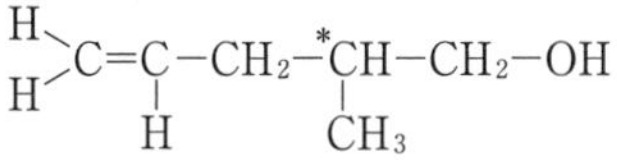

$$\overset{H}{\underset{H}{>}}C=\overset{}{\underset{H}{C}}-CH_2-\overset{*}{\underset{CH_3}{CH}}-CH_2-OH$$

したがって，オゾン分解で生じた分子（分子式 $C_5H_{10}O_2$）の構造は次のようになる。

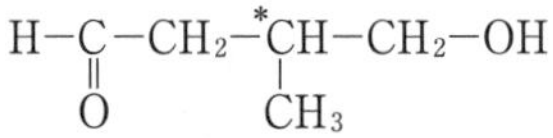

$$H-\overset{}{\underset{O}{C}}-CH_2-\overset{*}{\underset{CH_3}{CH}}-CH_2-OH$$

しかし，化合物Hはカルボニル化合物ではなかったことから，このオゾン分解で生じた分子には，鎖状のグルコースが環状構造をつくるときと同じ反応が起こりHとなったと考えられる。

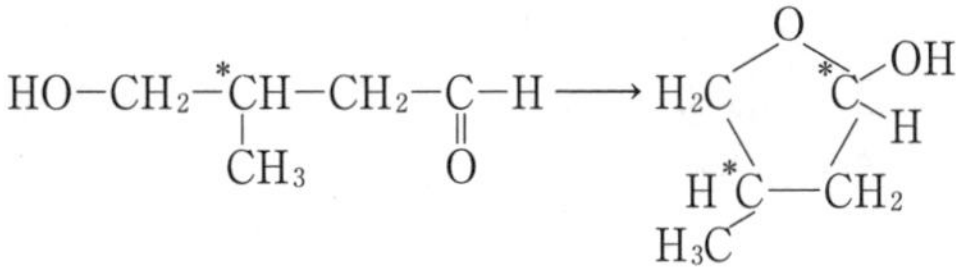

$$HO-CH_2-\overset{*}{\underset{CH_3}{CH}}-CH_2-\overset{}{\underset{O}{C}}-H \longrightarrow H$$

以上の実験結果と推測をもとに，各設問で与えられた条件に対応してA～Dの構造を考える。

ア． Aは五員環構造をもつエーテルで，$^*C$ が1個存在することから，この五員環構造にはO原子が含まれる（環状エーテル）。したがって，その構造式には次の2通りの異性体が存在する。

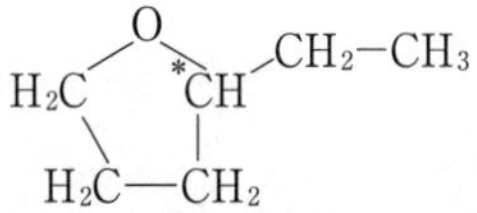

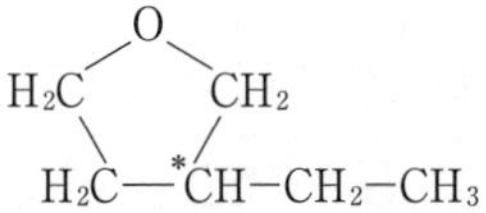

環構造の側鎖が2つの CH_3 になると，2つの $^*C$ が生じる（側鎖の CH_3 が結合した2つのC原子が $^*C$ となる）。また，五員環にO原子が含まれないエーテル（側鎖にエーテル構造がある）には $^*C$ が存在しない。

イ． Bは四員環構造および $CH_3-\underset{OH}{CH}-$ をもつ（実験4）アルコールであることから，側鎖構造 $-\overset{*}{\underset{OH}{CH}}-CH_3$ に $^*C$ をもつ，次のような構造をしている。

$$\begin{array}{c} CH_2 \\ H_2C \diagup \quad \diagdown CH\!-\!\overset{*}{C}H\!-\!CH_3 \\ CH_2 \quad \underset{OH}{} \end{array}$$

四員環構造に OH 基が直接結合すると，$CH_3\!-\!\underset{OH}{CH}\!-$ 構造をもつことができない。

ウ． Cは，C=C を 1 つもつ鎖状の第三級アルコールで，C=C への水素付加によって $\overset{*}{C}$ がなくなることから，次のような構造をしている。

$$\begin{array}{c} \quad\quad\quad CH_3 \\ \overset{H}{\underset{H}{\diagup}}\!C\!=\!C\!-\!\overset{*}{\underset{OH}{C}}\!-\!CH_2\!-\!CH_3 \end{array}$$

水素付加によって $\overset{*}{C}$ について対称性をもち，$\overset{*}{C}$ がなくなっている。

エ． Dは，C=C を 1 つもつ鎖状のエーテルで，C=C への水素付加によって $\overset{*}{C}$ がなくなることから，Cの構造と同様に考えると，次のような構造式となる。

$$\overset{H}{\underset{H}{\diagup}}\!C\!=\!C\!-\!\overset{*}{\underset{O\text{-}CH_3}{C}H}\!-\!CH_2\!-\!CH_3$$

カ． Cはアルコール，Dはエーテルであるから，Cのヒドロキシ基による分子間の水素結合によって，Cの沸点はDの沸点よりも高い。また，Cは第三級アルコール，Eは第一級アルコールであるから，立体的な障害がより大きい第三級アルコールの方が水素結合の形成がより起こりにくくなっている。

Ⅱ．ケ． 銅線を用いた化合物Mの炎色反応（バイルシュタイン反応という）によって，MはCl を含んでいることがわかる。

一方，化合物 I はアニリン塩酸塩であるから，下線部④の反応はジアゾ化であり，生成物のJは塩化ベンゼンジアゾニウムである。

$$\langle\!\!\langle\;\rangle\!\!\rangle\!-\!NH_3Cl + Na^{15}NO_2 + HCl \longrightarrow \langle\!\!\langle\;\rangle\!\!\rangle\!-\!N^+\!\equiv\!^{15}NCl^- + NaCl + 2H_2O$$

$$\quad\quad I \quad\quad\quad\quad\quad\quad\quad\quad\quad\quad\quad\quad\quad\quad J$$

よって，下線部⑤の反応は，塩化ベンゼンジアゾニウムの加水分解であり，化合物 K はフェノールである。

$$\langle\!\!\langle\;\rangle\!\!\rangle\!-\!N^+\!\equiv\!^{15}NCl^- + H_2O \longrightarrow \langle\!\!\langle\;\rangle\!\!\rangle\!-\!OH + N^{15}N + HCl$$

$$\quad\quad J \quad\quad\quad\quad\quad\quad\quad\quad\quad\quad\quad K$$

また，反応溶液中には未反応の塩化ベンゼンジアゾニウム（J）が存在するから，生成物のフェノール（K）と反応（カップリング）して，p-ヒドロキシアゾベンゼンが生じる。これが化合物LかMのいずれかであるが，p-ヒドロキシアゾベンゼンはCl を含まないから，Lが p-ヒドロキシアゾベンゼンである。

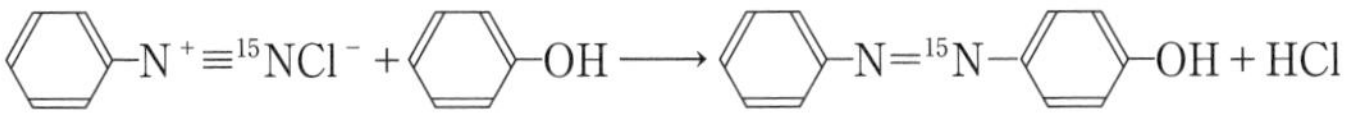

$$\text{J} \quad \text{K} \quad \longrightarrow \quad \text{L} \quad + HCl$$

なお，^{15}N は亜硝酸ナトリウム $NaNO_2$ 由来であるから，Jの右側のN原子が ^{15}N となり，Lの右側のN原子が ^{15}N となる。

次に，Mを水酸化ナトリウム水溶液と高温・高圧下で反応させ，反応後中和すると K（フェノール）が得られたことから，Mはクロロベンゼン C_6H_5-Cl である。この反応は，クメン法以外のフェノールの製造方法の1つと同じである。

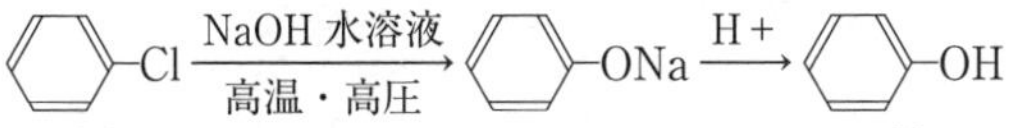

$$\text{M} \xrightarrow[\text{高温・高圧}]{\text{NaOH 水溶液}} \text{—ONa} \xrightarrow{\text{H}^+} \text{—OH} \quad \text{K}$$

コ．塩化ベンゼンジアゾニウム（J）と 2-ナフトールとの反応は次のとおりであり，1-フェニルアゾ-2-ナフトール（N）が得られる。

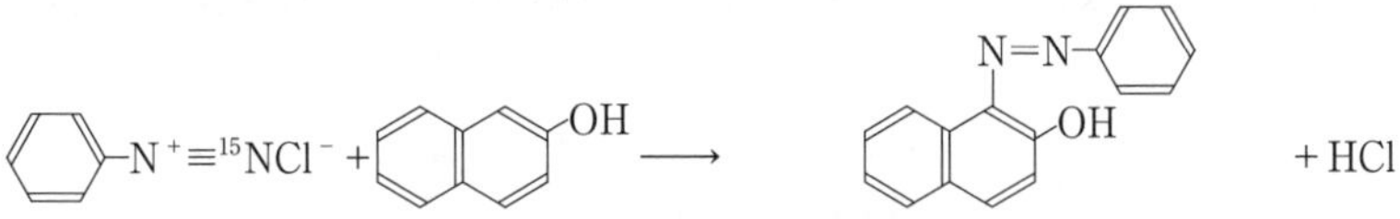

$$\text{J} \quad + \quad \text{2-ナフトール} \quad \longrightarrow \quad \text{1-フェニルアゾ-2-ナフトール（N）} \quad + HCl$$

また，化合物N（分子式 $C_{16}H_{12}N_2O$）はN原子を2個含むので，^{15}N の数を x，^{14}N の数を $2-x$ とすると，Nの分子量は，$C_{16}H_{12}O = 220.00$ だから

$$220.00 + 15.00x + 14.00(2-x) = 248.96 \quad \therefore \quad x = 0.96$$

よって，^{15}N と ^{14}N の比は

$$^{15}\text{N} : {}^{14}\text{N} = 0.96 : 1.04 = 96 : 104 = 12 : 13$$

サ．下線部⑤の反応は可逆反応であり，$^{14}\text{N}_2$ ガスが逆反応に寄与してJに取り込まれることにより，J中の ^{15}N の比率が低下する。

26

ポイント

Ⅰ. 糖類と芳香族化合物に関する基本的な知識を身に付けているかどうかが問われている。

カ. 酵素 X は，β-グルコースの 1 位の炭素原子がつくるグリコシド結合を加水分解することを読み取ろう。また，A は FeCl₃ 水溶液で呈色反応を示さなかったので，C のフェノール性ヒドロキシ基を用いて B と縮合した化合物であることがわかる。

Ⅱ. 高校で学習しない反応が含まれるため，分子量や起こった反応から，ある程度，化合物を推測しなければならず，難しい。実験 3 で L と M がそれぞれフマル酸とマレイン酸であるという考えに至れば，K や G の構造も決めやすい。J，K，L，M がいずれも直鎖状化合物で，炭素数が 4 であることが大きなヒントとなる。

解 答

Ⅰ. **ア.** $C_{13}H_{18}O_7$

イ. B：グルコース　D：フルクトース　F：アセチルサリチル酸

ウ. 鎖状構造：4 個　六員環構造：5 個

エ. セロビオース，マルトース

理由：これらの二糖類を構成するグルコースの 1 つが，開環することによってホルミル基（アルデヒド基）を生成するから。

オ.

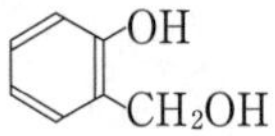

カ.

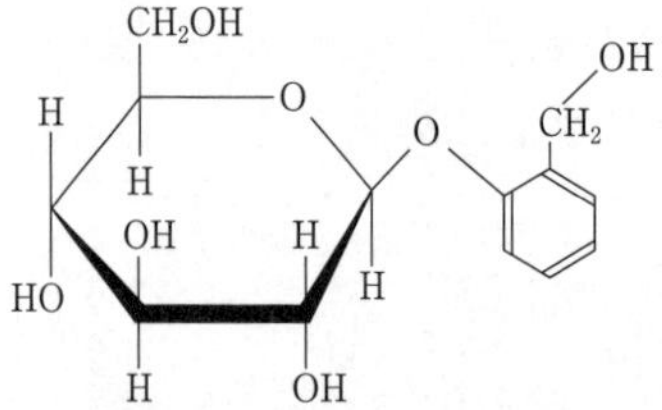

Ⅱ. **キ.** CHI_3

ク. 118

ケ.

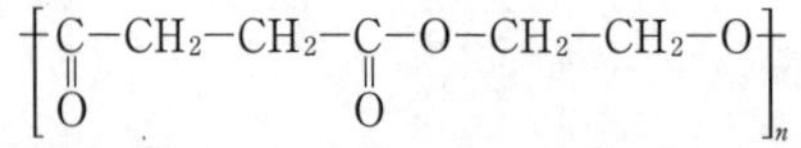

コ. K：

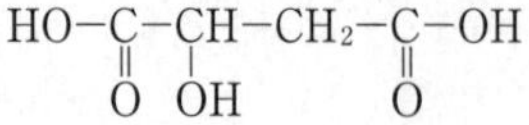

L :

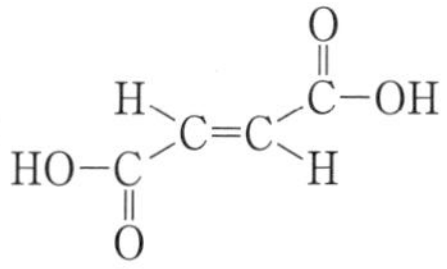

$$\underset{\substack{|\\O}}{\overset{}{HO-C}}\cdots$$

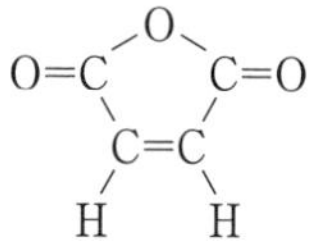

L : 構造式（マレイン酸誘導体）

HO–C, H–C=C, C–OH, H

N : 環状無水物構造式

O=C, O, C=O, C=C, H, H

サ. $CH_3-\underset{O}{\overset{||}{C}}-CH_2-CH_2-\underset{O}{\overset{||}{C}}-OH$

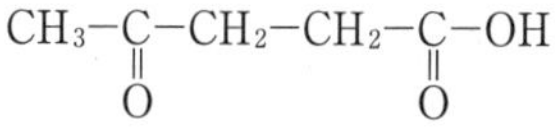

解　説

I．**ア**．化合物 **A** の組成式を $C_xH_yO_z$ とすると，$CO_2=44.0$，$H_2O=18.0$ より

$$x:y:z=\frac{143}{44.0}:\frac{40.5}{18.0}\times2:\frac{71.5-\left(143\times\dfrac{12.0}{44.0}+40.5\times\dfrac{2.0}{18.0}\right)}{16.0}$$

$$=3.25:4.5:1.75=13:18:7$$

したがって，組成式は $C_{13}H_{18}O_7$ であり，その式量が 286 であるため，分子式も $C_{13}H_{18}O_7$ となる。

イ．**F**：化合物 **C** は，$FeCl_3$ 水溶液に対して特有の呈色反応を示すことから，フェノール性ヒドロキシ基をもつ。また，その酸化物である化合物 **E** は $NaHCO_3$ と反応して CO_2 を発生することからカルボン酸である。さらに，化合物 **E** は分子内で水素結合を形成することから，ヒドロキシ基とカルボキシ基はオルト位にあることがわかる。以上のことから，化合物 **E** はサリチル酸であり，その無水酢酸との反応生成物である化合物 **F** は解熱鎮痛作用のあるアセチルサリチル酸である。

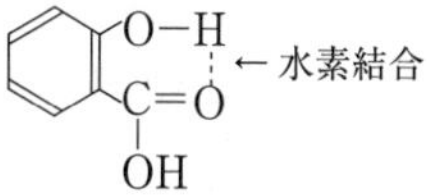

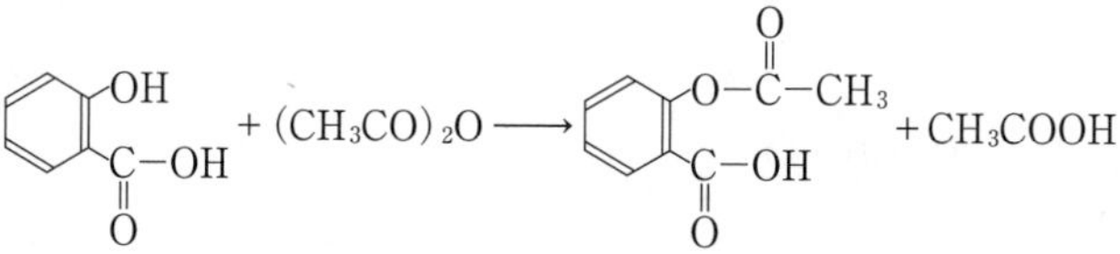

（構造式：水素結合を示す図）← 水素結合

（反応式）

○–OH, –C–OH, O $+ (CH_3CO)_2O \longrightarrow$ ○–O–C–CH$_3$, –C–OH, O $+ CH_3COOH$

ウ．グルコースは水溶液中で次のように六員環構造と鎖状構造の平衡状態にあり，六員環構造は5個，鎖状構造は4個の不斉炭素原子 C^* をもつ。

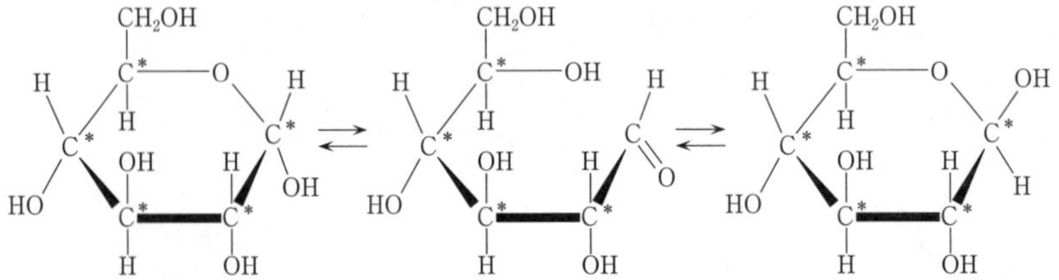

α−グルコース　　　　　　鎖状構造　　　　　　β−グルコース
（六員環）　　　　　　　　　　　　　　　　　　（六員環）

オ. グルコースの分子式は $C_6H_{12}O_6$ であるから，化合物 **A** の加水分解によって生じる化合物 **C** の分子式は

$$C_{13}H_{18}O_7 + H_2O - C_6H_{12}O_6 = C_7H_8O_2$$

また，化合物 **C** はフェノール性ヒドロキシ基をもち，その酸化物である化合物 **E** はサリチル酸と考えてよい。したがって，化合物 **C** の構造式は

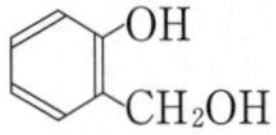

カ. 与えられた文章より，酵素 **X** は β−グルコースの，酵素 **Y** は α−グルコースの 1 位の炭素原子がつくるグリコシド結合をそれぞれ加水分解する。したがって，酵素 **X** によって加水分解された化合物 **A** は，β−グルコースが化合物 **C** とグリコシド結合した化合物であると考えられる。すなわち，グルコースの還元性の基と化合物 **C** のフェノール性ヒドロキシ基がグリコシド結合しているので，化合物 **A** には還元性がなく，$FeCl_3$ 水溶液にも呈色しない。

Ⅱ. キ. 黄色の沈殿はヨードホルム CHI_3 である。アセトンのヨードホルム反応は次のとおりである。

$$CH_3COCH_3 + 3I_2 + 4NaOH \longrightarrow CHI_3 + CH_3COONa + 3NaI + 3H_2O$$

ク. 実験 2 より，エチレングリコール $HO-CH_2-CH_2-OH$ と物質量 1：1 の比でエステル結合を形成しながら縮合重合する化合物 **J** はジカルボン酸（$HOOC-R-COOH$ とする）であるから，重合体の構造は次のとおりである。

$$\left[\begin{matrix} C-R-C-O-CH_2-CH_2-O \\ \| \quad\quad\ \| \\ O \quad\quad\ O \end{matrix} \right]_n$$

R の式量を m とすると，繰り返し構造の式量は $m+116$ であり，$n=100$ であるから

$$(m+116) \times 100 = 1.44 \times 10^4 \qquad m = 28$$

したがって，化合物 **J** の分子量は，$COOH = 45$ であるから

$$45 \times 2 + 28 = 118$$

ケ. 問 **ク** の結果および化合物 **G** が炭素，水素，酸素のみで構成されている直鎖状化合

物であることから，R は $-CH_2-CH_2-$ であり，**H** の構造式は次のように考えられる。

$$\left[\begin{matrix} C-CH_2-CH_2-C-O-CH_2-CH_2-O \\ \parallel \qquad\qquad\quad \parallel \\ O \qquad\qquad\qquad O \end{matrix} \right]_n$$

コ・サ. 与えられた文章および実験 1，実験 3 から得られる内容をもとに考える。

① **G** は，セルロースを濃硫酸で処理した生成物であるから，グルコースの誘導体であるとみなせ，炭素，水素，酸素のみで構成されている。

② **G** はヨードホルム反応を示すことから，構造 $CH_3-\underset{\underset{O}{\parallel}}{C}-$ または $CH_3-\underset{\underset{OH}{|}}{CH}-$ をもつ。

③ **G** のヨードホルム反応によって，直鎖状の **J** と **K**（ともに **G** より炭素原子が 1 つ少ない）が得られたことから，**G** は分子末端に $CH_3-\underset{\underset{O}{\parallel}}{C}-$ または $CH_3-\underset{\underset{OH}{|}}{CH}-$ 構造をもつ直鎖状の化合物である。

④ **J** と **K** はヨードホルム反応による生成物であるから，分子末端にカルボキシ基をもつ。

⑤ **G** は $NaHCO_3$ と反応することからカルボン酸であり，③より直鎖状分子の一方の端は $CH_3-\underset{\underset{O}{\parallel}}{C}-$ または $CH_3-\underset{\underset{OH}{|}}{CH}-$ であるから，他方の端にカルボキシ基をもつ 1 価のカルボン酸であることがわかる。カルボン酸 RCOOH と $NaHCO_3$ との反応式は次のとおりである。

$$RCOOH + NaHCO_3 \longrightarrow RCOONa + H_2O + CO_2$$

したがって，**G** の分子量を M_G とすると

$$\frac{58.0 \times 10^{-3}}{M_G} = \frac{0.200 \times 2.50}{1000} \qquad M_G = 116$$

⑥ ⑤より，**G** のヨードホルム反応による生成物である **J** と **K** は，2 価のカルボン酸と考えられるから，**K** の分子量を M_K とすると

$$\frac{67.0 \times 10^{-3}}{M_K} \times 2 = \frac{0.200 \times 5.00}{1000} \qquad M_K = 134$$

問**ク** の〔解説〕で示したように，**J** の分子量は 118 であるから，$134 - 118 = 16$ より，この分子量の増加分 16 は O 原子 1 個分と考えられる。したがって，不斉炭素原子 C^* をもつ **K** の構造式は次のように推測される。

$$HO-\underset{\underset{O}{\parallel}}{C}-\underset{\underset{OH}{|}}{C^*}H-CH_2-\underset{\underset{O}{\parallel}}{C}-OH$$

なお，**K** にはエーテル構造も考えられるが，**K** には C^* があること，および同じ **G** から生成する化合物の **J** と比較すると，エーテル構造は除外できる。

⑦ **K**の分子内脱水反応は次のとおりである。

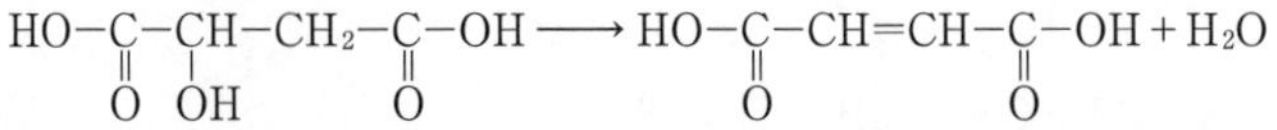

$$HO-\underset{\underset{O}{\|}}{C}-\underset{\underset{OH}{|}}{CH}-CH_2-\underset{\underset{O}{\|}}{C}-OH \longrightarrow HO-\underset{\underset{O}{\|}}{C}-CH=CH-\underset{\underset{O}{\|}}{C}-OH + H_2O$$

生成物には幾何異性体（マレイン酸とフマル酸）が存在するが，**M**のみが分子内脱水反応により酸無水物を生成することから，**M**がマレイン酸，**L**がフマル酸であり，**N**は無水マレイン酸である。

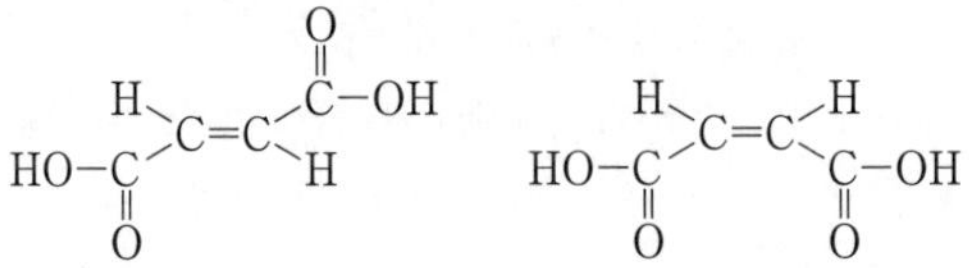

L   **M**   **N**

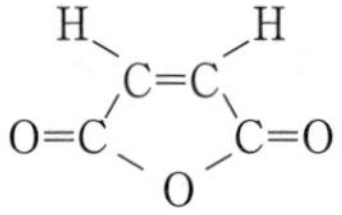

⑧ 以上の結果および実験1より，**G**の構造については次のように考えられる。

・**G**は，**J**，**K**より炭素原子が1つ多いから，炭素原子は5個である。

・②，③，⑤より，**G**は次のような構造をしており，1価のカルボン酸で，分子量は116である。

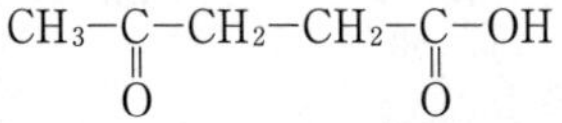

$$CH_3-\underset{\underset{O}{\|}}{C}-CH_2-CH_2-\underset{\underset{O}{\|}}{C}-OH$$

27　2019 年度　第 1 問

ポイント

反応系統図を見ると出発物質から最終生成物 **E** への流れがわかるので，この図を踏まえて考えていく。

ウ．**B**→**C** の変化と **B**→**H** の変化は，触媒として希硫酸を用いるか否かの違いであるが，判断しにくい場合は，反応系統図の流れから判断する必要がある。

ク．フェノール樹脂の生成反応式 $2nC_6H_5OH+3nHCHO \longrightarrow C_{15n}H_{12n}O_{2n}+3nH_2O$ からわかるように，ホルムアルデヒド分子の数だけ H_2O が脱離していることをつかむ。

解　答

ア．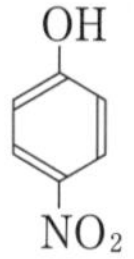

イ．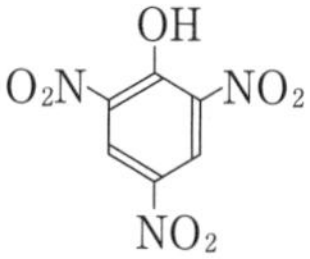

ウ．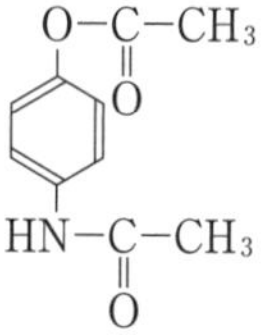

エ．構造式：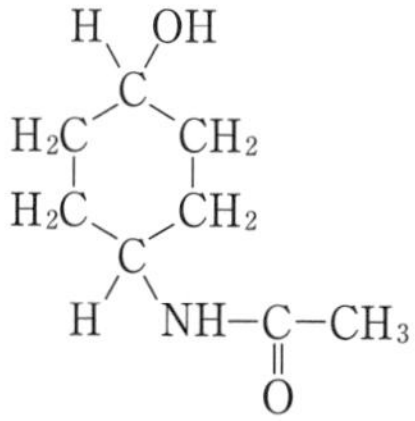　　立体異性体の数：2

オ．**X**：無水酢酸　**Y**：水酸化ナトリウム　**Z**：水素

カ．化合物 **C** はフェノール性ヒドロキシ基をもつので，水酸化ナトリウム水溶液中で塩を生成し溶解するが，化合物 **D** は極性の弱い中性物質であるので水酸化ナトリウム水溶液には溶解しないため。

キ．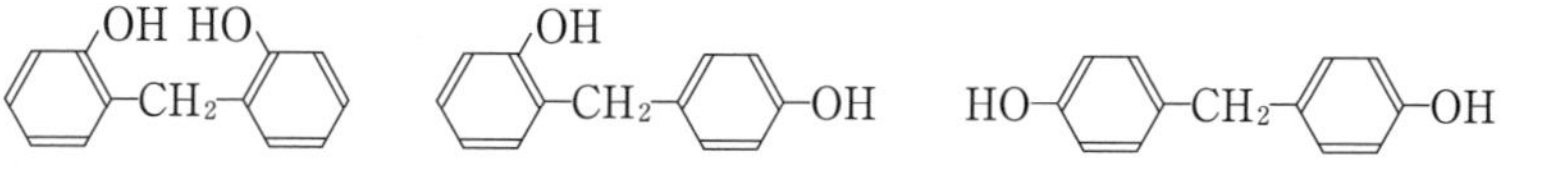

ク. 6.1

ケ. 構造式：

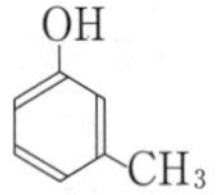

理由：ホルムアルデヒドの付加反応は，フェノール性ヒドロキシ基から見てオルト位とパラ位に生じる。したがって，m-クレゾールでは3カ所に付加反応が可能であるため，立体網目構造を有する熱硬化性の高分子を得ることができるが，o-クレゾール，p-クレゾールでは，2カ所のみで付加反応が可能であり，鎖状で熱可塑性の高分子しか得られないため。

解　説

実験1〜8で生じる反応等は次のとおりである。

〔実験1〕　フェノールは置換反応において，o-, p- 配向性を示す。したがって，フェノールを希硝酸で穏やかにニトロ化すると，オルト位またはパラ位がニトロ化されると考えられる。また，化合物Eは，その構造から，フェノールのベンゼン環においてパラ位が反応して得られた生成物であると推測されるので，化合物Aはパラ位がニトロ化されたフェノールであり，化合物Fはオルト位がニトロ化された化合物であると考えられる。

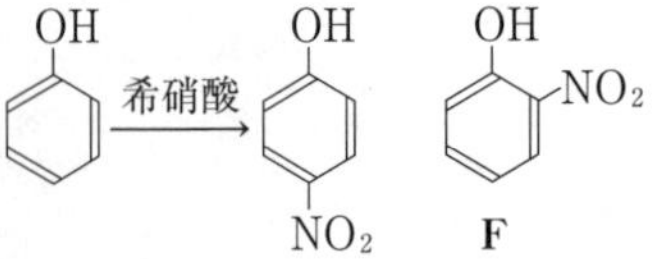

〔実験2〕　フェノールに濃硝酸と濃硫酸の混合物（混酸）を作用させると，オルト位とパラ位のすべてがニトロ化されて，ピクリン酸（2,4,6-トリニトロフェノール）が生じる。したがって，化合物Gはピクリン酸である。

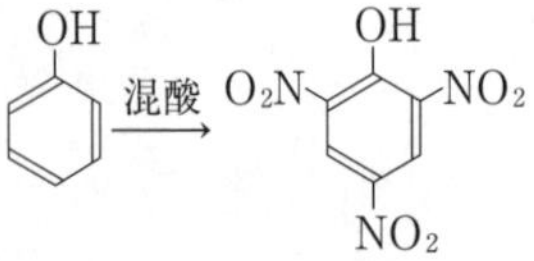

G．ピクリン酸

なお，**A**および**F**も混酸によってピクリン酸になる。フェノールが o-, p-配向性であることを知らなくても，ピクリン酸が生じることから，**A**，**F**はオルト位またはパラ位がニトロ化されているとわかる。

〔実験3〕　**A**を濃塩酸中で鉄と処理すると，ニトロ基が還元されてアミノ基が生じ，そのアミノ基の塩酸塩が得られる。この化合物に炭酸水素ナトリウム水溶液を加えるとアミノ基をもつ化合物**B**が生成する。

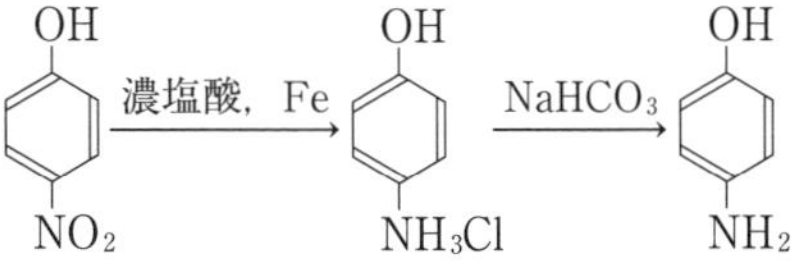

上記の前半の反応は，ニトロベンゼンからアニリン塩酸塩を得る反応と同じ反応である。後半の反応では，フェノール性ヒドロキシ基 $-OH$ は炭酸よりも弱い酸であるので $NaHCO_3$ とは反応せず，$-OH$ のまま残る。次に，弱塩基と強酸の塩とみなせる $-NH_3Cl$ と弱酸と強塩基の塩である $NaHCO_3$ との反応で，強酸と強塩基の塩である $NaCl$ が生じ，弱塩基の $-NH_2$ と弱酸の CO_2 が遊離する。

$$-NH_3Cl + NaHCO_3 \longrightarrow NaCl + -NH_2 + CO_2 + H_2O$$

〔実験4〕　**E**の構造や実験6で酢酸が生じたことから，**X**は無水酢酸だと推測される。水溶液中で無水酢酸（**X**）を作用させても，フェノール性ヒドロキシ基がエステル化されることはない。したがって，化合物**C**は，**B**の $-NH_2$ がアセチル化されたアミド化合物だと考えられる。

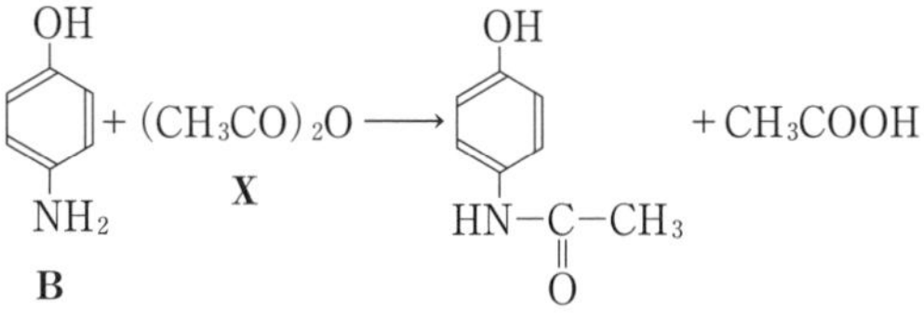

〔実験5〕　**B**に，希硫酸中で無水酢酸（**X**）を作用させると，**B**のフェノール性ヒドロキシ基およびアミノ基がアセチル化された化合物**H**が得られる。**H**が $FeCl_3$ 水溶液で呈色反応を示さなかったことから，フェノール性ヒドロキシ基がアセチル化（エステル化）されたことがわかる。

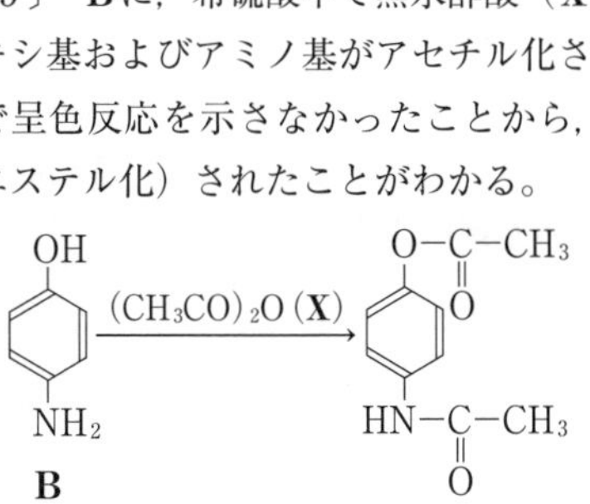

〔実験6〕　**H**に**Y**の水溶液を作用させ，希硫酸を加えると，物質量の比が$1:1$で**C**と酢酸が生じたことから，**H**のエステル結合が加水分解されたと推測できる。した

がって，**Y**はけん化に用いるNaOHなどの強塩基である。

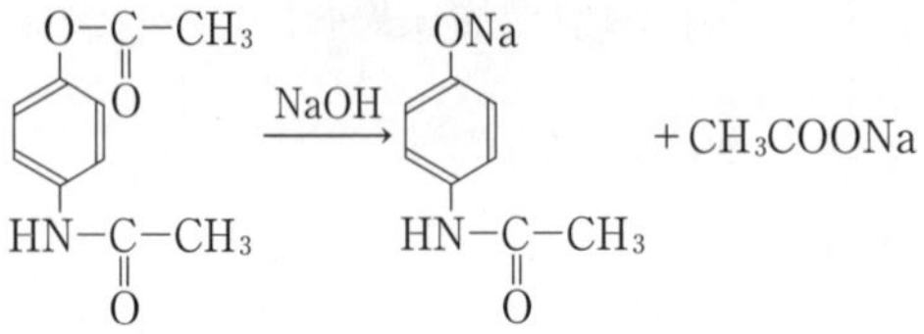

H

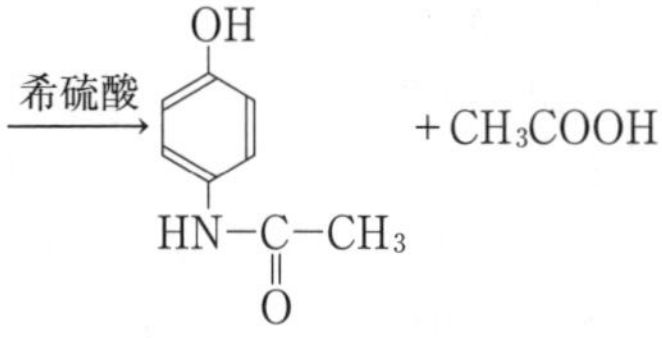

C

なお，酢酸の生成は，希硫酸による弱酸の遊離作用である。

〔実験７〕 ニッケルを触媒として，ベンゼン環に水素を付加させることができる。したがって，**Z**は水素である。

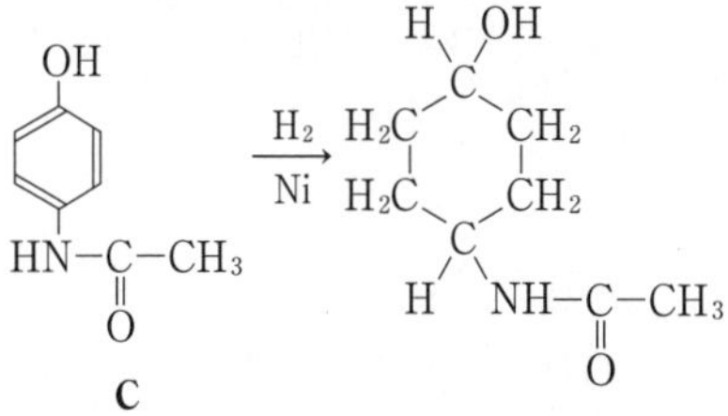

C　　**D**

また，**C**はフェノール性ヒドロキシ基をもっているので，NaOH水溶液と反応して塩となり水層に移動するが，**D**のヒドロキシ基はアルコールのOHであるから，NaOH水溶液と反応せずエーテル層に残る。

次に，**D**の立体異性体について考える。**D**はシクロヘキサンの二置換体で，分子内に対称性があり，不斉炭素原子をもたないため，鏡像異性体は存在しない。一方，次のようにOHと$NHCOCH_3$が六員環の同じ側にあるシス形と，反対側にあるトランス形の２種類の立体異性体が存在する。

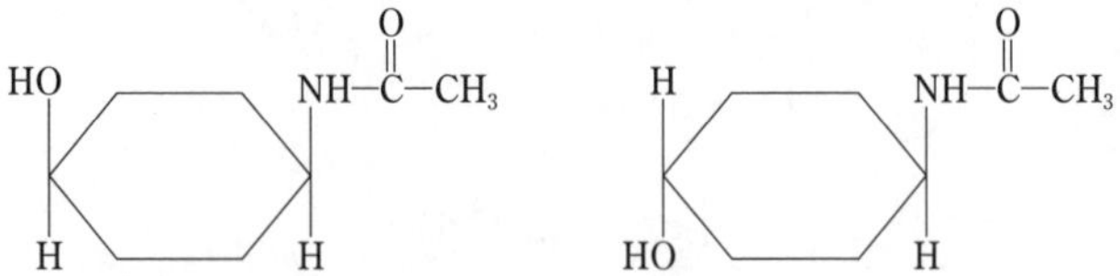

シス形　　トランス形

〔実験８〕 **D**に硫酸酸性の二クロム酸カリウム水溶液を作用させると，その酸化作用

により，**D**の第2級アルコールとしての OH はカルボニル基になる。

$$
\begin{array}{ccc}
\text{D} & \xrightarrow{\ K_2Cr_2O_7\ } & \text{E}
\end{array}
$$

実験9～11 は，フェノール樹脂の合成やクレゾールを用いる樹脂の合成について述べている。

キ. フェノールへのホルムアルデヒドの付加反応は，オルト位とパラ位で可能である。したがって，メチレン基（$-CH_2-$）によってつながったベンゼン環の構造には，$(o\text{-},\ o\text{-})$，$(o\text{-},\ p\text{-})$，$(p\text{-},\ p\text{-})$ の3種類が考えられる。

ク. 実験9において，$2n$ 分子のフェノールと $3n$ 分子のホルムアルデヒドが重合反応してフェノール樹脂が得られたとすると，ホルムアルデヒド分子の数だけ H_2O が脱離したと考えられるから，脱離した H_2O は $3n$ 分子である。したがって，フェノール樹脂の生成反応は次のように表すことができる。

$$2nC_6H_5OH + 3nHCHO \longrightarrow C_{15n}H_{12n}O_{2n} + 3nH_2O$$

このフェノール樹脂を完全燃焼すると，$15n$ 分子の CO_2 と $6n$ 分子の H_2O が生じるから，求める重量比は，$CO_2 = 44.0$，$H_2O = 18.0$ より

$$\frac{44.0 \times 15n}{18.0 \times 6n} = 6.11 \fallingdotseq 6.1$$

ケ. ホルムアルデヒドの付加反応は，フェノール性ヒドロキシ基から見てオルト位とパラ位に生じる。したがって，m-クレゾールでは3カ所に付加反応が可能であるが，o-クレゾール，p-クレゾールでは，2カ所のみで付加反応が可能となる。（＊が付加反応可能な箇所）

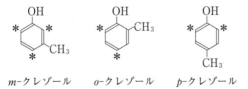

m-クレゾール　　　o-クレゾール　　　p-クレゾール

ページ 122

28

2018 年度　第 1 問

ポイント

実験 1〜9 の結果を把握し，A〜D の構成アミノ酸を推定していく。

オ. 不斉炭素原子はすぐわかるので，L 体と D 体を区別して立体構造の略図を描いて考えるとよい。環状ジペプチドには，直鎖状ペプチドでみられるアミノ酸配列の違いによる立体異性体がないことに気づく必要がある。

ク. ジケトピペラジンでは，側鎖以外の C 原子の数は 4 個，H 原子の数は 4 個であるから，①〜⑧の側鎖が含む C 原子の数を考慮すると，ジケトピペラジン C 全体の C 原子の数は 10 個，H 原子の数は 18 個と推定できる。これより側鎖全体に含まれる C 原子の数は 6 個，H 原子の数は 14 個とわかる。

ケ. D の構成アミノ酸に②が含まれないことを明確にする。

解答

ア. $2C_2H_5OH + 2Na \longrightarrow 2C_2H_5ONa + H_2$

イ. ①・⑥

ウ. ④

エ. a．ジスルフィド　b．還元

オ. A の立体異性体の数：3　　B の立体異性体の数：2

カ.

$$H_2N-\underset{\underset{\underset{\underset{OH}{\overset{|}{\bigcirc}}}{\overset{|}{Br\quad Br}}}{\overset{|}{CH_2}}}{CH}-\overset{O}{\overset{\|}{C}}-OH$$

キ. C に含まれる炭素原子と水素原子の数の比は，$CO_2 = 44.0$, $H_2O = 18.0$ より

$$炭素原子：水素原子 = \frac{66.0}{44.0} : \frac{24.3}{18.0} \times 2 = 1.5 : 2.7$$

$$= 5 : 9 \quad \cdots\cdots(答)$$

ク. ⑥・⑦

ケ. 組み合わせ：③・⑧

理由：D を構成するアミノ酸の側鎖にはカルボキシ基とアミノ基が 1 つずつ存在するので，中性状態での D はほとんどが双性イオンであるから。

コ.

$$CH_3-\overset{O}{\overset{\|}{C}}-NH-CH_2-CH_2-CH_2-CH_2-\underset{\underset{\underset{C}{\|}}{}}{CH}\overset{HN-C\overset{\diagup O}{}}{\underset{C-NH}{}}CH-CH_2-\overset{O}{\overset{\|}{C}}-OH$$

解　説

実験1～9によって次のことがわかる。

〔実験1〕　**A**，**C**，**D**は2種類のアミノ酸からなり，**B**は1種類のアミノ酸からなる。

〔実験2〕　酢酸鉛(Ⅱ)水溶液によって生じる黒色沈殿は PbS であるから，側鎖に S が含まれていることがわかる。よって，**A**と**C**は①，⑥の片方または両方を含み，**B**と**D**は①，⑥のどちらも含まない。

〔実験3〕　濃硝酸による黄色の呈色はキサントプロテイン反応であるから，側鎖にベンゼン環が含まれていることがわかる。よって，**A**と**B**は④，⑤の片方または両方を含み，**C**と**D**は④，⑤のどちらも含まない。また，**A**は①と⑥のいずれかと④と⑤のいずれかを成分とする。

〔実験4〕　塩化鉄(Ⅲ)水溶液による紫色の呈色は，フェノール性ヒドロキシ基の検出反応であるから，**B**は④を含む。したがって，**B**は④を側鎖にもつアミノ酸のみによるジケトピペラジンである。また，**A**は④を含まないので，**A**は①と⑥のいずれかと⑤を成分とする。

〔実験5〕　酸化剤である過酸化水素水の作用によって，$-SH$ は次のように酸化されてジスルフィド結合 S−S を形成する。

$$-SH + HS- \longrightarrow -S-S- + 2H$$

このジスルフィド結合は還元剤の作用でもとの $-SH$ にもどる。

したがって，**A**は①と⑤を側鎖にもつアミノ酸によるジケトピペラジンである。

〔実験6〕　④を側鎖にもつアミノ酸はチロシン Tyr である。ベンゼン環に結合しているヒドロキシ基には $o\text{-}$, $p\text{-}$配向性があるので，化合物**E**の2つの臭素原子はヒドロキシ基を基準にした2つの o-位に結合していると考えられる。

〔実験7〕　**C**に含まれる炭素原子と水素原子の比は，$CO_2 = 44.0$，$H_2O = 18.0$ より

$$炭素原子：水素原子 = \frac{66.0}{44.0} : \frac{24.3}{18.0} \times 2 = 1.5 : 2.7 = 5 : 9$$

〔実験8〕　**D**は無水酢酸と反応することから，$-OH$ または $-NH_2$ をもつと考えられるので，②または⑧を含む。

$$-OH + (CH_3CO)_2O \longrightarrow -OCOCH_3 + CH_3COOH$$

$$-NH_2 + (CH_3CO)_2O \longrightarrow -NH-CO-CH_3 + CH_3COOH$$

〔実験9〕　**D**が塩基性条件下で陽極側に大きく移動するということは，**D**が負に帯電していることを示している。塩基性条件下で負電荷となるのは $-COOH$ をもつ③のみである。また，中性条件下ではほぼ移動しないのは，**D**が双性イオンになっているためであると考えられる。したがって，**D** は $-NH_2$ をもつ⑧を含み，③と⑧からなるジケトピペラジンである。

一方，**F**は⑧が次のようにアセトアミド基をもつ構造に変化しているため，電離で

きない。

$$-CH_2-CH_2-CH_2-CH_2-NH-\overset{\underset{\textstyle \|}{O}}{C}-CH_3$$

したがって，塩基性条件下や中性条件下では，③のカルボキシ基のみが電離して
$-COO^-$ のように負電荷を帯びるため，陽極側に大きく移動する。

ア．ナトリウムエトキシド C_2H_5ONa と水素 H_2 が生成する。ナトリウムエトキシド
は強塩基である。

イ．①，⑥を側鎖にもつアミノ酸は，それぞれシステイン Cys，メチオニン Met で
ある。

ウ．④を側鎖にもつアミノ酸はチロシン Tyr である。④のヒドロキシ基は，フェノ
ール性ヒドロキシ基であり，弱い酸性を示す。

エ．①を側鎖にもつアミノ酸のシステイン Cys は，ジスルフィド結合によってタン
パク質の三次構造を形成するはたらきをしている。

オ．〔**A** の立体異性体〕 **A** は①を側鎖にもつシステイン Cys と⑤を側鎖にもつフェ
ニルアラニン Phe によるジケトピペラジンである。システイン Cys とフェニルア
ラニン Phe はそれぞれ不斉炭素原子 C^* を1個ずつ含むから，このジケトピペラジ
ンは2個の不斉炭素原子 C^* をもつ。したがって，立体異性体の数は全部で $2^2=4$
種類である。これより **A** 自身を除くと3種類となる。

〔**B** の立体異性体〕 **B** は④を側鎖にもつチロシン Tyr のみからなるジケトピペラ
ジンである。不斉炭素原子 C^* の数は2個であるから，$2^2=4$ 種類の立体異性体が
考えられるが，これらのうちの2つの立体構造が同じであるため，立体異性体の数
は3種類で，**B** 自身を除くと2種類となる。

参考 一般的なアミノ酸 $H_2N-\overset{\underset{\textstyle R}{}}{\overset{*}{C}}H-COOH$ の立体異性体を示すと次のようにな

る。C^* の裏にH原子が結合しており，他の3つの置換基が(ア)のように結合してい
るものをL体，(イ)のように結合しているものをD体という。

このアミノ酸のみからなるジケトピペラジンの立体異性体をL体とD体との組み合
わせで示すと，（L，L），（D，D），（L，D），（D，L）の4種類であり，図示
すると次の(a)～(d)となる。

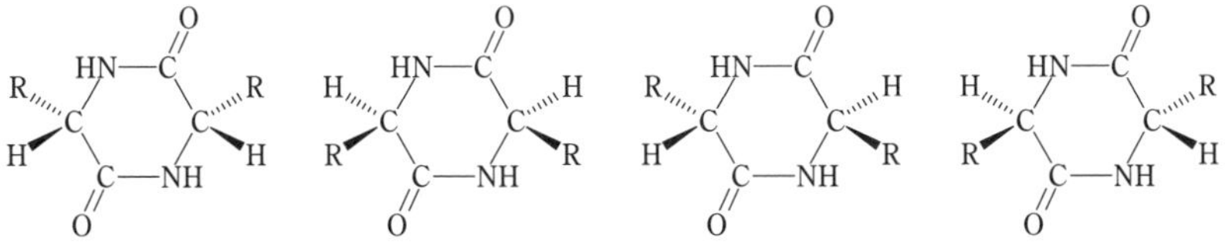

(a)　(L, L)　　(b)　(D, D)　　(c)　(L, D)　　(d)　(D, L)

これらのうち(c)と(d)について，(c)の構造の中心（六角形の中心）を回転の中心として紙面上で180度回転させると(d)と重ね合わせることができることから，(c)と(d)は同一の化合物であることがわかる。

したがって，**B**の立体異性体の数は(a)，(b)，(c)の3種類であり，**B**自身を除くと2種類となる。

なお，(a)と(b)は互いに鏡像の関係にある鏡像異性体である。

カ. o-, p-配向性を示す置換基には，$-CH_3$，$-NH_2$，$-Cl$，$-O-CH_3$ などがあり，m-配向性を示す置換基には，$-NO_2$，$-COOH$，$-CHO$，$-COCH_3$ などがある。

キ・ク. 実験7より，ジケトピペラジン**C**を構成するC原子とH原子の比は5：9であった。また，ジケトピペラジン**C**について，側鎖以外のC原子の数は4個，同じくH原子の数は4個である。

そこで，①～⑧の側鎖が含むC原子の数を考慮すると，ジケトピペラジン**C**が含むC原子の数は10個，H原子の数は18個と推定できる。すなわち，側鎖全体が含むC原子の数は $10-4=6$ 個，H原子の数は $18-4=14$ 個となる。一方，実験2より，ジケトピペラジン**C**は，構成成分として①と⑥の片方または両方を含む。

①を含む場合：①のC原子，H原子の数はそれぞれ1個と3個であるから，もう片方の側鎖のC原子の数は $6-1=5$ 個，H原子の数は $14-3=11$ 個となるが，これを満たす側鎖は存在しない。

⑥を含む場合：⑥のC原子，H原子の数はそれぞれ3個と7個であるから，もう片方の側鎖のC原子の数は $6-3=3$ 個，H原子の数は $14-7=7$ 個となり，⑦がこれを満たす。

したがって，求める側鎖は⑥，⑦である。

ケ・コ. **D**は $-COOH$ と $-NH_2$ を1つずつもつため，中性アミノ酸のような電気泳動の傾向を示す。したがって，酸性条件下では $-COOH$ と $-NH_4{}^+$ の状態にあるので陰極の方へ移動する（塩基性条件下や中性条件下については既に述べた通り）。一方，**F**は $-NH_2$ がアセトアミド基に変化して電離できなくなるので，$-COOH$ の電離状況のみで電気泳動をする。したがって，塩基性条件下や中性条件下では $-COO^-$ となるので陽極へ移動し，酸性条件下では $-COOH$ となるので移動しない。

なお，**D**の構造式は次のとおりである。

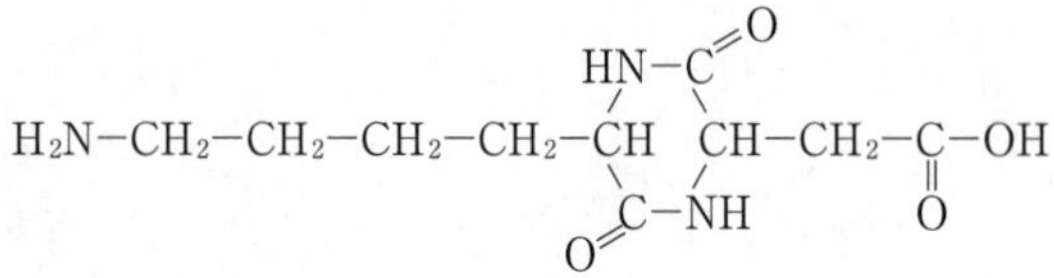

$$\text{H}_2\text{N}-\text{CH}_2-\text{CH}_2-\text{CH}_2-\text{CH}_2-\overset{\displaystyle \text{HN}-\text{C}\!\!\diagup^{\text{O}}}{\underset{\displaystyle \text{C}\diagdown_{\text{O}}\text{NH}}{\text{CH}}}\overset{}{\underset{}{\text{CH}}}-\text{CH}_2-\overset{}{\underset{\text{O}}{\text{C}}}-\text{OH}$$

参考 ①〜⑧を側鎖にもつアミノ酸のうち，上記で示していないアミノ酸の名称は次のとおりである。①〜⑧を側鎖にもつアミノ酸はいずれもタンパク質を構成する 20 種類のアミノ酸に含まれている。

　② トレオニン Thr　　③ アスパラギン酸 Asp　　⑦ バリン Val

　⑧ リシン Lys

29

ポイント
ア. 化合物名を記せとなっていることに注意。ソーダ石灰は混合物。
エ. 環状化合物や幾何異性体があることに注意。
カ. モノマーの物質量の比が与えられ，完全に反応が進行していることから，ポリマーの繰り返し単位がわかる。

解 答

ア. a. 塩化カルシウム
b. 水酸化ナトリウム（または酸化カルシウム）

イ. 有機化合物 A の 43.0mg に含まれる C，H，O の質量は，$CO_2 = 44.0$，$H_2O = 18.0$ より

$$C : 88.0 \times \frac{12.0}{44.0} = 24.0 \text{[mg]}$$

$$H : 27.0 \times \frac{2.0}{18.0} = 3.0 \text{[mg]}$$

$$O : 43.0 - (24.0 + 3.0) = 16.0 \text{[mg]}$$

A の組成式を $C_x H_y O_z$ とすると

$$x : y : z = \frac{24.0}{12.0} : \frac{3.0}{1.0} : \frac{16.0}{16.0}$$

$$= 2 : 3 : 1$$

したがって，組成式は $C_2 H_3 O$

分子式を $(C_2 H_3 O)_n$ とすると，分子量について

$$(C_2 H_3 O)_n = 43.0 \times n = 86.0 \quad \therefore \quad n = 2$$

よって，分子式は $C_4 H_6 O_2$ ……（答）

ウ.
$$CH_2=CH$$
$$\overset{|}{\underset{\overset{||}{O}}{C}}-O-CH_3$$

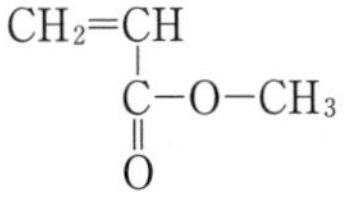

エ.

$$\overset{H}{\underset{CH_3}{>}}C=C\overset{H}{\underset{\overset{||}{O}}{<}}C-OH$$

$$\overset{CH_3}{\underset{H}{>}}C=C\overset{H}{\underset{\overset{||}{O}}{<}}C-OH$$

$$CH_2=C\overset{CH_3}{\underset{\overset{||}{O}}{<}}C-OH$$

$$CH_2=CH$$
$$CH_2-\overset{||}{\underset{O}{C}}-OH$$

$$\overset{H_2C}{\underset{H_2C}{>}}CH$$
$$\overset{||}{\underset{O}{C}}-OH$$

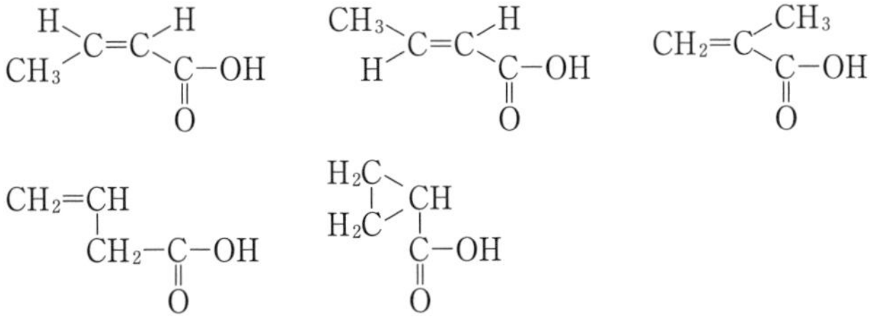

オ. $E:CH_3-\underset{\underset{O}{\|}}{C}-OH$ $F:CH_2=\underset{\underset{OH}{|}}{CH}$ $G:CH_3-\underset{\underset{O}{\|}}{C}-H$

カ. 高分子化合物 C は共重合による化合物である。したがって，繰り返し構造 1 つ当たりの式量は，アクリロニトリル $CH_2=CHCN$ の式量が 53.0 であるから，

$86.0+53.0\times2=192.0$ となる。C の平均重合度を n とすると

$192.0\times n=9.60\times10^4$ $n=500$

窒素原子は繰り返し構造 1 つに 2 個含まれているから，求める窒素原子の数は

$500\times2=1.0\times10^3$ 個 ……(答)

キ. この高分子化合物は多数のカルボキシ基をもち，水分子と水素結合を生じるため。

解説

ア. a．元素分析で発生する H_2O と CO_2 のうち，まず H_2O を分離吸収するために，乾燥剤としての塩化カルシウム $CaCl_2$ を用いる。

b．元素分析では，CO_2 吸収にソーダ石灰を通常用いるが，化合物名を求められているので，その成分である水酸化ナトリウム $NaOH$ または酸化カルシウム CaO を解答すればよいだろう。ソーダ石灰は，CaO を濃厚な $NaOH$ 水溶液中で加熱したのち乾燥させたもので，強塩基性物質であり，CO_2 をよく吸収する。

イ. 得られた A の分子式 $C_4H_6O_2$ から，A の不飽和度が 2 であることがわかる。そのうちの 1 つは $C=C$ であり，あとの 1 つはエステル結合の $-\underset{\underset{O}{\|}}{C}-O-$ である。

不飽和度の計算方法は，$\dfrac{(C原子数)\times2+2-(H原子数)}{2}$ であり，本問では，次のようになる。

$\dfrac{4\times2+2-6}{2}=2$

不飽和度 1 当たり，1 つの $C=C$ 等の不飽和結合または環構造が存在する。

ウ. 分子式 $C_4H_6O_2$ で，炭素-炭素二重結合を 1 つもち，ホルミル基をもたないエステルは以下の 2 種類である。

$$CH_2=CH-\underset{\underset{O}{\|}}{C}-O-CH_3 \qquad CH_3-\underset{\underset{O}{\|}}{C}-O-CH=CH_2$$

有機化合物 B を加水分解すると，3 つの C 原子をもつカルボン酸が得られたから，B の構造式は次のとおりである。

$$CH_2=CH-\underset{\underset{O}{\|}}{C}-O-CH_3$$

また，A の構造式は上述したうちの一方のもので次のとおり。

$$CH_3-\underset{\underset{O}{\|}}{C}-O-CH=CH_2$$

エ. 化合物**D**はカルボキシ基をもつので，その示性式は C_3H_5COOH である。炭化水素基 C_3H_5- の構造は次の5通りが考えられる。

$$\underset{CH_3}{\overset{H}{\diagdown}}C=C\underset{\diagdown}{\overset{\diagup H}{}} \qquad \underset{H}{\overset{CH_3}{\diagdown}}C=C\underset{\diagdown}{\overset{\diagup H}{}} \qquad CH_2=C\overset{\diagup CH_3}{\diagdown}$$

$$\underset{CH_2-}{\overset{CH_2=CH}{|}} \qquad \underset{H_2C}{\overset{H_2C}{|}}CH-$$

したがって，**D**の構造式は5種類存在する。

オ. **A**の加水分解によって不安定な化合物**F**を生じることから，**F**はビニルアルコール $CH_2=CH-OH$ である。ビニルアルコールはすみやかに化合物**G**のアセトアルデヒド CH_3CHO へと変化する。

$$\underset{OH}{\overset{CH_2=CH}{|}} \longrightarrow \underset{O}{\overset{CH_3-\overset{|}{C}-H}{\|}}$$

$$\quad\text{**F**} \qquad\qquad \text{**G**}$$

また，**A**の加水分解によって生じるもう一方の化合物**E**は酢酸 $CH_3-\underset{O}{\overset{\|}{C}}-OH$ となる。

カ. **C**の構造は次のようであると考えられる。

$$n\underset{\underset{O}{\overset{|}{O-C-CH_3}}}{\overset{CH_2=CH}{}} +2n\underset{CN}{\overset{CH_2=CH}{|}} \longrightarrow \left[CH_2-\underset{\underset{O}{\overset{|}{O-C-CH_3}}}{CH}-CH_2-\underset{CN}{\overset{CH}{|}}-CH_2-\underset{CN}{\overset{CH}{|}}\right]_n$$

したがって，繰り返し構造1つ当たりの式量は，192.0である。

キ. この高分子化合物は，紙おむつなどに利用される高吸水性高分子化合物であるポリアクリル酸ナトリウム $\left[\underset{\underset{O}{\overset{|}{C-ONa}}}{CH_2-CH}\right]_n$ と同じ基本的構造をもっている。

30

> **ポイント**
> Ⅰ．**ウ**．化合物 **B** が −COONa の塩であることから，CO_2 との反応は NaOH との反応であると推定でき，それぞれの物質量が等しいことから化学反応式を導ける。
> Ⅱ．**ケ**．分子式からナフトールが推定できるが，さらに，1-ナフトールか 2-ナフトールかを判断しなければならない。実験 7 の説明から構造式がわかる。
> **コ**．平衡定数 K_{L1}，K_{L2} と与えられた条件から求めることができる。

解　答

Ⅰ．**ア**．不適切な操作：(4)

　理由：水酸化ナトリウムの一部が三角フラスコ内に残り，実験 2 に用いる水酸化ナトリウムの物質量が正しく設定できないため。

イ．官能基の名称：エステル結合

　官能基の個数：2 個

ウ．$NaOH + CO_2 \longrightarrow NaHCO_3$

エ．化合物 **A**： 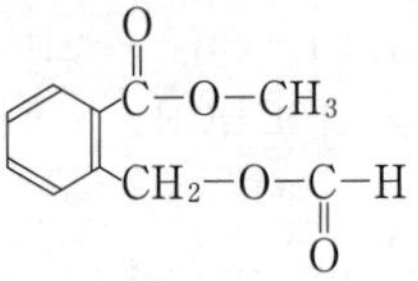　　　　　　　　　　　　化合物 **C**：

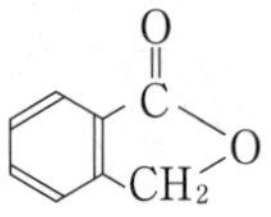

オ．(2)・(4)

Ⅱ．**カ**．a −(3)　d −(1)

キ．(2)・(4)

ク．12 通り

ケ．実験 6 より，化合物 **D** の組成式を $C_xH_yO_z$ とすると，$CO_2 = 44.0$，$H_2O = 18.0$ だから

$$x : y = \frac{165.0}{44.0} : \frac{27.0}{18.0} \times 2 = 3.75 : 3.00 = 5 : 4$$

したがって，**D** の分子式は $(C_5H_4O_z)_n$ となる。

また，分子量は 144.0 であり，実験 7 より **D** はフェノール類とわかるので，ベンゼン環の存在を考慮すると，$n = 2$ とみなせるので

$$12.0 \times 5 \times 2 + 1.0 \times 4 \times 2 + 16.0 \times z \times 2 = 144.0 \quad \therefore \quad z = 0.5$$

ゆえに，分子式は $C_{10}H_8O$ であり，1-ナフトールまたは 2-ナフトールが考えられる。さらに，**D** には水素原子が結合していない炭素原子が 3 つ連続して並んでいることから 1-ナフトールであるとわかる。構造式は次のようになる。

（構造式：ナフトール OH）

コ．c． 実験9より，結合率が80％であるから

$$\frac{[\mathbf{R \cdot L1}]}{[\mathbf{R \cdot L1}] + [\mathbf{R}]} = \frac{80}{100} \quad \cdots\cdots ①$$

また，$K_{\mathrm{L1}} = \dfrac{[\mathbf{R \cdot L1}]}{[\mathbf{R}][\mathbf{L1}]}$ だから　　$[\mathbf{R \cdot L1}] = K_{\mathrm{L1}}[\mathbf{R}][\mathbf{L1}]$

これを①に代入すると

$$\frac{K_{\mathrm{L1}}[\mathbf{R}][\mathbf{L1}]}{K_{\mathrm{L1}}[\mathbf{R}][\mathbf{L1}] + [\mathbf{R}]} = \frac{K_{\mathrm{L1}}[\mathbf{L1}]}{K_{\mathrm{L1}}[\mathbf{L1}] + 1} = \frac{80}{100}$$

したがって

$$[\mathbf{L1}] = \frac{4}{K_{\mathrm{L1}}} \quad \cdots\cdots (答)$$

e． 実験10より，L1 の結合率が10％であるから

$$\frac{[\mathbf{R \cdot L1}]}{[\mathbf{R \cdot L1}] + [\mathbf{R \cdot L2}] + [\mathbf{R}]} = \frac{10}{100} \quad \cdots\cdots ②$$

また，実験9の式(2)および c で得られた関係より

$$[\mathbf{R \cdot L1}] = K_{\mathrm{L1}}[\mathbf{R}][\mathbf{L1}] = K_{\mathrm{L1}}[\mathbf{R}] \times \frac{4}{K_{\mathrm{L1}}} = 4[\mathbf{R}]$$

実験10の式(4)より

$$[\mathbf{R \cdot L2}] = K_{\mathrm{L2}}[\mathbf{R}][\mathbf{L2}] = 1000 K_{\mathrm{L1}}[\mathbf{R}][\mathbf{L2}]$$

これらを②に代入すると

$$\frac{4[\mathbf{R}]}{4[\mathbf{R}] + 1000 K_{\mathrm{L1}}[\mathbf{R}][\mathbf{L2}] + [\mathbf{R}]} = \frac{4}{4 + 1000 K_{\mathrm{L1}}[\mathbf{L2}] + 1}$$

$$= \frac{10}{100}$$

したがって

$$[\mathbf{L2}] = \frac{3.5 \times 10^{-2}}{K_{\mathrm{L1}}} \quad \cdots\cdots (答)$$

解　説

Ⅰ．ア． 一般的に，共洗いをしてよい容器は，共洗いに用いる溶液のみをその中に入れる場合である。ホールピペットやビュレットが当てはまる。また，メスフラスコや三角フラスコは水でぬれたまま使用して差し支えない。それらの容器に入れる反応物の物質量さえ所定量であれば，水による希釈は影響を与えないからである。

イ〜エ． 実験1〜5の結果から導ける内容は次のとおりである。

実験1：化合物**A**には還元性があり，分子式からアルデヒド基の存在が考えられる。

実験2：化合物**A**は水酸化ナトリウム水溶液に加えて加熱すると反応が起こったことから，けん化反応が起きたと考えられる。

化合物**A**（分子量194.0），NaOH の物質量は次のとおりである。

$$\text{化合物} \mathbf{A} : \frac{19.4 \times 10^{-3}}{194.0} = 1.00 \times 10^{-4} \text{[mol]}$$

$$\text{NaOH} : \frac{0.250 \times 10.0}{1000} \times \frac{50.0}{500} = 2.50 \times 10^{-4} \text{[mol]}$$

化合物**A**が NaOH と1：1の比で反応すると，反応後の NaOH のモル濃度は

$$(2.50 \times 10^{-4} - 1.00 \times 10^{-4}) \times \frac{1000}{50} = 3.00 \times 10^{-3} \text{[mol/L]}$$

であり，pH は11.0よりも大きくなってしまうので不適である。

化合物**A**が NaOH と1：2の比で反応すると，反応後の NaOH のモル濃度は

$$(2.50 \times 10^{-4} - 2 \times 1.00 \times 10^{-4}) \times \frac{1000}{50} = 1.00 \times 10^{-3} \text{[mol/L]}$$

であり，pH は11.0となるので適している。

実験3・実験4：実験2で生成した化合物**B**の分子式に Na が1つしか含まれないことから，化合物**B**には酸性の官能基が1つしかないことがわかる。化合物**B**がフェノール性ヒドロキシ基をもつとすると，実験4で化合物**B**はナトリウム塩のまま水層にとどまっていたことに矛盾する。よって，化合物**B**はカルボキシ基をもつ。また，中和のために吹き込まれたCO_2の物質量は

$$\frac{1.12 \times 10^{-3}}{22.4} = 5.00 \times 10^{-5} \text{[mol]}$$

これは実験2の反応後に残った NaOH の物質量と一致している。よって，中和の反応式は

$$\text{NaOH} + CO_2 \longrightarrow NaHCO_3$$

実験5：化合物**B**を脱水縮合すると化合物**C**が生じたことになる。また，化合物**B**，**C**の炭素原子数が変化しないことから，分子内脱水反応であることがわかる。化合物**B**は1価アルコール，1価カルボン酸であり，ベンゼン環の置換基による分子内脱水反応が可能な化合物は *o*-位の化合物のみである。

したがって

また，実験1の結果も踏まえると，化合物**A**はギ酸エステルである。

オ．(2) 実験結果をそのまま記載しなければならない。

(4)　異なった組成式が得られた場合はそれを記載し，その原因を考察しなければならない。

Ⅱ. カ. a．**L1** の鏡像異性体は，例えばファンデルワールス力が作用する箇所で結合すると，イオン結合と水素結合が作用する箇所が逆の位置関係になって弱い結合になる。

d．平衡定数 K_{L2} は K_{L1} より 1000 倍も大きいことから，**L2** は **L1** に比べて **R** と強く結合すると考えられる。

キ. 酸性アミノ酸の等電点は酸性側にあり，pH が 7.4 では酸性アミノ酸は負に帯電している。すなわち，側鎖のカルボキシ基は電離して $-COO^-$ になっているので，**L1** の $-NH_2^+-$ とイオン結合ができる。

ク. 次のように場合分けして考える。

- 水素原子 1 個が置換される場合

  置換基 $-CH_2-NH_2$ は，既に不斉炭素原子 C^* になるべき炭素原子と結合しているので除外して考える。残りの 3 つの置換基が当てはまるが，それぞれに鏡像異性体が存在するので

  　　　$3 \times 2 = 6$ 通り

- 水素原子 2 個が置換される場合

  置換基 $-CH_2-NH_2$ は除外して考える。残りの 3 つの置換基から 2 つを選ぶ方法は，$_3C_2 = 3$ であり，それぞれに鏡像異性体が存在するから

  　　　$3 \times 2 = 6$ 通り

したがって，合計 12 通りとなる。

ケ. 水素原子が結合していない炭素原子を○で囲むと次のようになり，3 つ連続して並んでいることがわかる。

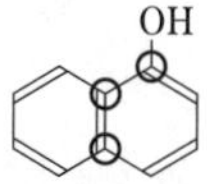

また，実験 8 より，**L2** の構造式は次のとおりである。

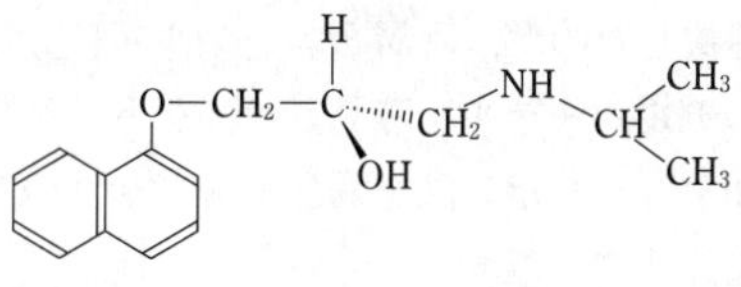

コ. c．結合率が 80 % であることを示す式と平衡定数 K_{L1} の式を用いることで，求める濃度 [**L1**] は定数 (K_{L1}) を含む式で表すことができる。

e．基本的には c を求めるのと同じ考え方でよい。[**L1**] が c で与えられていることに注意を要する。

31

> **ポイント**
> Ⅰ．**ウ**．このアルケンを酸化すると，1 分子に 3 個の O 原子が付加することから，アルケン 1mol を酸化すると，6mol の電子を与えることになる。
> Ⅱ．**ク**．片方のベンゼンに 2 つの Cl 原子がついた化合物が条件に合うことを確認する必要がある。

解　答

Ⅰ．**ア**．$CH_2=CH-(CH_2)_2-CH_3$

$CH_3-CH=CH-CH_2-CH_3$

イ．CH_3-COOH　　CH_3-CH_2-COOH　　$CH_3-(CH_2)_2-COOH$

ウ．与えられたアルケンの〔反応 2〕の反応式は次のとおりである。

$$CH_3-(CH_2)_4-CH=\underset{\underset{CH_3}{|}}{C}-(CH_2)_4-CH_3$$

$$\longrightarrow CH_3-(CH_2)_4-COOH+CH_3-\underset{\underset{O}{\|}}{C}-(CH_2)_4-CH_3$$

2 種類の生成物で合計 3 個の O 原子が付加したので，このアルケンはその 2 倍の 6 個の電子を $KMnO_4$ に与えたことになる。つまり，このアルケン 1mol を酸化すると，電子 6mol を $KMnO_4$ に与える。

求める質量を x〔g〕とすると，1mol の MnO_4^- について式(3)では 5mol，式(4)では 3mol の電子を受け取っているから，$C_{13}H_{26}=182.0$，$KMnO_4=158.0$ より

$$\frac{27.3}{182.0}\times6=\frac{x}{158.0}\times\left(\frac{75.0}{100}\times5+\frac{25.0}{100}\times3\right)$$

$$x=31.6\fallingdotseq32\,〔g〕　……（答）$$

エ．・反応混合物溶液に水酸化ナトリウム水溶液とジエチルエーテルを加えてよく混合する。

・分液漏斗に移して静置したのち，水層とエーテル層に分ける。

・エーテル層からジエチルエーテルを蒸発させてケトンを得る。

・水層には希塩酸を加えてカルボン酸を弱酸遊離させたのち，ジエチルエーテルを加えて抽出し，分液漏斗で分離する。

・エーテル層からジエチルエーテルを蒸発させてカルボン酸を得る。

オ．$CH_3-\underset{\underset{OH}{|}}{\overset{\overset{CH_3}{|}}{C}}-CH-CH_2-CH_3$　　$CH_3-\underset{\underset{OH}{|}}{\overset{\overset{CH_3}{|}}{C}}-\underset{\underset{CH_3}{|}}{\overset{\overset{CH_3}{|}}{C}}-CH_3$

カ.

$$\begin{array}{ccc} H_2C-CH_2 & H_2C-CH_2 & H_2C-CH_2 \\ H_2C \qquad C=C \qquad CH_2 & H_2C \qquad C=CH_2 \\ H_2C-CH_2 & H_2C-CH_2 & H_2C-CH_2 \end{array}$$

Ⅱ. キ. シス形

理由：シス形はベンゼン環と窒素原子の結合の極性を打ち消しあわないため。（30字程度）

ク. 6通り

ケ. 69％

コ. NaO_3S—⟨ ⟩—$N{\equiv}NCl + H_2O \longrightarrow NaO_3S$—⟨ ⟩—$OH + HCl + N_2$

サ. 化合物C

⟨ナフタレン⟩ $\begin{array}{c} NH_2 \\ OH \end{array}$

化合物D

⟨ナフタレン⟩ $\begin{array}{c} NH-\overset{\displaystyle O}{\underset{}{C}}-CH_3 \\ O-C-CH_3 \\ \parallel \\ O \end{array}$

シ. (1)・(4)

解　説

Ⅰ. ア. 脱水反応は，−OH が結合している炭素原子の左側または右側の炭素原子の間で生じるので，生成物のアルケンは2種類存在する。

$$CH_3-\underset{\underset{\displaystyle OH}{|}}{CH}-(CH_2)_2-CH_3 \longrightarrow CH_2{=}CH-(CH_2)_2-CH_3 + H_2O$$

または

$$CH_3-CH{=}CH-CH_2-CH_3 + H_2O$$

イ. アで得られた2種類のアルケンを酸化すると，それぞれ次のように反応する。

$$CH_2{=}CH-(CH_2)_2-CH_3 \longrightarrow CH_3-(CH_2)_2-COOH + CO_2$$

$$CH_3-CH{=}CH-CH_2-CH_3 \longrightarrow CH_3-COOH + CH_3-CH_2-COOH$$

$CH_2{=}CH-(CH_2)_2-CH_3$ は，ブタン酸 $CH_3-(CH_2)_2-COOH$ とギ酸 $HCOOH$ を生成するが，ギ酸はさらに酸化されて炭酸となり CO_2 を生じる。

ウ. 与えられたアルケンの〔反応2〕の反応では，アルケンも生成物も電気的に中性の分子であるから，構成原子の酸化数の総和は0である。しかし，生成物に3個のO原子が付加しており，O原子1個の酸化数が−2であることから，O原子全体の酸化数は−6である。したがって，O原子を除いた生成物のC原子全体の酸化数の合計は，（+2）×3＝+6増加することになる（H原子の酸化数は+1で変化しない）。この酸化数6の増加が6個の電子 e^- の放出に対応している。

エ. 問題文中で「分液操作」という言葉が出ているので，分液漏斗を用いる操作を示せばよい。箇条書きにする方が手順を理解しやすい。

オ. アルコール **A** は分子式から飽和のアルコールである。第三級アルコールを脱水・酸化して，有機化合物のケトンのみが生成する場合，その第三級アルコールのうち最も炭素原子数が少ない分子を炭素骨格とヒドロキシ基のみで示すと次のようになる。

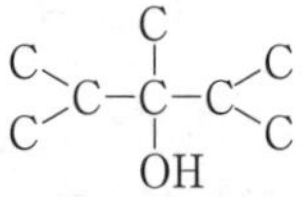

$$
\begin{array}{c}
\quad\quad C \\
C \quad | \quad C \\
C-C-C-C \\
\quad | \\
\quad OH
\end{array}
$$

この物質の分子式は $C_8H_{18}O$ であるから，分子式 $C_7H_{16}O$ のアルコール **A** を脱水・酸化するとケトン以外に有機化合物でない CO_2 が生成すると考えられる。CO_2 が生成するアルコールは，脱水反応によって分子の末端に $CH_2=C$ が生じる構造をしていること，およびもう一方の生成物がケトンであることから，アルコール **A** として次の2種類の分子が考えられる。

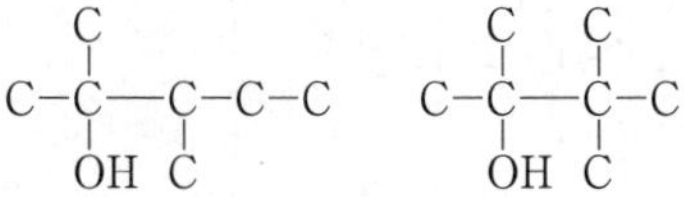

$$
\begin{array}{cc}
\quad C & \quad C\quad C \\
\quad | & \quad |\quad | \\
C-C-C-C-C & C-C-C-C \\
\quad | \quad | & \quad |\quad | \\
\quad OH\ C & \quad OH\ C
\end{array}
$$

上記以外の構造式では，脱水・酸化によってカルボン酸が生じる。

カ. ナイロン 66 の合成原料のジカルボン酸とは，アジピン酸のことである。

$$
HOOC-(CH_2)_4-COOH
$$

二重結合が切断されてアジピン酸のみが生じることから，この二重結合をもつ化合物は次のような環状構造をもつ分子である。鎖状構造ではジカルボン酸は得られない。

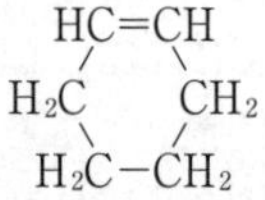

$$
\begin{array}{c}
HC=CH \\
H_2C \quad\quad CH_2 \\
H_2C-CH_2
\end{array}
$$

さらに，上記の分子をアルコールの脱水反応によって得たのであるから，そのアルコールの構造式は次のとおりである。

$$
\begin{array}{c}
\quad\quad OH \\
\quad\quad | \\
HC-CH_2 \\
H_2C \quad\quad CH_2 \\
H_2C-CH_2
\end{array}
$$

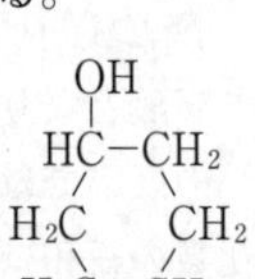

また，その前のケトンの構造式は次のとおりである。

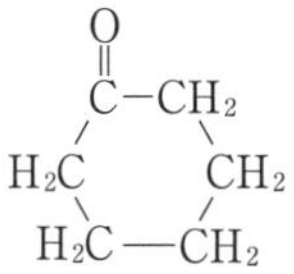

$$\begin{array}{c} O \\ \| \\ C-CH_2 \\ H_2C \qquad CH_2 \\ H_2C-CH_2 \end{array}$$

したがって，有機化合物としてこのようなケトンのみが生じる炭化水素 **B** の構造式は，次の(a)，(b)の2種類が考えられる。(a)からは2分子のケトンが，(b)からはケトンと CO_2 が生成する。

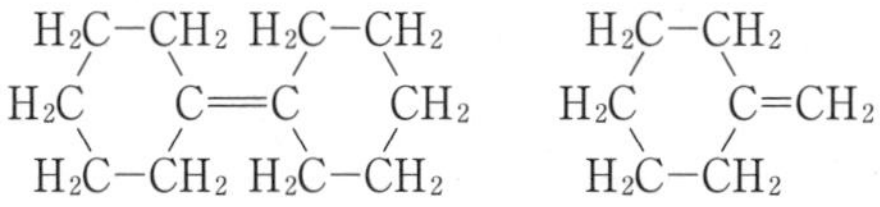

$$\begin{array}{cc}
\begin{array}{c} H_2C-CH_2 \ H_2C-CH_2 \\ H_2C \qquad C=C \qquad CH_2 \\ H_2C-CH_2 \ H_2C-CH_2 \end{array} &
\begin{array}{c} H_2C-CH_2 \\ H_2C \qquad C=CH_2 \\ H_2C-CH_2 \end{array} \\
(a) & (b)
\end{array}$$

Ⅱ. キ. トランス形は N=N を中心として，N－ベンゼン環の極性が打ち消されるが，シス形は N=N に対して N－ベンゼン環が同じ側にあるため，その極性を打ち消しあわない。

ク. 題意より，2つの塩素原子が2つのベンゼン環に1つずつ置換した場合は，明らかに下線部①の反応によって塩素原子間の距離は変化する。したがって，1つのベンゼン環に2つの塩素原子が置換した場合を考える。下図におけるベンゼン環上の記号を用いて塩素原子の置換場所の組み合わせを示すと次の10種類が得られる。

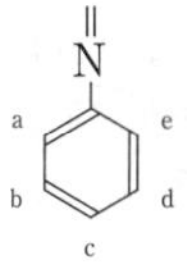

$$\begin{array}{c} N \\ \| \\ \overset{a}{}\overset{}{\bigcirc}\overset{e}{} \\ b \qquad d \\ c \end{array}$$

　　(a, b)，(a, c)，(a, d)，(a, e)，(b, c)，(b, d)，(b, e)，(c, d)，
　　(c, e)，(d, e)

ここで，問題文にもあるように，N－ベンゼン環の結合は単結合であるから自由に回転できるので，(a, b) と (d, e)，(a, c) と (c, e)，(a, d) と (b, e)，(b, c) と (c, d) はそれぞれ同じである。

　　よって，求める組み合わせは　　10－4＝6通り

〔注〕 N－ベンゼン環の結合が自由に回転できることから，例えば当該のベンゼン環上の a と e は，アゾ基（－N=N－）やもう1つのベンゼン環との位置関係において同等となり，構造異性体の要件にはならない。

ケ. 反応に用いたスルファニル酸と2-ナフトールの物質量はそれぞれ次のとおりである。

$$\frac{3.98}{173.1}=0.0229\,[\text{mol}] \qquad \frac{2.88}{144.0}=0.0200\,[\text{mol}]$$

スルファニル酸，2-ナフトール各1mol から1mol のオレンジⅡが得られるから，

題意より求める収率は

$$\frac{4.83}{350.1} \times \frac{1}{0.0200} \times 100 = 68.9 \fallingdotseq 69 〔\%〕$$

コ. ジアゾ化合物は，氷で冷却しないと加水分解してフェノール類と窒素を発生する。

サ. 式(8)ではアゾ基がアミノ基に還元されるので，反応式は次のとおりである。

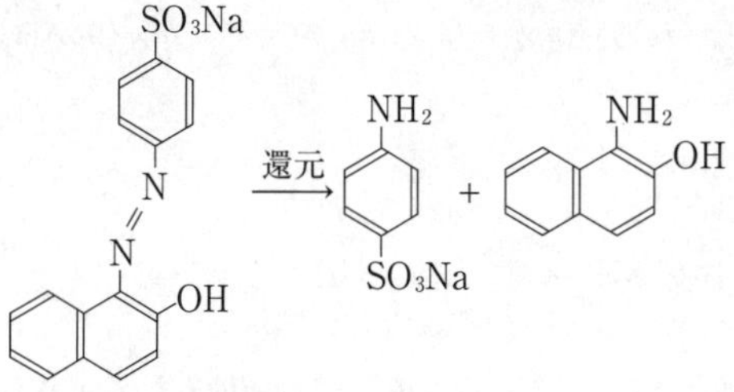

化合物**C**に無水酢酸を作用させると，アミノ基とヒドロキシ基にアセチル化が起こるので，反応式は次のとおりである。

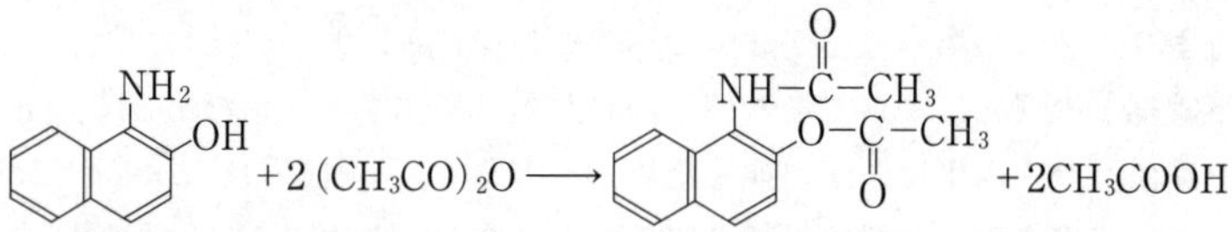

シ. (1) 不適切。収率は実際に使用した薬品の質量を用いて計算しなければならない。

(4) 不適切。収率は計算通り表示しなければならない。収率が110％になったということは，何らかの原因があるはずで，そのことが実験結果の検討や考察の対象となる。

32

ポイント

Ⅰ. **キ.** A－B－CにDとEが直線的に結合するものが4種類あるが，この他にDとEが枝分かれで結合する五糖も検討することが必要。

Ⅱ. **サ～ス.** 定義をきちんと理解して式を作る必要がある。

解答

Ⅰ. **ア.** (1)・(2)

イ. 還元性を示すアルデヒド基をもつ鎖状分子の割合が低いため。(30字程度)

ウ.

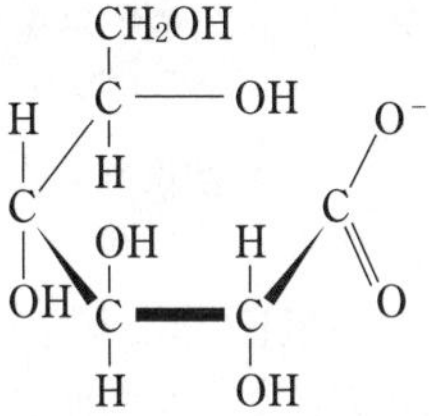

または

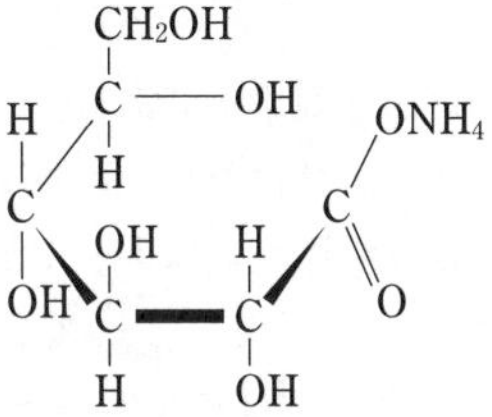

エ. (3)・(5)

オ. $(C_{30}H_{50}O_{25})_n + 2nH_2O \longrightarrow nC_{12}H_{22}O_{11} + nC_6H_{12}O_6 + (C_{12}H_{20}O_{10})_n$

または

$(C_{30}H_{50}O_{25})_n + 2nH_2O \longrightarrow nC_{12}H_{22}O_{11} + nC_6H_{12}O_6 + (C_6H_{10}O_5)_{2n}$

カ. 4.3 g

キ. 4つ

Ⅱ. **ク.**

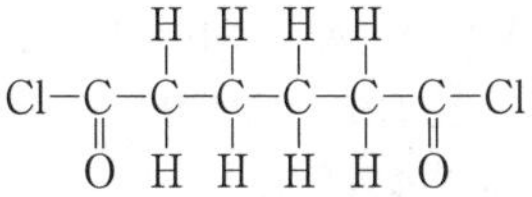

ケ. (4)

コ. (1)

サ. $\dfrac{N_x}{2}\left(\dfrac{1}{r} - 1\right)$

シ. $\dfrac{1+r}{1-r}$

ス. 1.0％以下

セ.
$$\left[\begin{array}{c} CH_2-CH \\ \quad\quad | \\ \quad\; O=C \\ \quad\quad | \\ \quad\quad NH \\ \quad\quad | \\ H_3C-CH \\ \quad\quad | \\ \quad\quad CH_3 \end{array}\right]_n$$

ソ. a. アミド b. イソプロピル（炭化水素）

解　説

I. ア. 下線部①の分子は，β-D-グルコースである。β-D-グルコースは，図3－1 の α-D-グルコースの❶の OH が上向きに結合した分子である。ちなみに(5)は β-L-グルコースの鏡像異性体である β-L-グルコースである。

イ. 25℃の水溶液では，α-D-グルコースが約 36 %，β-D-グルコースが約 64 %存在し，鎖状のグルコースはごくわずかである。

ウ. 鎖状構造のアルデヒド基が酸化されてカルボキシ基になる。この溶液は塩基性なので，カルボキシ基の H は中和反応によって電離している。

カルボキシ基が NH_3 と塩を形成した $-COONH_4$ のように表現してもよい。

エ. ❶の OH 同士が縮合した二糖はアルデヒド基を生じることができないので還元性を示さない。よって，(3)と(5)が該当する。

オ. ポリマー分子 **P1** において，❶と❻の OH で縮合しているのは単糖類 **B**，**C** 間と単糖類 **C**，**D** 間である。この結合が加水分解されることにより，単糖（グルコース）の **C** が n 分子，二糖類（マルトース）の **D**－**E** が n 分子，および …－**A**－**B**－**A**－**B**－… と結合した多糖類（デンプン）が生じる。多糖類は $(C_{12}H_{20}O_{10})_n$ と表してもよいし，$(C_6H_{10}O_5)_{2n}$ と表してもよい。

カ. グルコースとマルトースはともに1分子中に1個のアルデヒド基を生じる。よって，物質量が同じなら同じ質量の銀が得られる。$810n$〔g〕のポリマー分子 **P1** は，$2n$〔mol〕のアルデヒド基を生じるから，得られる銀の質量は

$$\frac{8.1}{810n}\times 2n\times 2\times 107.9 = 4.31 \fallingdotseq 4.3 \,〔g〕$$

キ. 残り2個のグルコースを **D**，**E** とし，5個のグルコースの結合状態を結合に関与する OH が結合した炭素番号で表すと，**A**－**B**－**C** は次のように表せる。

A❶❹**B**❻❶**C**

これを用いて，残りの **D**，**E** の結合状態による異性体を表してみる。**C** は❹と❻の2個の OH が結合可能である。

（**A**〜**E** が直列の場合）

A❶❹**B**❻❶**C**❹❶**D**❹❶**E**

A❶❹**B**❻❶**C**❹❶**D**❻❶**E**

$A①④B⑥①C⑥①D④①E$

$A①④B⑥①C⑥①D⑥①E$

の 4 種類

（**C** に **D** と **E** が直接結合して枝分かれが生じる場合）

$A①④B⑥①C④①D$
$⑥①E$

の 1 種類

以上 5 種類の異性体が考えられるが，枝分かれのある 5 つ目の異性体は，次のようにグルコースの記号を変えても同様の結合状態を示す（もとの **A－B－C** の **B** に **D** と **E** が直列した構造と同じ）。

$E①④D⑥①B④①A$
$⑥①C$

つまり，この異性体は **B** に脱水縮合した異性体であり条件 2 を満たしていないので該当しない。よって，異性体の数は 4 つである。

Ⅱ．**ク**．アジピン酸の代わりにアジピン酸ジクロリドを用いる。

ケ．アジピン酸ジクロリドとヘキサメチレンジアミンとの重合によって次のように HCl を生じるので，これを中和反応によって取り除き，縮合速度が小さくならないようにしている。

$$n\text{ClCO}(\text{CH}_2)_4\text{COCl} + n\text{H}_2\text{N}(\text{CH}_2)_6\text{NH}_2$$
$$\longrightarrow \{\!\!\{\text{CO}(\text{CH}_2)_4\text{CO}-\text{NH}(\text{CH}_2)_6\text{NH}\}\!\!\}_n + 2n\text{HCl}$$

コ．界面重合を行うために，溶媒の一方は水に溶けない有機溶媒，他方には水を用いる。この実験では，有機溶媒によく溶けるアジピン酸ジクロリドが溶媒 **S1** に溶けているから，**S1** は有機溶媒である。したがって，**S2** は水であり，比較的水によく溶けるヘキサメチレンジアミンが溶けている。また，**S1** 溶液の入ったビーカーに **S2** 溶液を静かに注ぎ **S2** 溶液が上層にくることから，**S1** 溶液の方が **S2** 溶液よりも密度が大きい。以上より，**S1** はジクロロメタン，**S2** は水である。

　　アセトン，エタノールは水によく溶けるので不適であり，ジエチルエーテルは水より密度が小さいので不適である。

サ．**X** は 1 分子中にカルボキシ基を 2 つ，**Y** は 1 分子中にアミノ基を 2 つもっている。未反応のアミノ基は $N_y - N_x$ 個であり，**Y** の分子数としては

$$\frac{N_y - N_x}{2}$$

$\dfrac{N_x}{N_y} = r$ より $N_y = \dfrac{N_x}{r}$ だから

$$\frac{N_y - N_x}{2} = \frac{\dfrac{N_x}{r} - N_x}{2} = \frac{N_x}{2}\left(\frac{1}{r} - 1\right)$$

〔注〕 次の設問**シ**での重合度の定義をふまえて，生成した高分子と水分子の数を無視している。

シ．**サ**の結果より

$$重合度 = \frac{\dfrac{1}{2}(N_x + N_y)}{\dfrac{N_x}{2}\left(\dfrac{1}{r} - 1\right)} = \frac{N_x\left(1 + \dfrac{1}{r}\right)}{N_x\left(\dfrac{1}{r} - 1\right)} = \frac{1 + r}{1 - r}$$

ス．$\dfrac{1+r}{1-r} \geqq 200$ とすると

$$1 + r \geqq 200 - 200r \qquad 201r \geqq 199 \qquad r \geqq \frac{199}{201}$$

となるから

$$\frac{N_y}{N_x} = \frac{1}{r} \leqq \frac{201}{199} = 1.010$$

よって，1.0 ％以下である。

セ．2-アミノプロパンとアクリル酸クロリド $CH_2=CHCOCl$ の反応式は次のとおりである。

$$(CH_3)_2CH-NH_2 + CH_2=CHCOCl \longrightarrow (CH_3)_2CH-NH-CO-CH=CH_2 + HCl$$

この単量体の重合反応は次のようになり，ポリマー **P2** を生じる。

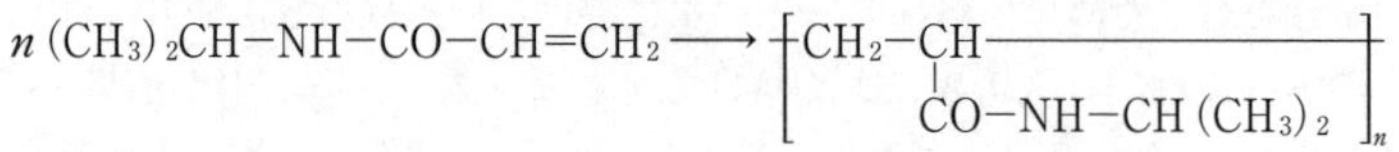

$$n(CH_3)_2CH-NH-CO-CH=CH_2 \longrightarrow \left[\begin{array}{c} CH_2-CH \\ \quad\quad | \\ CO-NH-CH(CH_3)_2 \end{array}\right]_n$$

ソ．a．**P2** での親水性の基はアミド結合部分である。

b．アミノメタンを用いたポリマーの構造式は次のとおりであり

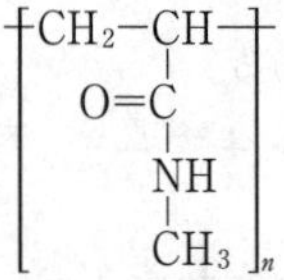

$$\left[\begin{array}{c} CH_2-CH \\ \quad | \\ O=C \\ \quad | \\ NH \\ \quad | \\ CH_3 \end{array}\right]_n$$

P2 に比べて炭化水素基が小さい。このため疎水性が弱いと考えられる。

33　2013年度　第3問

ポイント

Ⅰ．合成原料およびポリマーPは教科書には出てこないが，合成反応は基本的なものなので，解きやすかったのではないか。**カ**のポリマーPは初めて見る物質で，構造式を示すのはやや難しいが，問題文の「窒素原子に水素原子は結合していない」がヒントになる。
Ⅱ．アドレナリンの合成反応はやや複雑であるが，化合物の分子式が示されているので，どのような変化が起こったか推定できるだろう。

解　答

Ⅰ．ア． 3個

イ． 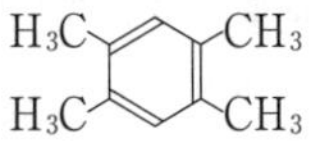

ウ． 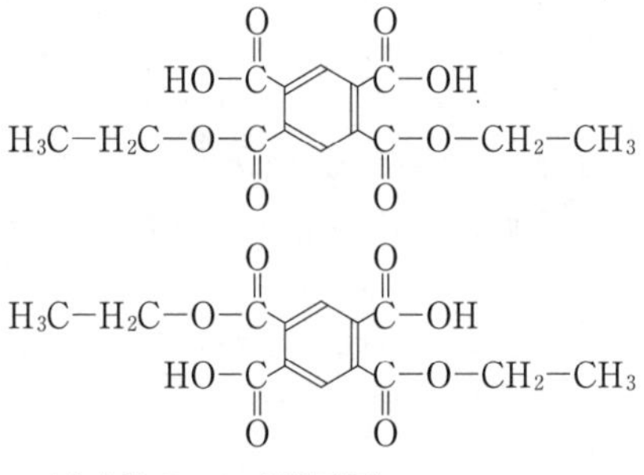

（化合物**C**，**D**は順不同）

エ． **M1**：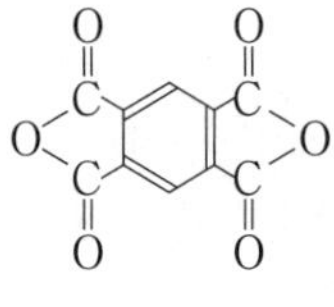　**M2**：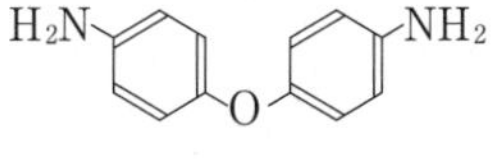

オ． (3)

カ． 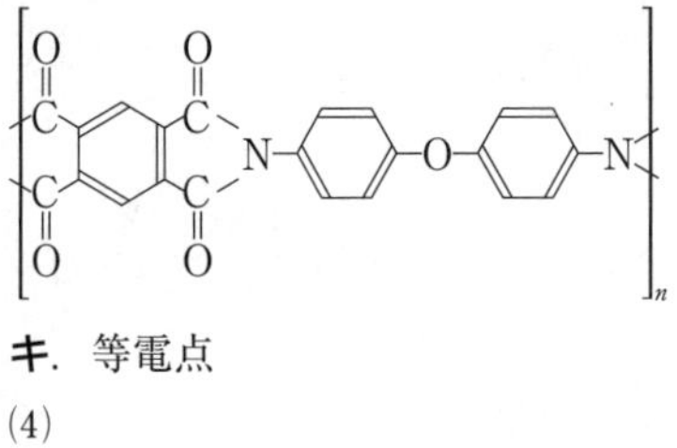

Ⅱ．キ． 等電点

ク． (4)

ケ.

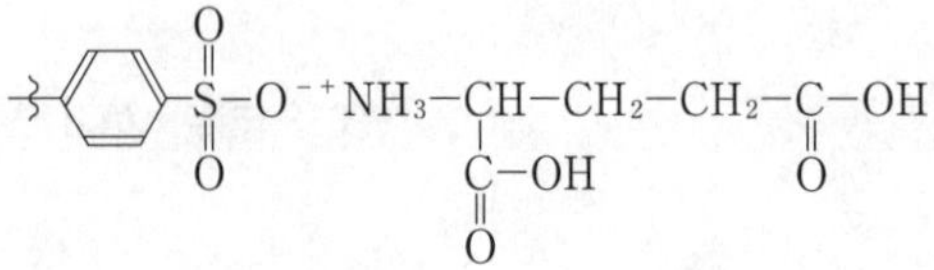

$$\text{--}\!\!\left\langle\!\!\bigcirc\!\!\right\rangle\!\!-\!\!\overset{\overset{\displaystyle O}{\|}}{\underset{\underset{\displaystyle O}{\|}}{S}}\!\!-\!\!O^-\,{}^+NH_3-\underset{\underset{\displaystyle O}{\|}}{\underset{C-OH}{CH}}-CH_2-CH_2-\underset{\underset{\displaystyle O}{\|}}{C}-OH$$

コ. 三角フラスコ**B**：**H**　　三角フラスコ**C**：**G**

サ. **E1**：(5)　**E3**：(1)

シ. 二酸化炭素

ス. 記号：**J**　構造式：

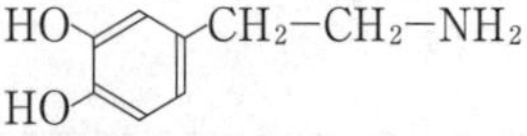

$$\underset{HO}{\overset{HO}{}}\!\!\left\langle\!\!\bigcirc\!\!\right\rangle\!\!-CH_2-CH_2-NH_2$$

解　説

I. ア. テトラメチルベンゼンでは，メチル基が結合していない箇所が2つ存在する。その2つの位置関係の組み合わせは，オルト，メタ，パラの3種類である。

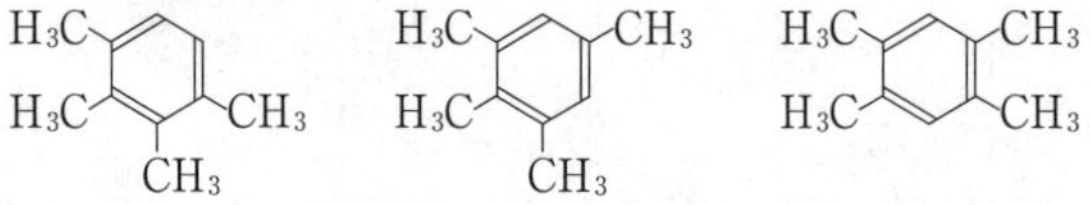

イ. **A**を$KMnO_4$で酸化するとテトラカルボキシベンゼン**B**が生じる。この**B**を加熱すると，2分子の水を失うことから，**B**はオルト位の関係にある2組のカルボキシ基をもっている。よって，**B**は，1,2,4,5-ベンゼンテトラカルボン酸（ピロメリット酸）である。ゆえに，**A**は，1,2,4,5-テトラメチルベンゼンである。

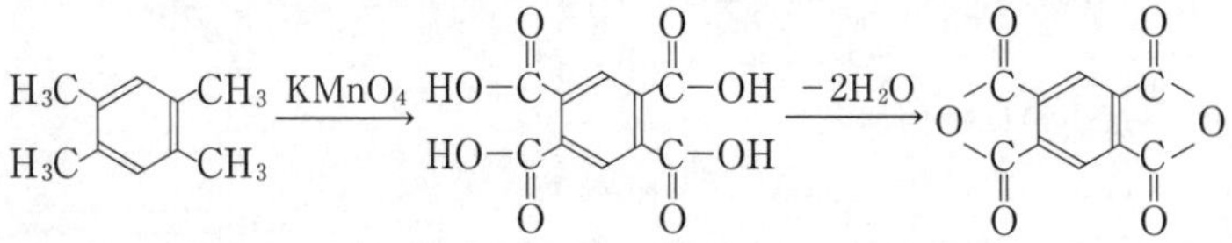

ウ. **M1**と2分子のエタノールの反応により，次の2種類の化合物**C**と**D**を生じる。

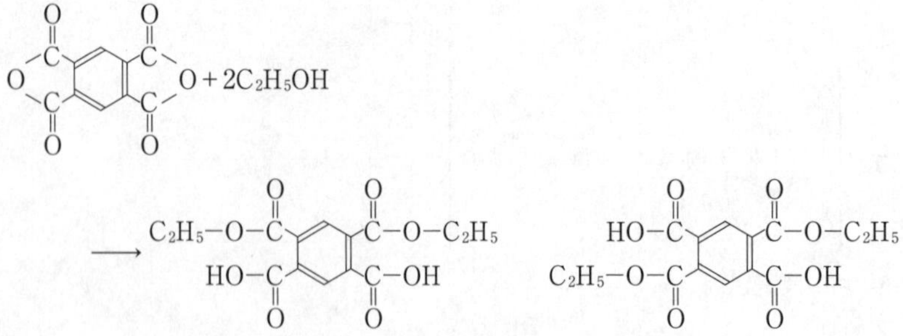

エ. **M1**はイに示したとおりである。**M2**は，**E**のニトロ基を鉄によって還元するこ

とで生成する。ニトロベンゼンの還元によりアニリンが生じるのと同様である。

$$O_2N\!\!-\!\!\bigcirc\!\!-\!\!O\!\!-\!\!\bigcirc\!\!-\!\!NO_2 \xrightarrow[\text{NH}_4\text{Cl}]{\text{Fe}} H_2N\!\!-\!\!\bigcirc\!\!-\!\!O\!\!-\!\!\bigcirc\!\!-\!\!NH_2$$

$$\text{E} \qquad\qquad\qquad\qquad\qquad \text{M2}$$

オ. (1)誤り。**M2** は弱塩基であるので，水酸化ナトリウムとは反応しない。

(2)誤り。硫酸酸性二クロム酸カリウム水溶液で酸化される。

(3)正しい。アニリン同様に酸化されやすい。

(4)誤り。$CH_3CH(OH)-$ や CH_3CO- の構造をもたないので，ヨードホルム反応を示さない。

(5)誤り。アルデヒド基をもたないので，フェーリング反応を示さない。

カ. このポリマーは，カプトン（デュポン社）と呼ばれ，ポリイミド系ポリマーの一種である。

Ⅱ. **キ**. 問題文の「変化する」を意識するなら，「帯電性」や「電荷」も正解である。

ク. アミノ酸 **F**，**G**，**H** の等電点を比較すると，**F** は酸性アミノ酸だから酸性側，**G** は塩基性アミノ酸だから塩基性側，**H** は中性アミノ酸だからほぼ中性にある。アミノ酸は，等電点より高い pH では負（陰イオン），低い pH では正（陽イオン）に帯電している。よって，アミノ酸 **F** のみを分離するには，**F** の等電点より少しだけ pH の高い酸性の緩衝液を用いて電気泳動すればよい。このとき，**F** のみが負に帯電し，**G**，**H** は正に帯電しているので，**F** のみが陽極へ移動する。なお，アミノ酸 **F**，**G**，**H** の等電点は，それぞれおよそ 3，10，6 である。

ケ. このイオン交換樹脂は，スルホ基が H^+ を電離することで負に帯電している。そこへ，アミノ酸のアミノ基が電離して正に帯電した部分（$-NH_3^+$）が吸着していると考えられる。よって，アミノ酸は陽イオンの状態で吸着される。

コ. アミノ酸が陽イオンになるのは，等電点より pH が低いときである。よって，等電点よりも pH が高いと，イオン交換樹脂に吸着されずに流れ出ることになる。ゆえに，操作2では **F** が三角フラスコ **A** に，操作3では **H** が三角フラスコ **B** に，操作4では **G** が三角フラスコ **C** にそれぞれ入る。

サ. L-チロシンとアドレナリンの構造式，および化合物 **I**，**J**，**K** の分子式から，一連の酵素反応は次のように進行すると考えられる。

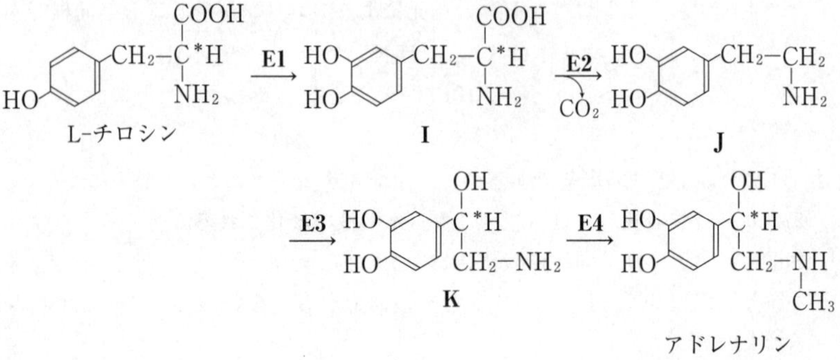

L-チロシン　　　　　　　　　　I　　　　　　　　　　J

K　　　　　　　　　　アドレナリン

（C* は不斉炭素原子）

以上より，酵素 E1 はベンゼン環を酸化してヒドロキシ基を導入し，酵素 E3 はベンゼン環の側鎖を酸化してヒドロキシ基を導入するが，これは第二級アルコールの生成となっている。

シ．酵素 E2 は，カルボキシ基を酸化して二酸化炭素を発生させる。

ス．サで示したように J が不斉炭素原子 C* をもたない。

34

ポイント
Ⅰ．**ア**は，反応 7 で窒素ガスが発生することに注目すると，塩化ベンゼンジアゾニウム水溶液と同様の分解反応として，反応経路を逆に戻っていけばよい。
Ⅱ．**ク**は（実験 2 ）の説明より，ポリマー**Y**が多数の －COONa を含むことから判断できる。**コ**の化合物**M**を環状化合物と推定できればよい。

解　答

Ⅰ．**ア**. 反応 1 ：(3)　反応 2 ：(4)または(14)　反応 3 ：(9)
　　反応 5 ：(8)　反応 6 ：(7)

イ. (2)

ウ. 0.94 kg

エ. 53 mg

オ. (4)

Ⅱ．**カ**.
$$\underset{H}{\overset{H}{>}}C=C\underset{\underset{O}{\overset{|}{C}-OH}}{\overset{H}{<}}$$

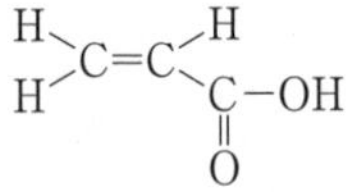

キ. 構造式：
$$\underset{H}{\overset{H}{>}}C=C\underset{\underset{O}{\overset{|}{C}-O-CH_3}}{\overset{H}{<}}$$

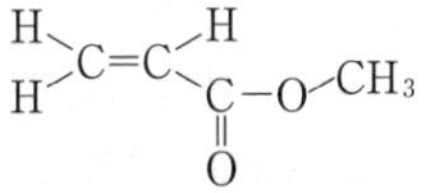

　　理由：**I**は分子間に水素結合ができるが**K**にはできないから。（25 字以内）

ク. (2)

ケ. ポリマー中の水が濃度が高い溶液側へ浸透したから。（25 字以内）

コ.
$$\begin{array}{c} H_3C-CH\overset{O}{\diagdown}C=O \\ O=C\underset{O}{\diagup}CH-CH_3 \end{array}$$

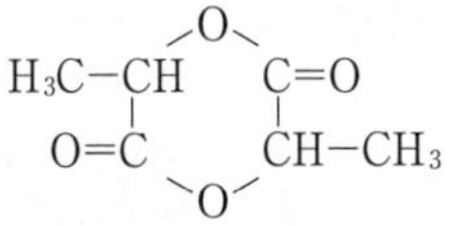

サ. (3)

解　説

Ⅰ．**ア**. 問題文中に，反応 7 で化合物**G**が生成するとき窒素ガスが発生することが記されている。よって，官能基 X^3 はジアゾ基と考えられる。したがって，X^2 はアミノ基，X^1 はニトロ基と推測される。
ゆえに，反応 1 はニトロ化で試薬は(3)である。反応 5 はニトロ基の還元で，試薬は(8)である。さらに，反応 6 はジアゾ化で試薬は(7)である。

反応 2 では，アミノ基がアセチル化されてアミド結合が生じているため，無水酢酸を用いていると考えられる。一般的には水酸化ナトリウムを用いて，塩基性条件下で無水酢酸を反応させるが，水酸化ナトリウムと濃塩酸のどちらを用いるかは，高校の知識では判断できないので，(4)，(14)のどちらを選んでもよいと思われる。

反応 3 はカルボキシ基とエタノールの反応（エステル化）で，試薬は(9)である。塩化水素は触媒である。

イ. 化合物 C はフェノール性のヒドロキシ基をもつが，化合物 D はもたない。このため，化合物 C は水酸化ナトリウム水溶液と反応して塩となり水層に移るが，化合物 D は反応せずクロロホルム層に抽出される。

ウ. 求める質量を x〔kg〕とすると，9 回の反応すべてで収率が 70 ％であり，L-チロシン（分子量 181）から，L-チロキシン（分子量 777）を合成するとき，収率は $\left(\dfrac{70}{100}\right)^9$ になる。

$$\frac{5.43}{181} \times \left(\frac{70}{100}\right)^9 = \frac{x}{777} \qquad x = 0.940 \fallingdotseq 0.94 \text{〔kg〕}$$

エ. L-チロキシン（分子量 777）は分子内に炭素原子を 15 個含むので，生成する CO_2（分子量 44.0）の質量は

$$\frac{62}{777} \times 15 \times 44.0 = 52.6 \fallingdotseq 53 \text{〔mg〕}$$

オ. α-アミノ酸である L-チロシンの不斉炭素原子が，L-チロキシンでも不斉炭素原子として存在している。構造式中で結合が立体的に示してある部分がそれに当たる。この L-チロキシンの不斉炭素原子のまわりの立体配置と(1)〜(8)の各化合物を立体的に比べてみると，(4)が D-チロキシンで，他はすべて L-チロキシンであることがわかる。

Ⅱ. カ.（実験 1 ）より，化合物 H は $CH_2=CH-CH_3$（分子量 42.0）でプロピレンである。プロピレンを重合反応させると，ポリマー **X**（ポリプロピレン）が得られる。

$$n CH_2=CH-CH_3 \longrightarrow \begin{bmatrix} CH_2-CH \\ \quad\quad | \\ \quad CH_3 \end{bmatrix}_n$$

また，プロピレンを触媒を用いて酸化すると，次のように反応して化合物 **I**（アクリル酸）が得られる。

$$CH_2=CH-CH_3 \xrightarrow{\text{酸化}} CH_2=CH-CHO \xrightarrow{\text{酸化}} CH_2=CH-COOH$$
$$\textbf{H}（プロピレン） \qquad\qquad\qquad \textbf{I}（アクリル酸）$$

化合物 **I** と炭酸水素ナトリウムとの反応で **J**（アクリル酸ナトリウム）が生成する。

$$CH_2=CH-COOH + NaHCO_3 \longrightarrow \quad CH_2=CH-COONa \quad + CO_2 + H_2O$$
$$\textbf{J}（アクリル酸ナトリウム）$$

キ.（実験 1 ）より，化合物 **I** とメタノールから化合物 **K**（アクリル酸メチル）が得

られる反応式は次のとおりである。

$$CH_2=CH-COOH + CH_3OH \longrightarrow CH_2=CH-COOCH_3 + H_2O$$
$$\qquad\qquad\qquad\qquad \textbf{K}（アクリル酸メチル）$$

化合物**K**は，エステル化によりカルボキシ基が反応しているので，分子間水素結合ができなくなっている。

ク．（実験2）ポリマー**Y**は高吸水性高分子である。ポリマー**Y**に水を加えると，側鎖の $-COONa$ が電離し，親水性の官能基（$-COO^-$）が水和されることで膨らむ。また，ポリマー内部は外部より溶質の濃度が大きいので水が浸透してくる。

ケ．（実験2）ポリマー**Y**の内部より外部の溶質の濃度が大きくなると，内部から外部へ向かって浸透現象が生じる。

コ．（実験3）化合物**L**は，分子式 $C_3H_6O_3$ で不斉炭素原子を有することから乳酸と考えられる。グルコースからの乳酸生成は，乳酸発酵とよばれる。

$$C_6H_{12}O_6（グルコース） \longrightarrow 2C_3H_6O_3（乳酸）$$

化合物**M**は，その分子式から，化合物**L**から次のような反応で得られると推測される。

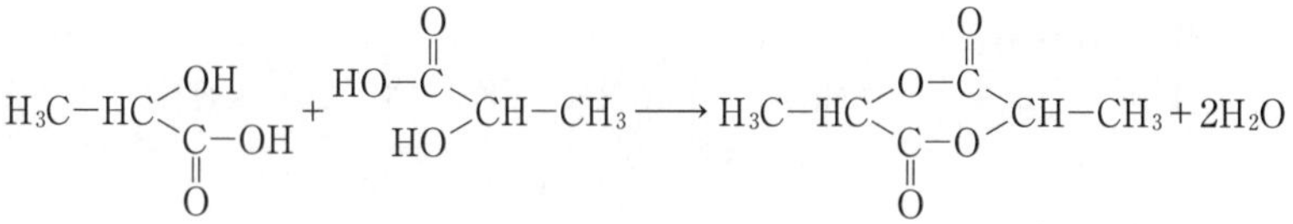

乳酸は，カルボキシ基とヒドロキシ基の両方をもつから，2分子で環状構造をもつ分子を生成する。

サ．化合物**M**を開環重合させると，ポリマー**Z**（ポリ乳酸）が得られる。

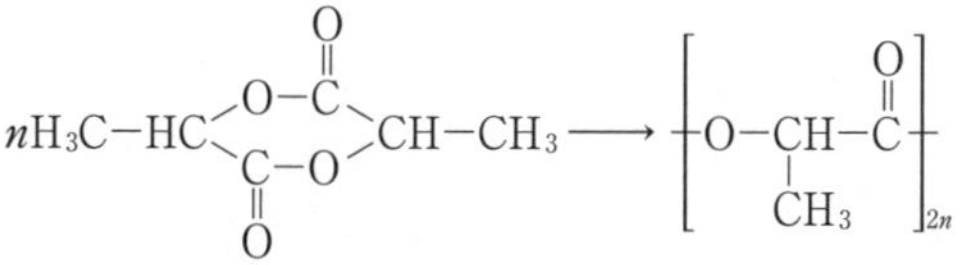

ポリマー**Z**はポリ乳酸とよばれる。乳酸は天然に存在するので，土中の微生物によって加水分解等の生分解を受けるが，ポリマー**X**（ポリプロピレン）は天然に存在しないので生分解を受けない。

35

ポイント

　I．モノカルボン酸 **C** に，$KMnO_4$ による酸化で生じた $-COOH$ や CH_3CO- が計 3 個存在することなどから，化合物 **A** は $C=C$ を 1 個含む 1 つの環構造をもつことが推測できるかどうかがポイントである。また，環状化合物中の不斉炭素原子の判断は身に付けておきたい。

　II．酸無水物の生成反応やアミンとのアミド結合などは，問題文をよく読むことで解答を導けるだろう。与えられたジアミンの 2 位にメチル基の側鎖が存在することがポイント。このために，異性体が存在することになる。

解答

I．**ア**．$C_{10}H_{16}$

イ．炭素原子間の二重結合 2 個，炭素原子間の三重結合 1 個

ウ．i．3　ii．4　iii．3　iv．3

エ．
$$CH_2-CH-CH_2-CH_2-C=CH_2$$
$$\quad\; | \qquad\qquad\qquad\qquad |$$
$$\;\; CH=C \qquad\qquad\qquad CH_3$$
$$\qquad\quad |$$
$$\qquad\; CH_3$$

（構造式）

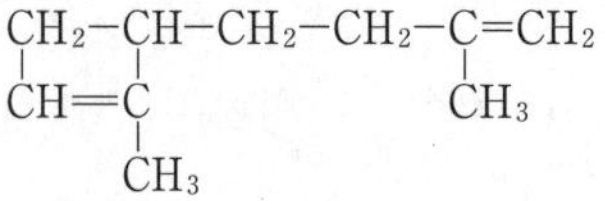

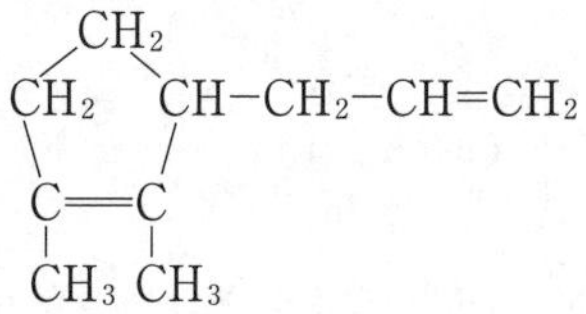

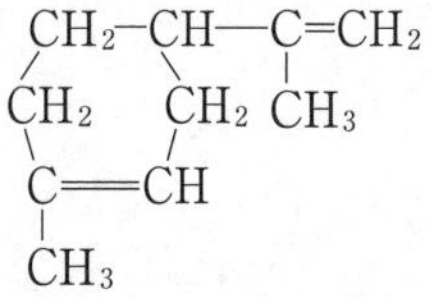

オ．
$$CH_2-C^*H-C=CH_2$$

II．**カ**．$CH_3-\underset{O}{\overset{\;\;}{C}}-O-\underset{O}{\overset{\;\;}{C}}-CH_2-CH_3$　　**キ**．$CH_3-CH_2-\underset{O}{\overset{\;\;}{C}}-O-\underset{O}{\overset{\;\;}{C}}-CH_2-CH_3$

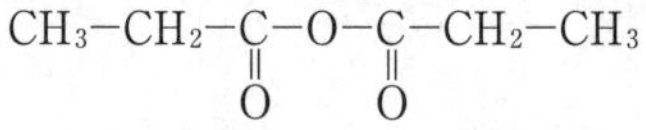

ク．化学平衡

ケ．**J**，**K**（順不同）

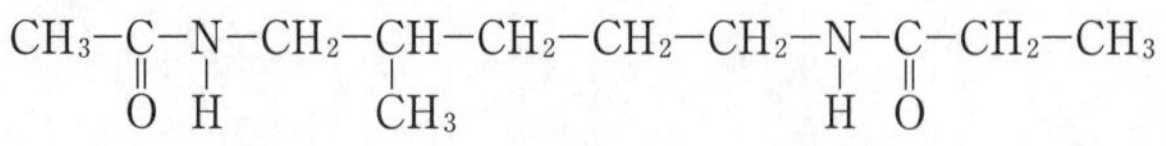

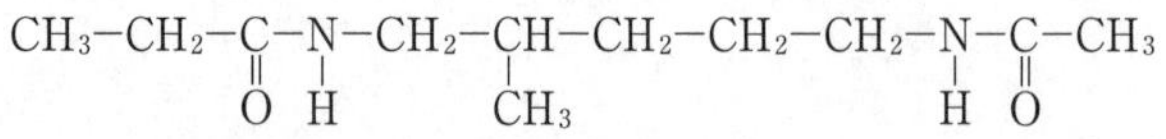

$$CH_3-\underset{O}{\overset{\;\;}{C}}-\underset{H}{\overset{\;\;}{N}}-CH_2-CH-CH_2-CH_2-CH_2-\underset{H}{\overset{\;\;}{N}}-\underset{O}{\overset{\;\;}{C}}-CH_2-CH_3$$

$$CH_3-CH_2-\underset{O}{\overset{\;\;}{C}}-\underset{H}{\overset{\;\;}{N}}-CH_2-CH-CH_2-CH_2-CH_2-\underset{H}{\overset{\;\;}{N}}-\underset{O}{\overset{\;\;}{C}}-CH_3$$

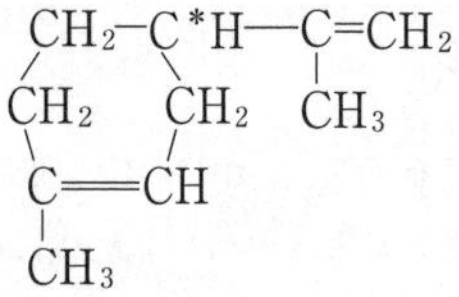

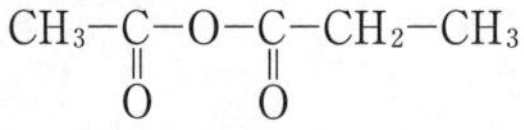

コ．**G**，**H**（順不同）

$$CH_3-\underset{\underset{O}{\|}}{C}-OK \qquad CH_3-CH_2-\underset{\underset{O}{\|}}{C}-OK$$

解　説

Ⅰ．ア． 化合物 **A** の組成式を C_xH_y とすると，実験 1 の結果および $CO_2=44.0$，$H_2O=18.0$ より

$$x:y=\frac{11.0}{44.0}:\frac{3.6}{18.0}\times2=5:8 \qquad \therefore \quad 組成式\ C_5H_8$$

次に，分子式を $(C_5H_8)_n$ とすると，分子量について $(C_5H_8)_n=68.0\times n=138\pm3$ より $n=2$ となり，分子式は $C_{10}H_{16}$ となる。

イ． 化合物 **A** と付加した H_2 の物質量の比は，$C_{10}H_{16}=136.0$ より

$$\frac{50.0}{136.0}:\frac{16.5}{22.4}\fallingdotseq1:2$$

化合物 **A** 1 分子に H_2 2 分子が付加するから，$C=C$ が 2 個または $C\equiv C$ が 1 個と考えられる。

ウ． ヨードホルム反応の反応式の係数は次のように決定できる。

左辺と右辺での各原子の数のつり合いは次のとおりである。

Na 原子：$\boxed{\text{ⅱ}}=1+\boxed{\text{ⅲ}}$ ……①
I 原子 ：$2\times\boxed{\text{ⅰ}}=3+\boxed{\text{ⅲ}}$ ……②
H 原子 ：$3+\boxed{\text{ⅱ}}=1+2\times\boxed{\text{ⅳ}}$ ……③
O 原子 ：$1+\boxed{\text{ⅱ}}=2+\boxed{\text{ⅳ}}$ ……④

③－④ より　　ⅱ＝4，ⅳ＝3

これを①，②に代入すると　　ⅲ＝3，ⅰ＝3

これらより，化学反応式は以下のようになる。

$$R-CO-CH_3+3I_2+4NaOH \longrightarrow R-COONa+CHI_3+3NaI+3H_2O$$

エ． 化合物 **A** の分子式 $C_{10}H_{16}$ と炭素原子数が等しいアルカンの分子式 $C_{10}H_{22}$ を比較すると，実験 2 から得られた $C=C$ 2 個または $C\equiv C$ 1 個の他に環状構造 1 個が化合物 **A** に存在すると考えられる。

次に，実験 4 より，ヨードホルム反応に用いられた I_2 の物質量は，$I_2=254.0$ より

$$\frac{152.4}{254.0}=0.600〔mol〕$$

反応式(1)より，ケトンと I_2 の物質量の比は 1：3 であるから，モノカルボン酸 **C** は CH_3-CO- を 2 個含む。

よって，実験 3 のモノカルボン酸 **C** の部分構造式中の ～ の部分に CH_3-CO- が含まれることになり，最低でも炭素原子数は 9 個となる。

よって，このモノカルボン酸Cの部分構造式の各部分を下のように(ア)〜(ウ)とすると，化合物Aではこのうちの2つの組合せで $>C=C<$ を含む環状構造が形成されており，残り1個の炭素原子は末端の二重結合を形成していたと考えられる。

$$\underbrace{\}}_{(\text{ア})}-CH_2-CH_2-\underbrace{CH}_{(\text{イ})}-CH_2-\underbrace{C-OH}_{(\text{ウ})}^{O}$$

① (ア)と(イ)の場合

$$\begin{array}{c} CH_3-C = C-CH_3 \quad CH_2 \\ | \qquad\qquad | \\ CH_2-CH_2-CH-CH_2=C-H \end{array} \xrightarrow{KMnO_4} \begin{array}{c} CH_3-C=O \quad O=C-CH_3 \quad O \\ | \qquad\qquad | \qquad\qquad \| \\ CH_2-CH_2-CH-CH_2-C-OH \end{array}$$

化合物A　　　　　　　　　　　モノカルボン酸C

② (イ)と(ウ)の場合

$$\begin{array}{c} CH_2=C-CH_2-CH_2-CH-CH_2-C-H \\ | \qquad\qquad\qquad | \\ CH_3 \qquad\qquad\quad C \\ \qquad\qquad\qquad \| \\ \qquad\qquad\qquad CH_2 \end{array} \xrightarrow{KMnO_4} \begin{array}{c} O=C-CH_2-CH_2-CH-CH_2-C-OH \\ | \qquad\qquad | \qquad\qquad \| \\ CH_3 \quad CH_3-C=O \qquad O \end{array}$$

化合物A　　　　　　　　　　　モノカルボン酸C

③ (ア)と(ウ)の場合

$$\begin{array}{c} CH_3-C=CH_2 \\ \diagdown CH \diagup \\ CH_2 \quad CH_2 \\ | \qquad | \\ CH_2 \quad C-H \\ \diagdown C \diagup \\ | \\ CH_3 \end{array} \xrightarrow{KMnO_4} \begin{array}{c} \qquad\qquad CH_3-C=O \\ \qquad\qquad | \\ O=C-CH_2-CH_2-CH-CH_2-C-OH \\ | \qquad\qquad\qquad\qquad \| \\ CH_3 \qquad\qquad\qquad\qquad O \end{array}$$

化合物A　　　　　　モノカルボン酸C

①は五員環，②は四員環，③は六員環で，いずれも環内にC=Cを1個含む。

〔注〕 環内に $-C=C=C-$ や $-C\equiv C-$ の存在を仮定すると，CH_3-CO- 2個および $-COOH$ 1個が生成することはないので不適。さらに，環内に $-C=C-C=C-$ 等を仮定すると，モノカルボン酸Cの炭素原子数が8個以下となり不適。

オ.

$$\begin{array}{c} CH_2-C^*H-C=CH_2 \\ | \quad\quad | \qquad | \\ CH_2 \quad CH_2 \quad CH_3 \\ | \qquad | \\ C = CH \\ | \\ CH_3 \end{array} \xrightarrow{2H_2} \begin{array}{c} CH_2-CH-CH-CH_3 \\ | \qquad | \qquad | \\ CH_2 \quad CH_2 \quad CH_3 \\ | \qquad | \\ CH-CH_2 \\ | \\ CH_3 \end{array}$$

H_2 付加により不斉炭素原子 C^* は存在しなくなる。

他の化合物の水素付加物は C^* をもつ。

$$CH_2-\overset{*}{C}H-CH_2-CH_2-\overset{|}{C}H-CH_3$$
$$\underset{|}{CH_2}-\overset{*}{C}H \qquad\qquad CH_3$$
$$\underset{|}{CH_3}$$

$$\overset{CH_2}{\overset{|}{CH_2}}\diagdown \overset{*}{C}H-CH_2-CH_2-CH_3$$
$$\overset{*}{C}H-\overset{*}{C}H$$
$$\underset{|}{CH_3}\ \underset{|}{CH_3}$$

〔注〕　環状構造の不斉炭素原子の判定は，その原子から右回りあるいは左回りで順次結合している原子団を比較することで行い，一周しても互いに全て同じ場合は不斉炭素原子でないとする。

Ⅱ. カ. $CH_3COOH + CH_3CH_2COOH \longrightarrow \underset{E}{CH_3-CO-O-CO-CH_2-CH_3} + H_2O$

キ. $\underset{D}{CH_3-CO-O-CO-CH_3} + CH_3CH_2COOK$

$\longrightarrow \underset{E}{CH_3-CO-O-CO-CH_2-CH_3} + CH_3COOK$

$\underset{E}{CH_3-CO-O-CO-CH_2-CH_3} + CH_3CH_2COOK$

$\longrightarrow \underset{F}{CH_3-CH_2-CO-O-CO-CH_2-CH_3} + CH_3COOK$

ク. 酸無水物の生成反応は可逆反応である。

ケ. 次の4つの反応が起こると考えられる。

$$H_2N-CH_2-\underset{\underset{CH_3}{|}}{CH}-CH_2-CH_2-CH_2-NH_2 + 2\underset{E}{CH_3-CO-O-CO-CH_2-CH_3}$$

2-メチルペンタン-1,5-ジアミン

$\xrightarrow{\text{KOH}}$

〔ア〕
$$CH_3-CO-NH-CH_2-\underset{\underset{CH_3}{|}}{CH}-CH_2-CH_2-CH_2-NH-CO-CH_3$$
$$+ 2CH_3CH_2COOK$$

〔イ〕
$$CH_3-CO-NH-CH_2-\underset{\underset{CH_3}{|}}{CH}-CH_2-CH_2-CH_2-NH-CO-CH_2-CH_3$$
$$+ CH_3CH_2COOK + CH_3COOK$$

〔ウ〕
$$CH_3-CH_2-CO-NH-CH_2-\underset{\underset{CH_3}{|}}{CH}-CH_2-CH_2-CH_2-NH-CO-CH_3$$
$$+ CH_3COOK + CH_3CH_2COOK$$

〔エ〕
$$CH_3-CH_2-CO-NH-CH_2-\underset{\underset{CH_3}{|}}{CH}-CH_2-CH_2-CH_2-NH-CO-CH_2-CH_3$$
$$+ 2CH_3COOK$$

〔ア〕〜〔エ〕が I，J，K，L であり，分子量が等しいのは〔イ〕と〔ウ〕である。

コ．水層にあるのはカルボン酸の塩である CH_3COOK と CH_3CH_2COOK である。

36　2010年度　第３問

ポイント

Ⅰ．標準的な問題である。モノ炭酸エステルの意味が理解できればよい。

Ⅱ．$n=5$ ぐらいまで実際に計算し，分液漏斗別に溶質の質量を求めるのがよいだろう。そこで，傾向をつかみ推測を進めればよい。

解　答

Ⅰ．ア．

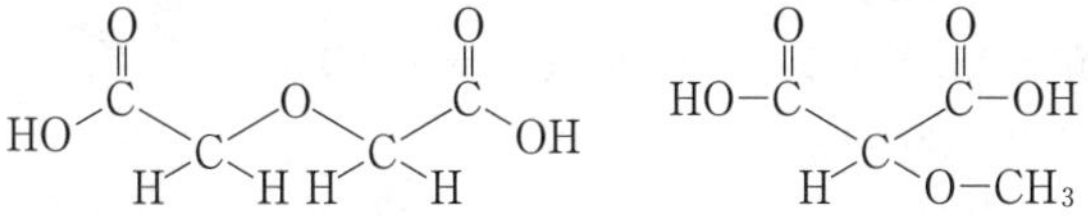

イ．②

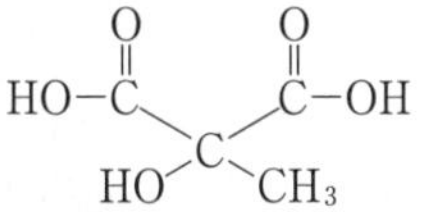

理由：第三級アルコールは酸化されにくいから。

③

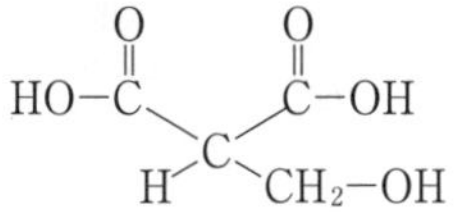

理由：脱水反応によってシス・トランス異性体が生じず，１種類の生成物しか得られないから。

ウ．A：

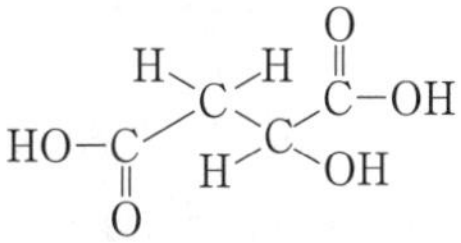

B：

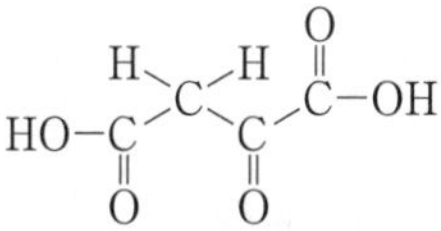

エ．

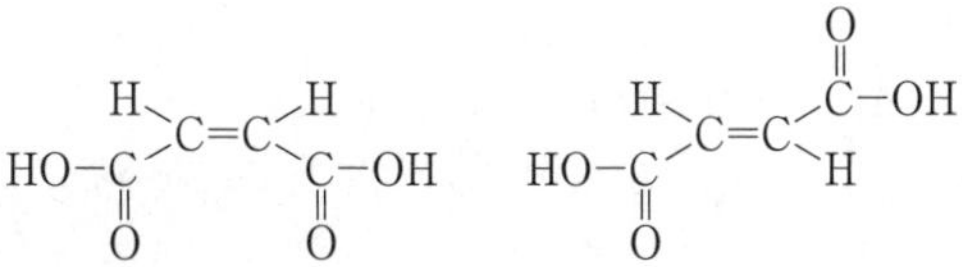

Ⅱ．オ． 0.90 g

カ． 酸性

理由：実験ｂでは，実験ａとは異なり，酸性物質であるＥ，Ｆが主として有機溶媒に含まれているから。

キ． Ｅ：

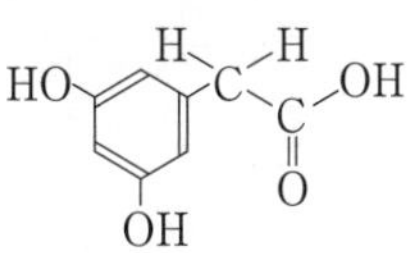

Ｆ：

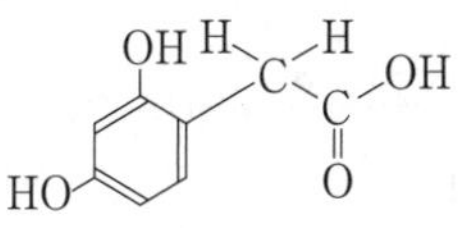

G：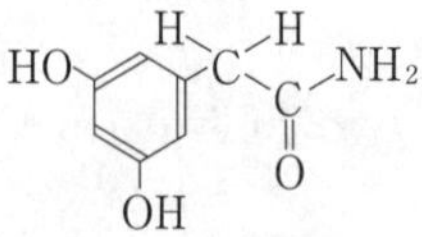

ク. 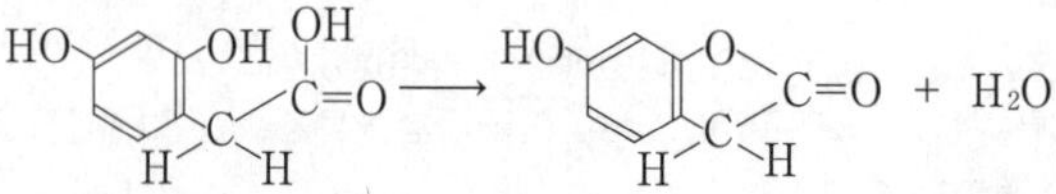

ケ. d

解　説

I. **ア**. 化合物**A**の価数をnとすると，中和滴定の結果より

$$0.10\times10\times n=0.10\times20\times1 \qquad \therefore \quad n=2$$

したがって，**A**の価数は2であり，**A**は2個の−COOHをもつとわかる。
よって，次の5個の構造式が考えられる。

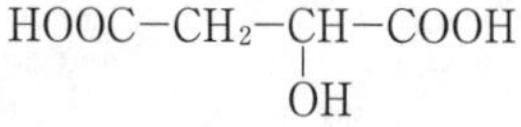

(1)

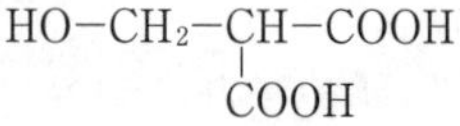

(2)

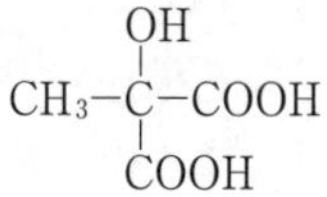

(3)

HOOC−CH$_2$−O−CH$_2$−COOH

(4)

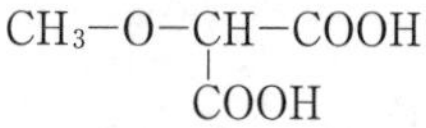

(5)

Naとの反応の結果より，**A**はNaと反応してH_2を生じる官能基を3個もっている。よって，エーテル結合をもつ(4)・(5)が除かれる。この**A**を炭化水素基をRとしてR(OH)(COOH)$_2$と表すと，Naとの反応式は次のようになる。

$$2R(OH)(COOH)_2+6Na \longrightarrow 2R(ONa)(COONa)_2+3H_2$$

〔注〕 エーテル結合をもつ化合物として，(4)・(5)以外に次のような分子が考えられるが，これらはモノ炭酸エステルであるので除外される。

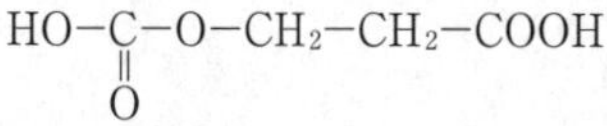

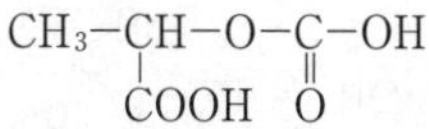

イ. $K_2Cr_2O_7$で酸化すると，第一級アルコールはアルデヒド，第二級アルコールはケトンに変化するが，第三級アルコールは変化しない。

(1) 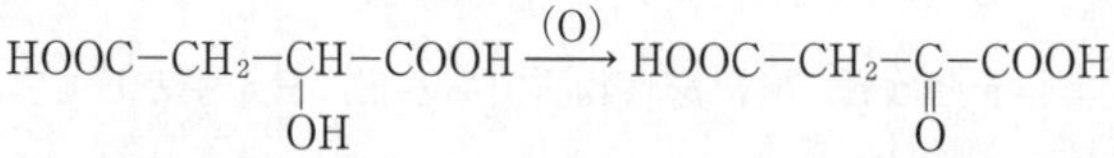 （ケトン）

分子式 $C_4H_4O_5$

(2) 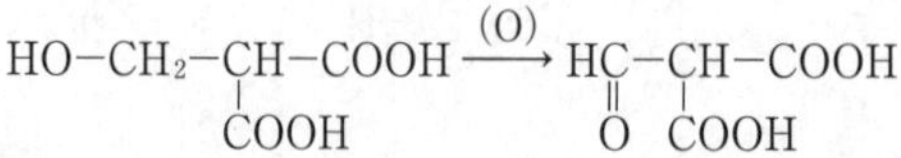 （アルデヒド）

分子式 $C_4H_4O_5$

(3) 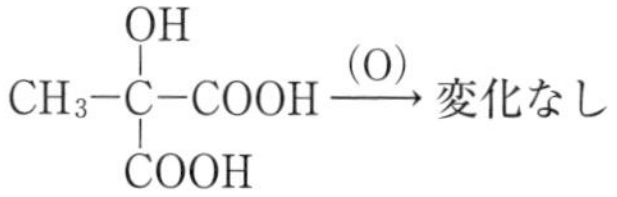　$\text{CH}_3-\overset{\displaystyle \text{OH}}{\underset{\displaystyle \text{COOH}}{\overset{|}{\underset{|}{\text{C}}}}}-\text{COOH} \xrightarrow{\text{(O)}}$ 変化なし

よって，第三級アルコールの(3)が除外される。

また，強酸の脱水作用によって，(1)・(2)は次のように反応する。

(1) 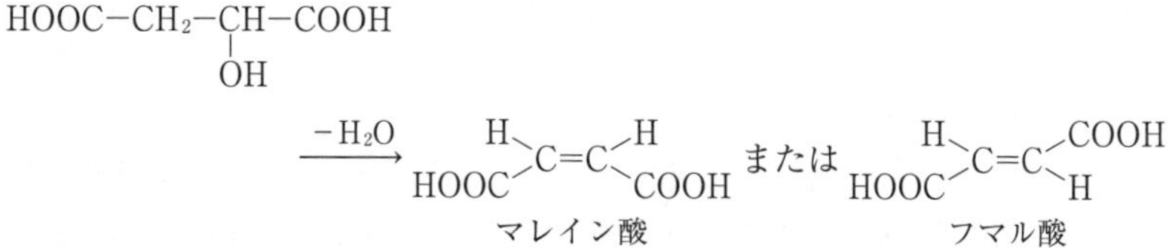　$\text{HOOC}-\text{CH}_2-\overset{\displaystyle }{\underset{\displaystyle \text{OH}}{\overset{}{\underset{|}{\text{CH}}}}}-\text{COOH}$

$\xrightarrow{-\text{H}_2\text{O}}$ $\underset{\text{HOOC}}{\overset{\text{H}}{}}\text{C=C}\underset{\text{COOH}}{\overset{\text{H}}{}}$ または $\underset{\text{HOOC}}{\overset{\text{H}}{}}\text{C=C}\underset{\text{H}}{\overset{\text{COOH}}{}}$

　　　　　　　　　　　　マレイン酸　　　　　　　　　　フマル酸

(2)　$\text{HO}-\text{CH}_2-\overset{\displaystyle }{\underset{\displaystyle \text{COOH}}{\overset{}{\underset{|}{\text{CH}}}}}-\text{COOH} \xrightarrow{-\text{H}_2\text{O}}$ $\underset{\text{H}}{\overset{\text{H}}{}}\text{C=C}\underset{\text{COOH}}{\overset{\text{COOH}}{}}$

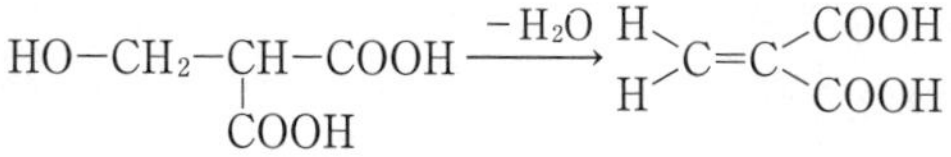

これより，(2)が除外される。よって，**A**は(1)である。

ウ.　$\text{HOOC}-\text{CH}_2-\overset{\displaystyle }{\underset{\displaystyle \text{OH}}{\overset{}{\underset{|}{\text{CH}}}}}-\text{COOH} \xrightarrow{\text{(O)}} \text{HOOC}-\text{CH}_2-\overset{\displaystyle }{\underset{\displaystyle \text{O}}{\overset{}{\underset{\parallel}{\text{C}}}}}-\text{COOH}$

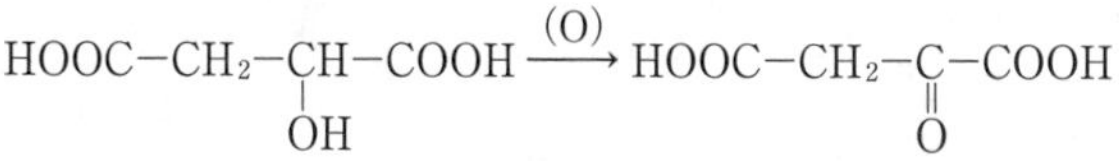

　　　　　　　　　　　　A　　　　　　　　　　　　　　　　**B**

エ.　シス形のマレイン酸とトランス形のフマル酸が考えられる。

II.　オ.　化合物Eの有機溶媒（上層）への分配率を a_E とすると，$n=1$ のとき，1 − I に含まれるEの質量は a_E〔g〕，1 − i に含まれるEの質量は $1-a_E$〔g〕となる。$n=2$ のとき，2 − i には $a_E(1-a_E)$〔g〕，2 − I には $a_E(1-a_E)$〔g〕含まれている。$n=3$ のとき，3 − II と 3 − ii 全体に含まれるEの質量は 0.18g であるから

$a_E(1-a_E)+a_E(1-a_E)=0.18$

$2a_E(1-a_E)=0.18$　　∴　$a_E=0.90,\ 0.10$

図 3 −4b のグラフより，Eは上層に多く溶けていることがわかるので，$a_E=0.90$ があてはまる。したがって，$n=1$ で上層に含まれていたEの質量は 0.90g である。

カ.　与えられた化合物（図 3 − 2 ）を見ると，酸性の物質が 2 種類，中性の物質が 1 種類である。よって，E，Fは酸性の物質と考えられ，これらは pH＝7 では水層によく溶けているのに，実験 b では有機溶媒によく溶けている。これは，pH＝7 では多くの分子が電離して水層に含まれるが，実験 b の緩衝液ではほとんど電離せず，有機溶媒中にあることを示している。酸性の基 −COOH が電離しない緩衝液とは pH の小さい緩衝液のことである（−COOH $\rightleftharpoons$ −COO$^-$＋H$^+$ において H$^+$ が多いと平衡は左へかたよる）。

〔注〕　$-\overset{\displaystyle }{\underset{\displaystyle \text{O}}{\overset{}{\underset{\parallel}{\text{C}}}}}-\text{NH}_2$ における $-\text{NH}_2$ は塩基性をほとんど示さない。

尿素 $(NH_2)_2CO$ は中性であることを思い出すとよい。

キ・ク. Gは HO—…—CH_2CONH_2 であり，E，F は …OH…CH_2COOH または

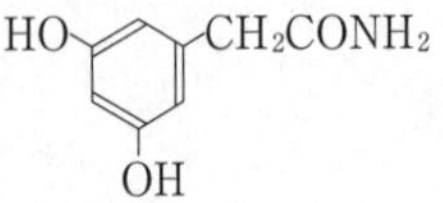

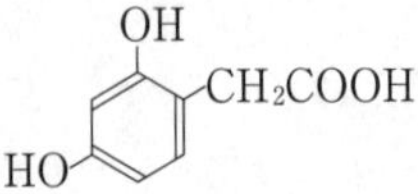

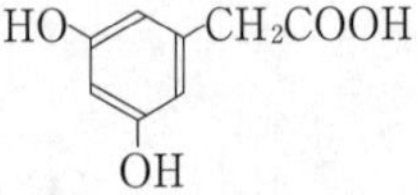

HO—…—CH_2COOH のいずれかである。

実験 c において，F は H に変化し，しかも H は pH＝7 の緩衝液では有機溶媒により多く溶けている。このことから H は極性の基（－COOH）が変化して生じた極性の弱い物質であることがわかる。

よって，F→H は次のように考えられる。

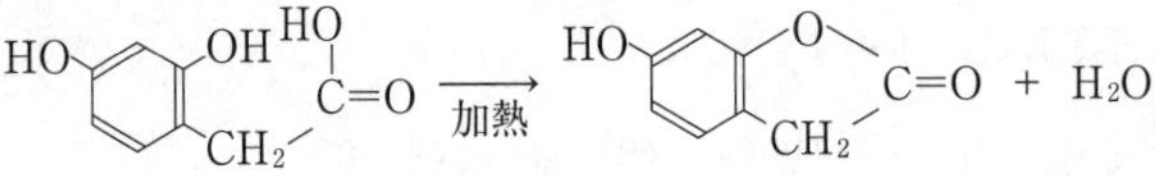

$$HO-\cdots-OH\ HO-C=O \xrightarrow{\text{加熱}} HO-\cdots-O-C=O + H_2O$$

この反応は分子内脱水反応であり，－OH と －COOH がオルト位にあることから生じる。E はオルト位に対応する官能基がないため，分子内脱水反応は生じない。

ゆえに，E：HO—…—CH_2COOH，F：…OH…CH_2COOH である。

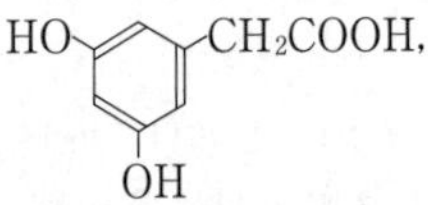

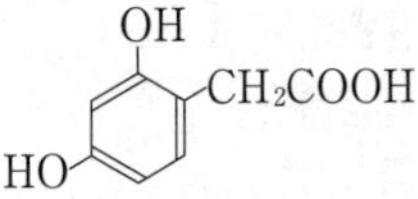

ケ. n 回操作したとき，①の分液漏斗に含まれる化合物の重量は，$n-1$ 回目の分液漏斗①の上層に含まれている化合物の重量と等しい。図3－5a より 9 回操作したときに①に含まれている化合物 H の重量は約 0.6g なので，分配率を a_H とすると

$$a_H^{\,8} \fallingdotseq 0.6$$

49 回操作したときの分液漏斗①に含まれている化合物 H の重量は

$$a_H^{\,48} = (a_H^{\,8})^6 = (0.6)^6 \fallingdotseq 0.0466\,[g]$$

したがって，グラフ c，e，f はあてはまらない。

また，n 回操作したとき，ⓝの分液漏斗に含まれる化合物の重量は，$n-1$ 回目の分液漏斗 ⓝ₋₁ の下層に含まれている化合物の重量と等しい。図3－5a より，9 回操作したときに⑨に含まれている化合物 E の質量は約 0.95g であるから，分配率を a_E とすると

$$(1-a_E)^8 \fallingdotseq 0.95$$

49 回操作したとき，㊾に含まれている化合物 E の重量は

$$(1-a_E)^{48} = (0.95)^6 \fallingdotseq 0.735\,[g]$$

よって，d のグラフがあてはまる。

37

ポイント

Ⅰ．十員環，六員環などの条件が与えられているので，あとはエステルの加水分解に気づけば構造は容易に推定できるだろう。

Ⅱ．図3－1のような投影式をニューマン投影式という。また，C－C軸の回転によって生じる異性体を立体配座異性体という。どちらも高校の教科書には載っていない題材であるが，原子や基の位置とエネルギーの関係はすぐに理解できるだろう。**ケ**は－OH同士が接近するということがポイント。

解　答

Ⅰ．**ア.** $C_4H_8O_3$　**イ.**

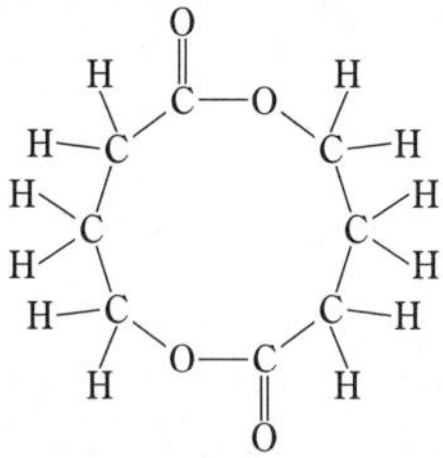

ウ. $n\mathrm{HO-\underset{O}{C}-(CH_2)_4-\underset{O}{C}-OH} + n\mathrm{H_2N-(CH_2)_6-NH_2}$

$$\longrightarrow \left[\mathrm{\underset{O}{C}-(CH_2)_4-\underset{O}{C}-\underset{H}{N}-(CH_2)_6-\underset{H}{N}}\right]_n + 2n\mathrm{H_2O}$$

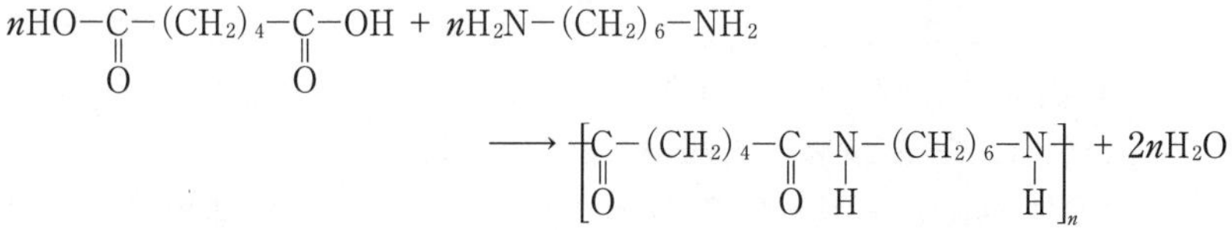

エ.

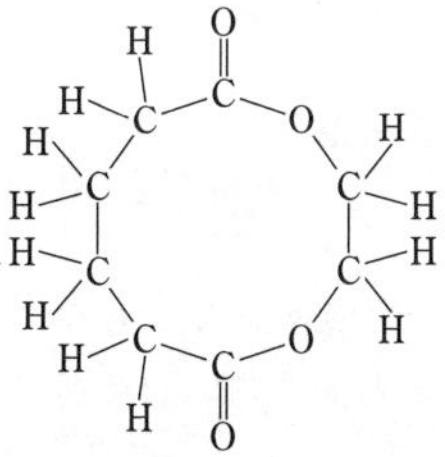

オ.

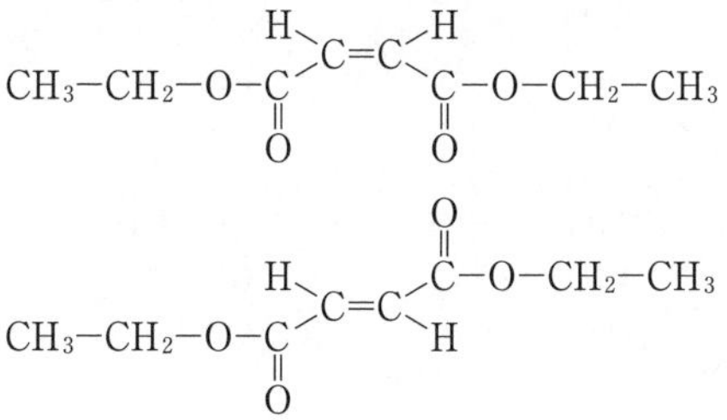

カ.

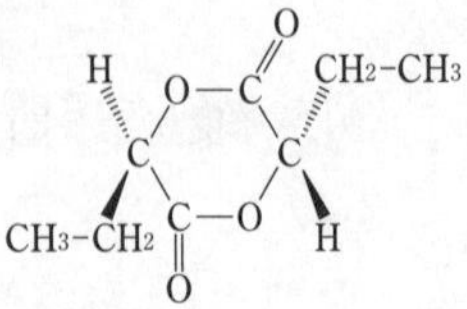

II. キ. O: 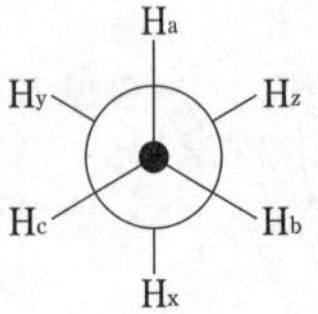 　　　P:

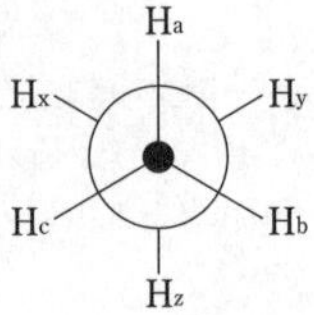

ク. Q: 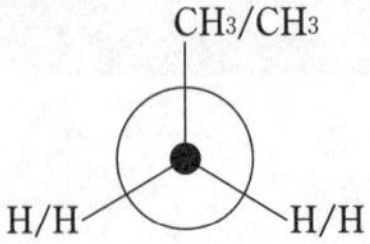 　　R: 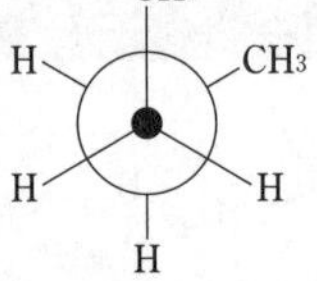 　　S:

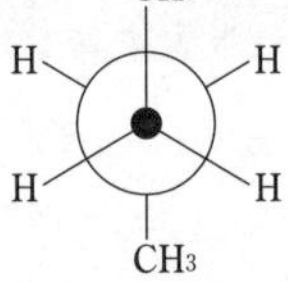

ケ. N，Pではヒドロキシ基間で分子内水素結合が生じるが，Oでは離れすぎて生じない。（40字以内）

解　説

I. (1)　A〜Dの分子式は $C_8H_{12}O_4$ である。A，Bは十員環，Dは六員環で，Dのみ不斉炭素原子 C^* をもつ。分子式のCとHの数より，$(8 \times 2 + 2) - 12 = 6$ だから，C=C，C=O，環構造が重複を含め計3つある。

(2)　A〜Dは $NaHCO_3$ と反応して CO_2 を生じないことから，$-COOH$ をもたない。

(3)　加水分解すると

$$A \xrightarrow{H_2O} 2E, \quad B \xrightarrow{H_2O} F + G, \quad C \xrightarrow{H_2O} H + 2I, \quad D \xrightarrow{H_2O} J + K$$

以上より，A〜Dはエステルと考えられる。

(4)　$E \xrightarrow{Na} H_2\uparrow$　これより，Eは $-COOH$ または $-OH$ の官能基を2つもつ。

(5)　Fはアジピン酸であることがわかるので，Gはジオールと決まる。Bの分子式と十員環であることから，Bの構造式は次のとおりである。

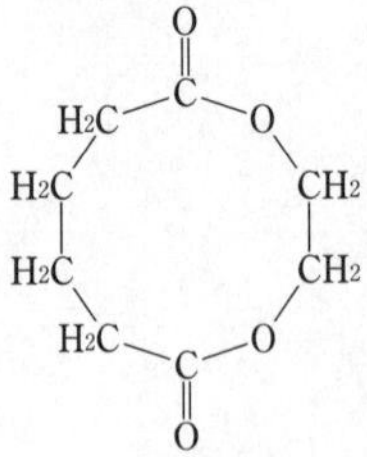

$$\xrightarrow{H_2O} \underset{F}{HOOC-(CH_2)_4-COOH} + \underset{G}{HO-C_2H_4-OH}$$

(6)　$H \xrightarrow{Br_2} L$（C^*あり）　H は $C=C$ をもつ。

(7)　$CH_2=CH_2 \xrightarrow[H_3PO_4]{H_2O} CH_3CH_2OH$ より，I はエタノール。

(8)　J と K は光学異性体である。

以上より，次のように推論していく。

(3)：E はヒドロキシカルボン酸で，その2分子で環状エステル A を構成している。

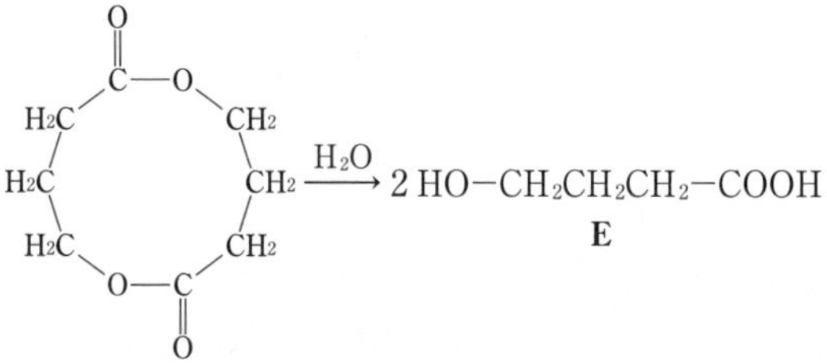

$$A \xrightarrow{H_2O} 2\,HO-CH_2CH_2CH_2-COOH$$

$$\underset{E}{}$$

さらに，鎖式構造の C が加水分解で $2\,mol$ の C_2H_5OH を生じることから

$$\underset{C}{C_2H_5-O-\overset{O}{\overset{\|}{C}}-CH=CH-\overset{O}{\overset{\|}{C}}-O-C_2H_5}$$

$$\xrightarrow{H_2O} \underset{H}{HOOC-CH=CH-COOH} + \underset{I}{2C_2H_5OH}$$

C，H にはシス・トランス異性体（H はマレイン酸とフマル酸）が存在する。

(4)：$\underset{E}{HO-CH_2CH_2CH_2-COOH} + 2Na \longrightarrow NaO-CH_2CH_2CH_2-COONa + H_2$

(6)：$\underset{H}{HOOC-CH=CH-COOH} + Br_2 \longrightarrow \underset{L}{HOOC-\overset{H}{\underset{Br}{\overset{|}{\underset{|}{C^*}}}}-\overset{H}{\underset{Br}{\overset{|}{\underset{|}{C^*}}}}-COOH}$

(8)：D は六員環で，加水分解により光学異性体の J と K を生じるから，対称性を考慮すると，次のように推定される。

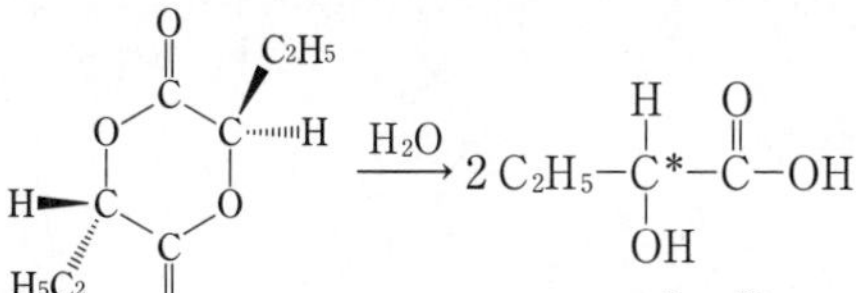

D の $-C_2H_5$ と $-H$ の結合状態は，加水分解後，鏡像体になるようにする。

Ⅱ．キ．M から見て，H_x が $180°$ 回転したのが O であり，$300°$ 回転したのが P であ

る。いずれもNと同じ形をしており，2つのメチル基のH原子間は最も離れた構造
をしている。このために，エネルギーが低い。

ク．ブタンのメチル基が最も近い形のとき，エネルギーは最も高い（**Q**）。最も離れ
た形のとき，最もエネルギーが低い（**S**）。両者の中間のとき，エネルギーも中間
である（**R**）。いずれも回転角θに注意すること。

ケ．OとN，Pはそれぞれ次のように表される。

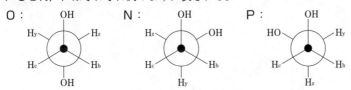

N，Pでは −OH 間に水素結合が生じるので，その分のエネルギー的安定化の度合
が，Oよりも大きいと考えられる。ブタンでは −CH$_3$ 間に水素結合は生じないか
ら，図3−3のようになる。

38

ポイント

Ⅰ．C＝C 結合に直接 −OH が結合しているアルコールは不安定であり，アルデヒドまたはケトンに変化することに気づく必要がある。あとは異性体が多いので，条件をきちんと確認しながら構造を決定すればよい。

Ⅱ．各反応につき 1 つの酵素しかはたらかないことから，反応の前後では 1 カ所しか構造が変化していないことがわかる。これより，**N**〜**R**の構造を推定していけばよい。

解　答

Ⅰ．**ア**．C_3H_5O

イ．化合物 **A** の分子量を M_A とする。1 mol の重水素 $^2H_2$ が付加すると **A** の分子量は 4.0 増加するので

$$\frac{4.0}{M_A} \times 100 = 3.5 \quad \therefore \quad M_A = 114.2 \fallingdotseq 114$$

化合物 **A** の組成式 C_3H_5O（式量 57.0）から **A** の分子式は $(C_3H_5O)_n$ となるので

$$57.0n = 114 \quad \therefore \quad n = 2$$

したがって，**A** の分子式は　$(C_3H_5O)_2 = C_6H_{10}O_2$　……(答)

ウ.

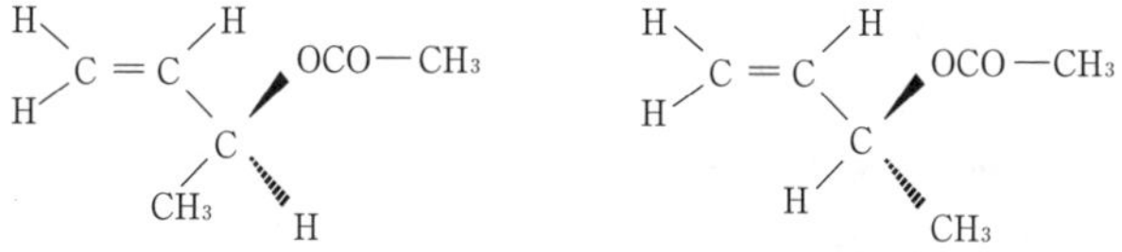

エ.

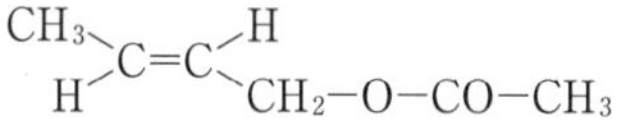

オ.

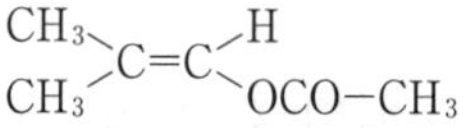

カ.

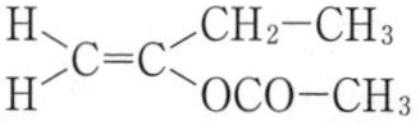

キ.

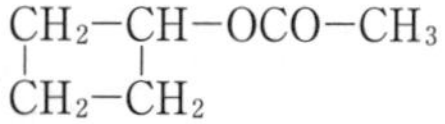

Ⅱ．**ク**．N＝2　O＝4　Q＝1　R＝3

ケ.

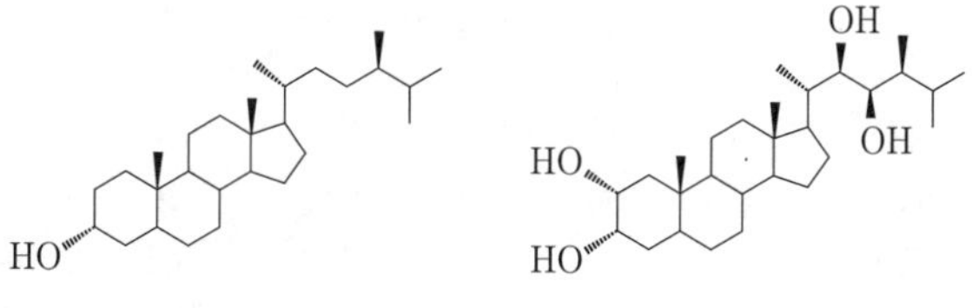

コ．N，O，R

164

解 説

I. ア. 酸素の質量百分率は $100.0 - (63.1 + 8.8) = 28.1$〔%〕

したがって，C, H および O の物質量比は次のようになる。

$$C : H : O = \frac{63.1}{12.0} : \frac{8.8}{1.0} : \frac{28.1}{16.0} = 5.25 : 8.8 : 1.75 \fallingdotseq 3 : 5 : 1$$

よって，化合物 **A** の組成式は C_3H_5O である。

ウ〜キ. 化合物 **A〜L** はすべて酢酸エステル $CH_3-COO-C_4H_7$ である。(2)より，**A〜K** は C=C 結合を1つもち，**L** は飽和化合物であることがわかる。**A〜L** の加水分解は次のように表される。

$$CH_3-COO-C_4H_7 + H_2O \longrightarrow CH_3COOH + C_4H_7OH$$

加水分解生成物である C=C 結合をもつ C_4H_7OH のアルコールは次のとおり。

①C=C−C−C−OH　②C=C−C−C　③C=C−C−C　④C=C−C−C
　　　　　　　　　　　　｜　　　　　　｜　　　　　　｜
　　　　　　　　　　　OH　　　　　 OH　　　　　 OH

⑤C−C=C−C−OH　⑥C−C=C−C　⑦C−C=C　⑧C−C=C−OH
　　　　　　　　　　　　｜　　　　　｜　　　　　　｜
　　　　　　　　　　　OH　　　　C−OH　　　　 C

このうち，C=C 結合に直接−OH がついている③，④，⑥，⑧は不安定なので，アルデヒドかケトンに異性化する。

$$R-\underset{\underset{OH}{|}}{C}=C-R_1 \longrightarrow R-\underset{\underset{O}{\|}}{C}-C-R_1 \quad \begin{cases} R_1 = H\ \text{のときアルデヒド} \\ R_1 = \text{炭化水素基のときケトン} \end{cases}$$

(3)より，**A〜E** は加水分解によりアルコールを得るので，①，②，⑤，⑦のいずれかと酢酸のエステルである。また，**F〜H** はアルデヒドを生じるので④か⑧，**I〜K** はケトンを生じるので③か⑥と酢酸のエステルとわかる。

(4)より，**B** は不斉炭素原子 C* を1つもつことから，酢酸と②とのエステルと決まる。

$$CH_3-COOH + CH_2=CH-\underset{\underset{OH}{|}}{C^*}H-CH_3 \longrightarrow CH_3-COO-\underset{\underset{CH_3}{|}}{C^*}H-CH=CH_2 + H_2O$$

　　　　　　　　　　　　　　　　　　　　　　　　　　化合物 **B**

(5)より，**C** と **D** は⑤との，**F** と **G** は④との，**J** と **K** は⑥とのエステルと決まる。

化合物 **C・D** : $CH_3-COO-CH_2\underset{H}{\overset{}{\diagdown}}C=C\underset{H}{\overset{CH_3}{\diagup}}$　$CH_3-COO-CH_2\underset{H}{\overset{}{\diagdown}}C=C\underset{CH_3}{\overset{H}{\diagup}}$
　　　　　　　　　　　（シス型）　　　　　　　　　　　　　（トランス型）

化合物 **F・G** : $CH_3-COO\underset{H}{\overset{}{\diagdown}}C=C\underset{H}{\overset{CH_2-CH_3}{\diagup}}$　$CH_3-COO\underset{H}{\overset{}{\diagdown}}C=C\underset{CH_2-CH_3}{\overset{H}{\diagup}}$
　　　　　　　　　　　（シス型）　　　　　　　　　　　　　（トランス型）

化合物 **J**・**K**：

$$CH_3-COO \diagdown C=C \diagup H \qquad CH_3-COO \diagdown C=C \diagup CH_3$$
$$ CH_3 \diagup \diagdown CH_3 \qquad CH_3 \diagup \diagdown H$$
$$（トランス型） \qquad\qquad （シス型）$$

Hは⑧とのエステルなので，(6)より**E**は⑦とのエステルと決まる。

$$CH_3-COO-CH=C-CH_3 \xrightarrow{\;+\,H_2\;} CH_3-COO-CH_2-CH-CH_3$$
$$|\phantom{-CH_3 \xrightarrow{\;+\,H_2\;} CH_3-COO-CH_2-CH}|$$
$$CH_3 \phantom{\xrightarrow{\;+\,H_2\;} CH_3-COO-CH_2-CH}CH_3$$
化合物 **H**

$$CH_3-COO-CH_2-C=CH_2 \xrightarrow{\;+\,H_2\;} CH_3-COO-CH_2-CH-CH_3$$
$$|\phantom{=CH_2 \xrightarrow{\;+\,H_2\;} CH_3-COO-CH_2-CH}|$$
$$CH_3 \phantom{=CH_2 \xrightarrow{\;+\,H_2\;} CH_3-COO-CH_2-CH}CH_3$$
化合物 **E**

Lの加水分解生成物のアルコールは(1)より飽和アルコールである。C_4H_8O で示される飽和アルコールは次の環状アルコールである。

⑨ H_2C-CH_2　　　⑩ CH_2　　　⑪ CH_2
$H_2C-CH-OH$　　$H_2C-CH-CH_2-OH$　　$H_2C-C^* \diagup CH_3 \diagdown OH$

⑫ C^*H-CH_3
H_2C-C^*H-OH

(4)より，**L**は不斉炭素原子をもたず，(7)より第二級アルコールとのエステルであるから，**L**は⑨とのエステルとわかる。

Ⅱ．ク． ステロイド骨格をもつ化合物**M**から**S**を生成する多段階酵素反応である。化合物**M**から**S**までの途中構造式は，化合物**P**を除いて図3−2に記されている。化合物**P**と**R**は，無水酢酸 $(CH_3CO)_2O$ によって3つのアセチル基 CH_3CO- が導入されるので，化合物**R**はヒドロキシ基 $-OH$ を3つもつ化合物と判明する。よって，**R**＝3となる。

$$R-OH + (CH_3CO)_2O \xrightarrow{\text{アセチル化反応}} R-OCOCH_3 + CH_3COOH$$

化合物**R**から**S**への変化は $H-\overset{|}{\underset{|}{C}}-H$ から $H-\overset{|}{\underset{|}{C}}-OH$ への変化であるので，使用された酵素は（E1, E2, E3）のうちの1種類であることがわかる。化合物**R**の一段階前である化合物**Q**は，官能基の変換が1種類で，酵素（E5, E6）の作用で $\diagdown C=O$ が $H-\overset{|}{\underset{|}{C}}-OH$ に変化して**R**になったと考えられることから，**Q**＝1となる。化合物**Q**から化合物**S**を合成するプロセスは次のようになる。以降，使用酵素が2種以上記されている部分は，（　　）内の酵素のうちのいずれか1種類が作用したという意味である。

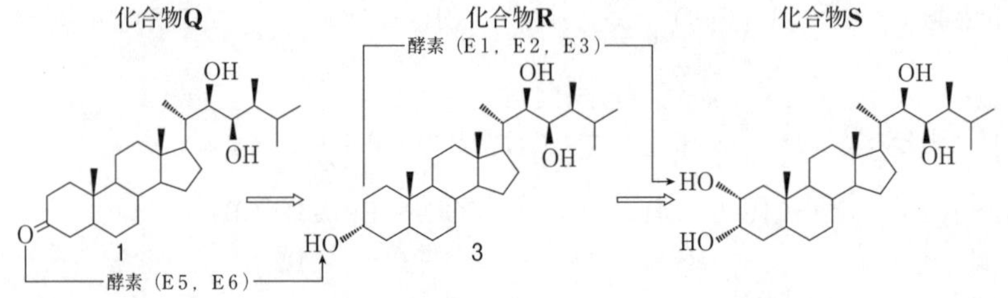

化合物Q　　　　　　　　　　化合物R　　　　　　化合物S

酵素（E1, E2, E3）

1　　　　　　　　　　　　　　3

酵素（E5, E6）

残る構造式2と4のうち，化合物Mからの官能基変換が1種類のみである化合物N が特定できる。化合物Nは，化合物Mに酵素（E5，E6）がはたらいて ＞C=O が H−C−OH に変化したと考えられることから，N＝2となる。化合物Oは，化合物 Nに酵素（E1, E2, E3）がはたらき，H−C−H から H−C−OH へと変化したと考 えられ，O＝4となる。

化合物Mから化合物Oまでの酵素反応は次のようになる。

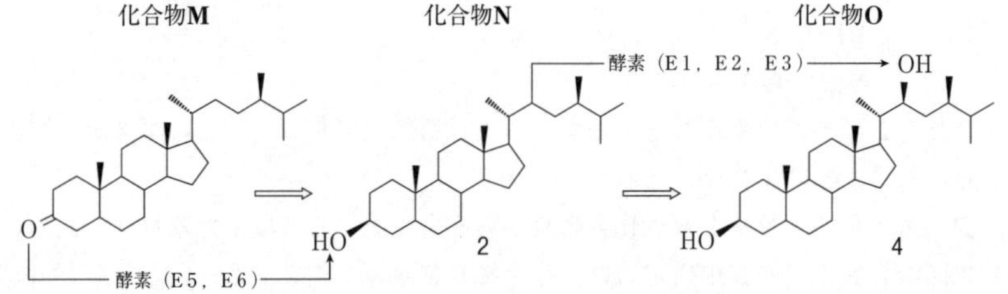

化合物M　　　　　　　　化合物N　　　　　　　　化合物O

酵素（E1, E2, E3）　　　OH

HO　　2　　　　　　HO　　4

酵素（E5, E6）

化合物Oに酵素を作用させると化合物Pが生成し，さらに酵素のはたらきで化合物 Qに変化したと考えられる。ここまでで使用されていない酵素は（E1，E2，E3） のうちの1種類で H−C−H から H−C−OH に変化するものと，酵素（E4）の H−C−OH から ＞C=O に変化するものである。ここで，化合物Pは −OH を3つ もつ化合物である。ゆえに，次のように特定できる。

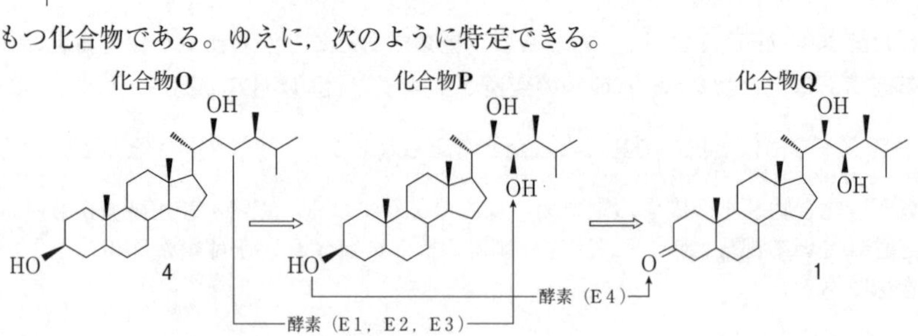

化合物O　　　　　　　化合物P　　　　　　　化合物Q

OH　　　　　　OH　　　　　　OH

OH　　　　　　OH

HO　　4　　　　HO　　　　　　O　　　　1

酵素（E4）

酵素（E1, E2, E3）

ケ．$\diagup$C=O を H−$\overset{|}{\underset{|}{C}}$−OH に変換すると生成する2種類の化合物は，変換された −OH が紙面の手前にある化合物 N と紙面の向こう側にある化合物 N′ である。

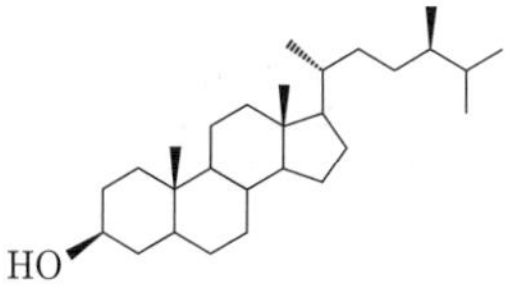

化合物N 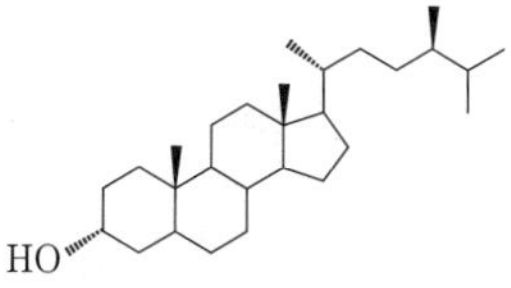　　　　　　　　　化合物N′

N と N′ は互いに光学異性体の関係にある。ここで，N と N′ を酵素混合溶液に加えると，N は酵素反応により化合物 S に変換されるが，酵素は決められた化合物以外とは反応しないので，N′ は反応が起こらず，N′ のまま残る。したがって，溶液中に確認できる化合物は S と N′ の2種類である。

コ．化合物 M から S を合成する際の酵素反応を整理すると，次のようになる。

$$M \xrightarrow{\text{(E5, E6)}} N \xrightarrow{\text{(E1, E2, E3)}} O \xrightarrow{\text{(E1, E2, E3)}} P \xrightarrow{\text{(E4)}} Q \xrightarrow{\text{(E5, E6)}} R$$
$$\xrightarrow{\text{(E1, E2, E3)}} S$$

E1 が含まれない状態で反応を進めるということは上記の（E1，E2，E3）の反応のいずれかが進行しない，つまりその手前で反応が止まるということである。よって，可能性のある化合物は N，O，R となる。

39

ポイント

Ⅰ．Eの構造決定では，環構造の不斉炭素原子を判断する必要がある。環構造の不斉炭素原子の見分け方を押さえておくこと。*p*-メチルシクロヘキサノールを酸化して得られるケトンは不斉炭素原子をもたないことを確認しよう。

Ⅱ．アミノ酸の水溶液中での構造は等電点の pH から推定できる。アミノ酸の基礎知識は確実に覚えておくこと。

解 答

Ⅰ．**ア**．化合物 A 75 mg 中に含まれる炭素，水素，酸素の質量は

$$C : 198 \, mg \times \frac{12.0 \, g/mol}{44.0 \, g/mol} = 54 \, mg$$

$$H : 45 \, mg \times \frac{1.0 \, g/mol \times 2}{18.0 \, g/mol} = 5.0 \, mg$$

$$O : 75 \, mg - (54 + 5.0) \, mg = 16 \, mg$$

化合物 A の組成式を $C_x H_y O_z$ とすると

$$x : y : z = \frac{54 \, mg}{12.0 \, g/mol} : \frac{5.0 \, mg}{1.0 \, g/mol} : \frac{16 \, mg}{16.0 \, g/mol} = 4.5 : 5 : 1$$

$$= 9 : 10 : 2$$

したがって，化合物 A の組成式は $C_9H_{10}O_2$（式量 150）。分子量が 250 以下なので，

分子式は　　$C_9H_{10}O_2$　……（答）

イ．D : 　　E : 　　F :

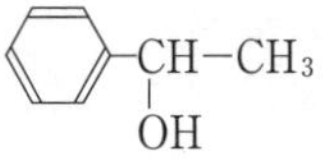

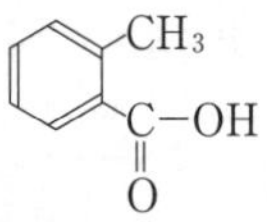

ウ．A 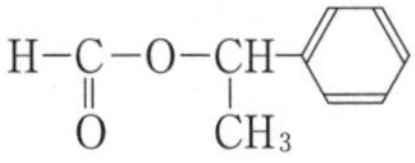 : 　　B :

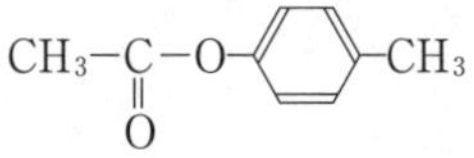

C :

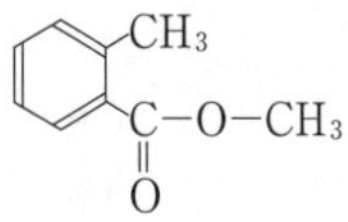

Ⅱ．**エ**．$H_3N^+-CH_2-COO^-$　　**オ**．

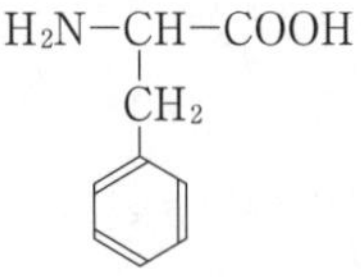

カ. $H_2N-CH-COOH$
　　　　$\quad\ \ \ |$
　　　　$\quad\ \ CH_2$
　　　　$\quad\ \ \ |$
　　　　$\quad\ \ SH$

キ. $H_2N-CH-COOH$
　　　　$\quad\ \ \ |$
　　　　$\quad\ \ CH_2-COOH$

解 説

Ⅰ．ア. 実験(1)より，化合物 **A** 75 mg を完全燃焼させた混合気体を，まず塩化カルシウム $CaCl_2$ 管に通し H_2O を吸収させる。

$$CaCl_2 + nH_2O \longrightarrow CaCl_2 \cdot nH_2O$$

次いでソーダ石灰（$CaO + NaOH$）管に通して CO_2 を吸収させる。

$$CaO + CO_2 \longrightarrow CaCO_3$$

$$2NaOH + CO_2 \longrightarrow Na_2CO_3 + H_2O$$

それぞれ 45 mg と 198 mg の質量増加を得たので，各成分元素の質量〔mg〕が求められる。

イ. 化合物 **A**，**B**，**C** はエステル化合物であり，実験(2)より，加水分解反応は次のようになる。

エステルを $R_1-COO-R_2$ とすると

$$R_1-COO-R_2 + NaOH \longrightarrow R_1-COONa + R_2-OH$$

ここで，R_2-OH が酸性のフェノール類であれば

$$R_1-COO-R_2 + 2NaOH \longrightarrow R_1-COONa + R_2-ONa + H_2O$$

D は分離によってジエチルエーテル層に溶けているから，中性のアルコールであることがわかる。

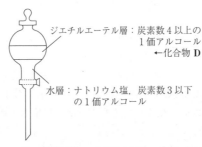

また，化合物 **D** はベンゼン環を有し，実験(5)より，ヨードホルム反応を示していることから，$CH_3CH(OH)-$ の構造をもっていることがわかる。

$$R-CH-CH_3 + 4I_2 + 6NaOH \longrightarrow R-C-ONa + CHI_3 + 5NaI + 5H_2O$$
$$\quad\ |\qquad\qquad\qquad\qquad\qquad\quad\ \parallel$$
$$\quad OH\qquad\qquad\qquad\qquad\qquad\ O$$

エステルの炭素数が 9 であるから，化合物 **D** の炭素数は 8 以下となり，構造が決定される。

化合物**D**：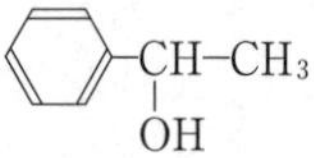

実験(3)より，化合物**E**が二酸化炭素CO_2より弱い酸のフェノール類と判明する。また，実験(6)より**E**を水素還元して$C_7H_{14}O$のアルコールが得られ，その酸化物が不斉炭素原子をもたないケトンであることから，**E**はフェノールのいずれかのHがCH_3- に置換されたクレゾールであると考えられる。このうち，不斉炭素原子をもたないケトンを生成するのは*p*-クレゾールだけで，これが**E**と決まる。*o*-クレゾールや*m*-クレゾールでは不斉炭素原子を有する。

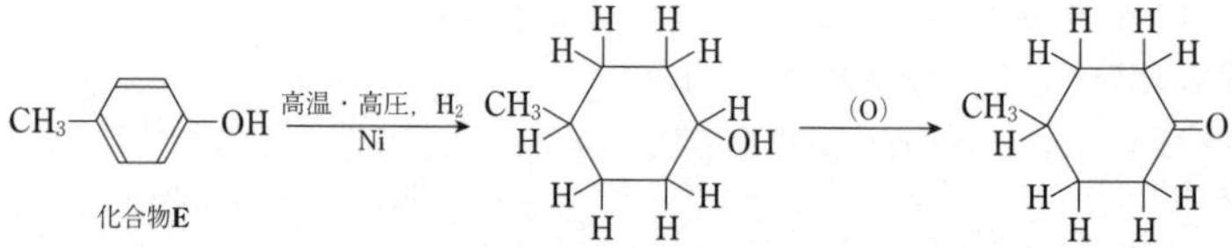

化合物**E**

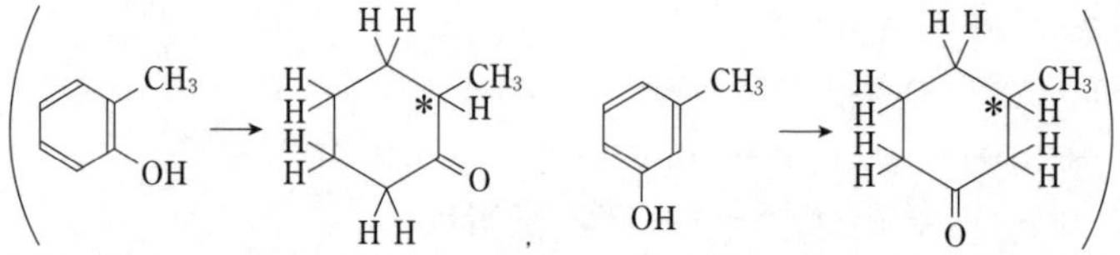

実験(4)より，塩酸HClを加えてエーテル抽出して得られる化合物**F**は，HClより弱くCO_2より強い酸のカルボン酸$-COOH$と判明する。実験(7)で化合物**F**を過マンガン酸カリウム$KMnO_4$で酸化した化合物が分子内脱水したので，ベンゼン環のオルト置換体とわかる。

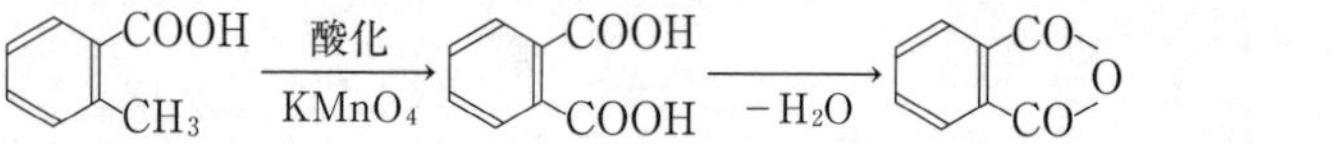

化合物**F**　フタル酸　$C_8H_4O_3$（無水フタル酸）

ウ．化合物**A**（分子式$C_9H_{10}O_2$）の加水分解で化合物**D**（分子式$C_8H_{10}O$）のアルコールが生じたので，同時に生成したカルボン酸は炭素数1のギ酸$H-COOH$である。

$$C_9H_{10}O_2 + H_2O \longrightarrow C_8H_{10}O + CH_2O_2\ (HCOOH)$$

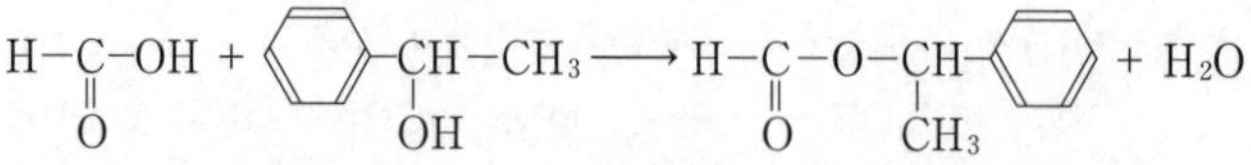

化合物**A**

化合物**B**の加水分解で化合物**E**（分子式C_7H_8O）の*p*-クレゾールが生じたので，同時に生成したカルボン酸は酢酸CH_3-COOHである。

$$C_9H_{10}O_2 + H_2O \longrightarrow C_7H_8O + C_2H_4O_2\ (CH_3COOH)$$

$$CH_3-\underset{O}{\overset{|}{C}}-OH + CH_3-\hspace{-0.3em}\text{〈◯〉}\hspace{-0.3em}-OH \longrightarrow CH_3-\underset{O}{\overset{|}{C}}-O-\hspace{-0.3em}\text{〈◯〉}\hspace{-0.3em}-CH_3 + H_2O$$

化合物 **B**

化合物 **C** の加水分解で化合物 **F**（分子式 $C_8H_8O_2$）のカルボン酸が生じたので，同時に生成したアルコールはメタノール CH_3-OH である。

$$C_9H_{10}O_2 + H_2O \longrightarrow C_8H_8O_2 + CH_4O\ (CH_3OH)$$

$$\text{〈◯〉}\hspace{-0.3em}\underset{\underset{O}{\|}}{\overset{CH_3}{\underset{|}{C}}}\hspace{-0.3em}-OH + CH_3-OH \longrightarrow \text{〈◯〉}\hspace{-0.3em}\underset{\underset{O}{\|}}{\overset{CH_3}{\underset{|}{C}}}\hspace{-0.3em}-O-CH_3 + H_2O$$

化合物 **C**

Ⅱ. (1)　グルタチオンとアスパルテームを加水分解して，6 種類の化合物 **G ～ L** が生じ，グリシン以外のアミノ酸は天然型であるから，光学異性体の L 型（左旋性）である。右旋性の D 型は自然界に存在しない。

$$\underset{COOH}{H_2N-CH}-CH_2-CH_2-\overset{O}{\overset{\|}{C}}\{\overset{H}{N}-\underset{\underset{SH}{\overset{|}{CH_2}}}{\overset{|}{CH}}-\overset{O}{\overset{\|}{C}}\{\overset{H}{N}-CH_2-COOH + 2H_2O$$

$$\longrightarrow \underset{COOH}{H_2N-CH}-CH_2-CH_2-COOH + \underset{\underset{SH}{\overset{|}{CH_2}}}{H_2N-CH}-COOH + \underset{\text{グリシン}}{H_2N-CH_2-COOH}$$

グルタミン酸　　　　　　　システイン

$$\underset{\underset{COOH}{\overset{|}{CH_2}}}{H_2N-CH}-\overset{O}{\overset{\|}{C}}\{\overset{H}{N}-\underset{\overset{|}{CH_2}}{CH}-\overset{O}{\overset{\|}{C}}\{O-CH_3 + 2H_2O$$

$$\longrightarrow \underset{\underset{COOH}{\overset{|}{CH_2}}}{H_2N-CH}-COOH + \underset{\overset{|}{CH_2}}{H_2N-CH}-COOH + \underset{\text{メタノール}}{CH_3-OH}$$

アスパラギン酸　　　　フェニルアラニン

(2)　化合物 **G** と化合物 **H** は光学異性体をもたないので，グリシンとメタノールである。

(3)　化合物 **G** は常温・常圧で液体であるから，メタノールと判明する。したがって，化合物 **H** はグリシンとなる。

(4)　この反応はベンゼン環がニトロ化されるキサントプロテイン反応である。したがって，化合物 **I** はフェニルアラニンである。

(5) この反応は，タンパク質の構成アミノ酸に硫黄 S を含むアミノ酸を有することを示すので，化合物 J はシステインである。

(6) 化合物 H～L はアミノ酸であり，H，I，J の中性アミノ酸は pH 6 前後で電気的に中性な双性イオンとなるので電気泳動しなくなる。

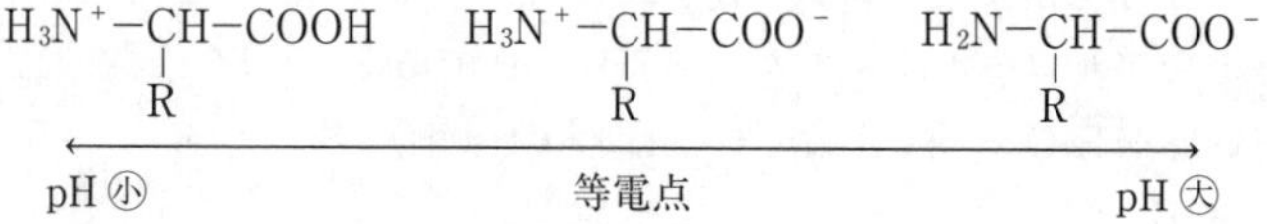

$$H_3N^+-CH-COOH \qquad H_3N^+-CH-COO^- \qquad H_2N-CH-COO^-$$
$$\quad \mid \qquad\qquad\qquad \mid \qquad\qquad\qquad \mid$$
$$\quad R \qquad\qquad\qquad\quad R \qquad\qquad\qquad\quad R$$

pH ㋝　　　　　　　　　　等電点　　　　　　　　　pH ㋞

化合物 K と L は酸性アミノ酸であり，pH が 3 前後で双性イオンとなる。これは，分子内に 1 つのアミノ基と 2 つのカルボキシ基をもつからである。

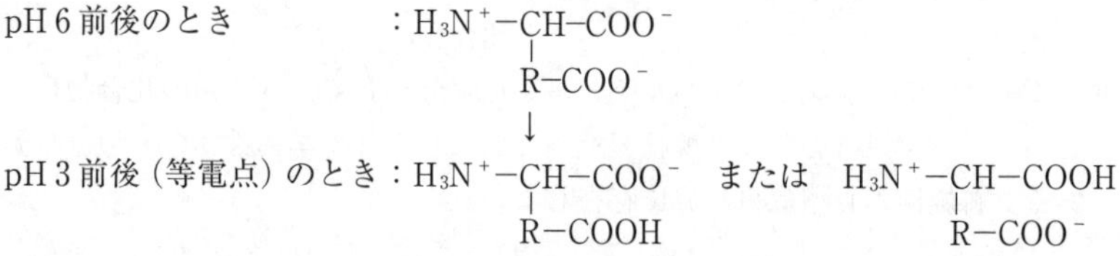

pH 6 前後のとき　　　　　$:H_3N^+-CH-COO^-$
$$\qquad\qquad\qquad\qquad\qquad\qquad R-COO^-$$
$$\qquad\qquad\qquad\qquad\qquad\qquad\quad \downarrow$$

pH 3 前後（等電点）のとき：$H_3N^+-CH-COO^-$　または　$H_3N^+-CH-COOH$
$$\qquad\qquad\qquad\qquad\qquad\qquad R-COOH \qquad\qquad\qquad R-COO^-$$

したがって，化合物 K と L はアスパラギン酸とグルタミン酸のいずれかとなる。

(7) 化合物 K の分子量を x，その分子内の炭素数を n とする。K 1.00 g の完全燃焼で二酸化炭素 CO_2（分子量 44.0）1.32 g が生成したので

$$\frac{1.00 \, g}{x} \times n = \frac{1.32 \, g}{44.0} \qquad \therefore \quad x = \frac{100}{3}n$$

アスパラギン酸（分子量 133.0）とグルタミン酸（分子量 147.0）の各分子の炭素数は 4 と 5 であるから

$n = 4$ のとき　　$x = 133.3 \fallingdotseq 133$　…適する（アスパラギン酸の分子量）

$n = 5$ のとき　　$x = 166.6 \fallingdotseq 167$　…適しない

化合物 K がアスパラギン酸と判明するので，(6)より化合物 L はグルタミン酸である。

40

ポイント

　 I ・ II ともに脂肪族化合物の異性体の確認を確実に行わなければならない。オゾン分解は教科書ではほとんど扱われないが，問題文に書いてある内容で十分に対応できる。

解　答

I ．ア．(1)組成（実験）式　(2)分子量　(3)異性体

イ．化合物 A の完全燃焼式：$C_3H_8O_2 + 4O_2 \longrightarrow 3CO_2 + 4H_2O$

　　したがって，二酸化炭素 CO_2（分子量 44.0）の発生量〔g〕は

$$\frac{1.0\,g}{76.0\,g/mol} \times 3 \times 44.0\,g/mol = 1.73\,g \fallingdotseq 1.7\,g \quad \cdots\cdots(答)$$

ウ．ヒドロキシ基

エ．A：$HO{-}CH_2{-}CH_2{-}CH_2{-}OH$　　　B：$CH_3{-}\underset{\underset{OH}{|}}{CH}{-}CH_2{-}OH$

　　C：$CH_3{-}O{-}CH_2{-}CH_2{-}OH$

II ．オ．

G：$\underset{CH_3}{\overset{CH_3}{}}{>}C{=}C{<}\underset{CH_3}{\overset{CH_3}{}}$　　　H：$\underset{CH_3-CH_2}{\overset{CH_3-CH_2}{}}{>}C{=}C{<}\underset{H}{\overset{H}{}}$

I：$\underset{CH_3}{\overset{H}{}}{>}C{=}C{<}\underset{\underset{CH_3}{|}}{\overset{H}{CH-CH_3}}$　　　J：$\underset{H}{\overset{CH_3}{}}{>}C{=}C{<}\underset{\underset{CH_3}{|}}{\overset{H}{CH-CH_3}}$

K：$\underset{H}{\overset{H}{}}{>}C{=}C{<}\underset{\underset{CH_3}{|}}{\overset{H}{CH-CH_2-CH_3}}$　　　L：環状構造

カ．G

キ．4 種類

解　説

I ．ア．有機化合物の構造は，組成式（実験式）および分子量より分子式を求め，分子式より考えられる異性体を各種検出反応，物性を通して区別し，推定する。

イ．分子式 $C_3H_8O_2$（分子量 76.0）が与えられているので，完全燃焼式より化合物 A 1 mol あたり 3 mol の CO_2 が発生することがわかる。したがって，CO_2 の発生量 x〔g〕を求めることができる。

$$C_3H_8O_2 : CO_2 = 1 : 3 = \frac{1.0\,\text{g}}{76.0\,\text{g/mol}} : \frac{x}{44.0\,\text{g/mol}} \qquad \therefore \quad x = 1.73\,\text{g} \fallingdotseq 1.7\,\text{g}$$

ウ. 下線部①から，化合物Aと化合物Bはヒドロキシ基を分子内に2つもち，化合物Cは1つもつことがわかる。

　　　化合物AおよびB：$R(OH)_2 + 2Na \longrightarrow R(ONa)_2 + H_2$

　　　化合物C　　　　　：$2R'OH + 2Na \longrightarrow 2R'ONa + H_2$

金属ナトリウムと反応して水素を発生する物質としてはカルボン酸もある。しかし，ここで与えられている分子式 $C_3H_8O_2$ より，この分子にカルボキシ基は含まれないことがわかる。（$-COOH$ があると分子式は $C_3H_6O_2$ になる。）

エ. 化合物A $C_3H_8O_2$ を強く酸化すると酸性化合物D $C_3H_4O_4$ が生成したので，化合物Aは第一級アルコールのヒドロキシ基を2つもつことがわかる。

$$\underset{\textbf{A}}{HO-CH_2-CH_2-CH_2-OH} \xrightarrow{(O)} \underset{}{H-\overset{O}{\overset{\|}{C}}-CH_2-\overset{O}{\overset{\|}{C}}-H} \xrightarrow{(O)} \underset{\textbf{D}}{HO-\overset{O}{\overset{\|}{C}}-CH_2-\overset{O}{\overset{\|}{C}}-OH}$$

　化合物B $C_3H_8O_2$ を強く酸化すると酸性化合物E $C_3H_4O_3$ が生成したので，化合物Bは第一級と第二級アルコールのヒドロキシ基を1つずつもつことがわかる。

　また，化合物Bはヨードホルム反応を示すことから，$CH_3CH(OH)-$ をもつことがわかり，化合物Bの構造が決まる。

$$\underset{\textbf{B}}{HO-CH_2\!-\!\boxed{\!\overset{}{\underset{OH}{{}^*CH-CH_3}}\!}} \xrightarrow{(O)} H-\overset{O}{\overset{\|}{C}}-\underset{\underset{O}{\|}}{C}-CH_3 \xrightarrow{(O)} \underset{\textbf{E}}{HO-\overset{O}{\overset{\|}{C}}-\underset{\underset{O}{\|}}{C}-CH_3}$$

（*Cは不斉炭素原子）

　化合物C $C_3H_8O_2$ を強く酸化すると酸性化合物F $C_3H_6O_3$ が生成したので，第一級アルコールのヒドロキシ基を1つもつエーテル化合物が考えられる。

$$\underset{\textbf{C}}{CH_3-O-CH_2-CH_2-OH} \xrightarrow{(O)} CH_3-O-CH_2-\overset{O}{\overset{\|}{C}}-H \xrightarrow{(O)} \underset{\textbf{F}}{CH_3-O-CH_2-\overset{O}{\overset{\|}{C}}-OH}$$

$$\underset{\textbf{C}'}{CH_3-CH_2-O-CH_2-OH} \xrightarrow{(O)} CH_3-CH_2-O-\overset{O}{\overset{\|}{C}}-H$$

$$\xrightarrow{(O)} CH_3-CH_2\!-\!\boxed{\!O-\overset{O}{\overset{\|}{C}}\!}\!-OH$$

エステル結合

$\textbf{F}'$

問題文に化合物Fは「エステルではない」とあるので，化合物F′は該当しない

ことになる。化合物 F′ は無機酸である炭酸とエタノールからなるエステルで，炭酸水素エチルである。

Ⅱ．**オ**．化合物 G C_6H_{12} をオゾン分解すると1種類の生成物が得られることから，化合物 G として考えられるのは次の2つである。

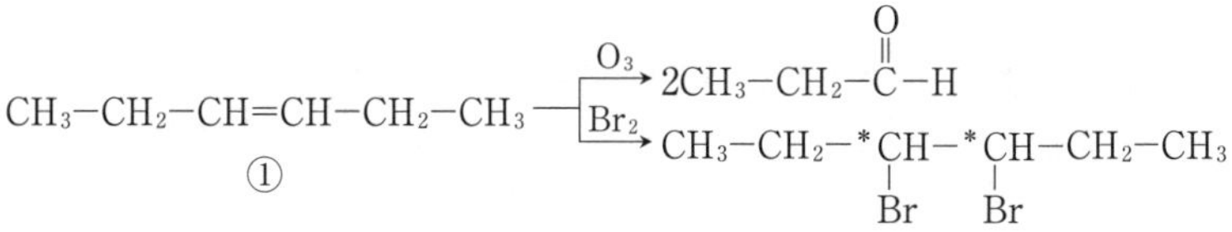

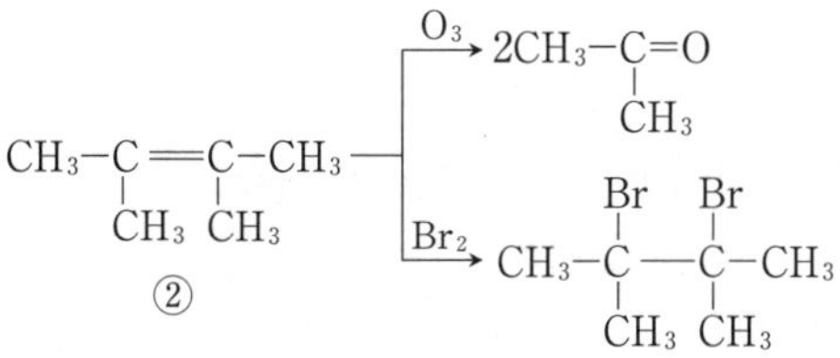

ここで，化合物 G は不斉炭素原子 *C をもたない化合物を生成することから②が G と決まる。

化合物 I と化合物 J は幾何異性体の関係にあり，イソプロピル基 $-CH(CH_3)_2$ をもつので構造が決まる。

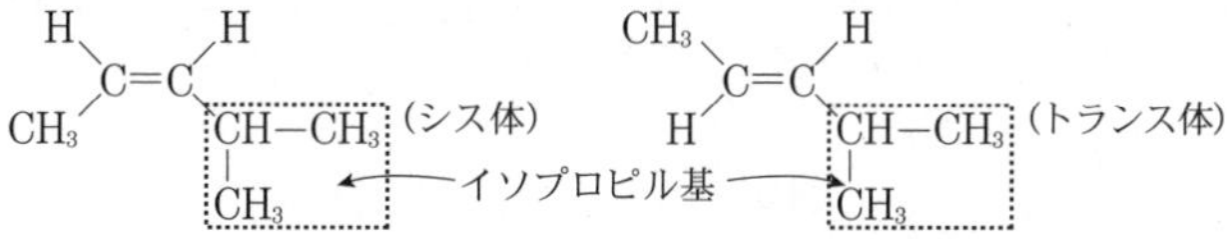

化合物 K はビニル基 $-CH=CH_2$ をもち，不斉炭素原子 *C をもつので，構造が決まる。

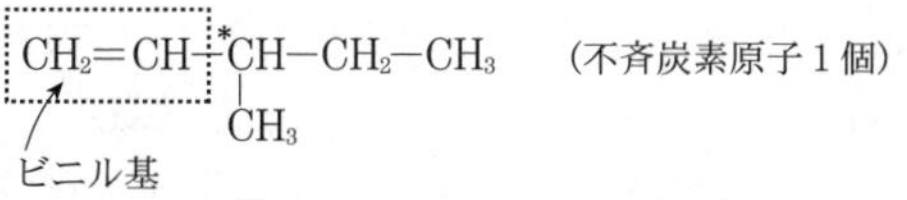

化合物 H は，アルケン C_6H_{12} のオゾン分解で2種類の生成物が生じる。また，臭素付加で不斉炭素原子をもたない化合物を生成することから，二重結合 C=C の炭素に同一の炭化水素基，または原子が結合した物質である。

$$\text{CH}_2=\underset{\underset{\text{CH}_2-\text{CH}_3}{|}}{\text{C}}-\text{CH}_2-\text{CH}_3 \quad \underset{\text{H}}{\overset{\text{Br}_2}{\longrightarrow}} \quad \text{CH}_2\text{Br}-\underset{\underset{\text{CH}_2-\text{CH}_3}{|}}{\overset{\overset{\text{Br}}{|}}{\text{C}}}-\text{CH}_2-\text{CH}_3$$

$$\underset{\text{O}_3}{\longrightarrow} \quad \underset{\underset{\text{H}}{|}}{\text{H}-\text{C}=\text{O}} + \text{O}=\underset{\underset{\text{CH}_2-\text{CH}_3}{|}}{\text{C}}-\text{CH}_2-\text{CH}_3$$

H

　化合物**L**は臭素と反応しないので飽和炭化水素であり，ベンゼンに水素を付加して得られるシクロヘキサンである。

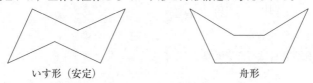

L

　化合物**L**には，立体異性体としていす形と舟形構造が考えられる。

いす形（安定）　　　　　　　　　　舟形

カ. 炭素間二重結合は平面構造をとるので，化合物**G**の炭素6原子が同一平面上に位置する。

$$\underset{\underset{\text{CH}_3}{}}{\overset{\overset{\text{CH}_3}{}}{\text{C}}}\overset{120°}{=}\underset{\underset{\text{CH}_3}{}}{\overset{\overset{\text{CH}_3}{}}{\text{C}}}$$ ←平面

キ. 化合物**K**に臭素を付加した化合物には，不斉炭素原子が2個存在するので光学異性体は$2^2 = 4$種類存在する。

$$\text{CH}_2=\text{CH}-\overset{*}{\underset{\underset{\text{CH}_3}{|}}{\text{CH}}}-\text{CH}_2-\text{CH}_3 \quad \overset{\text{Br}_2}{\longrightarrow} \quad \text{CH}_2\text{Br}-\overset{*}{\underset{\underset{\text{Br}}{|}}{\overset{\overset{\text{H}}{|}}{\text{C}}}}-\overset{*}{\underset{\underset{\text{CH}_3}{|}}{\overset{\overset{\text{H}}{|}}{\text{C}}}}-\text{CH}_2-\text{CH}_3$$

K

41

ポイント

Ⅰ．酸無水物とエタノールとの反応はなじみが薄いが，アニリンとの反応が示されているので，推測することができるだろう。

Ⅱ．**キ**の理由はやや難しい。水素結合が分子内で形成されることに気づけるかどうかがポイントになる。解答にあたってはベンゼン環の書き方が通常とは異なっていることに注意したい。

解答

Ⅰ．**ア**．(1)平衡　(2)エタノール　(3)水　(4)エタノール　(5)プロピオン酸ナトリウム

（(4)，(5)は順不同）

イ．A：$CH_3-CH_2-\overset{O}{\overset{\|}{C}}-O-\overset{O}{\overset{\|}{C}}-CH_2-CH_3$

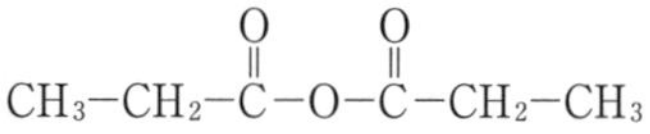

B：H−（ベンゼン環）−NH−$\overset{O}{\overset{\|}{C}}$−$CH_2$−$CH_3$

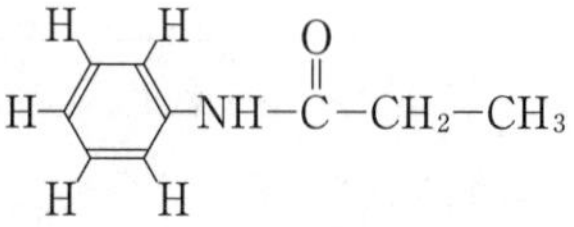

Ⅱ．**ウ**．$C_7H_6O_2$

エ．凝固点降下度を Δt〔K〕，溶液の質量モル濃度を m〔mol/kg〕，溶媒のモル凝固点降下を K_f〔K·kg/mol〕で表すと　　$\Delta t = K_f \cdot m$

の関係がある。

化合物 **C** のモル質量を M_C〔g/mol〕とすると

$$1.00\,K = 3.90\,K \cdot kg/mol \times \frac{0.25\,g}{M_C} \times \frac{1000}{8.00}\,kg^{-1}$$

$$\therefore \quad M_C = 121.8\,g/mol \doteqdot 122\,g/mol$$

よって　　分子量 = 122　……(答)

オ．C：H−（ベンゼン環）−$\overset{O}{\overset{\|}{C}}$−OH　　D：H−（ベンゼン環）−O−$\overset{O}{\overset{\|}{C}}$−H

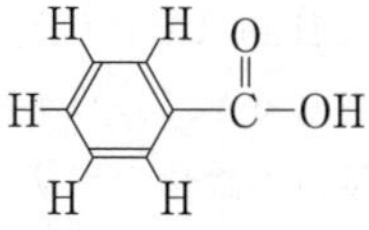

H：H−$\overset{O}{\overset{\|}{C}}$−OH　　I：H−（ベンゼン環）−OH

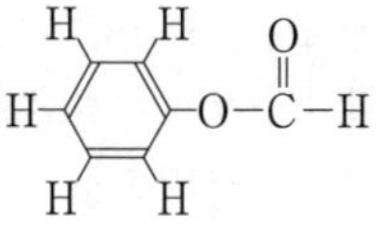

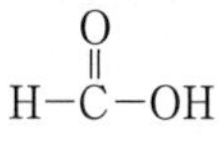

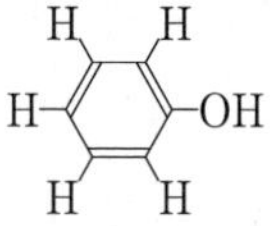

カ.

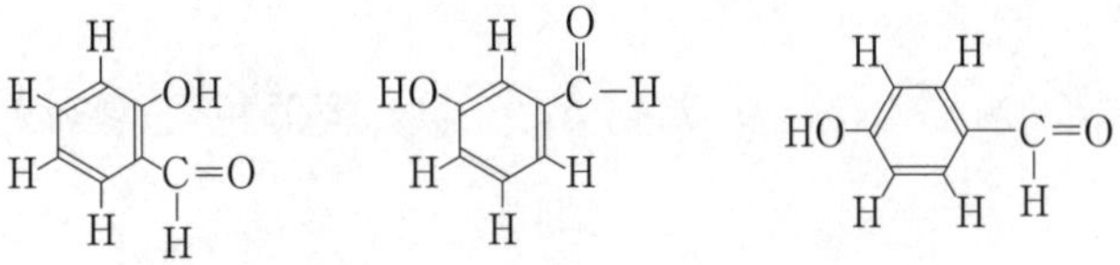

キ.

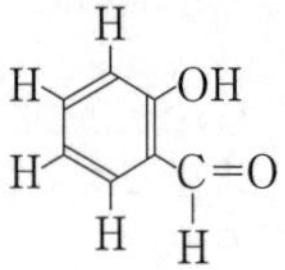

理由：分子内でヒドロキシ基とアルデヒド基が近くにあり，分子内で水素結合が形成されるため。（40字程度）

ク．(d)

構造式：

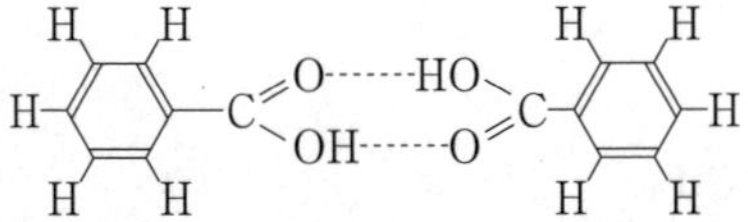

解　説

I．プロピオン酸とエタノールのエステル化は次のように表される。

$$CH_3CH_2COOH + CH_3CH_2OH \rightleftharpoons CH_3CH_2COOCH_2CH_3 + H_2O$$

エタノールを大過剰に加えると，ルシャトリエの原理にしたがい，エタノールの濃度を減少させる向き，すなわちエステル生成の向きに平衡移動が起こるので，プロピオン酸エチル生成の効率を高めることになる。

また，エステル生成とともに生成する水を除去しても，平衡は水が生成する向きに移動するので，やはりエステルの生成率を高める。

プロピオン酸無水物とエタノールを反応させると，プロピオン酸エチルとプロピオン酸が生成するので逆反応は起こらず，効率よくエステルが合成できる。

$$CH_3-CH_2-CO-O-CO-CH_2-CH_3 + HO-CH_2-CH_3$$

$$\longrightarrow CH_3-CH_2-CO-O-CH_2-CH_3 + CH_3-CH_2-COOH$$

プロピオン酸エチルに水酸化ナトリウム水溶液を作用させると，いわゆるエステルのけん化（加水分解）が起こる。生成するプロピオン酸は水酸化ナトリウムと反応して塩（プロピオン酸ナトリウム）になるので，逆反応すなわちエステル化は起こらない。

$$CH_3-CH_2-CO-O-CH_2-CH_3 + NaOH$$

$$\longrightarrow CH_3-CH_2-CO-ONa + CH_3-CH_2-OH$$

プロピオン酸無水物とアニリンの反応では，プロピオンアニリドが生成する。

$$CH_3-CH_2-CO-O-CO-CH_2-CH_3 + H_2N-C_6H_5$$
$$\longrightarrow CH_3-CH_2-CONH-C_6H_5 + CH_3-CH_2-COOH$$

Ⅱ．**ウ**．化合物 C の 12.2 mg に含まれる成分元素の質量は

C：$30.8\,\text{mg} \times \dfrac{12.0\,\text{g/mol}}{44.0\,\text{g/mol}} = 8.40\,\text{mg}$

H：$5.4\,\text{mg} \times \dfrac{1.0\,\text{g/mol} \times 2}{18.0\,\text{g/mol}} = 0.60\,\text{mg}$

O：$12.2\,\text{mg} - (8.40 + 0.60)\,\text{mg} = 3.2\,\text{mg}$

組成式を $C_xH_yO_z$ とすると

$$x:y:z = \dfrac{8.40\,\text{mg}}{12.0\,\text{g/mol}} : \dfrac{0.60\,\text{mg}}{1.0\,\text{g/mol}} : \dfrac{3.2\,\text{mg}}{16.0\,\text{g/mol}} = 7:6:2$$

したがって，化合物 C の組成式は　　$C_7H_6O_2$

オ．化合物 C の分子式は，**エ**の結果より

$(C_7H_6O_2)_n = 122.0\,n = 122$　　∴　$n = 1$

よって，**C**〜**G** の分子式はいずれも　　$C_7H_6O_2$

実験 3 より，**C** にはカルボキシ基が存在すると考えられるので，**C** は安息香酸で，示性式は　　C_6H_5COOH

実験 4 より，**D** は水酸化ナトリウム水溶液中で加熱後，反応液を酸性にすると **H** と **I** を生じたのでエステルと思われる。**H**，**I** はカルボン酸またはアルコールとなる。

実験 5 より，**H** には還元性があるのでギ酸 HCOOH と決まる。すると，**D** は C_6H_5OOCH（ギ酸フェニル）ということになり，**I** は C_6H_5OH（フェノール）と決まる。

カ．実験 6 より，化合物 **E**，**F**，**G** はともにフェノール類で，$HO-C_6H_4-CHO$ の o-，m-，p-異性体ということになる。

キ．o-異性体では分子内で $-OH$ と $-CHO$ の間に水素結合が形成され，分子間の引きあう力は弱く，沸点は低くなる。他の異性体では，分子間に水素結合が形成されるので沸点が高くなる。

ク．ベンゼン溶液中では，安息香酸 2 分子が互いのカルボキシ基の間で水素結合を形成して会合分子（二量体）になる。したがって，ラウリン酸溶液の場合に比べて見かけの分子量が約 2 倍に，質量モル濃度が約 $\dfrac{1}{2}$ になるので，凝固点降下度は約 0.5 倍になる。

42

> **ポイント**
>
> Ⅰ．**ア**はスチレン，ポリスチレンの炭素原子をメタン，エチレンと関連づけて考えればよい。**イ・エ**は浸透圧の意味を正しく理解していれば容易に解ける。
>
> Ⅱ．試料 A_1〜A_8 は構造と沸点の関係に気づけば，しぼっていくことができる。実際に構造式を書いて確認することも重要である。

解　答

Ⅰ．**ア**．小さくなる

　結合角の和は単結合になるから，およそ $109.5° × 3 = 328.5°$ に近い。

　　よって　　 $330°$

イ．右側　理由：浸透圧が左から右へかかるから。（15 字以内）

ウ．架橋された三次元構造だから。（15 字以内）

エ．液面差は溶質の分子量に反比例するから，**A**のモル質量を M〔g/mol〕とすると

$$M = 2.00 × 10^4 \, g/mol × \frac{7.5 \, mm}{5.5 \, mm} = 2.72 × 10^4 \, g/mol ≒ 2.7 × 10^4 \, g/mol$$

　　したがって　　分子量 $= 2.7 × 10^4$　……（答）

オ．(5)

Ⅱ．**カ**．アルコールのヒドロキシ基間に生じる水素結合

キ．4 種類，(い)

ク．$CH_3-CH_2-\overset{\displaystyle }{\underset{\displaystyle O}{C}}-CH_3$

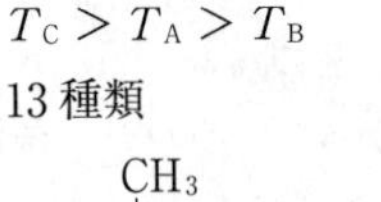

ケ． 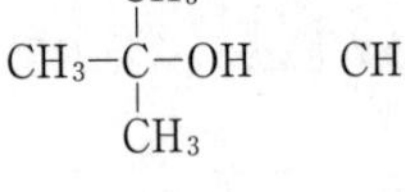
$\overset{\displaystyle H}{\underset{\displaystyle H}{}}C=C\overset{\displaystyle H}{\underset{\displaystyle \overset{*}{C}H-CH_3}{}}$　　（$\overset{*}{C}$：不斉炭素原子）
　　　　　　　　$\underset{OH}{|}$

コ．$T_C > T_A > T_B$

サ．13 種類

シ．$CH_3-\overset{\displaystyle CH_3}{\underset{\displaystyle CH_3}{C}}-OH$　　$CH_3-CH_2-O-CH_2-CH_3$

解　説

Ⅰ. **ア**. 炭素原子の単結合, 二重結合, 三重結合における結合角は CH_4, C_2H_4, C_2H_2 について次のようになる。

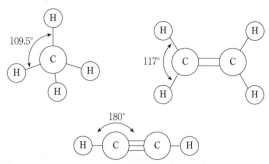

スチレンでは C_2H_4 と同様に原子が同一平面上にあり, $\theta^1 + \theta^2 + \theta^3 = 360°$ となる。しかし, ポリスチレンでは C^1 の結合は CH_4 と同様にすべて単結合であるため, $\theta^1 + \theta^2 + \theta^3$ は約 330° となる。

イ. 左から右へ移動するトルエン分子が, 右から左へ移動するトルエン分子より多いため, 左側の液面が右側より下がる。これは右側の溶液の濃度を薄めようとするためにおこる。この力が浸透圧である。

ウ. スチレンとジビニルベンゼンを付加重合 (共重合) させると, 下記に示すような架橋された三次元構造をもつ高分子が生成し, トルエンによる溶媒和を妨げる。

$$\cdots -CH-CH_2-CH-CH_2-CH-CH_2-\cdots$$

スチレンとジビニルベンゼンの共重合体

エ. 浸透圧は溶液の濃度を小さくしようとする力なので, 溶液の濃度に比例する。溶液のモル濃度は次のように表される。

$$\text{モル濃度}(mol/L) = \frac{\text{溶質の物質量 (mol)}}{\text{溶液の体積 (L)}} = \frac{\text{溶質の質量}}{\text{溶質のモル質量}} \times \frac{1}{\text{溶液の体積}}$$

したがって, 溶質の質量, 溶液の体積が一定ならモル濃度は溶質の分子量に反比例する。浸透圧は液面差に比例するので, 溶質の分子量は液面差に反比例するといえ

る。

オ. アラニン，リシン，グルタミン酸はそれぞれ中性，塩基性，酸性アミノ酸であり，
等電点の pH は約 6.1，9.7，3.2 である。したがって，pH 3.4 の緩衝液中では主
に次のような構造をとっていると考えられる。

$$H_3N^+-CH-COOH \qquad H_3N^+-CH-COOH \quad または \quad H_3N^+-CH-COO^-$$
$$\quad\;\; | \qquad\qquad\qquad\quad | \qquad\qquad\qquad\qquad\qquad\quad |$$
$$\quad\;\; CH_3 \qquad\qquad\qquad (CH_2)_4 \qquad\qquad\qquad\qquad (CH_2)_4$$
$$\quad\; アラニン \qquad\qquad\qquad\;\; | \qquad\qquad\qquad\qquad\qquad\quad |$$
$$\qquad\qquad\qquad\qquad\qquad NH_3^+ \qquad\qquad\qquad\qquad\quad NH_3^+$$

リシン

$$H_3N^+-CH-COO^-$$
$$\qquad\quad |$$
$$\qquad (CH_2)_2$$
$$\qquad\quad |$$
$$\qquad COOH$$

グルタミン酸

ポリスチレンをスルホン化してできたのは陽イオン交換樹脂であるので，グルタミ
ン酸が最も吸着されにくく，一番はじめに溶出した **D** である。次に溶出した **E** はア
ラニンで，pH 9.2 の緩衝液で溶出した **F** は等電点の近いリシンである。

Ⅱ. 分子式 $C_4H_{10}O$ の異性体には 5 種（光学異性体を含む）のアルコール $A_1 \sim A_5$ と
3 種のエーテル $A_6 \sim A_8$ がある。構造は以下のとおりである（C* は不斉炭素原子）。

（アルコール：5種）

$$CH_3-CH_2-CH_2-CH_2-OH \qquad CH_3-CH_2-C^*H-CH_3$$
$$\qquad\qquad\qquad\qquad\qquad\qquad\qquad\qquad\qquad\qquad\quad |$$
$$\qquad\qquad\qquad\qquad\qquad\qquad\qquad\qquad\qquad\quad OH$$

（光学異性体が存在する）

$$\qquad\quad CH_3 \qquad\qquad\qquad\quad CH_3$$
$$\qquad\qquad | \qquad\qquad\qquad\qquad\; |$$
$$CH_3-CH-CH_2-OH \qquad CH_3-C-CH_3$$
$$\qquad\qquad\qquad\qquad\qquad\qquad\qquad\quad |$$
$$\qquad\qquad\qquad\qquad\qquad\qquad\qquad\; OH$$

（エーテル：3種）

$$CH_3-CH_2-CH_2-O-CH_3 \qquad CH_3-CH_2-O-CH_2-CH_3$$

$$\qquad CH_3$$
$$\qquad\; |$$
$$CH_3-CH-O-CH_3$$

沸点は水素結合を形成するアルコールの方がエーテルよりも高い。アルコールの中
では枝分かれの少ない炭素鎖をもつものほど沸点が高く，沸点の等しい A_3 と A_4
が互いに光学異性体である 2-ブタノールと考えられる。実験 1 の操作で沸点の変
化がなく $B_1 \sim B_8$ の中で最も沸点の高いものは，酸化されないアルコール A_5（す
なわち B_5）の 2-メチル-2-プロパノールである。

キ. 変化するものは $A_1 \sim A_4$ でヒドロキシ基が失われ，アルデヒドまたはケトンにな
るので，すべて沸点は低くなる。

ク. 光学異性体である A_3 と A_4 の酸化生成物であるエチルメチルケトンである。

ケ．酸化生成物 B_1〜B_4 のアルデヒド，ケトンではない不飽和度 1 の物質を答えれば よいから

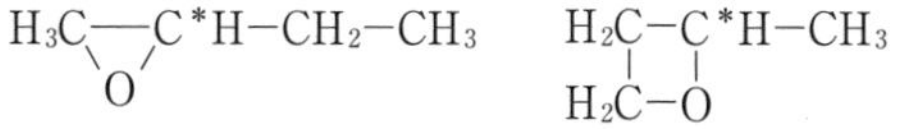

$$H_3C\!\!-\!\!\!\!\underset{\underset{O}{\diagdown\diagup}}{C^*H}\!\!-\!\!CH_2\!\!-\!\!CH_3 \qquad \underset{\underset{H_2C-O}{|\quad\diagdown}}{H_2C-C^*H-CH_3}$$

などの環状化合物も正解である。

コ．**C** はカルボン酸であり，**A** よりも分子量が大きく，水素結合により二量体を形成 することと**キ**より，沸点の大小関係は

$$T_C > T_A > T_B$$

〔カルボン酸の二量体〕

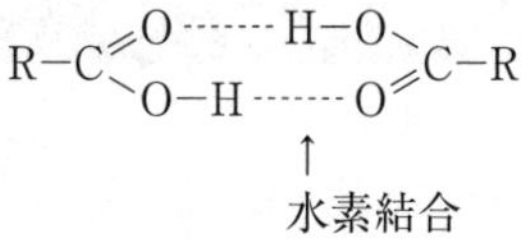

$$R\!\!-\!\!C\!\!\underset{O-H\,\cdots\cdots\,O}{\overset{O\,\cdots\cdots\,H-O}{\diagup}}\!\!C\!\!-\!\!R$$

↑
水素結合

サ．**A** 群は 8 個全部，**B** 群は B_1〜$B_{3\cdot4}$（同一）の 3 個，**C** 群は C_1，C_2 の 2 個，計 13 個になる。

シ．分子内に 2 種類の水素原子が存在するものを答える。

43

ポイント

Ⅰ．C_{60} は炭素の単体として挙げられる物質で，与えられた構造をよく見て，特徴をとらえる必要がある。**イ**はベンゼンとの違いを問う問題である。ベンゼンの結合はすべて等価であることに気をつけたい。

Ⅱ．光学異性体の問題は慣れていないと難しい。問題文からジアステレオ異性体とはどのようなものかを正確に把握すること。

解　答

Ⅰ．**ア**．30

イ．(2), (3), (4)

ウ．**A**：黒鉛（グラファイト）　**B**：ダイヤモンド

エ．トルエン

オ．$C_{60}(OCH_3)_n$ の分子量は，$720 + 31n$ であるから

$\Delta t = K_f \cdot m$（Δt = 凝固点降下度，K_f = モル凝固点降下，m = 質量モル濃度）

に代入して

$$0.0110\ K = 5.12\ K\cdot kg/mol \times \frac{123 \times 10^{-3}\ g}{(720 + 31n)\ g/mol} \times \frac{1000}{50.0}\ kg^{-1}$$

$\therefore\quad n = 13.7 \fallingdotseq 14 \quad \cdots\cdots$（答）

Ⅱ．**カ**．2　**キ**．1と3　**ク**．5と7　**ケ**．5個

コ．$C_6H_{12}O_6$ を $C_6H_7O(OH)_5$ で示すと，この5つのヒドロキシ基がすべてアセチル化された生成物は $C_6H_7O(OCOCH_3)_5$（モル質量 390 g/mol）で表されるから，α-グルコース 4.5 g から理論上得られるアセチル化された化合物は

$$\frac{4.5\ g}{180\ g/mol} \times 390\ g/mol = 9.75\ g$$

よって，収率は

$$\frac{7.8\ g}{9.75\ g} \times 100\ \% = 80.0\ \% \fallingdotseq 80\ \% \quad \cdots\cdots$（答）

サ．右図。

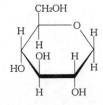

解　説

Ⅰ．**ア**．フラーレンの炭素原子はすべて，4個の手のうち2個を単結合に使い，残りの2個を二重結合に使う。すなわち，炭素原子1個から，1個の二重結合が出ている。2個の炭素原子間で1個の二重結合を形成するから，結局，2個の炭素原子につき1個の二重結合があることになる。

よって $z = \dfrac{60}{2} = 30$

〔**別解**〕 フラーレンは，炭素原子のみでできている 12 個の正五角形を 5 個の 1, 3, 5-シクロヘキサトリエンで囲まれた構造をもつ。

よって，二重結合の数は $12 \times 5 \times 3 \div 3 \div 2 = 30$

（1 個の六角形は 3 個の二重結合をもつが，3 個の五角形に共有され，二重結合 1 個は 2 個の五角形に共有されているから。）

イ．二重結合をもてば，アルケンと同じ性質をもつと期待される。

(1) $\overset{\frown}{C=C}$ に対して Br_2 は付加反応をするが，置換反応は起こらない。ベンゼンはこの条件では付加反応は起こらない。

(2) $\overset{\frown}{C=C}$ を酸化することにより MnO_4^- が Mn^{2+} に変化し，赤紫色が消える。ベンゼンでは変化しない。

(3) X, Y 置換体 と X, Y 置換体 が異性体の関係になる。ベンゼンでは等価の結合のため同一物質である。

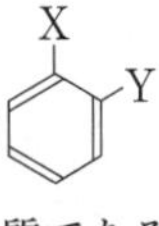

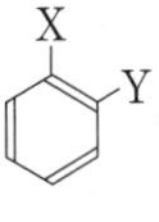

(4) 水素が付加し，シクロヘキサンになる。ベンゼンも触媒を使って水素化することでシクロヘキサンになる。

エ．無極性溶媒であるトルエンを選ぶ。

Ⅱ．**カ・キ**．立体異性体 1，2，3 を $-NH_2$ が左側にくるように 180°回転させて，L-トレオニンと鏡像関係にあるか否かを調べればよい。これら 1，2，3 を 180°回転させたものが，下図の 1′，2′，3′ である。

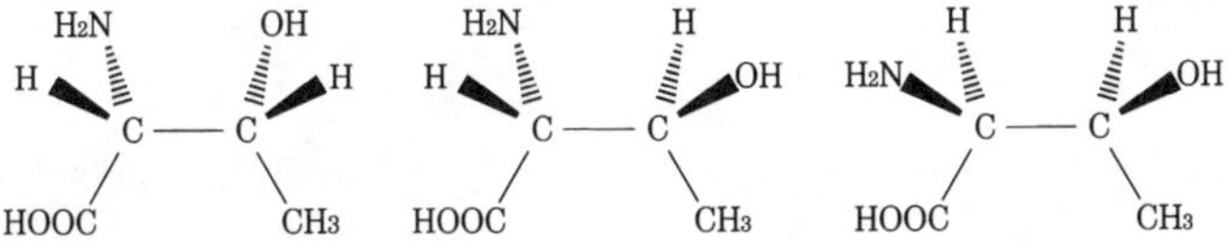

1′   2′   3′

ク．5 と 7 について，右図のように，5 の中央に鏡を置いてみると，分子の左半分は右半分の鏡像になっている。このため，5 の鏡像（すなわち 7）は内部償却されて，5 と同一物質となる。これをメソ酒石酸という。

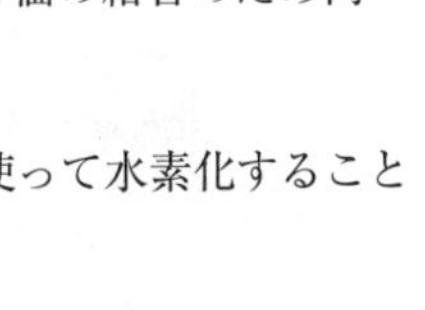

7 を 180°回転すると 5 と一致することからも確かめられる。

ケ．α-グルコースの鎖式構造を 6 員環構造に変えるときに，環状化した炭素原子①も不斉化する。したがって，5 個の不斉炭素原子がある。

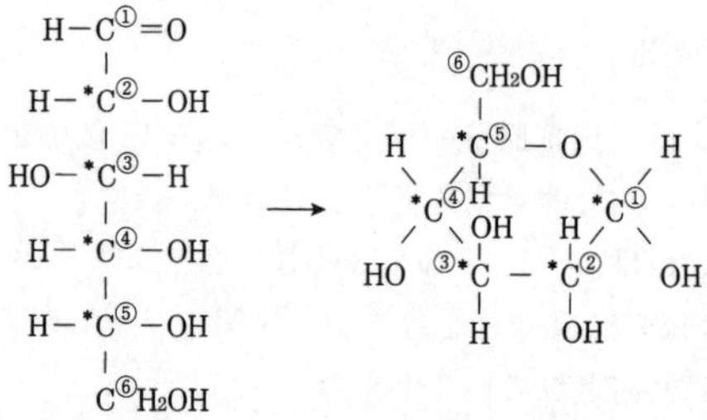

$$
\begin{array}{l}
\text{H}-\text{C}①=\text{O} \\
\text{H}-{}^{*}\text{C}②-\text{OH} \\
\text{HO}-{}^{*}\text{C}③-\text{H} \\
\text{H}-{}^{*}\text{C}④-\text{OH} \\
\text{H}-{}^{*}\text{C}⑤-\text{OH} \\
\text{C}⑥\text{H}_2\text{OH}
\end{array}
\qquad \longrightarrow \qquad
$$

サ. 1つのヒドロキシ基（−OH）だけが，アセトキシ基（CH_3COO-）と臭素原子を経て水素原子に変化することで還元性を失った（銀鏡反応に対して陰性）わけであるから，α-グルコースの還元性部分のヒドロキシ基（上図①に結合しているヒドロキシ基）をH原子に置換したものが目的化合物である。他の4つのヒドロキシ基は，いったんアセトキシ基となるが，加水分解によって，もとのヒドロキシ基に戻る。

44

ポイント

Ⅰ．ア．油脂は三重結合をもたないが，すべての可能性を示せとあるので三重結合についても考えること。

Ⅱ．オゾン分解は高校理科の教科書ではほとんど扱われていないが，問題文の反応から推測することは可能である。1 価のアルコールと 2 価のアルコールが得られることから，高級脂肪酸に C=C が 2 つ含まれていることに気づけばよい。

解答

Ⅰ．**ア**．油脂 **A** 1 mol に付加する水素を z〔mol〕とすると

$$\frac{132.9\,\text{mg}}{886\,\text{g/mol}} : \frac{6.72\,\text{mL}}{22.4\,\text{L/mol}} = 1 : z \quad \therefore \quad z = 2$$

したがって　　二重結合のみならば　　2 個 ⎫
　　　　　　　　三重結合ならば　　　　1 個 ⎭　……（答）

イ．下線部①はけん化したのち，反応液を酸性にするわけなので，化学反応式を加水分解の式で表すと

$$
\begin{array}{ll}
\text{CH}_2\text{OCOR}^1 & \\
| & \\
\text{CHOCOR}^2 \;+\; 3\text{H}_2\text{O} & \longrightarrow \\
| & \\
\text{CH}_2\text{OCOR}^3 & \\
\end{array}
\quad
\begin{array}{ll}
\text{CH}_2\text{OH} & \text{R}^1\text{COOH} \\
| & \\
\text{CHOH} \;+\; \text{R}^2\text{COOH} \\
| & \\
\text{CH}_2\text{OH} & \text{R}^3\text{COOH} \\
\end{array}
$$

分子量 890　　分子量 18.0　　　　分子量 92.0

生成する脂肪酸の全量を x〔mg〕とすると，質量保存の法則より

$$x = 89.0\,\text{mg} + \frac{89.0\,\text{mg}}{890\,\text{g/mol}}(3 \times 18.0\,\text{g/mol} - 92.0\,\text{g/mol})$$

$$= 85.2\,\text{mg} \quad \text{……（答）}$$

ウ．条件：高級脂肪酸は疎水性であるから，水と混じり合わない無極性溶媒で，沸点が脂肪酸と大きく異なっていること。

該当する化合物：ジクロロメタン，ジエチルエーテル，トルエン

エ．イの反応式で表した高級脂肪酸が単一であったことから，その分子量を M とすると

$$890 + 3 \times 18.0 = 92.0 + 3M \quad \therefore \quad M = 284$$

このとき，高級脂肪酸 **D** は飽和脂肪酸となっているから，示性式を $C_nH_{2n+1}COOH$ として

$$12n + 2n + 1 + 45 = 284 \quad \therefore \quad n = 17$$

よって　　$C_{17}H_{35}COOH$

すなわち，分子式は　　$C_{18}H_{36}O_2$　……(答)

II．オ． ①臭素の四塩化炭素溶液を加えると，その赤褐色が消失する。

②硫酸酸性の過マンガン酸カリウム水溶液を加えて振ると，その赤紫色が消失する。

カ． 化合物**H**について，組成式を $C_xH_yO_z$ とすると

$$x:y:z = \frac{62.0\,\%}{12.0} : \frac{10.4\,\%}{1.0} : \frac{27.6\,\%}{16.0}$$

$$= 5.16 : 10.4 : 1.72 \fallingdotseq 3 : 6 : 1$$

したがって，組成式は C_3H_6O である。還元的オゾン分解による $-OH$ と，加水分解による $-COOH$ をもつヒドロキシ酸なので，1分子内の酸素原子数は3となる。

よって，分子式は　　$C_9H_{18}O_3$　……(答)

キ． 油脂**A**の構成成分である高級不飽和脂肪酸は，還元的オゾン分解で二価アルコール**G**が得られることから，1分子内に炭素間二重結合を2個もつ。また，水素付加した後，加水分解すると高級脂肪酸**D**が得られることから高級不飽和脂肪酸の分子式は $C_{18}H_{32}O_2$ である。**E**の炭素数は6，**H**の炭素数は9であるので**G**の炭素数は3となる。**G**は二価のアルコールであり，また，**D**は直鎖の脂肪酸であるから，高級不飽和脂肪酸は**G**が中心で，両端に**E**と**H**がくる直鎖の不飽和脂肪酸である。したがって，構造は次のように決まる。

$$CH_3-(CH_2)_4-CH{=}CH-CH_2-CH{=}CH-(CH_2)_7-\overset{\underset{\|}{O}}{C}-OH \quad ……(答)$$

ク． 油脂**A**：$\begin{array}{l} CH_2OCOR' \\ C^*HOCOR \\ CH_2OCOR \end{array}$　　油脂**B**：$\begin{array}{l} CH_2OCOR \\ CHOCOR' \\ CH_2OCOR \end{array}$

（C^* は不斉炭素原子）

〔注〕 $R-$ は $C_{17}H_{35}-$，$R'-$ は $C_{17}H_{31}-$ を表す。

解　説

I．イ． 油脂**A**の2個の二重結合に水素が付加したので，油脂**C**の分子量は $886 + 2 \times 2 = 890$ となっている。

ウ． ジエチルエーテルは，折れ線形なので少し極性をもつが，疎水性の物質を抽出する最も代表的な有機溶媒である。

II．オ． 臭素との反応は付加反応。硫酸酸性の過マンガン酸カリウム水溶液との反応は，不飽和結合の切断による脱色である。

キ． 反応をまとめると，次ページのようになる。

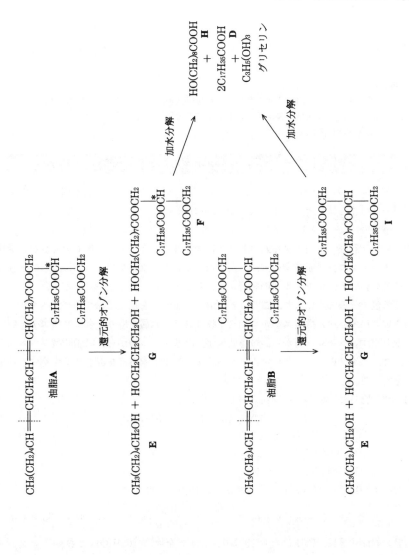

45

> **ポイント**
> Ⅰ．極性の違いは，有機化合物の疎水性，親水性にどう関わっているのかを理解しよう。
> Ⅱ．エタノールは疎水基と親水基の両方をもつことに注目しよう。また，凝固点降下度から分子量を求める方法は押さえておこう。

解 答

Ⅰ．ア． (a)α-アミノ酸　(b)カルボキシル　(c)アミノ ((b)・(c)は順不同)　(d)β-グルコース（または，セロビオース）　(e)ヒドロキシ

イ． 酢酸＞エタノール＞酢酸エチル＞シクロペンタン

ウ． 低級脂肪酸　理由：炭化水素基はほぼ無極性と考えてよく，炭素数の少ない炭化水素基をもつ低級脂肪酸の方が，炭素数の多い炭化水素基をもつ高級脂肪酸よりも，極性の強いカルボキシル基の影響が大きくなるから。

エ． 溶液を分液漏斗に入れ，これに希塩酸とヘキサンを加えて振りまぜ，ヘキサン層を取り出す。次に酢酸エチルを加えて振りまぜ，水層を取り除き，酢酸エチル層を取り出す。ヘキサン層から高級脂肪酸が，酢酸エチル層から低級脂肪酸が得られる。

Ⅱ．オ． エタノールは，化合物 A と水酸化ナトリウム水溶液を混ざりやすくする効果を有する。

カ． 化合物 B について，組成式 $C_xH_yO_z$ とすると

$$x : y : z = \frac{70.5\,\%}{12.0} : \frac{5.9\,\%}{1.0} : \frac{100-(70.5+5.9)\,\%}{16.0}$$

$$= 5.87 : 5.9 : 1.47 \fallingdotseq 4 : 4 : 1$$

よって，B の組成式は　　C_4H_4O

B のモル質量を M〔g/mol〕とすると，凝固点降下度より

$$0.019\,\text{K} = 1.86\,\text{K·kg/mol} \times \frac{0.069\,\text{g}}{M} \times \frac{1000}{50.0}\,\text{kg}^{-1} \quad \therefore \quad M = 135.0\,\text{g/mol}$$

B の組成式量は，$C_4H_4O = 68.0$ より，分子式を仮に $(C_4H_4O)_n$ とおくと
$68.0n = 135.0$ より　　$n = 2$
すなわち，B の分子式は　　$C_8H_8O_2$ ……(答)
化合物 C について，組成式を $C_xH_yO_z$ とすると

$$x : y : z = \frac{78.7\,\%}{12.0} : \frac{8.3\,\%}{1.0} : \frac{100-(78.7+8.3)\,\%}{16.0}$$

$$= 6.55 : 8.3 : 0.812 \fallingdotseq 8 : 10 : 1$$

よって，C の組成式は　　$C_8H_{10}O$

化合物 A の分子式が $C_{16}H_{16}O_2$ より，加水分解して化合物 B（$C_8H_8O_2$）とともに得られる化合物 C の分子式は　　$C_8H_{10}O$ ……（答）

キ. (f) 2　(g) 水素結合

(f) について，化合物 B がベンゼン中で約 f 倍に会合していたとすると

$$0.071 \text{ K} = 5.12 \text{ K·kg/mol} \times \frac{0.146 \text{ g}}{136.0 \text{ g/mol} \times f} \times \frac{1000}{40.0} \text{ kg}^{-1}$$

$$f = 1.93 \fallingdotseq 2$$

ク. 化合物 B〜E はいずれもベンゼン環を 1 つもち，化合物 D は加熱すると容易に脱水して化合物 E を与えることと，B のもつ炭素数から，化合物 E は無水フタル酸，D はフタル酸と考えられる。

よって，B は

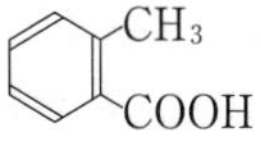

（$C_8H_8O_2$）

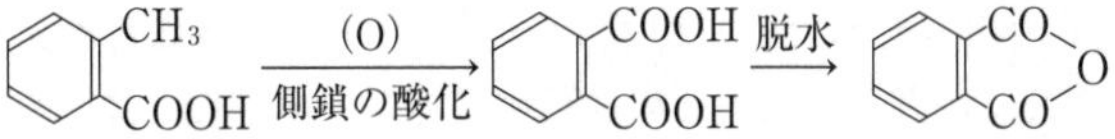

化合物 B　　　　　　　　　化合物 D　　　　　　　化合物 E
　　　　　　　　　　　　　（フタル酸）　　　　　（無水フタル酸）

化合物 A には不斉炭素原子があり，B には上記のとおりないから，C が不斉炭素原子をもつはずで，その分子式 $C_8H_{10}O$ から

C : 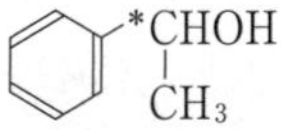
（分子量 122）

　（*C は不斉炭素原子）

A は，B と C からなるエステルなので

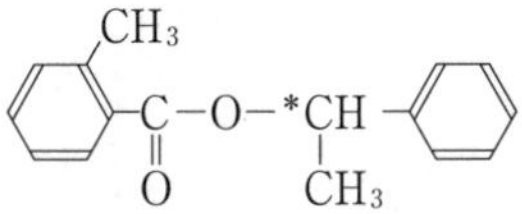

……（答）

ケ. 化合物 A（$C_{16}H_{16}O_2$）の分子量は 240 なので

$$\frac{2.00 \text{ g}}{240 \text{ g/mol}} = \frac{1.00}{120} \text{ mol}$$

B : $\dfrac{1.07 \text{ g}}{136 \text{ g/mol}} \div \dfrac{1.00}{120}$ mol $\times 100 \% = 94.41 \% \fallingdotseq 94 \%$ ……（答）

C : $\dfrac{0.82 \text{ g}}{122 \text{ g/mol}} \div \dfrac{1.00}{120}$ mol $\times 100 \% = 80.65 \% \fallingdotseq 81 \%$ ……（答）

解 説

I. ア. (d)単糖類としては β-グルコースが構成単位, デンプンとの比較においては 二糖類のセロビオースが構成単位である。

イ. 最も極性の強いのは, カルボニル基とヒドロキシ基をもつ酢酸で, 酢酸のカルボ キシル基の酸素はどちらも水素結合をつくりうるから, 分子間引力はアルコールよ りも強い。酢酸エチル $CH_3-COO-C_2H_5$ は, エステル結合 $-C-O-$ の部分に弱

い極性をもつ。シクロペンタンは, 炭化水素なので無極性と考えてよい。

エ. 前問**ウ**から考えればよい。最も極性の弱い高級脂肪酸が無極性のヘキサンに, 次 に極性の弱い低級脂肪酸がやはり極性の同程度の酢酸エチルに溶媒抽出される。

II. オ. エタノール C_2H_5-OH は疎水性の炭化水素基であるエチル基 C_2H_5- と親水 性の $-OH$ を合わせもつ。

キ. 水素結合を行う原子の組み合わせは, F-H, O-H, N-H である。水素結合と は, 水素と電気陰性度の差が大きい原子との間に生じる化学結合の一つである。 化合物**B**のベンゼン溶媒中の2分子会合の様子は次のようになる。

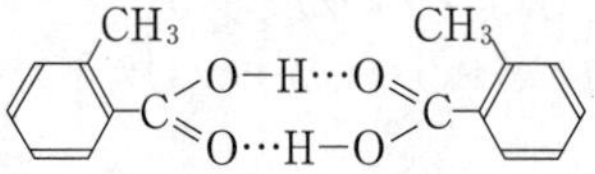

〔水素結合による二量体〕

単純なカルボン酸は, ベンゼンのような無極性溶媒に溶かすと, 水素結合による二 量体を生じることを知っておこう。

46

> **ポイント**
> Ⅰ．NおよびOの質量がわからないが，C：H＝2：1になることから，分子式を推定できる。**カ**はピクリン酸が強い酸であることがわかれば解ける。
> Ⅱ．**ク**はイオン交換樹脂の仕組みを知っていないと難しい。陽イオン交換樹脂と陰イオン交換樹脂の違いは押さえておきたい。

解答

Ⅰ．ア．炭酸水素ナトリウム水溶液を加えると，安息香酸と反応して二酸化炭素ガスが発生するので，分液漏斗内の圧力が高くなりすぎないように頻繁に活栓を開け，ガス抜きを行うこと。

イ．フラスコ2にとった水溶液に，希塩酸を加えるとフェノールが析出するので，これを分液漏斗に入れエーテルを加えて振り混ぜ，静置した後エーテル層を別のフラスコにとり，エーテルを蒸発させる。

ウ．逆にすると，生成したH_2OとCO_2の両方が吸収され，質量を別々に測定できないから。

エ．U字管**A**はH_2Oを，**B**はCO_2を吸収するから，化合物**X** 21.3 mg 中の炭素と水素の質量は

$$C：24.6\,\text{mg} \times \frac{12.0}{44.0} \fallingdotseq 6.71\,\text{mg}$$

$$H：2.5\,\text{mg} \times \frac{2.0}{18.0} \fallingdotseq 0.278\,\text{mg}$$

これらの原子数の比は

$$C：H = \frac{6.71\,\text{mg}}{12.0}：\frac{0.278\,\text{mg}}{1.0} = 0.559：0.278 \fallingdotseq 2：1$$

フェノールを出発物質とし，ニトロ化を行っても新たに炭素原子が加わることはないので，化合物**X**を構成する炭素原子は6，水素原子は3である。よって，**X**の分子式は$C_6H_3N_3O_7$とわかる。

また，分子量は化合物**X** 21.3 mg が炭素原子の$\dfrac{0.559}{6}$ mmol に当たるので

$$\frac{21.3\,\text{mg}}{\dfrac{0.559}{6}\,\text{mmol}} = 228.6\,\text{g/mol} \fallingdotseq 229\,\text{g/mol}$$

これは，水素原子の数3から推定されるフェノールのニトロ基による3置換体（ピクリン酸）の分子量に一致する。

Xの構造式：右図。

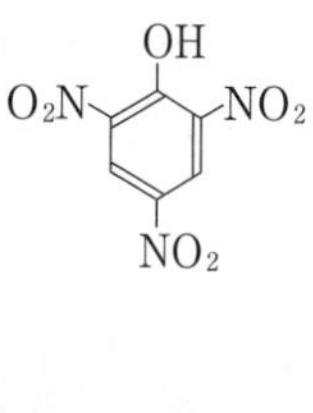

オ.

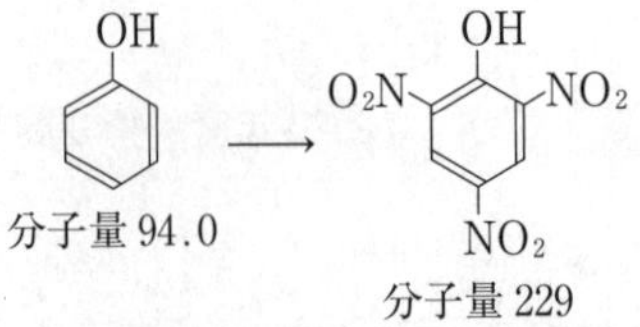

分子量 94.0 → 分子量 229

$$\frac{18.2\ \text{g}}{229\ \text{g/mol}} \div \frac{9.5\ \text{g}}{94.0\ \text{g/mol}} \times 100\ \% = 78.63\ \% \fallingdotseq 78.6\ \% \quad \cdots\cdots(答)$$

カ. 右のようなピクリン酸の塩が生成する。

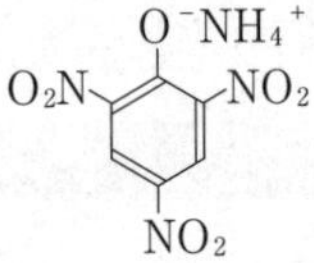

Ⅱ. キ. (1)陽　(2)スルホ　(3)1:1:1

ク. OH^- をもつ陰イオン交換樹脂に**D**の塩酸塩の水溶液を注いで塩酸を除去する。次に溶離液として水を流せば**D**が双性イオンとして溶出する。

ケ.

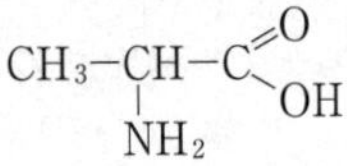

コ.

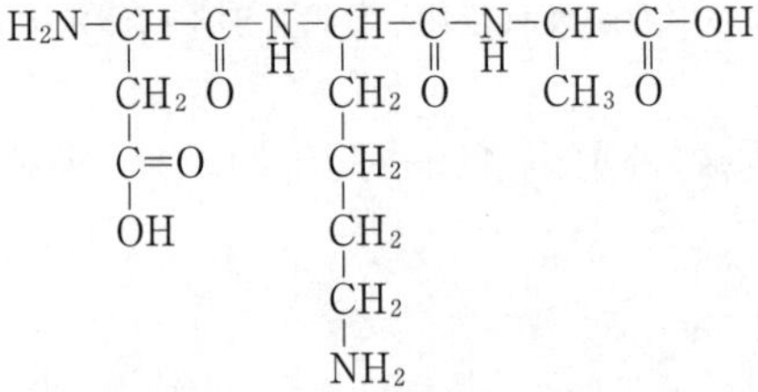

解　説

Ⅰ. ア. 炭酸の塩（炭酸水素ナトリウム）を加えることにより炭酸よりも強い安息香酸を塩に変化させることで水溶性にし，水に溶けにくい弱酸であるフェノールを遊離させることが目的である。

　　弱酸の塩 + 強酸 ⟶ 強酸の塩 + 弱酸　（弱酸の遊離）

ウ. 塩化カルシウムは，$CaCl_2\cdot 4H_2O$ や $CaCl_2\cdot 6H_2O$ の形で水分を吸収してくれるが，中性物質なので，二酸化炭素とは反応しない。ソーダ石灰は，CaO と $NaOH$ の混合物で水とも二酸化炭素とも反応して吸着する。

　　$CaO + H_2O \longrightarrow Ca(OH)_2$

　　$CaO + CO_2 \longrightarrow CaCO_3$

　　$2NaOH + CO_2 \longrightarrow Na_2CO_3 + H_2O$

よって，U字管**A**とU字管**B**のつなぐ順番を逆にしてはいけない。

エ.

$$\text{フェノール} + 3HNO_3 \longrightarrow \text{2,4,6-トリニトロフェノール} + 3H_2O$$

2,4,6-トリニトロフェノール
（ピクリン酸）

カ. ピクリン酸のヒドロキシ基は，電子吸引性の3つの $-NO_2$ により，フェノールよりもかなり強い酸性基であるのでアンモニアと塩をつくる。

Ⅱ.　キ. (1)・(2)このイオン交換樹脂は，水素イオンとの交換を行うことから，陽イオン交換樹脂である。

(3) **B**，**C**，**D** の分子量はそれぞれ $C_4H_7NO_4 = 133$，$C_3H_7NO_2 = 89$，$C_6H_{14}N_2O_2 = 146$ であるから，**B**，**C**，**D** の物質量比は

$$\frac{200\,\text{mg}}{133\,\text{g/mol}} : \frac{134\,\text{mg}}{89\,\text{g/mol}} : \frac{220\,\text{mg}}{146\,\text{g/mol}} \fallingdotseq 1.50 : 1.50 : 1.50$$

$$= 1 : 1 : 1$$

ク～コ. 化合物 **C** は，その分子式 $C_3H_7NO_2$ とメチル基 $-CH_3$ をもつ α-アミノ酸 $\underset{\underset{NH_2}{|}}{R-CH-COOH}$ であることから，アラニン $\underset{\underset{NH_2}{|}}{CH_3-CH-COOH}$ である。

化合物 **A** をトリプシン処理して得られるものが **F** と **C** より，ジペプチド **F** に塩基性アミノ酸（$-NH_2$ を2つもつ）が含まれる。また，ジペプチド **E** からも **F** からも **D** が得られることからトリペプチド **A** の中央に位置するのは **D** でかつ塩基性アミノ酸と判明。**D** のカルボキシ基とアミノ基を使って脱水縮合してアミド結合をつくっている **C** は，右端（カルボキシ末端）に位置し，残る酸性アミノ酸 **B** が左端に位置する。**B** の構造式は，α-アミノ酸であること，2つのカルボキシ基をもつことと，分子式が $C_4H_7NO_4$ より，アスパラギン酸とわかる。

$$\underset{\underset{CH_2-COOH}{|}}{H_2N-CH-COOH}$$

アスパラギン酸

D は，やはり α-アミノ酸の構造をベースに，2つのアミノ基をもつことと，分子式が $C_6H_{14}N_2O_2$ から，リシンとなる。

$$\underset{\underset{(CH_2)_4-NH_2}{|}}{H_2N-CH-COOH}$$

リシン

これら **B**，**D**，**C** が順番に脱水縮合してできるトリペプチド **A** は，左端のアミノ末端から書くと，次のようになる。

$$\underset{\underset{CH_2COOH}{|}}{H_2N-CH}-CO-NH-\underset{\underset{(CH_2)_4NH_2}{|}}{CH}-CO-NH-\underset{\underset{CH_3}{|}}{CH}-COOH$$

この分子式は，$C_{13}H_{24}N_4O_6$ で，元素分析値より得られる組成式とも一致する。

$$C : H : N : O = \frac{47.0\ \%}{12.0} : \frac{7.3\ \%}{1.0} : \frac{16.9\ \%}{14.0} : \frac{100 - (47.0 + 7.3 + 16.9)\ \%}{16.0}$$

$$= 3.91 : 7.3 : 1.20 : 1.80 \fallingdotseq 13 : 24 : 4 : 6$$

化合物 **B** はアスパラギン酸であり，溶離液として水を流すとこのまま陽イオン交換樹脂を通過する。**C** はアラニンで，陽イオン交換樹脂のスルホ基から H^+ を受けとって $CH_3-\underset{\underset{NH_3^+}{|}}{CH}-COOH$（陽イオン）となる。**D** のリシンも同様に

$H_3N^+-(CH_2)_4-\underset{\underset{NH_3^+}{|}}{CH}-COOH$ となって，陽イオン交換樹脂にとらえられる。

さらに濃い濃度の塩酸を溶離液として流すと，**C**，**D** ともに陽イオンの価数に応じて H^+ と置き換わり，塩酸とともに **C**，**D** の順に溶出する。

リシンは，$H_3N^+-(CH_2)_4-\underset{\underset{NH_3^+}{|}}{CH}-COOH$ の塩酸塩となっているので，陰イオン交換樹脂を通すと，残余の H^+ は交換樹脂の OH^- と反応して水となり，Cl^- は樹脂に吸着される。

そして，OH^- に H^+ を奪われ，$H_2N-(CH_2)_4-\underset{\underset{NH_3^+}{|}}{CH}-COO^-$ となったところで電荷を失うので，溶離液として水を流すと，双性イオンとして溶出する。

47

ポイント
Ⅰ．**エ**は**ウ**と関連づけて考えれば容易に解ける。**オ**の装置は教科書にも出ており，なぜこのような装置になるのか考えておきたい。
Ⅱ．基本的なベンゼン誘導体の製法である。ベンゼンとその誘導体の基本的な反応は必ず覚えておくこと。

解　答

Ⅰ．**ア**．$CH_4 + Cl_2 \longrightarrow CH_3Cl + HCl$

イ．$A : CH_3-CH_2-CH_2-Cl$　$B : CH_3-\underset{\underset{Cl}{|}}{CH}-CH_3$

　　Aから得られる3種類の二塩素置換生成物：

　　$Cl-CH_2-CH_2-CH_2-Cl$　　$CH_3-\underset{\underset{Cl}{|}}{CH}-CH_2-Cl$

　　$CH_3-CH_2-\underset{\underset{Cl}{|}}{CH}-Cl$

ウ．3：1

エ．ウとのかかわりから，x倍置換されやすいとすると
　　　$3 : x = 9 : 11$　　∴　$x = 3.66 ≒ 3.7$倍　……(答)

オ．(a)─⑦　(b)─③　(c)─⑩

Ⅱ．**カ**．**P**の分子式：$C_6H_6O_3S$

　化学反応式：$CH_3COONa + $〈ベンゼン環〉$-SO_3H \longrightarrow $〈ベンゼン環〉$-SO_3Na + CH_3COOH$

　理由：ベンゼンスルホン酸が強酸であるため，酢酸塩から弱酸である酢酸が遊離する。

キ．$Q : C_6H_5NO_2$　$R : C_6H_5NH_2$

ク．油状の**Q**が消失して均一な水溶液となり，残りの金属スズが底に沈んだとき。

ケ．塩酸塩となっているアニリンに強塩基の水酸化ナトリウム水溶液を加えることで，弱塩基であるアニリンを遊離させエーテルで抽出できるようにするため。

解　説

Ⅰ．**ア**．この反応は次のように進む。

　　$Cl_2 \xrightarrow{\text{光}} 2 : \overset{..}{\underset{..}{Cl}} \cdot$

198

$$:\overset{..}{\underset{..}{Cl}}\cdot + CH_4 \longrightarrow H:\overset{..}{\underset{..}{Cl}}: + CH_3\cdot$$

$$CH_3\cdot + \cdot\overset{..}{\underset{..}{Cl}}: \longrightarrow CH_3:\overset{..}{\underset{..}{Cl}}:$$

塩素分子が光によって塩素原子になることで反応が始まる。典型的な置換反応である。

イ．Aから得られる二塩素置換生成物は，〔解答〕に示したとおりであるが，**B**からは

$$Cl-CH_2-\underset{\underset{Cl}{|}}{CH}-CH_3 \qquad CH_3-\underset{\underset{Cl}{|}}{\overset{\overset{Cl}{|}}{C}}-CH_3$$

の2種類が得られる。

ウ．Aを与える水素原子 H_a はプロパン $CH_3-CH_2-CH_3$ の両端の C 原子に結合する H 原子であるから6個，**B**を与える水素原子 H_b は真中の C 原子に結合する H 原子であるから2個。すなわち 6：2 ＝ 3：1

オ．発生装置図1で起こる反応は

$$MnO_2 + 4HCl \longrightarrow MnCl_2 + Cl_2\uparrow + 2H_2O$$

よって，(a)では混在する塩化水素を水に溶かして除き，(b)では水分を含んでいる塩素を乾燥する必要がある。塩基性の水酸化カルシウムは塩素と反応するので④・⑤の洗気ビンは不適当である。捕集装置(c)では，塩素が空気より重い気体であるから，下方置換を行う。水上置換は，塩素が少し水に溶けることと，捕集した塩素が水蒸気を含んでしまうので，適さない。

Ⅱ．カ．(a)の結果より**P**の組成式を $C_sH_tO_uS_v$ とすると

$$s:t:u:v = \frac{45.5\,\%}{12.0} : \frac{3.8\,\%}{1.0} : \frac{100-(45.5+3.8+20.3)\,\%}{16.0} : \frac{20.3\,\%}{32.1}$$

$$= 3.79:3.8:1.9:0.63 \fallingdotseq 6:6:3:1$$

よって，組成式は $C_6H_6O_3S$

分子式は $(C_6H_6O_3S)_n$ で表されるが，$n\geqq2$ では，構造式が書けない。したがって，**P**はベンゼンの一置換体で，その構造式は ⟨ベンゼン⟩$-SO_3H$ （ベンゼンスルホン酸）と推定される。

また，ベンゼンスルホン酸は強酸であるから，酢酸ナトリウムを加えることにより，弱酸である酢酸が遊離してくる。

キ．ベンゼンの置換反応には，ニトロ化，ハロゲン化，スルホン化，アルキル化などが考えられるが，**X**（濃硫酸）と**Y**の混合物と反応して一置換体**Q**が得られたので，**Y**は濃硝酸，**Q**はニトロベンゼンである。

$$⟨ベンゼン⟩ + HNO_3 \longrightarrow \underset{\mathbf{Q}}{⟨ベンゼン⟩-NO_2} + H_2O$$

さらに，ニトロベンゼンの還元によりアニリン（**R**）が得られる。その反応式は

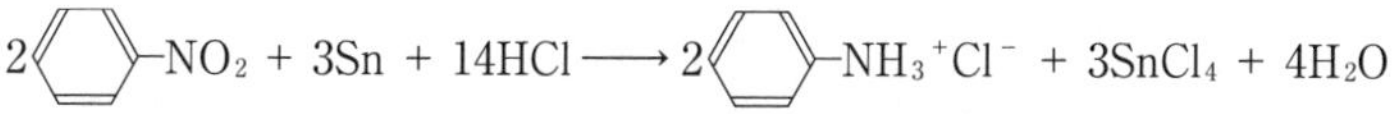

$$2\ \langle\!\!\!\bigcirc\!\!\!\rangle\text{-NO}_2 + 3\text{Sn} + 14\text{HCl} \longrightarrow 2\ \langle\!\!\!\bigcirc\!\!\!\rangle\text{-NH}_3{}^+\text{Cl}^- + 3\text{SnCl}_4 + 4\text{H}_2\text{O}$$

アニリン塩酸塩

$$\langle\!\!\!\bigcirc\!\!\!\rangle\text{-NH}_3{}^+\text{Cl}^- + \text{NaOH} \longrightarrow \text{NaCl} + \langle\!\!\!\bigcirc\!\!\!\rangle\text{-NH}_2 + \text{H}_2\text{O}$$

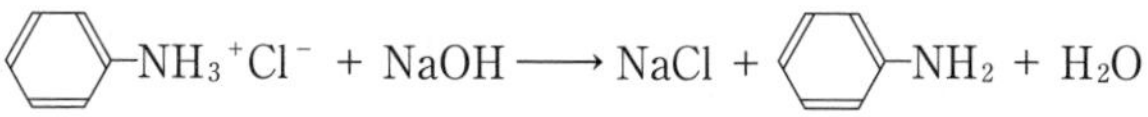

R

ク．ニトロベンゼンは淡黄色の油状の液体で，水より重く，水に難溶であり，反応前は下に沈んでいる。反応が完了するとアニリン塩酸塩となり，アニリン塩酸塩はイオン性物質で水に溶けるので，均一な水溶液となる。

ケ．下線部(2)の操作でアニリンは分子となって遊離し，ジエチルエーテルで抽出できる。

〔注〕　SnCl_2 はイオン性であるが，SnCl_4 は分子性物質なので，過剰の水酸化ナトリウム水溶液を加えてヘキサヒドロキソスズ(Ⅳ)酸イオンとする目的もある。

$$\text{SnCl}_4 + 6\text{NaOH} \longrightarrow \text{Na}_2[\text{Sn}(\text{OH})_6] + 4\text{NaCl}$$

イオンにすれば水溶性なので，ジエチルエーテル中のアニリンに混入することがないからである。

第5章　総合問題
複合問題

48

> **ポイント**
> **Ⅰ．ウ．** 凝固点降下度は溶質粒子の質量モル濃度に比例することをおさえる。
> **エ．** $HF \rightleftharpoons H^+ + F^-$ から，$[H^+] = [F^-]$ であることを利用する。
> **オ．** 電離定数の式から，$[H^+]$ と $[HF]$ の関係式を導き，具体的な数値を代入するのがよい。(b)では，水溶液の電気的中性条件も利用する。
> **Ⅱ．カ．** SiO_2 は酸性酸化物であるが，NaOH の「水溶液」とはほとんど反応しない。
> **キ．** グラフの縦軸が対数目盛になっていることに注意する。グラフをもとにある程度答えの見当をつけてから，錯イオンの濃度の合計を計算するとよい。
> **コ．** 面心立方格子の最密充填面は，単位格子の体対角線に垂直である。互いに平行な面は等価であることに注意。

解答

Ⅰ．ア． HF, HI, HBr, HCl

理由：構造が似ている分子では，<u>分子量</u>が大きくなるほど<u>ファンデルワールス力</u>が強くなるため沸点が高くなるが，HF は分子間で<u>水素結合</u>を形成するので，分子量は小さいものの沸点は異常に高くなるから。

イ．A. H_2SiF_6　**B.** SiF_4

ウ． 小さくなる

理由：二量体を形成すると，溶液中の溶質粒子の数が減り，溶質粒子の質量モル濃度が小さくなるから。

エ． pH が 3.00 より

$$[H^+] = 1.00 \times 10^{-3} \ [\text{mol} \cdot \text{L}^{-1}]$$

である。また，$[H^+] = [F^-]$ であるから

$$K_1 = \frac{[H^+][F^-]}{[HF]} = \frac{[H^+]^2}{[HF]}$$

よって，HF の濃度は

$$[HF] = \frac{[H^+]^2}{K_1} = \frac{(1.00 \times 10^{-3})^2}{7.00 \times 10^{-4}}$$

$$= 1.42 \times 10^{-3} \fallingdotseq 1.4 \times 10^{-3} \ [\text{mol} \cdot \text{L}^{-1}] \quad \cdots\cdots (\text{答})$$

オ． (a)—(3)　(b)—(2)

Ⅱ．カ． 化合物：Al_2O_3

化学反応式：$Al_2O_3 + 2NaOH + 3H_2O \longrightarrow 2Na[Al(OH)_4]$

キ． 7

ク． ⑦　$TiO_2 + C + 2Cl_2 \longrightarrow TiCl_4 + CO_2$

⑧　$TiCl_4 + 2Mg \longrightarrow Ti + 2MgCl_2$

⑨　$MgCl_2 \longrightarrow Mg + Cl_2$

全体：$TiO_2 + C \longrightarrow Ti + CO_2$

ケ．Mg はイオン化傾向が大きいため，$MgCl_2$ 水溶液の電気分解では Mg^{2+} ではなく H_2O が還元されて H_2 が発生し，Mg は得られないから。

コ．最密充填面：(iii)　最密充填面の数：4

<hr>

解　説

I．イ．A．SiO_2 とフッ化水素酸の反応は次のようになり，2 価の酸であるヘキサフルオロケイ酸が生成する。

$$SiO_2 + 6HF \longrightarrow H_2SiF_6 + 2H_2O$$

B．SiO_2 と気体のフッ化水素の反応は次のようになり，正四面体形の分子である四フッ化ケイ素 SiF_4 が生成する。なお，SiF_4 は常温で気体である。

$$SiO_2 + 4HF \longrightarrow SiF_4 + 2H_2O$$

SiF_4 の構造

エ．式 1 より，HF の電離により生じる H^+ と F^- の物質量は等しいので，それらのモル濃度も等しくなる。

オ．(a)　式 1 の平衡のみを考える場合，**エ**から

$$[HF] = \frac{[H^+]^2}{K_1}$$

であるから，この式で例えば

$$[H^+] = 0.010 = 1.0 \times 10^{-2} \, [\text{mol} \cdot L^{-1}]$$

とすると

$$[HF] = \frac{(1.0 \times 10^{-2})^2}{7.00 \times 10^{-4}} = 0.142 \, [\text{mol} \cdot L^{-1}]$$

となる。よって，$[H^+] = 0.010 \, [\text{mol} \cdot L^{-1}]$ のときに，$[HF] = 0.142 \, [\text{mol} \cdot L^{-1}]$ となっているグラフを選べばよい。

(b)　水溶液の電気的中性条件を考慮すると，「陽イオンがもつ電気量の総和の大きさ＝陰イオンがもつ電気量の総和の大きさ」が成り立つので

$$[H^+] = [F^-] + [HF_2^-] \qquad \therefore \quad [HF_2^-] = [H^+] - [F^-] \quad \cdots\cdots①$$

となる。また，K_1 の式から

$$[F^-] = \frac{K_1[HF]}{[H^+]} \quad \cdots\cdots②$$

であるから，これを①に代入すると

$$[HF_2^-] = [H^+] - \frac{K_1[HF]}{[H^+]} \quad \cdots\cdots③$$

となる。よって，②，③を K_2 の式に代入すると，$[H^+]$ は次のように表せる。

$$K_2 = \dfrac{[H^+] - \dfrac{K_1[HF]}{[H^+]}}{[HF] \cdot \dfrac{K_1[HF]}{[H^+]}} \qquad \therefore \quad [H^+] = \sqrt{K_1[HF](1 + K_2[HF])}$$

この式で例えば

$$[HF] = 0.10 \,(mol \cdot L^{-1})$$

とすると

$$[H^+] = \sqrt{7.00 \times 10^{-4} \times 0.10 \times (1 + 5.00 \times 0.10)}$$
$$= \sqrt{1.05 \times 10^{-4}} \fallingdotseq 1.0 \times 10^{-2} \,(mol \cdot L^{-1})$$

となるので，$[HF] = 0.10 \,(mol \cdot L^{-1})$ のときに，$[H^+]$ がおよそ $0.010 \,(mol \cdot L^{-1})$ となっているグラフを選べばよい。

Ⅱ. カ. Al_2O_3 は両性酸化物であるから，酸とも塩基とも反応して塩を生じる。$NaOH$ 水溶液と反応すると，テトラヒドロキシドアルミン酸ナトリウム $Na[Al(OH)_4]$ となって溶解する。

SiO_2 は酸性酸化物であるが，$NaOH$ 水溶液とは反応しない。固体の $NaOH$ と混合して高温で融解させることで次の反応が起こり，ケイ酸ナトリウム Na_2SiO_3 を生じる。

$$SiO_2 + 2NaOH \longrightarrow Na_2SiO_3 + H_2O$$

Fe_2O_3 は塩基性酸化物であるから，$NaOH$ 水溶液とは反応しない。

キ. グラフの縦軸が対数目盛になっていることに注意する（1目盛分大きいと，濃度は 10 倍になる）と，錯イオンの濃度の合計が最も低くなる pH は，6，7，8 のいずれかである。$[Al(H_2O)_3(OH)_3]$ は pH によらず一定なので，これを除いた錯イオンの濃度の和を各 pH に対して求めると

pH6 : $10^{-4} + 10^{-6} \times 2 + 10^{-7} = 1.021 \times 10^{-4} \fallingdotseq 1.0 \times 10^{-4} \,(mol \cdot L^{-1})$

pH7 : $10^{-5} \times 2 + 10^{-8} = 2.001 \times 10^{-5} \fallingdotseq 2.0 \times 10^{-5} \,(mol \cdot L^{-1})$

pH8 : $10^{-4} + 10^{-6} = 1.01 \times 10^{-4} \fallingdotseq 1.0 \times 10^{-4} \,(mol \cdot L^{-1})$

よって，求める pH は 7 である。

ク. 全体の化学反応式は，⑦＋⑧＋⑨×2 により得られる。全体としては，TiO_2 が C により還元されて，単体の Ti が生成する反応となる。

ケ. $MgCl_2$ 水溶液の電気分解では，陰極において H_2O が還元されるため，Mg の単体は得られない。

$$2H_2O + 2e^- \longrightarrow H_2 + 2OH^-$$

溶融塩電解では，$MgCl_2$ の固体を高温で融解させた液体を電気分解するため，液体中に H_2O は存在せず，Mg^{2+} が還元される。

$$Mg^{2+} + 2e^- \longrightarrow Mg$$

解答のポイントは,「Mg はイオン化傾向が大きい」「H_2O が還元されて H_2 が発生する」の 2 点である。

コ.　面心立方格子では,単位格子のそれぞれの面の対角線上で金属原子が接しており,辺上では接していない。よって,その対角線を 1 辺とする正三角形を含む面上で,金属原子が最も密に詰まることになる。次の図では,斜線をつけた 6 個の金属原子がすべて接しており,最密充填面上に存在する。

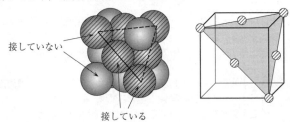

最密充填面は,互いに平行な面が等価であることに注意すると,下の図のように 4 つあることがわかる。

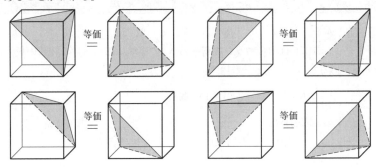

49

ポイント

　I．東京大学の入試問題では珍しい会話形式のリード文となっている。題材となっている不均一触媒は受験生にはなじみの薄いものであるが，会話文の中に手がかりがあるので，よく読んで解答したい。

　ウ．表面金属原子にいったん吸着した H 原子は，圧力を下げても脱離せず吸着したままである。したがって，2 回目以降は担体のみに H_2 分子が吸着することになる。

　エ．1 回目と 2 回目以降の H_2 の吸着量の差をとると，表面金属原子に吸着した H_2 の体積がわかる。

　II．**コ**．**ク**で求めたモル濃度〔mol/L〕と，リード文中で与えられた質量濃度〔g/L〕を用いて，コロイド粒子 1mol あたりの実際の質量を求め，それを**ケ**の結果と比較する。

　サ．コロイド粒子のモル質量を Δh を用いて表した式，および r を用いて表した式を比較すると，Δh が r^3 に反比例することがわかる。

解答

I．**ア**．a．ルシャトリエ　b．高　c．発　d．低　e．高

イ．図 3 - 2 より，1.00 g の触媒に吸着する N_2 の標準状態における体積の最大値は 112 mL であるから，その分子数は

$$\frac{112}{22.4 \times 10^3} \times 6.02 \times 10^{23} = 3.01 \times 10^{21} \text{ 個}$$

よって，求める表面積は

$$0.160 \times 10^{-18} \times 3.01 \times 10^{21} = 4.81 \times 10^2 \fallingdotseq 4.8 \times 10^2 \text{〔m}^2\text{〕} \quad \cdots\cdots\text{(答)}$$

ウ．(iii)

エ．図 3 - 4 の(iii)のグラフより，金属に吸着する H_2 の 300 K，1.01×10^5 Pa における体積は

$$200 - 20 = 180 \text{〔mL〕}$$

であるから，金属に吸着した H 原子の物質量は

$$\frac{1.01 \times 10^5 \times 180 \times 10^{-3}}{8.31 \times 10^3 \times 300} \times 2 \text{〔mol〕}$$

これは，表面を構成している金属原子の物質量に等しいので，求める割合は

$$\frac{\dfrac{1.01 \times 10^5 \times 180 \times 10^{-3}}{8.31 \times 10^3 \times 300} \times 2}{5.00 \times 10^{-2}} \times 100 = 29.1 \fallingdotseq 29 \text{〔%〕} \quad \cdots\cdots\text{(答)}$$

オ．分子の共有結合を切断する（10 字程度）

II．**カ**．陰

　理由：pH＝3.0 の溶液中では，表面に $-OH_2^+$ をもつコロイド粒子の割合が多く，

全体として正の電荷を帯びているから。

キ. 表面に $-OH_2^+$ をもつコロイド粒子が減少し，$-OH$ をもつコロイド粒子が増加することにより，コロイド粒子どうしの反発力が弱くなるから。

ク. 液面の高さの変化がなくなった後のコロイド溶液の浸透圧は

$$1.01 \times 10^5 \times \frac{1.00 \times 1.36}{13.6 \times 76.0} = \frac{1.01}{76.0} \times 10^4 \, [\text{Pa}]$$

であるから，求めるモル濃度を $c \, [\text{mol/L}]$ とおくと，ファントホッフの法則から

$$\frac{1.01}{76.0} \times 10^4 = c \times 8.31 \times 10^3 \times 300$$

$$\therefore \quad c = 5.33 \times 10^{-5} \fallingdotseq 5.3 \times 10^{-5} \, [\text{mol/L}] \quad \cdots\cdots(\text{答})$$

ケ. コロイド粒子 1 mol に含まれる Fe^{3+} の物質量は

$$4.00 \times 10^4 \times \frac{4}{3} \pi \times (1.00 \times 10^{-8})^3 \times 6.02 \times 10^{23}$$

$$= \frac{16}{3} \pi \times 6.02 \times 10^3 \, [\text{mol}]$$

である。これは，コロイド粒子 1 mol あたりの $Fe(OH)_3$（式量 106.8）の物質量に等しいので，求める質量は

$$106.8 \times \frac{16}{3} \pi \times 6.02 \times 10^3 = 1.07 \times 10^7 \fallingdotseq 1.1 \times 10^7 \, [\text{g}] \quad \cdots\cdots(\text{答})$$

コ. 小さい

理由：**ク**の結果を用いてコロイド粒子 1 mol あたりの質量を求めると 1.0×10^6 g となり，**ケ**で求めた質量よりも小さいから。

サ. (5)

理由：コロイド粒子 1 mol あたりの質量は，Δh にほぼ反比例し，r^3 に比例するため，Δh は r^3 に反比例するから。

解　説

I. イ. 1 nm $= 10^{-9}$ m なので，1 nm^2 $= 10^{-18}$ m^2 である。圧力が低いときは，触媒の表面に N_2 が吸着していない部分があるため，表面積は求められない。問題文にあるように，N_2 の飽和吸着量を読み取ることで，触媒の表面全体に吸着したときの N_2 の分子数がわかり，表面積を求めることができる。

ウ. 吸着 1 回目は，担体と表面金属原子の両方に H_2 が吸着するが，表面金属原子に吸着した H 原子は脱離しないので，2 回目以降は，担体の表面だけで H_2 が吸着と脱離を繰り返す。よって，2 回目以降の吸着量は等しく，1 回目より少なくなる。以上より，適切な図は(iii)である。

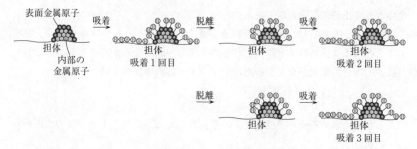

エ. 1回目に吸着した H_2 の体積 200 mL は，担体と表面金属原子に吸着した H_2 の体積の合計であり，2回目以降に吸着した H_2 の体積 20 mL は，担体に吸着した H_2 の体積である。よって，これらを差し引いた体積 180 mL が，表面金属原子に吸着した H_2 の体積になる。このことと，「吸着したH原子の物質量＝表面金属原子の物質量」の関係を用いて，割合を求める。この際，H原子の物質量は，H_2 の物質量の2倍であることに注意すること。

オ. N_2 と H_2 から NH_3 が生成する化学反応が触媒上で起こるためには，H_2 だけでなく，N_2 も原子の状態まで解離していなければならないが，N_2 の結合エネルギーは非常に大きいため，共有結合を切断して原子の状態まで解離させるには，高温が必要となる。

Ⅱ. **カ.** 溶液を酸性にするほど，図3−5の平衡は右方向に偏り，表面に正の電荷を帯びたコロイド粒子が増加することがわかる。これは，ヒドロキシ基が酸の H^+ を受け取ることによる。

$$\text{粒子}-\text{OH} + H^+ \rightleftharpoons \text{粒子}-\text{OH}_2^+$$

キ. pH＝3.0 の酸性溶液中で正の電荷を帯びたコロイド粒子は，互いに反発し合い，溶液中に分散している。NaOH 水溶液を加えて pH を大きくしていくと，$-\text{OH}_2^+$ の H^+ と OH^- が反応することで，表面に電荷を帯びないコロイド粒子が増加する。これにより，コロイド粒子の反発力は弱くなり，凝集して沈殿する。この現象を凝析という。

$$\text{粒子}-\text{OH}_2^+ + OH^- \rightleftharpoons \text{粒子}-\text{OH} + H_2O$$

ク. 液面の高さの変化がなくなった後のコロイド溶液の浸透圧は，1.36 cm の液柱による圧力に等しい。1.01×10^5 Pa に相当する水銀柱の高さが 76.0 cm より，これに相当する 1.00 g/cm³ のコロイド溶液の高さは 13.6×76.0 cm のため，浸透圧

Π〔Pa〕は

$$1.01 \times 10^5\,〔Pa〕:13.6\,〔g/cm^3〕\times 76.0\,〔cm〕$$

$$=\Pi\,〔Pa〕:1.00\,〔g/cm^3〕\times 1.36\,〔cm〕$$

$$\therefore\quad \Pi = 1.01 \times 10^5 \times \frac{1.00 \times 1.36}{13.6 \times 76.0} = \frac{1.01}{76.0} \times 10^4\,〔Pa〕$$

となる。

ケ. 粒子 1 mol あたりの $Fe(OH)_3$ の物質量を求めるときは，次の手順で考えるとよい。

①粒子 1 個の体積 $= \dfrac{4}{3}\pi \times (1.00 \times 10^{-8})^3\,〔m^3〕$

②粒子 1 個あたりの Fe^{3+} の物質量 $= 4.00 \times 10^4 \times \dfrac{4}{3}\pi \times (1.00 \times 10^{-8})^3\,〔mol〕$

③粒子 1 mol あたりの Fe^{3+} の物質量（$Fe(OH)_3$ の物質量）

$$= 4.00 \times 10^4 \times \frac{4}{3}\pi \times (1.00 \times 10^{-8})^3 \times 6.02 \times 10^{23}\,〔mol〕$$

コ. 液面の高さの変化がなくなった後のコロイド溶液の体積は

$$10.0 + \frac{1.00 \times 1.36}{2} = 10.68\,〔mL〕$$

であるから，$Fe(OH)_3$ 粒子の質量濃度は

$$53.4\,〔g/L〕\times \frac{10.0\,〔mL〕}{10.68\,〔mL〕} = 50.0\,〔g/L〕$$

ク よりコロイド粒子のモル濃度は $5.33 \times 10^{-5}\,mol/L$ なので，コロイド粒子のモル質量は

$$\frac{50.0\,〔g/L〕}{5.33 \times 10^{-5}\,〔mol/L〕} = \frac{5.00}{5.33} \times 10^6\,〔g/mol〕 < 1.1 \times 10^7\,〔g/mol〕$$

となり，**ケ** で求めたモル質量よりも小さい。コロイド粒子はその半径が大きいほど体積が大きく，粒子 1 個あたりの質量も大きくなるので，モル質量も大きくなる。よって，半径を $1.00 \times 10^{-8}\,m$ と仮定したときのモル質量よりも小さいということは，実際の半径は $1.00 \times 10^{-8}\,m$ よりも小さいということになる。

サ. コロイド粒子の半径が大きくなるほど，溶液中の粒子の数は少なくなるので，浸透圧が小さくなり，Δh は小さくなる。これにより，適切なものは(4)か(5)に絞られる。以下，コロイド粒子のモル質量を M〔g/mol〕として，M と Δh，M と r の関係について考える。

液面差が Δh〔cm〕になったときのコロイド溶液の浸透圧は

$$1.01 \times 10^5 \times \frac{1.00 \times \Delta h}{13.6 \times 76.0}\,〔Pa〕$$

であるから，コロイド溶液中の粒子のモル濃度を c〔mol/L〕とすると

$$1.01 \times 10^5 \times \frac{1.00 \times \Delta h}{13.6 \times 76.0} = c \times 8.31 \times 10^3 \times 300$$

が成り立つので，モル濃度 c は Δh に比例することがわかる。そこで，k を正の定数として

$c = k\Delta h$ 〔mol/L〕

と表し，コロイド粒子の質量濃度は 53.4g/L で一定であるとすると，コロイド粒子のモル質量 M〔g/mol〕は

$$M = \frac{53.4 \,〔\text{g/L}〕}{c \,〔\text{mol/L}〕} = \frac{53.4}{k\Delta h} 〔\text{g/mol}〕$$

となり，Δh に反比例することがわかる。

次に，半径 r〔m〕のコロイド粒子のモル質量 M〔g/mol〕は

$$M = 4.00 \times 10^4 \times \frac{4}{3}\pi r^3 \times 6.02 \times 10^{23} \times 106.8 〔\text{g/mol}〕$$

となり，r^3 に比例することがわかる。

以上から，a, b を正の定数として

$$M = \frac{a}{\Delta h}, \quad M = br^3$$

と表せるので

$$\frac{a}{\Delta h} = br^3 \qquad \therefore \quad \Delta h = \frac{a}{b} \cdot \frac{1}{r^3}$$

となり，Δh は r^3 に反比例する。よって，(5)が正解となる。

50

ポイント

Ⅰ．**ア．イ．** 反応熱の計算では，「（反応熱）＝（生成物の生成熱の総和）－（反応物の生成熱の総和）」の関係を用いると速い。

ウ． 下線部③の記述から，CO と H_2 を消去した熱化学方程式を作ればよいことがわかる。

エ． 燃焼熱は，1mol の物質が完全燃焼した際に発生するエネルギーであることをおさえる。

Ⅱ．**ク．** 単位格子全体に含まれるイオンの個数を数えてもよいが，1 個の CN^- に結合している Fe 原子の個数を考えたほうが，短時間で解答できる。1 個の Fe^{2+} が 6 個の C 原子と結合し，1 個の Fe^{3+} が 6 個の N 原子と結合していることがポイント。

解答

Ⅰ．**ア．** 反応 4：C（黒鉛）$+ O_2$（気）$= CO_2$（気）$+ 394\,kJ$

反応 5：CH_4（気）$+ 2O_2$（気）$= CO_2$（気）$+ 2H_2O$（液）$+ 891\,kJ$

CO_2（気）の物質量：2.3 倍

イ． NH_3（気）の燃焼熱を Q〔kJ/mol〕とおくと，反応 6 の熱化学方程式は

$$NH_3（気）+ \frac{3}{4}O_2（気）= \frac{1}{2}N_2（気）+ \frac{3}{2}H_2O（液）+ Q\,kJ$$

「（反応熱）＝（生成物の生成熱の総和）－（反応物の生成熱の総和）」の関係より

$$Q = \frac{3}{2} \times 286 - \frac{1}{2} \times 92 = 383\,〔kJ/mol〕$$

よって，必要な NH_3（気）の物質量を x〔mol〕とおくと

$$394 + 383x = 891 \quad \therefore \quad x = 1.29 \fallingdotseq 1.3〔mol〕 \quad \cdots\cdots（答）$$

ウ． （反応 1）× 3 +（反応 2）× 3 +（反応 3）× 4 より

$$3CH_4（気）+ 4N_2（気）+ 6H_2O（気）= 8NH_3（気）+ 3CO_2（気）- 127\,kJ$$

よって，エネルギーは吸収される。　……（答）

また，1.0mol の NH_3（気）を得る際に吸収されるエネルギーは

$$\frac{127}{8} = 15.8 \fallingdotseq 16〔kJ〕 \quad \cdots\cdots（答）$$

エ． $(NH_2)_2CO$　（$CO(NH_2)_2$，NH_2CONH_2 も可）

オ． 0.38mol，0.87 倍

Ⅱ．**カ．** (b)—(3)　(c)—(1)　(d)—(2)

キ． $Cu(OH)_2 + 4NH_3 \longrightarrow [Cu(NH_3)_4]^{2+} + 2OH^-$

ク． K：Fe：C：N ＝ 1：2：6：6

ケ. プルシアンブルーの組成式は $KFe_2C_6N_6$ であるから，式量は 306.7 である。単位格子中に Fe 原子は 8 個含まれるので，$KFe_2C_6N_6$ が 4 つ分含まれることになる。

よって，単位格子の質量は

$$\frac{306.7}{6.02\times10^{23}}\times4=2.03\times10^{-21}\,[g]$$

単位格子の体積は

$$(0.50\times2\times10^{-7})^3=1.0\times10^{-21}\,[cm^3]$$

であるから，求める密度は

$$\frac{2.03\times10^{-21}}{1.0\times10^{-21}}=2.03\doteqdot2.0\,[g/cm^3]\quad\cdots\cdots(答)$$

コ. 1.0 g のプルシアンブルーに吸着した N_2 の物質量は

$$\frac{1.0\times10^5\times60\times10^{-3}}{8.31\times10^3\times300}=\frac{2.0\times10^{-2}}{8.31}\,[mol]$$

単位格子の質量は $\dfrac{306.7}{6.02\times10^{23}}\times4\,g$ なので，これに吸着した N_2 は

$$\frac{2.0\times10^{-2}}{8.31}\times\frac{\dfrac{306.7}{6.02\times10^{23}}\times4}{1.0}\times6.02\times10^{23}=2.9\doteqdot3\,分子\quad\cdots\cdots(答)$$

解 説

Ⅰ. ア. 反応 4：C（黒鉛）の燃焼熱は，CO_2（気）の生成熱に等しい。

反応 5：CH_4（気）の燃焼熱を $Q_1\,[kJ/mol]$ とおくと，反応 5 の熱化学方程式は

$$CH_4（気）+2O_2（気）=CO_2（気）+2H_2O（液）+Q_1\,kJ$$

と表される。「(反応熱)＝(生成物の生成熱の総和)－(反応物の生成熱の総和)」の関係より

$$Q_1=394+2\times286-75=891\,[kJ/mol]$$

となる。

CO_2（気）の物質量：反応 4 と反応 5 の熱化学方程式より，1.0 kJ のエネルギーを得る際に排出される CO_2（気）の物質量は，反応 4 では $\dfrac{1.0}{394}$ mol，反応 5 では $\dfrac{1.0}{891}$ mol であるから

$$\frac{1.0}{394}\div\frac{1.0}{891}=2.26\doteqdot2.3\,倍$$

イ. NH_3（気）の生成熱は反応 3 からわかるが，NH_3（気）の係数が 2 になっているので，92 kJ/mol ではなく 46 kJ/mol である。

また，NH_3（気）の燃焼反応の熱化学方程式は，次のように作ってもよい。

H_2O（液）の生成熱が 286 kJ/mol であるので

$$H_2\,(気)+\frac{1}{2}O_2\,(気)=H_2O\,(液)+286\,kJ$$

これを反応7とすると，（反応7）$\times\frac{3}{2}-$（反応3）$\times\frac{1}{2}$より

$$NH_3\,(気)+\frac{3}{4}O_2\,(気)=\frac{1}{2}N_2\,(気)+\frac{3}{2}H_2O\,(液)+383\,kJ$$

ウ． 下線部③に「CH_4（気）と N_2（気）と H_2O（気）から，NH_3（気）と CO_2（気）を生成する」とあるので，反応1〜反応3の熱化学方程式から，CO（気）と H_2（気）を消去することを目標にすればよい。〔解答〕では一度に目的となる熱化学方程式を作っているが，順に考えてみよう。まず，（反応1）＋（反応2）により，CO（気）が消去できる。

$$CH_4\,(気)+H_2O\,(気)=CO\,(気)+3H_2\,(気)-206\,kJ$$
$$+\underline{)\,CO\,(気)+H_2O\,(気)=H_2\,(気)+CO_2\,(気)+41\,kJ}$$
$$CH_4\,(気)+2H_2O\,(気)=4H_2\,(気)+CO_2\,(気)-165\,kJ$$

これを反応8とすると，（反応8）$\times3+$（反応3）$\times4$により，H_2（気）が消去できる。

$$3CH_4\,(気)+6H_2O\,(気)=12H_2\,(気)+3CO_2\,(気)-495\,kJ$$
$$+\underline{)\,4N_2\,(気)+12H_2\,(気)=8NH_3\,(気)+368\,kJ}$$
$$3CH_4\,(気)+4N_2\,(気)+6H_2O\,(気)=8NH_3\,(気)+3CO_2\,(気)-127\,kJ$$

エ． CO_2 と NH_3 からつくられる，肥料や樹脂の原料に用いられる化合物は，尿素である。

$$CO_2+2NH_3\longrightarrow (NH_2)_2CO+H_2O$$

1.00 トンの CO_2 から得られる尿素（分子量 60.0）の質量は

$$60.0\times\frac{1.00}{44.0}=1.363\fallingdotseq1.36\ トン$$

となり，問題文に合致する。

オ． ウで求めた熱化学方程式

$$3CH_4\,(気)+4N_2\,(気)+6H_2O\,(気)=8NH_3\,(気)+3CO_2\,(気)-127\,kJ$$

より，1.0 mol の NH_3（気）を得る際に排出される CO_2（気）の物質量は

$$1.0\times\frac{3}{8}=0.375\fallingdotseq0.38\,[mol]$$

反応6により 1.0 kJ のエネルギーを得る際に必要な NH_3（気）の物質量は $\dfrac{1.0}{383}$ mol なので，このとき排出される CO_2（気）の物質量は

$$\frac{3}{8}\times\frac{1.0}{383}=\frac{3.0}{3064}\,[mol]$$

反応 5 により 1.0kJ のエネルギーを得る際に排出される CO_2（気）の物質量は $\dfrac{1.0}{891}$ mol である。よって

$$\frac{3.0}{3064} \div \frac{1.0}{891} = 0.872 \fallingdotseq 0.87 \text{ 倍}$$

Ⅱ. **カ.** 金属イオンごとに，配位数や錯イオンの形が決まっている。(b)はジアンミン銀（Ⅰ）イオン $[Ag(NH_3)_2]^+$，(c)はヘキサアンミンコバルト（Ⅲ）イオン $[Co(NH_3)_6]^{3+}$，(d)はテトラアンミン亜鉛（Ⅱ）イオン $[Zn(NH_3)_4]^{2+}$ である。

キ. Cu^{2+} を含む水溶液に，少量のアンモニア水を加えると，青白色の水酸化銅（Ⅱ）が沈殿する。

$$Cu^{2+} + 2OH^- \longrightarrow Cu(OH)_2$$

この沈殿は，過剰のアンモニア水に溶けてテトラアンミン銅（Ⅱ）イオン $[Cu(NH_3)_4]^{2+}$ となり，水溶液は深青色になる。

ク. 0.50nm の辺に注目すると，右図のように結合している。1 個の Fe^{2+} は 6 個の C と結合しているので，C 1 個あたりの Fe^{2+} は $\dfrac{1}{6}$ 個である。また，1 個の Fe^{3+} も 6 個の N と結合しているので，N 1 個あたりの Fe^{3+} は $\dfrac{1}{6}$ 個である。

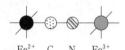

よって，電気的な中性を保つために必要な K^+ の個数を x とおくと

$$(+2) \times \frac{1}{6} + (+3) \times \frac{1}{6} + (-1) \times 1 + (+1) \times x = 0 \qquad \therefore \quad x = \frac{1}{6}$$

ゆえに

$$K : Fe : C : N = \frac{1}{6} : \left(\frac{1}{6} + \frac{1}{6}\right) : 1 : 1 = 1 : 2 : 6 : 6$$

ケ. Fe^{2+} と Fe^{3+} に注目すると NaCl 型の結晶格子の配置になっているから，単位格子中に Fe^{2+} と Fe^{3+} はともに 4 個ずつ含まれる。

コ. プルシアンブルー 1.0g の体積は，ケの結果から $\dfrac{1.0}{2.03}$ cm³ であるから

$$\frac{2.0 \times 10^{-2}}{8.31} \times \frac{1.0 \times 10^{-21}}{\dfrac{1.0}{2.03}} \times 6.02 \times 10^{23} = 2.9 \fallingdotseq 3 \text{ 分子}$$

のように考えてもよい。

51

ポイント

Ⅰ．問題のテーマは「水素を吸蔵する反応の化学平衡」という見慣れないものであるが，527℃における H_2 の分圧の最大値が $K_p^{(1)} = 2.00×10^5$〔Pa〕であり，H_2 の吸蔵が起こっている間は常に H_2 の分圧は $2.00×10^5$ Pa になっているということがわかればよい。つまり，$K_p^{(1)}$ を飽和蒸気圧のように扱えるのである。

ウ．H_2 の物質量比を大きくしてその分圧を $K_p^{(1)}$ よりも高くすると，$K_p^{(1)}$ を超える分の H_2 が吸蔵されるので，全圧は小さくなる。

キ．HI と I_2 の分圧の和が $2.00×10^6$ Pa であることに気づけるかがポイント。

Ⅱ．**ク**．$-COOH$ が $-NH_3^+$ より先に中和されることと，各アミノ酸に含まれる $-COOH$ と $-NH_3^+$ の個数に注意する。

サ．エネルギーの単位を J または kJ に統一して計算する必要がある。

解　答

Ⅰ．**ア**．$6.6×10 L$

イ．$3.6×10^5 Pa$

ウ．(4)

エ．$p_{H_2} = K_p^{(1)} = 2.00×10^5$〔Pa〕であるから，アルゴンの分圧は

$$2.20×10^6 - 2.00×10^5 = 2.00×10^6 〔Pa〕$$

分圧は物質量に比例するから，混合気体中の水素の物質量は

$$1.20 × \frac{2.00×10^5}{2.00×10^6} = 0.120 〔mol〕$$

よって，吸蔵された水素は

$$1.50 - 0.120 = 1.38 ≒ 1.4 〔mol〕　……（答）$$

オ．$4.0×10$

カ．温度が一定であるから平衡定数は変化しない。また，式 2 の左辺と右辺で気体の分子数が変化しないので，加圧しても平衡は移動しない。そのため，水素の吸蔵が始まったときの HI，H_2，I_2 の物質量は圧縮前と変化がなく，それぞれ 2.00 mol，0.50 mol，0.20 mol である。この状態で，水素の分圧が $K_p^{(1)} = 2.00×10^5$〔Pa〕に達したときに吸蔵が始まるので，求める混合気体の全圧を P〔Pa〕とすると

$$P = 2.00×10^5 × \frac{2.00 + 0.50 + 0.20}{0.50}$$

$$= 1.08×10^6 ≒ 1.1×10^6 〔Pa〕　……（答）$$

キ．下線部⑤のとき，水素の分圧 $p_{H_2} = 2.00×10^5$〔Pa〕だから，ヨウ素とヨウ化水素の分圧の合計は

$2.20 \times 10^6 - 2.00 \times 10^5 = 2.00 \times 10^6 \text{〔Pa〕}$

である。ヨウ化水素の分圧を p_{HI}〔Pa〕とすると

$$K_p = \frac{(p_{HI})^2}{2.00 \times 10^5 \times (2.00 \times 10^6 - p_{HI})} = 4.0 \times 10$$

$$(p_{HI})^2 + 8.00 \times 10^6 \times p_{HI} - 16.0 \times 10^{12} = 0$$

$p_{HI} > 0$ だから

$$p_{HI} = 1.64 \times 10^6 \fallingdotseq 1.6 \times 10^6 \text{〔Pa〕} \quad \cdots\cdots\text{(答)}$$

Ⅱ. ク. (a)—(6) (b)—(7) (c)—(5)

ケ. 反応式：$(NH_2)_2CO + H_2O \longrightarrow 2NH_3 + CO_2$

反応速度の比：2 倍

コ. 熱化学方程式：H_2（気）$+ O_2$（気）$= H_2O_2$（液）$+ 187.8\,kJ$

$$H_2\text{（気）} + \frac{1}{2}O_2\text{（気）} = H_2O\text{（液）} + 285.8\,kJ$$

反応熱：$9.8 \times 10\,kJ/mol$

サ. カタラーゼを加えないときの反応速度定数を k_1，加えたときの反応速度定数および活性化エネルギーをそれぞれ k_2，E_a〔kJ/mol〕とすると

$$\log_{10}k_1 = -\frac{75.3 \times 10^3}{2.30 \times 8.31 \times 300} + A \quad \cdots\cdots①$$

$$\log_{10}k_2 = -\frac{E_a \times 10^3}{2.30 \times 8.31 \times 300} + A \quad \cdots\cdots②$$

②−①より

$$\log_{10}\frac{k_2}{k_1} = -\frac{(E_a - 75.3) \times 10^3}{2.30 \times 8.31 \times 300} = \log_{10}10^{12} = 12$$

$$E_a = (75.3 - 68.8) \times 10^3$$

$$= 6.5 \times 10^3\text{〔J/mol〕} = 6.5\text{〔kJ/mol〕} \quad \cdots\cdots\text{(答)}$$

シ. d．指数 e．減少

解　説

Ⅰ. ア. 水素とアルゴンは全量気体であるので，混合気体の体積を V〔L〕とすると，気体の状態方程式より

$$2.70 \times 10^5 \times V = (1.50 + 1.20) \times 8.31 \times 10^3 \times 800$$

$$V = 66.4 \fallingdotseq 6.6 \times 10\text{〔L〕}$$

イ. このときの水素の分圧 p_{H_2} は圧平衡定数 $K_p^{(1)} = 2.00 \times 10^5$〔Pa〕に等しい。また，圧力は物質量に比例するから，混合気体の全圧 P〔Pa〕は

$$P = 2.00 \times 10^5 \times \frac{2.70}{1.50} = 3.60 \times 10^5 \fallingdotseq 3.6 \times 10^5\text{〔Pa〕}$$

ウ. 水素の吸蔵が生じていないときの混合気体の全圧を P とすると，そのときの水素の分圧 p_{H_2} と水素の物質量比（モル分率）x は $p_{H_2}=xP<K_p^{(1)}$ の関係にあり，容器の体積および混合気体の全物質量は一定であるから P は変化しない。しかし，x が増加（P は一定）して $xP=K_p^{(1)}$ になると水素の吸蔵が始まり，$xP>K_p^{(1)}$ の場合には，平衡状態の水素の分圧 p_{H_2} が $p_{H_2}=K_p^{(1)}(<xP)$ を満たすまで水素は吸蔵される。そのため混合気体の全物質量は吸蔵された水素の分だけ減少する。しかし，混合気体の体積は変わらないので，全圧は吸蔵された水素の分だけ P より小さくなる。この全圧の低下量は x が大きいほど大きいから，(4)が適切である。

オ. HI が $2.00\,mol$ 存在するときには水素の吸蔵がないので，このときの平衡に至る各成分の物質量の変化を示すと次のようになる。

$$H_2 + I_2 \rightleftharpoons 2HI$$

反応前	1.50	1.20	0 〔mol〕
平衡時	0.50	0.20	2.00 〔mol〕

混合気体の全圧は $2.70\times10^5\,Pa$，各成分の物質量の合計は $2.70\,mol$ であることから，各成分の分圧は

$$p_{H_2}=2.70\times10^5\times\frac{0.50}{2.70}=0.50\times10^5\,[Pa]$$

$$p_{I_2}=2.70\times10^5\times\frac{0.20}{2.70}=0.20\times10^5\,[Pa]$$

$$p_{HI}=2.70\times10^5\times\frac{2.00}{2.70}=2.00\times10^5\,[Pa]$$

よって，圧平衡定数 K_p は

$$K_p=\frac{p_{HI}^2}{p_{H_2}\cdot p_{I_2}}=\frac{(2.00\times10^5)^2}{0.50\times10^5\times0.20\times10^5}=4.0\times10$$

〔**別解**〕　式2の場合，圧平衡定数 K_p と濃度平衡定数 K_c の関係は，$K_p=K_c(RT)^0$ より

$$K_p=K_c=\frac{\left(\dfrac{2.00}{V}\right)^2}{\left(\dfrac{0.50}{V}\right)\left(\dfrac{0.20}{V}\right)}=4.0\times10$$

カ. 水素の分圧が $K_p^{(1)}$ に等しくなると吸蔵が始まる。

キ. 下線部⑤のとき，水素の吸蔵が起こっていることから，水素の分圧が $2.00\times10^5\,Pa$ とわかる。混合気体に含まれる気体は H_2, I_2, HI の3種であるから，I_2 と HI の分圧の合計が求められ，I_2 の分圧を HI の分圧 p_{HI} で表すことができる。これを圧平衡定数の式に代入すると，p_{HI} についての2次方程式が得られる。

Ⅱ. **ク**. 塩酸酸性状態のアミノ酸を NaOH 水溶液で滴定すると，次の2通りの中和反応が生じる。

$$-COOH + NaOH \longrightarrow -COONa + H_2O \quad \cdots\cdots ①$$

$$-NH_3^+ + NaOH \longrightarrow -NH_2 + Na^+ + H_2O \quad \cdots\cdots ②$$

式①の方が式②より低い pH で起きるので，-COOH を 1 つもつアラニンとリシンの中和点は 2mL，-COOH を 2 つもつアスパラギン酸の中和点は 4mL となる。次に，-NH_3^+ を 1 つもつアラニンとアスパラギン酸はさらに NaOH 水溶液を 2mL 加えたところで式②の中和点となる。よって，NaOH 水溶液の合計滴下量は，アラニンが 4mL，アスパラギン酸が 6mL となる。一方，リシンは -NH_3^+ を 2 つもつので，NaOH 水溶液をさらに 4mL 加えた点が中和点となる。よって，滴下する NaOH 水溶液の合計は 6mL となる。したがって，対応するグラフは，アラニンは(6)，アスパラギン酸は(7)，リシンは(5)となる。

ケ．反応式における各成分の反応速度の比は，その係数の比に等しい。1mol の尿素が加水分解すると 2mol の NH_3 が生じるので，NH_3 の生成速度は，尿素の減少速度の 2 倍である。

コ． H_2 (気) $+ O_2$ (気) $= H_2O_2$ (液) $+ 187.8\,kJ \quad \cdots\cdots ①$

$$H_2 \text{(気)} + \frac{1}{2}O_2 \text{(気)} = H_2O \text{(液)} + 285.8\,kJ \quad \cdots\cdots ②$$

とし，②-①より

$$H_2O_2 \text{(液)} = H_2O \text{(液)} + \frac{1}{2}O_2 \text{(気)} + (285.8 - 187.8)\,kJ$$

よって，1mol の H_2O_2 (液) を分解する際の反応熱は

$$285.8 - 187.8 = 98.0 \,[kJ/mol]$$

サ．計算に際して，活性化エネルギーと気体定数の単位をそろえる必要がある。

シ．Y に H^+ が供給される反応速度は，（式3）より [Y] と [H^+] の積に比例すると思われる。よって，[Y] が一定の場合には，反応速度は [H^+] に比例する。一方，H^+ は水溶液から供給され，$pH = -\log_{10}[H^+]$ だから，$[H^+] = 10^{-pH}$ であり，反応速度は 10^{-pH} に比例する。また，$-pH$ は負の値だから，反応速度は pH の指数関数にしたがって減少する。

52

ポイント

Ⅰ. イ. (1) AgCl により水溶液が濁っているので，Ag_2CrO_4 は沈殿したと目視で判断するよりも前に沈殿しており，過剰に $AgNO_3$ 水溶液を加えている。対照実験では，水溶液中に Ag^+ が存在しない（つまり当量点に達した）状態から，Ag_2CrO_4 が沈殿したと判断するまでに加えた $AgNO_3$ 水溶液の体積がわかり，これが過剰に加えた分の体積となる。

ウ. 当量点では水溶液の体積が 36.0mL になっているので，$[CrO_4{}^{2-}]$ が問題文で与えられた値の $\dfrac{5}{9}$ 倍になることに注意。

エ. ウで求めた，水溶液中に残っている Ag^+ の物質量も考慮しなければならない。

Ⅱ. キ. d_{AA} と d_{BB} の大小比較については，文字式のまま考えてもよいが，具体的に与えられた数値を代入した方が楽である。

コ. 原子の位置は，結晶格子の内部（1 個），面上 $\left(\dfrac{1}{2}\text{個}\right)$，正六角形の頂点 $\left(\dfrac{1}{6}\text{個}\right)$ という 3 種類に分けられる。

解　答

Ⅰ. ア. $2Ag^+ + 2OH^- \longrightarrow Ag_2O + H_2O$

イ. (3)・(4)

ウ. 当量点において

$$[CrO_4{}^{2-}] = 1.0 \times 10^{-4} \times \frac{20.0}{20.0 + 16.0} = \frac{5}{9} \times 10^{-4} \,[\text{mol/L}]$$

$$K_{sp2} = [Ag^+]^2[CrO_4{}^{2-}] = [Ag^+]^2 \times \frac{5}{9} \times 10^{-4} = 1.2 \times 10^{-12}$$

$$[Ag^+]^2 = \frac{9}{5} \times \frac{6}{5} \times 10^{-8}$$

$$[Ag^+] = \frac{3}{5} \times \sqrt{6} \times 10^{-4} = 1.47 \times 10^{-4} \,[\text{mol/L}]$$

よって，当量点における水溶液中の Ag^+ の物質量は

$$1.47 \times 10^{-4} \times \frac{36.0}{1000} = 5.29 \times 10^{-6} \fallingdotseq 5.3 \times 10^{-6} \,[\text{mol}] \quad \cdots\cdots(\text{答})$$

エ. 試料水溶液中の Cl^- の物質量は，当量点までに滴下された $AgNO_3$ の物質量から当量点時に水溶液中に残っている Ag^+ の物質量を引いた値に等しい。よって

$$\frac{x \times 20.0}{1000} = \frac{1.0 \times 10^{-3} \times 16.0}{1000} - 5.29 \times 10^{-6}$$

$$x = 5.35 \times 10^{-4} \fallingdotseq 5.4 \times 10^{-4} \,[\text{mol/L}] \quad \cdots\cdots(\text{答})$$

オ. 当量点では $[Ag^+] = 1.47 \times 10^{-4}$ [mol/L] であるから

$$K_{\mathrm{sp1}} = [Ag^+][Cl^-] = 1.47 \times 10^{-4} \times [Cl^-] = 1.6 \times 10^{-10}$$

$$[Cl^-] = 1.08 \times 10^{-6} \text{[mol/L]}$$

よって，求める Cl^- の物質量は

$$\frac{1.08 \times 10^{-6} \times 36.0}{1000} = 3.88 \times 10^{-8} \fallingdotseq 3.9 \times 10^{-8} \text{[mol]} \quad \cdots\cdots\text{(答)}$$

Ⅱ. **カ**. 21 L

キ. $d_{\mathrm{AA}} = \sqrt{2}\,l - 2r_{\mathrm{A}}$, $d_{\mathrm{BB}} = l - 2r_{\mathrm{B}}$　　d_{BB} の方が小さい

ク. 2 通りの組み合わせについて，d_{AA} と d_{BB} を求めてみると

$$d_{\mathrm{AA}}\,(\sqrt{2}\,l - 2r_{\mathrm{A}}) \qquad\qquad d_{\mathrm{BB}}\,(l - 2r_{\mathrm{B}})$$

A：Ti，B：Fe　$\sqrt{2} \times 0.30 - 2 \times 0.14 \fallingdotseq 0.14$ [nm]　$0.30 - 2 \times 0.12 = 0.06$ [nm]

A：Fe，B：Ti　$\sqrt{2} \times 0.30 - 2 \times 0.12 \fallingdotseq 0.18$ [nm]　$0.30 - 2 \times 0.14 = 0.02$ [nm]

ここで水素原子の直径は 0.06 nm（＞0.02 nm）であるから，A が Fe，B が Ti の場合は $d_{\mathrm{BB}} = 0.02$ [nm] で，水素原子は八面体のすき間に安定的に入れないが，A が Ti，B が Fe の場合は $d_{\mathrm{BB}} = 0.06$ [nm] で，水素原子の大きさと等しくなるから。

ケ. 3 倍

コ. 水素原子の数：18　合金の体積：8.7 L

解　説

Ⅰ. **ア**. pH が大きくなって OH^- が増加すると，Ag^+ と OH^- の反応が生じる。

イ. (1)　正文。滴定の場合と同程度に白濁した $CaCO_3$ を含む水溶液に，赤褐色の Ag_2CrO_4 による呈色が目視できるまで滴下した $AgNO_3$ 水溶液の量は，当量点を過ぎた過剰分の $AgNO_3$ 水溶液だと認められる。よって，終点からこの過剰分を差し引いた量が当量点までの滴下量だとみなしてよい。

(2)　正文。AgF の溶解度は AgCl に比べてはるかに大きい。

(3)　誤文。Ag と Cl の電気陰性度の差は Na と Cl の電気陰性度の差より小さいので，AgCl のイオン結合性は弱く，水への溶解度が小さい。

(4)　誤文。Ag^+ は OH^- と錯イオンを形成することはない。

(5)　正文。pH が 7 より小さくなると，次の反応が生じ $CrO_4{}^{2-}$ の濃度が変化する。

$$2CrO_4{}^{2-} + 2H^+ \longrightarrow Cr_2O_7{}^{2-} + H_2O$$

Ⅱ. **カ**. $C_6H_5{-}CH_3 + 3H_2 \longrightarrow C_6H_{11}CH_3$（分子量 98.0）だから，生成したメチルシクロヘキサンの体積 [L] は

$$\frac{1.0}{2.0} \times \frac{1}{3} \times 98.0 \times \frac{1}{0.77} = 21.2 \fallingdotseq 21 \text{[L]}$$

キ. 図 3 − 2 の原子 A による正方形は，図 3 − 1 の単位格子の 1 つの面に等しく，正

方形の中心が八面体の中心である。よって，d_{AA} は，正方形の対角線の長さから r_A の 2 倍の長さを引いた値に等しいから

$$d_{AA} = \sqrt{2}l - 2r_A$$

一方，図 3 − 1 において，原子 B は単位格子の中心にあるから，図 3 − 2 における原子 B 間の距離は l に等しい。よって，d_{BB} は l から $2r_B$ を引いた値に等しいから

$$d_{BB} = l - 2r_B$$

クの〔解答〕にあるように，2 通りの場合について実際に数値を代入して調べれば，いずれの場合も $d_{AA} > d_{BB}$ であるとわかる。

ケ．図 3 − 1 の単位格子の各辺の中心が八面体の中心である。よって，八面体の中心の数は，単位格子当たり $\dfrac{1}{4} \times 12 = 3$ 個である。一方，単位格子は Fe，Ti を各 1 個含んでいるから，吸蔵される水素原子の数は Ti 原子の数の 3 倍である。

コ．図 3 − 4 左の単位構造の体積は

$$\left(0.50 \times \frac{\sqrt{3}}{2} \times 0.50\right) \times \frac{1}{2} \times 6 \times 0.40 \fallingdotseq 0.259 \,(nm^3) = 0.259 \times 10^{-24}\,(L)$$

一方，この単位構造の面 α および面 β に含まれる La，Ni 原子の数は

	La	Ni
面 α	$\dfrac{1}{6} \times 6 + \dfrac{1}{2} = \dfrac{3}{2}$ 個	$\dfrac{1}{2} \times 6 = 3$ 個
面 β	0	$6 + \dfrac{1}{2} \times 6 = 9$ 個

面 α は 2 つあるので，この単位構造が含む La 原子は $\dfrac{3}{2} \times 2 = 3$ 個，Ni 原子は $3 \times 2 + 9 = 15$ 個となり合計 18 個である。よって，この単位構造が吸蔵する水素原子の数は 18 個である。

したがって，1.0 kg の H_2 を吸蔵したこの合金の体積は

$$\dfrac{\dfrac{1.0 \times 10^3}{2.0} \times 2 \times 6.02 \times 10^{23}}{18} \times 0.259 \times 10^{-24} = 8.66 \fallingdotseq 8.7\,(L)$$

53　2020年度　第2問

ポイント

Ⅰ．ウ．気体の状態方程式から，密度は分子量に比例することをつかむ。

エ．Cu と Fe のイオン化傾向の大小に注目し，イオン化傾向の大きい Fe が高温の水蒸気と反応することから考える。

オ．NH_4NO_2 の 2 つの N 原子の酸化数は異なり，一方が酸化され，一方が還元されている。

カ．見慣れない反応であるが，CO_2 が還元されて HCOOH に，H_2O が酸化されて O_2 になることがわかれば，通常の手順通りに反応式はつくれるはずである。

Ⅱ．キ．まず構造式を書いてから，オクテット則を満たすように非共有電子対を配置していくとよい。NO_2^- は 1 価の陰イオンであるから，1 個の O 原子が 1 個の電子を受け取っており，非共有電子対の数が 1 増えている。

解　答

Ⅰ．ア．(2)・(3)

イ．操作 1：CO_2　操作 2：O_2　操作 3：H_2O

ウ．問イの気体中：1.1％　空気中：0.88％

エ．次の反応により H_2O から密度の小さい H_2 が発生するから。

$$3Fe + 4H_2O \longrightarrow Fe_3O_4 + 4H_2$$

オ．反応式：$NH_4NO_2 \longrightarrow 2H_2O + N_2$

酸化数：（反応前）-3，$+3$　（反応後）0

カ．$CO_2 + 2H^+ + 2e^- \longrightarrow HCOOH$

$2H_2O \longrightarrow 4H^+ + O_2 + 4e^-$

Ⅱ．キ　H：C⋮⋮N：　　$\left[\,\text{:}\ddot{\text{O}}\text{:}\ddot{\text{N}}\text{::}\ddot{\text{O}}\text{:}\,\right]^-$

ク．HCN，NO_2^+，N_3^-

ケ．単位格子に含まれる CO_2 分子の数は，単位格子の頂点に C 原子があるものは $\frac{1}{8}$ 個，面の中心に C 原子があるものは $\frac{1}{2}$ 個と考えられるので，合計 4 個である。また，最も近くにある炭素原子間の距離は，単位格子の面の対角線の長さの $\frac{1}{2}$ 倍であるから，単位格子の一辺の長さは，$0.40 \times \sqrt{2}$〔nm〕である。したがって，CO_2 の結晶の密度は

$$\frac{\dfrac{44.0}{6.02\times10^{23}}\times4}{(0.40\times\sqrt{2}\times10^{-7})^3}=1.62\fallingdotseq1.6\,[\mathrm{g/cm^3}] \quad\cdots\cdots(答)$$

コ. 電気陰性度は酸素原子の方が炭素原子より大きいので，分子間において，わずかに負に帯電した酸素原子とわずかに正に帯電した炭素原子が引きつけ合うため。

解　説

Ⅰ．ア. (1)　誤文。希ガス原子の価電子の数は 0 個である。

(2)　正文。ネオンサインに代表されるように，励起された希ガスの原子が基底状態に戻る際に，特有の色に発光する。

(3)　正文。周期表の右上にある He の第 1 イオン化エネルギーは最も大きい。

(4)　誤文。第 4 周期の希ガスである Kr 原子の電子数は，同じく第 4 周期のハロゲン化物イオンである Br^- の電子数と等しい。

(5)　誤文。Ar（沸点 −186℃）は無極性の単原子分子，HCl（沸点 −85℃）は極性分子であるので，沸点は HCl の方が高い。

イ. 操作 1：NaOH との中和反応によって CO_2 を除く。

$$2NaOH+CO_2\longrightarrow Na_2CO_3+H_2O$$

操作 2：酸化還元反応によって O_2 を除く。

$$2Cu+O_2\longrightarrow 2CuO$$

操作 3：濃硫酸の吸湿性によって H_2O を除く。

ウ. 問イの実験で得た気体中の Ar の体積百分率を $x\,[\%]$ とすると，体積百分率は物質量の比に比例するので，Ar が混じった混合気体の平均分子量は

$$28.0\times\frac{100-x}{100}+39.9\times\frac{x}{100}$$

密度は平均分子量に比例するので

$$\frac{28.0\times\dfrac{100-x}{100}+39.9\times\dfrac{x}{100}}{28.0}=\frac{100.476}{100}$$

$$x=1.12\fallingdotseq1.1\,[\%]$$

空気中の Ar は，空気中の体積百分率が 78.0％である N_2 に対して 1.12％であるから，Ar の空気中の体積百分率を $y\,[\%]$ とすると

$$\frac{y}{78.0+y}\times100=1.12 \qquad y=0.883\fallingdotseq0.88\,[\%]$$

エ. Fe は高温の水蒸気 H_2O と反応する。そのとき，分子量の小さい H_2 を発生するため，混合気体の密度が小さくなる。Fe は Fe_3O_4 になる。

カ. 全体の反応は，$2CO_2+2H_2O\longrightarrow 2HCOOH+O_2$ である。

II. **キ**. HCN, $NO_2{}^-$ の構造式は, それぞれ H−C≡N, $[O−N=O]^-$ と考えられるか

ら, それに則した電子式を書けばよい。

ク HCN, $NO_2{}^-$, $NO_2{}^+$, O_3, $N_3{}^-$ の電子式を下線部④の考え方に基づいて書くと

次のようになる。

| HCN | $NO_2{}^-$ | $NO_2{}^+$ | O_3 | $N_3{}^-$ |

H:C⋮⋮N:　　$\left[\begin{array}{c} \text{N} \\ \text{O}\;\;\;\text{O} \end{array}\right]^-$　　$\left[\; \text{O}::\text{N}::\text{O} \;\right]^+$　　$\begin{array}{c} \text{O} \\ \text{O}\;\;\;\text{O} \end{array}$　　$\left[\; \text{N}:\text{N}:⋮\text{N} \;\right]^-$

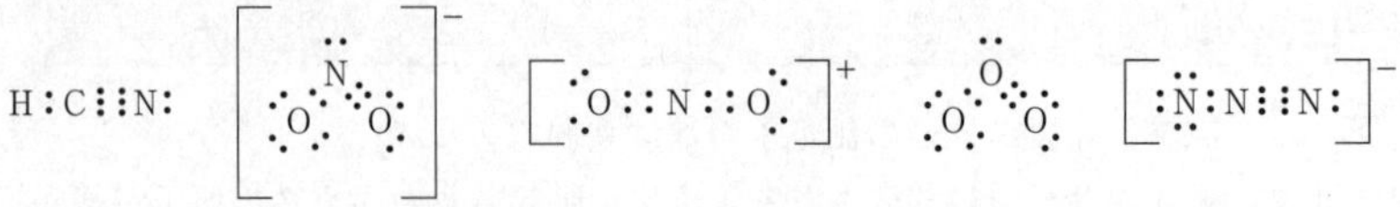

このとき, 中心の原子が3組または4組の電子対をもっていると屈曲した形になり,

2組の電子対だと直線形になる。したがって, HCN, $NO_2{}^+$, $N_3{}^-$ が直線形である。

ケ. CO_2 の単位格子のC原子に着目すると, 面心立方格子形に配置されていること

がわかる。

コ. 結晶構造のように, 原子間の距離が小さいときには, 電気陰性度の影響を受ける。

54

ポイント

Ⅰ．**ア**．第一段階は熱分解で酸化数に変化がなく，第二段階は酸化還元反応であることを把握する。

イ．P 原子は価電子が 5 個で，P_4O_{10} 中の P の酸化数は +5 であるから，価標の数は 5 になり，そのうちの 2 本は二重結合である。

Ⅱ．**キ**．K は水と激しく反応する。また，Cu^{2+} と同時に Fe^{3+} も還元する。

サ．固体 G 中の Au は金属泥（陽極泥）として落ちるので，与えられた電気量は何ら寄与しない。電解精錬前後で固体 G 中の物質量の比が変わらなかったので，元の組成比のまま各成分が固体 G から溶け出したことをつかむと，$Ni \longrightarrow Ni^{2+} + 2e^-$ の反応で流れた電気量を求められる。

解答

Ⅰ．**ア**．第一段階：$2Ca_3(PO_4)_2 \longrightarrow 6CaO + P_4O_{10}$

　　　　第二段階：$P_4O_{10} + 10C \longrightarrow P_4 + 10CO$

イ．

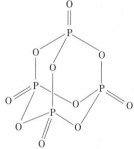

ウ．電極 A：$O_2 + 4H^+ + 4e^- \longrightarrow 2H_2O$

　　電極 B：$H_2 \longrightarrow 2H^+ + 2e^-$

　　正極：電極 A

エ．1 mol の H_2O が生成すると 2 mol の電子 e^- が流れる。したがって，電池が作動した間に流れた電子 e^- の物質量は，$H_2O = 18.0$ より

$$\frac{90 \times 10^3}{18.0} \times 2 = 1.0 \times 10^4 〔mol〕$$

この電子の電気量は

$$1.0 \times 10^4 \times 9.65 \times 10^4 = 9.65 \times 10^8 〔C〕$$

よって，電池からこの電子に供給された電力量は

$$9.65 \times 10^8 \times 0.50 = 4.825 \times 10^8 \fallingdotseq 4.8 \times 10^8 〔J〕　\cdots\cdots（答）$$

オ. 34 %

Ⅱ. カ. SO_2

キ. カリウム

〔理由〕 • カリウムは水と激しく反応する。

　　　　• イオン化傾向が，銅，鉄のいずれよりも大きく，両方とも還元してしまう。

ク. アンモニア水

ケ. $Fe(OH)_3$

コ. 0.38 mol

サ. 6.08 g/L

解　説

Ⅰ. ア. 第一段階は，リン酸カルシウム $Ca_3(PO_4)_2$ の加熱分解反応で，リン原子の酸化数は変化していない。第二段階は，十酸化四リン P_4O_{10} の炭素による還元反応である。

イ. 4つのリン原子はいずれも5個の価電子をもつので，P_4O_{10} の立体構造図では，5価の共有結合をしているように表される。オクテット則で考えると，リン原子と酸素原子との二重結合は配位結合（リン原子が酸素原子に非共有電子対を提供する）とみなせる。4つのリン原子は，いずれも同じ立体配置状況および結合状態にあり，P_4O_{10} 分子はきわめて対称性の高い構造をしている。

ウ. 燃料電池では，酸素が供給される電極**A**は正極，水素が供給される電極**B**は負極である。電池の正極では還元反応，負極では酸化反応が生じる。

エ. 電力量とは，流れた電気量に対して電池がした仕事量のことであり，仕事量〔J〕＝電気量〔C〕×電圧〔V〕の関係にある。この値と，その間に電池内で消費された化学的エネルギー（燃料電池の場合は水素の燃焼熱）とは必ずしも一致しない。このことが電池のエネルギー（発電）効率に関係してくる。

オ. 燃料電池内で燃焼した水素 H_2 の物質量は，この間に流れた電子 e^- の物質量の半分であるから，$5.0×10^3$ mol である。したがって，求める発電効率は

$$\frac{4.82×10^8}{286×10^3×5.0×10^3}×100 = 33.7 ≒ 34 〔％〕$$

Ⅱ. カ. 気体**D**は水に溶けて亜硫酸 H_2SO_3 水溶液となることから，二酸化硫黄 SO_2 であることがわかる。

$$SO_2 + H_2O \longrightarrow H_2SO_3$$

キ. 題意より，Cu^{2+} イオンのみを還元するのに適した金属は，イオン化傾向が Cu より大きく，Fe より小さい金属である。したがって，ニッケル Ni，スズ Sn，鉛 Pb が該当し，カリウム K は不適である。また，K は水溶液中では，水 H_2O とも激

しく反応するので適さない。

なお，Fe よりもイオン化傾向の大きい金属を加えた場合，$Fe^{3+} \longrightarrow Fe^{2+}$ の反応が，$Cu^{2+} \longrightarrow Cu$ の反応よりも先に生じる（エネルギー的に小さい）ので，Fe^{3+} をそのままに保つことはできない。

ク・ケ．Cu^{2+} は過剰量のアンモニア水によって，錯イオン $[Cu(NH_3)_4]^{2+}$（テトラアンミン銅(Ⅱ)イオン）を生じて再溶解する。

$$Cu^{2+} + 2NH_3 + 2H_2O \longrightarrow Cu(OH)_2 + 2NH_4^+$$

$$Cu(OH)_2 + 4NH_3 \longrightarrow [Cu(NH_3)_4]^{2+} + 2OH^-$$

Fe^{3+} はアンモニア水によって赤褐色の沈殿の水酸化鉄(Ⅲ) $Fe(OH)_3$ を生成する。

$$Fe^{3+} + 3OH^- \longrightarrow Fe(OH)_3$$

$Fe(OH)_3$ を強熱すると，酸化鉄(Ⅲ) Fe_2O_3 が得られる。

$$2Fe(OH)_3 \longrightarrow Fe_2O_3 + 3H_2O$$

コ．Fe_2O_3 とメタン CH_4 の反応式は次のとおりである。

$$4Fe_2O_3 + 3CH_4 \longrightarrow 8Fe + 3CO_2 + 6H_2O$$

したがって，$1.0\,mol$ の Fe を得るのに必要な CH_4 の物質量は

$$1.0 \times \frac{3}{8} = 0.375 \fallingdotseq 0.38\,[mol]$$

サ．電解精錬前後で，固体**G**中の物質量の比が変わらなかったということは，電気分解によって，もとの組成比のまま各物質が固体**G**から脱離したことを示している。イオン化傾向が Cu<Ni であるから，Cu が電気分解されるときには Ni も電気分解される。したがって，銅とニッケルは

$$Cu \longrightarrow Cu^{2+} + 2e^-$$

$$Ni \longrightarrow Ni^{2+} + 2e^-$$

の反応で電解液中に溶解し，金 Au は陽極泥として沈殿したことになり，与えられた電気量は Au の陽極泥の生成には用いられない。

また，Cu^{2+} は陰極で Cu となって析出するが，Ni^{2+} はイオン化傾向が大きいため析出せず，水溶液中にとどまる。ここで，Cu^{2+} と Ni^{2+} は，ともに 2 価の陽イオンであるから，与えられた電気量は固体**G**中の Cu と Ni の組成比に等しく配分されたと考えられる。よって，$Ni \longrightarrow Ni^{2+} + 2e^-$ の反応で流れた電気量は

$$3.96 \times 10^5 \times \frac{5.00}{94.0 + 5.00}\,[C]$$

ゆえに，電解液 $1.00L$ 中のニッケルの濃度は

$$\frac{3.96 \times 10^5 \times \dfrac{5.00}{94.0 + 5.00}}{9.65 \times 10^4} \times \frac{1}{2} \times 58.7 \times \frac{1}{1.00} = 6.082 \fallingdotseq 6.08\,[g/L]$$

55

ポイント

Ⅰ. **オ**. ビュレットに入れて滴定に用いるのは $Na_2S_2O_3$ 水溶液のみであるから，ヨウ素の濃度は誤差に影響しない。$Na_2S_2O_3$ 水溶液の濃度を低くすると滴下量が多くなり，誤差の影響が小さくなる。

Ⅱ. このイオン結晶は教科書に載っていないが，問題としては典型的な結晶構造と差はない。

キ・ク. 図 3－1 を利用して簡単な図を作ってみるとよい。

サ. 組成式全体として電気的に中性になる組み合わせを考えればよい。

シ. 2 種類の陽イオンがそれぞれ陰イオンと接していると安定になる。図 3－1 からその条件がわかるので，u が求まり，この値を比較する。

解 答

Ⅰ. **ア**. $I_2 + 2Na_2S_2O_3 \longrightarrow 2NaI + Na_2S_4O_6$

イ. $H_2S + I_2 \longrightarrow 2HI + S$

〔酸化数が変化した元素〕 $S : -2 \rightarrow 0$　$I : 0 \rightarrow -1$

ウ. 実験 1 の結果より，250 mL の溶液 **B** に含まれていた I_2 の物質量を x 〔mol〕 とすると

$$x \times \frac{100}{1000} \times 2 = \frac{0.100 \times 15.7}{1000} \qquad \therefore \quad x = 7.85 \times 10^{-3} \text{〔mol〕}$$

したがって，1.00 L の溶液 **B** を調製するときに用いられた I_2 の物質量は

$$7.85 \times 10^{-3} \times \frac{1000}{250} = 3.14 \times 10^{-2} \text{〔mol〕} \quad \cdots\cdots \text{(答)}$$

エ. H_2S および $Na_2S_2O_3$ と I_2 との反応式は，次のとおりである。

$$H_2S + I_2 \longrightarrow 2HI + S$$

$$I_2 + 2Na_2S_2O_3 \longrightarrow 2NaI + Na_2S_4O_6$$

したがって，実験 2 で反応した H_2S の物質量を x 〔mol〕 とすると

$$x + \frac{0.100 \times 10.2}{1000} \times \frac{1}{2} \times \frac{1000}{100} = 7.85 \times 10^{-3}$$

$$\therefore \quad x = 2.75 \times 10^{-3} \text{〔mol〕} \quad \cdots\cdots \text{(答)}$$

オ. (2)

理由：ビュレットに入れて滴定に用いるのはチオ硫酸ナトリウム水溶液のみであるから，ヨウ素の濃度は誤差に影響しない。また，チオ硫酸ナトリウム水溶液の濃度に関係なく，その体積の ±0.05 mL×2 中に含まれるチオ硫酸ナトリウムの物質量が誤差範囲を決める。したがって，チオ硫酸ナトリウム水溶液の濃度を低くする

方が，誤差の範囲を狭くすることができる。

Ⅱ. カ. $M_A M_B X_3$

キ. M_A の配位数：12　M_B の配位数：6

ク. 面心立方格子

ケ. 組成式：$M_B Z$　物質例：塩化ナトリウム

コ. Sr^{2+}：$0.136\,nm$　Ti^{4+}：$0.056\,nm$

サ. Ca^{2+} と Zr^{4+}，Cs^+ と Ta^{5+}，La^{3+} と Fe^{3+}

シ. La^{3+} と Fe^{3+}

理由：M_A と X および M_B と X が互いに接しているとき，$r_A + r_X$ は単位格子の面（正方形）の対角線の長さ（単位格子の一辺の長さの $\sqrt{2}$ 倍）の半分であり，$r_B + r_X$ は単位格子の一辺の長さの半分である。

したがって

$$u = \frac{r_A + r_X}{r_B + r_X} = \frac{\dfrac{\sqrt{2}\,a}{2}}{\dfrac{a}{2}} = \sqrt{2}$$

一方，3 つの組み合わせ（Ca^{2+} と Zr^{4+}），（Cs^+ と Ta^{5+}），（La^{3+} と Fe^{3+}）における u の値は，それぞれ 1.29，1.61，1.35 であるので，$\sqrt{2}$ に最も近い（La^{3+} と Fe^{3+}）が最も安定だと予想されるから。

解　説

Ⅰ. ア. I_2 は酸化剤，$S_2O_3{}^{2-}$ は還元剤としてはたらく。それぞれの半反応式は次のとおり。

$$I_2 + 2e^- \longrightarrow 2I^- \quad \cdots\cdots ①$$
$$2S_2O_3{}^{2-} \longrightarrow S_4O_6{}^{2-} + 2e^- \quad \cdots\cdots ②$$

① + ② より e^- を消去する。

$$I_2 + 2S_2O_3{}^{2-} \longrightarrow 2I^- + S_4O_6{}^{2-}$$

両辺に Na^+ を加える。

$$I_2 + 2Na_2S_2O_3 \longrightarrow 2NaI + Na_2S_4O_6$$

イ. 硫化鉄（Ⅱ）と希硫酸の反応は

$$FeS + H_2SO_4 \longrightarrow FeSO_4 + H_2S\uparrow \quad （気体 C）$$

H_2S は強い還元剤である。

$$H_2S \longrightarrow S + 2H^+ + 2e^- \quad \cdots\cdots ③$$

① + ③ より

$$\underset{+1\ -2}{H_2\,S} + \underset{0}{I_2} \longrightarrow \underset{+1\ -1}{2\,H\ \ I} + \underset{0}{S}$$

ウ．1.00 L の溶液 **B** を調製するときに用いた I_2 の物質量が解答である。

エ．〔解答〕の計算式の左辺は還元剤としての H_2S および $Na_2S_2O_3$ に関わる量，右辺は酸化剤としての I_2 に関わる量を表している。いわゆる逆滴定の際の計算式である。計算式が複雑になっているのは，実験2では，250 mL の溶液 **B** に H_2S を吸収させたのち，過剰のため未反応として残った I_2 の $\dfrac{100}{1000}=\dfrac{1}{10}$ だけを溶液 **A** の $Na_2S_2O_3$ と反応させているからである。

なお，実験1，2ともに 250 mL の溶液 **B** を用いている点を活用している。

オ．ヨウ素の濃度を変えても，ヨウ素は反応式の量的関係にしたがって反応するから，滴定すべきヨウ素の物質量には変化はないので，滴定における誤差範囲には影響を与えない。

Ⅱ．**カ**．単位格子に含まれる各イオンの数は

$$M_A：1 \qquad M_B：\frac{1}{8}\times8=1 \qquad X：\frac{1}{4}\times12=3$$

したがって，組成式は，$M_AM_BX_3$ となる。

キ．M_A，M_B の配位数とは，それぞれのイオンに最も近い陰イオン X の個数のことである。したがって，M_A は明らかに 12 個である。M_B については，単位格子を8つ，立方体になるように組み重ねると，M_B の上下，左右，前後に X があることがわかるので，6個である。

ク．Y のみになった図3－1の単位格子2つを接するようにして横並びにする。この2つの単位格子のうち，接した面に近い側の半分ずつをまとめて新たな単位格子と考えると，面心立方格子であることがわかる。

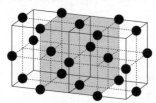

ケ．新たな単位格子において，M_B と Z の数は

$$M_B：\frac{1}{8}\times8+\frac{1}{2}\times6=4 \qquad Z：1+3=4$$

$M_B：Z=1：1$ であるから，組成式は，M_BZ である。

また，このように陽イオンと陰イオンが，上下，左右，前後に交互に配列した物質の代表的な例は，塩化ナトリウム $NaCl$ である。

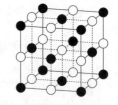

コ. Sr^{2+}, Ti^{4+} および O^{2-} の半径を, それぞれ r_A, r_B, r_X とする。

O^{2-} と Sr^{2+} が接しているから

$$(r_A + r_X) \times 2 = (r_A + 0.140) \times 2 = \sqrt{2} \times 0.391$$

∴　$r_A = 0.1356 ≒ 0.136 \,[nm]$

O^{2-} と Ti^{4+} が接しているから

$$(r_B + r_X) \times 2 = (r_B + 0.140) \times 2 = 0.391$$

∴　$r_B = 0.0555 ≒ 0.056 \,[nm]$

サ. 単位格子は電気的に中性である。単位格子には O^{2-} が 3 個含まれているから, それぞれ 1 個ずつである M_A と M_B は, その電荷の合計が +6 価でなければならない。したがって, Ca^{2+} と Zr^{4+}, Cs^+ と Ta^{5+}, La^{3+} と Fe^{3+} の 3 組の組み合わせが考えられる。

シ. 2 種類の陽イオンがそれぞれ陰イオンと接していると, その結晶構造はきわめて安定である。また, そのとき $u = \sqrt{2}$ となる。したがって, **サ**で得られた 3 種類の組み合わせについて u の値を計算し, その値が $\sqrt{2}$ に最も近い結晶構造が最も安定である。

$$(Ca^{2+} と Zr^{4+}) : u = \frac{0.134 + 0.140}{0.072 + 0.140} = 1.292 ≒ 1.29$$

$$(Cs^+ と Ta^{5+}) : u = \frac{0.188 + 0.140}{0.064 + 0.140} = 1.607 ≒ 1.61$$

$$(La^{3+} と Fe^{3+}) : u = \frac{0.136 + 0.140}{0.065 + 0.140} = 1.346 ≒ 1.35$$

なお, 図 3 − 1 のような構造をペロブスカイト構造といい, 高温超伝導物質などにみられる。

56

ポイント

Ⅰ. **イ**. 単位格子の対角線の長さが「炭素原子の半径の 8 倍」の関係から計算するとよい。

ウ. 不対電子が存在しないことに注目する。

オ. スズ―鉛合金の融点を求めるとき，温度を外挿することに注意する。

Ⅱ. **キ**. O_2 の放出が示されているので K_2CO_3 のみ推測できれば容易である。

ケ. （酸素原子の半径）＋（K^+ の半径）＝0.28 から酸素原子の半径が求まる。

解　答

Ⅰ. **ア**.

	化学式	電子式	分子形状
(1)	NH_3	$H\!:\!\overset{\cdot\cdot}{N}\!:\!H$ 　　 $\underset{H}{}$	三角すい
(2)	CO_2	$:\!\overset{\cdot\cdot}{O}\!:\!:\!C\!:\!:\!\overset{\cdot\cdot}{O}\!:$	直線
(3)	BF_3	$:\!\overset{\cdot\cdot}{F}\!:\!B\!:\!\overset{\cdot\cdot}{F}\!:$ 　 $:\!\overset{\cdot\cdot}{F}\!:$	正三角形

イ. 単位格子の $\dfrac{1}{8}$ 倍の立方体の中心と 4 つの頂点に炭素原子が存在し，正四面体構造を形成している。この中心の原子と頂点の原子が接しているので，炭素原子の半径を r，単位格子の一辺の長さを a とすると

$$\sqrt{3} \times \frac{1}{2}a = 4r \quad \therefore \quad a = \frac{8}{\sqrt{3}}r$$

また，ダイヤモンドの単位格子には炭素原子が 8 個含まれているので，単位格子の体積に占める原子の体積の割合は

$$\frac{\dfrac{4}{3}\pi r^3 \times 8}{a^3} \times 100 = \frac{\dfrac{4}{3}\pi r^3 \times 8}{\left(\dfrac{8}{\sqrt{3}}r\right)^3} \times 100$$

$$= \frac{4}{3}\pi \times 8 \times \left(\frac{\sqrt{3}}{8}\right)^3 \times 100 = 33.9 \fallingdotseq 34〔\%〕 \quad \cdots\cdots（答）$$

ウ. すべての価電子が電子対を形成し，不対電子が存在しないから。（30 字程度）

エ. (2)・(5)

オ. 温度が下がる理由：スズの析出により鉛の濃度が増加し，凝固点降下度が大きくなるから。（30 字程度）

鉛の質量：図 2 − 3 のスズ―鉛合金の凝固点は 228℃であるので，この合金の凝固

点降下度は $232-228=4$〔K〕である。合金の凝固点降下度は溶質である鉛の質量に比例するから，求める質量を x〔g〕とすると

　　　$4:(232-220)=23:x$　　∴　$x=69$〔g〕　……(答)

Ⅱ．カ．a．金属結合　　b．低い　　c．原子半径

キ．反応式：$4KO_2+2CO_2 \longrightarrow 2K_2CO_3+3O_2$

　　$O_2{}^-$ の全電子数：17

ク．陽イオン性の強さ：ナトリウム

　　理由：電気陰性度を比較するとナトリウムの方が水素より小さいから。(30字程度)

　　反応式：$NaH+H_2O \longrightarrow NaOH+H_2$

ケ．予想されるイオン：Cs^+

　　根拠：中心－酸素原子間の距離とイオン半径との差がクラウンエーテルAと同じとき，最も安定であると考えられる。よって，最適なイオン半径は

　　$0.33-(0.28-0.13)=0.18$〔nm〕で，Cs^+ が当てはまる。(100字以内)

解　説

Ⅰ．ア．一般に分子内の電子対どうしは反発し合うので，互いに最も離れた位置関係を形成して安定化する。

　(1)　NH_3 は，中心原子であるN原子がオクテットを満たしているので，3組の共有電子対と1組の非共有電子対がN原子を中心とする四面体を形成して安定化する。したがって，分子としては三角すいの形をしている。

　(2)　CO_2 は，C原子を中心として2組の二重結合をしているので，2対の共有電子対どうしは互いにC原子をはさんで反対側に存在して安定化する。したがって，分子としては直線形である。

　(3)　BF_3 は，中心原子であるB原子が価電子を3個しかもたないので，3つのF原子と3組の単結合を形成している。これらの3組の共有電子対は正三角形の頂点にあって安定化しており，分子は正三角形である。

イ．単位格子の対角線の長さが炭素原子の半径の8倍であることを用いてもよい。図2－1に示されている太線の結合が隣接している炭素原子を示している。

ウ．グラフェンが電気伝導性を示すのは，炭素原子の4個の価電子のうち1個だけが電子対を形成せず不対電子として存在しているからである。この不対電子が自由電子的にふるまって電気伝導性を示す。

　一方，h-BNシートでは，B原子の3個の価電子はいずれもN原子と共有電子対を形成し，N原子の5個の価電子のうち3個はB原子と共有電子対を形成し，残りの2個は非共有電子対として存在している。すなわちh-BNシートには不対電子が

存在しない。このことが電気伝導性を示さない大きな要因である。

エ. (1) 正文。$SnCl_2$ は還元剤として作用している。

$$2 \langle \bigcirc \rangle\text{-}NO_2 + 6SnCl_2 + 14HCl \longrightarrow 2 \langle \bigcirc \rangle\text{-}NH_3Cl + 6SnCl_4 + 4H_2O$$

(2) 誤文。硫酸酸性条件下では $SnCl_2$ は還元剤として作用し Sn^{4+} に，$KMnO_4$ は酸化剤として作用し Mn^{2+} となり，黒色沈殿は生じない。

$$2KMnO_4 + 5SnCl_2 + 16HCl \longrightarrow 2KCl + 2MnCl_2 + 5SnCl_4 + 8H_2O$$

中性～塩基性条件下では，酸化マンガン(IV)の黒色沈殿が生じる。

$$2KMnO_4 + 3SnCl_2 + 4H_2O \longrightarrow 2MnO_2 + 2Sn(OH)_4 + SnCl_4 + 2KCl$$

(3) 正文。スズより亜鉛の方がイオン化傾向が大きいため，Sn^{2+} は還元されて Sn の単体となり，析出する。

$$SnCl_2 + Zn \longrightarrow Sn + ZnCl_2$$

(4) 正文。スズをめっきした鉄板をブリキと呼び，傷がつくとイオン化傾向が Fe＞Sn であるため，鉄が先にさびる。

(5) 誤文。$SnCl_2$ が還元剤として作用し，Ag のほかに $Sn(CH_3COO)_4$ と HCl が生じる。塩素ガス Cl_2 は発生しない。

$$2CH_3COOAg + SnCl_2 + 2CH_3COOH \longrightarrow 2Ag + Sn(CH_3COO)_4 + 2HCl$$

オ. スズを溶媒，鉛を溶質とみなし，溶液における凝固点降下を考えればよい。すると，凝固点降下度は溶質の質量モル濃度に比例することになるが，本問の場合，質量モル濃度はスズ1.0kgに含まれる鉛の質量に比例することは明らかである。

(注) 図2－3の冷却曲線では過冷却現象が生じている。そのときの溶液の凝固点の読み取り方は水溶液の場合と同じである。

II. カ. アルカリ金属は金属であるから金属結合をしている。価電子は1個であり，周期表同一周期の2族以降の原子と比べて原子核からの引力が弱く，原子半径が最も大きい。さらに原子1個当たりの自由電子が1個であるので，自由電子の密度が小さい。

アルカリ金属の原子は，周期が大きくなるほど電子の最外殻はより外側に存在するから，原子半径は大きくなる。それに対して価電子の数は1個で変化しないので，単位体積当たりの自由電子の密度は低下し金属結合が弱くなるので，融点は低くなる。

キ. 超酸化物は化合物中の酸素が過剰であると考えられ，反応によって単体の酸素を生じることが多い。

O_2^- の全電子数は次のように考えるとよい。O原子の原子番号は8であるから，原子として8個の電子をもっている。O原子2個で超酸化物イオン O_2^- を形成しているのであるから，全電子数は，$8 \times 2 + 1 = 17$ 個である。

ク. 電気陰性度は，Na が 0.9，H が 2.2 であるので，NaH では Na の方が H より陽イオン性が強いと考えられる。

また，NaH と H_2O の反応では NaH は還元剤とみなせる。

ケ. クラウンエーテル A の中心-酸素原子間の距離と K^+ のイオン半径から推測できることは次のとおりである。

クラウンエーテルの中心-酸素原子間の距離とアルカリ金属イオン半径との差が，どのようなクラウンエーテルとアルカリ金属イオンの組み合わせであっても，ある値のとき錯イオンは最も安定である。

したがって，クラウンエーテル B に最適なイオン半径を r とすると

$$0.33 - r = 0.28 - 0.13 \quad \therefore \quad r = 0.18 〔nm〕$$

これに最も近いイオン半径をもつのは Cs^+ である。

57

ポイント
Ⅰ. **イ.** 結合エネルギーから反応熱を求める場合，反応に関わる物質はすべて気体でなければいけない。
Ⅱ. **サ.** 反応(6)の正反応・逆反応の速度≪反応(7)の速度の条件から，反応(6)による I の生成速度が律速段階になることをつかめればよい。

解 答

Ⅰ. **ア.** $1.4×10^2$

イ. $1.2×10^2$ kJ　一致しない
理由：結合エネルギーから求められる燃焼熱は生成物の水が気体であるが，アでの水は液体であるため。(40 字程度)

ウ. 56 kJ

エ. H 原子
理由：H 原子の最外殻は K 殻であり，最外殻が L 殻である Li 原子よりも電子を強く引きつけるため。(40 字程度)

オ. 9.6

Ⅱ. **カ.** 吸熱
理由：反応(6)の正反応はヨウ素分子の共有結合を切断する反応で，結合エネルギーに等しいエネルギーが必要だから。(30〜50 字程度)

キ. 右（正反応）に移動する
理由：反応(6)の正反応は吸熱反応であり，ルシャトリエの原理より，圧力一定で温度を上昇させると吸熱反応の方へ平衡が移動するため。(40〜80 字程度)

ク. 活性化状態

ケ. 159 kJ·mol^{-1}

コ. $H_2+I_2 \xrightarrow{k_1} 2HI$ において
$$v_{HI}=k_1[H_2][I_2] \quad ……①$$

反応(7) $H_2+2I \xrightarrow{k_2} 2HI$ において
$$v_{HI}=k_2[H_2][I]^2 \quad ……②$$

反応(6)の平衡が常に成立しているので
$$I_2 \underset{}{\overset{K}{\rightleftharpoons}} 2I \quad K=\frac{[I]^2}{[I_2]} \quad ……③$$

③より　　$[I]^2=K[I_2]$　……④

④を②に代入すると

$$v_{HI} = k_2[H_2][I]^2 = k_2[H_2]K[I_2] = k_2K[H_2][I_2] \quad \cdots\cdots ⑤$$

よって，反応(7)の反応速度は $[H_2]$ と $[I_2]$ の積に比例している。

さらに，①と⑤より

$$k_1 = k_2K \quad \cdots\cdots (答)$$

サ. $[I_2]$ に比例する

解 説

Ⅰ．**ア.** 水素 1 g の燃焼エネルギーは，$H_2 = 2.0$ より

$$286 \times \frac{1}{2.0} = 143 \fallingdotseq 1.4 \times 10^2 \, [kJ]$$

イ. H_2（気）$+ \dfrac{1}{2}O_2$（気）$= H_2O$（気）$+ Q\,kJ$

とおくと，$Q = (生成物の結合エネルギーの和) - (反応物の結合エネルギーの和)$ であるから

$$Q = 463 \times 2 - \left(436 \times 1 + 496 \times \frac{1}{2}\right) = 242 \, [kJ]$$

よって，水素 1 g あたりでは

$$242 \times \frac{1}{2.0} = 121 \fallingdotseq 1.2 \times 10^2 \, [kJ]$$

この値は，式(1)の値と一致しない。その理由は，一般に，結合エネルギーから求められる反応熱は，生成物，反応物がともに気体状態のときの値であるが，式(1)では生成物の水の状態が液体であるからである。つまり，1 g の水素から生成する水の蒸発熱に相当する値だけ小さくなっている。

ウ. 与えられた熱化学方程式や反応熱より，次の式が得られる。

$$H_2（気）+ \frac{1}{2}O_2（気）= H_2O（液）+ 286\,kJ \qquad \cdots\cdots(1)$$

$$CH_4（気）+ 2H_2O（気）= 4H_2（気）+ CO_2（気）- 165\,kJ \quad \cdots\cdots(2)$$

$$H_2O（気）= H_2O（液）+ 44\,kJ \qquad \cdots\cdots(ア)$$

$(1) \times 4 + (2) - (ア) \times 2$ より

$$CH_4（気）+ 2O_2（気）= CO_2（気）+ 2H_2O（液）+ 891\,kJ$$

よって，CH_4 1 g あたりの燃焼エネルギーは，$CH_4 = 16.0$ より

$$891 \times \frac{1}{16.0} = 55.6 \fallingdotseq 56 \, [kJ]$$

エ. 問題文より，Li 原子において K 殻の 2 個の電子は原子核の 2 個の陽子と電気的に打ち消し合うため，L 殻（最外殻）の 1 個の電子は残りの 1 個の陽子からのみ引力を受けると考えられる。これに対して，H 原子は K 殻の 1 個の電子が 1 個の陽子

から引力を受ける。よって，引力を受ける電子と陽子の距離は H 原子より Li 原子の方が長いので，H 原子の方が Li 原子より最外殻電子に対する引力は大きい。

オ．図 1 − 1 の単位格子に含まれる Cl の数は 4 個であるから，LiH の単位格子中の H の数も 4 個である。この単位格子の 1 辺の長さは $0.20 \times 10^{-7} \times 2$ cm である。よって，H 原子 1 g あたりの体積は，$H = 1.0$ より

$$\frac{(0.20 \times 10^{-7} \times 2)^3}{\dfrac{1.0 \times 4}{6.0 \times 10^{23}}} = 9.60 \fallingdotseq 9.6 \, [\text{mL}]$$

Ⅱ．**カ**．反応(6)を熱化学方程式に書きなおすと次のようになる。

$$I_2 = 2I + Q \, \text{kJ}$$

このとき Q は結合エネルギーを表す。結合エネルギーの値はすべての場合において負である。よって，正反応は吸熱反応である。

キ．ルシャトリエの原理では，可逆反応が平衡状態にあるとき，その条件を変化させると，その変化の影響を和らげる方向に反応が移動し，新しい平衡状態となる。

ク．活性化状態にある物質は活性錯体と呼ばれる。

ケ．$H_2 + I_2 = 2HI + 9 \, \text{kJ}$　　……①

$I_2 = 2I - 150 \, \text{kJ}$　　　　……②

であり，求める反応熱を $x \, [\text{kJ} \cdot \text{mol}^{-1}]$ とすると

$H_2 + 2I = 2HI + x \, [\text{kJ}]$

①−② より

$H_2 + 2I = 2HI + 159 \, \text{kJ}$

よって，反応熱は　　$x = 159 \, [\text{kJ} \cdot \text{mol}^{-1}]$

サ．反応(7)の反応速度が圧倒的に速いとは，H_2 と I は存在すれば直ちに反応して HI に変化するということである。すなわち，H_2 は I が存在すれば直ちに HI に変化するので，$[H_2]$ は反応速度に影響を与えない。これに対して，I_2 の分解反応（反応(6)）により $[I]$ がどのような値になるかによって反応速度は決まる。このような最も反応速度の遅い反応の段階は律速段階と呼ばれる。

58

ポイント

Ⅰ．**ウ**．この化学反応式は電子の授受から導けるが，$K_2Cr_2O_7$ の O が 2-プロパノールからHを奪い水になることがわかれば，電子の授受の式がわからなくても導ける。

Ⅱ．**サ**．式(3)および式(6)は見慣れない式だが，この式を指示どおり正しく使えば導ける。

解答

Ⅰ．**ア**．$K_2Cr_2O_7 + 2KOH \longrightarrow 2K_2CrO_4 + H_2O$

イ．$CH_3-\underset{\underset{O}{\|}}{C}-CH_3$

ウ．化学反応式：$K_2Cr_2O_7 + 3CH_3CH(OH)CH_3 + 4H_2SO_4$
$$\longrightarrow Cr_2(SO_4)_3 + K_2SO_4 + 3CH_3COCH_3 + 7H_2O$$

求める濃度を $x \, [\text{mol} \cdot \text{L}^{-1}]$ とすると，$C_3H_6O = 58.0$ より

$$\frac{x \times 2.0}{1000} \times 3 = \frac{0.30}{58.0}$$

$$\therefore \quad x = 0.862 \fallingdotseq 0.86 \, [\text{mol} \cdot \text{L}^{-1}] \quad \cdots\cdots (答)$$

エ．$98 \, \text{kJ}$

オ．気体の化学式：H_2S　気体の特徴：(1)・(3)

カ．発生した硫化水素が溶液中に残存して還元剤として作用し，その分だけ酸化剤である過マンガン酸カリウムが余分に消費されるため。(40～60 字程度)

キ．化学反応式：$2KMnO_4 + 10FeSO_4 + 8H_2SO_4$
$$\longrightarrow 2MnSO_4 + K_2SO_4 + 5Fe_2(SO_4)_3 + 8H_2O$$

求める純度を $x \, [\%]$ とすると，$FeS = 87.9$，$KMnO_4 = 158.0$ より

$$1.0 \times \frac{x}{100} \times \frac{1}{87.9} \times \frac{1}{5} = \frac{1.6}{158.0} \times \frac{5.4}{25}$$

$$\therefore \quad x = 96.1 \fallingdotseq 96 \, [\%] \quad \cdots\cdots (答)$$

Ⅱ．**ク**．a —(3)　b —(4)

ケ．$3Cu + 8HNO_3 \longrightarrow 3Cu(NO_3)_2 + 2NO + 4H_2O$

コ．c —(2)　d —(1)

サ．e．$-\dfrac{\alpha}{6r_M}$　f．$\dfrac{\beta}{r_M}$

シ．α．$2.2 \times 10^2 \, \text{kJ} \cdot \text{nm} \cdot \text{mol}^{-1}$　β．$56 \, \text{kJ} \cdot \text{nm} \cdot \text{mol}^{-1}$

ス．塩 **B** の溶解度が高い

理由：$Q_{イオン化}$ と $Q_{水和}$ の絶対値の変化量は，それぞれ塩 **B** が塩 **A** より $\dfrac{37}{r_M}$，$\dfrac{56}{r_M}$ 大き

く，Bの溶解熱が $\dfrac{19}{r_{\mathrm{M}}}$ だけ大きいため。（50 字程度）

セ．最も高い塩：LiI　最も低い塩：LiF

解　説

I．ア．$K_2Cr_2O_7$ は赤橙色，K_2CrO_4 は黄色である。$Cr_2O_7{}^{2-}$ と $CrO_4{}^{2-}$ は水溶液中では平衡状態にあり，酸性状態では $Cr_2O_7{}^{2-}$ の割合が多く，塩基性状態では $CrO_4{}^{2-}$ の割合が多い。

イ．第二級アルコールである 2-プロパノールを酸化すると，ケトンであるアセトンが生成する。アセトンは水によく溶け，沸点は 56℃ である。

ウ．二クロム酸イオンと 2-プロパノールの半反応式は次のとおりである。

$$Cr_2O_7{}^{2-}+14H^++6e^- \longrightarrow 2Cr^{3+}+7H_2O \qquad \cdots\cdots①$$
$$CH_3CH(OH)CH_3 \longrightarrow CH_3COCH_3+2H^++2e^- \quad \cdots\cdots②$$

①＋②×3 より

$$Cr_2O_7{}^{2-}+8H^++3CH_3CH(OH)CH_3 \longrightarrow 2Cr^{3+}+3CH_3COCH_3+7H_2O$$

両辺に $2K^+$，$4SO_4{}^{2-}$ を加えて化学反応式を得る。

エ．この反応では酸化マンガン(Ⅳ)は触媒としてはたらいているので，過酸化水素 1.0 mol あたりの反応熱は変化しない。

オ．気体発生の反応式は

$$FeS+H_2SO_4 \longrightarrow FeSO_4+H_2S$$

H_2S の性質は次のとおり。

- H_2S は次のように電離して弱酸性を示す。

$$H_2S \rightleftharpoons H^++HS^-$$

- $H_2S=34.1$ で空気より重く，水に溶けるので下方置換で捕集する。
- 硫化水素は無色である。

カ．硫化水素は次のように反応し，単体の硫黄を生じる。

$$2KMnO_4+5H_2S+3H_2SO_4 \longrightarrow 2MnSO_4+K_2SO_4+8H_2O+5S$$

このため，余分な過マンガン酸カリウムが消費される。

キ．過マンガン酸イオンと鉄(Ⅱ)イオンの半反応式は次のとおりである。

$$MnO_4{}^-+5e^-+8H^+ \longrightarrow Mn^{2+}+4H_2O \quad \cdots\cdots③$$
$$Fe^{2+} \longrightarrow Fe^{3+}+e^- \quad \cdots\cdots④$$

③＋④×5 より

$$MnO_4{}^-+5Fe^{2+}+8H^+ \longrightarrow 5Fe^{3+}+Mn^{2+}+4H_2O$$

両辺を 2 倍し，$2K^+$ と $18SO_4{}^{2-}$ を加えると化学反応式が得られる。

Ⅱ．ク．ａ．アルカリ金属はイオン化傾向が大きいため，常温で水と激しく反応して

水素を発生し，強塩基の水溶液となる。

　ｂ．水素よりもイオン化傾向の小さい銅や銀は，塩酸や希硫酸には溶けないが，酸化力のある硝酸や熱濃硫酸には溶ける。このとき発生する気体は水素ではない。

ケ．銅と濃硝酸との反応は次のとおりであり，赤褐色の NO_2 を生じる。

$$Cu + 4HNO_3 \longrightarrow Cu(NO_3)_2 + 2NO_2 + 2H_2O$$

コ．ｃ．イオン化反応は吸熱反応であるから，反応熱は負の値である。よって，その絶対値が小さいほどイオン化は容易である。

　ｄ．水和反応は発熱反応であるから，反応熱は正の値である。よって，その値が大きいほど水和しやすいと考えられる。

サ．ｅ．$A：(Q_{イオン化})_A = -\dfrac{\alpha}{r_M + r_X} = -\dfrac{\alpha}{2r_M}$

$\qquad B：(Q_{イオン化})_B = -\dfrac{\alpha}{r_M + r_X} = -\dfrac{2\alpha}{3r_M}$

よって

$$(Q_{イオン化})_B - (Q_{イオン化})_A = -\dfrac{2\alpha}{3r_M} - \left(-\dfrac{\alpha}{2r_M}\right) = -\dfrac{\alpha}{6r_M}$$

　ｆ．$A：(Q_{水和})_A = \beta\left(\dfrac{1}{r_M} + \dfrac{1}{r_X}\right) = \dfrac{2\beta}{r_M}$

$\qquad B：(Q_{水和})_B = \beta\left(\dfrac{1}{r_M} + \dfrac{1}{r_X}\right) = \dfrac{3\beta}{r_M}$

よって

$$(Q_{水和})_B - (Q_{水和})_A = \dfrac{3\beta}{r_M} - \dfrac{2\beta}{r_M} = \dfrac{\beta}{r_M}$$

シ．イオン化熱について

$$Q_{NaF} = -\dfrac{\alpha}{r_{Na} + r_F} = -\dfrac{\alpha}{0.12 + 0.12} = -923$$

$$\therefore \quad \alpha = 2.21 \times 10^2 \fallingdotseq 2.2 \times 10^2 \,[kJ \cdot nm \cdot mol^{-1}]$$

水和熱について

$$Q_{水和} = Q_{Na} + Q_F = \beta\left(\dfrac{1}{r_{Na}} + \dfrac{1}{r_F}\right) = \beta\left(\dfrac{1}{0.12} + \dfrac{1}{0.12}\right) = 406 + 524$$

$$\therefore \quad \beta = 55.8 \fallingdotseq 56 \,[kJ \cdot nm \cdot mol^{-1}]$$

ス．塩 A，B のイオン化熱の差と水和熱の差は，**サ**より，それぞれ $-\dfrac{2.21 \times 10^2}{6r_M}$

$= -\dfrac{36.8}{r_M} \fallingdotseq -\dfrac{37}{r_M}$ と $\dfrac{56}{r_M}$ であり，その合計は次のようになる。

$$-\dfrac{\alpha}{6r_M} + \dfrac{\beta}{r_M} = -\dfrac{37}{r_M} + \dfrac{56}{r_M} \fallingdotseq \dfrac{19}{r_M}$$

よって，塩 B の方がより発熱量（溶解熱）が大きいので，溶解度も高いとみなせる。

セ. スの結果より，陽イオン半径 r_M が共通の場合，陰イオンの半径 r_X が r_M とより離れた値の方がより溶解熱が大きく溶解度が高いと推測できる。実際に計算した結果を以下に示す。

$$Q_{LiF} = -\frac{2.2\times10^2}{0.09+0.12}+56\times\left(\frac{1}{0.09}+\frac{1}{0.12}\right)≒41\,〔kJ〕$$

$$Q_{LiCl} = -\frac{2.2\times10^2}{0.09+0.17}+56\times\left(\frac{1}{0.09}+\frac{1}{0.17}\right)≒105\,〔kJ〕$$

$$Q_{LiBr} = -\frac{2.2\times10^2}{0.09+0.18}+56\times\left(\frac{1}{0.09}+\frac{1}{0.18}\right)≒119\,〔kJ〕$$

$$Q_{LiI} = -\frac{2.2\times10^2}{0.09+0.21}+56\times\left(\frac{1}{0.09}+\frac{1}{0.21}\right)≒156\,〔kJ〕$$

59

ポイント

Ⅰ．**エ**の錯体の構造は，無電荷であるという条件を先に考えれば推定しやすい。**カ**は硫酸銅（Ⅱ）の濃度の減少に糸口がある。

Ⅱ．**サ**は，^{14}C がどのようにして生成しているかの知識があれば容易にわかる。**シ**の電子式は NH_4^+ 以外ほとんど扱われないので戸惑うところである。文中の説明から分子の構造を推定できれば，極性の有無を判定できる。

解　答

Ⅰ．**ア**．a．Ag_2O　b・c．濃塩酸，濃硝酸（順不同）

イ．$[Ag(NH_3)_2]^+$

ウ．$D = \dfrac{K_2[H^+]_{水層}}{K_1 + [H^+]_{水層}}$

エ．

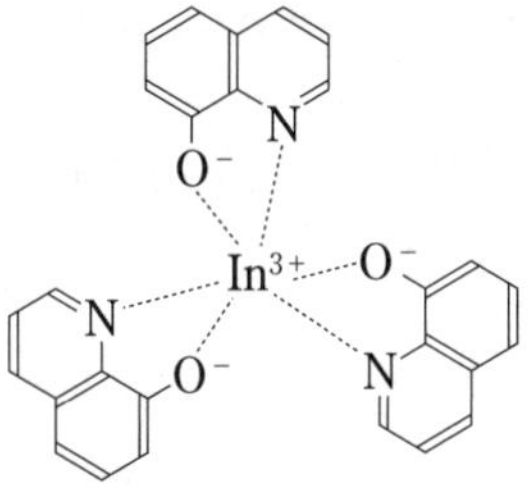

オ．低い電圧では，イオン化傾向が銅より小さい銀は，酸化されずに銀の単体のまま沈殿する。

カ．4.5g

Ⅱ．**キ**．d．ヘリウム　e．18　f．14

ク．単位格子の面についての対角線の長さが，求める原子間距離の 2 倍であるから

$$\sqrt{2} \times 0.526 \times \frac{1}{2} = 0.370 \fallingdotseq 0.37 〔nm〕 \quad \cdots\cdots（答）$$

ケ．アルゴンは単原子分子であるので，その結晶はファンデルワールス力という弱い力による分子結晶であるが，KCl は K^+ と Cl^- の間の強い静電気力によって形成されているイオン結晶であるため。（50〜100 字程度）

コ．オゾン生成の反応式は次のとおりである。

$$3O_2 \longrightarrow 2O_3$$

$x〔L〕$ の O_2 が反応するとした場合，$\dfrac{2}{3}x〔L〕$ の O_3 が生成する。

よって，減少した気体の体積について

$$x - \frac{2}{3}x = 1.4 \quad \therefore \quad x = 4.2 \,[\text{L}]$$

したがって，O_3 の生成量は $\quad 4.2 \times \frac{2}{3} = 2.8 \,[\text{L}]$

ゆえに，求める O_3 のモル分率は

$$\frac{2.8}{44.8 - 1.4} = 0.0645 \fallingdotseq 0.065 \quad \cdots\cdots(\text{答})$$

サ. 宇宙線強度の増加：増加させる　化石燃料の使用：減少させる

シ. (1)・(3)

解　説

I . ア. a．金は濃硝酸と反応しないが，銀は反応して硝酸銀を生じる。

$$\text{Ag} + 2\text{HNO}_3 \longrightarrow \text{AgNO}_3 + \text{NO}_2 + \text{H}_2\text{O}$$

硝酸銀は，アンモニアと次のように反応する。

$$2\text{AgNO}_3 + 2\text{NH}_3 + \text{H}_2\text{O} \longrightarrow \text{Ag}_2\text{O} + 2\text{NH}_4\text{NO}_3$$

b・c．濃塩酸と濃硝酸を体積比 3：1 で混合した溶液を王水という。王水は金を溶かすことができる。

イ. 酸化銀は，過剰のアンモニア水に次のように溶け，ジアンミン銀（I）イオンを生じる。

$$\text{Ag}_2\text{O} + 4\text{NH}_3 + \text{H}_2\text{O} \longrightarrow 2\left[\text{Ag(NH}_3)_2\right]^+ + 2\text{OH}^-$$

ウ.
$$K_1 = \frac{[\text{Q}^-]_{\text{水層}}[\text{H}^+]_{\text{水層}}}{[\text{HQ}]_{\text{水層}}} \quad \cdots\cdots\text{①}$$

$$K_2 = \frac{[\text{HQ}]_{\text{有機層}}}{[\text{HQ}]_{\text{水層}}} \quad \cdots\cdots\text{②}$$

①より $\quad [\text{Q}^-]_{\text{水層}} = \dfrac{K_1[\text{HQ}]_{\text{水層}}}{[\text{H}^+]_{\text{水層}}}$

②より $\quad [\text{HQ}]_{\text{有機層}} = K_2[\text{HQ}]_{\text{水層}}$

以上より

$$D = \frac{[\text{HQ}]_{\text{有機層}}}{[\text{HQ}]_{\text{水層}} + [\text{Q}^-]_{\text{水層}}}$$

$$= \frac{K_2[\text{HQ}]_{\text{水層}}}{[\text{HQ}]_{\text{水層}} + \dfrac{K_1[\text{HQ}]_{\text{水層}}}{[\text{H}^+]_{\text{水層}}}}$$

$$= \frac{K_2}{1 + \dfrac{K_1}{[\text{H}^+]_{\text{水層}}}} = \frac{K_2[\text{H}^+]_{\text{水層}}}{K_1 + [\text{H}^+]_{\text{水層}}}$$

〔注〕D の値は，酸性（$[\text{H}^+]_{\text{水層}}$）が大きくなると，$K_1 \ll [\text{H}^+]_{\text{水層}}$ となるから，

$D \doteqdot K_2$ となる。つまり，HQ がほとんど電離しないので，HQ の有機層と水層への分配の平衡定数に等しい値となる。

エ. 問題文に，In^{3+} との錯体は無電荷とあるので，配位子は 3 個の Q^- と考えられる。また，錯体形成は，配位子の非共有電子対が，中心金属イオン In^{3+} に与えられることによる共有結合の形成で生じる。この場合，非共有電子対をもつ原子は O と N である。

オ. 銅よりイオン化傾向が大きいアルミニウムや鉄は陽イオンとなって溶け出すが，銅よりイオン化傾向が大きいため陰極に析出せず，電解液中に存在する。また，より大きな電圧で電解すれば，銀も陽イオンとなって溶け出し，さらに陰極に析出する。

カ. 陽極からの銅の溶出量は，陰極への銅の析出量から電解液中の銅の減少量を引いた値である。

よって

$$110.0 - 0.020 \times 2.0 \times 63.5 = 107.46 〔g〕$$

ゆえに，陽極の減少量における銅以外の質量は

$$112.0 - 107.46 = 4.54 \doteqdot 4.5 〔g〕$$

Ⅱ. キ. d．太陽系では，水素とそれに次いでヘリウムが圧倒的に多い。

f．質量数 14 の炭素原子は放射性同位体である。質量数 12 や 13 の炭素原子には放射性はない。

ク. 面心立方格子では，単位格子の頂点と面の中心に原子があるので，面の対角線の長さが原子の直径（原子間距離）の 2 倍である。

ケ. 分子結晶とイオン結晶の違いである。特に，18 族元素の単体は，すべて単原子分子として存在するので，極性が全くなくファンデルワールス力は極めて弱い。

コ. 同温・同圧下では，気体の体積比は物質量比に等しいので，モル分率は体積の比で計算すればよい。

サ. 宇宙線強度の増加：^{14}C は，宇宙線が大気中の ^{14}N にエネルギーを与えることによって生成する。よって，宇宙線強度が増加すると，^{14}C は増加する。

化石燃料の使用：化石燃料は生物ではないので，大気中の ^{14}C を新たに取り込むことはない。また，地中に存在する長い時間の間に，もともと含まれていた ^{14}C は崩壊して減少していく。このような化石燃料が燃料として利用され二酸化炭素を生成すると，そこに含まれる ^{14}C の割合は大気中の ^{14}C よりも減少した値となる。

シ. それぞれの構造を電子式で表すと次のようになる。

(1)　$: \overset{\cdot\cdot}{\underset{\cdot\cdot}{O}} : \overset{\cdot}{N} :: \overset{\cdot\cdot}{O} :$

N 原子は不対電子をもつから折れ線形の構造となり，極性分子である（厳密には，O と N の単結合と二重結合は共鳴構造といい，周期的に入れ替わっている。N_2O_4

でも同じ)。

(2) 　　　　　:Ö:
　　:Ö::N:N::Ö:
　　　　　:Ö:

N原子に不対電子はなく，分子が平面構造で対称的なので，無極性分子である。

(3) 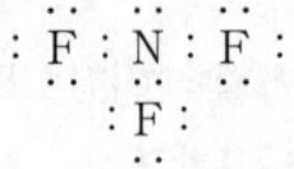　:F̈:N:F̈:
　　　:F̈:

N原子に非共有電子対があり，NH_3と同じ三角錐形構造であるから，極性分子である。

(4) 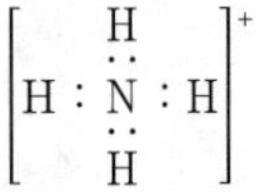　$\begin{bmatrix} & H & \\ & :: & \\ H & : N : & H \\ & :: & \\ & H & \end{bmatrix}^+$

N原子に非共有電子対はなく，メタンと同じ正四面体構造をしているので，無極性である。

60

ポイント

Ⅰ. 図1－2で，BCの部分がどのような変化をしているかがわかればよい。一定になっているところは，飽和溶液になっている部分である。

Ⅱ. クでは溶液の体積が与えられていないが，実験を1Lの溶液で行っているので，この体積も1Lと考えて解いてよいであろう。

解答

Ⅰ. **ア.** $\underset{H}{\overset{\delta+}{}}\overset{\overset{\delta-}{O}}{\diagdown}\underset{H}{\overset{\delta+}{}}$

イ. 水分子の負に帯電した酸素原子と，ナトリウムイオンが静電気力によって結びつき，ナトリウムイオンをいくつかの水分子が取り囲んでいる。

ウ. 求めるNaCl水溶液の質量モル濃度をx〔mol/kg〕とする。この水溶液は十分希薄で，NaClは完全に電離していると考えられる。凝固点降下度は溶質粒子の質量モル濃度に比例するので

$$0-(-3)=1.85\times2x \qquad x=0.810\text{〔mol/kg〕}$$

このNaCl水溶液の質量パーセント濃度は，NaCl＝58.5より

$$\frac{58.5\times0.810}{1000+58.5\times0.810}\times100=4.52≒4.5\text{〔％〕} \quad \cdots\cdots\text{(答)}$$

エ. 溶媒である水のみが凝固するため，溶液の濃度が徐々に大きくなり，凝固点降下度が大きくなる。

オ. 飽和溶液を冷却し続けると，氷と塩化ナトリウムがともに析出し，溶液の濃度は変化せず，凝固点も一定値を示す。よって，最も低い凝固点は図1－2のB－C間の－21℃である。

Ⅱ. **カ.** PS-X溶液

キ. PS-Xの分子量はスチレンに比べるとはるかに大きく，PS-X溶液のモル濃度は，同じ重量濃度のスチレン溶液よりもはるかに小さいから。

ク. 10gのPS-Xを溶かした溶液（1L）におけるPS-Xおよび(PS-X)$_2$の平衡時のモル濃度をそれぞれc〔mol/L〕，$c\alpha$〔mol/L〕，会合度をα（$0≦\alpha≦1$）とする。

$$2\text{PS-X} \rightleftharpoons (\text{PS-X})_2$$

	2PS-X	$(\text{PS-X})_2$	
初め	$c(1+2\alpha)$	0	〔mol/L〕
変化量	$-2c\alpha$	$+c\alpha$	〔mol/L〕
平衡	c	$c\alpha$	〔mol/L〕

平衡定数：$K=\dfrac{[(\text{PS-X})_2]}{[\text{PS-X}]^2}=\dfrac{c\alpha}{c^2}=\dfrac{\alpha}{c}=0.25 \quad \cdots\cdots①$

浸透圧：$1.2\times10^3=(c+c\alpha)\times8.3\times10^3\times300$　……②

①より　　$c=4\alpha$

②より　　$c+c\alpha=c(1+\alpha)=4\alpha(1+\alpha)=\dfrac{1.2\times10^3}{8.3\times10^3\times300}=4.81\times10^{-4}$

　　$\therefore\ \ \alpha(1+\alpha)=1.20\times10^{-4}$

ここで，$\alpha\ll1$であるから，$1+\alpha\fallingdotseq1$とすると

　　$\alpha\fallingdotseq1.2\times10^{-4}$

会合前のPS-X1molに対して，形成された$(PS\text{-}X)_2$の物質量の値は

$$\frac{c\alpha}{c(1+2\alpha)}=\frac{\alpha}{1+2\alpha}$$

と表される。ここで，$\alpha\ll1$のとき，$1+2\alpha\fallingdotseq1$と近似できるので

$$\frac{\alpha}{1+2\alpha}\fallingdotseq\alpha=1.2\times10^{-4}\,〔mol〕\quad……（答）$$

〔別解〕　$10g$のPS-Xを溶かした溶液（1L）におけるPS-Xおよび$(PS\text{-}X)_2$の平衡状態におけるモル濃度をそれぞれ$c〔mol/L〕$，$c'〔mol/L〕$とする。

$$K=\frac{[(PS\text{-}X)_2]}{[PS\text{-}X]^2}=\frac{c'}{c^2}=0.25=\frac{1}{4}\quad……①$$

また，浸透圧から

　　$1.2\times10^3=(c+c')\times8.3\times10^3\times300$　……②

①，②より　　$c+\dfrac{c^2}{4}=4.82\times10^{-4}$

ここでcは非常に小さいので，$\dfrac{c^2}{4}$を無視できる。

したがって　　$c\fallingdotseq4.82\times10^{-4}\,〔mol/L〕$

①より　　$c'=\dfrac{1}{4}c^2=\dfrac{1}{4}\times(4.82\times10^{-4})^2=5.81\times10^{-8}\,〔mol/L〕$

会合前のPS-Xに対する$(PS\text{-}X)_2$の物質量比は

$$\frac{c'}{c+2c'}=\frac{5.81\times10^{-8}}{4.82\times10^{-4}+2\times5.81\times10^{-8}}\fallingdotseq\frac{5.81\times10^{-8}}{4.82\times10^{-4}}=1.20\times10^{-4}$$

$$\fallingdotseq1.2\times10^{-4}\,〔mol〕$$

ケ．PS-Xの分子量をMとすると

$$\frac{10}{M}=c(1+2\alpha)$$

$\alpha=1.2\times10^{-4}$，$c=4\alpha$より

$$M=\frac{10}{c(1+2\alpha)}=\frac{10}{4\alpha(1+2\alpha)}$$

$\alpha\ll1$のとき，$1+2\alpha\fallingdotseq1$とすると

$$M \fallingdotseq \frac{10}{4\alpha} = \frac{5}{2 \times 1.2 \times 10^{-4}} = 2.08 \times 10^4 \fallingdotseq 2.1 \times 10^4 \quad \cdots\cdots (答)$$

〔**別解**〕　PS-X の分子量を M とすると

$$\frac{10}{M} = c + 2c'$$

$$= 4.82 \times 10^{-4} + 2 \times 5.81 \times 10^{-8}$$

$$\fallingdotseq 4.82 \times 10^{-4}$$

$$\therefore \quad M = 2.07 \times 10^4$$

$$\fallingdotseq 2.1 \times 10^4$$

解　説

Ⅰ. ア. 水分子は折れ線形の極性分子で，水素原子が正，酸素原子が負に帯電している。

イ. NaCl の結晶を水中に入れると，結晶表面の Na^+ には水分子の O 原子が，Cl^- には水分子の H 原子が引きつけられ，イオン結合が弱くなって切れ，Na^+ と Cl^- とに電離して溶け出す。このとき水中に溶け出したイオンは，いくつかの水分子によって取り囲まれた水和イオンになっている。

ウ. $NaCl \longrightarrow Na^+ + Cl^-$ のように電離するとき，1 mol の塩化ナトリウムから 2 mol のイオンが生じる。

エ. 水溶液が凝固するとき，溶媒の水のみが凝固する。このため溶液の濃度が徐々に大きくなるので，凝固点も徐々に降下する（図 1 − 2，A→B）。

オ. 塩化ナトリウムの場合，温度が下がると溶解度も小さくなる。水溶液中の水が凝固し続けると（図 1 − 2，A→B），やがて溶液は飽和溶液になる。それ以上冷却すると，溶媒だけでなく溶質も同時に析出するので濃度が一定に保たれ，凝固点も降下せず一定になる（図 1 − 2，B→C）。また，濃度が 23 % 以上の水溶液を冷却すると，濃度が 23 % になるまで NaCl が析出してから凝固する。そして，全体が完全に凝固したとき，固体が冷却され，温度は再び低下する（図 1 − 2，C→）。

Ⅱ. カ. 半透膜を通って，純溶媒側から溶液側へ溶媒分子が移動する。

キ. 浸透圧は，溶液のモル濃度に比例する。重合体の溶液である PS-X 溶液のモル濃度はスチレンのモル濃度よりはるかに小さい値である。

ク. 近似計算が重要である。平衡定数 K の値から会合体の割合は小さいことが推測できると大変有利である。

61

ポイント

Ⅰ．電気陰性度や電気双極子モーメントの計算という目新しい問題であるが，問題の説明に従って考えれば十分に対応できる。NO_2 の構造は知らないかもしれないが，三原子分子で極性分子であることから，折れ線形と判断すればよい。

Ⅱ．電離平衡の反応速度というのは見たことないかもしれないが，まず，速度定数と電離定数の関係などを整理すること。そうしたら，問題文に応じて式を変形していけばよい。

解 答

Ⅰ．**ア**．$E_z - E_x - I_x + I_z$

イ．$E + I$

ウ．$3.51 \times 10^{-18} J$

エ．③，②，①

理由：表 1 － 1 より，各原子の $E + I (\times 10^{-18} J)$ の値は，H：2.30，C：2.55，O：3.51，F：3.90 となる。

原子間距離が同じならば，電気陰性度の差が大きいほど，電気双極子モーメントも大きくなると考えられるので，電気陰性度の差の大きい順に分子を並べると HF，OH，CH となる。

オ．HF の電気双極子モーメントについて

$$L\delta = 9.2 \times 10^{-11}\delta = 6.1 \times 10^{-30} \quad \therefore \quad \delta = \frac{6.1 \times 10^{-30}}{9.2 \times 10^{-11}}$$

求める電子の数を x 個とすると

$$x = \frac{\delta}{1.6 \times 10^{-19}} = \frac{6.1 \times 10^{-30}}{9.2 \times 10^{-11}} \times \frac{1}{1.6 \times 10^{-19}}$$

$$= 0.414 \fallingdotseq 0.41 \text{ 個}$$

よって，電気陰性度は F 原子の方が H 原子より大きいので，H 原子から F 原子に 0.41 個分の電子が移動したとみなすことができる。 ……(答)

カ．二酸化炭素分子は直線形分子であり，2 つの C=O 結合の電気双極子モーメントが互いに打ち消し合い無極性となるが，二酸化窒素分子は折れ線形分子であり，2 つの N−O 結合の電気双極子モーメントは打ち消し合わず極性をもつため。

Ⅱ．**キ**．$\dfrac{\Delta[OH^-]}{\Delta t} = k_1[NH_3] - k_2[NH_4^+][OH^-]$

ク．$[NH_4^+] = [NH_4^+]_{eq} + x, \quad [NH_3] = [NH_3]_{eq} - x$

ケ．クの関係式および $[OH^-] = [OH^-]_{eq} + x$ をキの式に代入すると

$$\frac{\varDelta[\mathrm{OH}^-]}{\varDelta t} = k_1([\mathrm{NH}_3]_{\mathrm{eq}} - x) - k_2([\mathrm{NH}_4{}^+]_{\mathrm{eq}} + x)([\mathrm{OH}^-]_{\mathrm{eq}} + x)$$

$$= -k_2 x^2 + (-k_1 - k_2[\mathrm{NH}_4{}^+]_{\mathrm{eq}} - k_2[\mathrm{OH}^-]_{\mathrm{eq}})x$$

$$+ k_1[\mathrm{NH}_3]_{\mathrm{eq}} - k_2[\mathrm{NH}_4{}^+]_{\mathrm{eq}}[\mathrm{OH}^-]_{\mathrm{eq}}$$

ここで，平衡状態では $k_1[\mathrm{NH}_3]_{\mathrm{eq}} = k_2[\mathrm{NH}_4{}^+]_{\mathrm{eq}}[\mathrm{OH}^-]_{\mathrm{eq}}$ だから

$$\frac{\varDelta[\mathrm{OH}^-]}{\varDelta t} = -k_2 x^2 + (-k_1 - k_2[\mathrm{NH}_4{}^+]_{\mathrm{eq}} - k_2[\mathrm{OH}^-]_{\mathrm{eq}})x$$

よって $B = -k_1 - k_2[\mathrm{NH}_4{}^+]_{\mathrm{eq}} - k_2[\mathrm{OH}^-]_{\mathrm{eq}}$ ……(答)

コ. $[\mathrm{NH}_4{}^+]_{\mathrm{eq}} = [\mathrm{OH}^-]_{\mathrm{eq}}$, $\dfrac{k_1}{k_2} = K_{\mathrm{b}}$ より

$$B = -k_1 - 2k_2[\mathrm{OH}^-]_{\mathrm{eq}} = -k_2 K_{\mathrm{b}} - 2k_2[\mathrm{OH}^-]_{\mathrm{eq}}$$

$$= -k_2(K_{\mathrm{b}} + 2[\mathrm{OH}^-]_{\mathrm{eq}})$$

$$\therefore \quad k_2 = -\frac{B}{K_{\mathrm{b}} + 2[\mathrm{OH}^-]_{\mathrm{eq}}} \quad \cdots\cdots(答)$$

サ. 図1－1より $[\mathrm{OH}^-]_{\mathrm{eq}} = 1.319 \times 10^{-4}$〔$\mathrm{mol \cdot L^{-1}}$〕

B は図1－2の直線の傾きだから

$$B = \frac{-22.0}{2.0 \times 10^{-6}} = -1.1 \times 10^7 \,[\mathrm{s}^{-1}]$$

これらと $K_{\mathrm{b}} = 1.7 \times 10^{-5}$〔$\mathrm{mol \cdot L^{-1}}$〕をコの式に代入すると

$$k_2 = -\frac{-1.1 \times 10^7}{1.7 \times 10^{-5} + 2 \times 1.319 \times 10^{-4}}$$

$$= 3.91 \times 10^{10} \fallingdotseq 3.9 \times 10^{10}\,[\mathrm{L \cdot mol^{-1} \cdot s^{-1}}] \quad \cdots\cdots(答)$$

解 説

I．ア. $x_{\mathrm{XZ}} = (E_\mathrm{Z} - I_\mathrm{X} + \varDelta) - (E_\mathrm{X} - I_\mathrm{Z} + \varDelta) = E_\mathrm{Z} - E_\mathrm{X} - I_\mathrm{X} + I_\mathrm{Z}$

イ. $x_{\mathrm{XZ}} = (E_\mathrm{Z} + I_\mathrm{Z}) - (E_\mathrm{X} + I_\mathrm{X})$ となるから，$(E_\mathrm{Z} + I_\mathrm{Z}) > (E_\mathrm{X} + I_\mathrm{X})$ のとき Z が陰イオンになりやすい。よって，一般に $E + I$ が大きい原子ほど陰イオンになりやすいといえる。

ウ. $E + I = 5.4 \times 10^{-19} + 29.7 \times 10^{-19} = 3.51 \times 10^{-18}$〔J〕

エ. 原子間距離が等しいので，電気陰性度の差が大きい二原子分子ほど電気双極子モーメントが大きく，極性が大きい。

オ. HF では，F の方が H より電気陰性度が大きいので，F が負，H が正に帯電している。

II．キ. $\dfrac{\varDelta[\mathrm{OH}^-]}{\varDelta t} = v_1 - v_2 = k_1[\mathrm{NH}_3] - k_2[\mathrm{NH}_4{}^+][\mathrm{OH}^-]$

v_1 は OH^- の生成速度，v_2 は OH^- の減少速度を表している。

ク. $NH_3 + H_2O \rightleftharpoons NH_4^+ + OH^-$ において水の電離を無視すると，$[NH_4^+] = [OH^-]$ であり，$[NH_4^+]_{eq} = [OH^-]_{eq}$ となる。

したがって

$$[NH_4^+] = [OH^-] = [OH^-]_{eq} + x = [NH_4^+]_{eq} + x$$

また，NH_3 と NH_4^+ の総物質量は一定なので

$$[NH_3] + [NH_4^+] = [NH_3]_{eq} + [NH_4^+]_{eq}$$

が成り立つ。$[NH_4^+]_{eq} = [NH_4^+] - x$ だから

$$[NH_3] = [NH_3]_{eq} + [NH_4^+]_{eq} - [NH_4^+]$$
$$= [NH_3]_{eq} + [NH_4^+] - x - [NH_4^+] = [NH_3]_{eq} - x$$

ケ. 平衡状態では $v_1 = v_2$ つまり $k_1[NH_3]_{eq} = k_2[NH_4^+]_{eq}[OH^-]_{eq}$ である。

62

ポイント

Ⅰ. **ウ**は図 2 − 2(2)から繰り返し単位をどのように見つけるかがポイントである。**エ・オ**は放電・充電にともなう電極の質量変化と電気量の関係，電極の組成式による関係が問われており，量的関係の深い理解が求められている。

Ⅱ. どのような反応が生じたかを問題文から推測すること。電荷の有無，加えた反応物とその物質量の関係に注意。

解 答

Ⅰ．**ア**．$2Li + 2H_2O \longrightarrow 2LiOH + H_2$

イ．酸素とオゾン

ウ．$C : Li = 6 : 1$

エ．化合物 **X** の組成式は LiC_6 だから，$LiC_6 = 78.9$，求める時間を t 秒とすると，

$LiC_6 \longrightarrow C_6 + Li^+ + e^-$ より

$$\frac{0.60}{78.9} \times 1 \times 9.65 \times 10^4 = 20 \times 10^{-3} \times t$$

$$\therefore \quad t = 3.66 \times 10^4 \fallingdotseq 3.7 \times 10^4 \text{ 秒} \quad \cdots\cdots(\text{答})$$

オ．$LiCoO_2 \longrightarrow Li_{(1-x)}CoO_2 + xLi^+ + xe^-$

$LiCo_{(1-y)}Al_yO_2 \longrightarrow Li_{(1-x)}Co_{(1-y)}Al_yO_2 + xLi^+ + xe^-$

$LiCoO_2 = 97.8$ ， $LiCo_{(1-y)}Al_yO_2 = 97.8 - 31.9y$

である。

$LiCo_{(1-y)}Al_yO_2$ の電気量について

$$\frac{1.96}{97.8 - 31.9y} \times x \times 9.65 \times 10^4 = 9.65 \times 10^2$$

$$\therefore \quad x = \frac{97.8 - 31.9y}{196}$$

次に，両電極の質量変化の差は，$Li \longrightarrow Li^+ + e^-$ の反応をした Li の質量の差によるものであるから

$$\left(\frac{1.96}{97.8 - 31.9y} \times x - \frac{1.96}{97.8} \times x \right) \times 6.9 = 4.2 \times 10^{-3}$$

したがって

$$\left(\frac{1}{97.8 - 31.9y} - \frac{1}{97.8} \right) \times 1.96 \times 6.9 \times x$$

$$= \left(\frac{1}{97.8 - 31.9y} - \frac{1}{97.8} \right) \times 1.96 \times 6.9 \times \frac{97.8 - 31.9y}{196}$$

$$= \left(1 - \frac{97.8 - 31.9y}{97.8}\right) \times 6.9 \times 10^{-2} = \frac{31.9y}{97.8} \times 6.9 \times 10^{-2} = 4.2 \times 10^{-3}$$

$$\therefore \quad y = 0.186 \fallingdotseq 0.19 \quad \cdots\cdots(答)$$

よって $\quad x = \dfrac{97.8 - 31.9 \times 0.186}{196} = 0.468 \fallingdotseq 0.47 \quad \cdots\cdots(答)$

Ⅱ．カ． 配位結合

キ． $\begin{bmatrix} \text{Cl} \\ \text{Cl} \end{bmatrix}$ Pd $\begin{matrix} \text{Cl} \\ \text{Cl} \end{matrix}\Big]^{2-}$

ク． $\begin{matrix} \text{Cl} \\ \text{Cl} \end{matrix}$ Pd $\begin{matrix} \text{NH}_3 \\ \text{NH}_3 \end{matrix}$ $\qquad$ $\begin{matrix} \text{H}_3\text{N} \\ \text{Cl} \end{matrix}$ Pd $\begin{matrix} \text{Cl} \\ \text{NH}_3 \end{matrix}$

ケ． $\Big[\begin{matrix} \text{H}_3\text{N} \\ \text{H}_3\text{N} \end{matrix}$ Pd $\begin{matrix} \text{NH}_3 \\ \text{NH}_3 \end{matrix}\Big]^{2+}\Big[\begin{matrix} \text{Cl} \\ \text{Cl} \end{matrix}$ Pd $\begin{matrix} \text{Cl} \\ \text{Cl} \end{matrix}\Big]^{2-}$

解　説

Ⅰ．ア． Li はアルカリ金属の一種でイオン化傾向が大きく，水と反応して LiOH と H_2 を生じる。

イ． 他に，黄リンと赤リン，斜方硫黄と単斜硫黄（またはゴム状硫黄）などがある。

ウ． 右図のように，破線で示された六角形が繰り返しの単位となっている。この六角形内には C 6 個と Li 1 個が含まれている。

よって，C：Li ＝ 6：1 である。

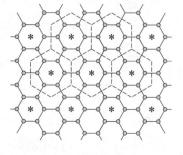

エ． $LiC_6 \longrightarrow C_6 + Li^+ + e^-$ によって電流が生じるから，放電によって生じた e^- の物質量と LiC_6 の物質量は等しいと考えてもよい。

$LiC_6 = 78.9$ より

$$\frac{0.60}{78.9} = \frac{20 \times 10^{-3} \times t}{9.65 \times 10^4} \qquad \therefore \quad t = 3.66 \times 10^4 \fallingdotseq 3.7 \times 10^4 秒$$

オ． $LiCoO_2 = 97.8$，$LiCo_{(1-y)}Al_yO_2 = 97.8 - 31.9y$ であり，$LiCoO_2$ による e^- 放出の物質量を z〔mol〕とすると，両極で x が等しいから，両極の物質量と e^- の物質量の比が等しいため

$$\frac{1.96}{97.8 - 31.9y} : \frac{1.96}{97.8} = \frac{9.65 \times 10^2}{9.65 \times 10^4} : z \quad (= 1.00 \times 10^{-2} : z) \quad \cdots\cdots①$$

となる。

次に，両電極における e^- の物質量の差と反応した Li の物質量の差は等しく，その物質量の差が電極の質量の差に等しいから

$$(1.00 \times 10^{-2} - z) \times 6.9 = 4.2 \times 10^{-3} \quad \cdots\cdots②$$

さらに，$LiCoO_2 \longrightarrow Li_{(1-x)}CoO_2 + xLi^+ + xe^-$ であるから

$$\frac{1.96}{97.8} \times x = z \quad \cdots\cdots ③$$

これら①〜③を解くと，$x \fallingdotseq 0.47$，$y \fallingdotseq 0.19$ を得る。

II．カ． NH_3 のNがもつ非共有電子対が配位結合に用いられる。

キ． $PdCl_2 + 2NaCl \longrightarrow \begin{bmatrix} Cl & & Cl \\ & Pd & \\ Cl & & Cl \end{bmatrix}^{2-} + 2Na^+$

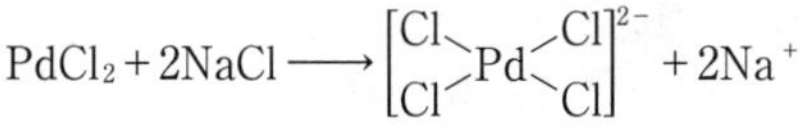

　　　　　　　　　　　　　　　B

ク． $\begin{bmatrix} H_3N & & NH_3 \\ & Pd & \\ H_3N & & NH_3 \end{bmatrix}^{2+} + 2Cl^- + 2HCl \longrightarrow \begin{cases} \begin{bmatrix} Cl & & NH_3 \\ & Pd & \\ Cl & & NH_3 \end{bmatrix} + 2NH_4Cl \\ \begin{bmatrix} Cl & & NH_3 \\ & Pd & \\ H_3N & & Cl \end{bmatrix} + 2NH_4Cl \end{cases}$

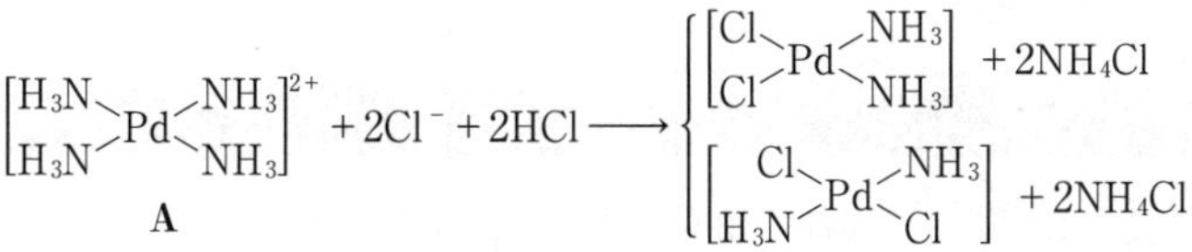

　　　　　　　　A　　　　　　　　　　　　　　　　　　　　　**C**

Cにはシス形とトランス形が存在する。

ケ． $\begin{bmatrix} H_3N & & NH_3 \\ & Pd & \\ H_3N & & NH_3 \end{bmatrix}^{2+} + \begin{bmatrix} Cl & & Cl \\ & Pd & \\ Cl & & Cl \end{bmatrix}^{2-} \longrightarrow \begin{bmatrix} H_3N & & NH_3 \\ & Pd & \\ H_3N & & NH_3 \end{bmatrix}^{2+} \begin{bmatrix} Cl & & Cl \\ & Pd & \\ Cl & & Cl \end{bmatrix}^{2-}$

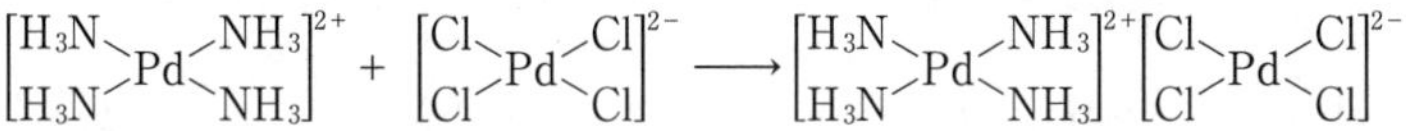

　　　　A　　　　　　　　　　**B**　　　　　　　　　　　　　　　　**D**

Dの組成式は $Pd(NH_3)_2Cl_2$ で**C**と等しいが，分子式は $Pd_2(NH_3)_4Cl_4$ で**C**の2倍の式量をもつ。

63

> **ポイント**
> Ⅰ．Fe の酸化によって生じる Fe_2O_3 や $FeO(OH)$ についての問題で，目新しい題材であるが内容は標準的。**カ**は**エ**の反応式を利用すればよい。
> Ⅱ．反応熱を結合エネルギーから求めるときは，分子は気体状態でなければならない。**ク**や**ケ**では，ポリエチレンの昇華熱などが与えられていないので，物質の状態はすべて気体状態として扱ってよいだろう。

解　答

Ⅰ．**ア**．K殻：2　L殻：8　M殻：13

イ．Fe 2 mol から Fe_2O_3 1 mol が生じる。$Fe_2O_3 = 159.6$ であるから

$$\frac{7.87 \times V}{55.8} = \frac{2 \times 5.24 \times aV}{159.6} \qquad \therefore \quad a = 2.14 \fallingdotseq 2.1 \quad \cdots\cdots(答)$$

ウ．$2Fe(OH)_3 \longrightarrow Fe_2O_3 + 3H_2O$

$Fe(OH)_3 \longrightarrow FeO(OH) + H_2O$

エ．$4Fe + 2H_2O + 3O_2 \longrightarrow 4FeO(OH)$

オ．ヘンリーの法則が成り立つことから，溶解する酸素の質量は分圧に比例する。したがって，$1.00 \times 10^3 L$ 中に溶解する酸素の質量は

$$4.06 \times 10^{-2} \times \frac{1.00 \times 10^3}{1.00} \times \frac{610 \times 0.13 \times 10^{-2}}{1.01 \times 10^5} = 3.18 \times 10^{-4}$$
$$\fallingdotseq 3.2 \times 10^{-4} (g) \quad \cdots(答)$$

カ．**エ**より，O_2 3 mol につき 4 mol の $FeO(OH)$ が生成する。$FeO(OH) = 88.8$，$O_2 = 32.0$ であるから，生成する $FeO(OH)$ の質量は

$$\frac{3.18 \times 10^{-4}}{32.0} \times \frac{4}{3} \times 88.8 = 1.17 \times 10^{-3} \fallingdotseq 1.2 \times 10^{-3} (g) \quad \cdots\cdots(答)$$

Ⅱ．**キ**．分子式 C_nH_{2n+2} のアルカンの分子量は

$$12.0 \times n + 1.0 \times (2n + 2) = 14.0n + 2.0$$

アルカン 1 g あたりの燃焼熱が $46.0 \, kJ/g$ であるので，1 mol あたりの燃焼熱は

$$46.0 \times (14.0n + 2.0) = (7n + 1) \times 92.0 \, (kJ)$$

よって，アルカン C_nH_{2n+2} の熱化学方程式は

$$C_nH_{2n+2} + \frac{3n + 1}{2}O_2 = nCO_2 + (n + 1)H_2O + (7n + 1) \times 92.0 \, kJ \quad \cdots\cdots(答)$$

ク．シクロオクタンの燃焼熱を $Q_1 \, (kJ/mol)$ とすると，熱化学方程式は次のように表される。

$$C_8H_{16} + 12O_2 = 8CO_2 + 8H_2O + Q_1 \, kJ$$

反応熱 (Q_1) = (生成物の結合エネルギーの和) − (反応物の結合エネルギーの和)
であるので

$$Q_1 = (8.0 \times 10^2 \times 2 \times 8 + 4.6 \times 10^2 \times 2 \times 8)$$
$$- (3.7 \times 10^2 \times 8 + 4.1 \times 10^2 \times 16 + 5.0 \times 10^2 \times 12)$$
$$= 4.64 \times 10^3 \, [kJ]$$

したがって，1 g あたりの燃焼熱は $C_8H_{16} = 112.0$ より

$$\frac{4.64 \times 10^3}{112.0} = 41.4 \fallingdotseq 41 \, [kJ/g] \quad \cdots\cdots (答)$$

ポリエチレンの燃焼熱を $Q_2\,[kJ/mol]$ とすると，熱化学方程式は次のように表される。

$$H-\!\!\!+\!CH_2-CH_2\!\!\!+_{1.0 \times 10^4}H + 3.0 \times 10^4 O_2$$
$$= 2.0 \times 10^4 CO_2 + 2.0 \times 10^4 H_2O + Q_2 \, kJ$$

結合エネルギーを用いると，Q_2 は

$$Q_2 = (8.0 \times 10^2 \times 2 \times 2.0 \times 10^4 + 4.6 \times 10^2 \times 2 \times 2.0 \times 10^4)$$
$$- (3.7 \times 10^2 \times 2 \times 1.0 \times 10^4 + 4.1 \times 10^2 \times 4 \times 1.0 \times 10^4$$
$$+ 5.0 \times 10^2 \times 3.0 \times 10^4)$$
$$= 1.16 \times 10^7 \, [kJ]$$

したがって，この高分子の分子量は $28.0 \times 1.0 \times 10^4$ となるので，1 g あたりの燃焼熱は $-CH_2-CH_2- = 28.0$ より

$$\frac{1.16 \times 10^7}{2.80 \times 10^5} = 41.4 \fallingdotseq 41 \, [kJ/g] \quad \cdots\cdots (答)$$

〔注〕　ポリエチレン分子の両端の H を無視して近似した。

ケ．求める反応熱を $Q_3\,[kJ]$ とすると，プロピレンの生成の熱化学方程式は次のように表される。

$$C_nH_{2n+2} = CH_2\!\!=\!\!CH-CH_3 + C_{n-3}H_{2n-4} + Q_3 \, kJ$$

ここで，燃焼に関するエネルギー図は次のようになる。

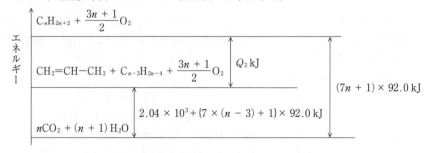

エネルギー図より，求める反応熱は

$$Q_3 = (7n + 1) \times 92.0 - [2.04 \times 10^3 + \{7 \times (n - 3) + 1\} \times 92.0]$$

$$= 7 \times 3 \times 92.0 - 2.04 \times 10^3 = -108 \fallingdotseq -1.1 \times 10^2 \,[\text{kJ}] \quad \cdots\cdots(\text{答})$$

コ．求める反応熱を $Q_4\,[\text{kJ}]$ とすると，プロパンの脱水素反応の熱化学方程式は次のように表される。

$$CH_3-CH_2-CH_3 = CH_2=CH-CH_3 + H_2 + Q_4\,\text{kJ}$$

ここで，燃焼に関するエネルギー図は次のようになる。

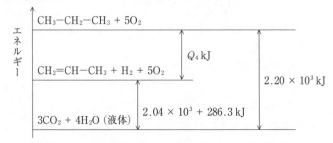

このとき，生成する H_2O は液体であるので，H_2 の燃焼の熱化学方程式を

$$H_2 + \frac{1}{2}O_2 = H_2O\,(\text{液体}) + x\,\text{kJ}$$ とすると，表 1 − 2 の値より $x = 242 + 44.3$

$= 286.3\,[\text{kJ}]$ となる。よって

$$Q_4 = 2.20 \times 10^3 - (2.04 \times 10^3 + 286.3)$$

$$= -126 \fallingdotseq -1.3 \times 10^2\,[\text{kJ}] \quad \cdots\cdots(\text{答})$$

解　説

Ⅰ．**ア**．Fe_2O_3 中の Fe は Fe^{3+} として存在する。$_{26}Fe$ だから Fe^{3+} は $26 - 3 = 23$〔個〕の電子をもっている。$_{26}Fe$ の電子配置は，K殻（2），L殻（8），M殻（14），N殻（2）だから，Fe^{3+} では最外殻から順に3個電子を放つことになるので，K殻（2），L殻（8），M殻（13）となる。

エ．$FeO(OH)$ の生成において，反応物は Fe の他は H_2O と O_2 のみである。Fe の酸化数は $0 \rightarrow +3$ に，O_2 中の O の酸化数は $0 \rightarrow -2$（分子としては4の減少）に変化する。よって，反応する Fe と O_2 の物質量の比は 4：3 である。

$Fe(OH)_3 \longrightarrow FeO(OH) + H_2O \quad \cdots\cdots(5)$ とすると，

$(1) \times 4 + (2) \times 2 + (3) \times 4 + (4) + (5) \times 4$ より，〔解答〕の式が得られる。

オ．ヘンリーの法則を適用する。水の量が $1.00 \times 10^3\,\text{L}$ であることに注意すること。

Ⅱ．**ク**．結合エネルギーを用いる場合，反応物，生成物のすべてが気体である必要がある。固体や液体の場合は，蒸発熱や昇華熱を考慮しなければならないが，ここでは，物質はすべて気体として計算している。

ポリエチレンについて，分子の両端の H を考慮すると次のようになる。

$$H \overline{\left[CH_2-CH_2 \right]}_m H + \frac{6m+1}{2} O_2 = 2mCO_2 + (2m+1) H_2O + Q_2 kJ$$

$$Q_2 = \{8.0 \times 10^2 \times 2 \times 2m + 4.6 \times 10^2 \times 2 \times (2m+1)\}$$

$$\quad - \left\{ 3.7 \times 10^2 \times (2m-1) + 4.1 \times 10^2 \times (4m+2) + 5.0 \times 10^2 \times \frac{6m+1}{2} \right\}$$

$$\quad = 1160m + 220 \,〔\text{kJ/mol}〕$$

したがって，1 g あたりの燃焼熱は　　$\dfrac{1160m+220}{28.0m+2.0}$ 〔kJ/g〕

ここで $m = 1.0 \times 10^4$ とすると

$$\frac{1160 \times 1.0 \times 10^4 + 220}{28.0 \times 1.0 \times 10^4 + 2.0} = 41.4 ≒ 41 \,〔\text{kJ/g}〕$$

〔注〕　$\dfrac{1160m+220}{28.0m+2.0} ≒ \dfrac{1160m}{28.0m} = 41.4 ≒ 41$ 〔kJ/g〕と近似しても同じである。

ケ・コ．反応熱 ＝（反応物の燃焼熱）－（生成物の燃焼熱）を利用してもよい。

64

ポイント

Ⅰ．エは近似を用いて計算することに対応できるかどうか。
Ⅱ．同位体の組み合わせと化合物の質量に注意すれば，難しい問題ではない。

解 答

Ⅰ．**ア．** $SiO_2 + 6HF \longrightarrow H_2SiF_6 + 2H_2O$

イ． $PbSO_4$

ウ． $\alpha = \dfrac{K_{a1}K_{a2}}{[H^+]^2 + K_{a1}[H^+] + K_{a1}K_{a2}}$

エ． $\dfrac{K_{sp(CuS)}}{\alpha} = \dfrac{K_{sp(CuS)}}{K_{a1}K_{a2}}([H^+]^2 + K_{a1}[H^+] + K_{a1}K_{a2})$

$\qquad\qquad = \dfrac{4.0 \times 10^{-38}}{1.0 \times 10^{-21}} \times ([H^+]^2 + 1.0 \times 10^{-7}[H^+] + 1.0 \times 10^{-21})$

pH = 1.0〜6.0（$[H^+] = 1.0 \times 10^{-1} \sim 1.0 \times 10^{-6}$〔mol/L〕）のときは，次のように近似することができる。

$\qquad \dfrac{K_{sp(CuS)}}{\alpha} \fallingdotseq \dfrac{4.0 \times 10^{-38}}{1.0 \times 10^{-21}}[H^+]^2 = 4.0 \times 10^{-17}[H^+]^2$

よって $\qquad \log_{10}\dfrac{K_{sp(CuS)}}{\alpha} = \log_{10}4.0 - 17 + 2\log_{10}[H^+]$

$\qquad\qquad\qquad\qquad\quad = 2\log_{10}2.0 - 17 - 2pH$

$\qquad\qquad\qquad\qquad\quad = 2 \times 0.301 - 17 - 2pH \fallingdotseq -16.4 - 2pH$

同様に $\qquad \dfrac{K_{sp(FeS)}}{\alpha} = \dfrac{K_{sp(FeS)}}{K_{a1}K_{a2}}([H^+]^2 + K_{a1}[H^+] + K_{a1}K_{a2})$

$\qquad\qquad\qquad = \dfrac{1.0 \times 10^{-19}}{1.0 \times 10^{-21}} \times ([H^+]^2 + 1.0 \times 10^{-7}[H^+] + 1.0 \times 10^{-21})$

$\qquad\qquad\qquad \fallingdotseq 1.0 \times 10^2 \times [H^+]^2$

$\qquad \therefore \quad \log_{10}\dfrac{K_{sp(FeS)}}{\alpha} = 2.0 - 2pH$

以上より，グラフは次のようになる。

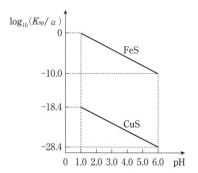

オ. 沈殿が生じない条件は，$[Fe^{2+}][S^{2-}] \leqq K_{sp(FeS)}$ である。

一方，$\alpha = \dfrac{[S^{2-}]}{[H_2S]_{total}}$ より　　$[S^{2-}] = \alpha[H_2S]_{total}$

さらに　　$[H_2S]_{total} = 2.0 \times 10^{-3} \times \dfrac{1000}{10+10} = 1.0 \times 10^{-1}$〔mol/L〕

$\qquad [Fe^{2+}] = 4.0 \times 10^{-4}$〔mol/L〕

以上より　　$4.0 \times 10^{-4} \times \alpha \times 1.0 \times 10^{-1} \leqq K_{sp(FeS)}$

$\qquad 4.0 \times 10^{-5} \leqq \dfrac{K_{sp(FeS)}}{\alpha}$

両辺の対数をとって

$\qquad \log_{10} 4.0 \times 10^{-5} = 2 \times 0.301 - 5.0 \leqq \log_{10} \dfrac{K_{sp(FeS)}}{\alpha} = 2.0 - 2pH$

$\hfill (1.0 < pH < 6.0)$

$\qquad -4.398 \leqq 2.0 - 2pH$

$\qquad pH \leqq \dfrac{4.398 + 2.0}{2} = 3.19 \fallingdotseq 3.2$

この pH の範囲は，pH < 6.0 を満たしているので

$\qquad pH \leqq 3.2$　……（答）

〔**別解**〕　$[Fe^{2+}][S^{2-}] \leqq K_{sp(FeS)} = 1.0 \times 10^{-19}$〔mol²/L²〕

$\qquad [S^{2-}] \leqq \dfrac{1.0 \times 10^{-19}}{4.0 \times 10^{-4}} = 2.5 \times 10^{-16}$〔mol/L〕

$[H_2S]_{total} = 1.0 \times 10^{-1}$〔mol/L〕だから，飽和状態では

$\qquad \alpha = \dfrac{[S^{2-}]}{[H_2S]_{total}} = \dfrac{2.5 \times 10^{-16}}{1.0 \times 10^{-1}} = \dfrac{1.0 \times 10^{-21}}{[H^+]^2 + 1.0 \times 10^{-7}[H^+] + 1.0 \times 10^{-21}}$

$\qquad [H^+]^2 + 1.0 \times 10^{-7}[H^+] + 1.0 \times 10^{-21} = 4.0 \times 10^{-7}$

近似して　　$[H^+]^2 + 1.0 \times 10^{-7}[H^+] - 4.0 \times 10^{-7} = 0$

ここで，求める pH の範囲が pH ≦ 6.0（$[H^+] \geqq 1.0 \times 10^{-6}$）であれば，さらに次の近似が可能である。

$$[H^+]^2 - 4.0 \times 10^{-7} = 0$$

$[H^+] > 0$ より　　$[H^+] = 2.0 \times 10^{-3.5}$〔mol/L〕

よって，求める pH の範囲は

$$pH \leqq - \log_{10} 2.0 \times 10^{-3.5} = 3.5 - 0.301 = 3.199 \fallingdotseq 3.2$$

この値は，pH $\leqq$ 6.0 の条件を満たしている。

〔注〕　$[H^+]^2 + 1.0 \times 10^{-7}[H^+] - 4.0 \times 10^{-7} = 0$ を $[H^+] > 0$ として解くと

$$[H^+] = \frac{-1.0 \times 10^{-7} + \sqrt{1.0 \times 10^{-14} + 16 \times 10^{-7}}}{2}$$

$$\fallingdotseq \frac{-1.0 \times 10^{-7} + 4.0 \times 10^{-3.5}}{2} \fallingdotseq 2.0 \times 10^{-3.5}〔mol/L〕$$

カ． 過剰なアンモニアがスルホ基と反応しないよう溶液から除くため。（30字）

キ． Na^+ 1 mol がスルホ基の H^+ 1 mol とイオン交換される。また，NaOH 水溶液による中和滴定は，$H^+ + NaOH \longrightarrow Na^+ + H_2O$ だから，求める Na^+ の質量を x〔g〕とすると

$$\frac{x}{23.0} \times \frac{10}{50} = 1.0 \times 10^{-2} \times \frac{18.0}{1000}$$

$$\therefore \quad x = 2.07 \times 10^{-2} \fallingdotseq 2.1 \times 10^{-2}〔g〕 \quad \cdots\cdots（答）$$

Ⅱ．ク．

元素	同位体	存在比（%）
Cu	^{63}Cu	75
	^{65}Cu	25

ケ．

質量	存在比（%）
186	25
188	50
190	25

コ． もとの $AgNO_3$ 水溶液 **X** に含まれる ^{107}Ag と ^{109}Ag の存在比は表 2 – 1 より 50 %：50 % である。この水溶液 **X** に含まれる $AgNO_3$ の全物質量を x〔mol〕として，新たな $AgNO_3$ を加えると

$$^{107}AgNO_3 \text{ の物質量}：\frac{x}{2}〔mol〕$$

$$^{109}AgNO_3 \text{ の物質量}：\frac{x}{2} + \frac{0.050 \times 10.0}{1000} = \frac{x}{2} + 5.0 \times 10^{-4}〔mol〕$$

次に，Br の同位体の存在比を考慮すると，生成する $^{107}Ag^{79}Br$，$^{107}Ag^{81}Br$，$^{109}Ag^{79}Br$，$^{109}Ag^{81}Br$ の生成比は次のとおりである。

$$\frac{x}{2} \times 50 : \frac{x}{2} \times 50 : \left(\frac{x}{2} + 5.0 \times 10^{-4}\right) \times 50 : \left(\frac{x}{2} + 5.0 \times 10^{-4}\right) \times 50$$

ここで，$^{107}Ag^{81}Br$ と $^{109}Ag^{79}Br$ の式量はともに 188 で同じであるから，質量 186，

188, 190 の生成比は

$$25x : 50x + 2.5 \times 10^{-2} : 25x + 2.5 \times 10^{-2}$$

表 2 − 3 の値を用いると, $25x : 25x + 2.5 \times 10^{-2} = 20 : 30$ となり

$$x = 2.0 \times 10^{-3} \text{ (mol)} \quad \cdots\cdots(\text{答})$$

解　説

Ⅰ. イ. $Pb^{2+} + H_2SO_4 \longrightarrow PbSO_4 + 2H^+$

ウ. $K_{a1} = \dfrac{[HS^-][H^+]}{[H_2S]}$, $K_{a2} = \dfrac{[S^{2-}][H^+]}{[HS^-]}$ だから

$$K_{a1} \times K_{a2} = \frac{[S^{2-}][H^+]^2}{[H_2S]} \qquad \therefore \quad [H_2S] = \frac{[S^{2-}][H^+]^2}{K_{a1}K_{a2}}$$

また $\quad [HS^-] = \dfrac{[S^{2-}][H^+]}{K_{a2}}$

よって $\quad [H_2S]_{\text{total}} = \dfrac{[S^{2-}][H^+]^2}{K_{a1}K_{a2}} + \dfrac{[S^{2-}][H^+]}{K_{a2}} + [S^{2-}]$

$$= \left(\frac{[H^+]^2}{K_{a1}K_{a2}} + \frac{[H^+]}{K_{a2}} + 1 \right) [S^{2-}]$$

$$= \frac{[H^+]^2 + K_{a1}[H^+] + K_{a1}K_{a2}}{K_{a1}K_{a2}} \times [S^{2-}]$$

ゆえに $\quad \alpha = \dfrac{[S^{2-}]}{[H_2S]_{\text{total}}} = \dfrac{K_{a1}K_{a2}}{[H^+]^2 + K_{a1}[H^+] + K_{a1}K_{a2}}$

エ. pH = 1.0〜6.0 ($[H^+] = 1.0 \times 10^{-1}$〜$1.0 \times 10^{-6}$ (mol/L)) では,
$[H^+]^2 > 1.0 \times 10^{-7}[H^+] > 1.0 \times 10^{-21}$ だから, $1.0 \times 10^{-7}[H^+]$ と 1.0×10^{-21} の
項を無視して近似することができる。

オ. 沈殿しない pH の範囲を求めるには, 通常, 溶解度積 $K_{\text{sp(FeS)}}$ を用いて計算する
が, ここでは α を用いる方法を考える。

飽和状態では, $[Fe^{2+}][H_2S]_{\text{total}} = \dfrac{K_{\text{sp(FeS)}}}{\alpha}$ である。一方, 与えられた $[Fe^{2+}]$ と
$[H_2S]_{\text{total}}$ で沈殿が生じないためには

$$\underset{\text{実際の値}}{[Fe^{2+}][H_2S]_{\text{total}}} \leq \underset{\text{飽和での値}}{\frac{K_{\text{sp(FeS)}}}{\alpha}}$$

が条件となると考えることもできる。

また, 解の pH ≦ 3.2 は $1.0 < $ pH $ < 6.0$ を満たしている点も確認しておくことは
大切である (pH ≦ 1.0 でも成立する)。

カ. 過剰の NH_3 が存在するとき, $NH_3 + H_2O \rightleftharpoons NH_4^+ + OH^-$ において, 加熱す
ることにより, NH_3 が揮発して平衡が左へ移動する。結果として, NH_4^+ も減少す

るので，スルホ基中の H^+ とのイオン交換は抑制される。

キ．実験 2 で，実験 1 で得た水溶液 50 mL のうち 10 mL を用いていることに注意。

Ⅱ．**ク**．^{63}Cu の存在比を x〔%〕とすると

$$63 \times \frac{x}{100} + 65 \times \frac{100-x}{100} = 63.5 \quad \therefore \quad x = 75.0 \doteqdot 75 \text{〔%〕}$$

よって，$^{63}Cu : 75\ \%$，$^{65}Cu : 25\ \%$ となる。

ケ．$AgNO_3 + NaBr \longrightarrow AgBr + NaNO_3$ である。$AgNO_3$，$NaBr$ に含まれる ^{107}Ag，^{109}Ag，および ^{79}Br，^{81}Br の比はいずれも 50 % : 50 %（1 : 1）であるから，生成する AgBr の種類およびその生成比は次のようになる。

$$^{107}Ag^{79}Br : {}^{107}Ag^{81}Br : {}^{109}Ag^{79}Br : {}^{109}Ag^{81}Br$$
$$(= 186) \qquad (= 188) \qquad (= 188) \qquad (= 190)$$
$$= 50 \times 50 : 50 \times 50 : 50 \times 50 : 50 \times 50 = 1 : 1 : 1 : 1$$

よって，質量の分布は

$$186 : 188 : 190 = 1 : 2 : 1 = 25\ \% : 50\ \% : 25\ \%$$

〔注〕　N，O は同位体が存在しないので，$AgNO_3$ の種類は Ag の同位体による 2 種類のみであるが，この問いでは関係しない（Na も同位体が存在しない）。

コ．質量 186 と 188 の生成比を用いると

$$25x : 50x + 2.5 \times 10^{-2} = 20 : 50 \quad \therefore \quad x = 2.0 \times 10^{-3}\text{〔mol〕}$$

65

ポイント

Ⅰ. 氷熱量計は，化学反応で発生・吸収する熱量を水の状態変化による体積の差で測定する装置である。装置の仕組みがわかれば問題を解くことができる。**ウ**は混合した水溶液自身も熱を吸収していることを忘れないこと。

Ⅱ. 半反応式の作り方はマスターしておきたい。ここでは，両辺の電子の数を OH^- を使って合わせている。

解　答

Ⅰ. ア. 計算過程：中和による発熱で融解した氷を x 〔g〕とすると

$$\frac{x}{0.917} - \frac{x}{1.00} = 0.0100 \times 9.05 \quad \therefore \quad x = 0.9998 \fallingdotseq 1.00 〔g〕$$

このとき，反応した HCl と KOH は

$$1.00 \text{ mol/L} \times \frac{6.00}{1000} \text{L} = 6.00 \times 10^{-3} \text{ mol}$$

したがって，中和熱を Q_1〔kJ/mol〕とすると，H_2O = 18.0 より

$$Q_1 = 6.00 \text{ kJ/mol} \times \frac{1.00 \text{ g}}{18.0 \text{ g/mol}} \times \frac{1}{6.00 \times 10^{-3} \text{ mol}}$$

$$= 55.5 \text{ kJ/mol} \fallingdotseq 56 \text{ kJ/mol}$$

反応熱：56 kJ/mol

熱化学方程式：HClaq + KOHaq = KClaq + H_2O（液体）+ 56 kJ

イ. 計算過程：溶解による吸熱で凝固した水を y〔g〕とすると

$$\frac{y}{0.917} - \frac{y}{1.00} = 0.0100 \times 4.40 \quad \therefore \quad y = 0.4861 \fallingdotseq 0.486 〔g〕$$

このとき，溶解した NH_4NO_3 の物質量は，NH_4NO_3 = 80.0 より

$$\frac{0.500 \text{ g}}{80.0 \text{ g/mol}} = 6.25 \times 10^{-3} \text{ mol}$$

したがって，溶解熱を Q_2〔kJ/mol〕とすると

$$Q_2 = 6.00 \text{ kJ/mol} \times \frac{0.486 \text{ g}}{18.0 \text{ g/mol}} \times \frac{1}{6.25 \times 10^{-3} \text{ mol}}$$

$$= 25.9 \text{ kJ/mol} \fallingdotseq 26 \text{ kJ/mol}$$

反応熱：-26 kJ/mol

熱化学方程式：NH_4NO_3（固体）+ aq = NH_4NO_3aq $-$ 26 kJ

ウ. HCl と KOH の中和によって発熱した熱量は，**ア**より

$$6.00 \text{ mol/L} \times 15.0 \times 10^{-3} \text{L} \times 55.5 \text{ kJ/mol} = 4.995 \text{ kJ}$$

したがって，10.0 g の氷がすべて融解したときの水温 t〔℃〕は

$$4.995 = 6.00 \times \frac{10.0}{18.0} + 4.20 \times 1.00 \times (90.0 + 10.0 + 2 \times 15.0) \times 10^{-3} \times t$$

$$\therefore \quad t = 3.04 \fallingdotseq 3.0 \text{〔℃〕} \quad \cdots\cdots \text{(答)}$$

エ. 希薄溶液の凝固点降下度 Δt〔K〕は全溶質粒子の質量モル濃度 m〔mol/kg〕に比例し，その比例定数がモル凝固点降下 K_f〔K·kg/mol〕である。

したがって，水のモル凝固点降下は

$$\Delta t = K_f \cdot m$$

$$0 - (-2.3) = K_f \times \left(\frac{0.500}{80.0} \times \frac{1000}{1.00 \times 10.0} \times 2 \right)$$

$$\therefore \quad K_f = 1.84 \fallingdotseq 1.8 \text{〔K·kg/mol〕} \quad \cdots\cdots \text{(答)}$$

オ. 氷の結晶では，H_2O 1分子が他の4分子と水素結合して間隙の多い正四面体構造となっている。融解すると，水素結合が部分的に切断され，動けるようになった水分子が間隙に入り込むことによって体積が減少する。(100字程度)

Ⅱ. カ. (a) 2 (b) 2

(A)H_2O (B)Ag (C)OH^- (D)$Zn(OH)_2$ (E)$[Zn(OH)_4]^{2-}$

キ. 0.10 mA の電流を 500 時間放電したときの電気量は

$$0.10 \times 10^{-3} \times 500 \times 60 \times 60 = 180 \fallingdotseq 1.8 \times 10^2 \text{〔C〕} \quad \cdots\cdots \text{(答)}$$

消費された亜鉛 Zn の質量を x〔g〕とする。

Zn 1 mol の消費で，電子 2 mol が得られるから

$$\frac{x}{65.4} \times 2 = \frac{1.80 \times 10^2}{9.65 \times 10^4}$$

$$\therefore \quad x = 0.0609 \fallingdotseq 6.1 \times 10^{-2} \text{〔g〕} \quad \cdots\cdots \text{(答)}$$

ク. $H_3N-Ag^+-NH_3$

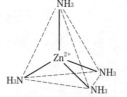

解 説

Ⅰ. 氷熱量計は，反応熱が発熱であれば氷が融解してメニスカスが下降し，反応熱が吸熱であれば水が凝固してメニスカスが上昇する。これは，0℃における水と氷の密度の違いによるものである。

エ. NH_4NO_3 は水中で完全に電離しており，全イオンの総質量モル濃度は NH_4NO_3 の濃度の2倍となる。

$$NH_4NO_3 \longrightarrow NH_4{}^+ + NO_3{}^-$$

オ. 氷の密度が，液体状態の水より小さいのは，結晶状態における H_2O 分子配列が液体状態よりすき間の多い構造であるからである。氷の結晶は 1 個の H_2O 分子が他の 4 個の H_2O 分子と正四面体の頂点方向に水素結合した構造をとり，間隙の多い状態である。

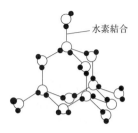

水素結合

　氷の融解により，水素結合の一部分が切断されて結晶がくずれると，動けるようになった H_2O 分子が氷がつくったすき間に入り込むことになり，体積が減少することになる。0℃から約 4℃まで体積は減少するが，それ以上の温度では分子運動が活発になり，体積が徐々に大きくなる。

Ⅱ. アルカリ系ボタン形酸化銀電池の電池式と両極での反応は，次のようになる。

$$(-)\,Zn\,|\,KOH\,濃厚水溶液\,|\,Ag_2O\,(+)$$

正極：$Ag_2O + H_2O + 2e^- \longrightarrow 2Ag + 2OH^-$

負極：$Zn + 4OH^- \longrightarrow [Zn(OH)_4]^{2-} + 2e^-$

カ. 負極では酸化反応が起き，電子が放出される。

$$Zn \longrightarrow Zn^{2+} + 2e^-$$

生じる亜鉛イオンは，電解液の水酸化物イオンと反応し，水に不溶な $Zn(OH)_2$ となる。

$$Zn^{2+} + 2OH^- \longrightarrow Zn(OH)_2 \downarrow$$

両性水酸化物である水酸化亜鉛は，過剰の水酸化物イオンと反応し，$[Zn(OH)_4]^{2-}$ の錯イオンとなって水に溶解する。

$$Zn(OH)_2 + 2OH^- \longrightarrow [Zn(OH)_4]^{2-}$$

正極では還元反応が起き，酸化銀 Ag_2O は銀 Ag に還元される。

$$Ag_2O + H_2O + 2e^- \longrightarrow 2Ag + 2OH^-$$

ク. ジアンミン銀（Ⅰ）イオン $[Ag(NH_3)_2]^+$ は直線構造，テトラアンミン亜鉛（Ⅱ）イオン $[Zn(NH_3)_4]^{2+}$ は正四面体構造をとる。

$$Ag_2O + 4NH_3 + H_2O \longrightarrow 2[Ag(NH_3)_2]^+ + 2OH^-$$

$$Zn(OH)_2 + 4NH_3 \longrightarrow [Zn(NH_3)_4]^{2+} + 2OH^-$$

66

ポイント

Ⅰ．**オ**はヨウ素がヨウ化カリウム水溶液中でも平衡状態になっていることと，ヨウ化カリウム水溶液と四塩化炭素溶液の間で分配平衡になっていることから式を立てればよい。
Ⅱ．**ケ**は NH_3 が還元剤になることがわかればよい。生成物が与えられているので，考えやすいだろう。

解答

Ⅰ．**ア**．ビーカー内のヨウ素の固体は昇華し，紫色の気体になるが，フラスコ底部で冷却されて固体に戻り，黒紫色結晶が析出してくる。(60字程度)
図：右図。

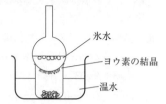

氷水
ヨウ素の結晶
温水

イ．フッ素：$2F_2 + 2H_2O \longrightarrow 4HF + O_2$
塩素：$Cl_2 + H_2O \rightleftharpoons HCl + HClO$

ウ．(1)式の平衡状態における三ヨウ化物イオン I_3^- 濃度を x〔mol/L〕とすると，(2)式より

$$K = \frac{[I_3^-]}{[I_2][I^-]} = \frac{x}{1.3 \times 10^{-3} \times 0.10} = 8.0 \times 10^2 \,[\text{L/mol}]$$

$$\therefore \quad x = 0.104 \,[\text{mol/L}]$$

加えたヨウ素 I_2 の物質量は，平衡状態にある I_2 と I_3^- の物質量の和であるから

$$(1.3 \times 10^{-3} + 0.104) \times 1.0 = 0.105 \fallingdotseq 0.11 \,[\text{mol}] \quad \cdots\cdots(答)$$

エ．四塩化炭素 CCl_4 溶液中の I_2 の物質量は

$$0.10 \times \frac{100}{1000} = 0.010 \,[\text{mol}]$$

CCl_4 溶液から水層に移動した I_2 の物質量を x〔mol〕とすると，(4)式より

$$K_D = \frac{[I_2]_{\text{四塩化炭素層}}}{[I_2]_{\text{水層}}} = \frac{\dfrac{0.010 - x}{0.10}}{\dfrac{x}{1.1}} = 89$$

$$\therefore \quad x = 1.10 \times 10^{-3} \fallingdotseq 1.1 \times 10^{-3} \,[\text{mol}] \quad \cdots\cdots(答)$$

オ．平衡状態における四塩化炭素層の I_2，水層の I_2 および水層の I_3^- それぞれの濃度を x，y および z〔mol/L〕とする。
水層では(1)式の平衡状態であるので，(2)式より

$$K = \frac{[I_3^-]}{[I_2][I^-]} = \frac{z}{y \times 0.10} = 8.0 \times 10^2 \,[\text{L/mol}]$$

$$\therefore \quad z = 80y \ [\text{mol/L}] \quad \cdots\cdots ①$$

また，このとき(3)式の平衡も成り立っているので，(4)式より

$$K_D = \frac{[\text{I}_2]_{\text{四塩化炭素層}}}{[\text{I}_2]_{\text{水層}}} = \frac{x}{y} = 89$$

$$\therefore \quad y = \frac{x}{89} \ [\text{mol/L}] \quad \cdots\cdots ②$$

加えたI_2の全量は保存されるから

$$x + y + z = 0.17 \ [\text{mol/L}] \quad \cdots\cdots ③$$

①〜③より

$$x + \frac{x}{89} + 80 \times \frac{x}{89} = 0.17$$

$$\therefore \quad x = 0.0890 \fallingdotseq 8.9 \times 10^{-2} \ [\text{mol/L}] \quad \cdots\cdots (答)$$

II. カ. (A)NO_2　(B)NH_3　(C)CO_2

キ. 化学反応式：$3NO_2 + H_2O \longrightarrow 2HNO_3 + NO$

Aの分圧：

pH = 5.00 よりHNO_3は水中で完全に電離しているとみなせるので，溶液中の$[\text{H}^+]$と生成したHNO_3の濃度は同じである。

$$\text{pH} = -\log_{10}[\text{H}^+] = 5.00$$

$$\therefore \quad [\text{H}^+] = [\text{HNO}_3] = 1.0 \times 10^{-5} \ [\text{mol/L}]$$

反応前のNO_2の物質量は

$$1.0 \times 10^{-5} \times 10 \times \frac{3}{2} = 1.5 \times 10^{-4} \ [\text{mol}]$$

したがって，NO_2の分圧$P \ [\text{Pa}]$は気体の状態方程式より

$$P \times 1.0 = 1.5 \times 10^{-4} \times 8.3 \times 10^3 \times 273$$

$$\therefore \quad P = 339 \fallingdotseq 3.4 \times 10^2 \ [\text{Pa}] \quad \cdots\cdots (答)$$

ク. $CO(NH_2)_2 + H_2O \longrightarrow 2NH_3 + CO_2$

ケ. $4NO + 4NH_3 + O_2 \longrightarrow 4N_2 + 6H_2O$

解　説

I. ア. ヨウ素I_2の固体は，90℃の温水で昇華し紫色の気体になる。ヨウ素の蒸気は，氷水の入った丸底フラスコの底部で冷却され再び昇華して黒紫色の結晶になる。この方法でヨウ素の結晶は精製されることになる。

イ. フッ素F_2は水と激しく反応して酸素を発生する。

$$2F_2 + 2H_2O \longrightarrow 4HF + O_2$$

塩素Cl_2は水に少し溶け，その一部が水と反応して塩酸HClと次亜塩素酸$HClO$になる。

$$Cl_2 + H_2O \rightleftharpoons HCl + HClO$$

ウ. ヨウ素は水に溶けにくいが，ヨウ化カリウム水溶液に溶ける。

$$I_2 + KI \rightleftharpoons KI_3$$

エ. ヨウ素 I_2 は無極性分子で，同じく無極性溶媒の四塩化炭素 CCl_4 溶液に溶けるが，極性溶媒の水 H_2O に溶けにくい。

Ⅱ. 窒素酸化物 NO_x（ノックス）$\{N_2O,\ NO,\ N_2O_3,\ NO_2,\ N_2O_4,\ N_2O_5\}$ の大半を占める一酸化窒素 NO を，尿素 $CO(NH_2)_2$ を用いた還元反応で除去する方法である。

カ. 無色の一酸化窒素 NO は空気酸化されて赤褐色の二酸化窒素 NO_2 になる。

$$2NO + O_2 \longrightarrow 2NO_2$$

NO_2 は水に溶けて硝酸 HNO_3 が生じ，これが酸性雨の一因となる。

$$3NO_2 + H_2O \longrightarrow 2HNO_3 + NO$$

尿素 $CO(NH_2)_2$ はタンパク質の分解で生じるアミン類から生じるが，工業的には二酸化炭素 CO_2 とアンモニア NH_3 を高圧・高温下で反応させて合成される。

$$CO_2 + 2NH_3 \xrightarrow[\text{高圧・高温}]{} \underset{\text{尿素}}{CO(NH_2)_2} + H_2O$$

尿素を水と反応させると二酸化炭素とアンモニアになる。

$$CO(NH_2)_2 + H_2O \longrightarrow CO_2 + 2NH_3$$

NO_x が NH_3 により，水と窒素 N_2 に還元される。

$$NO_x + \frac{2x}{3}NH_3 \longrightarrow xH_2O + \left(\frac{1}{2} + \frac{x}{3}\right)N_2$$

ケ. NO と NH_3 が O_2 を利用して，等物質量反応するので，反応式は次のように表すことができる。

$$aNO + aNH_3 + bO_2 \longrightarrow cN_2 + dH_2O \quad \cdots\cdots ①$$

ここで，各原子の数は両辺で等しくなるから

$N：2a = 2c$

$O：a + 2b = d$

$H：3a = 2d$

$a = 1$ のとき

$$b = \frac{1}{4},\ c = 1,\ d = \frac{3}{2}$$

$a \sim d$ を①に代入し，両辺を4倍すると

$$4NO + 4NH_3 + O_2 \longrightarrow 4N_2 + 6H_2O$$

67

ポイント

Ⅰ. **ア**は Cu^{2+} だけでなく，液中の H^+ も還元され，水素が発生することを考えなければならない。**ウ**は**ア**の反応式で OH^- が消費されるところがヒントになる。

Ⅱ. 記述されているヒントをもとに推察し，結論を導く必要がある。**ケ**は負電荷 (AlO_2^-) の反発を考える必要がある。

解答

Ⅰ. **ア**. $CuSO_4 + 2HCHO + 4NaOH \longrightarrow Cu + 2HCOONa + Na_2SO_4 + H_2 + 2H_2O$

イ. Cu^{2+} を還元する。(10 字程度)

ウ. 消費された水酸化物イオンを，加水分解反応で補い，急激な pH 低下を防ぐ役割をする。(40 字程度)

エ. $2CuSO_4 + HCHO + 5NaOH \longrightarrow Cu_2O + HCOONa + 2Na_2SO_4 + 3H_2O$

オ. (1) 銅の単位格子に含まれる原子数は $\dfrac{1}{8} \times 8 + \dfrac{1}{2} \times 6 = 4$ であるから，銅薄膜の厚さを x [mm] とすると

$$\frac{10\,\text{cm} \times 10\,\text{cm} \times 6 \times x}{(3.6 \times 10^{-8}\,\text{cm})^3} \times \frac{4}{6.0 \times 10^{23}/\text{mol}} \times 63.5\,\text{g/mol} = 5.5\,\text{g}$$

$$\therefore \quad x = 1.01 \times 10^{-3}\,\text{cm} = 1.01 \times 10^{-2}\,\text{mm} \fallingdotseq 1.0 \times 10^{-2}\,\text{mm} \quad \cdots\cdots(答)$$

(2) めっきされた銅と発生した水素は等物質量であるから

$$\frac{5.5\,\text{g}}{63.5\,\text{g/mol}} \times 22.4\,\text{L/mol} = 1.94\,\text{L} \fallingdotseq 1.9\,\text{L} \quad \cdots\cdots(答)$$

Ⅱ. **カ**. $m = 3$　$n = 2$

キ. 石英（または水晶）

ク. $a = -3b - 4c + 2d$　または　$a = b$

$d = 2b + 2c (= 2a + 2c)$　または　$d = \dfrac{a + 3b + 4c}{2}$

ケ. 四面体構造が隣接する部分が生じることにより，負電荷間の反発が大きくなるから。(40 字程度)

コ. $12Na_2SiO_3 \cdot 9H_2O + 12NaAlO_2 \longrightarrow Na_{12}Al_{12}Si_{12}O_{48} \cdot 27H_2O + 24NaOH + 69H_2O$

サ. $1.1 \times 10^2\,\text{mg}$

シ. 水中の Ca^{2+} などを Na^+ と交換して石けんの沈殿を防ぐ効果。(30 字程度)

解　説

Ⅰ. 銅の無電解めっき液の成分より，酒石酸ナトリウムカリウムのロシェル塩と水酸化ナトリウムの混合水溶液と硫酸銅水溶液を混ぜ合わせたものが，フェーリング液である。ホルムアルデヒドは還元性物質であり，フェーリング液の還元反応によって酸化されギ酸 HCOOH になる。

ア. 一般的にはフェーリング液は還元されて，赤色沈殿の酸化銅（Ⅰ）Cu_2O になる。しかし，無電解めっきでは銅単体まで還元されることになる。アルデヒドの検出としては，アンモニア性硝酸銀を還元する銀鏡反応もよく知られているが，フェーリング液量，特に水酸化ナトリウム量が多くなると銅鏡反応が起こる。

酸化還元の半反応式は次のようになる。

$$HCHO + 2OH^- \longrightarrow HCOOH + H_2O + 2e^- \quad \cdots\cdots①$$

$$Cu^{2+} + 2e^- \longrightarrow Cu \quad\quad\quad\quad\quad\quad\quad \cdots\cdots②$$

$$2H_2O + 2e^- \longrightarrow H_2 + 2OH^- \quad\quad\quad\quad \cdots\cdots③$$

①×2 + ② + ③ より，イオン反応式が得られる。

$$2HCHO + Cu^{2+} + 2OH^- \longrightarrow 2HCOOH + Cu + H_2$$

両辺に SO_4^{2-}，Na^+ および HCOOH と中和する NaOH を加えて，化学反応式を完成させる。

$$2HCHO + CuSO_4 + 4NaOH \longrightarrow 2HCOONa + Cu + Na_2SO_4 + H_2 + 2H_2O$$

イ. Cu^{2+} をガラスやプラスチック表面に還元めっきするはたらきをする。（→②）

ウ. 水酸化ナトリウムが減少すると炭酸ナトリウムが加水分解して，水酸化物イオンが新たに生じてくる。

$$Na_2CO_3 + H_2O \rightleftharpoons NaHCO_3 + Na^+ + OH^- \quad \cdots\cdots④$$

④で炭酸水素ナトリウムが増加した水溶液は，CO_3^{2-} と HCO_3^- からなる緩衝溶液となる。したがって，急激な pH 変化を起こさない。

$$CO_3^{2-} + H_2O \rightleftharpoons HCO_3^- + OH^-$$

エ. Cu^{2+} が酸化銅（Ⅰ）まで還元されるときの半反応式は，⑤のようになる。

$$2Cu^{2+} + 2OH^- + 2e^- \longrightarrow Cu_2O + H_2O \quad \cdots\cdots⑤$$

① + ⑤ より，イオン反応式が得られる。

$$HCHO + 2Cu^{2+} + 4OH^- \longrightarrow HCOOH + Cu_2O + 2H_2O$$

両辺に SO_4^{2-}，Na^+ および HCOOH を中和する NaOH を加えて，化学反応式を完成させる。

$$HCHO + 2CuSO_4 + 5NaOH \longrightarrow HCOONa + Cu_2O + 2Na_2SO_4 + 3H_2O$$

オ. (1) 面心立方格子1単位中の粒子数は，次のように4個となる。

$$（頂点粒子）\frac{1}{8} \times 8 + （面の中心粒子）\frac{1}{2} \times 6 = 4 個$$

1 辺 10 cm の立方体の全表面 10 cm × 10 cm × 6 = 600 cm² に銅 Cu が 5.5 g め っきされ，その厚さを x〔mm〕とすると

$$\frac{10\,\text{cm} \times 10\,\text{cm} \times 6 \times x}{(3.6 \times 10^{-8}\,\text{cm})^3} \times \frac{4}{6.0 \times 10^{23}/\text{mol}} \times 63.5\,\text{g/mol} = 5.5\,\text{g}$$

$$\therefore\ x = 1.01 \times 10^{-3}\,\text{cm} = 1.01 \times 10^{-2}\,\text{mm} \fallingdotseq 1.0 \times 10^{-2}\,\text{mm}$$

(2) 問**ア**の反応式より，Cu と H_2 の物質量が等しいので

$$\frac{5.5\,\text{g}}{63.5\,\text{g/mol}} \times 22.4\,\text{L/mol} = 1.94\,\text{L} \fallingdotseq 1.9\,\text{L}$$

Ⅱ．**カ**．ケイ酸塩の大部分が巨大陰イオン格子をつくっており，$(SiO_3)_n{}^{2n-}$ の巨大陰 イオンを生じる。図 2 - 2 の骨格最小単位は $SiO_3{}^{2-}$ となる。

キ．組成式 SiO_2 は Si を中心に 4 つの酸素原子が正四面体の各頂点に位置し，そして 個々の酸素原子は架橋原子となって隣接する Si 原子と結合する。このような結晶 構造をとるのは石英である。水晶も石英の一種である。

ク．アルミノケイ酸塩はケイ酸または SiO_2 の Si を Al で置き換えた組成であるから， 1 個の Si が +3 価の Al 1 個で同形置換されたことになる。したがって，+1 価の 陽イオン 1 個，または +2 価の陽イオン $\frac{1}{2}$ 個が構造中に入れば電気的に中性になる。 下線部②で M がアルカリ金属であるから，Al とアルカリ金属 M は同数になる。

$$M_a Al_b Si_c O_d \cdot e H_2 O$$

各酸化数の総和がゼロであるから

$$(+1) \times a + (+3) \times b + (+4) \times c + (-2) \times d = 0 \quad \cdots\cdots①$$

Al と M は同数であるから　　$a = b$　……②

SiO_2 の原子数比 Si : O = 1 : 2 は，Si と Al の置換で生じるアルミノケイ酸塩の原 子数比（Al + Si）: O と等しい。

$$(b + c) : d = 1 : 2 \quad \cdots\cdots③$$

a は①または②より　　$a = 2d - 3b - 4c$，　$a = b$

d は③または①より　　$d = 2(b + c)$，　$d = \dfrac{a + 3b + 4c}{2}$

これらの式は，A 型ゼオライトの組成式 $Na_{12}Al_{12}Si_{12}O_{48}\cdot 27H_2O$ で確認できる。

ケ．SiO_2 の Si 原子の $\frac{1}{4}$ を Al で置換したアルカリ金属塩：$KAlSi_3O_8$（正長石）

SiO_2 の Si 原子の $\frac{1}{2}$ を Al で置換したアルカリ土類金属塩：$CaAl_2Si_2O_8$（灰長石）

仮に SiO_2 の Si 原子の $\frac{3}{4}$ を Al で置換したとすると，アルカリ金属塩は $K_3Al_3SiO_8$ が考えられる。これを正長石の $KAlSi_3O_8$ と比べると次のようになる。

$$KAlSi_3O_8 \quad \cdots\cdots (SiO_2)_3,\ AlO_2{}^-$$

$K_3Al_3SiO_8$ …… SiO_2, $(AlO_2)_3{}^{3-}$

Al 原子中心の正四面体構造が Si 原子中心の正四面体構造より多くなり，相対的に負電荷をもつ正四面体が連結することになり，反発力が大きくなる。

コ．ケイ酸ナトリウム $Na_2SiO_3\cdot 9H_2O$ とアルミン酸ナトリウム $NaAlO_2$ からゼオライト $Na_{12}Al_{12}Si_{12}O_{48}\cdot 27H_2O$ が生成する反応式を作るとよい。

サ．A 型ゼオライトとカルシウムイオン Ca^{2+} との交換反応は，次式のようになる。

$$Na_{12}Al_{12}Si_{12}O_{48}\cdot 27H_2O + 6Ca^{2+} \longrightarrow Ca_6Al_{12}Si_{12}O_{48}\cdot 27H_2O + 12Na^+$$
（式量 2191.2）　　　　（式量 40.1）

A 型ゼオライト 1.0 g と交換される Ca^{2+} の最大量を x〔mg〕とする。

$$1:6 = \frac{1.0\,\mathrm{g}}{2191.2\,\mathrm{g/mol}} : \frac{x}{40.1\,\mathrm{g/mol}}$$

$$\therefore\ x = 0.1098\,\mathrm{g} = 109.8\,\mathrm{mg} \fallingdotseq 1.1 \times 10^2\,\mathrm{mg}$$

シ．粉石けんは高級脂肪酸 R–COOH のアルカリ金属塩であり，水溶性である。ところがアルカリ金属以外の金属塩は水に不溶性である。

$$2R{-}COONa + Ca^{2+} \longrightarrow (R{-}COO)_2Ca\downarrow + 2Na^+$$
$$2R{-}COONa + Mg^{2+} \longrightarrow (R{-}COO)_2Mg\downarrow + 2Na^+$$

粉石けんに A 型ゼオライトを加えておくと，水中に含まれる Ca^{2+} や Mg^{2+} がゼオライト中の Na^+ と交換されるので，石けんの洗浄作用が落ちない。こうした性質を利用して，ゼオライトは以前から硬水の軟水化に用いられてきた。乾燥 A 型ゼオライトは一定の大きさの入口（チャンネルという）をもつ空孔をもつため，大きさの異なる気体分子の分離に利用される。現在では，いろいろな直径の入口（チャンネル）をもつゼオライトが人工的に作られ，クロマトグラフィーによる分離や気体の乾燥，有機溶媒の脱水や精製などに利用されている。

68

ポイント
I．**エ**．「比較せよ」とあるが，理想気体とのずれを記述すればよいだろう。
II．**カ**．発生する熱量を求め，状態変化に必要な熱量を比べればよい。複雑にみえるが，状態変化に応じて計算を行えば容易であろう。

解　答

I．**ア**．(A)—(4)　(B)—(2)

イ．セロチン酸の燃焼は次のように表される。

$$C_{26}H_{52}O_2 + 38O_2 \longrightarrow 26CO_2 + 26H_2O$$

セロチン酸（分子量 396.0）99 g から生成する水（分子量 18.0）の量を x〔g〕とすると，反応式の係数は物質量の比に等しいから

$$\frac{99\,g}{396.0\,g/mol} \times 26 = \frac{x}{18.0\,g/mol}$$

∴　$x = 117\,g \fallingdotseq 1.2 \times 10^2\,g$　……（答）

ウ．石灰石に希塩酸を加えて，次式のように二酸化炭素を発生させ，下方置換で捕集する。

$$CaCO_3 + 2HCl \longrightarrow CaCl_2 + H_2O + CO_2$$

〔**別解**〕　石灰石を強熱して熱分解させ，二酸化炭素を取り出し，下方置換で捕集する。

$$CaCO_3 \longrightarrow CaO + CO_2$$

エ．窒素のモル質量を表 1 − 1 から算出すると

$$\frac{22.4\,L/mol}{28.0\,L} \times 35.0\,g = 28.0\,g/mol$$

よって，分子量は 28.0 である。一方，原子量から算出される理論値は

$$14.0 \times 2 = 28.0$$

したがって，実測値と理論値は一致し，標準状態における窒素は理想気体の仮定に当てはまるといえる。

同様に，二酸化炭素のモル質量を表 1 − 1 から算出すると

$$\frac{22.4\,L/mol}{28.0\,L} \times 57.0\,g = 45.6\,g/mol$$

よって，分子量は 45.6 である。一方，原子量から算出される理論値は

$$12.0 + 16.0 \times 2 = 44.0$$

したがって，分子量は実測値の方が大きく，標準状態における二酸化炭素は理想気体の仮定からずれているといえる。

II. オ. Pb (固) $+ \dfrac{1}{2}O_2$ (気) $= PbO$ (固) $+ 219\,kJ$

カ. Pb (固) $1\,mol$ が PbO (固) $1\,mol$ になると $219\,kJ$ の発熱がある。

PbO (固) が融解するまでに要する熱量は

$1\,mol \times 55\,J/(K\cdot mol) \times 10^{-3} \times (885 - 25)\,K + 1\,mol \times 26\,kJ/mol$

$= 47.3\,kJ + 26\,kJ = 73.3\,kJ < 219\,kJ$

さらに，融解した PbO が蒸発するまでに要する熱量は

$1\,mol \times 65\,J/(K\cdot mol) \times 10^{-3} \times (1725 - 885)\,K + 1\,mol \times 223\,kJ/mol$

$= 54.6\,kJ + 223\,kJ = 277.6\,kJ > (219 - 73.3)\,kJ = 145.7\,kJ$

したがって，沸点において PbO の液体と気体が共存することになる。

このときに生じた PbO (気) を x〔mol〕とすると

$73.3\,kJ + 54.6\,kJ + x \times 223\,kJ/mol = 219\,kJ$　　∴　$x = 0.408\,mol$

よって，PbO の液体と気体の物質量比は

PbO (液)：PbO (気) $= (1 - 0.408) : 0.408 \fallingdotseq 59 : 41$

(答) $\begin{cases} (生成物の状態)\ 液体と気体が共存する状態 \quad (温度)\ 1725\,℃ \\ (物質量比)\ 液体：気体 = 59 : 41 \end{cases}$

解　説

I. ア. (A)　アルコールに溶かした塩化銅(II)の炎色反応を見ている。これは，原子またはイオンの外殻電子が熱エネルギーをもらって励起され，より高いエネルギー軌道に入ったのち，再び低いエネルギー軌道に落ちるとき，余分なエネルギーを光として放出したものである。よって，(4)が適切。

(B)　白金自身は「高温でも変化しない」とあるので，金属が熱エネルギーをもらったとき，その一部が光エネルギーに変化したと考える。白熱電球のフィラメントは金属タングステンWなどでできており，電気エネルギーを与え高温にすると，その温度に応じた色の光が発生する（熱輻射）。よって，(2)が適切。

ウ.　弱酸の塩である石灰石に塩酸のような強酸を加えると，弱酸である二酸化炭素（炭酸）が遊離する。

$CaCO_3 + 2HCl \longrightarrow CaCl_2 + H_2O + CO_2$

ただし，塩酸の代わりに硫酸を使うと，水に溶けにくい硫酸カルシウムが石灰石をおおって反応の進行を妨げるので，硫酸の使用は不適当である。

エ.　理想気体 $1\,mol$ は，標準状態で $22.4\,L$ を占めるので，表 1−1 の質量 w〔g〕からモル質量 M〔g/mol〕が求められる。これは，混合気体についても成立する。

$\dfrac{22.4}{28.0} \times w = 0.80w$

こうして，表 1 － 1 の気体の分子量を求め，原子量から求めた分子量と比較すると，次表のようになる。

	表から求めた分子量	原子量から求めた分子量
水素 H_2	$0.80 \times 2.50 = 2.0$	$1.0 \times 2 = 2.0$
酸素 O_2	$0.80 \times 40.0 = 32.0$	$16.0 \times 2 = 32.0$
窒素 N_2	$0.80 \times 35.0 = 28.0$	$14.0 \times 2 = 28.0$
空気※	$0.80 \times 36.0 = 28.8$	$28.0 \times \dfrac{80}{100} + 32.0 \times \dfrac{20}{100} = 28.8$
二酸化炭素 CO_2	$0.80 \times 57.0 = 45.6$	$12.0 + 16.0 \times 2 = 44.0$

※　空気の組成は，体積百分率で窒素 80.0 ％，酸素 20.0 ％とした。

二酸化炭素以外は，表 1 － 1 から求めた分子量と原子量から求めた分子量が一致する。これは，理想気体 1 mol が標準状態で占める体積が 22.4 L だからである。これに対して，二酸化炭素は気体分子間の引力や空間における分子自身の体積が無視できなくなり，分子量にずれが生じている。

II．オ．固体の一酸化鉛 PbO の生成熱 219 kJ/mol を用いて熱化学方程式を立てるとよい。

カ．燃焼に使われた鉛 Pb の物質量を n〔mol〕とすると，その全量が PbO（固）に変化したとき $219n$ kJ の熱が発生する。

一方，PbO（固）の温度変化および状態変化は，次の経路で起こる。すべて吸熱反応である。

PbO（固）25 ℃ ————————→ PbO（固）885 ℃
　　＜Ａ＞　　モル比熱　　　　＜Ｂ＞
　　　　　　55 J/(K・mol)

　　————————→ PbO（液）885 ℃ ————————→ PbO（液）1725 ℃
　　融解熱　　　　　＜Ｃ＞　　モル比熱　　　　＜Ｄ＞
　　26 kJ/mol　　　　　　　　65 J/(K・mol)

　　　　　　　————————→ PbO（気）1725 ℃
　　　　　　　蒸発熱　　　　　＜Ｅ＞
　　　　　　　223 kJ/mol

　状態＜Ａ＞から＜Ｂ＞に至る熱量：$55 \times (885 - 25) \times n \times 10^{-3} = 47.3n$ kJ
　状態＜Ｂ＞から＜Ｃ＞に至る熱量：$26 \times n$ kJ
　状態＜Ｃ＞から＜Ｄ＞に至る熱量：$65 \times (1725 - 885) \times n \times 10^{-3} = 54.6n$ kJ
　状態＜Ｄ＞から＜Ｅ＞に至る熱量：$223 \times n$ kJ

これより

　状態＜Ａ＞から＜Ｄ＞に至る熱量：$47.3n + 26n + 54.6n = 127.9n$ kJ
　状態＜Ａ＞から＜Ｅ＞に至る熱量：$127.9n + 223n = 350.9n$ kJ

よって，発熱量 $219n$〔kJ〕では，状態＜Ｄ＞と＜Ｅ＞の中間の状態になることがわかる。

69

ポイント

Ⅰ. **ウ**. あまり扱われない物質だが，NH_3 から類推すればよい。

カ. $1\,cm^3$ 中の原子の個数が余分な電子数と等しいことがわかれば容易である。

Ⅱ. **ケ**. 固体(C)に含まれている化合物は 1 種類ではないことに注意。

解 答

Ⅰ. **ア**. $SiHCl_3 + H_2 \longrightarrow Si + 3HCl$

イ. 金属が融解したり，ケイ素に金属が混入するおそれがあるため。

ウ. PH_3

エ. $\dfrac{1}{8} \times 8 + \dfrac{1}{2} \times 6 + 4 = 8$　……(答)

オ. 流した SiH_4 のうち x〔%〕が Si として堆積したとすると

$$\dfrac{5.0 \times 10^{-3}\,L}{22.4\,L/mol} \times \dfrac{x}{100} = \dfrac{3.0\,cm \times 3.0\,cm \times 90 \times 10^{-7}\,cm}{(0.54 \times 10^{-7}\,cm)^3} \times \dfrac{8}{6.0 \times 10^{23}\,/mol}$$

∴　$x = 3.0\,\% \fallingdotseq 3\,\%$　……(答)

カ. 添加元素（P）とケイ素（Si）の原子数比を $x:1$ とすると，薄膜 $1\,cm^3$ 中の原子数比は次のようになる。

$$P : Si = 1.0 \times 10^{18} : \left\{ \dfrac{8}{(0.54 \times 10^{-7})^3} \times 1 - 1.0 \times 10^{18} \right\}$$

$$= 1.9 \times 10^{-5} : 1 = x : 1$$

∴　$x \fallingdotseq 2 \times 10^{-5}$　……(答)

Ⅱ. **キ**. $Na_2SiO_3 + 2HCl \longrightarrow 2NaCl + H_2SiO_3$

$H_2SiO_3 \longrightarrow SiO_2 \cdot nH_2O + (1 - n)H_2O$

ク. 名称：シリカゲル　特徴：ケイ素と酸素原子からなる網目状立体構造をしており，多孔質で表面積が大きく，表面に多数のヒドロキシ基をもっている。

ケ. 固体(C)…$Al(OH)_3$, $Fe(OH)_3$　固体(D)…$Fe(OH)_3$

コ. Fe^{3+} のモル濃度を x〔mol/L〕とすると，Fe_2O_3（式量 159.6）が $31.9\,mg$ 生じたので

$$x \times 0.250\,L = \dfrac{31.9 \times 10^{-3}\,g}{159.6\,g/mol} \times 2$$

∴　$x = 1.59 \times 10^{-3}\,mol/L \fallingdotseq 1.6 \times 10^{-3}\,mol/L$　……(答)

Al^{3+} のモル濃度を y〔mol/L〕とすると，Al_2O_3（式量 102.0）が $(47.2 - 31.9)\,mg$ = $15.3\,mg$ 生じたので

$$y \times 0.250\,\text{L} = \frac{15.3 \times 10^{-3}\,\text{g}}{102.0\,\text{g/mol}} \times 2$$

$$\therefore \quad y = 1.20 \times 10^{-3}\,\text{mol/L} \fallingdotseq 1.2 \times 10^{-3}\,\text{mol/L} \quad \cdots\cdots(\text{答})$$

解 説

I. ア. トリクロロシラン $SiHCl_3$ を水素還元して，ケイ素 Si 単体を得る変化である。

イ. 金属るつぼとしては，銅製や白金製のものがある。ケイ素の融点 1410 ℃に対して，銅の融点は 1083 ℃と低く，白金の融点は 1769 ℃と高い。したがって，銅製のるつぼを用いた場合，ケイ素より先に金属が融解することが考えられる。白金は融点が高いので融解することはないが，高温にすると，ケイ素に原子が不純物として混入するおそれがある。

ウ. 周期表の第 3 周期で，ケイ素原子より最外殻電子数が 1 個多い元素はリン P であり，その水素化物 **A** はホスフィン PH_3 である。リンの同族元素である窒素の水素化物アンモニア NH_3 から類推できる。

エ. 図の単位格子に含まれるケイ素の粒子数を求める。頂点に 8 原子，面の中心に 6 原子，単位格子の小立方体 8 個のうちの 4 個の中心に各 1 個ずつの原子が位置する。

よって $\dfrac{1}{8} \times 8 + \dfrac{1}{2} \times 6 + 1 \times 4 = 8$

オ. 流したシラン SiH_4 ガス中のケイ素原子の数は

$$\frac{5.0 \times 10^{-3}\,\text{L}}{22.4\,\text{L/mol}} \times 6.0 \times 10^{23}\,/\text{mol} = 1.33 \times 10^{20}$$

$1\,\text{nm} = 1 \times 10^{-9}\,\text{m} = 1 \times 10^{-7}\,\text{cm}$ より，堆積したケイ素の原子数は

$$\frac{3.0\,\text{cm} \times 3.0\,\text{cm} \times 90 \times 10^{-7}\,\text{cm}}{(0.54 \times 10^{-7}\,\text{cm})^3} \times 8 = 4.11 \times 10^{18}$$

したがって，堆積したケイ素の割合は

$$\frac{4.11 \times 10^{18}}{1.33 \times 10^{20}} \times 100\,\% = 3.0\,\% \fallingdotseq 3\,\%$$

II. キ. 岩石は巨大分子のケイ酸中に Al，Fe，Mg や Ca がイオンとして入り込んでおり，炭酸ナトリウムと混合して高温で融解すると，金属イオンは酸化物として分離できる。ケイ酸 $(SiO_2)_m \cdot nH_2O$ と炭酸ナトリウムの反応でケイ酸ナトリウムが生成する。

$$(SiO_2)_m \cdot nH_2O + mNa_2CO_3 \longrightarrow mNa_2SiO_3 + mCO_2 + nH_2O$$

下線部①で得られた試料は Na_2SiO_3 であり，希塩酸と反応する。

$$Na_2SiO_3 + 2HCl \longrightarrow H_2SiO_3 + 2NaCl$$

ゲル状物質を加熱乾燥すると，シリカゲルが得られる。

$$H_2SiO_3 \longrightarrow SiO_2 \cdot nH_2O + (1 - n)H_2O$$

ク. 下線部②で得られた白色固体は，乾燥剤として知られているシリカゲルである。
そのシリカゲルは網目状立体構造をしているが，平面的に表すと下図のようになる。

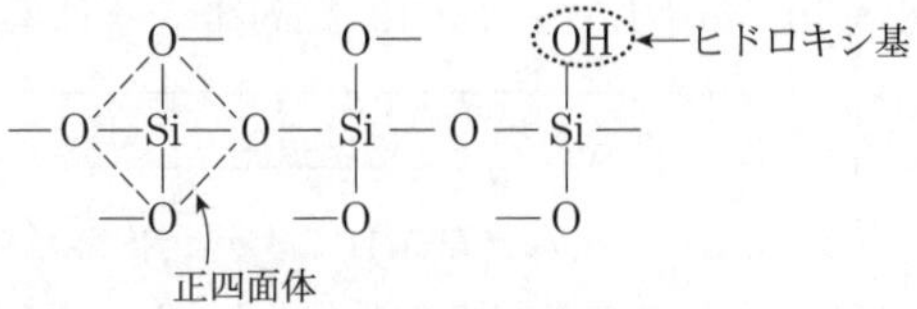

$$
\begin{array}{ccccc}
O- & & O- & & \text{(OH)} \leftarrow \text{ヒドロキシ基} \\
| & & | & & | \\
-O-Si-O-Si-O-Si- \\
| & & | & & | \\
O & & O & & O \\
\end{array}
$$

正四面体

シリカゲルの表面は多孔質で，親水性のヒドロキシ基 −OH が多数並んでおり，水
素結合により水分子を吸着する性質をもっている。

ケ. ゲル状物質をろ過したろ液には，Al^{3+}，Fe^{2+}，Fe^{3+}，Mg^{2+} および Ca^{2+} があり，
硝酸を加えて鉄イオンをすべて鉄(Ⅲ)イオンにした後，アンモニア水を加えると，
次のように沈殿が生じる。

$$Al^{3+} + 3NH_3 + 3H_2O \longrightarrow Al(OH)_3 \downarrow + 3NH_4^+$$

$$Fe^{3+} + 3NH_3 + 3H_2O \longrightarrow Fe(OH)_3 \downarrow + 3NH_4^+$$

アンモニア水が弱塩基性で水酸化物イオン濃度が小さいので，Ca^{2+} や Mg^{2+} の水
酸化物の沈殿は生じない。こうして得られた沈殿に水酸化ナトリウム水溶液を加え
ると，両性水酸化物 $Al(OH)_3$ は溶解する。

$$Al(OH)_3 + NaOH \longrightarrow Na[Al(OH)_4]$$

したがって，固体(C)には $Al(OH)_3$ と $Fe(OH)_3$ が含まれ，固体(D)には $Fe(OH)_3$ が
含まれる。

70

ポイント

Ⅰ．表面圧は教科書で扱われていないが，定義が示されているので，問題文をよく読むこと。**ウ**はそれぞれの面積を求め，表面圧をグラフから読み取ればよい。

Ⅱ．**キ・ク**は K_P を a を使った式で表し，P の大小から判断することになる。

解 答

Ⅰ．ア． 極性があり，親水性が大きいカルボキシル基が水面側に向いている。(30 字程度)

イ． 図 1 − 2 より，**X** について，P が 0.010 N/m のとき A は 2.3×10^{-19} m² であり，単分子膜の面積が $(0.50 \text{ m} \times 0.50 \text{ m} =) 0.25$ m² であることから，求めるアボガドロ数を N_A とすると

$$0.019 \text{ mol/L} \times 0.100 \times 10^{-3} \text{ L} \times N_A \times 2.3 \times 10^{-19} \text{ m}^2 = 0.25 \text{ m}^2$$

$$\therefore \quad N_A = 5.72 \times 10^{23}/\text{mol} \fallingdotseq 5.7 \times 10^{23}/\text{mol} \quad \cdots\cdots (\text{答})$$

ウ． 中央に板を固定したときの **X** の 1 分子が占める面積を $A_x [\text{m}^2]$ とすると

$$0.019 \text{ mol/L} \times 0.080 \times 10^{-3} \text{ L} \times 6.0 \times 10^{23}/\text{mol} \times A_x = 0.25 \text{ m}^2$$

$$\therefore \quad A_x = 2.74 \times 10^{-19} \text{ m}^2$$

また，**Y** の 1 分子が占める面積を $A_y [\text{m}^2]$ とすると

$$0.019 \text{ mol/L} \times 0.070 \times 10^{-3} \text{ L} \times 6.0 \times 10^{23}/\text{mol} \times A_y = 0.25 \text{ m}^2$$

$$\therefore \quad A_y = 3.13 \times 10^{-19} \text{ m}^2$$

図 1 − 2 より，**X** の表面圧 P_x は 0.0023 N/m，**Y** の表面圧 P_y は 0.0093 N/m だから　$P_x < P_y$

よって，板は左へ向かって動く。

エ． **X** および **Y** の単分子膜の表面圧が等しい。(20 字程度)

Ⅱ．オ． $P = \dfrac{n(1 + a)RT}{V} [\text{atm}]$，　$P_{NO_2} = \dfrac{2naRT}{V} [\text{atm}]$

カ． $\dfrac{2aPV}{(1 + a)RT} [\text{mol}]$

キ． ②

ク． A，B 内に封入した平衡混合気体の物質量は等しいが，ルシャトリエの原理より低圧の B の方が解離度は大きい。よって，B の方が二酸化窒素の物質量が増えるので，D_1 より D_2 の方が光を弱く測定する。(50〜100 字程度)

ケ． ③

コ． 体積一定で加熱すると平衡が吸熱の向きに移動し，二酸化窒素の物質量が増え，

光をより強く吸収するため。(50字以内)

解 説

Ⅰ. **ア**. カルボキシル基は親水性で，極性の大きい水分子と親和力が大きい。一方，炭化水素基は疎水性で，水分子とは親和性を示さない。

イ. Xの1分子が占める面積とX分子の個数の積が単分子膜の面積である。

ウ. 単分子膜の面積が$0.25\,\mathrm{m}^2$のときの，XおよびYの1分子の面積をまず算出し，図1－2を用いてXおよびYの表面圧を求める。

Ⅱ. **オ**.

	N_2O_4	$\rightleftharpoons$ 2NO_2	合計	
反応前	n	0	n	〔mol〕
増 減	$-na$	$+2na$	$+na$	〔mol〕
平衡時	$n(1-a)$	$2na$	$n(1+a)$	〔mol〕

この混合気体の状態方程式は次のようになる。

$$PV = n(1+a)RT$$

したがって $\quad P = \dfrac{n(1+a)RT}{V}$〔atm〕

(分圧) = (全圧) × (モル分率) であるから

$$P_{NO_2} = P \times \frac{2na}{n(1+a)} = P \times \frac{2a}{1+a}\text{〔atm〕}$$

上のPの値を代入する。

$$P_{NO_2} = \frac{n(1+a)RT}{V} \times \frac{2a}{1+a} = \frac{2naRT}{V}\text{〔atm〕}$$

カ. $P_{NO_2} = \dfrac{2naRT}{V}$ であるので $\quad 2na = \dfrac{V}{RT}P_{NO_2}$

ここへオで誘導したP_{NO_2}の値を代入すると

$$2na = \frac{V}{RT} \times P \times \frac{2a}{1+a} = \frac{2aPV}{(1+a)RT}\text{〔mol〕}$$

キ・ク. 論述の設問であるから定量的な考察は難しいが，以下のように考察してもよい。

平衡時の圧平衡定数は

$$K_P = \frac{P_{NO_2}{}^2}{P_{N_2O_4}} = \frac{\dfrac{P^2(2na)^2}{n^2(1+a)^2}}{\dfrac{Pn(1-a)}{n(1+a)}} = P \times \frac{4a^2}{1-a^2}$$

全圧が小さくなれば，$\dfrac{4a^2}{1-a^2}$ は大きくなるのでaは大きくなる。

よって，解離度が増大するのでNO_2の物質量が増加し，D_2は弱くなる。

71

ポイント

Ⅰ．**ウ**．800 atm 下では図1−2より $Z = 1.4$ になることを使う。

エ．**ウ**と**エ**では物質量が等しいことから，気体の状態方程式を用いて物質量を求めればよい。

Ⅱ．**キ**．(3)式の反応が起こることがポイント。

解　答

Ⅰ．**ア**．低圧においては，気体の分子間力が無視できず，同条件の理想気体の場合よりも体積が小さくなるから。(50字程度)

イ．高圧においては，気体分子自身の体積を無視できず，同条件の理想気体の場合よりも体積が大きくなるから。(50字程度)

ウ．$PV = ZnRT$ より，$\dfrac{PV}{Z} = nRT$（一定）となる。10 atm 下における $Z = 1.0$，800 atm 下における $Z = 1.4$ より，円柱の断面積を S〔mm²〕として 800 atm に達したときの距離 d〔mm〕を求めると

$$\frac{10\,\text{atm} \times (S \times 0.40 \times 10^{-6})\,\text{L}}{1.0} = \frac{800\,\text{atm} \times (S \times d \times 10^{-6})\,\text{L}}{1.4}$$

$\therefore\ d = 7.0 \times 10^{-3}\,\text{mm}$ ……(答)

エ．図より単位格子には4個の分子が含まれる。圧縮後の体積を V〔mm³〕，物質量を n〔mol〕とすると，単位格子の体積 v〔mm³〕は $\dfrac{V}{\dfrac{n \times N_{\text{A}}}{4}}$ である。n は**ウ**と変わらないので，気体の状態方程式より

$$n = \frac{PV}{RT} = \frac{10\,\text{atm} \times (0.40\,S \times 10^{-6})\,\text{L}}{0.082\,\text{atm·L/(K·mol)} \times 300\,\text{K}}$$

したがって，v は

$$v = \frac{4 \times (0.0020\,S)\,\text{mm}^3 \times 0.082\,\text{atm·L/(K·mol)} \times 300\,\text{K}}{10\,\text{atm} \times (0.40\,S \times 10^{-6})\,\text{L} \times 6.0 \times 10^{23}/\text{mol}}$$

$= 8.2 \times 10^{-20}\,\text{mm}^3$ ……(答)

Ⅱ．**オ**．水分子の生成速度は，OH の生成速度に等しいと考えてよいから

$$k_1[\text{O}][\text{H}] = 5.4 \times 10^6\,\text{cm}^2/(\text{mol·s}) \times 6.2 \times 10^{-10}\,\text{mol/cm}^2$$
$$\times 2.5 \times 10^{-9}\,\text{mol/cm}^2$$
$$= 8.37 \times 10^{-12}\,\text{mol/(cm}^2\text{·s)}$$
$$\fallingdotseq 8.4 \times 10^{-12}\,\text{mol/(cm}^2\text{·s)} \quad \text{……(答)}$$

カ. $k_1[O][H] = k_2[OH][H]$ と考えてよいから

$8.37 \times 10^{-12}\,\mathrm{mol}/(\mathrm{cm}^2 \cdot \mathrm{s})$

$= 1.0 \times 10^{12}\,\mathrm{cm}^2/(\mathrm{mol} \cdot \mathrm{s})[OH] \times 2.5 \times 10^{-9}\,\mathrm{mol}/\mathrm{cm}^2$

$\therefore\ \ [OH] = 3.348 \times 10^{-15}\,\mathrm{mol}/\mathrm{cm}^2 \fallingdotseq 3.3 \times 10^{-15}\,\mathrm{mol}/\mathrm{cm}^2$ ……(答)

キ. 水分子を白金表面に吸着させると(3)式が起こり OH が生じる。生じた OH と H が(2)式の反応を起こし水が生成するが,このとき水 1 分子から OH が 2 つ生じているので,結果として水 2 分子が生成するため,水が増加することになる。(100 字程度)

解 説

Ⅰ.ア・イ. 実在気体では,理想気体と比較して,低圧では分子間力の影響でパラメーター Z が 1 より小さく,高圧では気体分子自身の体積の大きさが原因で Z が 1 より大きくなる。

エ. 酸素分子の結晶の単位格子は,直方体の単位格子なので面心立方格子とは異なるが,単位格子中の酸素分子数は 4 個である。

Ⅱ.オ・カ. 反応速度式が書ければ容易である。

キ. 結果的に次式の反応が起こる。

$(3) + (2) \times 2 + (3) \times 2 + (2) \times 4 = (3) \times 3 + (2) \times 6$

これは $(3) + (2) \times 2$ と同義であり,全体では

$O + 2H \longrightarrow H_2O$

の白金触媒反応が連続して起こることがわかる。よって,プロセスは違っても水が生成することになる。

72

ポイント
Ⅱ. **ウ**. メタン 1 mol が反応したとして計算すれば求めやすい。
Ⅲ. **カ**. 圧力が 1 atm に保たれている条件から求める。

解 答

Ⅰ. **ア**. 与えられている熱化学方程式は次のとおり。

$$C \text{（固）} + \frac{1}{2}O_2 \text{（気）} = CO \text{（気）} + 111 \text{ kJ} \qquad \cdots\cdots ①$$

$$C \text{（固）} + 2H_2 \text{（気）} + \frac{1}{2}O_2 \text{（気）} = CH_3OH \text{（液）} + 239 \text{ kJ} \quad \cdots\cdots ②$$

$$CH_3OH \text{（液）} = CH_3OH \text{（気）} - 35 \text{ kJ} \qquad \cdots\cdots ③$$

② ＋ ③ － ① より

$$CO \text{（気）} + 2H_2 \text{（気）} = CH_3OH \text{（気）} + 93 \text{ kJ}$$

よって，反応(2)の反応熱は　　93 kJ　……(答)

イ. メタノールを合成する反応は発熱反応かつ気体の分子数が減少する反応であるから，ルシャトリエの原理より，低温・高圧にすればよい。

Ⅱ. **ウ**. 反応(1)で得られた CO の物質量を x 〔mol〕，反応(3)で費やされた H_2 の物質量を y 〔mol〕とすると

$$(x + y) : (3x - y) = 1 : 2$$

に調整するわけなので　　$y = \dfrac{x}{3}$ 〔mol〕

よって，(2)式の調整のために使われた H_2 の物質量の割合は

$$\dfrac{\frac{x}{3}}{3x} \times 100 \text{ \%} = \dfrac{1}{9} \times 100 \text{ \%} = 11.1 \text{ \%} \fallingdotseq 11 \text{ \%} \quad \cdots\cdots \text{(答)}$$

エ. 生じるメタノールは，(2)式より，調整されて残った H_2 の物質量の $\dfrac{1}{2}$ に等しく，

(1)式を考えあわせると，メタン 1 mol から 3 mol の H_2 が生成するので

$$1.0 \text{ mol} \times 3 \times \left(1 - \frac{1}{9}\right) \times \frac{1}{2} = 1.33 \text{ mol} \fallingdotseq 1.3 \text{ mol} \quad \cdots\cdots \text{(答)}$$

Ⅲ. **オ**. $CH_3OH \text{（気）} + H_2O \text{（気）} \longrightarrow CO_2 \text{（気）} + 3H_2 \text{（気）}$　　……(4)

上式より，メタノール 0.1 mol から CO_2 は 0.1 mol，H_2 は 0.3 mol 生成する。

H_2 は水に溶けないので，気体の状態方程式より

$$p_{H_2}V = 0.3RT$$

$$\therefore \quad V = \frac{0.3RT}{p_{H_2}} \text{〔L〕} \quad \cdots\cdots\text{(答)}$$

CO_2 は一部が水に溶ける。その溶解量はヘンリーの法則より

$$0.08 \, \text{mol/(L·atm)} \times 5.0 \, \text{L} \times p_{CO_2} = 0.4p_{CO_2} \text{〔mol〕}$$

したがって，気体の状態方程式より

$$p_{CO_2}V = (0.1 - 0.4p_{CO_2})RT$$

$$\therefore \quad V = \frac{(0.1 - 0.4p_{CO_2})RT}{p_{CO_2}} \text{〔L〕} \quad \cdots\cdots\text{(答)}$$

カ. 圧力は 1 atm に保たれているから $p_{H_2} + p_{CO_2} = 1$ より

$$p_{CO_2} = 1 - p_{H_2}$$

オより $\quad \dfrac{p_{H_2}}{p_{CO_2}} = \dfrac{0.3 \, \text{atm}}{\{0.1 - 0.4(1 - p_{H_2})\}\text{atm}}$

すなわち $\quad \dfrac{p_{H_2}}{1 - p_{H_2}} = \dfrac{0.3}{-0.3 + 0.4p_{H_2}}$

$$\therefore \quad p_{H_2} = \frac{\sqrt{3}}{2} \, \text{atm} = \frac{1.73}{2} \, \text{atm} = 0.865 \, \text{atm}$$

分圧の比は，物質量の比であるから，H_2 の全圧 1 atm に対する純度は

$$\frac{0.865}{1} \times 100 \, \% = 86.5 \, \% \fallingdotseq 87 \, \% \quad \cdots\cdots\text{(答)}$$

解　説

Ⅱ. **ウ**. CO と H_2 の物質量の比を 1：2 に調整するのに，H_2 を減少させると同時に，CO が増加することに注意する。

エ. 初めメタン 1 mol から生成する水素は(1)式より 3 mol であり，これから**ウ**により減少させて残った水素の物質量の $\dfrac{1}{2}$ が合成できるメタノールである。

Ⅲ. **オ**. ヘンリーの法則により，水に溶解する CO_2 は分圧 p_{CO_2} に比例する。よって，気体の状態方程式に代入する際の物質量 n〔mol〕は，水も 5.0 L であることを考えて

$$(0.1 - 0.08 \times 5.0p_{CO_2}) \text{〔mol〕}$$

カ. 連立方程式を確実に解くこと。結果をみると，H_2 の純度は初めの 75 ％から 87 ％に増加していることがわかる。

73

ポイント

Ⅰ. **ウ**は(1)〜(3)の値を代入して判断するしかない。残存 $[Ca^{2+}]$ と $[HCO_3^-]$ を x を用いて表して計算する。

Ⅱ. **A**の錯イオンは6配位で，NH_3 が5個配位することに気づけば錯イオンの形が推定できる。

解答

Ⅰ. **ア**. a：2　b：1　Y：HCO_3^-　Z：H_2O

イ. a = 2 より

$$K_{eq} = \frac{p_{CO_2}}{K_1} = \frac{3.3 \times 10^{-4}\,atm}{9.4 \times 10^5\,atm/(mol/kg)^{a+1}}$$

$$= 0.351 \times 10^{-9}\,(mol/kg)^3 \doteqdot 3.5 \times 10^{-10}\,(mol/kg)^3 \quad \cdots\cdots(答)$$

ウ. イより，$K_{eq} = m_{Ca^{2+}}(m_Y)^2 = 3.5 \times 10^{-10}\,(mol/kg)^3$ から $CaCO_3$ の沈殿の後，溶けている Ca^{2+} と HCO_3^- について

$$(10.2 \times 10^{-3} - x \times 10^{-3})\,mol/kg \times (2.38 \times 10^{-3} - 2x \times 10^{-3})^2\,(mol/kg)^2$$

$$= 3.5 \times 10^{-10}\,(mol/kg)^3$$

これを整理すると

$$(10.2 - x) \times (2.38 - 2x)^2\,(mol/kg)^3 = 3.5 \times 10^{-1}\,(mol/kg)^3 \quad \cdots\cdots(答)$$

x に 0.80 を代入すると，左辺の値は

$$(10.2 - 0.80) \times (2.38 - 2 \times 0.80)^2\,(mol/kg)^3 \doteqdot 5.7\,(mol/kg)^3$$

x に 1.1 を代入すると，左辺の値は

$$(10.2 - 1.1) \times (2.38 - 2 \times 1.1)^2\,(mol/kg)^3 \doteqdot 2.9 \times 10^{-1}\,(mol/kg)^3$$

$x = 1.5$ では HCO_3^- の質量モル濃度が負の値になるので，不適。

よって，x の値は(2)1.1 が最も近い。　　　　　　　　　　　　　　　（答）　(2)

エ. X 倍に濃縮したのだから，濃縮液中の $m_{Ca^{2+}} \cdot m_{SO_4^{2-}}$ について

$$m_{Ca^{2+}} \cdot m_{SO_4^{2-}} = (10.2 - 1.1) \times 10^{-3}X\,mol/kg \times 28.2 \times 10^{-3}X\,mol/kg$$

$$= 3.33 \times 10^{-3}\,(mol/kg)^2$$

これより　$X^2 = 12.9 \doteqdot 13$

ここで，表2の平方根表を用いると

$$X = 3.61 \doteqdot 3.6 \quad \cdots\cdots(答)$$

オ. n 水塩とすると，$CaSO_4 = 136.2$，$H_2O = 18.0$ より

$$\frac{CaSO_4 \cdot nH_2O}{CaSO_4} = \frac{136.2 + n \times 18.0}{136.2}$$

$$= \frac{0.968}{0.765}$$

$$136.2 + 18n = 172.3$$

$$\therefore \quad n = 2.0 \fallingdotseq 2 \quad \cdots\cdots(答)$$

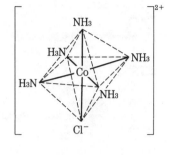

Ⅱ．**カ**．(c)2　(d)2　(e)8　(f)2　(g)2

A：$[CoCl(NH_3)_5]Cl_2$

キ．価数：2価　構造：右図。

ク．**B**：塩化銀　質量：2.9 g

ケ．下図。

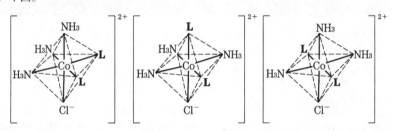

解　説

Ⅰ．**ア**．$Ca(HCO_3)_2 \xrightarrow{加熱} CaCO_3 + H_2O + CO_2$

の反応を，イオン反応式で表したもので，加熱によってCO_2が空間に出ていくと，右に反応が進む。左向きの反応は，$CaCO_3$が濃い炭酸水に溶けて鍾乳洞ができる反応としても知られている。

ウ．3次式の解の公式を知っている者も多いだろうが，〔解答〕に示したようにxに値を代入して解く方が容易である。

エ．$m_{Ca^{2+}}$, $m_{SO_4^{2-}}$ ともに X 倍の質量モル濃度となる。

Ⅱ．**カ**．Co^{2+} は H_2O_2 によって酸化されて Co^{3+} となる。Co^{3+} の錯イオンとしての配位数は6であり，アンモニア分子は電気的に中性で陰イオンではなく，必ず配位子となるので，Cl^- は1個のみが配位子となる。

ク．$[CoCl(NH_3)_5]Cl_2 + 2AgNO_3 \longrightarrow [CoCl(NH_3)_5](NO_3)_2 + 2AgCl\downarrow$

$\quad$ **A** 1 mol $\qquad\qquad\qquad\qquad\qquad\qquad$ **B** 2 mol

$\quad$（式量 250.4）$\qquad\qquad\qquad\qquad\qquad\qquad$（式量 143.4）

$[CoCl(NH_3)_5]Cl_2$ 2.5 g から生成する $AgCl$ は

$$\frac{2.5\,g}{250.4\,g/mol} \times 2 \times 143.4\,g/mol = 2.86\,g \fallingdotseq 2.9\,g$$

ケ．錯イオンの形は，Co^{2+} を中心にして八面体であるから，Cl^- からみて2つの**L**の位置が異なるものを描けば3種類となる。

74

ポイント
Ⅰ. **イ**は単位の換算に注意したい。$1m^3 = (100 \, cm)^3 = 10^3 \, L$である。
Ⅱ. 水溶液中では陽イオンと陰イオンの濃度が等しいことから式を立てればよい。

解　答

Ⅰ. **ア**. 炭素，水素，硫黄の燃焼の反応式は次のとおり。

$$C + O_2 \longrightarrow CO_2$$
$$2H_2 + O_2 \longrightarrow 2H_2O$$
$$S + O_2 \longrightarrow SO_2$$

石炭$1.0 \, kg$に含まれる質量は炭素$840 \, g$，水素$100 \, g$，硫黄$16 \, g$であるので各原子の物質量は

$$C : \frac{840 \, g}{12.0 \, g/mol} = 70.0 \, mol \qquad H : \frac{100 \, g}{1.0 \, g/mol} = 100 \, mol$$

$$S : \frac{16 \, g}{32.1 \, g/mol} \fallingdotseq 0.50 \, mol$$

消費された酸素O_2は

$$\left(70.0 + \frac{100}{4} + 0.50\right) mol = 95.5 \, mol$$

よって，排出気体の総物質量は

$$\left(70.0 + \frac{100}{2} + 0.50 + 95.5 \times \frac{80}{20}\right) mol = 502.5 \, mol$$

同温・同圧の下では，気体の体積比は物質量の比に比例するから，二酸化炭素（CO_2）の割合は

$$\frac{70.0 \, mol}{502.5 \, mol} \times 100 \, \% = 13.93 \, \% \fallingdotseq 14 \, \% \quad \cdots\cdots (答)$$

イ. 石炭$1 \, kg$から$502.5 \, mol$の気体が排出されるから，石炭$1000 \, kg$当たりでは，その1000倍の気体が排出される。体積を$v \, [L]$とすると，気体の状態方程式より

$$v = \frac{nRT}{p} = \frac{502.5 \times 10^3 \, mol \times 0.082 \, L \cdot atm/(K \cdot mol) \times (273 + 227) \, K}{2.0 \, atm}$$

$$= 1.03 \times 10^7 \, L = 1.03 \times 10^4 \, m^3 \fallingdotseq 1.0 \times 10^4 \, m^3 \quad \cdots\cdots (答)$$

ウ. 一年間に消費される石炭は　$\dfrac{3.6 \times 10^{18} \, J}{3.5 \times 10^7 \, J/kg} \times \dfrac{100}{36} = 2.85 \times 10^{11} \, kg$

石炭$1 \, kg$当たり排出されるCO_2は$70.0 \, mol$であるから，年間に排出されるCO_2の質量は

$$70.0 \, \text{mol/kg} \times 2.85 \times 10^{11} \, \text{kg} \times 44.0 \, \text{g/mol}$$

$$= 8.77 \times 10^{14} \, \text{g} \fallingdotseq 8.8 \times 10^{11} \, \text{kg} \quad \cdots\cdots (\text{答})$$

II. エ. 水溶液は電気的に中性なので

$$[\text{H}^+(\text{aq})] = [\text{HSO}_3{}^-(\text{aq})] + [\text{OH}^-(\text{aq})]$$

よって $[\text{HSO}_3{}^-(\text{aq})] = [\text{H}^+(\text{aq})] - [\text{OH}^-(\text{aq})]$

(3)×(4)を行い，上の式を代入すると

$$K_1 \times K_2 = \frac{[\text{HSO}_3{}^-(\text{aq})][\text{H}^+(\text{aq})]}{p_{\text{SO}_2}}$$

$$= \frac{([\text{H}^+(\text{aq})] - [\text{OH}^-(\text{aq})])[\text{H}^+(\text{aq})]}{p_{\text{SO}_2}}$$

$$= \frac{[\text{H}^+(\text{aq})]^2 - K_\text{W}}{p_{\text{SO}_2}}$$

$[\text{H}^+(\text{aq})] > 0$ より $[\text{H}^+(\text{aq})] = \sqrt{K_1 K_2 p_{\text{SO}_2} + K_\text{W}}$ $\cdots\cdots (\text{答})$

オ. エの答えに数値を代入して

$$[\text{H}^+(\text{aq})]$$

$$= \sqrt{K_1 K_2 p_{\text{SO}_2} + K_\text{W}}$$

$$= \sqrt{(1.25 \times 1.25 \times 10^{-2} \times 6.4 \times 10^{-6}) \, (\text{mol/L})^2 + 1.0 \times 10^{-14} \, (\text{mol/L})^2}$$

$$= \sqrt{10^{-7} \, (\text{mol/L})^2} = \sqrt{10 \times 10^{-8} \, (\text{mol/L})^2} = 10^{\frac{1}{2}} \times 10^{-4} \, \text{mol/L}$$

よって $\text{pH} = -\log(10^{\frac{1}{2}} \times 10^{-4}) = 4 - \dfrac{1}{2} = 3.5$ $\cdots\cdots (\text{答})$

解 説

I. ア. 同温・同圧の下で気体の体積は物質量に比例することから，算出する。水も水蒸気として扱うこと，水素原子の燃焼にはその物質量の $\dfrac{1}{4}$ mol の O_2 が必要なこと，および消費される O_2 の4倍の窒素ガスを忘れなければよい。

II. エ・オ. 水溶液は電気的に中性なので，陽イオンの濃度の総和と陰イオンの濃度の総和は等しい。これを用いて，与えられた式から $[\text{HSO}_3{}^-(\text{aq})]$ を消去することがポイントである。ただし，SO_2 の水溶液はある程度強い酸性で，$\text{H}^+(\text{aq})$ のほとんどすべてが(2)式の電離によって生じたと考えると（水の電離によって生じた H^+ を無視すると）

(2)式より $[\text{H}^+(\text{aq})] = [\text{HSO}_3{}^-(\text{aq})]$ であるから，(3)×(4)より

$$K_1 K_2 = \frac{[\text{HSO}_3{}^-(\text{aq})][\text{H}^+(\text{aq})]}{p_{\text{SO}_2}} = \frac{[\text{H}^+(\text{aq})]^2}{p_{\text{SO}_2}}$$

$$[\text{H}^+(\text{aq})] = \sqrt{K_1 K_2 p_{\text{SO}_2}}$$

となる。また，**オ** の〔解答〕をみればわかるように，K_W は $K_1 K_2 p_{\text{SO}_2}$ に比べると十分に小さく，無視できる。

75

ポイント

　それぞれの反応式を書いてから考えると，解答しやすい。**ウ**は発熱反応と吸熱反応の両方が含まれているので係数に注意すること。**オ**は（気体の体積比）＝（物質量の比）より求めればよい。

解　答

ア. ① $3C$（固体）$+ 2Fe_2O_3$（固体）$\longrightarrow 4Fe$（固体）$+ 3CO_2$（気体）

　② $2C$（固体）$+ O_2$（気体）$\longrightarrow 2CO$（気体）　……(a)

　　Fe_2O_3（固体）$+ 3CO$（気体）$\longrightarrow 2Fe$（固体）$+ 3CO_2$（気体）　……(b)

　(a) $\times 3 +$ (b) $\times 2$ より

　　$6C$（固体）$+ 2Fe_2O_3$（固体）$+ 3O_2$（気体）$\longrightarrow 4Fe$（固体）$+ 6CO_2$（気体）

イ. $4Fe$（固体）$+ 3O_2$（気体）$= 2Fe_2O_3$（固体）$+ 1630\,kJ$　……(c)

　　C（固体）$+ O_2$（気体）$= CO_2$（気体）$+ 390\,kJ$　……(d)

　① $=$ (d) $\times 3 -$ (c) より

　　$3C$（固体）$+ 2Fe_2O_3$（固体）$= 4Fe$（固体）$+ 3CO_2$（気体）$- 460\,kJ$　……（答）

　② $=$ (d) $\times 6 -$ (c) より

　　$6C$（固体）$+ 2Fe_2O_3$（固体）$+ 3O_2$（気体）

　　　　　　　　　　$= 4Fe$（固体）$+ 6CO_2$（気体）$+ 710\,kJ$　……（答）

　固体鉄 $2232\,kg$ の物質量は

　　$$\frac{2232 \times 10^3\,g}{55.8\,g/mol} = 4.0 \times 10^4\,mol$$

　したがって，①の反応では

　　$$4.0 \times 10^4\,mol \times \frac{460}{4}\,kJ/mol = 4.6 \times 10^6\,kJ$$

　よって，$4.6 \times 10^6\,kJ$ の吸熱　……（答）

　また，②の反応では

　　$$4.0 \times 10^4\,mol \times \frac{710}{4}\,kJ/mol = 7.1 \times 10^6\,kJ$$

　よって，$7.1 \times 10^6\,kJ$ の発熱　……（答）

ウ. 生成する固体鉄 $1.0\,mol$ 中の x〔mol〕が下線部①の反応によるものとすると，$(1.0 - x)$〔mol〕が②の反応によるものなので

　　$$\left\{ -\frac{460}{4}x + \frac{710}{4}(1.0 - x) \right\}kJ \times \frac{40}{100} = 57\,kJ$$

∴　$x = 0.119\,\text{mol}$

よって，反応①で生成する固体鉄は

$$\frac{0.119\,\text{mol}}{1.0\,\text{mol}} \times 100\,\% = 11.9\,\% \fallingdotseq 12\,\% \quad \cdots\cdots(\text{答})$$

エ. 鉄に不揮発性の物質である黒鉛が混入しているため，凝固点降下が起こり，融点が純鉄よりも下がっているから。

オ. CO と CO_2 が発生する反応は次のとおり。

$$C + \frac{1}{2}O_2 \longrightarrow CO \quad \cdots\cdots(\text{e})$$

$$C + O_2 \longrightarrow CO_2 \quad \cdots\cdots(\text{f})$$

1000 kg の銑鉄中の炭素の質量は

1000 kg × 0.04 = 40 kg

40 kg のうち反応(e)に用いられる炭素を $x\,(\text{kg})$，(f)で用いられる炭素を $y\,(\text{kg})$ とすると

$$x + y = 40\,\text{kg} \quad \cdots\cdots(1)$$

また，CO と CO_2 の体積比は $1:1$ であるので，物質量比も $1:1$ となる。よって

$$\frac{x}{12} : \frac{y}{12} = 1 : 1 \quad \therefore\ x = y \quad \cdots\cdots(2)$$

(1)，(2)より　$x = 20\,\text{kg},\ y = 20\,\text{kg}$

したがって，用いられた酸素ガスの物質量は

$$\frac{20\,\text{kg}}{12\,\text{g/mol}} + \frac{20\,\text{kg}}{12\,\text{g/mol}} \times \frac{1}{2} = 2.5 \times 10^3\,\text{mol}$$

よって，2.0 atm，27℃における体積 $v\,(\text{L})$ は，気体の状態方程式より

$$v = \frac{nRT}{P} = \frac{2.5 \times 10^3\,\text{mol} \times 0.082\,\text{L·atm/(K·mol)} \times (273 + 27)\,\text{K}}{2.0\,\text{atm}}$$

$$= 3.07 \times 10^4\,\text{L} \fallingdotseq 3.1 \times 10^4\,\text{L} \quad \cdots\cdots(\text{答})$$

解　説

　酸化鉄(Ⅲ)を炭素（黒鉛）で還元することによって銑鉄を得た後，混入している炭素を酸素にて一酸化炭素と二酸化炭素にして除くことで，純鉄を製錬する。

ウ. ①が吸熱反応，②が発熱反応であることの考慮と，熱化学方程式の係数に注意すること。

エ. 希薄溶液で学ぶ凝固点降下の概念である。

オ. 同温・同圧の下では，(気体の体積比)＝(物質量の比) を認識して，理想気体の状態方程式を用いる。

年度別出題リスト（解答編）

2023 年度 〔1〕	94	2014 年度 〔1〕	236	2005 年度 〔1〕	281
〔2〕	202	〔2〕	239	〔2〕	71
〔3〕	206	〔3〕	139	〔3〕	177
2022 年度 〔1〕	101	2013 年度 〔1〕	62	2004 年度 〔1〕	283
〔2〕	211	〔2〕	243	〔2〕	74
〔3〕	38	〔3〕	143	〔3〕	180
2021 年度 〔1〕	107	2012 年度 〔1〕	247	2003 年度 〔1〕	76
〔2〕	215	〔2〕	28	〔2〕	78
〔3〕	219	〔3〕	147	〔3〕	184
2020 年度 〔1〕	112	2011 年度 〔1〕	250	2002 年度 〔1〕	285
〔2〕	222	〔2〕	65	〔2〕	287
〔3〕	42	〔3〕	150	〔3〕	187
2019 年度 〔1〕	117	2010 年度 〔1〕	68	2001 年度 〔1〕	289
〔2〕	225	〔2〕	253	〔2〕	88
〔3〕	228	〔3〕	155	〔3〕	190
2018 年度 〔1〕	122	2009 年度 〔1〕	256	2000 年度 〔1〕	291
〔2〕	46	〔2〕	260	〔2〕	80
〔3〕	49	〔3〕	159	〔3〕	193
2017 年度 〔1〕	127	2008 年度 〔1〕	265	1999 年度 〔1〕	34
〔2〕	84	〔2〕	268	〔2〕	90
〔3〕	55	〔3〕	163	〔3〕	197
2016 年度 〔1〕	20	2007 年度 〔1〕	31		
〔2〕	232	〔2〕	271		
〔3〕	130	〔3〕	168		
2015 年度 〔1〕	23	2006 年度 〔1〕	275		
〔2〕	58	〔2〕	278		
〔3〕	134	〔3〕	173		

MEMO

東大の化学25ヵ年[第9版] 別冊 問題編

第1章　物質の構造・状態

1 水和水を含む塩の溶解度, 飽和蒸気圧を含む気体の分圧と法則
(2016年度　第1問)

次の I, II の各問に答えよ。必要があれば以下の値を用いよ。

元素	H	C	N	O	Na	S
原子量	1.0	12.0	14.0	16.0	23.0	32.1

気体定数　$R = 8.3 \times 10^3 \, \text{Pa·L·K}^{-1}\text{·mol}^{-1}$

I　次の文章を読み，問ア～エに答えよ。

イオン化合物の水への溶解度は，温度によって変化する。溶解度は，水 100 g に溶ける無水物の質量〔g〕で表される。溶解度と温度の関係を表した曲線は溶解度曲線とよばれる。図1－1は，化合物 A，化合物 B，硫酸ナトリウム（Na_2SO_4）の溶解度曲線である。化合物 A，B の溶解度は，温度上昇とともに単調に増加する。一方，硫酸ナトリウムの溶解度は，32.4℃より低温では温度上昇とともに単調に増加するが，それより高温では単調に減少する。32.4℃より低温において水溶液を濃縮すると十水和物（$Na_2SO_4 \cdot 10H_2O$）が析出し，32.4℃より高温では，水溶液を濃縮すると無水物（Na_2SO_4）が析出する。

化合物 A のように，溶解度が大きく，かつその温度変化が大きな化合物では，①溶解度の温度変化を利用して不純物を取り除き分離することができる。例えば，化合物 A 70 g と化合物 B 15 g の混合物から化合物 A を分離する場合について，各化合物の溶解度曲線は混合物の場合でも変わらないとして考えてみる。80℃の水 100 g に混合物を完全に溶かし，加熱して水を蒸発させ水溶液の質量を 135 g にした後，30℃に冷却する。この操作で，化合物 A のみが　a　g 析出することになる。析出した固体をろ過し，水で固体を洗えば高純度の化合物 A を得ることができる。

〔問〕

ア　下線部①の操作は何とよばれるか，名称を記せ。

イ　空欄　a　の値を有効数字 2 桁で答えよ。また，純粋な化合物 A を最大量取り出すには，何℃まで冷却すればよいか答えよ。

ウ　硫酸ナトリウム十水和物に水を加えて水溶液 X を作った。この水溶液 X について

以下のことが分かっている。

(1)　水溶液Xの温度を60℃に保って，さらに無水物を10g溶かすとちょうど飽和に達し，それ以上溶けない。

(2)　水溶液Xを20℃に冷却すると32.2gの十水和物が析出する。

水溶液Xを作る際に用いた十水和物と水の量はそれぞれ何gか，有効数字2桁で答えよ。答えに至る過程も記せ。

エ　32.4℃より高温における硫酸ナトリウムの無水物の溶解反応は，吸熱反応か発熱反応のいずれか答えよ。またその理由を溶解度曲線の傾きをふまえて簡潔に述べよ。

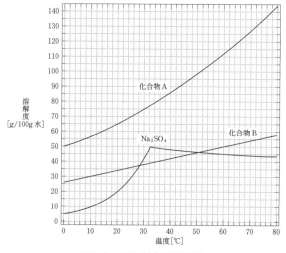

図1−1　イオン化合物の溶解度曲線

II　次の文章を読み，問**オ〜ク**に答えよ。

　気液平衡の状態にある液体の飽和蒸気圧は，温度の上昇とともに急激に増大する。図1−2は，ヘキサン（C_6H_{14}）と水（H_2O）の蒸気圧曲線である。②一定の温度では，水よりもヘキサンの方が飽和蒸気圧は高く，一定の圧力では，水の方が沸点は高いことを示している。

　ヘキサン0.10mol，水蒸気0.10mol，窒素0.031molからなる100℃の混合気体を考える。体積と容器内の温度が可変であるピストンを備えた装置にこの混合気体を注入し，その圧力が$1.0×10^5$Paで常に一定となるように保ちながら，以下の冷却操作1〜3を行った。ただし，液体のヘキサンと水は混ざり合わないものとし，窒素はこれらの液体には溶けないものとする。また，気体はすべて理想気体として扱えるもの

とする。

操作1：混合気体を温度100℃から徐々に冷却していくと，体積が減少し，③ある温度で水滴が生じ始めた。

操作2：さらに冷却していくと，④55℃においてヘキサンも凝縮し始めた。

操作3：さらに冷却していくと，水とヘキサンの2種類の液体が徐々に増加した。

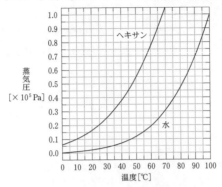

図1−2　ヘキサンと水の蒸気圧曲線

〔問〕

オ　下線部②に関して，水の分子量はヘキサンより小さいにもかかわらず，水の沸点はヘキサンより高い。その理由を60字以内で述べよ。

カ　下線部③に関して，水滴が生じ始める温度は何℃か。

キ　下線部④に関して，このときに水蒸気として存在する水の量は何molか。有効数字2桁で答えよ。答えに至る過程も記せ。

ク　冷却操作1〜3を行った時の，ヘキサンの分圧の変化を示す線の模式図として最も適当なものを，以下の図1−3に示す(1)〜(6)のうちから一つ選べ。また，そのような変化を示す理由も150字程度で述べよ。

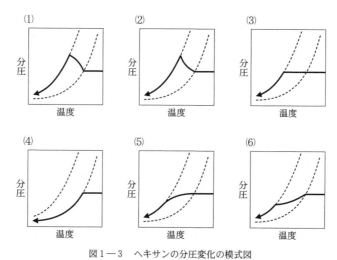

図1—3　ヘキサンの分圧変化の模式図

破線は，図1—2に示したヘキサンおよび水の蒸気圧曲線を示す。

2 CO₂の状態変化と溶解度，酢酸の電離・緩衝作用とpH

(2015 年度 第 1 問)

次の I，II の各問に答えよ。

I　次の文章を読み，問ア〜オに答えよ。必要があれば以下の値を用いよ。

元　素	H	C	O
原子量	1.0	12.0	16.0

気体定数　$R = 8.3 \times 10^3 \, \mathrm{Pa \cdot L \cdot K^{-1} \cdot mol^{-1}}$

　二酸化炭素（CO_2）は人間の生活において身近な気体であり，炭酸飲料や入浴剤など多くの場面で登場する。これらには，CO_2 気体の水に対する高い溶解度が活かされている。また，ドライアイス（CO_2 固体）も冷却剤として広く利用されている。これは，ドライアイスが低温であるだけでなく，液体になることなく空気中に拡散する（昇華する）という便利な性質によるところが大きい。

　CO_2 など大気圧下で昇華する固体の多くは分子性結晶であり，その分子間力のうちの主な引力は　 a 　力である。CO_2 分子のCとOの間は　 b 　重結合で結ばれており，OCO 結合角は　 c 　度である。ドライアイスの蒸気圧が一酸化炭素（CO）固体の蒸気圧よりはるかに低い主な理由は，CO の極性が小さいことに加え，　 a 　力は　 d 　が大きいほど大きくなるからである。

　CO_2 の性質を調べるため，図 1 − 1 に示す実験装置を考えよう。温度 −196℃，容積 0.50L の容器Aには質量 2.7g のドライアイスのみが，温度 0℃，容積 0.50L の容器Bには 0.25L の水のみが入っている。2 つの容器は細い管でつながれており，その間にはバルブがある。最初の状態では，バルブは閉じている。バルブ，圧力計および管内部の体積は無視できるものとする。

　図 1 − 2 は CO_2 の状態図である。なお，以下の問では，気体は全て理想気体とし，気体の圧力と液体への溶解度の関係については，ヘンリーの法則が成り立つものとする。

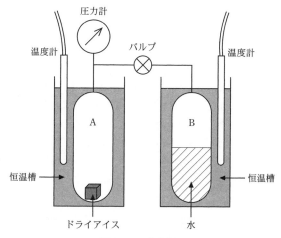

図1－1　実験装置

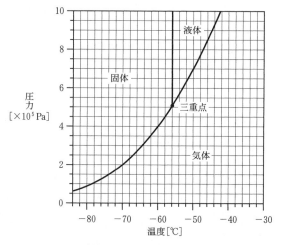

図1－2　CO₂の状態図

〔問〕

ア 空欄 a ～ d に当てはまる言葉や数字を答えよ。

イ 図1－2において，圧力1.0×10⁵Paでドライアイスが昇華する温度は何℃か，また，CO₂の液体が生成する最低の圧力は何Paか，それぞれ有効数字2桁で答えよ。

ウ 容器Aを問イの昇華温度に上げたとき，容器A内のドライアイスの質量は何gか，有効数字2桁で答えよ。ただし，ドライアイスの体積は無視してよい。

エ 容器Aの温度を問**ウ**の温度からさらに上げていくと，ある温度でドライアイスが すべて昇華して気体になった。そのときの温度は何℃か，有効数字2桁で答えよ。 さらに温度を上げ，容器が0℃になったとき，容器内の圧力は何 Pa か，有効数字 2桁で答えよ。

オ 問**エ**の操作が終了した状態でバルブを開けると，CO_2 気体は容器Bに流れ込み， 水に溶け込んでいく。十分に時間が経ち平衡状態に達したとき，水に溶け込んだ CO_2 の物質量は何 mol か，また容器内の圧力は何 Pa か，それぞれ有効数字2桁で 答えよ。答えに至る過程も記せ。ただし，0℃における 1.0×10^5 Pa の CO_2 気体の 水に対する溶解度は 0.080 mol·L^{-1} とする。また，0℃における水の蒸気圧は無視 してよい。

Ⅱ 次の文章を読み，問**カ**〜**コ**に答えよ。必要があれば以下の値を用いよ。

$$\log_{10} 2 = 0.30, \quad \log_{10} 2.7 = 0.43, \quad \log_{10} 3 = 0.48$$

弱酸とその塩，または弱塩基とその塩を含む溶液は，少量の強酸や強塩基を加えて も pH がごくわずかしか変化しない。このような作用を緩衝作用と言い，私たちの血 液や細胞内の pH を一定に保つという重要な役割を果たしている。ここでは，酢酸水 溶液に水酸化ナトリウム水溶液を加えたときの pH を求めることにより，緩衝作用を 検証しよう。ただし，全ての実験は25℃で行い，溶液の混合による体積変化は無視 できるものとする。

酢酸は水溶液中でその一部だけが電離しており，電離していない分子と電離によっ て生じたイオンの間に，以下に示す電離平衡が成り立っている。

$$CH_3COOH \rightleftharpoons CH_3COO^- + H^+$$

酢酸の電離定数を K_a とする。また，酢酸水溶液のモル濃度を c，電離度を α とする と，c と α を用いて，$K_a = \boxed{\quad e \quad}$ と表される。酢酸の電離度は1に比べて十分小さ いので，$1 - \alpha \fallingdotseq 1$ と近似すると，c と K_a を用いて，H^+ のモル濃度は $[H^+] = \boxed{\quad f \quad}$ と表される。

まず，①溶液**A**（0.10 mol·L^{-1} の酢酸水溶液）をビーカーにとり，pH を測定した。 次に，1000 mL の溶液**A**に，500 mL の溶液**B**（0.10 mol·L^{-1} の水酸化ナトリウム水 溶液）を加えた。②この混合溶液を**C**とし，pH を測定した。このとき，酢酸ナトリ ウムは，以下のように，ほぼ完全に電離している。

$$CH_3COONa \longrightarrow CH_3COO^- + Na^+$$

次に，③1500 mL の溶液**C**に，10 mL の溶液**D**（1.0 mol·L^{-1} の水酸化ナトリウム水 溶液）を加え，pH を測定した。その結果，pH に大きな変動はなく，緩衝作用が確 認された。

　一方，④1000 mL の溶液 **A** に，1000 mL の溶液 **B** を加えて中和反応を行った。このとき，溶液は中性にはならず，塩基性を示した。これは，以下に示すように，酢酸イオンの一部と水が反応して OH^- が生じるためである。

$$CH_3COO^- + H_2O \rightleftharpoons CH_3COOH + OH^-$$

〔問〕

カ　空欄 e ， f に入る適切な式を記せ。

キ　下線部①に関して，溶液 **A** の pH を有効数字 2 桁で答えよ。答えに至る過程も記せ。ただし，25℃における酢酸の電離定数を $K_a = 2.7 \times 10^{-5}\,\mathrm{mol \cdot L^{-1}}$ とする。

ク　下線部②に関して，溶液 **C** の pH を有効数字 2 桁で答えよ。答えに至る過程も記せ。

ケ　下線部③に関して，このときの pH を有効数字 2 桁で答えよ。答えに至る過程も記せ。

コ　下線部④に関して，このときの pH を有効数字 2 桁で答えよ。答えに至る過程も記せ。ただし，水と反応して生成する酢酸の量は，酢酸イオンの量と比べて，きわめて少ないものとする。また，水のイオン積を $K_w = 1.0 \times 10^{-14}\,\mathrm{mol^2 \cdot L^{-2}}$ とする。

3 イオン結晶と格子エネルギー，錯体とEDTAによる滴定

（2012年度　第2問）

次のⅠ，Ⅱの各問に答えよ。

Ⅰ　次の文章を読み，問ア～オに答えよ。必要があれば以下の値を用いよ。なお，文中のエネルギーは，いずれも25℃，1気圧（1.013×10^5 Pa）における値の絶対値とする。

元　素	Na	Cl	Ag	Cs
原子量	23.0	35.5	107.9	132.9

$\sqrt{2} \fallingdotseq 1.41$，$\sqrt{3} \fallingdotseq 1.73$，アボガドロ定数：$6.02 \times 10^{23}$/mol

　イオン結晶は，陽イオンと陰イオンのイオン結合によりできている。イオンの半径は，イオン結晶の単位格子の大きさとイオンの充填様式から計算できる。図2－1に代表的なイオン結晶である塩化ナトリウム（NaCl），塩化セシウム（CsCl）の結晶構造を示す。NaCl，CsClの単位格子は立方体であり，その1辺の長さはそれぞれ，0.564 nm，0.402 nmである。

　ある結晶がイオン結晶であることは，結晶の格子エネルギー（イオン結合をすべて切断し，イオンを互いに遠く離して静電気的な力を及ぼしあわない状態にするのに必要なエネルギー）の理論値 U_A と，図2－2より熱化学的に求められる実験値 U_B がよく一致することにより示される。図2－2に示す CsCl の U_B は，CsCl（固体）の生成熱（433 kJ/mol），Cs（固体）の昇華熱（79 kJ/mol），Cs（気体）の第一イオン化エネルギー（376 kJ/mol），Cl_2（気体）の結合エネルギー（242 kJ/mol），Cl（気体）の電子親和力（354 kJ/mol）により，ヘスの法則を用いて熱化学的に求めることができる。

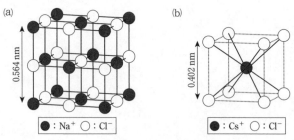

図2－1　(a) NaCl，(b) CsCl の単位格子

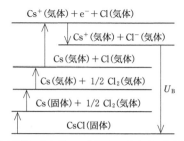

図2—2 CsClの格子エネルギーの実験値 U_B を求めるための熱化学的関係

〔問〕

ア セシウムイオン（Cs^+）の半径は 0.181 nm である。図2—1を用いてナトリウムイオン（Na^+）の半径を計算せよ。ただし，図2—1(a)，図2—1(b)の塩化物イオン（Cl^-）の半径の値は同じとする。

イ 金属ナトリウム（Na）の密度は 1.00 g/cm³ であり，体心立方格子をとる。Na の金属結合半径と Na^+ の半径はどちらが小さいか，計算式を示して答えよ。

ウ Na の金属結合半径と Na^+ の半径に差が生じる理由を40字以内で述べよ。

エ 図2—2に示す U_B（kJ/mol）を計算せよ。計算の過程も示せ。

オ イオン結晶のなかでも，周期表の両端の元素からできている NaCl や CsCl では，U_A と U_B の値がよく一致する。一方，塩化銀（AgCl）では U_A と比較して U_B が大きく異なる。この理由を40字以内で述べよ。

Ⅱ 次の文章を読み，問カ〜サに答えよ。

配位子が金属イオンに結合した構造を持つ化合物を錯体と呼び，イオン性の錯体は錯イオン，その塩は錯塩と呼ばれる。錯体は金属イオンの種類，配位子に依存して，図2—3のように①様々な構造（α〜δ）を形成できる。1893年にウェルナーは，②コバルト化合物を詳細に調べ，現在の錯体化学の基礎となる"配位説"を提唱した。

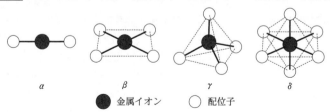

α β γ δ
● 金属イオン ○ 配位子

図2—3 様々な錯体の構造（それぞれの錯体の配位子は1種類とは限らない）

"配位説"以降，様々な錯体が発見されている。例えば，ヒトの血液中では，ヘモグロビンの　a　錯体が酸素を運搬する役割を担っており，　a　の不足により貧血となる。人工的に合成された錯体は，エレクトロニクス材料，③抗がん剤などの様々な分野で用いられている。硬水の軟化，水の硬度測定などは，金属イオンと1対1で錯体を生成しやすい④エチレンジアミン四酢酸（EDTA）（図2－4）のナトリウム塩を用いて行われている。有用物質合成に利用されている錯体は，触媒として働いて，反応の　b　を減少させることで反応速度を増加させる。このように錯体は，現在の我々の生活に非常に密着した化合物群となっている。

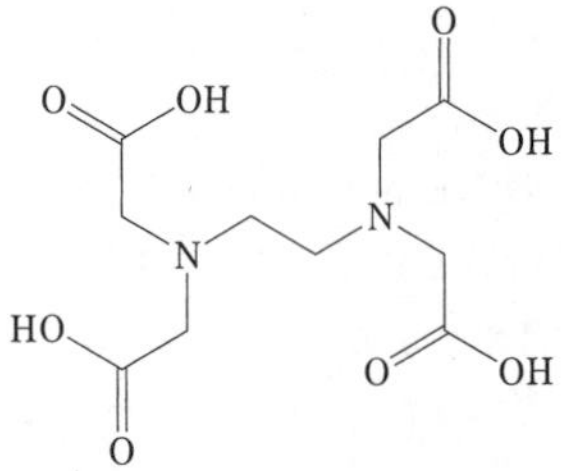

図2－4　EDTA の分子構造

〔問〕

カ 下線部①の例として，構造（α, γ）を持つアンミン錯体を形成する金属イオンを，Zn^{2+}，Cu^{2+}，Na^+，Ag^+，Mg^{2+}の中からそれぞれ1つずつ選べ。

キ 下線部②の化合物の代表例は，4つのアンモニア分子，2つの塩化物イオンを配位子として有する $[Co(NH_3)_4Cl_2]^+$ である。この錯体は八面体構造（δ）をとり，2つの幾何異性体が存在する。それらの分子構造を描け。

ク 　a　に入る金属の元素記号を答えよ。

ケ 2つのアンモニア分子，2つの塩化物イオンを配位子として有する白金イオン（Pt^{2+}）の錯体は構造（β）を有し，その幾何異性体の1種は下線部③として利用されている。この白金錯体において考えられる幾何異性体の分子構造を全て描け。

コ 下線部④の EDTA 溶液と EDTA がカルシウムイオン（Ca^{2+}）へ配位すると色が変化する指示薬を用いて滴定を行い，Ca^{2+} 溶液 0.10L の濃度を測定した。0.010mol/L の EDTA 溶液を 5.0mL 滴下することで反応が終了し，溶液の色が変化した。この溶液における Ca^{2+} 濃度を求めよ。ただし，Ca^{2+} へ EDTA が配位した Ca-EDTA 錯体の生成定数 $K = [\text{Ca-EDTA}]/([\text{EDTA}][Ca^{2+}])$ は 3.9×10^{10} L/mol であり，pH の変化，Ca^{2+} 溶液中の陰イオンの効果は考慮しなくても良い。

サ 　b　に入る語句を答えよ。

4　物質の解離と活量

(2007 年度　第 1 問)

以下は 1887 年アレニウスによって発表された論文「水に溶解した物質の解離について」の冒頭部分の要約である。この論文は，電解質が水溶液中で陽イオンと陰イオンに電離しているという『電離説』に決定的な裏付けを与えたものである。これを読み，後の問題 I，II に答えよ。

水に溶解した物質の解離について
スヴァンテ　アレニウス

　二年前（1885 年）スウェーデン科学アカデミーに提出された論文でファントホッフは，気体に関するアボガドロの法則——すなわち「ある温度で一定の数の分子を一定体積に含む気体は，気体の種類によらず等しい圧力を示す」という法則——が以下のように一般化されることを示した。

『ほとんどの物質について，(A)ある温度 T で，一定の物質量 n の物質を任意の液体に溶解した体積 V の溶液が示す浸透圧は，同じ温度 T で，同じ物質量 n の分子を同じ体積 V に含む気体が示す圧力と等しい。』

しかしこの法則は，すべての物質について成立するわけではない。特に水溶液については，かなり多くのものが法則の例外であり，法則よりも著しく大きな浸透圧を示すことがわかっている。

　ここで，気体にもアボガドロの法則より大きな圧力を示す例があったことを思い起こして欲しい。高温における塩素や臭素，ヨウ素のふるまいは，その代表例である。これらの物質は，高温では原子に解離しているので，見かけ上アボガドロの法則から外れると考えられている。そうすると，水溶液でファントホッフの法則の例外とされている物質についても，同じような説明を考えてもよさそうである。この論文の目的は，このような説明が水溶液の電気伝導度の測定からも強く支持されることを示すことにある。

　水溶液の電気伝導現象は『電解質分子（＊訳注 1）の一部は，互いに独立に動くことのできる「イオン」に解離している』という仮説に基づいて説明される。そうすると，どれだけの割合の電解質分子がイオンに解離しているかがわかれば，ファントホッフの法則から浸透圧を計算することができるはずである。

　私は以前に「電解質の電気伝導性に関して」と題した論文で，互いに独立に動けるイオンに解離した分子を「活性」，解離していない分子を「不活性」と呼んだ。そして無限希釈においてすべての電解質分子は活性になると考えられることを示した。以下の計算もこの仮説に基づいている。活性な分子の数を q，不活性

な分子の数を p としたとき，活性な分子の割合，「活性度係数」（α）は以下のようになる。

$$\alpha = \frac{q}{p + q} \tag{1}$$

この α は無限希釈において 1 になるはずである。電解質分子の濃度が高い場合は α は 1 より小さくなるが，以前の論文に示したように，水溶液の電気伝導度の測定から α を導くことができる。

　一方，ファントホッフは，実際の浸透圧（Π）を，物質がすべて不活性であると仮定して計算される浸透圧（Π_0）で割ったものを係数 i として報告している。

$$i = \Pi / \Pi_0 \tag{2}$$

この値を表 1 － 1 の右から 2 番目の列に示した（＊訳注 2）。そこで，電解質分子が解離した結果生じるイオンの一つ一つが，一つの分子として浸透圧に寄与するとすれば次式が得られる。

$$i = \frac{p + kq}{p + q} \tag{3}$$

ここで k は一つの活性分子が解離して生成するイオンの数（たとえば KCl について $k = 2$, すなわち $K^+ + Cl^-$ であり，$BaCl_2$ あるいは K_2SO_4 について $k = 3$, つまり $Ba^{2+} + Cl^- + Cl^-$，あるいは $K^+ + K^+ + SO_4^{2-}$）である。

表 1 － 1

物質名	化学式	α	$i = \Pi / \Pi_0$	$i = 1 + (k - 1)\alpha$
エタノール	C_2H_5OH	0.00	0.94	1.00
転化糖	$C_6H_{12}O_6$	0.00	1.04	1.00
水酸化ストロンチウム	$Sr(OH)_2$	(B)	2.61	2.72
アンモニア	NH_3	0.01	1.03	1.01
塩化水素	HCl	0.90	1.98	(C)
酢酸	CH_3COOH	0.01	1.03	1.01
塩化カリウム	KCl	0.86	1.82	1.86
硝酸カリウム	KNO_3	0.81	1.67	1.81
硫酸マグネシウム	$MgSO_4$	0.40	1.04	1.40
硫酸カドミウム	$CdSO_4$	0.35	0.75	1.35

　さて，(1)式と(3)式から，以下のように i を α を用いて表すことができる。

$$i = 1 + (k - 1)\alpha \tag{4}$$

α は電気伝導度の測定から求めることができるので，k を仮定すれば，電気伝導度の測定からも i が求められる。表 1 － 1 の活性度係数 α は 1 g の物質を水に溶かして 1 L にした濃度における値であり，表 1 － 1 の右端の列には，この α を用いて(4)式から計算された i を示してある。

　表の右端の 2 つの列の数値，すなわち，浸透圧から求めた i と，電気伝導の

測定から(4)式を用いて計算された i には特筆すべき一致が見られる。このことは(4)式を導く際に用いた以下の仮定が正しいものであることを示している。

　　1）　水溶液中の電解質分子には，陽イオンと陰イオンに解離した活性な分子と，解離しないまま存在する不活性な分子がある。解離によって生成したイオンの数も，ファントホッフの浸透圧の法則の分子数として寄与する。

　　2）　不活性な分子は，溶液を希釈していくにつれ活性に変わる。無限希釈ではすべての分子が活性になる。

これら2つの仮定は理論的な意味だけでなく，実用的な意味でも重要である。この論文では，従来ファントホッフの法則の例外とされていた物質についても，陽イオンと陰イオンへの解離を考えることで法則が適用できることを示してきた。このようにファントホッフの法則が一般的に適用できるなら，我々は，物質（液体に溶けさえすればどんな物質でも）の(D)分子量を決定する非常に便利な方法を手にしたことになるのである。

（＊訳注１）　　現在の理解とは異なるが，当時アレニウスは，すべての電解質はいったん分子の形で水に溶解し，その一部がイオンに解離すると考えていた。文中の「電解質分子」という表現は，この分子状の溶解物を指している。

（＊訳注２）　　実際には，アレニウスはこの i の値として，ラウールの凝固点降下の実験結果から得られたものを用いている。

Ⅰ　以下の問ア〜オに答えよ。必要であれば次の数値を用いよ。

　　気体定数 $R = 8.3\,\mathrm{Pa \cdot m^3 \cdot K^{-1} \cdot mol^{-1}} = 0.082\,\mathrm{atm \cdot L \cdot K^{-1} \cdot mol^{-1}}$

〔問〕

ア　下線部(A)の法則（ファントホッフの法則）を，モル濃度 C から浸透圧 Π を計算する形の式で書け。ただし，絶対温度を T，気体定数を R とする。

イ　下線部(D)の方法は現在も分子量の測定に用いられる。ファントホッフの示した測定値によれば，温度12℃ において，ショ糖の1.2 ％（重量パーセント）水溶液の示す浸透圧は $8.3 \times 10^4\,\mathrm{Pa}$（0.82 atm）であった。この測定値からショ糖の分子量を求めよ。水溶液の密度は $1.0\,\mathrm{g \cdot cm^{-3}}$ であったとせよ。<u>答に至る計算過程も示すこと</u>。

ウ　表1−1の空欄(B)および空欄(C)にあてはまる数値をそれぞれ求めよ。

エ　表1−1のエタノールから硝酸カリウムまでの<u>8つの物質</u>のうち，この論文以前に，ファントホッフの法則から著しく外れる「例外」とされていたと考えられるもの<u>のすべて</u>を物質名または化学式で書け。

オ　酢酸は分子の形で水に溶解し，その一部が電離平衡によってイオンに解離している。この場合，アレニウスの活性度係数 α は電離度に等しいと考えられる。以下

の式(5)に示すCH_3COOHの電離平衡定数Kを用いて，1gの物質を水に溶解して1Lとした濃度における電離度αを計算せよ。計算の際，$\underline{\alpha は 1 より十分小さいと仮定せよ}$。

$$K = \frac{[CH_3COO^-][H^+]}{[CH_3COOH]} = 1.5 \times 10^{-5}\,mol \cdot L^{-1} \tag{5}$$

II 当時アレニウスは，すべての電解質について，酢酸と同様に分子状に溶解した電解質分子が部分的に電離すると考えていた。しかし今日，塩化カリウムなどのイオン結晶の水溶液では，KClのような単位の分子状の溶解状態は存在せず，すべてがイオンとして存在していることがわかっている。したがって(1)式のαは1となるはずである。しかし，表1−1にあるように，電気伝導度の測定から得られたαは1より小さい。以降では，その理由について考察する。以下の問**カ〜ク**に答えよ。$\underline{答に至る過程も示すこと}$。必要であれば次の数値を用いよ。

元素	H	C	N	O	Mg	S	Cl	K	Ca	Sr	Cd
原子量	1.0	12.0	14.0	16.0	24.3	32.1	35.5	39.1	40.1	87.6	112.4

〔問〕

カ 上述のようにKClなどは，水溶液中ではすべてが解離したイオンとして存在しているが，濃度が高くなると，陽イオンのまわりには陰イオンが，陰イオンのまわりには陽イオンが存在しやすいために，見かけ上，イオンの濃度が減少する。この時，電気伝導や浸透圧に寄与する「見かけ上のイオン濃度」をイオンの「活量」と呼ぶ。また，活量を，溶解した物質量から計算されるイオンのモル濃度で割ったものを「活量係数」（γ）と呼ぶ。デバイとヒュッケルの理論によれば，電解質ABの溶解でイオンA^{z+}とB^{z-}が生成するとき，活量係数γは次式で表される。

$$\log_{10}\gamma = -0.5z^3C^{\frac{1}{2}} \tag{6}$$

ここでCは溶解した電解質ABのモル濃度（$mol \cdot L^{-1}$）である（すなわち，CはA^{z+}またはB^{z-}の濃度であり，A^{z+}とB^{z-}の濃度の和ではない）。$z = 1$および$z = 2$について(6)式のγをCに対してプロットしたものを図1−1に示す。KClなどの電解質については，アレニウスの電気伝導度測定による活性度係数αは活量係数γに等しいと考えられる。表1−1の塩化カリウムおよび硫酸マグネシウムの$\underline{2つについて，1gの物質を水に溶解して1Lとした濃度における\gammaの値を図1−1から求めよ}$。

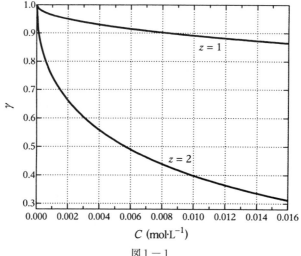

図 1 − 1

キ　アレニウスが導出した i と α の関係式(4)は酢酸などの電離平衡を想定したもので
あり，α は解離度に相当する。しかし，塩化カリウムなどの溶解では α は上記の活
量係数 γ に等しいと考えられるので(4)式は成立しない。このように α が γ と一致
する場合は，浸透圧に寄与するイオンの活量は，すべてのイオンの濃度の和に活量
係数 γ をかけることで得られる。活量係数 γ から i を求める式を書け。

ク　表 1 − 1 の塩，特に硫酸塩では(4)式から計算された i（右端の列）は，浸透圧か
ら得られた i（右から 2 番目の列）より大きな値を示し，上の問**キ**で見たように，
電離平衡を想定した(4)式から i を計算していることに原因があると考えられる。表
1 − 1 の塩化カリウムおよび硫酸マグネシウムの 2 つについて，上の問**キ**で導いた
式から，右端の列の i の値を再計算せよ。ただし γ には，問**カ**で求めた値を用いよ。

5 質量モル濃度と蒸気圧降下

(1999年度　第1問)

　図1のように，2つのフラスコIとII，2つのガラスコックAとB，水銀をつめたU字管が，それぞれガラス管で連結されている実験装置がある。フラスコIには純水80gが，またフラスコIIには質量モル濃度2.0 mol/kgの塩化リチウム水溶液100gが入れてある。コックBにより隔てられたフラスコI側とII側の，ガラス管部を含む気体の体積は，それぞれ0.40 L，0.50 Lである。フラスコIにはナトリウム9.2 mgを真空中で封入したガラスアンプルが入れてある。

　今，コックAを閉じBを開いてから，装置全体を冷却してフラスコ内の液体を凍らせた後，真空ポンプに連結されたコックAを開いて充分に排気した。次に，コックAとBを閉じて，装置全体を300 Kにした。その後，充分に時間が経過してから，水銀柱の高さを観察したところ，1.9 mmの差があった。以下の問ア～オに答えよ。ただし，U字管は充分に細く，水銀柱の上下による気体の体積変化は無視できるものとする。また，ガラスアンプルの体積，氷の昇華，および水銀の熱膨張による体積変化も無視できるとしてよい。

　気体はすべて理想気体とし，気体定数を0.082 L·atm·mol^{-1}·K^{-1}，1 atmは760 mmHgであるとする。必要ならば，原子量として以下の数値を用い，有効数字2桁で解答せよ。結果だけではなく，途中の考え方や式も示せ。

　H：1.0　　Li：6.9　　O：16.0　　Na：23.0　　Cl：35.5

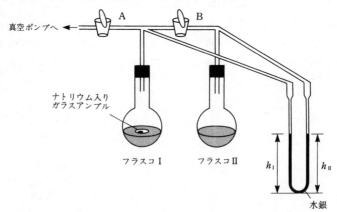

図　1

〔**問**〕

ア フラスコⅡの水溶液に溶けている塩化リチウムの質量はいくらか。

イ フラスコⅠ側の水銀柱の高さを $h_Ⅰ$, フラスコⅡ側の水銀柱の高さを $h_Ⅱ$ とする。$h_Ⅰ$ と $h_Ⅱ$ ではどちらが高いか。理由をつけて答えよ。

ウ フラスコⅠのガラスアンプルを破り, ナトリウムを水に接触させた。このとき起こる化学反応の反応式を示せ。

エ ガラスアンプルを破った後, 装置全体の温度が再び 300 K に戻るまで放置した。**ウ** の反応で発生した気体は, フラスコⅠ側の水銀柱をどれだけ押し下げるか。ただし, 発生した気体の水への溶解度は無視できるとしてよい。

オ 続いて, コックBを開けた。充分に長い時間放置すると, 最終的にフラスコⅡの塩化リチウム水溶液の質量モル濃度はいくらになるか。ただし, 電解質は溶液中で完全に電離しているものとする。

第2章　物質の変化

6 鉄の製錬，CO_2の圧力と状態変化，サイトカインと抗体の結合反応の反応速度と化学平衡

（2022 年度　第 3 問）

次の I，II の各問に答えよ。必要があれば以下の値を用いよ。

元素	H	C	O	Fe
原子量	1.0	12.0	16.0	55.8

気体定数　$R = 8.31 \times 10^3 \, \text{Pa·L/(K·mol)}$

I　次の文章を読み，問**ア**〜**カ**に答えよ。

　地球温暖化対策推進のため，二酸化炭素 CO_2 排出の抑制は重要な課題である。日本の主要産業の一つである製鉄では，溶鉱炉中でコークスを利用した酸化鉄 Fe_2O_3 の還元反応によって銑鉄を得る方法が長年採用されているが，①近年 CO_2 排出抑制に向けて，水素を利用した還元技術を取り入れるなど，さまざまな取り組みがなされている。

　一方で，排出された CO_2 を分離回収，貯留・隔離するための技術開発も盛んにおこなわれている。回収した CO_2 を貯留する手段として海洋を用いる方法がある（図 3 — 1）。海水温は，大気と比較して狭い温度域（0 〜 30 ℃ 程度）に維持されており，海洋は膨大な CO_2 貯蔵庫として機能しうる。CO_2 をパイプで海水中に送り込み，ある水深で海水に放出することを考える。CO_2 は 15 ℃，$1.00 \times 10^5 \, \text{Pa}$ では気体であり（図 3 — 2），②水深の増加に伴って，放出時の CO_2 密度 ρ〔g/L〕は増加する。③ある水深以降では，CO_2 は液体として凝縮された状態で放出される。液体 CO_2 は，浅い水深では上昇するが，④深い水深では下降するので，液体 CO_2 を深海底に隔離することができる。

　海水面の圧力は $1.00 \times 10^5 \, \text{Pa}$，海中では，水深の増加とともに 1 m あたり圧力が $1.00 \times 10^4 \, \text{Pa}$ 増加するものとする。海水温は水深にかかわらず 15 ℃ で一定とする。また，放出時における CO_2 の温度，圧力は周囲の海水の温度，圧力と等しく，気体 CO_2 や液体 CO_2 の海水への溶解は無視するものとする。

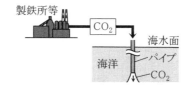

図3―1　排出 CO_2 の海洋への貯留・隔離

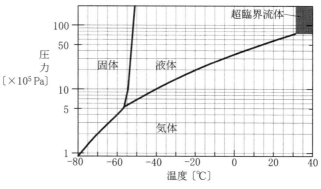

図3―2　CO_2 の状態図

〔問〕

ア　下線部①に関して，高炉法はコークスと酸素の反応により得られる一酸化炭素 CO を用いた製鉄法であり，Fe_2O_3 を CO で段階的に還元し，Fe_3O_4，FeO を経て最終的に鉄 Fe を得る。下線部⑤における反応の化学反応式をすべて記せ。

イ　下線部⑤の反応により，Fe_2O_3 から Fe を 7.50×10^7 トン（日本の 2019 年銑鉄生産量に相当）生成する際に排出される CO_2 は何トンか，有効数字2桁で答えよ。答えに至る過程も記せ。

ウ　下線部②に関して，水深 10.0 m で放出される CO_2 の密度 ρ は何 g/L か，有効数字2桁で答えよ。ただし，CO_2 は理想気体としてふるまうものとする。答えに至る過程も記せ。

エ　下線部③に関して，CO_2 が液体として放出される最も浅い水深は何 m か，有効数字1桁で答えよ。

オ　下線部④に関する以下の説明文において，　a　〜　c　にあてはまる語句をそれぞれ答えよ。

CO$_2$分子の間に働く分子間力は　a　であり，低圧では分子間の距離が長く，高圧にすると単位体積当たりの分子数が増加する。一方，H$_2$O分子の間には　b　による強い分子間力が働くので，低圧においても分子間の距離が短く，高圧にしても単位体積当たりの分子数があまり変化しない。高圧となる深海では，CO$_2$とH$_2$Oで単位体積当たりの分子数が近くなる。一方で，構成元素の観点からCO$_2$のほうがH$_2$Oより　c　が大きい。よって，このような深海ではCO$_2$密度ρ〔g/L〕はH$_2$Oの密度より高くなり，CO$_2$はH$_2$Oが主成分の海水中で自然に下降する。

カ　CO$_2$放出水深とCO$_2$密度ρ〔g/L〕の関係を示した最も適切なグラフを，以下の図3－3に示す(1)～(5)の中から一つ選べ。

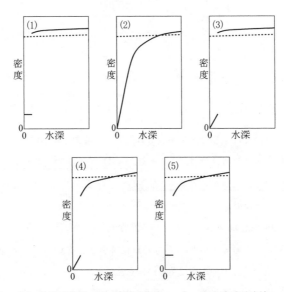

図3－3　CO$_2$放出水深とCO$_2$密度（実線——），海水密度（破線……）の関係

Ⅱ　次の文章を読み，問**キ**～**シ**に答えよ。

抗体（Ab）はタンパク質であり，特定の分子に結合する性質をもつ。病気に関連した分子に対するAbは，医薬品として用いられる。例えば炎症の原因となるサイトカイン（Ck）という分子にAbが結合すると，Ckの作用が不活性化されるため，Ckに対するAbは炎症にかかわる病気の治療薬として使用されている。

Ck と Ab は式1の可逆反応で結合し，複合体 Ck・Ab を形成する（図3－4）。

$$Ck + Ab \rightleftharpoons Ck \cdot Ab \hspace{4em} （式1）$$

反応は水溶液中，温度一定で起こり，Ck，Ab 等の濃度は，$[Ck]$，$[Ab]$等と表すこととする。また，Ab の初期濃度$[Ab]_0$は Ck の初期濃度$[Ck]_0$に対して十分に大きく，反応による Ab の濃度変化は無視できる（$[Ab] = [Ab]_0$）ものとする。

式1の正反応と逆反応の反応速度定数をそれぞれ k_1，k_2 とすると，各反応の反応速度 v_1，v_2 はそれぞれ，$v_1 = k_1[Ck][Ab]$，$v_2 = k_2[Ck \cdot Ab]$ と表される。ここで，$[Ab] = [Ab]_0$ であることに注意すると，Ck・Ab の生成速度 v は，

$$v = v_1 - v_2 = \boxed{\text{d}}$$

と表される。このとき，$\alpha = \boxed{\text{e}}$，$\beta = \boxed{\text{f}}$ とおくと，

$$v = -\alpha[Ck \cdot Ab] + \beta$$

と表され，v を $[Ck \cdot Ab]$ を変数とする一次関数として取り扱うことができる。これにより，$[Ck \cdot Ab]$ の時間変化の測定結果から，α を求めることができる。さらに，α は $[Ab]_0$ に依存するので，さまざまな $[Ab]_0$ に対して α を求めることで，k_1，k_2 を得ることができる(図3－5)。
（下線⑥）

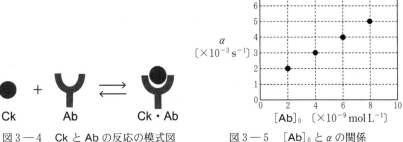

図3－4　Ck と Ab の反応の模式図　　　図3－5　$[Ab]_0$ と α の関係

反応が十分に進行すると，$v_1 = v_2$ の平衡状態に達する。ここで，$[Ab] = [Ab]_0$ であるので，平衡定数 K は，

$$K = \frac{k_1}{k_2} = \boxed{\text{g}}$$

と表される。このとき，Ck の Ab への結合率 X は，

$$X = \frac{[Ck \cdot Ab]}{[Ck]_0} = \boxed{\text{h}}$$

と表すことができ，どの程度の Ck を不活性化できたかを表す指標となる。X の

値は$[\text{Ab}]_0$によって変化する（図3―6）。目標とするXの値を得るために必要な$[\text{Ab}]_0$の値を見積もるためには，Kの逆数である$1/K$がよく用いられる。

用いる Ab の種類によってk_1，k_2は異なり，これにより平衡状態での$[\text{Ck}\cdot\text{Ab}]$や平衡状態に達するまでの時間などが異なる（図3―7）。Ab を医薬品として用いる際には，これらの違いを考慮して，適切な種類の Ab を選択することが望ましい。

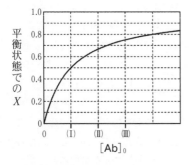

図3―6　$[\text{Ab}]_0$と平衡状態でのXの関係

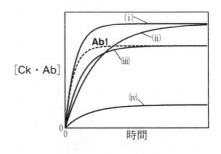

図3―7　Ck 水溶液にさまざまな Ab を加えた際の$[\text{Ck}\cdot\text{Ab}]$の時間変化

〔問〕

キ ┃ d ┃ ～ ┃ f ┃ にあてはまる式を，k_1，k_2，$[\text{Ck}\cdot\text{Ab}]$，$[\text{Ck}]_0$，$[\text{Ab}]_0$のうち必要なものを用いてそれぞれ表せ。

ク 下線部⑥に関して，図3―5に示す結果から，$k_1[\text{L mol}^{-1}\text{s}^{-1}]$，$k_2[\text{s}^{-1}]$の値をそれぞれ有効数字1桁で答えよ。

ケ ┃ g ┃ にあてはまる式を$[\text{Ck}\cdot\text{Ab}]$，$[\text{Ck}]_0$，$[\text{Ab}]_0$，また，┃ h ┃にあてはまる式を$K$，$[\text{Ab}]_0$を用いてそれぞれ表せ。

コ 下線部⑦に関して，$1/K$は濃度の単位をもつ。図3―6の横軸上で，$1/K$に対応する濃度を，(Ⅰ)～(Ⅲ)の中から一つ選び，理由とともに答えよ。

サ 下線部⑧に関して，表3―1に異なる3種類の Ab（**Ab1 ～ Ab3**）の反応速度定数を示す。Ck 水溶液に **Ab1** を加えた際の$[\text{Ck}\cdot\text{Ab}]$の時間変化を測定したところ，図3―7の破線のようになった。この結果を参考に，同様の測定を **Ab2**，**Ab3** を用いて行った場合に対応する曲線を，図3―7の(i)～(iv)の中からそれぞれ一つずつ選べ。なお，測定に使用した$[\text{Ck}]_0$，

$[Ab]_0$ はそれぞれ，すべての測定で同一とする。

表 3 — 1　3 種類の Ab (**Ab1 ～ Ab3**) の反応速度定数

	Ab1	**Ab2**	**Ab3**
$k_1 \left[\mathrm{L\ mol^{-1}s^{-1}}\right]$	1.0×10^6	5.0×10^5	1.0×10^5
$k_2 \left[\mathrm{s^{-1}}\right]$	1.0×10^{-3}	5.0×10^{-4}	1.0×10^{-3}

シ　下線部⑨に関して，Ck 水溶液に表 3 — 1 の Ab を加える際，より低い $[Ab]_0$ で，かつ短時間に $X = 0.9$ の平衡状態を得るために適切なものを，**Ab1 ～ Ab3** の中から一つ選べ。また，このとき必要となる $[Ab]_0$ は何 $\mathrm{mol\ L^{-1}}$ か，有効数字 1 桁で答えよ。

7 トロナ鉱石の分析と炭酸の電離平衡，火山ガスの反応とマグマの密度

（2020年度　第3問）

次のⅠ，Ⅱの各問に答えよ。必要があれば以下の値を用いよ。

元　素	H	C	O	Na	S	Cl
原子量	1.0	12.0	16.0	23.0	32.1	35.5

気体定数　$R = 8.31 \times 10^3 \, \text{Pa·L}/(\text{K·mol})$

Ⅰ　次の文章を読み，問ア～オに答えよ。

　アメリカやアフリカにある塩湖の泥中に存在するトロナ鉱石は，主に炭酸ナトリウム，炭酸水素ナトリウム，水和水からなり，炭酸ナトリウムを工業的に製造するための原料や洗剤として用いられる。

　①トロナ鉱石4.52gを25℃の水に溶かし，容量を200mLとした。この水溶液にフェノールフタレインを加えてから，1.00mol/Lの塩酸で滴定したところ，変色するまでに20.0mLの滴下が必要であった（第一反応）。次に，メチルオレンジを加えてから滴定を続けたところ，変色するまでにさらに40.0mLの塩酸の滴下が必要であった（第二反応）。以上の滴定において，大気中の二酸化炭素の影響は無視してよいものとする。また，ここで用いたトロナ鉱石は炭酸ナトリウム，炭酸水素ナトリウム，水和水のみからなるものとする。

〔問〕

ア　第一反応および第二反応の化学反応式をそれぞれ記せ。

イ　第一反応の終点におけるpHは，0.10mol/Lの炭酸水素ナトリウム水溶液と同じpHを示した。このpHを求めたい。炭酸水素ナトリウム水溶液に関する以下の文章中の　a　～　e　にあてはまる式，　f　にあてはまる数値を答えよ。ただし，水溶液中のイオンや化合物の濃度は，例えば $[\text{Na}^+]$，$[\text{H}_2\text{CO}_3]$ などと表すものとする。

　　炭酸の二段階電離平衡を表す式とその電離定数は

$$\text{H}_2\text{CO}_3 \rightleftharpoons \text{H}^+ + \text{HCO}_3^- \qquad K_1 = \boxed{}$$

$$\text{HCO}_3^- \rightleftharpoons \text{H}^+ + \text{CO}_3^{2-} \qquad K_2 = \boxed{}$$

である。ただし，25℃において，$\log_{10} K_1 = -6.35$，$\log_{10} K_2 = -10.33$ である。

　　炭酸水素ナトリウム水溶液中の物質量の関係から

$$[\text{Na}^+] = \boxed{}$$

の等式が成立する。また，水溶液が電気的に中性であることから

$$\boxed{\qquad\qquad d \qquad\qquad}$$

の等式が成立する。以上の式を，[H⁺] と [OH⁻] が [Na⁺] に比べて十分小さいことに注意して整理すると，[H⁺] は K_1, K_2 を用いて，

$$[H^+] = \boxed{\quad e \quad}$$

と表される。よって，求める pH は $\boxed{\quad f \quad}$ となる。

ウ　下線部①のトロナ鉱石に含まれる炭酸ナトリウム，炭酸水素ナトリウム，水和水の物質量の比を求めよ。

エ　下線部①の水溶液の pH を求めよ。

オ　健康なヒトの血液は中性に近い pH に保たれている。この作用は，二酸化炭素が血液中の水に溶けて電離が起こることによる。血液に酸（H⁺）を微量加えた場合と塩基（OH⁻）を微量加えた場合のそれぞれについて，血液の pH が一定に保たれる理由を，イオン反応式を用いて簡潔に説明せよ。

Ⅱ　次の文章を読み，問**カ**〜**コ**に答えよ。

　火山活動は，高温高圧の地下深部で溶融した岩石（マグマ）が上昇することで引き起こされる。マグマは地下深部では液体であるが，上昇して圧力が下がると，②マグマ中の揮発性成分が気体（火山ガス）になり，マグマは液体と気体の混合物となる（図 3 − 1）。このとき，③マグマのみかけの密度は，気体ができる前のマグマの密度より小さくなる。この密度減少がマグマの急激な上昇と爆発的噴火を引き起こす。

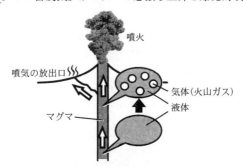

図 3 − 1　火山活動の模式図

　火山ガスの一部は，マグマから分離して地中の割れ目などを通って上昇し，地表で噴気として放出される（図 3 − 1）。火山ガスの組成（成分とモル分率）は，マグマから分離した時点で表 3 − 1 に示すとおりであり，上昇とともに式 1 の平衡が移動することで変化するものとする。噴気の放出口では，単体の硫黄の析出がしばしば観察される。その理由の一つとして，④式 1 において，ほぼ正反応のみが進行することが

考えられる。

$$SO_2 (気) + 3H_2 (気) \rightleftharpoons H_2S (気) + 2H_2O (気) \quad (式1)$$

表3−1　火山ガスの組成

成　分	H_2O	CO_2	SO_2	H_2S	HCl	H_2	その他
モル分率[%]	97.80	0.34	0.87	0.04	0.39	0.45	0.11

〔問〕

カ　下線部②に関して，地中の深さ3km付近でマグマの質量の1.00％に相当する H_2O のみが気体になる場合を考える。1.00Lのマグマから生じた H_2O (気) の体積を有効数字2桁で求めよ。答えに至る過程も記せ。ただし，このときの圧力は 8.00×10^7 Pa，温度は1047℃，H_2O (気) ができる前のマグマの密度は 2.40×10^3 g/Lとし，H_2O (気) は理想気体とみなしてよいものとする。

キ　下線部③に関して，問カの条件で液体と気体の混合物となったマグマのみかけの密度は，気体ができる前のマグマの密度の何倍か，有効数字2桁で求めよ。ただし，液体と気体からなるマグマのみかけの密度は，(液体の質量＋気体の質量)/(液体の体積＋気体の体積) で表される。また，気体が生じたときの液体の体積変化は無視できるものとする。

ク　式1の正反応の常温常圧における反応熱は正の値をもつ。必要な熱化学方程式を記し，この値を求めよ。常温常圧における SO_2 (気)，H_2S (気)，H_2O (液) の生成熱は，それぞれ296.9kJ/mol，20.2kJ/mol，285.8kJ/molとし，H_2O (液) の蒸発熱は44.0kJ/molとする。

ケ　式1の平衡の移動に関する以下の文章中の $\boxed{\text{g}}$ ～ $\boxed{\text{j}}$ にあてはまる語句を答えよ。ただし，$\boxed{\text{h}}$ と $\boxed{\text{j}}$ には「正」または「逆」のいずれかを答えよ。
　　圧力一定で温度が下がると，一般に $\boxed{\text{g}}$ 反応の方向に平衡が移動するため，式1の $\boxed{\text{h}}$ 反応がより進行する。また，温度一定で圧力が下がると，一般に気体分子の総数を $\boxed{\text{i}}$ させる方向に平衡が移動するため，式1の $\boxed{\text{j}}$ 反応がより進行する。

コ　下線部④の結果として，なぜ単体の硫黄を析出する反応が起こるのか，表3−1に示した成分のモル分率を参考にして，簡潔に述べよ。ただし，「その他」の成分は考慮しなくてよい。また，この硫黄が析出する反応の化学反応式を記せ。

8 金属酸化物の結晶構造と融点，Al の電解精錬と錯イオンの構造

（2018 年度　第 2 問）

次の文章を読み，問ア～ケに答えよ。必要があれば表 2 － 1 および表 2 － 2 に示す値を用いよ。

　金属酸化物は，金属元素の種類に応じてさまざまな性質を示し，工業的には耐熱材料や触媒として有用である。表 2 － 1 は，Mg，Al，Ca，Ba の四つの元素からなる代表的な酸化物の特徴を示している。一般に金属酸化物を得るには，金属単体を酸化する方法や①金属元素を含む化合物を加熱する方法がある。

　天然に産出する金属酸化物の中には，金属の単体を製造する際の原料として用いられるものがある。たとえば，②Al 単体は，融解した氷晶石に③純粋な Al_2O_3 を少しずつ溶かし，融解塩電解することで得られる。④この融解塩電解では，用いる電解槽の内側を炭素で覆い，これを陰極とし，炭素棒を陽極としている。

表 2 － 1　Mg，Al，Ca，Ba の各元素の代表的な酸化物の性質

酸 化 物 の 組 成	MgO	Al_2O_3	CaO	BaO
酸 化 物 の 密 度[g/cm³]	3.65	3.99	3.34	5.72
金属イオンのイオン半径[nm]	0.086	0.068	0.114	0.149

表 2 － 2　各元素の性質

元　　　　　　素	C	O	Mg	Al	Ca	Ba
原　　子　　量	12.0	16.0	24.3	27.0	40.1	137
単 体 の 密 度[g/cm³]	—	—	1.74	2.70	1.55	3.51
単 体 の 融 点[℃]	—	—	649	660	839	727

〔問〕

ア　下線部①の例として，消石灰 $Ca(OH)_2$ の水溶液に適量の CO_2 を吹き込んで得られる白色沈殿を取り出し，これを強熱して生石灰 CaO が生じる反応があげられる。$Ca(OH)_2$ から白色沈殿が生成する反応と，白色沈殿から CaO が生成する反応のそれぞれについて化学反応式を示せ。

イ　MgO，CaO，BaO の結晶は，いずれも図 2 － 1 に模式的に示す NaCl 型の結晶構造をもつイオン結晶である。MgO の単位格子の一辺の長さ（図中の a）が 0.42 nm であるとき，CaO の単位格子の一辺の長さを有効数字 2 桁で求めよ。ただし，O^{2-} のイオン半径はどの結晶中でも同じものとする。

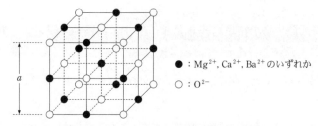

● : Mg^{2+}, Ca^{2+}, Ba^{2+} のいずれか
○ : O^{2-}

図 2 — 1　MgO, CaO, BaO の結晶構造の模式図

ウ　物質の融点は，その物質を構成する粒子間にはたらく化学結合と深く関係する。MgO，CaO，BaO の結晶のうち最も融点の高いものを推定し，化学式とともに，その理由を記せ。

エ　表に基づき，Al の単体を酸化して Al_2O_3 を得るときの酸化物と単体の体積比（＝酸化物の体積÷単体の体積）を，有効数字 2 桁で求めよ。

オ　下線部②における Al の単体は，Al^{3+} を含む水溶液の電気分解では得ることができない。その理由を簡潔に説明せよ。

カ　下線部③における純粋な Al_2O_3 は，天然のボーキサイトを精製することで得られる。バイヤー法とよばれる精製法では，ボーキサイトを濃水酸化ナトリウム水溶液に加熱溶解させる。その際，水酸化ナトリウムはボーキサイトに含まれる $Al_2O_3 \cdot 3H_2O$ と反応する。その反応の化学反応式を示せ。

キ　問 **カ** の反応で生成する水溶液の pH を調整すると，錯イオン $[Al(H_2O)_m(OH)_n]^{(3-n)+}$ が生成しうる。$m+n=6$ で表わせる錯イオンのうち，$n=2$ のときのすべての幾何異性体の立体構造を描け。ただし，H_2O と OH^- の立体構造は考慮しなくてよい。

ク　下線部④において，陽極で CO と CO_2 が発生した。それぞれが発生する際の陽極での反応を電子 e^- を用いた反応式で示せ。

ケ　下線部④において，陽極の炭素が 72.0 kg 消費され，陰極で Al が 180 kg 生成した。また，陽極では CO と CO_2 が発生した。このとき，発生した CO_2 の質量は何 kg か，有効数字 3 桁で答えよ。答えに至る過程も記せ。

9 アンモニアの中和と緩衝作用，実在気体，メタノール合成の反応熱

(2018 年度　第 3 問)

次のⅠ，Ⅱの各問に答えよ。必要があれば以下の値を用いよ。
気体定数　$R = 8.3 \times 10^3\,\mathrm{Pa \cdot L/(K \cdot mol)}$

Ⅰ　次の文章を読み，問ア〜オに答えよ。

　濃度 $9.0 \times 10^{-2}\,\mathrm{mol/L}$ の塩酸 2.0L に，気体のアンモニアを圧力 $1.0 \times 10^5\,\mathrm{Pa}$ のもとで毎分 0.20L の速度で溶かした。アンモニアの導入を開始した時刻を $t=0$ 分とし，$t=40$ 分にアンモニアの供給を止めた。$t=40$ 分から濃度 1.0mol/L の水酸化ナトリウム水溶液を毎分 10mL の速度で滴下し，$t=80$ 分に止めた。この水溶液に ［ a ］ mol の塩化アンモニウムを溶解させたところ，水素イオン濃度は $1.0 \times 10^{-9}\,\mathrm{mol/L}$ となった。

　気体のアンモニアは理想気体とし，アンモニアと塩化アンモニウムはすべて水溶液に溶けるものとする。また，アンモニアの溶解による溶液の体積変化は無視できるものとし，すべての時刻において温度は 27℃で一定であり，平衡が成立しているものとする。

　アンモニアは水溶液中で以下のような電離平衡にある。

$$\mathrm{NH_3 + H_2O \rightleftharpoons NH_4^+ + OH^-}$$

この平衡における塩基の電離定数 K_b は，

$$K_b = \frac{[\mathrm{NH_4^+}][\mathrm{OH^-}]}{[\mathrm{NH_3}]} = 1.8 \times 10^{-5}\,\mathrm{mol/L}$$

で与えられる。

〔問〕

ア　$t=10$ 分における水素イオン濃度を有効数字 2 桁で求めよ。答えに至る過程も記せ。

イ　アンモニウムイオン $\mathrm{NH_4^+}$ は，水溶液中で次の電離平衡にある。

$$\mathrm{NH_4^+ \rightleftharpoons NH_3 + H^+}$$

アンモニウムイオンの電離定数 K_a を有効数字 2 桁で求めよ。
ただし，水のイオン積 K_w は，$K_w = [\mathrm{H^+}][\mathrm{OH^-}] = 1.0 \times 10^{-14}\,(\mathrm{mol/L})^2$ とする。

ウ　$t=40$ 分における水素イオン濃度を有効数字 2 桁で求めよ。答えに至る過程も記せ。

エ　$t=0$ 分から $t=80$ 分における pH の変化の概形として最も適当なものを図 3−1

の(1)〜(6)のうちから選べ。

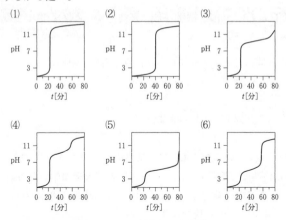

図3−1　tに対する pH の変化

オ　　a　にあてはまる数値を有効数字2桁で求めよ。

Ⅱ　次の文章を読み，問**カ**〜**コ**に答えよ。

　メタンは，化石資源である天然ガスの主成分として産出される。天然ガスを冷却して液体にしたものは液化天然ガスとよばれ，運搬が容易であり，広く燃料として利用されている。メタンは，化学工業における重要な原料でもある。Ni などの触媒を使って高温でメタンと水蒸気を反応させることにより，一酸化炭素と水素が製造されている。この反応をメタンの水蒸気改質反応とよぶ。さらに，一酸化炭素と水素を，Cu と ZnO を成分とする触媒を使って反応させることにより，メタノールが工業的に合成されている。

〔問〕

カ　一定圧力のもとで理想気体の温度を下げていくと，その体積はシャルルの法則にしたがって直線的に減少し，絶対温度0Kで体積は0になる。横軸を絶対温度，縦軸を体積とした理想気体のグラフを図3−2に破線で示した。一方，実在気体では，臨界点より低く三重点より高い一定圧力のもとで，温度を下げていくと，分子間力のために温度 T_1 で凝縮して液体になる。さらに温度を下げて温度 T_2 に達すると，凝固し固体になる。図3−2を解答用紙に描き写し，絶対温度に対する実在気体およびその液体と固体の体積の変化を示すグラフを，理想気体との違いがわかるように同じ図の中に実線で描け。

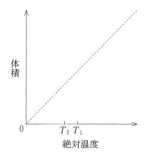

図 3 — 2　物質の絶対温度と体積の関係

キ　メタンの水蒸気改質反応を化学反応式で示せ。

ク　一酸化炭素と水素からメタノールを合成する反応は，以下の式 1 で表すことができる。

$$CO（気）+2H_2（気）\rightleftharpoons CH_3OH（気）\qquad（式 1）$$

　この反応を利用したメタノールの合成が，高圧下で行われる理由を説明せよ。

ケ　2L の密閉容器に，1.56 mol の一酸化炭素，2.72 mol の水素および触媒を封入して，ある温度に保った。式 1 において，平衡に達したとき，0.24 mol の水素が残っていた。このとき，容器内に存在する一酸化炭素およびメタノールの物質量をそれぞれ求めよ。

コ　室温で，CO（気）の生成熱が 110 kJ/mol，CO_2（気）の生成熱が 394 kJ/mol，H_2（気）の燃焼熱が 286 kJ/mol，CH_3OH（液）の燃焼熱が 726 kJ/mol，CH_3OH（液）の蒸発熱が 38 kJ/mol であるとき，式 1 で 1 mol の CH_3OH（気）を合成するときの反応熱を求めよ。反応熱を求めるために必要な熱化学方程式を示し，答えに至る過程も記せ。さらに，式 1 のメタノール生成反応は，発熱反応か吸熱反応かを答えよ。

10 鉛蓄電池と電気分解，NH₃合成と圧平衡定数，平衡の移動，触媒の作用

(2017 年度　第 3 問)

次の I，II の各問に答えよ。必要があれば以下の値を用いよ。

元　素	H	C	N	O	S	Fe	Pt	Pb
原子量	1.0	12.0	14.0	16.0	32.1	55.8	195	207

気体定数　$R = 8.3 \times 10^3 \, \text{Pa·L·K}^{-1}\text{·mol}^{-1}$

ファラデー定数　$F = 9.65 \times 10^4 \, \text{C·mol}^{-1}$

I　次の文章を読み，問ア〜ウに答えよ。

　図 3 − 1 のように，鉛と酸化鉛（IV）を電極に用い，電解液として希硫酸を用いた鉛蓄電池と，白金を電極として用いた電解槽を接続できるようにした。鉛蓄電池を十分に充電した後，以下の操作 1 を行った。

操作 1：スイッチを接続し，水酸化ナトリウム水溶液を電気分解したところ，電解槽の両極で気体が発生した。電解槽の白金電極 B で発生した気体を，水上置換法を用いて捕集した。

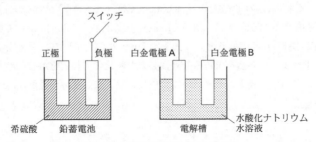

図 3 − 1　鉛蓄電池と電解槽の模式図

〔問〕

ア　鉛電池の放電時に，正極および負極で起こる変化を，それぞれ電子 e^- を用いたイオン反応式で示せ。

イ　図 3 − 2 は，操作 1 を行ったときの，鉛蓄電池における放電時間に対する物質の重量変化を示している。電解液の重量が(6)のように変化したとき，鉛蓄電池の正極および負極の重量変化を示す直線として最も適当なものを，図 3 − 2 の(1)〜(6)のうちから，それぞれ一つずつ選べ。ただし，同じものを選んでもよい。

ウ　操作 1 において，1000 秒間電気分解した。このとき，(i)白金電極 B で発生した

気体は何か。(ⅱ)その物質量は何 mol か。またこのとき，(ⅲ) 27℃，1.013×10⁵ Pa で水上置換法を用いて捕集した気体の体積は何 L か。それぞれ，有効数字 2 桁で答えよ。答えに至る過程も記せ。ただし，水の飽和蒸気圧は 27℃で 4.3×10³ Pa とする。また，発生した気体は水に溶けず，理想気体として扱えるものとする。

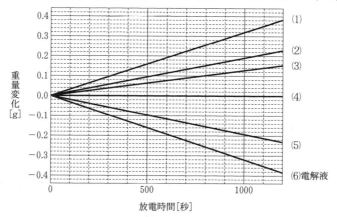

図 3 ― 2　放電時間に対する物質の重量変化

Ⅱ　次の文章を読み，問**エ**〜**キ**に答えよ。

N₂ と H₂ の混合気体を密閉容器に入れて高温にすると，次の化学反応が可逆的に起こり，やがて平衡状態に達する。

$$N_2(気) + 3H_2(気) \rightleftharpoons 2NH_3(気)$$

この可逆反応の正反応は，発熱反応であることが知られている。この可逆反応が平衡状態にあるとき，反応温度を [a] したり，圧力を [b] すると，ルシャトリエの原理から考えると，NH₃ の生成率が増加する。工業的には，①NH₃は，四酸化三鉄が主成分の触媒を用いて生産される。

気体の反応では，反応の進行に伴う濃度変化を測定するよりも圧力変化を測定するほうが容易なので，濃度の代わりに分圧をもとに反応の進行を考えることが多い。N₂，H₂，NH₃ のそれぞれの分圧を P_A，P_B，P_C とし，これらを用いて Q を以下の式で定義する。

$$Q = \frac{(P_C)^2}{(P_A) \cdot (P_B)^3}$$

各気体の分圧は反応の進行とともに変化するので，Q もそれに応じて変化し，平衡状態に達するとある一定値になる。このときの Q の値を圧平衡定数（K_P）という。

平衡状態にある N₂，H₂，NH₃ の混合気体に，圧力を加えたり，反応物や生成物を

加えたりした直後の Q の値を K_P と比較することにより，反応がどちらに進むかを知ることができる。

　NH_3 の生成反応について次の実験を行った。以下では，すべての気体は理想気体として扱えるものとする。

実験1：容積一定の容器 I に，3.0 mol の N_2 と 6.0 mol の H_2 を入れ，温度 T_1 で反応させた。平衡に達したとき，H_2 の分圧は反応開始前における H_2 の分圧の 0.9 倍であった。

実験2：容積が可変な容器 II に N_2 と H_2 を入れ，全圧 P を一定に保ち，温度 T_2 で反応させた。平衡に達したとき，N_2，H_2，NH_3 の物質量は，それぞれ，4.0，2.0，1.0 mol であった。

〔問〕

エ 　　a 　，　 b 　に入る語句として適切なものを以下から選び，記号で答えよ。

　　a 　（a−1）高く　　　（a−2）低く

　　b 　（b−1）高く　　　（b−2）低く

オ 　下線部①に関して，図3−3の曲線(1)は，触媒を用いない場合の NH_3 の生成率の時間変化を示している。触媒を用いた場合の NH_3 の生成率の時間変化を示す曲線を(1)〜(4)のうちから選べ。ただし，触媒の有無以外の反応条件は同じとする。

カ 　実験1の平衡状態において，生成した NH_3 の物質量は何 mol か。有効数字2桁で答えよ。

キ 　実験2の平衡状態に，全圧および温度を一定に保ちながら混合気体に N_2 を 3.0 mol 加えた。加えた直後の Q を Q_1 とし，Q_1 と K_P を，それぞれ全圧 P を用いて表せ。さらに，正反応と逆反応のいずれの方向に平衡が移動するかを，Q_1 と K_P を用いて説明せよ。

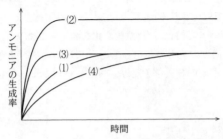

図3−3　アンモニア（NH_3）の生成率の時間変化

11 酸化還元反応と滴定，ハロゲン単体と化合物の性質・反応

(2015年度　第２問)

次のⅠ，Ⅱの各問に答えよ。必要があれば以下の値を用いよ。

元　素	H	C	O	Cu	Br	I
原子量	1.0	12.0	16.0	63.5	79.9	127

Ⅰ　次の文章を読み，問ア～カに答えよ。

　２価の銅イオン（Cu^{2+}）を含む水溶液にヨウ化物イオンを加えると Cu^+ に還元され，固体が沈殿する。たとえば，①硫酸銅（Ⅱ）水溶液に十分な量のヨウ化カリウム水溶液を加えると，白色のヨウ化銅（Ⅰ）の沈殿とヨウ素（I_2）が生じる。[注1] 生じたヨウ素の量を，チオ硫酸ナトリウム（$Na_2S_2O_3$）などを用いて滴定すれば，もとの硫酸銅水溶液の濃度を決定できる。

　一方，固体中の銅は ＋1 や ＋2 など様々な価数をとりうる。水溶液中と同様の反応を，銅を含む固体の化合物に適用すると，固体中に含まれる銅の量を決定できる。

　これらを踏まえて，以下の実験１～５を行った。

実験１：固体の酸化銅（Ⅱ）に十分な量のヨウ化カリウム水溶液を加え，さらに塩酸を加えると，酸化銅（Ⅱ）は白色の沈殿へと変化した。ここにデンプン溶液を加えたところ，溶液は紫色になった。

実験２：固体の酸化銅（Ⅰ）に十分な量のヨウ化カリウム水溶液を加え，さらに塩酸を加えると，酸化銅（Ⅰ）は白色の沈殿へと変化した。ここにデンプン溶液を加えたところ，溶液の色に変化は見られなかった。

実験３：銅の粉末を空気中で徐々に加熱しながら質量変化を測定したところ，図２－1のようになった。ある温度 T_1 を越えたところで質量は増加しはじめ，②その後一定となった。さらに温度を上げると，温度 T_2 で質量は減少しはじめた。その後加熱をやめて急冷し，固体Ａを得た。Ａの質量は 0.30 g であった。

実験４：ヨウ素 0.115 g に十分な量のヨウ化カリウム水溶液を加え，この溶液中のヨウ素を 0.10 mol・L^{-1} のチオ硫酸ナトリウム水溶液で滴定したところ，9.0 mL で終点に達した。

実験５：Ａに十分な量のヨウ化カリウム水溶液を加え，さらに③塩酸を加えると，Ａは白色の沈殿へと変化し，溶液の色は褐色となった。④この溶液中のヨウ素を 0.10 mol・L^{-1} のチオ硫酸ナトリウム水溶液で滴定したところ，24.0 mL

　　　で終点に達した。

注1）生じたヨウ素は，ヨウ化カリウム水溶液に三ヨウ化物イオンとなって溶ける。

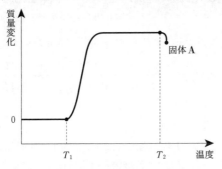

図 2 ― 1　　銅の粉末を加熱した時の質量変化

〔問〕

ア　下線部①の化学反応式を記せ。

イ　下線部②でどのような物質が生じているか。化学式を記せ。

ウ　固体**A**中に含まれる物質は何か。また，そのように考えた理由を 30 字程度で述べよ。

エ　下線部③で，塩酸の代わりに硝酸を用いるのは適切でない。この理由を 30 字程度で説明せよ。

オ　下線部④で，溶液中に含まれるヨウ素（I_2）の物質量は何 mol か。有効数字 2 桁で答えよ。答えに至る過程も記すこと。

カ　固体**A**の中に含まれる銅の含有率（質量パーセント）を有効数字 2 桁で答えよ。答えに至る過程も記すこと。

II　次の文章を読み，問**キ**〜**シ**に答えよ。

　ハロゲンの単体は⑤酸化力を有するため種々の金属と反応し，対応するハロゲン化物が生成する。また，ハロゲンの単体は H_2 とも反応し，ハロゲン化水素（HF, HCl, HBr, HI）が生成する。⑥ハロゲン化水素の沸点の序列は，HF（19.5℃）＞ HI（−35.1℃）＞ HBr（−67.1℃）＞ HCl（−85.1℃）である。

　フッ素は，天然には蛍石や氷晶石など，フッ化物イオンとして存在する。⑦F_2 は水と激しく反応する。

　Cl_2 は，工業的には塩化ナトリウムの電気分解などにより製造される。Cl_2 が初めて作られたのは，⑧酸化マンガン（Ⅳ）と濃塩酸の反応による（図 2 ― 2）。

　Br_2 は，工業的には酸性溶液中で Cl_2 による臭化物イオンの酸化によって製造される。Br_2 は種々の⑨有機化合物の臭素化剤として用いられるが，Br_2 の取り扱いにく

さが問題として挙げられる。そのため，適切な条件下で O_2 が臭化物イオンを Br_2 に酸化できることを利用して，反応中に Br_2 を発生させる臭素化法が開発されている。

　I_2 も Cl_2 によるヨウ化物イオンの酸化によって製造される。I_2 は，有機化合物中の特定の官能基の検出，様々な滴定，⑩水分の定量などに用いられる。我が国は，ヨウ素の生産量，輸出量ともに世界第二位である。

〔問〕

キ　下線部⑤に関して，O_2 や S などの単体も酸化力を有する。O_2，S，F_2，I_2 を酸化力が強い順に並べよ。

ク　下線部⑥に関して，HF の沸点が他のハロゲン化水素の沸点に比べて高い理由を20字程度で説明せよ。

ケ　下線部⑦の化学反応式を記せ。

コ　下線部⑧の化学反応式を記せ。また，図2−2のような装置で純粋な Cl_2 を得たいときに，どのような精製装置，捕集装置（捕集方法）を用いるのが適切かを簡潔に説明せよ。精製装置に関しては，何をどのように除去するかを明確に記すこと。

サ　下線部⑨に関して，臭素化反応は有機化合物の不飽和度の決定にも利用される。二重結合を含む炭素数 20 の直鎖の炭化水素が 10.0 g ある。この炭化水素に Br_2 を反応させると，質量が 33.3 g になった。すべての二重結合が Br_2 と反応したとして，この炭化水素 1 分子に含まれる二重結合の数を整数で答えよ。答えに至る過程も記すこと。

シ　下線部⑩に関して，式(1)の反応が速やかに，かつ完全に進行することが知られている。[注2]

$$I_2 + SO_2 + CH_3OH + H_2O \longrightarrow 2HI + HSO_4CH_3 \tag{1}$$

　この反応を利用して，購入したエタノール中に含まれる水分の定量を以下のように行った。

　ビーカーに，十分な量のヨウ化物イオン，SO_2 を含むメタノール 90.0 mL および購入したエタノール 10.0 mL を加えた。この溶液に陽極，陰極を浸し，100 mA の電流を 120 秒間流したところで，溶液に I_2 特有の色が観測された。一方，購入したエタノールを加えずに実験を行ったところ，電流を流し始めた直後に I_2 の色が観測された。購入したエタノール中の含水率（質量パーセント）を有効数字 2 桁で答えよ。答えに至る過程も記すこと。ただし，陽極では，ヨウ化物イオンの酸化反応以外は起こらないものとする。陰極での反応は考えなくてよい。購入したエタノールの密度は $0.789\,\mathrm{g \cdot mL^{-1}}$ とする。ファラデー定数は $F = 9.65 \times 10^4\,\mathrm{C \cdot mol^{-1}}$ とする。

注2）反応を効率よく進行させるためには塩基が必要であるが，酸化・還元反応に直接関わらないので，塩基を式(1)から除いて簡略化してある。

40

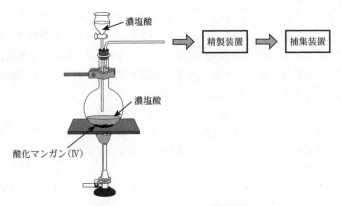

図2−2　実験室での Cl₂ の製造装置

12 中和滴定と指示薬，化学平衡

（2013 年度　第 1 問）

次の I，II の各問に答えよ。必要があれば以下の値を用いよ。

元　素	H	C	N	O	Na	S
原子量	1.0	12.0	14.0	16.0	23.0	32.1

$\log_{10} 2 = 0.30$，$\log_{10} 3 = 0.48$，$\log_{10} 5 = 0.70$

I　次の文章を読み，問ア〜カに答えよ。

　市販の水酸化ナトリウムは白色の小球状をしており，①湿った空気中に置いておくとその表面が濡れてくる。また空気中で速やかに二酸化炭素を吸収する。

　日本薬局方によれば 1 mol·L^{-1} 水酸化ナトリウム水溶液を調製する場合は，以下のような手順で行うこととされている。

　「水酸化ナトリウム約 42 g を量り水 950 mL に溶かす。これに，②水酸化バリウム 8 水和物飽和水溶液を沈殿がもはや生じなくなるまで滴下し，よく混ぜて密栓し，24 時間放置した後ろ過する。このろ液の濃度を次のような操作で決定する。乾燥したアミド硫酸 1.5 g 前後を精密に量り，新たに煮沸して冷却した水 25 mL に溶かす。これを上記の水酸化ナトリウム水溶液で滴定する。」

　③上記の手順で調製した水酸化ナトリウム水溶液を用いて，濃度不明の酢酸水溶液100 mL を適当な pH 指示薬を用いて滴定したところ，20 mL で中和点に達することがわかった。

（注）　アミド硫酸は右の構造式をもつ一価の酸である。　$\underset{\underset{OH}{|}}{\overset{\overset{O}{\|}}{O=S-NH_2}}$

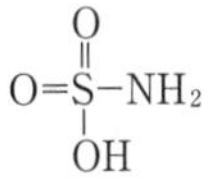

〔問〕

ア　下線部①の現象を何と呼ぶか。

イ　下線部②について，沈殿が生じる化学反応式を書き，なぜこのような操作が必要なのか 50 字から 100 字程度で記せ。

ウ　アミド硫酸 1.444 g を秤量して，問題文に示された手順に従い滴定したところ水酸化ナトリウム水溶液は 15.20 mL 必要であった。調製した水酸化ナトリウム水溶液の濃度を有効数字 3 桁で求めよ。

エ　下線部③について，水酸化ナトリウム水溶液 10 mL を滴下した時点での pH を求めよ。ただし酢酸の電離定数を 1.8×10^{-5} mol·L^{-1} とする。

オ　電離定数 4.0×10^{-4} mol·L^{-1} をもつ弱酸型の pH 指示薬 X がある。X の分子式を

HAと表すと溶液中では下式のように電離している。

$$HA \rightleftharpoons H^+ + A^-$$

HA，A^- の濃度比が 0.1 以上 10 以下の範囲にあるときに色調の変化が肉眼でわかると仮定する。この pH 指示薬 X の色調の変化が肉眼でわかる pH の値の範囲を有効数字 2 桁で求めよ。

カ 下線部③で記した滴定に pH 指示薬 X を用いることが適当かどうか，**オ**の結果をもとにして理由とともに 50 字から 100 字程度で記せ。

Ⅱ 次の文章を読み，問**キ〜サ**に答えよ。

ファントホッフは，図 1 － 1 に示すような仮想的な反応箱中での気体分子の化学反応を理論的に考察し，④気体反応の濃度平衡定数が温度のみに依存することを示した。

ファントホッフの考察に関連して，以下に(1)式で表される気体分子の反応を例として，反応箱への気体分子の出し入れ操作を説明する。ここで，A，B および C は 3 種類の異なる分子の化学式を表す。ただし，反応(1)は反応箱中でのみ進行するものとする。また，気体は理想気体とみなせるものとする。

$$A + 2B \rightleftharpoons 2C \tag{1}$$

反応箱中には分子 A，B および C の混合気体が含まれており，反応箱とシリンダは一定温度 T〔K〕に保たれている。反応箱に装備されている半透膜 **A** は分子 A のみを通し，半透膜の両側（シリンダ側と反応箱側）における分子 A の示す分圧が等しくなると，見かけ上，半透膜 **A** を通る分子 A の移動はなくなる。ここで，半透膜 **A** の両側における分子 A の分圧の差は速やかに解消されるものとする。半透膜 **B**，**C** の分子 B，分子 C に対する動作もそれぞれ同様であるとする。

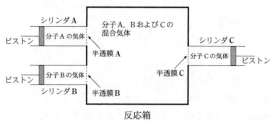

図 1 － 1 ファントホッフの反応箱

以下に示すような手順によって，左側の 2 つのシリンダ **A** および **B** 内の気体を反応箱に導入し，反応箱から右側のシリンダ **C** 内へ気体を移すことを考える（図 1 － 2）。

準備 図 1 － 2(a)に示された状態を始めの状態とする。すなわち，シリンダ **A** および **B** 内にはそれぞれ 1 mol の分子 A と 2 mol の分子 B が含まれており，シリンダ **C** の体積はゼロである。このとき，シリンダ **A** および **B** 内にある分子と反応箱中に

ある分子はそれぞれ半透膜の両側で同じ分圧を示しており，反応箱中では(1)式で表される反応は平衡状態となっている。⑤ここで，シリンダA，Bの体積はそれぞれ V_A，V_B〔L〕であり，濃度平衡定数は K であった。

操作1　左側の2つのピストンを押し込んで，シリンダAおよびB内の気体を全て反応箱に移動させる（図1－2(b)）。なお，反応箱中での反応は十分に遅く，この操作の直後では，反応箱中の混合気体は平衡状態にはないものとする。

操作2　反応箱中の混合気体が平衡状態となるのを待ってから，右側のピストンを引き出してシリンダC内に2molの分子Cを取り込む（図1－2(c)）。この間，ピストンは非常にゆっくりと動かされており，シリンダの体積が変化しているにもかかわらず，反応箱中の混合気体は平衡状態に保たれているとする。

(a)　始めの状態

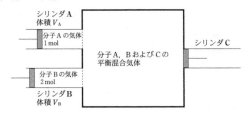

(b)　操作1が終了した状態

(c)　操作2が終了した状態

図1－2　反応箱の状態

〔問〕

キ 下線部④に関連して，化学反応が化学平衡の状態にあるとき，反応物質の濃度と生成物質の濃度との間には，温度が一定ならば一定の数量関係がある。この法則名を記せ。

ク 操作1の終了後，十分長い時間が経過すると反応箱中の混合気体は平衡状態になる。(1)式で表される反応はどちら向きに進行したか，判断理由となる原理の名称とともに50字から100字程度で記せ。

ケ 操作2が終了したとき，反応箱中の混合気体は平衡状態となっている。反応箱中の混合気体の平衡は，始めの状態と操作2の後ではどのような関係にあるか，下記の選択肢(i)～(iii)の中から適切なものを選べ。また，それが適切であると考えた理由を50字から100字程度で記せ。

　　図$1-2$(a)と比べると，図$1-2$(c)における平衡混合気体では，式(1)において，

　　(i)　平衡が左に移動している。

　　(ii)　平衡がどちら側にも移動していない。

　　(iii)　平衡が右に移動している。

コ 下線部⑤で与えられているシリンダの体積V_A，V_Bおよび濃度平衡定数Kを使って，操作2が終了したときのシリンダCの体積V_Cを表せ。答に至る計算過程も記せ。

サ (1)式で表される反応が反応箱中で平衡状態に達した後，温度を上昇させると反応は左向きに進行して新たな平衡状態に達した。右向きの反応を正反応とするとき，正反応は吸熱反応であるか発熱反応であるか，50字以内の理由とともに記せ。

13　Ca²⁺ の濃度と酸化還元滴定，NaOH の工業的製法

(2011 年度　第 2 問)

次の I，II の各問に答えよ。必要があれば以下の値を用いよ。

元素	H	C	O	K	Ca	Mn
原子量	1.0	12.0	16.0	39.1	40.1	54.9

I　次の文章を読み，問ア～カに答えよ。

カルシウムイオン（Ca^{2+}）はシュウ酸イオン（$C_2O_4{}^{2-}$）と反応してシュウ酸カルシウム（CaC_2O_4）の沈殿をつくる。シュウ酸カルシウムは水に溶けにくいため，この沈殿生成反応は Ca^{2+} の検出に利用される。ここでは，シュウ酸カルシウムの沈殿生成と，シュウ酸イオンが酸化を受け二酸化炭素 2 分子に分解されることを利用して，以下に示す手順により，ある水溶液試料に含まれる Ca^{2+} の量を求める実験を行った。

手順 1　水溶液試料 10.00 mL を量り取った。

手順 2　手順 1 の試料に水 200 mL を加え，さらに塩酸を加え微酸性にした。そこに十分な量のシュウ酸アンモニウム（$(NH_4)_2C_2O_4$）水溶液を加え，加熱した後，アンモニア水を加えてアルカリ性にして，室温で 2 時間静置し，シュウ酸カルシウムを完全に沈殿させた。

手順 3　生じた沈殿をろ紙でろ別し，①ろ紙上の沈殿を冷水で洗浄した。

手順 4　ろ紙上の沈殿を温めた硫酸（濃硫酸を 6 倍に希釈したもの）で完全に溶かし，その液をすべてビーカーに回収した。さらにビーカーに水 200 mL，濃硫酸 5 mL を加え，70℃に加熱した。

手順 5　ビーカー内の溶液を，濃度 $1.00 \times 10^{-2} \, \mathrm{mol \cdot L^{-1}}$ の②過マンガン酸カリウム水溶液で滴定した。

〔問〕

ア　手順 1 および 5 において，体積を量るのに使用する最も適切な実験器具は何か。それぞれについて，実験器具の名称を 1 つ記せ。

イ　手順 5 の下線部②でおこる反応の反応式を記せ。

ウ　手順 5 の下線部②の滴定の終点において見られる溶液の色の変化を，20 字以内で記せ。

エ　手順 1 から 5 までの実験を 5 回行い，以下に示す滴定値を得た。ただし，1 回目の実験においては，滴定の操作に慣れていなかったため終点を行き過ぎてしまった

という。水溶液試料 1.00L 中に Ca^{2+} は何 mg 含まれていると結論できるか。3桁の数値で答えよ。

実験回数	1回目	2回目	3回目	4回目	5回目
滴定値〔mL〕	4.69	4.47	4.45	4.44	4.48

オ 手順3の下線部①における洗浄が不適切だと，Ca^{2+} の分析値が真の値よりも小さくなる場合がある。その場合に考えられる原因を，30字以内で記せ。

カ 手順3の下線部①における洗浄が不適切だと，問**オ**とは逆に，Ca^{2+} の分析値が真の値よりも大きくなる場合がある。その場合に考えられる原因を，30字以内で記せ。

Ⅱ 次の文章を読み，問**キ**〜**サ**に答えよ。

水酸化ナトリウム（NaOH）は，工業的には食塩水の電気分解によって製造される。現在は主に，隔膜法やイオン交換膜法が用いられている。これらの方法では，図2−1に示すように，電解槽内部が隔膜もしくはイオン交換膜により，陽極室と陰極室に分けられている。

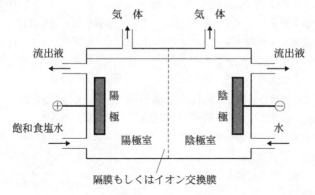

図2−1　水酸化ナトリウム製造のための電解槽

陽極室では，次の反応がおこり，

$$\boxed{\text{ i }}\ \boxed{\text{A}} \longrightarrow \boxed{\text{ ii }}\ \boxed{\text{B}} + 2e^- \tag{1}$$

陰極室では，次の反応がおこる。

$$\boxed{\text{ iii }}\ \boxed{\text{C}} + 2e^- \longrightarrow \boxed{\text{ iv }}\ \boxed{\text{D}} + \boxed{\text{ v }}\ OH^- \tag{2}$$

隔膜法では，陰極室からの流出液に①Na^+，Cl^-，OH^- が含まれるため，純度の高い NaOH を得るために，蒸発濃縮が必要である。一方，イオン交換膜法では，イオン交換膜が $\boxed{\text{E}}$ のみを選択的に透過させるため，純度の高い NaOH を得ることができる。

　　近年，イオン交換膜法の消費電力量削減のために，陰極で酸素を直接還元する方法が開発されている。この電極では次の反応がおこる。

$$O_2 + \boxed{\text{vi}} \quad \boxed{\text{F}} + \boxed{\text{vii}} \, e^- \longrightarrow \boxed{\text{viii}} \, OH^- \tag{3}$$

〔問〕

キ　本文中の $\boxed{\text{i}} \sim \boxed{\text{viii}}$ に適切な数値を，$\boxed{\text{A}} \sim \boxed{\text{F}}$ に適切な化学式（イオン式を含む）を入れよ。

ク　下線部①に関して，陰極室の流出液 1000 g を取り出して濃度を測定したところ，NaCl および NaOH の質量パーセント濃度は，それぞれ 17.6 %，12.0 % であった。NaOH を濃縮するために，取り出した流出液を加熱して水を蒸発させ，25℃ で NaOH の飽和水溶液となるようにした。この時，水を何 g 蒸発させたか答えよ。

　　なお，25℃ における NaCl および NaOH の水への溶解度は，水 100 g あたりそれぞれ 35.9 g，114 g である。NaCl および NaOH の溶解度は混合溶液でも変化しないものとし，また析出物はすべて NaCl の無水物とする。

ケ　問クにおいて，濃縮後の NaOH の濃度を質量パーセント濃度で求めよ。

コ　イオン交換膜法により食塩水の電気分解を行っていたところ，イオン交換膜に亀裂が生じ，新たに漂白作用を示す塩が生成した。この塩の物質名と，生成する際の反応式を記せ。

サ　イオン交換膜法における陰極反応として式(3)を用いた場合について，陽極と陰極の反応を組み合わせた全体の熱化学方程式を記せ。必要であれば，次の熱化学方程式を利用せよ。反応熱は，いずれも 25℃，1 気圧（1.013×10^5 Pa）における値とする。

$$H_2 + \frac{1}{2} O_2 = H_2O \, (液) + 286 \, kJ$$

$$NaCl + H_2O \, (液) = NaOH + \frac{1}{2} H_2 + \frac{1}{2} Cl_2 - 223 \, kJ$$

14 メタンハイドレートの熱化学，酵素反応の反応速度
(2010年度　第1問)

次のⅠ，Ⅱの各問に答えよ。

Ⅰ　次の文章を読み，問ア〜エに答えよ。必要があれば以下の値を用いよ。

元素	H	C	O
原子量	1.0	12.0	16.0

気体定数：$R = 8.3\,\text{Pa} \cdot \text{m}^3 \cdot \text{K}^{-1} \cdot \text{mol}^{-1}$

水の飽和蒸気圧（27℃）：$3.5 \times 10^3\,\text{Pa}$

　結果だけでなく，答に至る過程も示せ。気体はすべて理想気体とし，液体の体積および液体に対する気体（H_2, O_2, CO_2）の溶解は無視できるものとする。

　近年，メタンハイドレートと呼ばれるメタンの水和物が，日本近海の海底に多量に存在することが明らかになった。メタンハイドレートは水分子とメタン分子とからなる氷状の固体結晶である。高濃度にメタンを蓄える性質から「燃える氷」としても知られており，新しいエネルギー資源としてその有効利用に大きな期待が寄せられている。

　水中における水分子は，水素結合によって周りの水分子と会合し，分子の集団を形成する。このような分子の集団はクラスターと呼ばれる。液体の水を冷却すると，水分子間の水素結合が切断されにくくなるため，クラスターのサイズが大きくなり，やがて氷の結晶へと成長する。水中にメタンのような疎水性分子が存在すると，水分子は疎水性分子を取り囲むようにしてクラスターを形成する。メタンハイドレートの結晶では，水分子がメタン分子の周りを"かご"状に取り囲んだ構造をとることが知られている。このようにして，メタン分子と水分子からハイドレートが形成され，全体としてエネルギーが低下する。以下では，メタンハイドレート（固体）の組成比は，メタン：水＝4：23，またメタンハイドレート（固体）の密度は$0.91\,\text{g} \cdot \text{cm}^{-3}$とする。

〔問〕

ア　メタン（気体）と水（液体）からメタンハイドレート（固体）が生成する反応は，低温・高圧ほど有利である。その理由をルシャトリエの原理に基づいて80字以内で説明せよ。

イ　以下の式を用いて，メタンハイドレート（固体）の完全燃焼を熱化学方程式で記せ。ただし，式中でメタンハイドレートを$4CH_4 \cdot 23H_2O$（固）と表す。また，燃焼後の水はすべて液体とする。

$$4CH_4 \cdot 23H_2O \text{（固）} = 4CH_4 \text{（気）} + 23H_2O \text{（液）} + Q_1 [\text{kJ}] \tag{1}$$

$$C \text{（黒鉛）} + 2H_2 \text{（気）} = CH_4 \text{（気）} + Q_2 [\text{kJ}] \tag{2}$$

$$C \text{（黒鉛）} + O_2 \text{（気）} = CO_2 \text{（気）} + Q_3 [\text{kJ}] \tag{3}$$

$$H_2 \text{（気）} + \frac{1}{2}O_2 \text{（気）} = H_2O \text{（液）} + Q_4 [\text{kJ}] \tag{4}$$

ウ　容積 $1.0 \times 10^3 \text{cm}^3$ の密閉容器を 0℃ で $5.1 \times 10^4 \text{Pa}$ の酸素で満たし，その中に体積 1.0cm^3 のメタンハイドレート（固体）を入れ，完全燃焼させた。燃焼後に容器内に存在する水の物質量 [mol] を有効数字 2 桁で求めよ。

エ　問**ウ**における燃焼の後，密閉容器を 27℃ に保ち，平衡状態とした。このとき，容器内の圧力 [Pa] を有効数字 2 桁で求めよ。

Ⅱ　次の文章を読み，以下の問**オ**〜**ク**に答えよ。

　生体内で起こる多くの化学反応において，酵素と呼ばれるタンパク質が触媒として働いている。酵素（E）は，基質（S）と結合して酵素一基質複合体（E・S）となり，反応生成物（P）を生じる。また酵素一基質複合体から酵素と基質に戻る反応も起こる。これらの反応は次式(1)〜(3)のように表すことができる。

$$E + S \longrightarrow E \cdot S \tag{1}$$

$$E \cdot S \longrightarrow E + P \tag{2}$$

$$E \cdot S \longrightarrow E + S \tag{3}$$

〔問〕

オ　以下の文の空欄（　(a)　）〜（　(d)　）に入る適切な式を記せ。ただし，反応(1)，(2)，(3)の反応速度定数をそれぞれ k_1, k_2, k_3 とし，酵素，基質，酵素一基質複合体，反応生成物の濃度をそれぞれ [E], [S], [E・S], [P] とする。

　　反応(1)によって E・S が生成する速度は $v_1 = （　(a)　）$，反応(2)において P が生成する速度は $v_2 = （　(b)　）$ と表される。一方，E・S が分解する反応は，反応(2)と反応(3)の 2 経路があり，それぞれの反応速度は，$v_2 = （　(b)　）$，$v_3 = （　(c)　）$ と表される。したがって E・S の分解する速度 v_4 は，$v_4 = （　(d)　）$ となる。

カ　多くの酵素反応では酵素一基質複合体 E・S の生成と分解が釣り合い，E・S の濃度は変化せず一定と考えることができる。この条件では，反応生成物 P の生成する速度 v_2 は，次式(4)となることを示せ。

$$v_2 = \frac{k_2 \times [E]_T \times [S]}{K + [S]} \tag{4}$$

ただし，$[E]_T$ は全酵素濃度，

$$[E]_T = [E] + [E \cdot S] \tag{5}$$

である。また，

$$K = \frac{k_2 + k_3}{k_1} \tag{6}$$

である。

キ インベルターゼは加水分解酵素の一種であり，スクロースをグルコースとフルクトースに分解する。

$$C_{12}H_{22}O_{11} + H_2O \longrightarrow C_6H_{12}O_6 + C_6H_{12}O_6 \tag{7}$$
   スクロース   グルコース フルクトース

式(7)の反応速度はスクロースを基質(S)として式(4)に従い，$K = 1.5 \times 10^{-2} \mathrm{mol \cdot L^{-1}}$ とする。インベルターゼ濃度が一定の場合，スクロース濃度が $1 \times 10^{-6} \sim 1 \times 10^{-5}$ $\mathrm{mol \cdot L^{-1}}$ の範囲にあるとき，スクロース濃度と反応速度 v_2 との関係として最も適切なものを(A)〜(D)から選べ。また，その理由を式(4)を用いて簡潔に説明せよ。

(A) 反応速度 v_2 はスクロース濃度にほぼ比例する。

(B) 反応速度 v_2 はスクロース濃度の2乗にほぼ比例する。

(C) 反応速度 v_2 はスクロース濃度にほぼ反比例する。

(D) 反応速度 v_2 はスクロース濃度によらずほぼ一定である。

ク 問キにおいて，スクロース濃度が $1 \sim 2 \mathrm{mol \cdot L^{-1}}$ の範囲にあるとき，スクロース濃度と反応速度 v_2 との関係として最も適切なものを，問キの(A)〜(D)から選び，その理由を式(4)を用いて簡潔に説明せよ。

15 化学的酸素消費量，Al の融解塩電解

(2005 年度　第 2 問)

次の **I**，**II** の各問に答えよ。必要があれば下の値を用いよ。
　原子量：H：1.0，C：12.0，O：16.0，Na：23.0，Al：27.0，Cu：63.5
　ファラデー定数：$F = 9.65 \times 10^4\,\mathrm{C \cdot mol^{-1}}$

I　次の文章を読み，問ア～エに答えよ。

　河川や湖沼などの水質の汚濁源の一つに，工場排水や家庭雑排水に含まれる有機化合物がある。この有機化合物の量は，化学的酸素消費量（Chemical Oxygen Demand：COD）を指標として表すことが多い。COD を求めるには，試料水に過マンガン酸カリウムなどの強い酸化剤を加え，一定条件の下で反応させて試料水中の有機化合物などを酸化させる。①そのときに消費された，試料水 1 L あたりの酸化剤の量を，酸化剤としての酸素（O_2）の質量（mg）に換算して表す。たとえば，ヤマメやイワナが生息する渓流水の COD は $1\,\mathrm{mg \cdot L^{-1}}$ 以下であり，有機化合物などをほとんど含まないきれいな水と言うことができる。

　ある河川から試料水を採取し，現在一般的に用いられている方法により COD を求めた。以下にその操作を示す。

操作 1　〔塩化物イオンの沈殿除去〕：
　　試料水 100.0 mL を三角フラスコにとり，十分な量の硫酸を加えて酸性にし，これに②硝酸銀水溶液（$200\,\mathrm{g \cdot L^{-1}}$）5 mL を加えた。
操作 2　〔過マンガン酸カリウムによる酸化〕：
　　これに $4.80 \times 10^{-3}\,\mathrm{mol \cdot L^{-1}}$ の過マンガン酸カリウム水溶液 10.0 mL を加えて振り混ぜ，沸騰水浴中で 30 分間加熱した。加熱後，三角フラスコ中の溶液は薄い赤紫色を示していた。これより，試料水中の有機化合物などを酸化するのに十分な量の過マンガン酸カリウムが加えられ，未反応の過マンガン酸カリウムが残留していることがわかった。
操作 3　〔シュウ酸による未反応の過マンガン酸カリウムの還元〕：
　　この三角フラスコを水浴から取り出し，約 $1.2 \times 10^{-2}\,\mathrm{mol \cdot L^{-1}}$ のシュウ酸二ナトリウム（$Na_2C_2O_4$）水溶液 10.0 mL を加えて振り混ぜ，よく反応させた。このとき，溶液の赤紫色が消えて無色となった。
操作 4　〔過マンガン酸カリウムによる過剰のシュウ酸の滴定〕：
　　三角フラスコ中の溶液を 50～60 ℃に保ち，その中に存在している過剰のシュウ酸を $4.80 \times 10^{-3}\,\mathrm{mol \cdot L^{-1}}$ の過マンガン酸カリウム水溶液でわずかに赤い色を示

すまで滴定したところ，3.11 mL を要した。

操作5 〔純粋な水による比較試験〕：

　　以上とは別に，試料水の代わりに 100.0 mL の純粋な水を用いて操作 1 〜 4 を行ったところ，操作 4 の滴定において $4.80 \times 10^{-3} \mathrm{mol \cdot L^{-1}}$ の過マンガン酸カリウム水溶液 0.51 mL を要した。この操作を行うことで，過マンガン酸カリウムの一部が加熱により分解する場合や，シュウ酸二ナトリウム水溶液の濃度が不明確な場合でも，COD を正確に求めることができる。

〔問〕

ア 試料水に塩化物イオンが含まれている場合，下線部②の操作により塩化銀（AgCl）の沈殿が生じる。COD の値を正確に求めるためにはこの操作が必要である。もし，この操作を行わないと，得られる COD の値にどのような影響を及ぼすか，理由とともに 50 字程度で述べよ。

イ 操作 3 における，過マンガン酸カリウムとシュウ酸との酸化還元反応式を記せ。ただし，シュウ酸二ナトリウム（$Na_2C_2O_4$）は硫酸酸性条件でシュウ酸（$H_2C_2O_4$）として存在し，これが酸化されて二酸化炭素と水になるものとする。

ウ 下線部①について，$4.80 \times 10^{-3} \mathrm{mol \cdot L^{-1}}$ の過マンガン酸カリウム水溶液 1.00 mL は酸素（O_2）の何 mg に相当するか，有効数字 2 桁で答えよ。結果だけでなく，計算の過程も記せ。

エ 操作 1 〜 5 の結果に基づいて，この試料水の COD（$\mathrm{mg \cdot L^{-1}}$）を求め，有効数字 2 桁で答えよ。結果だけでなく，計算の過程も記せ。

II 次の文章を読み，問オ〜ケに答えよ。

　アルミニウムは，地殻を構成する元素としては，酸素，ケイ素に次いで多く存在し，金属元素中で最も多量に存在する。酸素との親和性が高く，岩石，土壌などにアルミノケイ酸塩として広く分布している。しかし，アルミノケイ酸塩からアルミニウムを金属として単離することは困難である。そのため，アルミニウム製造の原料としてはボーキサイトが利用される。ボーキサイトは，$Al_2O_3 \cdot nH_2O$ を主成分とするアルミニウムの酸化物およびその水和物の混合物であり，その組成は産地によって異なる。また，酸化鉄などの不純物を含んでいる。金属アルミニウムは次の二つの過程を経て製造される。

(a) ①ボーキサイトを NaOH 水溶液に溶解し，不溶物を取り除いてから，二酸化炭素を吹き込むことにより，アルミニウムを $Al(OH)_3$ として単離する。さらにこれを脱水して Al_2O_3 にする。

(b) この Al_2O_3 を融解した氷晶石 Na_3AlF_6 に溶解し，融解塩電解により金属アルミ

ニウムを得る。電解は通常，4.50 V の電圧をかけて行われる。

アルミニウムの電解製造には大きな電力量が必要である。エネルギー資源保護のため，アルミニウム製品の多くは回収され，再利用されている。

〔問〕

オ　ボーキサイトのアルミニウム成分が $Al_2O_3 \cdot 3H_2O$ のみであるとして，下線部①の過程を化学反応式で記すと以下のようになる。

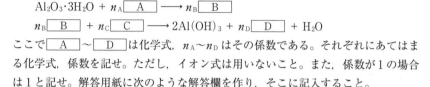

$$Al_2O_3 \cdot 3H_2O + n_A \boxed{\quad A \quad} \longrightarrow n_B \boxed{\quad B \quad}$$

$$n_B \boxed{\quad B \quad} + n_C \boxed{\quad C \quad} \longrightarrow 2Al(OH)_3 + n_D \boxed{\quad D \quad} + H_2O$$

ここで $\boxed{\text{A}} \sim \boxed{\text{D}}$ は化学式，$n_A \sim n_D$ はその係数である。それぞれにあてはまる化学式，係数を記せ。ただし，イオン式は用いないこと。また，係数が1の場合は1と記せ。解答用紙に次のような解答欄を作り，そこに記入すること。

n_A	A	n_B	B	n_C	C	n_D	D

カ　金属アルミニウムは，アルミニウムを含む水溶液の電気分解では製造できない。その理由を50字程度で記せ。

キ　アルミニウム 1.00 kg を生産するために必要な電気量は何 C か。有効数字2桁で答えよ。結果だけでなく，求める過程も記せ。

ク　アルミニウム 1.00 kg を生産するために必要な電力量は何 kWh か。有効数字2桁で答えよ。ただし，1kWh は 3600 kJ である。結果だけでなく，求める過程も記せ。

ケ　銅の精錬にも電気分解を用いるが，単位質量当たりの製造に必要な電力量は，アルミニウムの方がはるかに大きい。この理由を三つ，合わせて60字程度で記せ。

16 ホタル石型結晶構造，ヨウ素滴定

次のⅠ，Ⅱの各問に答えよ。

Ⅰ 以下の文を読み，問ア〜オに答えよ。

ホタル石（CaF_2）型構造とよばれる結晶構造をもつ酸化物は，酸化物イオン O^{2-} が移動しやすく，その現象を利用して酸素センサーや酸素ポンプなどに応用されている。

図2−1はホタル石型構造の単位格子を示している。ホタル石型構造では，陽イオンは立方体の各頂点と各面の中心に位置し，陰イオンは4個の陽イオンに囲まれた位置にある。ホタル石型構造をもつ ZrO_2 に少量の CaO を混合して高温で熱すると，ホタル石型構造を保ったまま陽イオン位置に Zr^{4+} と Ca^{2+} が均一に分布した酸化物（$Zr_{1-x}Ca_xO_{2-y}$）となる。①CaO は ZrO_2 より陽イオン1個当りの O^{2-} の数が少ないため，この酸化物では陰イオン位置に欠損（酸素空孔）が生じている。

酸素空孔をもつ $Zr_{1-x}Ca_xO_{2-y}$ を800℃程度に加熱すると，酸素空孔を介して O^{2-} が速やかに移動するようになる。この $Zr_{1-x}Ca_xO_{2-y}$ を隔壁としてその両側に多孔質の白金電極を設け，酸素中800℃で両電極間に数Vの電圧をかけると，この隔壁は固体の状態で電解質として働くようになる。すなわち，②酸素分子は陰極で還元されて O^{2-} となってこの電解質に入り，その中を陽極へ移動し，陽極で酸化されて酸素分子に戻る。このような操作で陰極側から陽極側へ酸素を移動させることにより，酸素ポンプとして用いることができる。

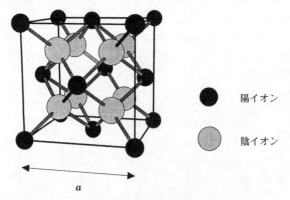

陽イオン
陰イオン

a

図2−1 ホタル石型構造の単位格子
図では，各イオンの位置が模式的に示されている。

〔問〕

ア　ホタル石型構造の単位格子には，陽イオンと陰イオンがそれぞれ何個存在するか。

イ　ZrO_2 と CaO が物質量（mol）の比で 0.85 : 0.15 である酸化物を合成した。この酸化物において，下線部①で示される酸素空孔は，陰イオン位置の何％存在しているか。結果だけでなく導く過程も記せ。

ウ　問イの酸化物において，1.00 cm³ 当りに含まれる酸素空孔の数を求めよ。ただし，単位格子の体積 a^3 を 1.36×10^{-22} cm³ とし，有効数字 2 桁で示せ。結果だけでなく導く過程も記せ。

エ　下線部②の反応での，陰極と陽極における反応式を示せ。

オ　1.93 A の電流を 500 秒間流すことにより，酸素を陰極側から陽極側へ移動させた。移動した酸素の体積は，1 atm，800 ℃で何 mL となるか，有効数字 2 桁で示せ。ただし，ファラデー定数を 9.65×10^4 C·mol⁻¹，気体定数を 0.082 atm·L·K⁻¹·mol⁻¹ とする。結果だけでなく導く過程も記せ。

Ⅱ　次の文章を読み，以下の問**カ〜サ**に答えよ。必要があれば原子量として以下の値を用いよ。

La : 138.9　　Sr : 87.6　　Cu : 63.5　　O : 16.0

　銅を含んだ金属酸化物（以後，銅酸化物と略す）は，現在見つかっている物質の中で最高の温度で超伝導（電気抵抗が零となる現象）を示す物質が発見されるなど，興味深い物質群である。銅酸化物における超伝導の出現の条件は，酸素含有量と密接に結びついている。いま，超伝導を示す代表的な銅酸化物である $La_{2-x}Sr_xCuO_{4-y}$ の酸素含有量を，ヨウ素の酸化還元滴定により求めてみよう。

　試料 $La_{2-x}Sr_xCuO_{4-y}$ を過剰のヨウ化カリウム（KI）の存在下で酸性水溶液（たとえば，6 mol·L⁻¹ の塩酸）に溶かすと，式(1)で示す反応が起こる。この水溶液において，La イオンおよび Sr イオンの価数はそれぞれ 3 ＋および 2 ＋であるが，Cu イオンは複数の価数をとり，その平均した値を $(2 + p)$ ＋とする。また，CuI は難溶性の白色の沈殿である。

$$Cu^{(2+p)+} + (2 + p)I^- \longrightarrow CuI\downarrow + \{(1 + p)/2\}I_2 \tag{1}$$

　次に，反応式(1)で生成したヨウ素（I_2）を以下の反応によって，チオ硫酸ナトリウム（$Na_2S_2O_3$）水溶液で滴定する。

$$I_2 + 2Na_2S_2O_3 \longrightarrow 2NaI + Na_2S_4O_6 \tag{2}$$

　このような操作で，遊離したヨウ素（I_2）の量を測定することにより，$La_{2-x}Sr_xCuO_{4-y}$ における酸素含有量を求めることができる。

〔問〕

カ 反応式(2)における反応の終点を決めるためには指示薬が必要である。適切な指示薬を記せ。また、指示薬を加えた状態で、反応終点前後の色の変化を記せ。

キ 反応式(1)および(2)に基づいて、滴定に要した $Na_2S_2O_3$ と試料中の $Cu^{(2+p)+}$ の物質量 N (mol) の比 $\dfrac{N(Na_2S_2O_3)}{N(Cu^{(2+p)+})}$ を求めよ。結果だけでなく求める過程も記せ。

ク 試料 $La_{2-x}Sr_xCuO_{4-y}$ のモル質量を M (g·mol^{-1})、試料の質量を W (g)、滴定に要した $Na_2S_2O_3$ 水溶液の濃度および体積をそれぞれ C (mol·L^{-1}) および V (L) とする。このとき、$Cu^{(2+p)+}$ における p を M、W、C、V の関数で表せ。結果だけでなく求める過程も記せ。

ケ 試料 $La_{2-x}Sr_xCuO_{4-y}$ は、全体として電荷をもたない中性の物質である。これに基づいて、y を x および p の関数で表せ。ただし、La、Sr、O のイオンの価数はそれぞれ 3＋、2＋、2－ とする。結果だけでなく求める過程も記せ。

コ 試料 $La_{2-x}Sr_xCuO_{4-y}$ のモル質量 M (g·mol^{-1}) を x および p の関数で表せ。ただし、数字の部分は小数点以下1桁までとする。結果だけでなく求める過程も記せ。

サ このような手順で、$Na_2S_2O_3$ 水溶液の濃度 C (mol·L^{-1}) がわかっていれば、試料の質量 W (g)、滴定に要した $Na_2S_2O_3$ 水溶液の体積 V (L) を測定することにより、試料 $La_{2-x}Sr_xCuO_{4-y}$ における銅イオンの価数 $(2+p)+$ が決まり、結果として酸素量 $(4-y)$ を決定することができる。$Cu^{(2+p)+}$ における p を試料の質量 W (g)、滴定に要した $Na_2S_2O_3$ 水溶液の濃度 C (mol·L^{-1}) と体積 V (L)、および x の関数で表せ。ただし、数字の部分は小数点以下1桁までとする。結果だけでなく求める過程も記せ。

17 オゾンの分解・再生サイクル，燃料電池

(2003 年度　第 1 問)

I　近年，フロン 12 などのクロロフルオロカーボン類によるオゾン層破壊の問題など，大気化学への関心が高まっている。ここでは簡単な反応速度式を組み合わせて，成層圏におけるオゾンの分解・再生サイクルを調べてみよう。図 1 ― 1 に示すように，大気中のオゾンの濃度分布は地表から 15〜50 km にある成層圏で高く，30 km 付近で極大となっている。成層圏でオゾンは紫外線を吸収して酸素分子と酸素原子に分解する。

$$O_3 \longrightarrow O_2 + O \tag{1}$$

　この反応によって，オゾンは人体に有害な紫外線を吸収し，地表に届かないようにさえぎる役割を果たしている。一方，分解反応(1)で生成した酸素原子は，周囲に多量に存在する酸素分子とただちに反応してオゾンを再生する。

$$O + O_2 \longrightarrow O_3 \tag{2}$$

　このような分解と再生のサイクルが働いているために，紫外線による光化学反応で成層圏のオゾン濃度が減少することはなく，一定である。

　図 1 ― 2 は大気の平均的な温度分布を示している。このグラフによると，成層圏では高度とともに大気の温度が上昇している。オゾンの分解・再生サイクルにおいて再生反応(2)が発熱反応であることが温度上昇の原因のひとつである。この反応の熱化学方程式は

$$O\,(気体) + O_2\,(気体) = O_3\,(気体) + 106\ \text{kJ} \tag{3}$$

である。

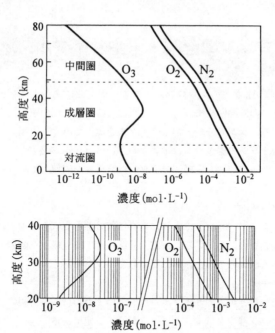

図1−1 大気中の窒素分子，酸素分子およびオゾンの濃度分布。下図は高度 30 km 付近のグラフを拡大したものである。

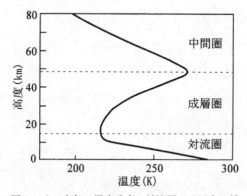

図1−2 大気の温度分布。対流圏では圧力の低い上層ほど大気の温度は低下する。一方，成層圏では高度とともに大気の温度は上昇し，高度約 50 km で極大となる。中間圏では再び低下する。

　　以下の問ア～オに答えよ。解答は有効数字 2 桁とせよ。また，結果だけでなく，途中の考え方や式も示せ。

〔問〕

ア　反応(1)によってオゾンが分解する速度を v_1，反応(2)によってオゾンが再生される速度を v_2 として，v_1，v_2 をそれぞれ反応速度式によって表せ。ただし，反応(1)，(2)の速度定数をそれぞれ k_1，k_2 とし，酸素原子，酸素分子およびオゾンの濃度を $[O]$，$[O_2]$，および $[O_3]$ とする。

イ　下線部の記述が成り立つとき，酸素原子の濃度が次式(4)となることを示せ。

$$[O] = \frac{k_1[O_3]}{k_2[O_2]} \tag{4}$$

ウ　高度 30 km における酸素原子濃度 $[O]$ を求めよ。ただし，酸素分子，オゾンの濃度分布は図 1 － 1 に与えられている。また，高度 30 km において，速度定数は $k_1 = 3.2 \times 10^{-4}\,\text{s}^{-1}$，$k_2 = 3.8 \times 10^5\,\text{L·mol}^{-1}\text{·s}^{-1}$ とする。

エ　高度 30 km におけるオゾンの再生反応(2)の速度 v_2 を推定せよ。

オ　成層圏における大気の温度は，オゾンの再生反応などによる加熱効果と赤外放射による冷却効果とが釣り合うことによって，図 1 － 2 に示すような分布になっている。ここでは，オゾンの再生反応(2)による加熱効果を見積もってみよう。いま，一定強度の紫外線が 1 日あたり 10 時間照射したとすると，高度 30 km において 1 日に大気 1 L あたり何 J の熱量が発生するかを求めよ。さらに，発生した熱量による加熱効果は 1 日あたり何 K の温度上昇に相当するかを見積もれ。ただし，窒素分子および酸素分子のモル熱容量（1 mol の物質の温度を 1 K だけ上昇させるために必要な熱量）は共に 29 J·K^{-1}·mol^{-1} とし，温度，圧力には依存しないとする。

Ⅱ　最近，水素のもつ化学エネルギーを電極反応によって直接電気エネルギーに変える燃料電池の開発が進められている。ここでは，図 1 － 3 に示すような水素－酸素燃料電池を考えてみよう。この電池では電解質に水酸化カリウム水溶液を用いており，負極では水素の酸化反応

$$H_2 + 2OH^- \longrightarrow 2H_2O + 2e^- \tag{5}$$

が起こり，正極では酸素の還元反応が起こる。この酸化還元反応のエネルギーが電気エネルギーとして取り出される。

　　以下の問カ，キに答えよ。解答は有効数字 2 桁とする。また，結果だけでなく，途中の考え方や式も示せ。必要があれば以下の数値を用いよ。

　　ファラデー定数　$9.6 \times 10^4\,\text{C·mol}^{-1}$

〔問〕

カ 正極における還元反応を，反応式(5)にならって示せ。

キ 水素の燃焼反応の熱化学方程式は

$$H_2 \text{（気体）} + \frac{1}{2}O_2 \text{（気体）} = H_2O \text{（液体）} + 286 \text{ kJ} \tag{6}$$

である。水素－酸素燃料電池で取り出すことのできる電気エネルギーが式(6)の反応熱と等しいと仮定したとき，この電池の起電力は何Vになるか。なお，1Vの起電力で1Cの電気量を取り出したときのエネルギーは1Jである。

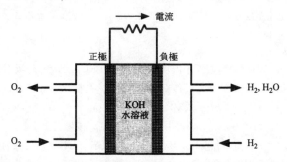

図1－3　水素－酸素燃料電池の模式図。電極には触媒作用をもった多孔質の金属膜を用い，気体と水酸化カリウム水溶液が接触できるように工夫されている。

18　NaOH 水溶液の逆滴定，酸化還元滴定
(2003 年度　第 2 問)

次の I ，II の各問に答えよ。必要があれば，原子量として下の値を用いよ。

H：1.0　　C：12.0　　N：14.0　　O：16.0

Na：23.0　　S：32.1　　Cl：35.5

I　有機物に含まれるタンパク質などの有機窒素化合物の量は，それを摂取する生物にとっての有用性，例えば栄養的価値，を示す指標の一つとして用いられている。試料に含まれる有機窒素化合物の窒素をアンモニアに変換して分析する実験について述べた以下の文を読み，問ア～エに答えよ。

試料 0.20 g に濃硫酸 5 mL と触媒を加えて加熱した。この加熱過程において，試料は分解され，含まれていた有機窒素化合物の窒素は硫酸水素アンモニウムとなる。あらかじめ蒸留水 50 mL を入れておいた丸底フラスコ A に，加熱分解が終了した試料液の全量を移した。そして，図 2 − 1 に示す実験装置を組み立てた。コック B を開き，①10 mol・L^{-1} 水酸化ナトリウム水溶液 20 mL を少量ずつ丸底フラスコ A に加え，アンモニアを発生させた。続いて，コック B を閉じ，コック C を開いて水蒸気を丸底フラスコ A の溶液中に送り込んだ。アンモニアを捕集するために，丸底フラスコ A から水蒸気とともに送られてくるアンモニアを冷却管 E で冷却し，希塩酸 10 mL を入れた三角フラスコ D に導入した。丸底フラスコ A から発生するアンモニアを全て捕集した後，図 2 − 1 の実験装置から三角フラスコ D を取り外した。この三角フラスコ D 内の溶液にメチルレッドを指示薬として加え，②x mol・L^{-1} 水酸化ナトリウム水溶液を用いて中和滴定をおこなったところ，9.2 mL を加えたところで溶液が赤色から黄色に変化したので，ここを中和の終点とした。試料を加えずに全く同様にすべての操作をおこなったところ，最後の中和に要した x mol・L^{-1} 水酸化ナトリウム水溶液の量は 21.2 mL であった。

〔問〕

ア　下線部①において，丸底フラスコ A 内の溶液ではどのような化学反応が起こっているか，反応式で示せ。

イ　下線部②の x mol・L^{-1} 水酸化ナトリウム水溶液の濃度を求めるために，次の操作をおこなった。まず，シュウ酸二水和物 (COOH)$_2$・2H$_2$O を 3.15 g とり，水に溶かして 1000 mL とした。このシュウ酸水溶液 10.0 mL にフェノールフタレインを指示薬として加え，上記 x mol・L^{-1} 水酸化ナトリウム水溶液で滴定したところ，中和に 11.1 mL を要した。x の値を有効数字 2 桁で求めよ。結果だけでなく求める過

程も記せ。

ウ 試料 0.20 g から生じたアンモニアのモル数を有効数字 2 桁で求めよ。結果だけでなく求める過程も記せ。

エ シュウ酸と水酸化ナトリウムの中和反応の終点では，シュウ酸イオンのごく一部が水分子と反応してシュウ酸水素イオンと水酸化物イオンを生じるため，水溶液は弱いアルカリ性を示す。このときの水酸化物イオンの濃度は，中和反応の終点におけるナトリウムイオンの濃度 Y (mol·L^{-1})，水のイオン積 K_w (mol^2·L^{-2})，およびシュウ酸水素イオンがシュウ酸イオンと水素イオンに電離するときの電離定数 K_2 (mol·L^{-1}) を用いて近似的に求めることができる。このときの pH を，Y，K_w，K_2 で表せ。結果だけでなく求める過程も記せ。

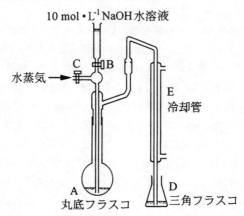

10 mol·L^{-1} NaOH 水溶液

水蒸気 →

C B

E
冷却管

A
丸底フラスコ

D
三角フラスコ

図 2−1　丸底フラスコ A 内の試料液からアンモニアを発生させ捕集する装置

Ⅱ　次の文章を読み，問**オ**〜**キ**に答えよ。

硫黄分を含んだ化石燃料を燃焼させると，酸性雨の原因となる可能性が指摘されている。燃焼さじに少量の単体の硫黄を取りバーナーの炎を近づけると，青白い炎をあげ刺激臭を放って燃焼し始めた。このさじを蒸留水を底に入れた集気瓶に入れ，燃焼させ続けた。燃焼後，①フタをしてよく振り混ぜ気体を溶かした。この溶液は弱酸性を示した。

下線部①で得られた溶液 30 mL にヨウ素水溶液 (1.0 × 10^{-3} mol·L^{-1}) を加えたところ，はじめは②滴下したヨウ素溶液の色が消えたが，③y mL 加えたところでヨウ素溶液の色が残るようになった。このとき溶液の pH は 3.0 に低下した。

〔**問**〕

オ　下線部①で得られた溶液に硫化水素ガスを導入したところ溶液は白濁した。この
ときの反応式は次式で与えられる。(a)に当てはまる数値と(A)，(B)の化学式を答えよ。
また，この反応で硫化水素はどのように働いているか答えよ。

$$\boxed{\text{(a)}}\ H_2S + \boxed{\text{(A)}} \longrightarrow 3\boxed{\text{(B)}} + 3H_2O$$

カ　下線部②に関して，溶液中でどのような反応が起こっているか，反応式で示せ。

キ　下線部③の y の値を有効数字 2 桁で求めよ。結果だけでなく求める過程も記せ。

19 窒素酸化物，溶解度積

次の I，II の各問に答えよ。必要があれば以下の数値を用いよ。

$\log_{10} 2 = 0.30$　　$\log_{10} 3 = 0.48$　　$\log_{10} 7 = 0.85$

I　次の文章を読み，以下の問ア～エに答えよ。

代表的な窒素酸化物に一酸化窒素と二酸化窒素がある。①一酸化窒素は，実験室では銅に希硝酸を反応させて作られる無色の気体である。驚くべきことに，生体内でも一酸化窒素は，アミノ酸の一つであるアルギニンを原料に合成されている。こうして生成した②一酸化窒素は血管拡張や神経伝達に深く関与する物質であることが，近年明らかになった。血管拡張作用の発見に対し，1998 年には，ノーベル賞が 3 人の研究者に贈られた。

一方，二酸化窒素は銅に濃硝酸を反応させて作られる赤褐色の気体である。二酸化窒素は大気汚染物質の一つとして敬遠されているが，これは二酸化窒素に刺激性があり，③冷水に溶けると硝酸と亜硝酸（HNO_2）が生じ，酸性雨の一因となるためである。

硝酸は肥料，染料，化学繊維，爆薬などの重要な工業原料であり，工業的にはオストワルト法で合成されている。この方法でも一酸化窒素と二酸化窒素は重要な中間生成物となっている。まず④アンモニアと空気の混合気体が，約 800 ℃ に加熱した白金網に通され，一酸化窒素が生成する。次に⑤一酸化窒素は酸素との反応により二酸化窒素に変換されるが，平衡反応であるために，反応気体を 140 ℃ 以下に冷却する必要がある。⑥二酸化窒素を温水に溶かすと硝酸とともに一酸化窒素が生成する。一酸化窒素は回収され，⑤と⑥の反応を経て，硝酸に変換される。

〔問〕

ア　アンモニアと硝酸の窒素の酸化数を記せ。

イ　下線部①，③，④，⑤の化学反応式を書け。

ウ　下線部⑥の反応における酸化剤と還元剤を化学式で答えよ。

エ　下線部②の血管拡張作用は，一酸化窒素が，あるタンパク質中の鉄イオンに結合することにより発揮される。これと同様に，血液中の酸素輸送タンパク質であるヘモグロビン中の鉄イオンに強く結合して，酸素との結合を阻害することにより毒性を示す，排気ガス中の物質がある。そのうち一酸化窒素以外の二原子分子の化学式を 1 つ書け。

Ⅱ　1価の陽イオン A^+ と n 価の陰イオン B^{n-} からなる難溶性塩 A_nB は，飽和水溶液中で次の電離平衡が成立している。

$$A_nB\,(固) \rightleftharpoons nA^+ + B^{n-}$$

このとき，

$$K_{SP} = [A^+]^n[B^{n-}]$$

は質量作用の法則から一定となり，K_{SP} を溶解度積とよぶ。$[X]$ は X のモル濃度〔mol/L〕を表す。A^+ イオンを含む水溶液に B^{n-} イオンを含む水溶液を加えていくような場合，$[A^+]^n[B^{n-}]$ の値が溶解度積 K_{SP} の値より大きくなると沈殿が生じる。例えば AgCl と Ag_2CrO_4 の溶解度積の値は，それぞれ $1.2 \times 10^{-10}\,mol^2/L^2$ と $9.0 \times 10^{-12}\,mol^3/L^3$ である。

　以下の問オ～クに答えよ。

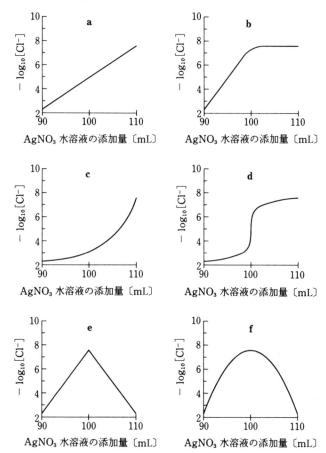

〔問〕

オ 0.10 mol/L の NaCl 水溶液 100 mL に 0.10 mol/L の AgNO₃ 水溶液を徐々に加えていく。AgNO₃ 水溶液を 90 mL から 110 mL 加えたときの $-\log_{10}[Cl^-]$ の変化を表すグラフは，上の図の a 〜 f のどれになるか，記号で答えよ。

カ 問オの実験で，NaCl 水溶液にあらかじめ 2.0×10^{-3} mol の K₂CrO₄ を加えておく。この場合，加えた AgNO₃ と最初の NaCl の物質量〔mol〕が互いに等しくなったときに Ag₂CrO₄ の赤色沈殿が目に見えるようになった。この理由を 2 行以内で簡潔に説明せよ。

キ 問カの実験で，赤色沈殿が目に見えるようになったときの Ag⁺ イオンのモル濃度と $-\log_{10}[Cl^-]$ の値を求め，有効数字 2 桁で答えよ。結果だけでなく，考え方や求める過程も示せ。

ク Ag₂CrO₄ の沈殿が赤色であることから，濃度がわかっている AgNO₃ 水溶液を用いて，濃度未知の NaCl 水溶液の濃度が求められる。この理由を 3 行以内で簡潔に説明せよ。

第３章　無機物質

20 陽イオンの分離と溶解度積，窒素の化合物の性質と反応
（2017 年度　第 2 問）

次の I，II の各問に答えよ。

I　次の文章を読み，問ア〜オに答えよ。

　廃棄されたスマートフォンや液晶テレビなどの機器から，金属を回収し再資源化する技術の開発が進められている。その一つとして，廃棄された機器を酸で処理して沈殿操作を行うことで，金属を分離・回収する方法がある。

　Zn^{2+}，Cu^{2+}，Pb^{2+}，Fe^{3+}，Ag^+，Ba^{2+}，Al^{3+}，Li^+ を含む金属イオンの混合水溶液から，それぞれのイオンを分離するため，以下の実験 1 から 4 を連続して行った。この溶液に最初から含まれている陰イオンの影響は考えなくてよい。

実験 1：この溶液に希塩酸を加えたところ，白色の沈殿を生じたため，ろ過を行い沈殿とろ液(a)に分離した。このろ紙上の沈殿に熱湯を十分に注いだところ，沈殿の一部が溶解した。その溶解液にクロム酸カリウムを加えたところ，黄色の沈殿を生じた。

実験 2：ろ液(a)に H_2S を通じる操作を行ったところ，CuS の黒色の沈殿を生じた。これをろ過して得られたろ液に対して 操作 a ，操作 b ，操作 c を連続して行ったところ，操作 c によって二種類の金属水酸化物の沈殿を生じたため，ろ過を行い沈殿とろ液(b)に分離した。

実験 3：ろ液(b)に H_2S を再度通じたところ，ZnS の白色の沈殿を生じたため，ろ過を行い沈殿とろ液(c)に分離した。

実験 4：ろ液(c)に希硫酸を加えたところ，白色の沈殿を生じた。最終的に溶液に残った金属イオンは一種類のみであった。

〔問〕

ア　実験 1 における波線部のろ紙上に残った沈殿は，試薬，熱，電気を使うことなく，①ある方法によって金属単体へと還元できる。その金属元素の硝酸塩を試験管内で水に溶かしてアンモニア水を加えたところ褐色の沈殿を生じたが，さらに加え

ると沈殿が消失した。ここに，②ある脂肪酸を加え加熱したところ，試験管の内面に金属が析出した。

(1) 下線部①の方法を答えよ。

(2) 下線部②に関して，この反応で金属を析出させることができる脂肪酸のうち，最小の分子量をもつ物質を答えよ。

イ 実験2において，Tさんは誤って 操作a ～ 操作c の代わりに，以下の操作を連続して行ってしまった。

　　 操作x 　炭酸ナトリウム水溶液を十分に加える。

　　 操作y 　煮沸する。

　　 操作z 　希硫酸を十分に加える。

操作z の後で最終的に得られた沈殿に含まれる金属元素が， 操作x と 操作z において起こす反応の反応式ををそれぞれ示せ。

ウ 実験2における，本来の操作方法である 操作a ， 操作b ， 操作c をそれぞれ答えよ。

エ 実験4で得られた上澄み液を，白金線に付けてバーナー炎中に入れたところ，炎色反応を示した。その炎色と，それを示した元素を答えよ。

オ 一般に，Cu^{2+} と Zn^{2+} が溶けた溶液の水素イオン濃度 $[H^+]$ を調整し，H_2S を通じると CuS のみを沈殿させることができる。以下に示す実験条件および値を用いて，このときの $[H^+]$ の下限を有効数字2桁で答えよ。また，答えに至る過程も記せ。ただし $[H_2S]$ は常に一定とする。

$[H_2S] = 1.0 \times 10^{-1} mol \cdot L^{-1}$，$[Cu^{2+}] = 5.0 \times 10^{-2} mol \cdot L^{-1}$，

$[Zn^{2+}] = 1.0 \times 10^{-1} mol \cdot L^{-1}$

CuS の溶解度積　$K_{sp(CuS)} = 6.5 \times 10^{-30} mol^2 \cdot L^{-2}$

ZnS の溶解度積　$K_{sp(ZnS)} = 3.0 \times 10^{-18} mol^2 \cdot L^{-2}$

H_2S の電離定数　$H_2S \rightleftharpoons H^+ + HS^-$　　　$K_1 = 8.0 \times 10^{-8} mol \cdot L^{-1}$

　　　　　　　　　$HS^- \rightleftharpoons H^+ + S^{2-}$　　　$K_2 = 1.5 \times 10^{-14} mol \cdot L^{-1}$

II 次の文章を読み，問**カ**～**コ**に答えよ。

大気の約8割を占める窒素は自然界で雷，火山の噴火や森林火災で酸化され，③NO，NO_2，N_2O_4 などの窒素酸化物を生成する。④NO_2 は大気中の水分と反応して硝酸を生成し，酸性雨の要因となる。硝酸は強い酸化作用を示し，水素よりイオン化傾向の小さな銀や銅などの金属を溶かす。⑤このとき，一般的に希硝酸を用いると NO が，濃硝酸を用いると NO_2 が発生するとされるが，実際には NO と NO_2 がともに発生し，その割合は硝酸の濃度に依存する。

　硝酸は，過去には硝酸ナトリウムや$_{⑥}$硝酸カリウムに濃硫酸を加えて蒸留することで製造された。現在では，窒素から作ったアンモニアを酸化して NO を発生させ，これをさらに酸化した NO_2 を水と反応させるオストワルト法により製造される。NO_2 が発生する過程では，一部の$_{⑦}NO_2$ 同士が反応して N_2O_4 を生じる。

〔問〕

カ　下線部③に示す窒素酸化物のように，窒素は多数の酸化状態をとることができる。窒素が最大の酸化数をとる窒素化合物と，最小の酸化数をとる窒素化合物の化学式を，それぞれの窒素の酸化数とともに一つずつ答えよ。

キ　下線部④の化学反応式を示せ。

ク　下線部⑤の NO と NO_2 の割合が硝酸濃度に依存する理由を，NO と NO_2 が硝酸水溶液と反応することを踏まえて簡潔に説明せよ。

ケ　下線部⑥の化学反応式を示せ。またこのとき，濃硫酸の代わりに濃塩酸を使わない理由を簡潔に説明せよ。

コ　下線部⑦の N_2O_4 を生じる反応は，吸熱反応と発熱反応のいずれであるかを答えよ。またその理由を，以下の NO_2 の電子式に着目して簡潔に説明せよ。

NO_2 の電子式　　:Ö:N::Ö:

21 種々の乾燥剤，銅の化合物

（2001 年度　第 2 問）

次の I，II の各問に答えよ。必要があれば原子量として下の値を用いよ。

H：1.0　　C：12.0　　O：16.0　　Cl：35.5　　Ca：40.1　　Cu：63.5

I　次の文章を読み，以下の問ア～エに答えよ。

化学実験で気体や固体を乾燥させるための乾燥剤として，以下のようなものがある。

十酸化四リンは白色の粉末で，強力な乾燥剤である。カルシウム化合物には，無水塩化カルシウム，酸化カルシウム，無水硫酸カルシウムなど，吸湿性をもつものが多い。粒状の水酸化ナトリウムはアンモニアの乾燥に適する。濃硫酸は液体の乾燥剤の代表的なものである。シリカゲルは汎用の乾燥剤であり，これは，①ケイ酸ナトリウム（Na_2SiO_3）に水を加えて加熱することにより得られる水あめ状の物質（水ガラス）に塩酸を加え，生じる白色沈殿を加熱乾燥させてつくる。

一方，乾燥剤は家庭でも使われている。食品保存用のシリカゲルや酸化カルシウム，それに，②除湿剤としての無水塩化カルシウムがその例である。

〔問〕

ア　乾燥剤が水分を取り除くしくみについて，次の A，B に答えよ。

　A　十酸化四リンは，水と反応することを利用した乾燥剤である。十酸化四リンを水と十分に反応させたときの化学反応式を示せ。

　B　シリカゲルは，水分子を吸着することを利用した乾燥剤である。この乾燥剤が多くの水分を取り除くことができる理由を 1 行程度で説明せよ。

イ　次の(1)～(6)の中から正しいものを 2 つ選び，番号で答えよ。

　(1)　塩化水素を乾燥させるためには，無水塩化カルシウムよりも酸化カルシウムを用いる方がよい。

　(2)　酸化カルシウム，水酸化ナトリウムはいずれも潮解性を示す。

　(3)　濃硫酸は，その脱水作用により砂糖を炭化させる。

　(4)　水分を含んだ固体を乾燥させるためには，デシケーター中で十酸化四リンとよく混ぜ合わせて置いておく。

　(5)　シリカゲルは吸湿により着色する。

　(6)　文中で述べた 7 種の乾燥剤は，いずれも水に触れると発熱する。

ウ　無水炭酸ナトリウム（Na_2CO_3）を水に溶かしても，下線部①のように水あめ状にはならない。炭素とケイ素は同じ 14 族元素であるが，このような違いを示す理由について，化合物の構造の違いに基づき 2 行以内で説明せよ。

エ 下線部②に関し，無水塩化カルシウム 10.0 g をビーカーに入れて室内に放置したところ，数週間後にはビーカーの中身は無色透明な液体となっていた。この液体からゆっくりと水を蒸発させたところ，無色の結晶が析出し，その重量は 19.7 g であった。この結晶の化学式を示せ。結果だけでなく，求める過程も示せ。

Ⅱ 次の文章を読み，以下の問オ～ケに答えよ。

　銅の鉱石鉱物の一つであるマラカイト（孔雀石）は装飾品の材料としても知られ，その組成は $CH_2Cu_2O_5$ で表される。①マラカイトを試験管の中で加熱すると黒色固体 **A** に変化し，試験管の器壁には水滴が観察され，無色無臭の気体 **B** が発生した。一方，銅（Ⅱ）イオンの水溶液に水酸化ナトリウム水溶液を加えることによって生じる②淡青色沈殿物をおだやかに加熱することによっても固体 **A** が得られた。さらに，③この固体 **A** は，炭素粉末とともに加熱して十分反応させることにより赤色固体 **C** に変化し，同時に気体 **B** を発生した。

　銅のさびである緑青の主成分は，マラカイトと同じ物質である。近年，大気汚染が原因となって，銅板の屋根などに生じていた緑青が変質していることが報じられている。これは，緑青を構成する陰イオンが別の陰イオンに置き換わったためである。このことを確認するために，④変質をうけた緑青とマラカイトをそれぞれ希硝酸水溶液に溶かし，その溶液に溶けている気体を除いた後に硝酸バリウム水溶液を加えたところ，変質をうけた緑青を溶かした水溶液からのみ白色沈殿が生じた。

〔問〕

オ 下線部①～③で起こった変化をそれぞれ化学反応式で示せ。

カ 下線部①において，乾燥後の黒色固体 **A** の重さは，最初に用いたマラカイトの重さにくらべ何 % 減少したか。有効数字 2 桁で示せ。結果だけでなく，求める過程も示せ。

キ 下線部③で生じた赤色固体 **C** と鉄くぎを希塩酸水溶液の入ったビーカーに一緒に浸した。このときビーカー内で起こる変化を化学反応式で示せ。

ク 下線部④において，緑青やマラカイトを希硝酸水溶液に溶かした溶液は青色であった。一方，これらを大過剰のアンモニア水溶液に溶かした場合は深青色となった。この深青色を示す物質の立体構造を図示せよ。

ケ 下線部④の実験より，変質をうけた緑青はマラカイトにはないどのような陰イオンを含むことがわかるか。考えられるイオン式を1つ書け。

22 イオンの推定，硫酸銅(Ⅱ)五水和物の脱水

次の I，Ⅱの各問に答えよ。必要があれば原子量として下の値を用いよ。

H：1.0　　O：16.0　　S：32.1　　Cu：63.5

I　水溶液 A，B，C，D，E は，次の(1)～(5)の水溶液のいずれかである。各水溶液を同定するため以下の実験を行った。

(1)　0.1 mol/L 塩酸

(2)　0.1 mol/L 硫酸

(3)　0.1 mol/L 塩化ナトリウム水溶液

(4)　0.1 mol/L 塩化亜鉛水溶液

(5)　0.1 mol/L 炭酸ナトリウム水溶液

〔実験 1〕　A～E のすべての水溶液に塩化バリウム水溶液を加えたところ，A，B のみに白色沈殿が生じた。

〔実験 2〕　C，D，E に硝酸銀水溶液を加えるとそれぞれに白色沈殿が生じた。

〔実験 3〕　A，D に B を加えるとそれぞれに気泡の発生が認められた。

〔実験 4〕　C にアンモニア水を少しずつ加えていくと，白色沈殿が生じ，さらにアンモニア水を加えていくと，この白色沈殿は溶けた。

以下の問ア～オに答えよ。

〔問〕

ア　実験 1 における沈殿反応の化学反応式を A と B それぞれについて記せ。ただし，それぞれの反応式が A と B のいずれの場合であるかを明示せよ。

イ　実験 2 で生じた白色沈殿は同じ化合物であった。その化学式を答えよ。

ウ　実験 3 において，D に B を加えて発生した気体の化学式を答えよ。

エ　実験 4 において，白色沈殿が溶けた反応の化学反応式を記せ。

オ　A～E はそれぞれ(1)～(5)のどれに対応しているか。解答用紙に下のような解答欄を作成して答えよ。

A	B	C	D	E

Ⅱ　銅化合物に関する次の実験を行った。

〔実験 1〕　酸化銅(Ⅱ)に希硫酸を加え，加熱濃縮した後に徐々に冷却したところ，青色の結晶が析出した。

〔実験2〕　実験1で得た結晶を取り出して室温で乾燥させ，そのうち100 mgを徐々に加熱しながら質量を測定したところ，図1の結果を得た。

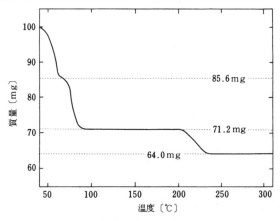

図1　温度上昇による質量変化

以下の問**カ**〜**ケ**に答えよ。

〔問〕

カ　実験1で得た結晶の化学式を記せ。

キ　実験2において270℃まで加熱したときに得られる物質の化学式を記せ。

ク　実験2において150℃まで加熱したときに得られる物質の化学式を記せ。また，その理由を2行以内で述べよ。

ケ　実験2において50℃から90℃付近までの比較的低温で大きな質量変化が起こり，その後200℃以上の高温でさらに質量が変化した。このように質量変化が低温域と高温域に明確に分かれた理由を，銅(Ⅱ)錯イオンの配位数と関連づけて，4行以内で述べよ。

第4章　有機化合物の性質

23　芳香族化合物の構造決定，配座異性体
(2023年度　第1問)

次のⅠ，Ⅱの各問に答えよ。必要があれば以下の値を用いよ。構造式は例にならって示し，鏡像異性体は区別しなくてよい。

元素	H	C	O
原子量	1.0	12.0	16.0

［構造式の例］

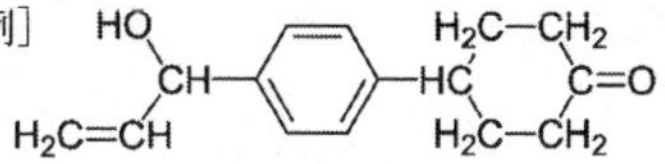

Ⅰ　次の文章を読み，問**ア**～**オ**に答えよ。

　　黒田チカ博士は日本の女性化学者のさきがけであり，天然色素の研究で顕著な業績を残した。以下では，黒田が化学構造を解明した色素成分に類似の芳香族化合物 A の構造を考える。A は分子量 272 で，炭素，水素，酸素の各元素のみからなる。次の実験 1 ～ 8 を行い，A の構造を決定した。

実験 1 ：136 mg の A を完全燃焼させると，352 mg の二酸化炭素と 72.0 mg の水が生じた。

実験 2 ：A を亜鉛末蒸留（解説 1 ）すると，ナフタレンが生成した。

解説 1 ：試料を粉末状の金属亜鉛と混合して加熱・蒸留すると，主要炭素骨格に対応する芳香族炭化水素が得られる。例えば，下式に示すように，モルヒネを亜鉛末蒸留するとフェナントレンが生成する。

一部の炭素および水素原子の表記は省略した。太線で示した主要炭素骨格に対応する芳香族炭化水素フェナントレンが得られる。

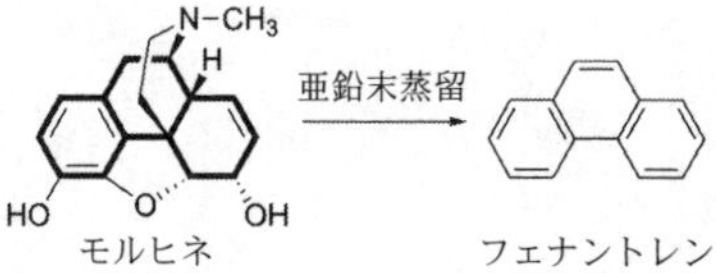

モルヒネ　　　　　　　　フェナントレン

実験 3 ：酸化バナジウム(V)を触媒に用いてナフタレンを酸化すると，分子式 $C_8H_4O_3$ の化合物 B と分子式 $C_{10}H_6O_2$ の化合物 C が生成した。C は平面分子でベンゼン環を有し，同じ化学的環境にあるために区別できない 5 種類の炭素原子をもつ（解説 2 ）。なお，A は部分構造として C を含む。すなわち，C の一部の水素原子を何らかの置換基にかえたものが A である。

解説 2 ：解説 1 に示したフェナントレン(分子式 $C_{14}H_{10}$)を例に考えると，分子
　　　　の対称性から，同じ化学的環境にあり区別できない炭素原子が 7 種類あ
　　　　る。

実験 4 ：A に塩化鉄(Ⅲ)水溶液を作用させると呈色した。
実験 5 ：A に過剰量の無水酢酸を作用させると，アセチル基が 2 つ導入された
　　　　エステル D が得られた。
実験 6 ：D にオゾンを作用させたのちに適切な酸化的処理を行い(図 1 — 1 (a))，
　　　　続いて実験 5 で生成したエステル結合を加水分解すると，化合物 E，化
　　　　合物 F，コハク酸 $HOOC-CH_2-CH_2-COOH$，二酸化炭素および酢酸が
　　　　生じた。この酢酸は，アセチル基に由来するものである。また，反応途
　　　　中で生成する 1,2-ジカルボニル化合物は，酸化的分解を受けてカルボ
　　　　ン酸となった(図 1 — 1 (b))。一連の反応でベンゼン環は反応しなかっ
　　　　た。

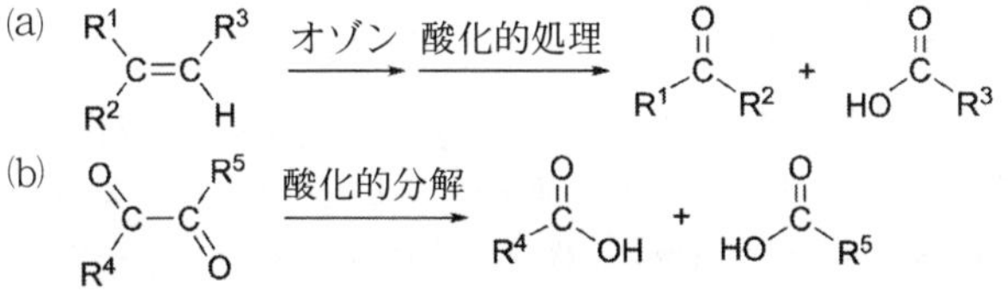

図 1 — 1　実験 6 の反応の概要：(a)炭素間二重結合のオゾン分解($R^{1~3}$：炭化水
　　　　素基など)，(b)1,2-ジカルボニル化合物の酸化的分解(R^4，R^5：ヒド
　　　　ロキシ基や炭化水素基など)

実験 7 ：E にヨウ素と水酸化ナトリウム水溶液を作用させると，黄色固体 G と
　　　　酢酸ナトリウムが得られた。
実験 8 ：F は分子式が $C_8H_6O_6$ であり，部分構造としてサリチル酸を含み，同じ
　　　　化学的環境にあるために区別できない 4 種類の炭素原子をもつ。また，
　　　　F を加熱すると分子内脱水反応が起こり，化合物 H が得られた。

〔問〕
　ア　実験 1 より，化合物 A の分子式を示せ。
　イ　実験 3 より，化合物 B および C の構造式をそれぞれ示せ。
　ウ　化合物 E の構造式を示せ。
　エ　化合物 H の構造式を示せ。
　オ　化合物 A の構造式を示せ。

Ⅱ 次の文章を読み，問**カ～サ**に答えよ。

　　三員環から七員環のシクロアルカンのひずみエネルギーを図１－２(a)に示す。
メタン分子の H–C–H がなす角は約 109° である（図１－２(b)）。シクロプロパン
の C–C–C がなす角は 109° より著しく小さく（図１－２(c)），ひずみエネルギーが
大きい。そのため，<u>シクロプロパンは臭素と容易に反応し，化合物Ⅰを生じる。</u>
　　　　　　　　　　①

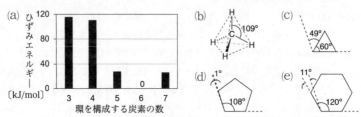

図１－２　(a)シクロアルカンの環構成炭素数と分子あたりのひずみエネルギー，(b)メタン
の立体構造，(c)～(e)正多角形の内角と正四面体構造の炭素がなす理想的な角度とのずれ

　　シクロアルカンが平面構造であると仮定すると，内角が 109° からずれること
により，シクロヘキサンよりもシクロペンタンの方がひずみエネルギーが小さ
く，安定であると予想される（図１－２(d)，(e)）。しかし，実際にはシクロヘキサ
ンが最も安定である。これは分子構造を三次元的に捉えることで説明できる。

　　分子の立体構造を考える上で，図１－３に示す投影図が有用である。ブタンを
例にすると，C^{α} と C^{β} の結合軸に沿って見たとき，投影した炭素と水素がなす角
はおよそ 120° である。<u>C^{α}，C^{β} 間の単結合が回転することで異性体の一種である</u>
　　　　　　　　　　　　　　②
<u>配座異性体を生じる。</u>ブタンのメチル基どうしがなす角 θ が 180° のときをアン
チ形という。C^{α} と C^{β} の結合をアンチ形から 60° 回転すると置換基が重なった
不安定な重なり形の配座異性体となる。さらに 60° 回転した配座異性体を
ゴーシュ形という。ゴーシュ形はメチル基どうしの反発により，アンチ形より
約 4 kJ/mol 不安定である。

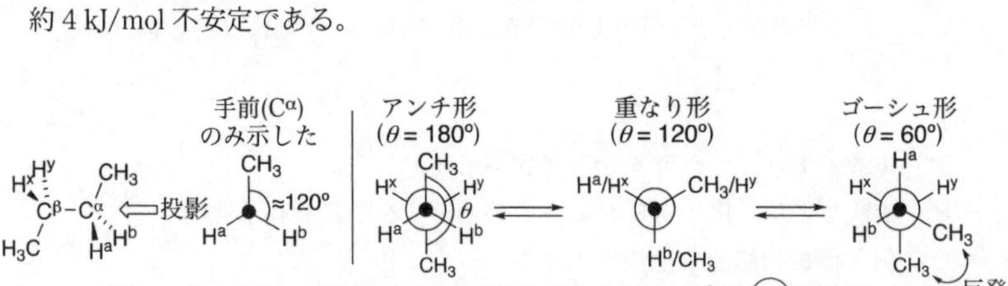

図１－３　ブタンの投影図と配座異性体（C^{α} は●で，C^{β} は◯で示す。）

シクロヘキサンのいす形の配座異性体 J（図1─4）の各 C-C 結合の投影図を考えると，すべてにおいて CH_2 どうしが　　a　　となる。また，C-C-C がなす角が 109° に近づくため，ひずみエネルギーをもたない。J には環の上下に出た水素（H^b，H^y）と環の外側を向いた水素（H^a，H^x）がある。不安定な K を経て配座異性体 L へと異性化することで，水素の向きが入れ替わる。

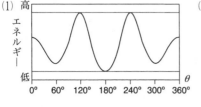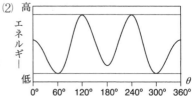

図1─4　シクロヘキサンの環反転（いくつかの中間体は省略。一部の CH_2 は略記。）と投影図（C^α は● で，C^β は ◯ で示す。シクロヘキサンの残りの部分は ⌒ で略記。）

1,2-ジメチルシクロヘキサンには立体異性体 M と N がある。立体異性体 M に③はいす形の配座異性体としてエネルギー的に等価なもののみが存在する。立体異性体 N にはエネルギーの異なる2つのいす形の配座異性体がある。④

〔問〕

カ　下線部①について，化合物 I の構造式を示せ。

キ　下線部②について，ブタンの配座異性体のエネルギーと角 θ との関係の模式図として相応しいものを図1─5 の(1)～(4)の中から1つ選べ。なお，メチル基どうしの反発に比べ水素と水素，水素とメチル基の反発は小さい。

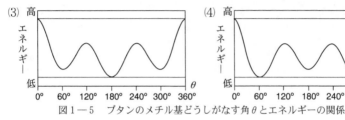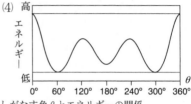

図1─5　ブタンのメチル基どうしがなす角 θ とエネルギーの関係

ク 空欄 ☐ a ☐ に入る語句として適切なものを以下から選べ。

アンチ形　　　重なり形　　　ゴーシュ形

ケ 下線部③に関して，最も安定ないす形の配座異性体の投影図を立体異性体 M，N についてそれぞれ示せ。投影図はメチル基が結合した 2 つの炭素の結合軸に沿って見たものを J の投影図（図 1 — 4）にならって図示すること。なお，CH_2 とメチル基がゴーシュ形を取るときの反発は，メチル基どうしのそれと同じとみなしてよい。

コ 最も安定ないす形の配座異性体において，立体異性体 M，N のどちらが安定か選び，理由とともに答えよ。

サ 下線部④に関して，N の最も安定ないす形の配座異性体において，2 つのメチル基が占める位置を図 1 — 6 の構造式中の空欄 ☐ b ☐ ～ ☐ e ☐ から選べ。

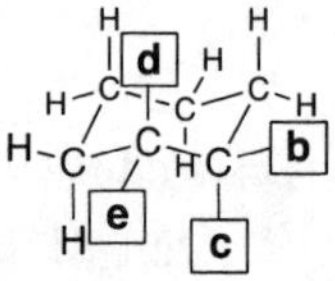

図 1 — 6　1,2-ジメチルシクロヘキサンの構造式

24 油脂の構造決定，C_5H_{10} のアルケンの構造決定

(2022 年度　第 1 問)

次の I，II の各問に答えよ。必要があれば以下の値を用いよ。構造式は，I では〔構造式の例 I〕に，II では〔構造式の例 II〕にならって示せ。

元　素	H	C	O	Na
原子量	1.0	12.0	16.0	23.0

標準状態(273 K，1.01×10^5 Pa)における水素 1 mol の体積：22.4 L

〔構造式の例 I〕

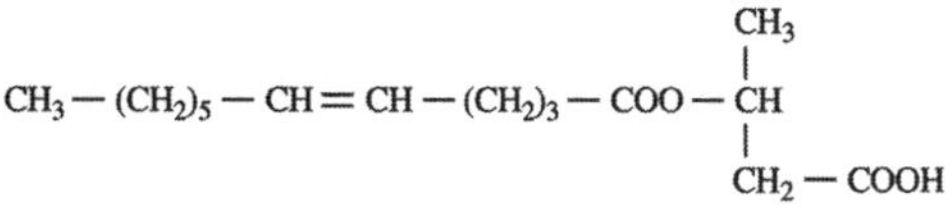

$$CH_3 - (CH_2)_5 - CH = CH - (CH_2)_3 - COO - \underset{\underset{CH_2-COOH}{|}}{\overset{\overset{CH_3}{|}}{CH}}$$

〔構造式の例 II〕

$$HO_{\diagdown} CH_2 {\diagdown} \underset{CH}{\overset{CH_3}{\underset{|}{}}} {\diagdown} CH_2 {\diagdown} \overset{\overset{O}{||}}{C} {\diagdown} OH$$

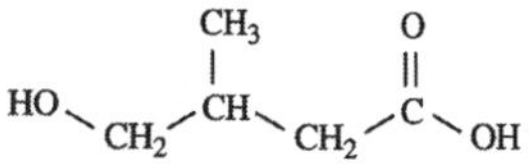

I　次の文章を読み，問ア～オに答えよ。

　油脂 A はグリセリン（1,2,3-プロパントリオール）1 分子に対し，分岐のない高級脂肪酸 3 分子が縮合したエステル化合物である。A に含まれる炭素間二重結合はすべてシス形であり，三重結合は含まれない。A の化学構造を決定するため，以下の実験を行った。

　なお，図 1 − 1 に示すように，炭素間二重結合にオゾン O_3 を作用させると環状化合物であるオゾニドが生成し，適切な酸化的処理を行うとカルボン酸になる。一方，適切な還元的処理を行うとアルコールになる。また，カルボン酸をジアゾメタン CH_2N_2 と反応させると，図 1 − 2 に示すようにカルボキシ基がメチル化される。

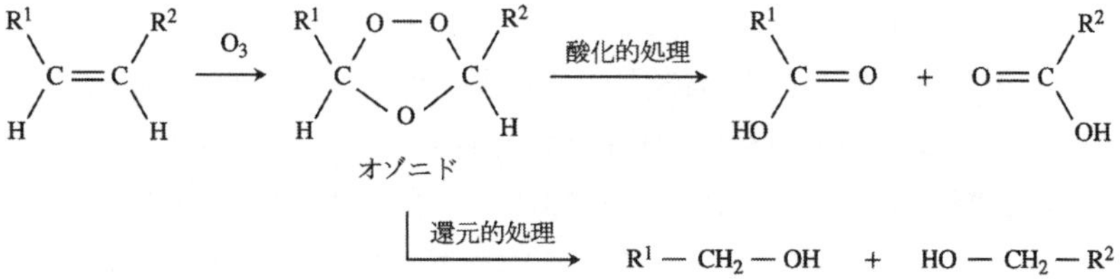

図 1 − 1　炭素間二重結合のオゾン分解（R^1，R^2：炭化水素基など）

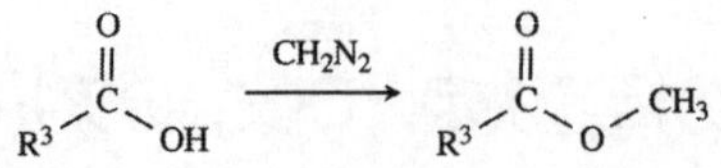

図1−2　ジアゾメタンによるカルボン酸のメチル化(R^3：炭化水素基など)

実験1：2.21 g の A を水酸化ナトリウムと反応させて完全に加水分解したところ，グリセリン 230 mg と 2 種類の脂肪酸(飽和脂肪酸 B と不飽和脂肪酸 C)のナトリウム塩が生成した。

実験2：2.21 g の A を白金触媒存在下で水素と十分に反応させたところ，標準状態換算で 168 mL の水素を消費し，油脂 D が得られた。A は不斉炭素原子をもつが，D は不斉炭素原子をもたなかった。

実験3：C にオゾンを作用させ，酸化的処理を行った。生じた各種カルボン酸をジアゾメタンと反応させたところ，次の 3 種類の化合物が得られた。

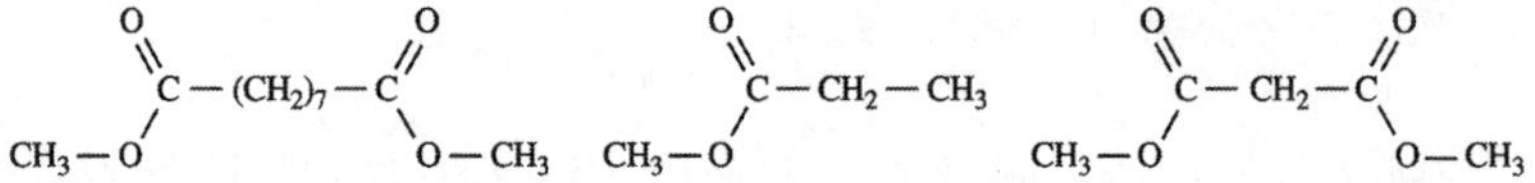

実験4：C をジアゾメタンと反応させた後に，オゾンを作用させ還元的処理を行ったところ，次の 3 種類の化合物が得られた。

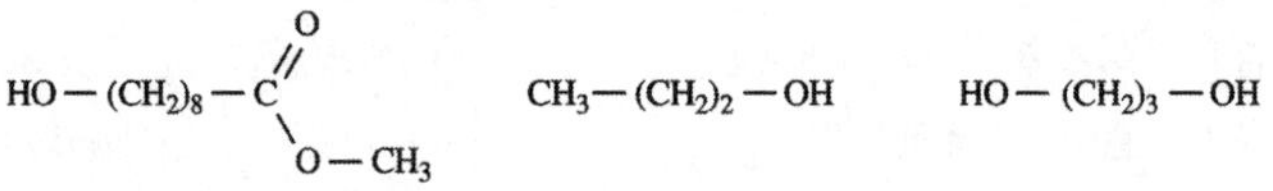

〔問〕

ア　油脂 A の分子量を有効数字 3 桁で答えよ。

イ　脂肪酸 B と C の分子式をそれぞれ示せ。

ウ　B と C の融点はどちらのほうが低いと考えられるか答えよ。さらに，分子の形状と関連付けて，理由を簡潔に説明せよ。

エ　実験4を行わず，実験1～3の結果から C の化学構造を推定したところ，一つに決定できなかった。考えうる C の構造式をすべて示せ。

オ　実験1～3に加えて実験4の結果も考慮に入れると，C の化学構造を一つに決定できた。A の構造式を示せ。

Ⅱ　次の文章を読み，問カ〜ケに答えよ。

　　C_5H_{10} の分子式をもつ 4 種類のアルケン E〜H に対して実験 5 と 6 を行った。また，実験 6 の生成物に対して実験 7 〜 9 を行った。なお，それぞれの反応中に二重結合の移動や炭素骨格の変化は起きないものとする。立体異性体は考慮しなくてよい。

実験 5 ：E〜H に対して白金触媒を用いた水素の付加反応を行うと，E と F からは化合物 I が，G と H からは化合物 J が得られた。

実験 6 ：E〜H に対して酸性条件下で水の付加反応（以下，水和反応）を行うと，E と F からはアルコール K が，G からはアルコール L がそれぞれ主生成物として得られた。H からはアルコール L とアルコール M の混合物が得られた。E, F, G への水和反応は，主生成物以外に少量のアルコール N, O, P をそれぞれ副生成物として与えた。

解説 1 ：実験 6 の結果はマルコフニコフ則に従っているが，この経験則は炭素陽イオン（以下，陽イオン）の安定性によって説明できる（図 1 ― 3）。アルケン(**a**)への水素イオンの付加は 2 種類の陽イオン(**b**)と(**c**)を与える可能性があるが，陽イオン(**b**)のほうがより安定である。これは，<u>水素より炭化水素基のほうが陽イオンに電子を与える性質が強い</u>からである。その結①果，陽イオン(**b**)から生じるアルコール(**d**)が主生成物となる。

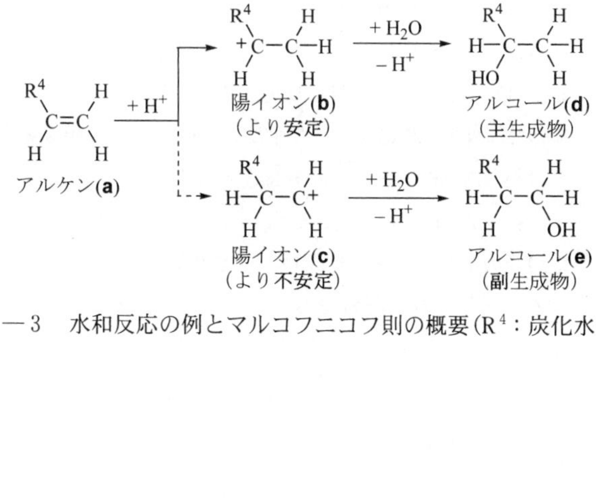

図 1 ― 3　水和反応の例とマルコフニコフ則の概要（R^4：炭化水素基）

実験 7 ：二クロム酸カリウム $K_2Cr_2O_7$ を用いて 6 種類のアルコール K〜P の酸
化を試みたところ，K だけが酸化されなかった。

実験 8 ：K〜P の中で，L と N だけがヨードホルム反応に陽性を示した。

実験 9 ：K〜P を酸性条件下で加熱すると水の脱離反応（以下，脱水反応）が進行
し，いずれの化合物からも分子式 C_5H_{10} のアルケンが得られた。

解説 2 ：図 1 ― 4 に実験 9 の脱水反応の概要を示す。この反応はアルコール(f)か
ら生じる陽イオン(g)を経由するが，陽イオン(g)から速やかに水素イオン
が脱離することでアルケン(h)が生成する。すなわち，<u>脱水反応の速度は
陽イオン(g)の生成速度によって決まる</u>②。なお，<u>安定な陽イオン(g)ほど生
成しやすくその生成速度は速い</u>③と考えてよい。

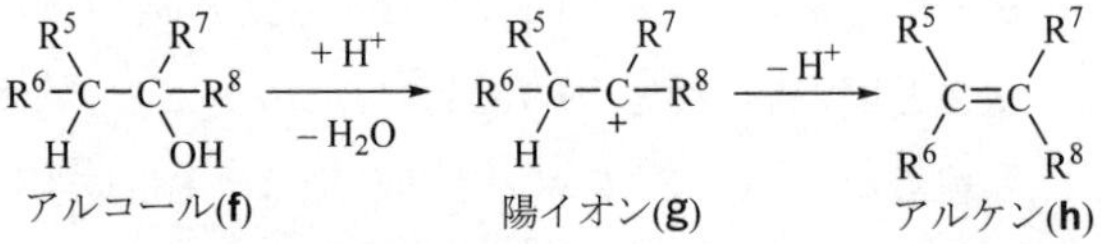

図 1 ― 4　脱水反応の概要（$R^{5～8}$：水素か炭化水素基）

解説 3 ：実験 9 の脱水反応が 2 つ以上の異なるアルケンを与える可能性がある場
合，炭素間二重結合を形成する炭素上により多くの炭化水素基が結合し
たアルケンの生成が優先することが一般的である。この経験則はザイ
ツェフ則と呼ばれている。

〔問〕

カ 化合物 I と J の構造式をそれぞれ示せ。

キ アルコール K〜P の中から不斉炭素原子をもつものすべてを選び，該当す
る化合物それぞれの記号と構造式を示せ。

ク アルコール K〜P の中で，脱水反応が最も速く進行すると考えられるのは
どれか，記号で答えよ。下線部①〜③を考慮すること。

ケ アルケン E〜H のなかで，それぞれに対する水和反応とそれに続く脱水反
応が元のアルケンを主生成物として与えると考えられるのはどれか，該当
するすべてを選び記号で答えよ。ただし，マルコフニコフ則およびザイ
ツェフ則が適用できる場合はそれらに従うものとする。

25 分子式 $C_6H_{12}O$ をもつ化合物の構造決定，窒素原子を含む芳香族化合物の反応

（2021 年度　第 1 問）

次の I ，II の各問に答えよ。構造式は例にならって示せ。構造式を示す際には不斉炭素原子に＊を付けること。ただし，立体異性体を区別して考える必要はない。

（構造式の例）

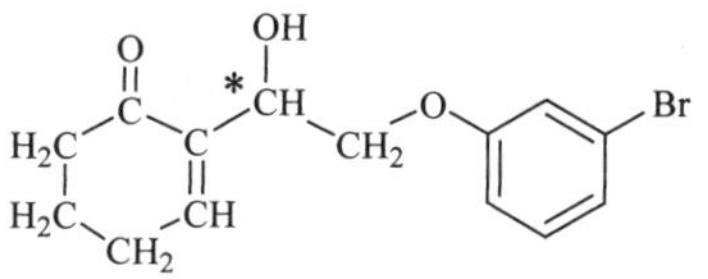

I　次の文章を読み，問**ア〜カ**に答えよ。

分子式 $C_6H_{12}O$ で表される化合物 A〜F は，いずれも<u>不斉炭素原子を一つだけもっている</u>。それぞれの構造を決定するために，以下の実験を行った。

実験 1 ：金属ナトリウムを加えると，A と D からは水素が発生しなかったが，B，C，E，F からは発生した。

実験 2 ：白金触媒を用いた水素の付加を試みると，A と B への水素付加は起きなかったが，C，D，E，F からは分子式 $C_6H_{14}O$ の生成物が得られた。水素付加反応によって，<u>C と D からは不斉炭素原子をもたない化合物</u>①が得られ，<u>E と F からは同一の化合物が得られた</u>②。

実験 3 ：二クロム酸カリウムを用いて酸化を試みると，A，C，D は酸化されなかったが，B からはケトン，E と F からはカルボン酸が得られた。

実験 4 ：ヨードホルム反応を示したのは B のみであった。

実験 5 ：カルボニル基の有無を確認することができる赤外吸収スペクトルを測定した結果，A〜F にカルボニル基の存在は認められなかった。

実験 6 ：下線部②の結果を受け，図 1−1 に示すオゾン分解実験を行った。E をオゾン分解すると，化合物 G とアセトアルデヒドが得られた。

実験 7 ：G に存在するカルボニル基を還元すると，不斉炭素原子をもたない化合物が得られた。

実験 8 ：F をオゾン分解すると化合物 H が得られた。H の分子式は $C_5H_{10}O_2$ であったが，図 1−1 の例から予測されるカルボニル化合物ではなかった。H は二つの不斉炭素原子をもっており，銀鏡反応を示した。

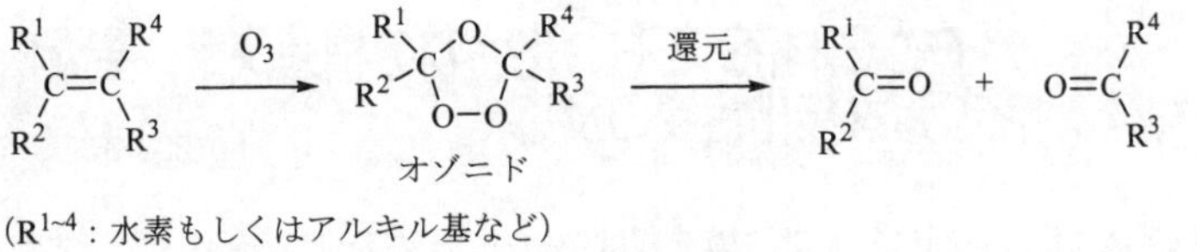

（R$^{1\sim4}$：水素もしくはアルキル基など）

図1−1　オゾン分解の例

注 1) 炭素間二重結合を形成する炭素原子に酸素原子が直接結合した構造は考慮しない。

注 2) 反応中に二重結合の移動は起こらないものとする。

〔問〕

ア 化合物 A として考えられる構造異性体のうち，五員環をもつものすべての構造式を示せ。

イ 化合物 B として考えられる構造異性体のうち，四員環をもつものは一つである。その構造式を示せ。

ウ 化合物 C として考えられる構造異性体は一つである。その構造式を示せ。

エ 下線部①を考慮すると，化合物 D として考えられる構造異性体は一つである。その構造式を示せ。

オ 実験 6 と 8 において生成した化合物 G と H の構造式をそれぞれ示せ。

カ 以下の空欄 ［ a ］ ～ ［ c ］ にあてはまる適切な語句を答えよ。

　　化合物 C の沸点は化合物 D の沸点より高い。その主な理由は，D には存在しない ［ a ］ 基が分子間の ［ b ］ 結合を形成するからである。一方，C の沸点は化合物 E の沸点より低いが，C と E はともに ［ a ］ 基をもっているので，この沸点差を説明するためには，分子間の ［ b ］ 結合の強さを比較する必要がある。そこで，［ a ］ 基周辺の空間的な状況に着目する。すなわち，C は E と比較して ［ a ］ 基周辺が空間的にこみ合っているため，分子間の ［ b ］ 結合の形成がより ［ c ］ いると理解できる。これが，C の沸点が E の沸点より低い主な理由の一つである。

Ⅱ　次の文章を読み，問キ～サに答えよ。

　多くの元素には，中性子の数が異なる　　d　　が存在し，それらの相対質量（^{12}C の質量を 12 とする質量）とその存在比から加重平均で算出される原子量が，分子量計算に用いられる。たとえば大気中の窒素には，その 99.6 % を占める相対質量 14.003 の窒素原子（^{14}N）の他に，中性子が一つ多い相対質量 15.000 の窒素原子（^{15}N）が 0.4 % 含まれているため，窒素の原子量は 14.007 となる。

　　d　　どうしの化学的性質は，ほぼ同じであるため，これらを含む化合物の反応性もほとんど変化しないことが知られている。したがって，分子内の特定の位置にある元素の　　d　　の存在比を操作した化合物を用いて反応を行い，得られた生成物の特定の位置にある元素の　　d　　の存在比の変化を調べると，反応に伴う結合の形成や切断の過程を追跡することができる。たとえば，^{15}N をもつアニリン（$C_6H_5{}^{15}NH_2$）と亜硝酸ナトリウム（$NaNO_2$）を用いた以下に示す反応においては，ジアゾニウム塩に含まれる二つの窒素は，それぞれ異なる起源をもつことが明らかにされている。

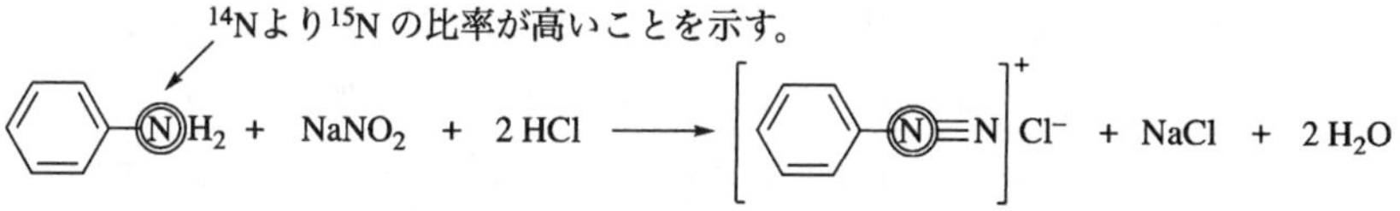

^{14}N より ^{15}N の比率が高いことを示す。

　今回，^{15}N の存在比を 100 % に高めた試薬 $Na^{15}NO_2$ を用いて，以下の実験を行った。<u>ニトロベンゼン（$C_6H_5NO_2$）を塩酸中でスズ（Sn）と反応させて得られた</u>③<u>化合物 I に対し，濃塩酸中で氷冷しながら $Na^{15}NO_2$ を加えたところ，化合物 J</u>④<u>の沈殿が生じた。</u>続いてこの J の沈殿を回収し，<u>これを水に溶かし，$^{14}N_2$ ガス</u>⑤<u>で満たした密閉容器内において，室温で分解させたところ，化合物 K が主として</u>得られ，それに伴い化合物 L および化合物 M がそれぞれ少量ずつ得られた。K，L および M はともにベンゼン環を有していた。<u>下線部④の操作で得られた J</u>⑥<u>を 2-ナフトールと反応させたところ，橙赤色の化合物 N を含む試料が得られた。この試料に含まれる化合物 N の分子量は 249.00 であった。</u>

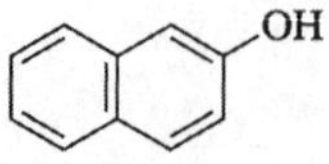

2-ナフトール

一方，下線部⑤と同じ反応を行い，J の分解反応が大部分進行したところで，残った J を回収し，2-ナフトールと反応させたところ，分子量 248.96 の化合物 N を含む試料が得られた。
（⑦）

〔問〕

キ 　d　 にあてはまる適切な語句を答えよ。

ク 下線部③の操作で化合物 I が生成する反応の化学反応式を示せ。なお，スズはすべて塩化スズ（SnCl₄）に変換されるものとする。

ケ 化合物 M を熱した銅線に触れさせて，その銅線を炎の中に入れたところ，青緑色の炎色反応がみられた。また，M を水酸化ナトリウム水溶液と高温高圧下で反応させ，反応後の溶液を中和したところ，化合物 K が得られた。一方，反応後の溶液を中和することなく，下線部④の操作で得られた化合物 J と 0 ℃ で反応させたところ，化合物 L が得られた。L と M の構造式をそれぞれ示せ。¹⁵N を含む場合には，¹⁴N より ¹⁵N の存在比が高いと考えられる窒素を，反応式中の例にならって◎で囲って示せ。

コ 下線部⑦の操作で得られた化合物 N に含まれる ¹⁵N と ¹⁴N の存在比を整数値で示せ。なお，ここでは原子量を H = 1.00，C = 12.00，O = 16.00，¹⁴N および ¹⁵N の相対質量を ¹⁴N = 14.00，¹⁵N = 15.00 と仮定して計算せよ。

サ 下線部⑥，⑦それぞれの操作で得られた化合物 N に含まれる ¹⁵N と ¹⁴N の存在比が異なるのはなぜか，下線部⑤の条件で起こっている反応に含まれる過程の可逆性に着目して，理由を簡潔に説明せよ。

26 糖類とその誘導体，セルロースの誘導体の性質と反応

（2020 年度　第 1 問）

次の I，II の各問に答えよ。必要があれば以下の値を用いよ。構造式は例にならって示せ。

元　素	H	C	O	I
原子量	1.0	12.0	16.0	126.9

（構造式の例）

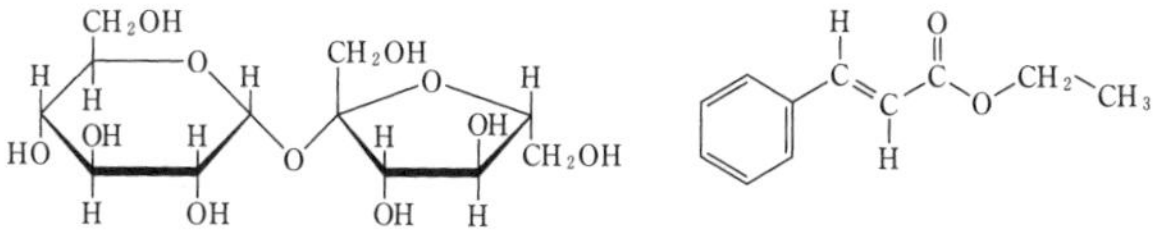

I　次の文章を読み，問ア〜カに答えよ。

天然化合物 A は，分子量 286 で，炭素，水素，酸素の各原子のみからなる。71.5 mg の A を完全燃焼させると，143 mg の二酸化炭素と，40.5 mg の水が生じた。A を加水分解すると，等しい物質量の化合物 B と化合物 C が得られた。①B の水溶液をフェーリング液に加えて加熱すると赤色沈殿が生じたが，A の水溶液では生じなかった。C に塩化鉄(III)水溶液を加えると特有の呈色反応を示したが，A では示さなかった。

セルロースやデンプンは，多数の B が縮合重合してできた多糖である。セルロースを酵素セルラーゼにより加水分解して得られるセロビオースと，デンプンを酵素アミラーゼにより加水分解して得られるマルトースは，上の構造式の例（左側）に示したスクロースと同じ分子式で表される二糖の化合物である。

これらの二糖は酵素 X，または，酵素 Y によって単糖に加水分解できる。X はセロビオースを，Y はマルトースを加水分解して，いずれにおいても B のみを生成したが，X はマルトースを，Y はセロビオースを加水分解できなかった。スクロースは X により加水分解されなかったが，Y により加水分解され，等しい物質量の B と化合物 D が生成した。A は X により加水分解され，B と C が生成したが，Y による加水分解は起こらなかった。

C を酸化することにより化合物 E が得られた。E は分子内で水素結合を形成した構造を持ち，E に炭酸水素ナトリウム水溶液を加えると二酸化炭素が発生した。E と無水酢酸に濃硫酸を加えて反応させると，解熱鎮痛剤として用いられる化合物 F が得られた。

〔問〕

ア 化合物**A**の分子式を示せ。

イ 化合物**B**，**D**，**F**の名称を記せ。

ウ 化合物**B**には鎖状構造と六員環構造が存在する。それぞれの構造における不斉炭素原子の数を答えよ。

エ セロビオース，マルトース，スクロースの中で，下線部①で示した反応により赤色沈殿を生じる化合物をすべて答えよ。また，その理由を述べよ。

オ 化合物**C**の構造式を示せ。

カ 化合物**A**の構造式を示せ。

Ⅱ 次の文章を読み，問**キ**～**サ**に答えよ。

　セルロースは地球上に最も多く存在する有機化合物であり，石油資源に頼らない次世代の化学工業を担う重要化合物と考えられている。セルロースを濃硫酸中で加熱すると，最終的に糖ではない化合物**G**が主として得られる。**G**は炭素，水素，酸素の各原子のみからなり，バイオ燃料，生分解性高分子，医薬品合成の原料として広く利用可能である。**G**を生分解性高分子**H**などの化合物に変換するため，以下の実験1～3を行った。

実験1：水中でアセトンに過剰量の水酸化ナトリウムとヨウ素を反応させると，特有の臭気を有する黄色の化合物**I**が沈殿し，反応液中に酢酸ナトリウムが検出された。アセトンの代わりに**G**を用いて同じ条件で反応させたところ，**I**が沈殿した。続いて，**I**を除いた反応液を塩酸を用いて酸性にすると，ともに直鎖状化合物である**J**と**K**の混合物が得られた。分子式を比較すると**J**と**K**の炭素原子の数は，いずれも**G**より一つ少なかった。**K**は不斉炭素原子を有していたが，**J**は有していなかった。58.0 mgの**G**を水に溶かし，0.200 mol/Lの炭酸水素ナトリウム水溶液で滴定したところ，2.50 mLで中和点に達した。一方，67.0 mgの**K**を水に溶かし，0.200 mol/Lの炭酸水素ナトリウム水溶液で滴定したところ，5.00 mLで中和点に達した。

実験2：**J**とエチレングリコール（1,2-エタンジオール）を混合して縮合重合させたところ，物質量1：1の比でエステル結合を形成しながら共重合し，平均重合度100，平均分子量1.44×10^4の高分子**H**が得られた。

実験3：**K**を加熱すると分子内で一分子の水が脱離し，化合物**L**が得られた。**L**に光照射すると，その幾何異性体**M**が生成した。**L**と**M**はともに臭素と反応した。**L**と**M**をそれぞれ，より高温で長時間加熱すると，**M**のみ分子内で脱水反応

　　が起こり，化合物Nを与えた。

〔**問**〕

キ　化合物Ｉの分子式を示せ。

ク　実験2の結果から，化合物Ｊの分子量を求めよ。

ケ　下の例にならい，高分子Ｈの構造式を示せ。

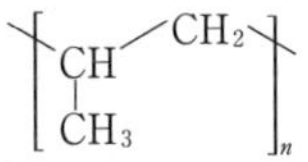

$$\left[\begin{array}{c} \underset{\displaystyle CH_3}{\overset{\displaystyle CH}{|}} \quad CH_2 \end{array}\right]_n$$

コ　化合物Ｋ，Ｌ，Ｎの構造式をそれぞれ示せ。ただし，鏡像異性体は考慮しなくてよい。

サ　化合物Ｇの構造式を答えよ。

27 フェノールを出発物質とした有機化合物の合成

(2019年度　第1問)

次の文章を読み，問ア～ケに答えよ。必要があれば以下の値を用いよ。構造式を示す場合は，例にならって，不斉炭素原子上の置換様式（紙面の上下）を特定しない構造式で示すこと。

元　素	H	C	N	O
原子量	1.0	12.0	14.0	16.0

（構造式の例）

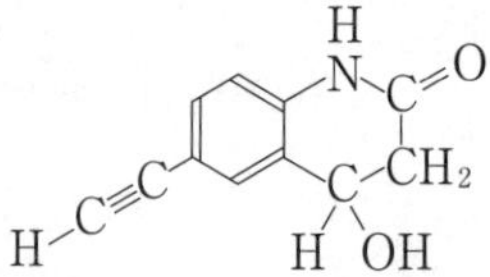

　フェノールでは，様々な置換反応がベンゼン環上の特定の位置で起こりやすい。この置換反応は，多様な医薬品や合成樹脂を合成する際に利用される。そこで，フェノールから下記の化合物**A**，**B**，**C**および**D**を経由して，医薬品と関連する化合物**E**を合成する計画を立て，以下の実験1～8を行った。

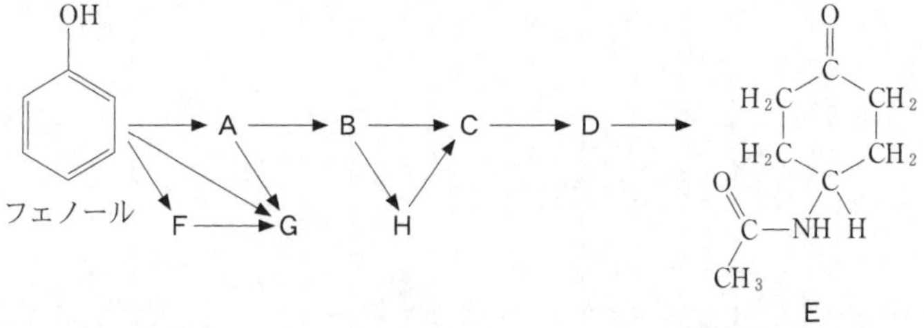

実験1：フェノールに，希硝酸を作用させると，互いに同じ分子式を持つ**A**と化合物**F**の混合物が得られた。この混合物から，**A**と**F**を分離した。

実験2：フェノールに，濃硝酸と濃硫酸の混合物を加えて加熱し，十分に反応させると，化合物**G**が得られた。**A**および**F**を，それぞれ同条件で反応させても，**G**が得られた。

実験3：**A**を濃塩酸中で鉄と処理した。その後，炭酸水素ナトリウム水溶液を加えたところ，二酸化炭素が気体として発生し**B**が得られた。

実験4：**B**に，水溶液中で**X**を作用させると**C**が得られた。

実験5：**B**に，希硫酸中で**X**を作用させると，**C**と異なる化合物**H**が得られた。**H**は，塩化鉄(Ⅲ)水溶液で呈色しなかった。

実験6：Hに，Yの水溶液を作用させた後に，希硫酸を加えたところ，Cと酢酸が得られた。Cと酢酸の物質量の比は，1:1であった。

実験7：Cに，ニッケルを触媒としてZを作用させると，Dが得られたが，未反応のCも残った。そこでCとDの混合物のエーテル溶液を分液ロートに移し，Yの水溶液を加えてよく振った。水層とエーテル層を分離した後に，エーテル層を濃縮してDを得た。

実験8：Dに，硫酸酸性の二クロム酸カリウム水溶液を作用させると，目的とするEが得られた。

フェノールとホルムアルデヒドの重合反応により，電気絶縁性に優れるフェノール樹脂が合成できる。塩基性触媒存在下にて処理すると，①フェノールとホルムアルデヒドは，付加反応と縮合反応を連続的に起こし，フェノールの特定の位置が置換されたレゾールが生成する。レゾールを加熱すると，フェノール樹脂が得られる。これに関連する以下の実験9〜11を行った。

実験9：フェノールとホルムアルデヒドを物質量の比2:3で重合し，さらに加熱すると，フェノール樹脂が得られた。

実験10：実験9で得られたフェノール樹脂を完全燃焼させたところ，水と二酸化炭素が生成した。

実験11：示性式 $C_6H_4(CH_3)OH$ で表されるクレゾールは，三種類の異性体を持つ。塩基性触媒存在下，クレゾールとホルムアルデヒドの重合反応により三種類のクレゾールに対応する生成物を得た。三種類の生成物をそれぞれ加熱すると，一つの生成物のみがフェノール樹脂と同様の硬い樹脂になった。

〔問〕

ア　化合物Aの構造式を示せ。

イ　化合物Gの構造式を示せ。

ウ　化合物Hの構造式を示せ。

エ　化合物Dの構造式を示せ。また，Dには立体異性体が，いくつ存在しうるか答えよ。

オ　X，YおよびZの物質名をそれぞれ書け。

カ　実験7の分液操作でCとDが分離できる理由を述べよ。

キ　下線部①のレゾールの例としてフェノール2分子とホルムアルデヒド1分子の反応において得られる化合物Iがある。Iは，2分子のフェノールのベンゼン環がメチレン基（$-CH_2-$）によってつながれた構造を持つ。Iの構造式をすべて示せ。

ク 実験 10 において生成した水に対する二酸化炭素の重量比を有効数字 2 桁で求めよ。なお、実験 9 においては、反応が完全に進行したものとする。

ケ 実験 11 において硬い樹脂を与えるクレゾールの異性体の構造式を示し、それが硬化した理由および他の異性体が硬化しなかった理由を述べよ。

28　ジケトピペラジンの構造決定と異性体

(2018 年度　第 1 問)

次の文章を読み，問ア～コに答えよ。必要があれば以下の値を用いよ。構造式は例にならって示せ。

元　素	H	C	N	O	S
原子量	1.0	12.0	14.0	16.0	32.1

（構造式の例）

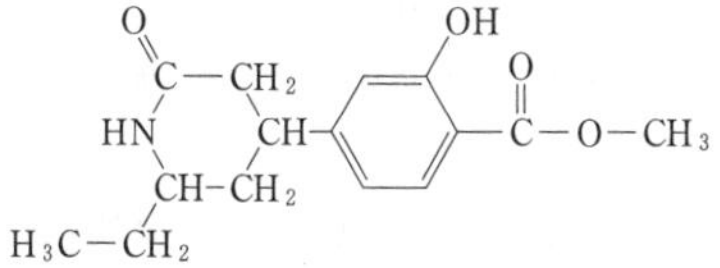

二分子の α-アミノ酸の脱水縮合反応で得られるジペプチドにおいて，末端アミノ基と末端カルボキシ基の間でさらに分子内脱水縮合反応が進行すると，ジケトピペラジンとよばれる環状のペプチドが得られる。ジケトピペラジン類は多くの食品に含まれ，その味に影響することが知られている。また，いくつかのジケトピペラジン類は医薬品の候補としても注目されている。

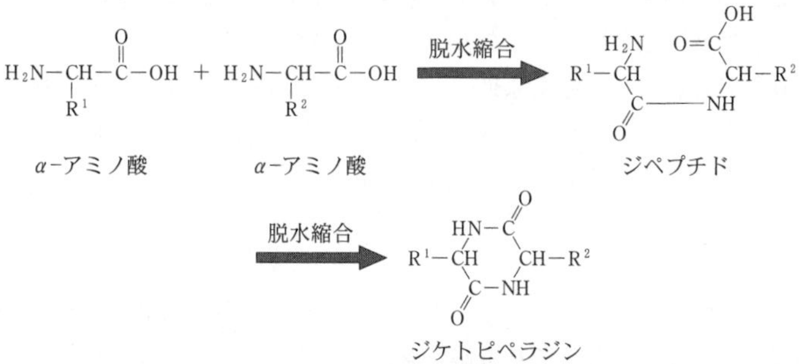

ジケトピペラジン類 **A**，**B**，**C**，**D** に関して，次の実験を行った。**A**，**B**，**C**，**D** の構成要素となっている α-アミノ酸はすべて L 体である。側鎖（$-R^1$，$-R^2$）の構造は，次の①～⑧の候補から選ぶこととする。

① $-CH_2-SH$

② $-\underset{\underset{\displaystyle OH}{|}}{CH}-CH_3$

③ $-CH_2-\underset{\underset{\displaystyle O}{\|}}{C}-OH$

④ $-CH_2-\!\!\bigcirc\!\!-OH$

⑤ $-CH_2-\bigcirc$

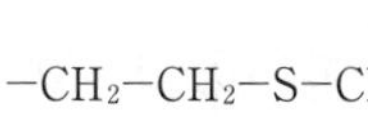

⑥ $-CH_2-CH_2-S-CH_3$

94

⑦ $-\underset{\underset{CH_3}{|}}{CH}-CH_3$　　　　　　⑧ $-CH_2-CH_2-CH_2-CH_2-NH_2$

実験1：A，B，C，Dそれぞれに含まれるアミド結合を塩酸中で完全に加水分解したところ，A，C，Dからは二種類のα-アミノ酸が得られたが，Bからは一種類のα-アミノ酸のみが得られた。

実験2：A，B，C，Dそれぞれを十分な量のナトリウムとともに加熱融解し，A，B，C，Dを分解した。(i)エタノールを加えて残存したナトリウムを反応させた後に，水で希釈した。(ii)これらの溶液に酢酸鉛（Ⅱ）水溶液を加えると黒色沈殿が生じたのは，AとCの場合のみであった。

実験3：A，B，C，Dそれぞれを濃硝酸に加えて加熱すると，A，Bのみが黄色に呈色した。

実験4：A，B，C，DのうちBのみが，(iii)塩化鉄（Ⅲ）水溶液を加えると紫色に呈色した。

実験5：Aを過酸化水素水に加えると，分子間で　a　結合が形成され，二量体を与えた。この結合は　b　剤と反応させることで切断され，もとのAが得られた。

実験6：実験1におけるBの加水分解後の生成物を十分な量の臭素と反応させたところ，二つの臭素原子を含む化合物Eが得られた。

実験7：Cを完全燃焼させると，66.0mgの二酸化炭素と24.3mgの水が生じた。

実験8：Dを無水酢酸と反応させたところ，化合物Fが得られた。

実験9：D，Fそれぞれの電気泳動を行った。Dは塩基性条件下で陽極側に大きく移動したが，中性条件下ではほぼ移動しなかった。一方で，Fは塩基性条件下でも中性条件下でも陽極側に大きく移動した。

〔問〕

ア　下線部(i)について，エタノールとナトリウムとの反応の化学反応式を示せ。

イ　下線部(ii)の現象から推定される側鎖構造の候補を，①～⑧の中からすべて答えよ。

ウ　下線部(iii)の現象から推定される側鎖構造の候補を，①～⑧の中からすべて答えよ。

エ　　a　，　b　にあてはまる語句をそれぞれ記せ。

オ　A，Bの立体異性体は，それぞれいくつ存在するか答えよ。なお，立体異性体の数にA，B自身は含めない。

カ　Eの構造式を示せ。

キ　Cに含まれる炭素原子と水素原子の数の比を整数比で求めよ。答えに至る過程も記せ。

ク　Cの構造について，①～⑧の数字で$-R^1$，$-R^2$の組み合わせを答えよ。数字の

　順序は問わない。

ケ　**D**の構造について，①～⑧の数字で $-R^1$，$-R^2$ の組み合わせを答えよ。数字の順序は問わない。また，実験 9 の電気泳動において，**D**が中性条件下でほぼ移動しなかった理由を簡潔に説明せよ。

コ　**F**の構造式を示せ。

29 不飽和結合をもつ未知エステルの構造決定と異性体，アクリル系繊維，吸水性高分子

(2017年度　第1問)

次の文章を読み，問ア〜キに答えよ。必要があれば以下の値を用いよ。構造式は例にならって示せ。

元　素	H	C	N	O
原子量	1.0	12.0	14.0	16.0

(構造式の例)

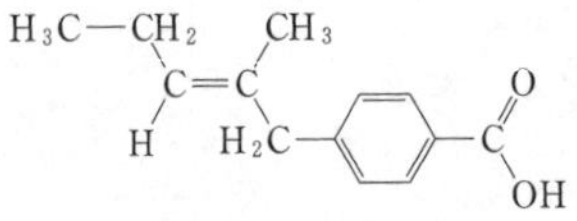

$$H_3C-CH_2 \quad CH_3$$

有機化合物AとBは，炭素，水素，酸素からなる同じ分子式で表され，ともに分子量 86.0 の炭素-炭素二重結合を一つもつエステルである。また，AおよびBには，ホルミル基（アルデヒド基：$-CHO$）が含まれていない。43.0 mg のAを完全に燃焼させ，生じた物質を　a　の入ったU字管と　b　の入ったU字管へ順に通したところ，それぞれ 27.0 mg の水と 88.0 mg の二酸化炭素が吸収されていることがわかった。Bを加水分解して得られた生成物の一つは，三つの炭素原子をもつカルボン酸であった。

次に，アクリロニトリルとAを物質量の比 2：1 で混合したのち付加重合すると，完全に反応が進行し，高分子化合物Cが得られた。Cの平均分子量は 9.60×10^4 であった。

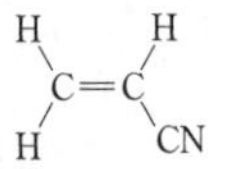

アクリロニトリル

一方，Bの付加重合により得られた高分子化合物の一部を架橋し，エステル結合を加水分解したものは，①水を吸収・保持する性質を示した。

〔問〕

ア　　a　，　b　に当てはまる最も適切な化合物名をそれぞれ記せ。

イ　Aの分子式を答えよ。答えに至る過程も記せ。

ウ　Bの構造式を記せ。

エ　化合物DはAおよびBと同じ分子式で表され，カルボキシ基をもつ。化合物Dの構造式として考えられるものをすべて示せ。

オ　Aを加水分解すると化合物EとFを生じ，そのうち不安定なFはすみやかにGへ変化した。化合物E，F，Gの構造式を示せ。

カ　高分子化合物Cの一分子あたりに平均して含まれる窒素原子の数を有効数字2桁で答えよ。答えに至る過程も記せ。

キ　下線部①について，吸収した水を保持する理由を簡潔に説明せよ。

30 芳香族エステルの構造決定, アドレナリンの阻害剤と化学平衡

(2016年度　第3問)

次のI，IIの各問に答えよ。必要があれば以下の値を用い，構造式は例にならって示せ。

元　素	H	C	N	O	Na
原子量	1.0	12.0	14.0	16.0	23.0

（構造式の例）

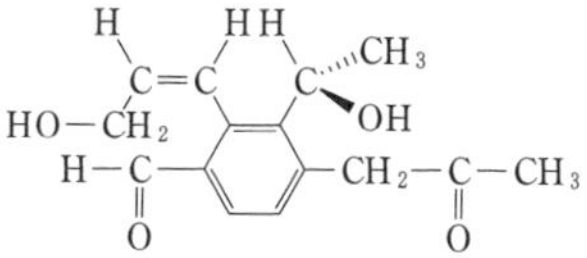

$$\begin{array}{c} H \quad\quad H\,H \\ C=C \quad\,{}_{}C{\cdots}CH_3 \\ HO-CH_2 \quad\quad OH \\ H-C \quad\quad CH_2-C-CH_3 \\ O \quad\quad\quad O \end{array}$$

不斉炭素原子まわりの結合の示し方：

C，W，Xは紙面上に，Yは紙面の手前に，そしてZは紙面の奥にある。

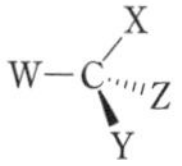

$$W-\overset{X}{\underset{Y}{C}}{\cdots}Z$$

I　分子式が$C_{10}H_{10}O_4$である芳香族化合物**A**の構造を決定するため，以下に示す実験1～5を行った。問ア～オに答えよ。

なお，空気中の二酸化炭素の溶解の影響，水の蒸発の影響，および化学反応に起因する溶液の容積変化の影響については，無視できるものとする。また，25℃における水のイオン積K_wは$1.0 \times 10^{-14} mol^2 \cdot L^{-2}$，気体はすべて理想気体とし，標準状態における1molの体積は22.4Lである。

実験1：化合物**A**をアンモニア性硝酸銀水溶液に加えて穏やかに加熱すると，銀が析出した。

実験2：$0.250 mol \cdot L^{-1}$の水酸化ナトリウム水溶液10.0mLを，①ホールピペットを用いて②メスフラスコに移した。次に，このメスフラスコに水を加えてよく振った後に静置する操作を繰り返し，最終的にメスフラスコ上部に描かれた標線に溶液量を合わせることによって，500mLの希釈水酸化ナトリウム水溶液をつくった。

この希釈水酸化ナトリウム水溶液50.0mLを，③ホールピペットを用いて④三角フラスコに移した。ここに化合物**A** 19.4mgを加えてしばらく撹拌したが，化合物**A**はほとんど溶けなかった。しかし，三角フラスコを加熱すると化学反応が起こり，完全に溶解した。この溶液を25℃に冷却してから

pH を測定したところ，11.0 であった。

実験 3： 実験 2 の生成物を分析したところ，不斉炭素原子を含まない化合物 **B** のナトリウム塩であり，その分子式は $C_8H_7O_3Na$ であった。

実験 4： 実験 2 で得られた pH が 11.0 の溶液に，標準状態で 1.12 mL の二酸化炭素をゆっくり吹き込んで中和反応を行った。その後，この溶液に対してエーテルによる抽出操作を行ったが，化合物 **B** はナトリウム塩のまま水層にとどまっていた。

実験 5： 単離した化合物 **B** を少量の濃硫酸を含むエーテルに加えて穏やかに温めると，化合物 **C** が生成した。なお，化合物 **B** と化合物 **C** を構成する炭素原子の数は同じであった。

〔問〕

ア 実験 2 の下線部①〜④のガラス器具の使用準備として，明らかに不適切な操作を以下の(1)〜(4)から選び，その理由を簡潔に説明せよ。

(1) 下線部①のホールピペットの内部を，$0.250\,mol \cdot L^{-1}$ の水酸化ナトリウム水溶液でよくすすいだ（共洗いした）。

(2) 下線部②のメスフラスコとして，内側が水でぬれているものをそのまま使用した。

(3) 下線部③のホールピペットを，室温で長時間放置して乾燥状態とした。

(4) 下線部④の三角フラスコを，希釈水酸化ナトリウム水溶液で共洗いした。

イ 与えられた分子式と実験 2 の結果から，化合物 **A** に存在することがわかった官能基の名称とその個数を示せ。

ウ 実験 4 で行った中和反応の化学反応式を示せ。

エ 化合物 **A** および化合物 **C** の構造式を示せ。

オ 上記の実験の報告書（レポート）を作成した。報告書を作成する上で明らかに不適切なものを，以下の(1)〜(5)から二つ選べ。

(1) 薬品が飛散したときに手と眼球への付着を避けるため，手袋と保護眼鏡を使用したことを記載した。

(2) 実験 1 において銀が析出した様子は，参考書に載っていた類似の反応の様子とは異なっていた。そこで，参考書に載っていた様子をそのまま記載した。

(3) 実験 2 において，実験書には 25℃ で pH を測定するように書かれていたが，実際には 40℃ で測定を行ってしまった。そこで，測定は 25℃ ではなく 40℃ で行った，と記載した。

(4) 実験 2 の生成物の分子式を同じ操作で三回繰り返し求めたところ，一回目と二回目は $C_8H_7O_3Na$，三回目は $C_8H_{11}O_3Na$ となったため，三回目は失敗と判断し

た。そこで，二回分析して組成式が $C_8H_7O_3Na$ となった，とだけ記載した。

(5) 別の実験によってわかった化合物 **C** の性質と，参考書に書かれていた化合物 **C** の性質を比較した内容を，考察として記載した。

Ⅱ　次の文章を読み，問**カ**～**コ**に答えよ。

図３－１に示すアドレナリン（**L1**）は，L-チロシンから作られる生体分子である。**L1** は，体の中のタンパク質であるアドレナリン受容体（**R**）と結合して，心拍数や心収縮力の増加などの生理作用を引き起こす。

ここでは **L1** と **R** の結合について考える。**L1** は **R** の特定の立体構造をとる部位に適合し，⑤図３－２に示すように主にイオン結合，水素結合，ファンデルワールス力によって **R** と複合体を形成する。一方，図３－２をもとに考えると，**L1** の⑥鏡像異性体（光学異性体）は，**L1** に比べて **R** に　a　結合する。

L1 と似た構造をもつある医薬品（**L2**）は，化合物 **D** から合成される。この **L2** は **R** に結合し，**L1** の生理作用を阻害する。このため，**L2** は狭心症や不整脈の治療に用いられる。**L1**，**L2**，および **L2** の原料である **D** について，以下の実験を行った。

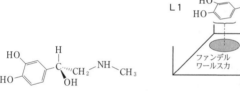

図３－１　L1 の構造式　　　　図３－２　L1 と R との結合の模式図

実験6：**D** は，炭素と水素と酸素からなる分子量 144.0 の化合物であり，ある量を完全燃焼させたところ，二酸化炭素 165.0 mg と水 27.0 mg が得られた。

実験7：**D** に塩化鉄(Ⅲ)の水溶液を加えると，紫色の呈色反応を示した。**D** の炭素原子はすべてベンゼン環の炭素原子であり，水素原子が結合していない炭素原子が三つ連続して並んだ部分構造があることがわかった。

実験8：**L2** の構造式を調べると以下のとおりであり，　b　は **D** のヒドロキシ基から水素原子を取り除いた構造であることがわかった。

$$\boxed{b}-CH_2-\underset{OH}{\overset{H}{C}}-CH_2-NH-CH\underset{CH_3}{\overset{CH_3}{<}}$$

実験9：図3－3に示すように，膜に吸着させたRにL1を結合させる実験を行った。このとき，Rに対してL1の量は十分に多いので，結合していないL1のモル濃度［L1］は一定とみなせるものとする。一つのRにはL1が一つだけ結合し，㋐L1の生理作用はすべてのRに対して何％のRがL1と結合しているかを示す結合率（％）に依存する。Rに対するL1の結合率が80％になったとき，［L1］は c であった。

　ただし，この実験においては式(1)が成り立ち，平衡定数K_{L1}は式(2)で表される。ここでは，Rは膜の表面に吸着しているが水溶液中に均一に溶けている溶質と同様に扱ってよいものとし，また，結合していないRのモル濃度およびRとL1の複合体R・L1のモル濃度を，それぞれ［R］および［R・L1］と表す。

$$R + L1 \rightleftharpoons R \cdot L1 \quad \cdots\cdots(1)$$

$$K_{L1} = \frac{[R \cdot L1]}{[R][L1]} \quad \cdots\cdots(2)$$

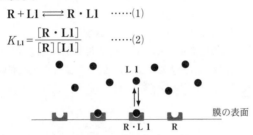

図3－3　RにL1を結合させる実験の模式図

実験10：図3－4に示すように，L2はL1の代わりにRと結合しようとする（競合）。実験9の水溶液にさらにL2も加え，L1とL2を競合させてL1がRに結合することを妨げる実験を行った。一つのRにはL1またはL2のどちらか一つだけが結合する。L2はL1に比べてRと d 結合し，平衡定数K_{L2}はK_{L1}の1000倍の大きさであった。［L1］は実験9のときと同じく c とし，さらに結合していないL2のモル濃度［L2］を e としたところ，平衡状態においてすべてのRに対してL1と結合しているRの割合を示す結合率は10％であった。

　ただし，この実験においては，式(1)および式(2)と同時に，式(3)も成り立ち，平衡定数K_{L2}は式(4)で表される。ここでは，Rは実験9と同様に扱えるものとし，結合していないRのモル濃度およびRとL2の複合体R・L2のモル濃度を，それぞれ［R］および［R・L2］と表す。

$$R + L2 \rightleftharpoons R \cdot L2 \quad \cdots\cdots(3)$$

$$K_{L2} = \frac{[R \cdot L2]}{[R][L2]} \quad \cdots\cdots(4)$$

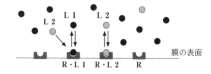

図3－4　RにL1とL2を同時に結合させる実験の模式図

〔問〕

カ ［　a　］，［　d　］にあてはまる適切な語を選択肢(1)～(3)からそれぞれ選べ。ただし，同じ選択肢を繰り返し選んでもよい。

(1) 強　く　　　　(2) 同じ強さで　　　(3) 弱　く

キ 下線部⑤について，図3－2のRを構成するアミノ酸の中で，pHが7.4でL1の$-NH_2^+-$とイオン結合していると考えられる側鎖をもつものを，選択肢(1)～(6)の中からすべて選べ。

(1)
$$\begin{array}{c} OH \\ | \\ O=C \quad H \\ \diagdown C \diagup \;\blacktriangleright NH_2 \\ | \\ CH_3 \end{array}$$

(2)
$$\begin{array}{c} OH \\ | \\ O=C \quad H \\ \diagdown C \diagup \;\blacktriangleright NH_2 \\ | \\ CH_2 \\ | \\ CH_2 \\ | \\ O=C \diagdown OH \end{array}$$

(3)
$$\begin{array}{c} OH \\ | \\ O=C \quad H \\ \diagdown C \diagup \;\blacktriangleright NH_2 \\ | \\ CH_2 \\ \text{(ベンゼン環)} \end{array}$$

(4)
$$\begin{array}{c} OH \\ | \\ O=C \quad H \\ \diagdown C \diagup \;\blacktriangleright NH_2 \\ | \\ CH_2 \\ | \\ O=C \diagdown OH \end{array}$$

(5)
$$\begin{array}{c} OH \\ | \\ O=C \quad H \\ \diagdown C \diagup \;\blacktriangleright NH_2 \\ | \\ H \end{array}$$

(6)
$$\begin{array}{c} OH \\ | \\ O=C \quad H \\ \diagdown C \diagup \;\blacktriangleright NH_2 \\ | \\ CH_2 \\ | \\ CH_2 \\ | \\ CH_2 \\ | \\ CH_2 \\ | \\ NH_2 \end{array}$$

ク 下線部⑥に関連して，下に示す構造式Eの下線を引いた水素原子の1個または2個を，下に示す4個の置換基のいずれかと置き換えた場合，不斉炭素原子をもつ構造式は何通りできるか答えよ。ただし，鏡像異性体は別の構造として数えるものとする。

構造式E　　　　　　　　　　置換基

置換基：
$-OH$
$-CH_3$
$-CH_2-NH_2$
$-CH_2-$（ベンゼン環）

ケ 化合物Dの構造式を示せ。答えに至る過程も示せ。

コ ［　c　］，［　e　］にあてはまる値をK_{L1}を用いて表せ。答えに至る過程も示せ。ただし，結合率は下線部⑦で定義される。

31 アルケンの合成と酸化，幾何異性体，オレンジⅡの合成

（2015 年度　第3問）

次のⅠ，Ⅱの各問に答えよ。必要があれば以下の値を用い，構造式は例にならって示せ。

元素	H	C	N	O	Na	S	K	Mn
原子量	1.0	12.0	14.0	16.0	23.0	32.1	39.1	54.9

（構造式の例）　$CH_3-(CH_2)_2-CH=C-CH_2$〈ベンゼン環〉$COOH$
　　　　　　　　　　　　　　　　　$\underset{CH_3}{|}$

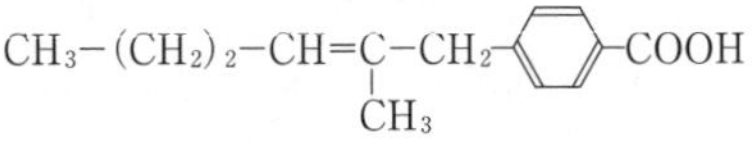

Ⅰ　次の反応1，反応2に関する記述を読み，問ア〜カに答えよ。なお，本問では反応中に炭素骨格が変化したり，二重結合の位置が移動する反応は起こらないものとする。

〔反応1〕　濃硫酸を高温に加熱して，エタノールを加えると，分子内脱水反応によりエチレンが発生する。この例のように隣接する二つの炭素原子から水分子が脱離する反応は，温度条件などに違いはあるものの，多くのアルコールで行うことができ，二重結合を持つ化合物の合成法の一つである（式(1)）。

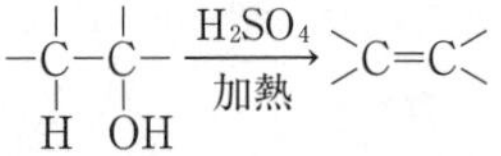

$$-\overset{|}{\underset{H}{C}}-\overset{|}{\underset{OH}{C}}- \xrightarrow[\text{加熱}]{H_2SO_4} {>}C=C{<} \tag{1}$$

〔反応2〕　一般に，炭素原子間の二重結合は硫酸酸性の過マンガン酸カリウムにより切断され，カルボニル化合物を与える。さらに，生成した有機化合物中にアルデヒド基が含まれる場合は，すべてカルボキシ基に酸化される。反応例を以下に示す（式(2)）。

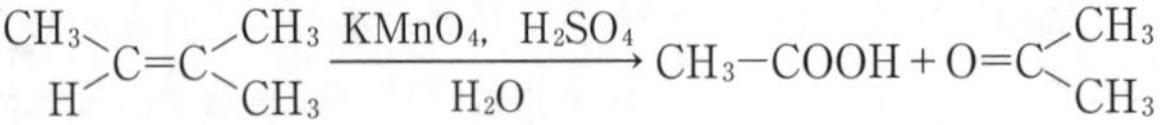

$$\underset{H}{\overset{CH_3}{>}}C=C\underset{CH_3}{\overset{CH_3}{<}} \xrightarrow[H_2O]{KMnO_4,\ H_2SO_4} CH_3-COOH + O=C\underset{CH_3}{\overset{CH_3}{<}} \tag{2}$$

〔問〕

ア　次に示すアルコールを用いて，反応1によりアルケンの合成を行う場合，生成する可能性のあるすべてのアルケンの構造式を示せ。立体異性体については考慮する必要はない。

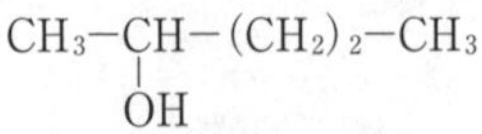

$$CH_3-\overset{|}{\underset{OH}{CH}}-(CH_2)_2-CH_3$$

イ　問アの反応により得られたアルケンの混合物をそのまま原料として用いて，さら

に反応 2 により二重結合の切断を行う場合，生成する可能性のあるすべての有機化合物の構造式を示せ。炭酸および二酸化炭素は有機化合物とはみなさない。

ウ　硫酸酸性の過マンガン酸塩は基本的に式(3)に従った酸化反応を起こす。しかしながら，実際に酸化反応の実験を行うと，式(4)に示すように 4 価のマンガンの段階で反応が止まってしまう場合がある。このため，式(3)で計算した理論量の過マンガン酸塩を反応に用いた場合は反応が完結しないこともある。

$$MnO_4^- + 5e^- + 8H^+ \longrightarrow Mn^{2+} + 4H_2O \tag{3}$$

$$MnO_4^- + 3e^- + 4H^+ \longrightarrow MnO_2 + 2H_2O \tag{4}$$

下記のアルケン（分子式 $C_{13}H_{26}$）27.3g を用いて，反応 2 の操作を行う際に，全体の 25.0％の過マンガン酸カリウムが式(4)の反応を起こし，残りは式(3)に従って反応するものと仮定する。この場合，反応に必要な最小限の過マンガン酸カリウムの量は何 g か。有効数字 2 桁で答えよ。答えに至る過程も示すこと。

$$CH_3-(CH_2)_4-CH=C-(CH_2)_4-CH_3$$
$$\mid$$
$$CH_3$$

エ　問**ウ**の反応を行うと，カルボン酸とケトンが生成する。これらを分液操作により分離し，それぞれ蒸留操作により精製を行いたい。反応混合物から 2 種類の生成物を，それぞれ蒸留前の粗生成物として得るまでの分離操作について，簡潔に説明せよ。

オ　$C_7H_{16}O$ の分子式を持つ第三級アルコール**A**を用いて，反応 1 によるアルケンの合成を行い，さらに得られたすべての有機化合物を用いて，反応 2 の操作を行った。生成したすべての有機化合物の調査を行ったところ，ケトンのみが得られていることがわかった。化合物**A**の構造として考え得る構造式をすべて示せ。立体異性体については考慮する必要はない。

カ　二重結合を一つ持つ炭化水素**B**を用いて，反応 2 の操作を行い，生成したすべての有機化合物の調査を行ったところ，1 種類のケトンのみが得られていることがわかった。その生成物中のカルボニル基をアルコールに還元した後，反応 1 の操作により，二重結合を導入した。さらに得られたすべての有機化合物を用いて，ふたたび反応 2 の操作により，二重結合を切断したところ，1 種類の有機化合物のみが生成し，これはナイロン 66（6,6-ナイロン）の合成原料のジカルボン酸と同じ化合物であった。化合物**B**の構造として考え得る構造式をすべて示せ。

II　次の文章を読み，問**キ**〜**シ**に答えよ。

単結合はその結合を軸として自由に回転できるが，通常，二重結合は回転できない。しかし，光をあてると二重結合が回転する場合がある。たとえば，式(5)のようにトランス-スチルベンに紫外光をあてると，シス-スチルベンへ変化する。

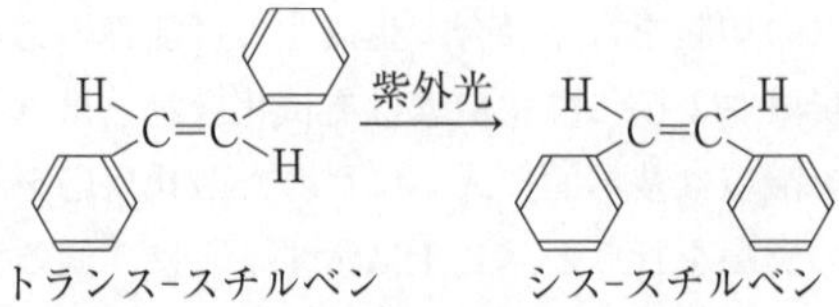

$$(5)$$

トランス-スチルベン　　シス-スチルベン

トランス-スチルベンの−CH=CH−を−N=N−で置き換えた化合物である①トランス-アゾベンゼンに紫外光をあてると，式(6)のようにシス-アゾベンゼンへ変化する。アゾベンゼンのシス形に可視光をあてるか，加熱すると，トランス形に戻る。②光をあててトランス形からシス形に変化させると，分子全体の形だけでなく，極性も変化する。分子全体の極性は，③ベンゼン環に置換基を導入することでも変化する。

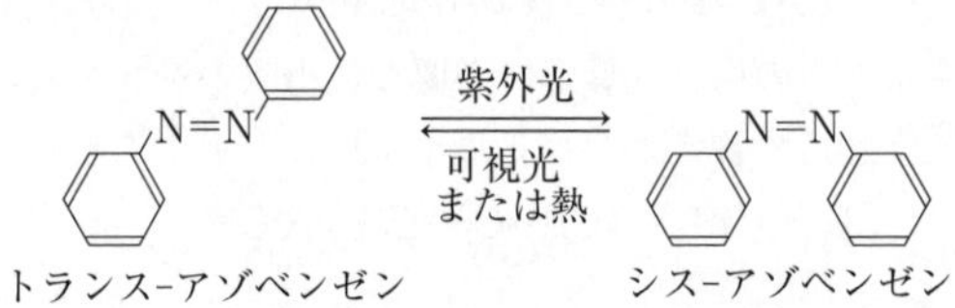

$$(6)$$

トランス-アゾベンゼン　　　シス-アゾベンゼン

アゾ化合物は DVD-R の記録層用途の色素や，繊維を染色する染料として使用される。染料の一種であるオレンジⅡは，式(7)のようにスルファニル酸と 2-ナフトールを出発物質として合成される。

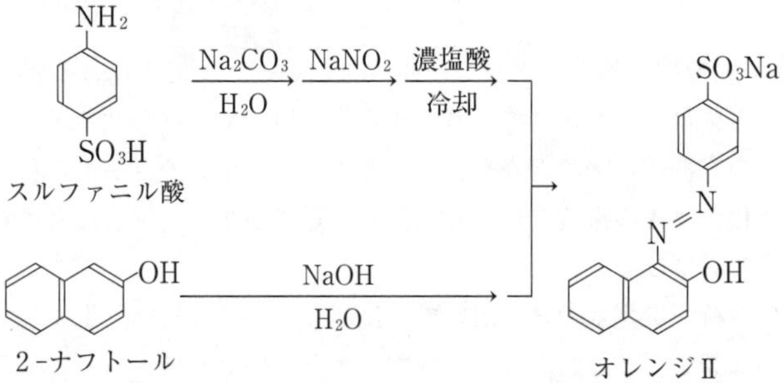

$$(7)$$

スルファニル酸　　　　　　　　　　　　　　オレンジⅡ

2-ナフトール

式(8)のようにオレンジⅡを還元すると，スルファニル酸ナトリウムと化合物 C が生成する。化合物 C に大量の無水酢酸を反応させると，分子式 $C_{14}H_{13}NO_3$ の化合物 D が得られる。

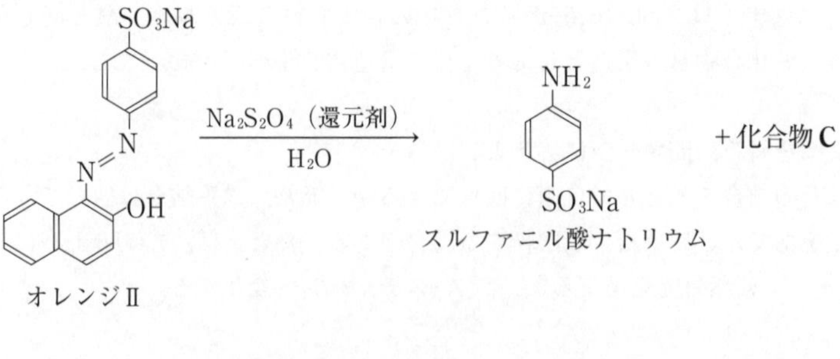

$$(8)$$

オレンジⅡ　　　　　　　スルファニル酸ナトリウム　　　+化合物 C

〔問〕

キ　下線部②に関して，アゾベンゼンのトランス形とシス形のうち，より極性が高い方の異性体がどちらであるかを 30 字程度の理由とともに記せ。

ク　下線部③に関して，トランス-アゾベンゼンの任意の二つの水素原子を塩素原子に置き換えた化合物を考える。その化合物で下線部①の反応が進んだ場合，反応の前後で二つの塩素原子の間の距離が変化しないものは何通りあるかを記せ。ただし，−N＝N−部分以外の構造変化は起こらないものとする。

ケ　式(7)にしたがって，スルファニル酸（分子量 173.1）3.98 g と 2 -ナフトール（分子量 144.0）2.88 g を出発物質として，オレンジⅡ（分子量 350.1）を合成したところ，4.83 g が得られた。オレンジⅡの収率を有効数字 2 桁で答えよ。ただし，オレンジⅡの収率は次の式で求められるものとし，理論上得られるオレンジⅡの物質量とは，いずれかの出発物質が完全に消失するまで反応が進行する場合に，生成し得るオレンジⅡの最大の物質量であるものとする。なお，無機試薬は反応に十分な量を使用したものとする。

$$収率（\%）＝\frac{実際に得られたオレンジ Ⅱ の物質量}{理論上得られるオレンジ Ⅱ の物質量}×100$$

コ　式(7)の反応の実験操作で，反応溶液を濃塩酸と混ぜるときにあらかじめ氷を加えて冷却する。ここで，温度を上げると，収率を低下させる反応が起こる可能性がある。構造式を用いて，その反応を化学反応式で示せ。

サ　化合物 C と化合物 D の構造式をそれぞれ示せ。

シ　式(7)の反応の実験を行い，報告書（レポート）を作成した。報告書を作成する上で明らかに不適切なものを次の(1)〜(5)から二つ選べ。

(1)　実験手順書で指示された薬品の質量と実際に使用した質量が違ったので，指示された質量で計算した収率を記載した。

(2)　反応溶液を濃塩酸と混ぜるときに実験手順書には 1 回で加えるように書かれていたが，実際には 2 回に分けて加えたので，実際に行った実験操作を記載した。

(3)　固体の析出や気体の発生などの反応の様子について，実験ノートをもとに観察結果を記載した。

(4)　オレンジⅡの収率を計算したところ 110 ％になったが，収率は最大で 100 ％であるべきなので，収率は 100 ％であったと記載した。

(5)　観察された色の変化や気体の発生について実験前に立てた仮説と比較し，考察を記載した。

32 グルコースと縮合体，ナイロン66，ポリアミド化合物

(2014 年度　第 3 問)

次の I，II の各問に答えよ。必要があれば以下の値を用いよ。

元　素	H	C	N	O	Ag
原子量	1.0	12.0	14.0	16.0	107.9

I　次の文章を読み，問ア〜キに答えよ。

〔文1〕　天然に存在するグルコースのほとんどは，D型である。図3−1に示すとおり，炭素❶についたヒドロキシ基（以下，❶OH基と呼ぶ）が六員環をはさんで炭素❻の反対側にあるD−グルコースは，α−D−グルコースと呼ばれる。α−D−グルコースを水に溶かすと，①α−D−グルコースとは異なる環状分子や鎖状分子を含む平衡混合物として存在する。

α-D-グルコース　⇌　鎖状分子　⇌　環状分子

図3−1　α−D−グルコース水溶液中の平衡混合物

（簡略化のため，環を構成するC原子は省略してある）

〔文2〕　図3−2に示すとおり，ポリマー分子 **P1** は，5個の α−D−グルコース（**A〜E**）間で❶OH基と❹OH基どうしが脱水縮合して生じる α−グリコシド結合か，または，❶OH基と❻OH基どうしが脱水縮合して生じる α−グリコシド結合により五糖の単量体を構成し，その単量体が *n* 個重合した構造をもつ。

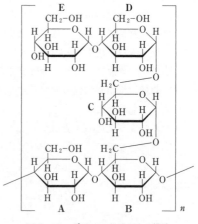

図3−2　ポリマー分子 **P1** の構造

〔問〕

ア 下線部①の環状分子に該当する糖を表している構造式を(1)～(6)からすべて選び，番号で記せ。

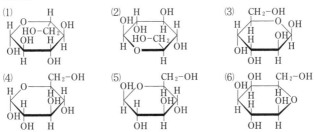

イ α-D-グルコース水溶液をアンモニア性硝酸銀水溶液と反応させると，銀が析出するが，一般的な脂肪族アルデヒドをアンモニア性硝酸銀水溶液と反応させる場合と比べて銀の析出速度が遅い。その理由を30字程度で記せ。

ウ 上記イの反応後，α-D-グルコースはどのような化合物に変換されるか，構造式を記せ。ただし，反応溶液はアルカリ性であることを考慮せよ。

エ α-D-グルコース水溶液中の六員環構造をもつ分子どうしが脱水縮合した以下の二糖(1)～(6)のうち，還元作用を示さないものをすべて選び，番号で記せ。

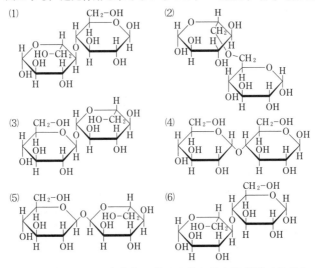

オ 酵素Qは，α-D-グルコースどうしの❶OH基と❻OH基間で生じたα-グリコシド結合のみを加水分解する。酵素Qを用いてポリマー分子**P1**（重合度 n）内に存在する❶OH基と❻OH基間で生じたα-グリコシド結合をすべて加水分解した場合の化学反応式を記せ。ただし，ポリマー分子**P1**の分子式は $(C_{30}H_{50}O_{25})_n$ と表記し，重合部分の両末端は化学反応式に反映させなくてよいものとする。

カ α-D-グルコースを十分量のアンモニア性硝酸銀水溶液と反応させると，1 mol の α-D-グルコースあたり 2 mol の銀が析出する。8.1 g のポリマー分子 **P1** を酵素 **Q** と反応させて，**P1** 分子内に存在する ❶ OH 基と ❻ OH 基間で生じた α-グリコシド結合をすべて加水分解した後，酵素 **Q** を除いてから十分量のアンモニア性硝酸銀水溶液と反応させた。その結果，析出する銀の重量を有効数字 2 桁で記せ。ただし，重合部分の末端の反応は考慮しなくてよいものとし，また，ポリマー分子 **P1** の分子量として $810n$ を用いよ。

キ α-D-グルコースで五糖を構成する際の異性体の数について考える。下記の 3 条件をすべて満たす異性体の数は全部でいくつあるか記せ。なお，ポリマー分子 **P1** を構成する単量体も 3 条件を満たしており，異性体の数に含まれる。

　　　条件 1 ：下図に示す三糖（**A－B－C**）の部分構造をもつ。

　　　条件 2 ：残り 2 個の α-D-グルコースは，**A**，**B** のいずれに対しても脱水縮合していない。

　　　条件 3 ：縮合の様式はすべて，❶ OH 基と ❹ OH 基間で生じる α-グリコシド結合か，または，❶ OH 基と ❻ OH 基間で生じる α-グリコシド結合のいずれかである。

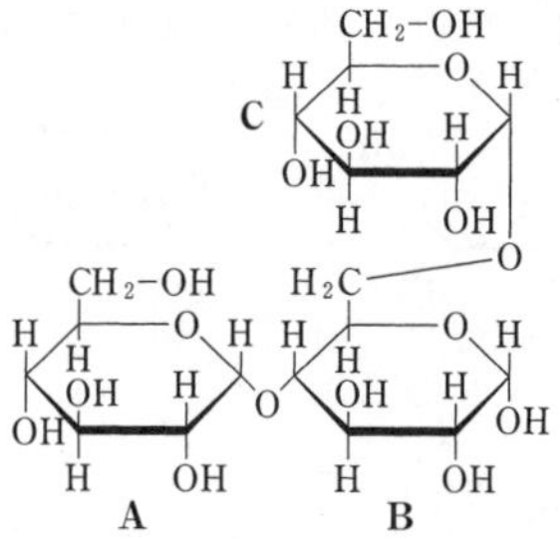

Ⅱ　次の文章を読み，問 **ク**～**ソ** に答えよ。

〔文 3〕　ナイロン 66（6,6-ナイロン）は，ジカルボン酸 **X** とジアミン **Y** の縮合重合によって得られる。実験室でナイロン 66 をつくる場合には，**X** の代わりに酸塩化物[注] **Z** を使うと加熱や加圧が不要となり，以下の操作(ⅰ)～(ⅲ)を行うことで簡単に合成することができる。

（ⅰ）　ビーカーに溶媒 **S1** を入れ，化合物 **Z** を溶かす。

（ⅱ）　別のビーカーに溶媒 **S2** を入れ，②水酸化ナトリウムと化合物 **Y** を溶かす。

（ⅲ）　(ⅰ)で調製した溶液に(ⅱ)で調製した溶液を静かに注ぐと，(ⅱ)の溶液が上層となり，2 つの液の境界面にナイロン 66 の薄膜が生成する。これをピンセットでつまんで引き上げ，試験管などに巻き付けて，ナイロン 66 の繊維を得る。

　　　一方，工業的には **X** と **Y** を直接縮合重合してナイロン 66 を合成する。実用のた

めに力学的強度を上げるには，ポリマーの重合度を十分に高くする必要がある。
③重合度の高いナイロン 66 を工業的に生産するには，**X** と **Y** の物質量の比が重要
である。そのため，まず最初に，物質量の等しい **X** と **Y** からなる塩を作る。その後，
270℃程度にまで加熱して，溶融状態で脱水縮合反応を進行させ，ナイロン 66 を
得る。

〔文 4〕　2-アミノプロパン $(CH_3)_2CHNH_2$ にアクリル酸の酸塩化物[注]を加えて反応
させるとモノマー **M** が得られる。さらに **M** を重合させることでポリマー **P2** が得ら
れる。**P2** はある温度以下では水に溶解し，その溶液は透明である。しかし，ある
温度以上に加熱すると水に不溶となり，透明な溶液は白濁する。この現象は可逆的
で，冷却すると再び透明な溶液に戻る。2-アミノプロパンの代わりにアミノメタン
CH_3NH_2 を用いた場合はこのような性質を示さない。低温領域においては，**P2** の
構造中で親水性の　a　結合部位が水分子と水素結合を形成することで **P2** は水に
溶解する。一方，高温領域では水分子が **P2** から遊離し不溶となる。**P2** 中に存在
する　b　基の疎水性がこの不溶化に大きく寄与している。このように，**P2** は温
度に応答する "賢い" 高分子であり，環境や再生医療の分野などで様々な機能性材
料として応用する研究が盛んに行われている。

注)　酸塩化物：ここでは，カルボン酸の －COOH を －COCl に置換した化合物をさす。

〔問〕

ク　**Z** の構造式をすべての価標を省略せずに記せ。

ケ　下線部②について，水酸化ナトリウムを加える理由として最も適当なものを下記
の選択肢より 1 つ選べ。
- (1)　カルボキシ基を中和することで縮合を加速する。
- (2)　縮合速度を抑えることで重合度の高いポリマーを合成する。
- (3)　縮合速度を抑えることでポリマーの強度を適切に調整する。
- (4)　塩化水素を中和することで縮合速度が低下することを防ぐ。
- (5)　酸塩化物をカルボン酸に加水分解することで縮合を加速する。
- (6)　水酸化ナトリウムの溶解熱を利用して縮合を加速する。

コ　**S1** と **S2** の組み合わせとして最も適当なものを 1 つ選べ。
- (1)　**S1**：ジクロロメタン，**S2**：水
- (2)　**S1**：水，**S2**：ジクロロメタン
- (3)　**S1**：アセトン，**S2**：水
- (4)　**S1**：水，**S2**：アセトン
- (5)　**S1**：ジエチルエーテル，**S2**：水

(6) **S1**：水，**S2**：ジエチルエーテル

(7) **S1**：エタノール，**S2**：ジエチルエーテル

(8) **S1**：ジエチルエーテル，**S2**：エタノール

サ 下線部③について，**X**と**Y**の物質量が等しくない場合を考える。最初に存在していた**X**と**Y**がもつカルボキシ基とアミノ基の総数をそれぞれ N_x, N_y とする。ここで $N_x/N_y = r$ $(0 < r < 1)$ とする。カルボキシ基がすべて反応したとき，反応後の全分子数を N_x と r を用いて表せ。

シ 合成したナイロン 66 の重合度の平均値（平均重合度）は，（最初の全分子数）／（反応後の全分子数）で計算できるものとする。サの条件において，平均重合度を r を用いて表せ。

ス サの条件において，カルボキシ基がすべて反応したときの平均重合度を 200 以上にしたい。そのためには，重合開始時において**X**の物質量に対する**Y**の物質量の過剰分を何％以下に抑える必要があるか。有効数字 2 桁で求めよ。

セ **P2** の構造式を記せ。なお，ポリマーの構造式は以下の例にならって繰り返し単位を記すこと。

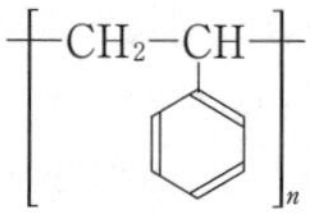

$$\left[\!\!\begin{array}{c} CH_2\!-\!CH \\ | \\ \bigcirc \end{array}\!\!\right]_n$$

ソ 空欄 a ， b にあてはまる最も適切な語句をそれぞれ記せ。

33 ポリマーの合成，アミノ酸の分離，アドレナリンの合成

（2013 年度　第 3 問）

次の I，II の各問に答えよ。

I　次の文章を読み，航空宇宙・エレクトロニクス分野で重要な役割を果たしている
ポリマー P に関する問ア～カに答えよ。

ポリマー P は，以下に示す実験 1 ～ 3 により，モノマー M1 と M2 を原料として合
成される。その反応の流れを図 3 － 1 にまとめた。

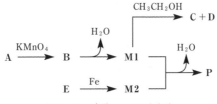

図 3 － 1　実験 1 ～ 3 のまとめ

実験 1 ：モノマー M1 の合成

　　　モノマー M1 は，テトラメチルベンゼンの位置異性体の 1 つである化合物 A
　　を出発原料として，二段階で合成される。化合物 A の溶液に過マンガン酸カリ
　　ウムを加えて 40℃で数時間反応させたのち，反応過程で生成した酸化マンガ
　　ンの沈殿をろ過により除去してから，ろ液を酸性にすることにより，化合物 B
　　が得られる。これを減圧下で 200℃に加熱すると，2 分子の水を失って，モノ
　　マー M1 が生成する。

　　　モノマー M1 は，以下の性質を示す。すなわち，モノマー M1 に 2 分子のエ
　　タノールを付加させると互いに異性体の関係にある化合物 C と化合物 D を与え
　　る。

実験 2 ：モノマー M2 の合成

　　　モノマー M2 は，図 3 － 2 に示す化合物 E を塩化アンモニウム水溶液中で鉄
　　粉を用いて還元することにより合成できる。この反応ではモノマー M2 の塩酸
　　塩と鉄の酸化物が生成する。鉄の酸化物の沈殿をろ過により除去したのち，ろ
　　液に濃アンモニア水溶液を加えると，モノマー M2 の結晶が析出する。

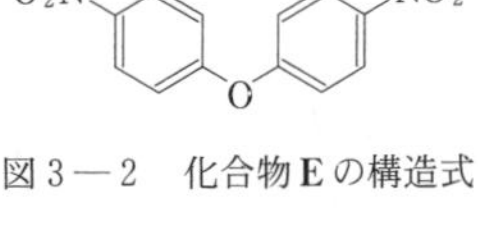

図 3 － 2　化合物 E の構造式

実験3：ポリマーPの合成

　　　モノマー **M1** の溶液に等モル量のモノマー **M2** をゆっくり加えて室温で重合させる。ついで，この重合生成物を230℃に加熱すると，さらに縮合反応により水が失われてポリマーPが生成する。なお，ポリマーPに含まれる窒素原子に水素原子は結合していない（ただし，ポリマーの末端部を除く）。

〔問〕

ア テトラメチルベンゼンと呼ばれる化合物に，位置異性体はいくつあるか。

イ 化合物**A**の構造式を記せ。

ウ 化合物**C**と**D**の構造式を記せ。

エ モノマー **M1** とモノマー **M2** の構造式を記せ。

オ 下記の選択肢(1)〜(5)から，モノマー **M2** の性質として適切なものを1つ選べ。

　(1)　水酸化ナトリウムと反応してナトリウム塩となる

　(2)　硫酸酸性二クロム酸カリウム水溶液で還元される

　(3)　次亜塩素酸カルシウム水溶液で酸化される

　(4)　ヨードホルム反応を示す

　(5)　フェーリング反応を示す

カ ポリマーPの構造式を記せ。なお，ポリマーの構造式は以下の例にならって繰り返し単位を記すこと。

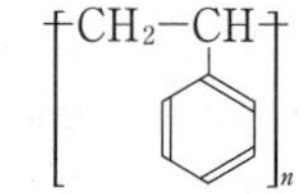

Ⅱ 今をさかのぼること百年ほど前，東京大学にゆかりのある化学者が，生命現象を化学の視点から理解することに重要な寄与をした。次の文1と文2を読み，問**キ**〜**ス**に答えよ。

〔文1〕 池田菊苗は昆布のうま味成分がL-グルタミン酸ナトリウムであることを明らかにし，味覚の1つとして「うま味」を提唱した。L-グルタミン酸（アミノ酸 **F**）は，小麦に含まれるタンパク質を加水分解することで得られるアミノ酸混合物から分離精製することができる。この方法として，アミノ酸の側鎖の構造を反映して変化する　a　の違いを利用する電気泳動や，溶質とイオン交換樹脂の相互作用を利用するクロマトグラフィーなどがある。アミノ酸**F**をアミノ酸混合物から精製する2つの実験を行った。

実験4：図3－3に示すアミノ酸**F**，**G**，**H**の混合物からアミノ酸**F**を分離するために pH　b　の緩衝液を用いて電気泳動を行ったところ，アミノ酸**F**のみが

　　　　　c 側へと移動した。

実験5：図3－4に示すように，スルホ基をもつポリスチレン樹脂（イオン交換樹脂）を円筒形のカラムにつめ，アミノ酸**F**，**G**，**H**の混合物の希塩酸水溶液（pH2.0）を流した（操作1）。ついで，pH4.0の緩衝液（操作2），pH7.0の緩衝液（操作3），pH11.0の緩衝液（操作4）を順に流し，それぞれの操作における溶出液を三角フラスコ**A**～**C**に集めた。フラスコの内容物を分析するとアミノ酸**F**はある1つの三角フラスコにだけ含まれていた。

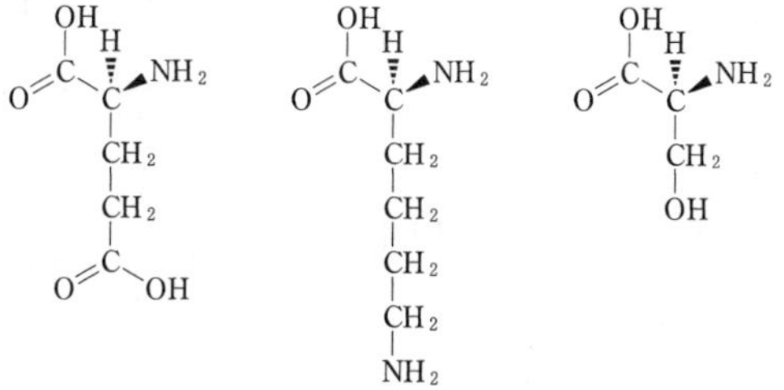

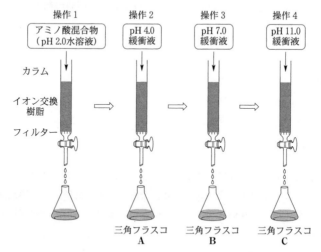

　　　　L-グルタミン酸　　　アミノ酸 **G**　　　　アミノ酸 **H**
　　　　（アミノ酸**F**）

　　図3－3　L-グルタミン酸(アミノ酸**F**)およびアミノ酸**G**, **H**の構造式(この表
　　　　　　記法において，不斉炭素原子に結合したHは紙面の奥に，NH₂は紙面
　　　　　　の手前にある)

操作1　　　　　操作2　　　　　操作3　　　　　操作4

図3－4　イオン交換樹脂を用いたアミノ酸の分離

〔文2〕　高峰譲吉と上中啓三は，血圧を上げるなどの強い生理作用を示すホルモンであるアドレナリンの結晶化に世界で初めて成功し，医薬品として世に出した。アド

114

レナリンはL-チロシンから4段階の化学反応（反応1～反応4）を経て体内で合成され，副腎髄質から分泌される。これらの化学反応はそれぞれ酵素E1～酵素E4によって促進され，図3−5に示すように，化合物Ⅰ，Ｊ，Ｋを経てアドレナリンが合成される。なお，化合物Ⅰ，Ｊ，Ｋのうち少なくとも1つは不斉炭素原子を持たない。また，酵素E2による反応2では，化合物Ｊに加えて　d　が生成する。

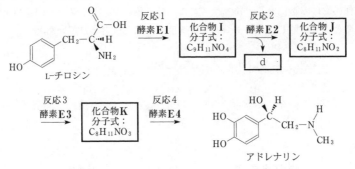

図3−5　生体内におけるアドレナリンの合成経路

〔問〕

キ 　a　にあてはまる適切な用語を記せ。

ク 　b　および　c　にあてはまる適切な数字および用語の組み合わせを，下記の選択肢(1)～(6)の中から選べ。

	b	c
(1)	4.0	陰　極
(2)	7.0	陰　極
(3)	11.0	陰　極
(4)	4.0	陽　極
(5)	7.0	陽　極
(6)	11.0	陽　極

ケ 下線部に関して，実験5における操作1を行った後に，アミノ酸Ｆがイオン交換樹脂に吸着している様子を構造式で示せ。なお，イオン交換樹脂の構造式は下記のようにベンゼン環とスルホ基だけを示せばよい。また，アミノ酸の立体構造を表記する必要はない。

$$O=S=O$$
$$OH$$

コ 三角フラスコＢおよび三角フラスコＣに含まれるアミノ酸の記号をそれぞれ記せ。

なお，アミノ酸が含まれない場合には「無」と解答すること。

サ　酵素 **E1** および酵素 **E3** の役割は何か。それぞれについて，下記の選択肢(1)～(6)の中から適切なものを選べ。

(1)　第二級アルコールを生成する

(2)　エーテル結合を生成する

(3)　カルボキシル基を還元する

(4)　カルボキシル基を酸化する

(5)　ベンゼン環を酸化する

(6)　アミノ基を酸化する

シ　d にあてはまる化合物名を記せ。

ス　化合物 **I**，**J**，**K** のうち不斉炭素原子を持たないものはどれか。該当する化合物すべてについて，記号とともに構造式を記せ。

34 チロキシンの合成，炭素数3の有機化合物

（2012年度 第3問）

次のⅠ，Ⅱの各問に答えよ。必要があれば以下の値を用い，構造式は例にならって示せ。

元素	H	C	O
原子量	1.0	12.0	16.0

（構造式の例）

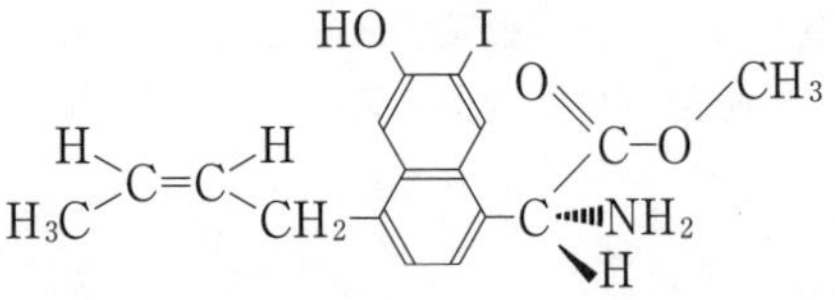

不斉炭素原子まわりの結合の示し方：

W，C，Xは紙面上にあり，Zは紙面の手前に，Yは紙面の奥にある。

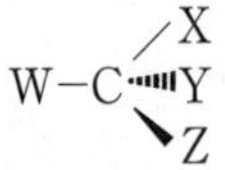

Ⅰ 次の文章を読み，問ア〜オに答えよ。

L-チロキシン（分子量777）は甲状腺が産生する甲状腺ホルモンの一種であり，工業的に合成されたL-チロキシンが薬として処方されている。

図3-1に，L-チロキシンを合成する経路の一つを示す。L-チロシン（分子量181）を出発物質として反応1により官能基X^1を持つ化合物**A**を合成する。次に反応2により化合物**B**を合成し，これを反応3により化合物**C**に変換する。さらに反応4を経て化合物**D**を合成し，これを反応5により化合物**E**に変換する。次に，反応6により化合物**F**を合成する。反応7において，官能基X^3はヨウ素に置換され，化合物**G**が生成し，同時に窒素ガスが発生する。さらに2つの反応を経て目的の化合物であるL-チロキシンが合成される。

〔補足説明〕 図3-1の構造式では，不斉炭素原子を省略して表記してある。

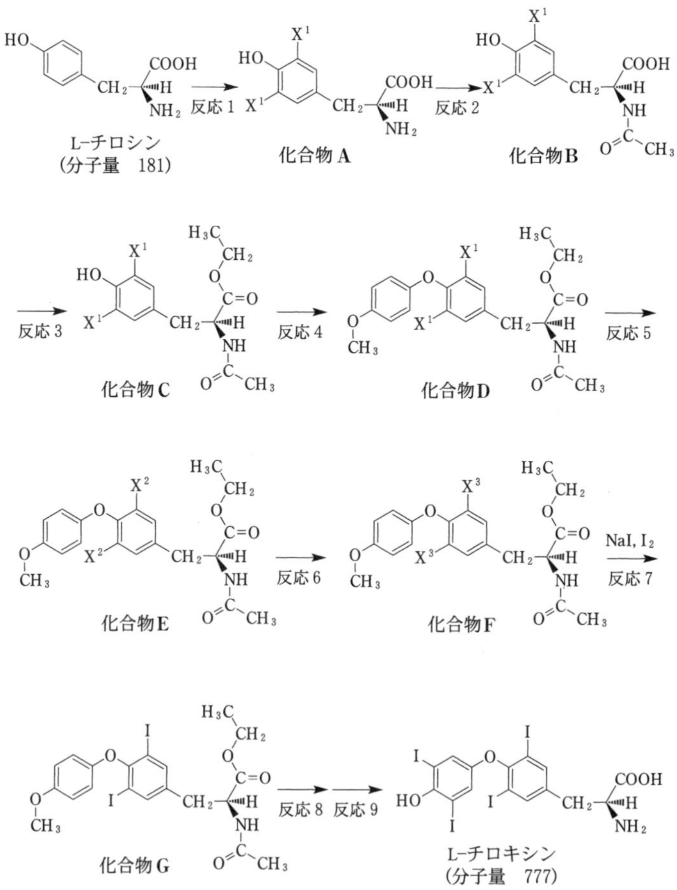

図 3 ― 1　L-チロキシンの合成

〔問〕

ア　反応 1，反応 2，反応 3，反応 5，反応 6 で使用する試薬として最も適切なもの
を下記の(1)～(16)から，それぞれ一つ選べ。

(1)　メタノール，塩化水素

(2)　濃塩酸，過マンガン酸カリウム

(3)　濃硝酸，濃硫酸

(4)　水酸化ナトリウム，無水酢酸

(5)　塩化ナトリウム，濃硫酸

(6)　酸素，触媒

(7)　亜硝酸ナトリウム，濃硫酸

(8)　水素，触媒

(9)　エタノール，塩化水素

(10)　濃塩酸，濃硫酸

(11)　塩素，触媒

(12)　水酸化ナトリウム，酢酸

(13)　濃塩酸，酢酸

(14)　濃塩酸，無水酢酸

⒂　炭酸水素ナトリウム，酢酸　　⒃　メタノール，水酸化ナトリウム

イ　反応4において化合物Cと化合物Dの混合物が得られた。ここから未反応の化合
物Cを除き化合物Dを得る目的で抽出操作を行った。この操作として最も適当なも
のを下記の⑴～⑷から一つ選べ。

⑴　水酸化ナトリウム水溶液とクロロホルムで分液操作を行い水層を回収する。

⑵　水酸化ナトリウム水溶液とクロロホルムで分液操作を行い有機層を回収する。

⑶　希塩酸とクロロホルムで分液操作を行い水層を回収する。

⑷　希塩酸とクロロホルムで分液操作を行い有機層を回収する。

ウ　有機合成反応では反応が完全には進行しないことも多く，例えば反応2において

$$収率（\%）=\frac{得られた化合物 B の物質量}{化合物 A の物質量}\times100$$

として合成の効率を評価する。図3－1で示した9つの反応の収率がいずれも70
％であると仮定して，5.43kgのL-チロシンを用いて合成を行った場合に得られる
L-チロキシンの重量を有効数字2桁で求めよ。

エ　合成したL-チロキシンを同定するために燃焼法により元素分析を行った。62mg
のL-チロキシンを完全燃焼したときに発生する二酸化炭素の重量を有効数字2桁
で求めよ。

オ　合成したL-チロキシンを精密に分析したところ微量のD-チロキシン（L-チロ
キシンの鏡像異性体）が混入していることが分かった。この構造式として適当なも
のを下記の⑴～⑻から選べ。

〔補足説明〕　構造式では，不斉炭素原子を省略して表記してある。

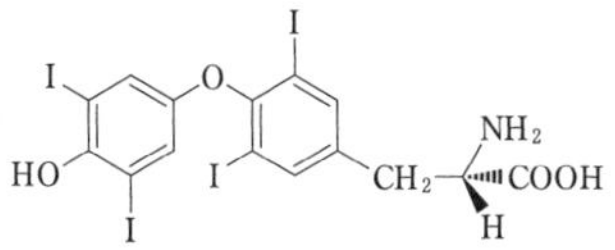

(1)

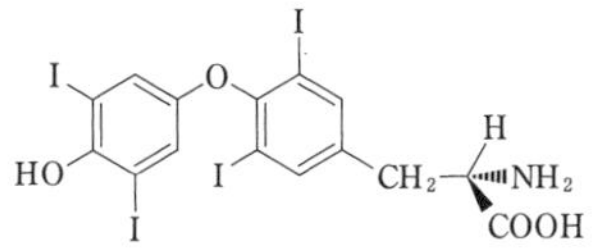

(2)

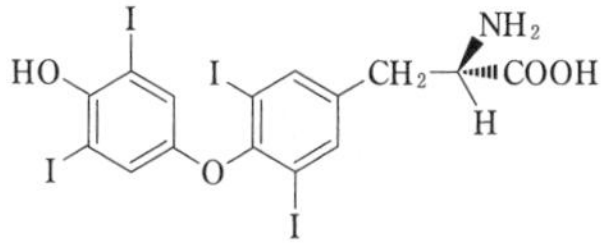

(3)

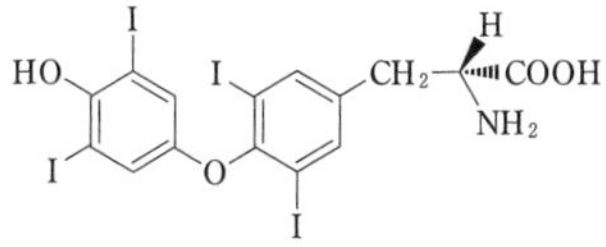

(4)

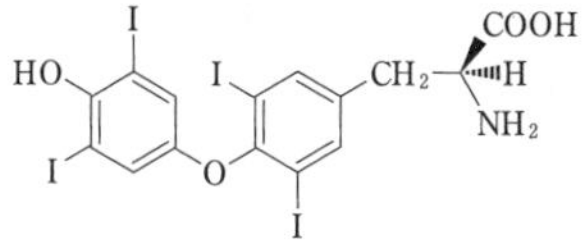

(5)

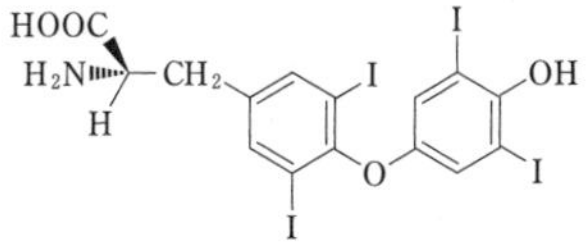

(6)

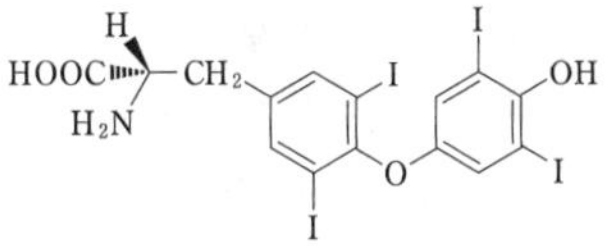

(7)

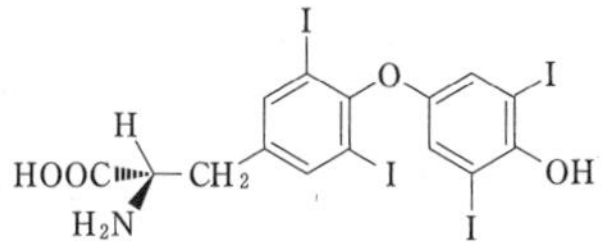

(8)

Ⅱ　炭素数3の有機化合物は，ポリマーの原料として極めて重要である。次の文章を読み，問**カ**〜**サ**に答えよ。

（実験1）　化合物**H**は炭素数3で分子量42の常温・常圧で気体の化合物であり，炭素原子と水素原子のみからなっている。この化合物**H**を重合反応させると熱可塑性を持つポリマー**X**を得ることができた。一方で，化合物**H**を触媒存在下で酸素によって酸化すると，分子量72の化合物**I**（沸点141℃）が得られた。化合物**I**は炭酸水素ナトリウムと反応して水溶性の塩**J**を生じた。また，化合物**I**をメタノールと反応させると化合物**K**（沸点80℃）と水が生じた。なお，化合物**H**，**I**，**J**，**K**は臭素と反応しうる部分構造を有する。

（実験2）　化合物**J**に架橋剤を加えて重合を行うと，網目構造をもつポリマー**Y**が得られた。①このポリマー**Y**に水を加えると，吸水して膨らんだ。さらに，②これを塩化カルシウム水溶液に浸漬すると，体積が小さくなった。

（実験3） 分子式 $C_3H_6O_3$ を有する化合物 L は酵素によるグルコースの分解反応によって得られる。この化合物は不斉炭素原子を有しており，炭酸水素ナトリウムと反応して水溶性の塩を生じた。化合物 L を脱水縮合すると分子式 $C_6H_8O_4$ の化合物 M が得られた。さらに化合物 M を重合するとポリマー Z が得られた。

〔問〕

カ 化合物 I の構造式を示せ。

キ 化合物 K の構造式を示せ。また，化合物 I と化合物 K の沸点が大きく異なる理由を 25 字以内で述べよ。

ク 下線部①の理由を下記の選択肢から選べ。

　(1) ポリマーの官能基間の静電引力

　(2) ポリマーの官能基の水和

　(3) ポリマーの官能基の凝集

　(4) ポリマーの重合度の上昇

　(5) ポリマー外へのナトリウムイオンの移動

ケ 下線部②の理由を 25 字以内で述べよ。

コ 化合物 M の構造式を示せ。ただし，立体異性体は考慮しなくてよい。

サ 実験 3 で得られるポリマー Z は，実験 1 で得られるポリマー X よりも土壌中で容易に低分子量の化合物に変換される。この理由を下記の選択肢から選べ。

　(1) 揮発しやすいため

　(2) 還元されやすいため

　(3) 加水分解されやすいため

　(4) 再重合しやすいため

　(5) 脱水反応を起こしやすいため

35 炭化水素の構造決定，酸無水物の反応

(2011年度　第3問)

次のⅠ，Ⅱの各問に答えよ。ただし，原子量は次の値を用い，構造式は下記の例のように示せ。

元素	H	C	O	I
原子量	1.0	12.0	16.0	127.0

構造式の描き方例。＊印をつけた炭素原子は不斉炭素原子を表す。

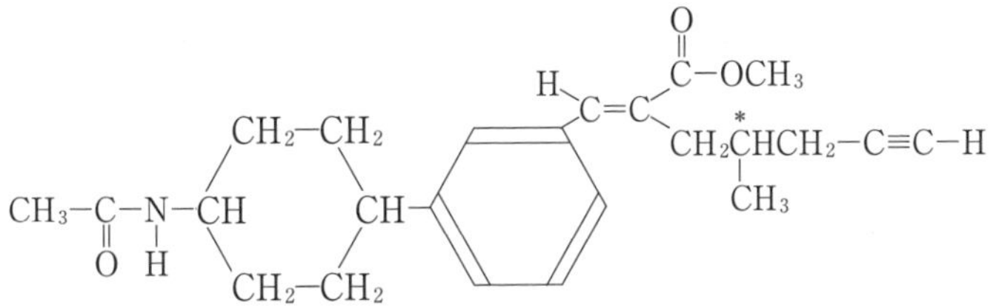

Ⅰ　次の文章を読み，問ア～オに答えよ。

　みかんの皮は，昔から漢方薬や入浴剤として使われている。この果皮の成分として，炭素原子と水素原子だけからなる化合物**A**が得られた。化合物**A**は不斉炭素原子を有し，常温・常圧で無色透明の液体である。化合物**A**の構造を決定するために以下のような実験を行った。

実験1　ある一定量の化合物**A**を完全燃焼させたところ，二酸化炭素 11.0 mg，水 3.6 mg が得られた。また，分子量の測定値は 138±3 であった。

実験2　化合物**A** 50.0 mg に水素を付加させたところ，標準状態に換算して 16.5 mL の H_2 を吸収し，飽和化合物**B**を生じた（ただし，標準状態の H_2 1.00 mol の体積は 22.4 L とする）。

実験3　下記のアルケンを酸性の過マンガン酸カリウム溶液中で熱すると，ケトンとカルボン酸を生じる。

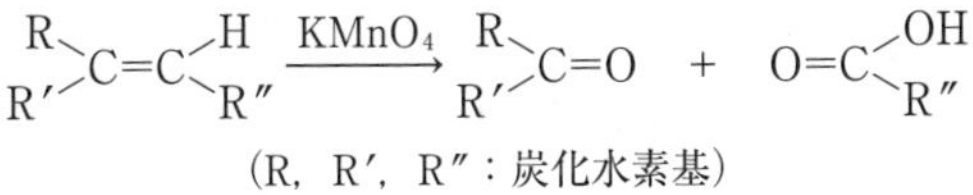

（R，R′，R″：炭化水素基）

　化合物**A**を酸性の過マンガン酸カリウム溶液中で熱すると，生成物の1つとして以下の部分構造式をもつモノカルボン酸（一価カルボン酸）**C**が得られた。

$$\{-CH_2-CH_2-\overset{\displaystyle \sim}{C}H-CH_2-\overset{\displaystyle O}{\overset{\|}{C}}-OH$$

実験4　ヨードホルム反応は以下の式(1)にしたがって進行するという。

$$R-\overset{O}{\overset{\|}{C}}-CH_3 + \boxed{\text{ i }}\,I_2 + \boxed{\text{ ii }}\,NaOH$$

$$\longrightarrow R-\overset{O}{\overset{\|}{C}}-ONa + CHI_3 + \boxed{\text{ iii }}\,NaI + \boxed{\text{ iv }}\,H_2O \qquad (1)$$

　モノカルボン酸Cはヨードホルム反応を示し，モノカルボン酸C 0.100 molに対して，消費されたヨウ素I_2の重量は152.4 gであった。この実験と実験3の結果から，モノカルボン酸Cの構造が決定できた。

〔問〕

ア　化合物Aの分子式を求めよ。

イ　実験2から，化合物Aに含まれる不飽和結合の種類と数について2通りの組み合わせが考えられる。それぞれを記せ。

ウ　式(1)の係数 $\boxed{\text{ i }}$ 〜 $\boxed{\text{ iv }}$ を記せ。

エ　上記実験1〜4で得られた情報から，化合物Aとして考えられる構造式は3種類にしぼられる。これらの構造式を示せ。ただし光学異性体は同一の化合物とみなす。

オ　実験2で得られた飽和化合物Bは不斉炭素原子をもたないことがわかった。この情報により，問エで推定された候補の中から化合物Aを特定することができた。その構造式を示せ。また，化合物Aの不斉炭素原子を＊でしるせ。

Ⅱ　次の文章を読み，問**カ**〜**コ**に答えよ。

　カルボン酸2分子が縮合してできる化合物は，酸無水物と呼ばれる。代表的な酸無水物として，無水酢酸（**D**）が知られている。酸無水物の中には，異なる2種類のカルボン酸が縮合した構造をもつ，混合酸無水物と呼ばれる化合物も知られている。酸無水物はアルコールやアミンと温和な条件で反応し，それぞれエステル化合物やアミド化合物を与える。

〔問〕

カ　酢酸とプロピオン酸（CH_3CH_2COOH）が縮合した混合酸無水物Eの構造式を示せ。

キ　無水酢酸（**D**）に2倍の物質量のプロピオン酸カリウムを加え加熱すると，次第に化合物Eが生じ，さらに加熱を続けると化合物Fも生成しはじめる。化合物Fの構造式を示せ。

ク　問キの反応で加熱を長時間続けても，無水酢酸（**D**）が完全に消費されることは

なく　v　が成り立つため，化合物D，E，Fの物質量はある一定の比に近づくという。

　　上記文中の　v　の中に適当な語句を入れよ。

ケ　有機溶媒と水酸化カリウム水溶液からなる二層の溶媒を用いて，化合物Eと2-メチルペンタン-1,5-ジアミンを反応させた。反応を完結させるのに十分な物質量の化合物Eを用いたところ，6種類の化合物G〜Lが新たに生成した。これらの化合物のうち，2種類の有機化合物G，Hは水層にあり，有機層にはアミド結合を有する4種の化合物I，J，K，Lがあった。これらの化合物のうち，J，Kは分子量が同一であった。化合物J，Kの構造式を示せ。ただし，光学異性体は同一の化合物とみなす。

コ　問ケの実験で生成した化合物G，Hそれぞれの構造式を示せ。

124

36 C₄H₆O₅の構造決定，芳香族の多段階電離

次のⅠ，Ⅱの各問に答えよ。

Ⅰ　次の文章を読み，問ア〜エに答えよ。化学構造式を示す場合は，不斉炭素上の置換様式（紙面の上下）を特定しない平面構造式で示すこと。

（平面構造式の例）

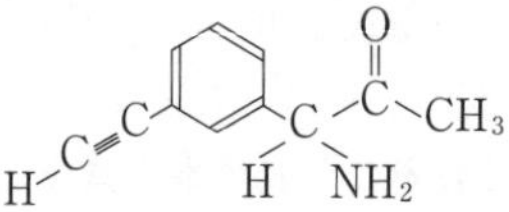

ある植物の果汁に含まれる酸味成分として分子式 $C_4H_6O_5$ を持つ化合物 **A** を得た。化合物 **A** の化学構造式を決定するために以下の実験を行った。

化合物 **A** の $0.10\,\mathrm{mol\cdot L^{-1}}$ の水溶液 $10\,\mathrm{mL}$ をつくり，$0.10\,\mathrm{mol\cdot L^{-1}}$ の水酸化ナトリウム水溶液で滴定したところ，$20\,\mathrm{mL}$ で中和点に達し，溶液はアルカリ性であった。この実験により，平面構造式の候補は 5 個に絞られた。ただしここで，モノ炭酸エステルは中性の水中において容易に分解するため，候補として考慮しない。

（モノ炭酸エステルの例）

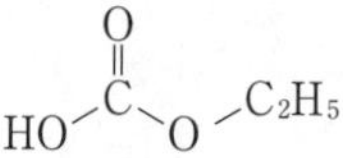

化合物 **A** をエーテル中で金属ナトリウムと反応させたところ，化合物 **A** $1.0\,\mathrm{mol}$ あたり，水素 $1.5\,\mathrm{mol}$ が発生し，反応後も金属ナトリウムは残っていた。この反応により化合物 **A** の平面構造式の候補は，①5 個から 3 個に絞られた。

化合物 **A** をクロム酸二カリウムで酸化したところ，分子式 $C_4H_4O_5$ の化合物 **B** が得られた。この反応により，②上記 3 個の候補の 1 個が除外され，候補は 2 個に絞られた。

化合物 **A** に強酸を加えると，分子内から水が 1 分子除去されて，化合物 **C** と **D** の混合物が得られた。この化合物 **C** と **D** は，いずれもオゾンおよび臭素と反応した。2 つの化合物 **C** と **D** が得られたことから，③上記 2 個の候補の 1 個が除外され，化合物 **A** の平面構造式が特定できた。

〔問〕

ア　下線部①で除外された 2 個の平面構造式を示せ。

イ　下線部②および③で除外された平面構造式をそれぞれ示し，各々の理由を記せ。

ウ　化合物 **A** および **B** の平面構造式をそれぞれ示せ。

エ　化合物 **C** と **D** の組み合わせに対して考えられる 2 個の平面構造式を示せ。

Ⅱ 次の文章を読み，問オ～ケに答えよ。

互いに混ざり合わない等容量の有機溶媒と水または緩衝液を分液漏斗（図3－1）内で混合し，そこに化合物を加えて撹拌すると，化合物は2種の溶媒にある特定の比率で分配される。その比率を $a:(1-a)$ とすると，a は0から1の範囲で化合物に固有の値となり，化合物の親水性が高いと0，親油性が高いと1に近い値となる。この分配操作は，複数の化合物の混合物から特定のものを分離する目的に利用される。以下では，3つの異なる条件にて多段階の分配操作を行い，1回の分配操作では分離できない混合物の分離を試みた。

実験a　3つの化合物E，F，Gがそれぞれ1gずつ含まれる混合物がある。これらは図3－2に構造式を示したいずれかの化合物に該当する。この混合物を図3－3の操作段階数 $n=1$ に示したように，等容量の有機溶媒とpH＝7の緩衝液を用いて分配した。次に操作段階数 $n=2$ に示したように，得られた下層の水相1－iを新しい等容量の有機溶媒と，また，上層の有機相1－Iを新しい等容量の緩衝液と混合して分配した。更に，操作段階数 $n=3$ に示したように，得られた下層2－iiを新しい等容量の有機溶媒と混合，上層2－Iを下層2－iと混合，上層2－Ⅱを新しい等容量の緩衝液と混合して，分配操作を行った。このような操作を順次繰り返すことにより，操作段階数 $n=9$ に示したように，9つの分液漏斗が得られた。上から分液漏斗の番号を①から⑨としたとき，上層と下層をあわせた各分液漏斗に含まれる化合物の存在量は図3－4aの折れ線グラフのように示された。

実験b　緩衝液のpHを変えて実験aと同様の操作を行ったところ，図3－4bのように化合物E，F，Gの分布が変化した。実験aおよび実験bの操作では，化合物EとFを分離することができなかった。

実験c　3つの化合物の混合物を少量の酸とともに熱した後に中和したところ，化合物Fは化合物Hに変化したが，化合物Eと化合物Gは変化しなかった。この混合物に対して，実験aと同様にpH＝7の緩衝液を用いた分配操作を行ったところ，化合物E，G，Hは図3－4cのような分布を示した。

〔問〕

オ　実験bの操作段階数 $n=3$ において，中央の分液漏斗内（3－Ⅱと3－iiを合わせたもの）に含まれる化合物Eの量は0.18gであった。操作段階数 $n=1$ において，上層には化合物Eが何g含まれていたか。

カ　実験bでは酸性，アルカリ性のいずれの緩衝液を用いたと考えられるか，理由とともに記せ。

キ　化合物E，F，Gは，それぞれ図3－2の構造式のいずれに該当するか，構造式

126

を用いて示せ。

ク 実験cにおける酸処理により化合物Fから化合物Hが生じた反応を構造式を用いて示せ。

ケ 図3－4cで示された化合物E，G，Hの分離をさらに改善させるため，実験cの操作段階数が49回になるまで同様の分配操作を行った。このとき，各化合物の分布の近似曲線は図3－5のbからfのいずれになると予想されるか。なお，図3－5aは図3－4cの折れ線グラフを曲線で近似したものである。

図3－1　分液漏斗

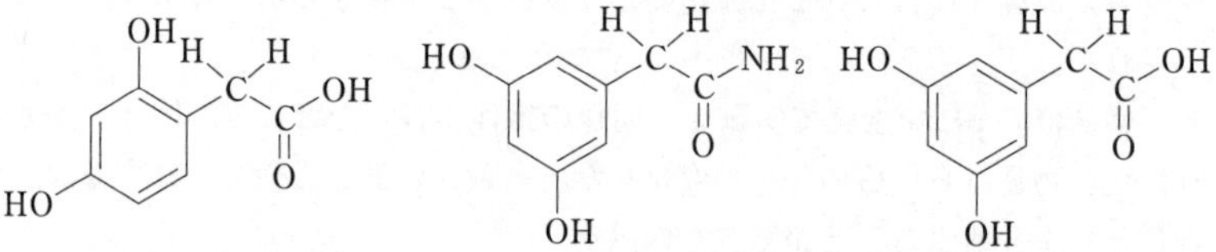

図3－2　混合物に含まれる3つの化合物の構造式

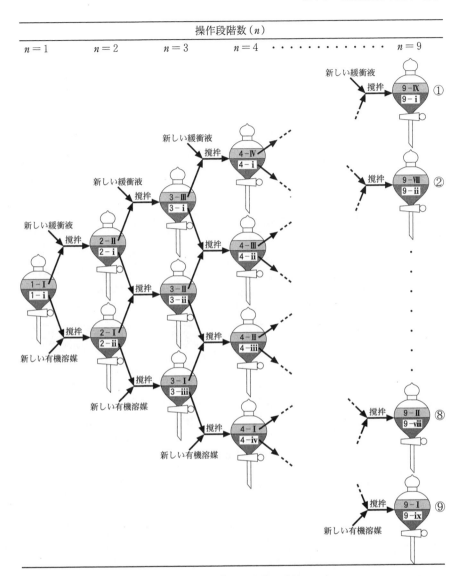

図3－3　①から⑨は分液漏斗番号を示す

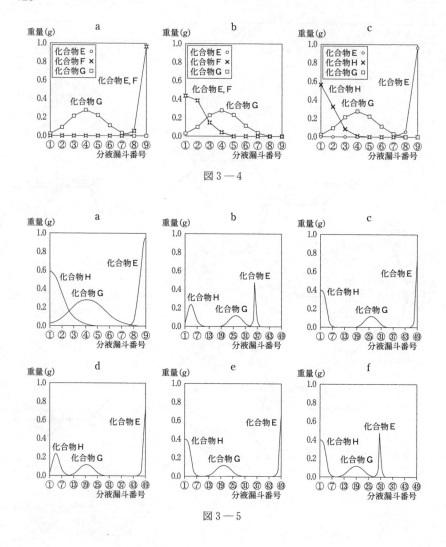

図 3 — 4

図 3 — 5

37 環状エステルの構造，立体構造とエネルギー

(2009 年度　第 3 問)

次の I，II の各問に答えよ。

I　次の文章を読み，問ア〜カに答えよ。構造式は例にならって解答せよ。

（構造式の例）

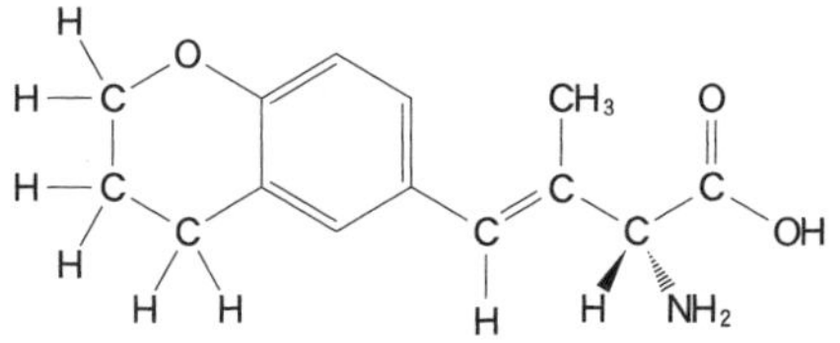

W　　X　不斉炭素原子まわりの結合の示し方：
　　C　　W，C，X が紙面上にある場合，Z は紙面の手前に，Y は紙面の
Z　　Y　　奥にある。

(1)　分子式 $C_8H_{12}O_4$ の化合物 A 〜 D がある。化合物 A，B，D は環状構造をもち，化合物 C は環状構造をもたない。化合物 A，B の環は 10 個の原子で構成され（十員環），化合物 D の環は 6 個の原子で構成される（六員環）。化合物 A 〜 D の中で，D のみが不斉炭素原子をもつ。

(2)　化合物 A 〜 D に対して，それぞれ炭酸水素ナトリウム水溶液を加えたが，気体は発生しなかった。

(3)　1 mol の化合物 A 〜 D にそれぞれ水酸化ナトリウム水溶液を加えて加熱したのち，室温まで冷却し，希塩酸を加えて酸性にした。その結果，化合物 A からは 2 mol の化合物 E が，化合物 B からは 1 mol の化合物 F と 1 mol の化合物 G が，化合物 C からは 1 mol の化合物 H と 2 mol の化合物 I が，化合物 D からは 1 mol の化合物 J と 1 mol の化合物 K がそれぞれ得られた。

(4)　1 mol の化合物 E にナトリウムを作用させると，1 mol の水素分子が発生した。

(5)　化合物 F とヘキサメチレンジアミンを縮合重合させると，6,6-ナイロンが生じた。

(6)　化合物 H に臭素を作用させると，不斉炭素原子を有する化合物 L が得られた。

(7)　リン酸触媒を用いて，高温高圧下でエチレンに水蒸気を作用させると，化合物 I が得られた。

(8)　化合物 J と化合物 K は，互いに光学（鏡像）異性体である。

〔問〕

ア 化合物Eの分子式を示せ。

イ 化合物Aの構造式を示せ。

ウ (5)における反応の化学反応式を示せ。

エ 化合物Bの構造式を示せ。

オ 化合物Cとして考えられる立体異性体の構造式をすべて示せ。

カ 化合物Dの構造式を示せ。

Ⅱ 次の文章を読み，問**キ**～**ケ**に答えよ。

　炭素－炭素原子間の単結合は，一般にそれを軸として回転することができる。炭素－炭素結合回りの回転にともなって，分子の立体構造が変わり，分子のエネルギーは変化する。このとき，原子の立体的な混み具合が小さいものほどエネルギーが低く，分子は安定になる。

　エタンを例としてあげる。図3－1のように，エタンの水素原子に，それぞれH_a，H_b，H_c，H_x，H_y，H_zと名前を付けて区別する。構造式Mと構造式Nは，炭素－炭素結合の回転による異性体である。立体的な混み具合と結合の回転との関係は，投影式を用いるとわかりやすい。太矢印の方向から，結合した二つの炭素原子が重なるように投影する。H_a，H_b，H_cが結合する手前の炭素原子を中心点（●）で，H_x，H_y，H_zが結合する後方の炭素原子を円で描くと，構造式Mおよび構造式Nは，それぞれ投影式Mおよび投影式Nのように表せる。H_aとH_x，H_bとH_y，H_cとH_zがそれぞれ重なる投影式Mはエネルギーが高い状態を表し，原子の混み具合が小さい投影式Nはエネルギーが低い状態を表す。また，回転角θを投影式M，Nに示すように定義すると，θとエネルギーの関係は，図3－2のグラフの曲線のようになる。

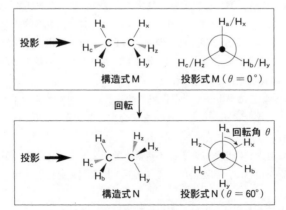

図3－1　（構造式の太いくさびは紙面の手前へ出た結合，破線のくさびは紙面の奥へ出た結合を表す。）

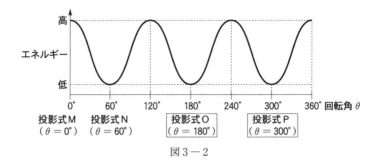

図3－2

〔問〕

キ 図3－2における，投影式Oと投影式Pを示せ。なお，エタンの水素原子は，投影式Mや投影式Nにならって，名前を付けて区別すること。

ク ブタン（$CH_3-CH_2-CH_2-CH_3$）の**太字**の炭素－炭素結合回りの回転角とエネルギーの関係は，図3－3のグラフの曲線のようになる。これは，メチル基が水素原子より立体的に大きいことに関係している。**太字**の炭素－炭素結合に関する投影式Q，R，Sを示せ。メチル基はCH_3，**太字**の炭素上の水素原子はHで表示せよ。

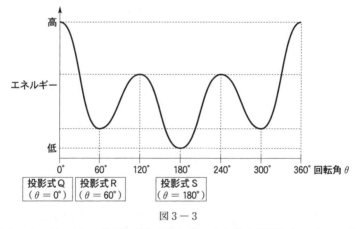

図3－3

ケ 図3－1のH_a，H_xの位置にそれぞれヒドロキシ基を配置したエチレングリコールの場合，投影式Oに対応する構造に比べて，投影式Nおよび投影式Pに対応する構造がより安定となる。その理由を40字以内で示せ。

38 酢酸エステルの構造決定，酵素による多段階反応
(2008年度　第3問)

次のⅠ，Ⅱの各問に答えよ。必要があれば原子量として以下の値を用いよ。

元素	H	C	O
原子量	1.0	12.0	16.0

Ⅰ　次の文章を読み，問ア〜キに答えよ。なお，構造式は例にならって解答せよ。

（構造式の例）

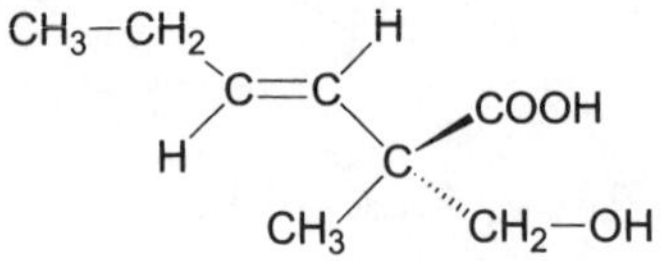

CH_3-CH_2

C=C

H

H

COOH

C

CH_3

CH_2-OH

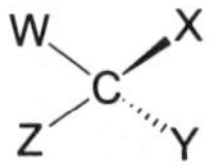

W, C, Zが紙面上にある時，Xは紙面の手前に，
Yは紙面の向こう側にある。

炭素，水素，および酸素のみからなり，互いに異性体である酢酸エステルA〜Lがある。

(1)　化合物Aについて元素分析を行った結果，炭素63.1 %，水素8.8 %であった。

(2)　1 molの化合物A〜Kは触媒存在下，それぞれ1 molの重水素分子と過不足なく反応するが，化合物Lは同条件下，重水素分子と反応しない。Aから生じた反応生成物の，Aに対する質量増加率は3.5 %であった。なお，重水素の相対質量は2.0とする。

(3)　A〜Kを適当な条件で加水分解すると，A〜Eはアルコールを，F〜Hはアルデヒドを，そして，I〜Kはケトンを与える。F〜Kの加水分解では，途中に不安定なアルコール中間体を経て，アルデヒドまたはケトンに異性化するものとする。

(4)　Bは不斉炭素原子を一個もつが，AおよびC〜Lは不斉炭素原子をもたない。

(5)　CとDは互いにシス・トランス異性体の関係にある。同様に，FとG，並びにJとKもシス・トランス異性体の関係にある。

(6)　EとHを触媒存在下，水素と反応させると，同一生成物が得られる。

(7)　Lを加水分解して得られるアルコールを酸化するとケトンが得られる。

〔問〕

ア　化合物Aの組成式を求めよ。

イ　化合物Aの分子式を示せ。結果のみでなく答に至る過程も示せ。

ウ　化合物Bには互いに鏡像の関係にある異性体がある。それら2つの鏡像異性体（光学異性体）の構造式を示せ。

エ　化合物 C と D のうち，トランス異性体の構造式を示せ。

オ　化合物 H の構造式を示せ。

カ　化合物 I の構造式を示せ。

キ　化合物 L の構造式を示せ。

Ⅱ　次の文章を読み，問**ク～コ**に答えよ。構造式を示す場合は化合物 1～4 の構造式を参照すること。炭素原子に結合した水素原子は省略してよい。

　細胞や体液の中では多様な化学反応がたえず進んでいる。それらの化学反応のほとんどは，反応物が出会っただけでは起こりにくいが，酵素と呼ばれるタンパク質を主成分とする物質に助けられて速やかに進むようになる。複雑な構造を有する生体内物質は，通常多段階の酵素による反応を経て合成される。

　ここで以下の E1～E6 の 6 種類の酵素を含む酵素混合溶液を考える。

(1)　$H-\overset{|}{\underset{|}{C}}-H$ から $H-\overset{|}{\underset{|}{C}}-OH$ への反応の触媒である酵素 3 種類（E1，E2，E3）。

(2)　$H-\overset{|}{\underset{|}{C}}-OH$ から $\overset{}{\underset{}{>}}C=O$ への反応の触媒である酵素 1 種類（E4）。

(3)　$\overset{}{\underset{}{>}}C=O$ から $H-\overset{|}{\underset{|}{C}}-OH$ への反応の触媒である酵素 2 種類（E5，E6）。

　この酵素混合溶液にステロイド骨格をもつ化合物 M を加えると，図 3 － 1 に示すように，各酵素のはたらきにより，化合物 M が化合物 N に変換され（M→N），その後順次 N→O，O→P，P→Q，Q→R，R→S という，合計 6 つの反応を経由して化合物 S が合成される。十分な時間反応させると，M はすべて S に変換される。ここで各酵素は「上記 6 つの反応のうち 1 つのみの触媒であり，M～R 以外の化合物を基質としない」という性質をもつと同時に，各酵素反応は「不可逆的であり，溶液中に基質以外の化合物や他の酵素が存在しても進行する」とする。

　化合物 P，R を無水酢酸と反応させると一分子あたり 3 つのアセチル基が導入された。図 3 － 2 に化合物 N～R のうち，4 種類の化合物の構造式 1～4 を示す。

〔問〕

ク　化合物 N，O，Q，R に相当する構造式の番号を P＝5 のようにアルファベット，等号と数字を用いて示せ。

ケ　$\overset{}{\underset{}{>}}C=O$ を $H-\overset{|}{\underset{|}{C}}-OH$ に変換する還元剤と化合物 M を反応させると，2 種類の立体異性体のみが生成してくる。生成した 2 種類の立体異性体を酵素混合溶液に加え，十分な時間をかけてすべての酵素反応を完成させたところ，溶液中にステロイド骨格をもった 2 種類の化合物の存在が確認できた。この 2 種類の化合物の構造式

を示せ。

コ　酵素 E2〜E6 を含む酵素混合溶液を考える。その溶液中に化合物**M**を加えたのち，十分な時間をかけてすべての酵素反応を完結させた場合に，化合物**M**〜**S**のうち溶液中に存在するものはどれか。可能性のある化合物すべてをアルファベットで示せ。

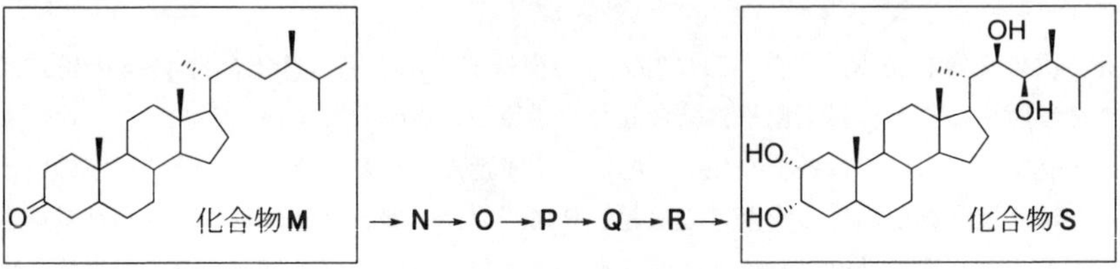

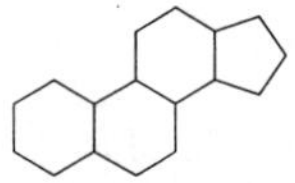

ステロイド骨格

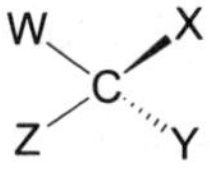

W，C，Zが紙面上にある時，Xは紙面の手前に，Yは紙面の向こう側にある。

図 3 ― 1

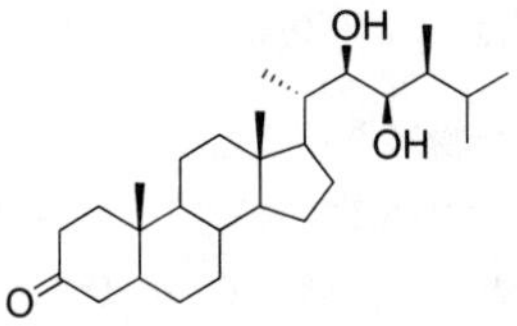

1

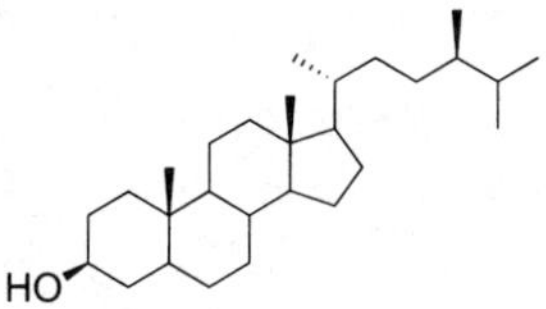

2

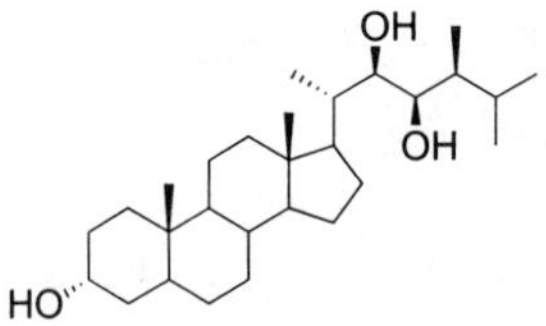

3

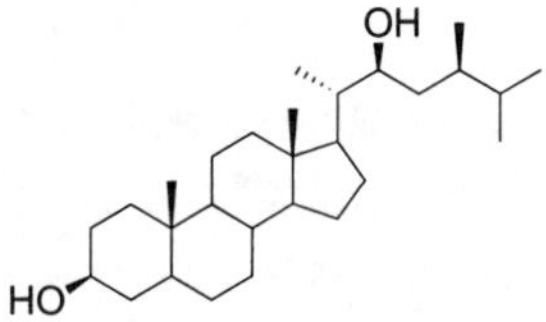

4

図 3 ― 2

39 エステルの構造決定，ペプチドの加水分解

(2007 年度　第 3 問)

次の I，II の各問に答えよ。必要があれば原子量として以下の値を用いよ。なお，構造式は例にならって解答せよ。

元　素	H	C	N	O	S
原子量	1.0	12.0	14.0	16.0	32.1

（構造式の例）

$$\underset{H}{\overset{CH_3}{\diagdown}}C=\underset{\underset{OH}{|}}{\overset{\overset{COOH}{|}}{C}}-CH \diagdown \text{（ベンゼン環）}-\overset{O}{\overset{||}{C}}-O-CH_2-\overset{O}{\overset{||}{C}}-\underset{H}{\overset{|}{N}}-CH_2-SH$$

I　次の文章を読み，問ア〜ウに答えよ。

炭素，水素，酸素のみからなり，互いに異性体の関係にある分子量 250 以下のエステル **A，B，C** がある。学生実験で以下の(1)〜(7)の操作を行うことにより，これらの構造式を決定することにした。

(1)　図 3 − 1 の装置を用いて，**A** 75 mg を乾燥した酸素中で完全に燃焼させたところ，塩化カルシウム管の重量が 45 mg，ソーダ石灰管の重量が 198 mg 増加した。

(2)　**A，B，C** の混合物を水酸化ナトリウム水溶液で完全に加水分解した。反応液が強アルカリ性を示すことを確認した後，分液漏斗に移した。ジエチルエーテルを加えて振り混ぜた後，静置したところ二層に分かれ，ジエチルエーテル層からは化合物 **D** が得られた。

(3)　(2)の操作で得られた水層を三角フラスコに移し，二酸化炭素を十分に通気した。これを別の分液漏斗に移し，ジエチルエーテルと振り混ぜ，エーテル抽出操作を行ったところ，ジエチルエーテル層から化合物 **E** が得られた。

(4)　(3)の操作で得られた水層を別の三角フラスコに移し，酸性になるまで塩酸を加えた。これを別の分液漏斗に移し，ジエチルエーテルと振り混ぜ，エーテル抽出操作を行ったところ，ジエチルエーテル層から化合物 **F** が得られた。なお，**D，E，F** はすべてベンゼン環を有する構造をもつ。

(5)　化合物 **D** にヨウ素と水酸化ナトリウム水溶液を加えて加熱すると，特有の臭気をもつ黄色沈殿が生じた。

(6)　化合物 **E** をニッケル触媒を用いて高温・高圧の条件下，水素で還元すると，分子式 $C_7H_{14}O$ をもつアルコールが得られた。このアルコールを適当な酸化剤で酸化して得られたケトンには，不斉炭素原子が存在しなかった。

(7)　化合物 **F** を過マンガン酸カリウムで十分に酸化して得られた化合物を，180 ℃ 以上に加熱すると脱水が起こり，分子式 $C_8H_4O_3$ をもつ化合物が得られた。

136

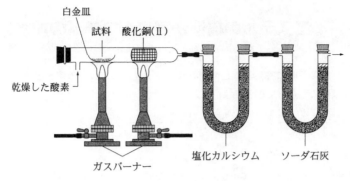

図3−1

〔問〕

ア 化合物Aの分子式を求めよ。結果のみでなく求める過程も示せ。

イ 化合物D, E, F の構造式を示せ。

ウ 加水分解により化合物DはAから，EはBから，FはCから生じたと考えた場合の，化合物 A，B，Cの構造式を示せ。

Ⅱ　アミノ酸のアミノ基とカルボキシ基は，脱水縮合してペプチド結合を生じる。一般に，分子内にペプチド結合をもつ化合物をペプチドという。多くのペプチドは，側鎖がもつ官能基の種類と配置の仕方によって，特徴ある性質を示す。たとえば，以下に示す構造をもち動植物に広く分布するグルタチオンは細胞の中で還元剤として働く。また，人工甘味料アスパルテームは砂糖の約 200 倍の甘味を有する。この２種類のペプチドに関する以下の記述を読み，問**エ**〜**キ**に答えよ。

グルタチオン　　　　　　　　　　　アスパルテーム

(1)　グルタチオンとアスパルテームの等モル混合物を適当な酸で完全に加水分解すると，６種類の化合物 G，H，I，J，K，L が得られた。ただし，このうち不斉炭素原子をもつアミノ酸はすべて天然型で，反応によって不斉炭素原子上の配置やアミノ酸の側鎖は影響を受けないものとする。

(2)　化合物GとHは鏡像異性体（光学異性体）をもたず，その水溶液に平面偏光を通

しても偏光の振動面を回転させる性質をもたなかった。一方，化合物 I 〜 L の水溶液は，偏光の面を回転させる性質をもっていた。

(3) 化合物 G だけが常温・常圧で液体であった。

(4) 化合物 I に濃硝酸を加えて加熱した後，水酸化ナトリウム水溶液を加えて塩基性にすると橙黄色に変色した。

(5) 化合物 J を構成成分とするタンパク質水溶液に，水酸化ナトリウムを加えて加熱した後，酢酸鉛(II)水溶液を加えると黒色沈殿を生じた。

(6) 化合物 H 〜 L の各水溶液に，電極をさして電圧を加え電気泳動を行った。各水溶液の pH を変化させ化合物が移動しなくなる時の pH を調べた。K と L の場合，その pH は H，I，J のいずれの場合よりも小さかった。

(7) 化合物 K 1.00 g を完全燃焼させると 1.32 g の二酸化炭素が生成した。

〔問〕

エ (6)の電気泳動の実験で，化合物が移動しなくなった pH における化合物 H の構造式を示せ。

オ 化合物 I の構造式を示せ。

カ 化合物 J の構造式を示せ。

キ 化合物 K の構造式を示せ。

40 $C_3H_8O_2$ および C_6H_{12} の化合物の構造決定

(2006年度　第3問)

次のⅠ，Ⅱの各問に答えよ。必要があれば原子量として以下の値を用いよ。なお，構造式は例にならって解答せよ。

原子量：　H：1.0　　C：12.0　　O：16.0

（構造式の例）

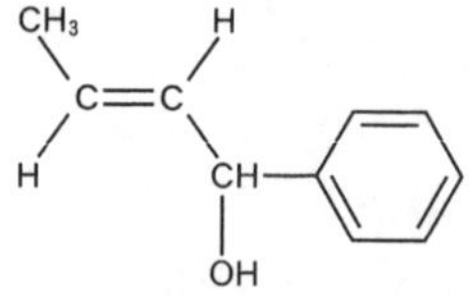

Ⅰ　次の文章を読み，問ア〜エに答えよ。

有機化合物の構造は，一般に次のような手順で決定される。まず，元素分析によって　(1)　を決定する。次に，沸点上昇度または凝固点降下度などを測定して　(2)　を決定し，　(1)　と　(2)　から分子式を決める。分子式が決定できても，化合物の構造が決定できたことにはならない。炭素原子の結合の仕方は多様であり，結合の仕方が異なる複数の分子が存在しうるためである。これらの化合物は，互いに　(3)　の関係にあるという。　(3)　を区別するためには，様々な化学的および物理的性質の違いを利用する。

ここに分子式 $C_3H_8O_2$ の3種類の化合物 **A**，**B**，**C** がある。①これらの化合物をエーテルに溶解し十分量のナトリウムを加えたところ，1 mol の **A** と **B** からはそれぞれ1 mol の水素が発生したのに対し，1 mol の **C** からは 1/2 mol の水素が発生した。また，化合物 **A**，**B**，**C** を水に溶解し，塩基性条件下でヨウ素を加えて加熱すると，**B** からのみ黄色沈殿が生成した。次に，化合物 **A**，**B**，**C** を適当な条件で酸化剤と反応させたところ，それぞれから生じた化合物 **D**，**E**，**F** はすべて酸性を示した。分子式はそれぞれ **D**：$C_3H_4O_4$，**E**：$C_3H_4O_3$，**F**：$C_3H_6O_3$ であった。さらに，化合物 **F** は酸触媒の存在下で水を加えて加熱しても変化しなかったことから，エステルではないことがわかった。

〔問〕

ア　(1)　〜　(3)　に適当な語句を入れよ。

イ　化合物 **A** 1.0 g を完全燃焼させると，何 g の二酸化炭素が生成するか。有効数字2桁で答えよ。また計算式も示せ。

ウ　下線①のように，ナトリウムと反応して水素を発生する官能基にはどのようなものがあるか。名称を一つあげよ。

エ 化合物A，B，Cの構造式を示せ。

Ⅱ 分子式C_6H_{12}で表される有機化合物G，H，I，J，K，Lがある。次の文章を読んで，以下の問オ〜キに答えよ。

(1) 化合物GとHはいずれも臭素と反応し，不斉炭素原子をもたない化合物を生成した。

(2) オゾン分解を行うと，化合物Gからは1種類の生成物が，化合物Hからは2種類の生成物が得られた。

オゾン分解とは，次式のようにアルケンにオゾン（O_3）を反応させることによって，二重結合を開裂させ，カルボニル化合物を生成させる反応である。

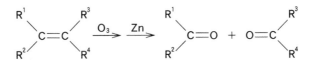

(3) 化合物IとJはどちらもイソプロピル基をもち，互いにシス-トランス異性体の関係にあり，化合物Iはシス体である。

(4) 化合物Kはビニル基をもち，かつ不斉炭素原子を1つだけもつ。

(5) 化合物Lは臭素と反応しない。また，ニッケルを触媒としてベンゼンに水素を反応させると，この化合物が生成する。

〔問〕

オ 6種類の化合物G〜Lの構造式を記せ。

カ 化合物G〜Lのうち，すべての炭素原子が同一平面上に存在する化合物はどれか。記号で答えよ。

キ 化合物Kに臭素を反応させて生じる化合物には，光学異性体を含めていくつの立体異性体が存在するか，答えよ。

41 エステルの反応，有機化合物の構造決定

（2005 年度　第 3 問）

次の I，II の各問に答えよ。必要があれば原子量として，以下の値を用いよ。なお，構造式は例にならって解答せよ。

原子量：　H：1.0　　C：12.0　　O：16.0

（構造式の例）

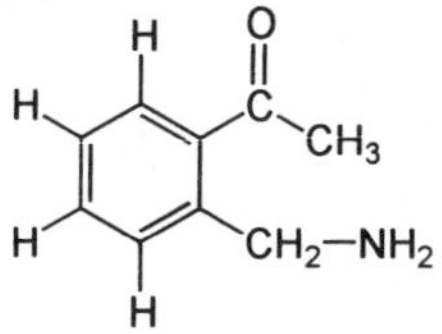

I　次の文章を読み，問ア，イに答えよ。

　エステルの合成やその加水分解には，様々な方法が知られている。よく用いられる方法として，酸触媒を用いるカルボン酸とアルコールのエステル化およびエステルの加水分解反応がある。たとえば，プロピオン酸（CH₃CH₂COOH）とエタノールとのエステル化を，硫酸を触媒として行うと，生成物であるプロピオン酸エチルの加水分解も進行するため，最終的に反応は __(1)__ 状態に達する。したがって，エステル化の効率を高めるためには，工夫が必要である。一つは，蒸留により回収しやすい __(2)__ を，溶媒として大過剰に用いる方法である。また，エステルとともに生成する __(3)__ を除去すれば，エステルの生成率を高めることができる。

　一方，不可逆的なエステル化反応や加水分解反応もある。たとえば，化合物 A にエタノールを作用させると，逆反応が起こることなくプロピオン酸エチルが生成する。また，プロピオン酸エチルに水酸化ナトリウム水溶液を作用させると，この反応液中には __(4)__ と __(5)__ が生成し，反応は不可逆になる。

　上記の化合物 A は，様々なカルボン酸関連化合物の合成に利用される。アニリンと化合物 A を反応させると，化合物 B が得られる。

〔問〕

ア　__(1)__ ～ __(5)__ に適当な語句を入れよ。

イ　化合物 A，B を構造式で示せ。

Ⅱ 化合物 C，D，E，F，G は，炭素，水素，酸素だけからなる異性体で，いずれもベンゼン環を含む。これらについてつぎの実験 1 ～ 7 を行った。問ウ～クに答えよ。

1．化合物 C 12.2 mg を完全に燃焼させると，二酸化炭素 30.8 mg と水 5.4 mg が生成した。

2．化合物 C 0.25 g をラウリン酸 [$CH_3(CH_2)_{10}COOH$] 8.00 g に溶解し，その溶液の凝固点を測定したところ，純粋なラウリン酸よりも 1.00 K 低かった。ラウリン酸のモル凝固点降下は 3.90 K·kg·mol^{-1} である。

3．化合物 C に炭酸水素ナトリウム水溶液を作用させると，気体が発生した。

4．化合物 D を水酸化ナトリウム水溶液中で加熱した後，反応液を酸性にすると，化合物 H と I が生成した。

5．化合物 H にアンモニア性硝酸銀水溶液を作用させると，銀が析出した。

6．化合物 E，F，G に FeCl$_3$ 水溶液を作用させると，いずれも着色した。

7．化合物 C のベンゼン溶液における存在状態を調べるために，凝固点降下を測定したところ，ラウリン酸溶液の場合（実験 2）とは異なり，凝固点降下度は分子量から計算される値の約 {(a) 4 倍，(b) 3 倍，(c) 2 倍，(d) 0.5 倍 } であった。

〔問〕

ウ　化合物 C の組成式を求めよ。

エ　実験 2 より，化合物 C の分子量を求めよ。小数点以下を四捨五入して，整数値で示せ。また計算式も示せ。

オ　化合物 C，D，H，I を，それぞれ構造式で示せ。

カ　化合物 E，F，G として可能な構造式を 3 つ示せ。ただし，各構造式がどの化合物に対応するかは示さなくてよい。

キ　化合物 E，F，G のうち，一つだけがきわだって低い沸点をもつ。その化合物はどれか，構造式で示せ。また，沸点が低くなる理由を 40 字程度で述べよ。

ク　実験 7 の {　　　　} 内の値のうち，正しいものはどれか，記号で答えよ。また，この実験結果から，化合物 C はベンゼン中ではどのような状態で存在していると考えられるか，構造式を用いて図示せよ。

42 ポリスチレン，C₄H₁₀Oの異性体

次の I，II の各問に答えよ。

I　ポリスチレンに関する次の文章を読み，問ア〜オに答えよ。

a）　ポリスチレン試料A，B，Cがある。試料Aは，①スチレンの重合実験によって合成した分子量未知の試料であり(注)，また，試料Bは分子量が 2.00×10^4 のポリスチレンの標準試料である。一方，試料Cは少量の p-ジビニルベンゼンとともにスチレンを付加重合して合成した。これら3種類のポリスチレンを用いて，次の実験を行った。

　　試料A 50.0 mg をトルエンに溶かして，溶液の全量が 100 mL になるようにした。この溶液を，半透膜で仕切った U 字型容器の右側に入れた。また，半透膜の左側には，右側と同じ高さになるまでトルエンを入れた（図3−1）。溶媒が蒸発しないように工夫して 30℃ で十分に長い時間にわたり放置したところ，②半透膜の両側の液面の高さに 5.5 mm の差ができた。一方，試料B 50.0 mg をトルエンに溶かして 100 mL にした溶液について，試料Aで行ったのと全く同じ実験を行った。半透膜の両側の液面差は 7.5 mm であった。また，試料Cについて同じ実験をしようとしたが，③試料Cはトルエンに不溶であった。

（注）　重合体は一般にさまざまな分子量をもつ分子からなるが，この問題では，同じ分子量の分子からなるものと仮定せよ。

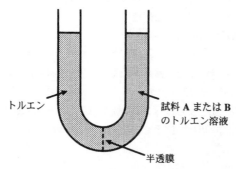

図3−1　半透膜で仕切ったU字型容器

b）　ポリスチレンに濃硫酸を作用させてイオン交換樹脂を作った。この樹脂をカラムに充填し pH 3.4 の緩衝液を十分に流した。カラムの上部にアラニン，リシン，グルタミン酸を少量の緩衝液（pH 3.4）に溶かしたものを入れ，次に，同じ緩衝

液をカラムの上から少しずつ流したところ，はじめにアミノ酸 **D** が溶出し，次にアミノ酸 **E** が溶出した。ついで pH 9.2 の緩衝液をカラムの上から流したところアミノ酸 **F** が溶出した。

〔問〕

ア　スチレンにおいて，結合角を図 3 − 2 のように定義する。炭素 C^1 のまわりの 3 つの結合角の和（$\theta^1 + \theta^2 + \theta^3$）は，下線部①の重合反応において大きくなるか小さくなるかを記せ。また，この結合角の和は，重合体では何度か。次の中から最も近い値を一つ選んで記せ（405°，390°，375°，360°，345°，330°，315°）。

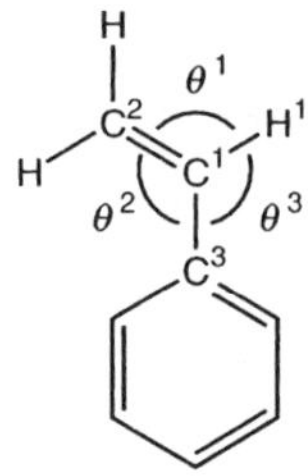

$\theta^1 = \angle H^1C^1C^2$

$\theta^2 = \angle C^2C^1C^3$

$\theta^3 = \angle H^1C^1C^3$

図 3 − 2

イ　下線部②で，半透膜の左側と右側のどちらの液面が高くなるかを記せ。また，液面に差ができる理由を 15 字以内で解答せよ。

ウ　下線部③で，試料 **C** はなぜトルエンに不溶なのか。15 字以内で理由を解答せよ。

エ　a）における実験から求まる試料 **A** の分子量はいくらか。有効数字 2 桁で解答せよ。ただし，用いたポリスチレンのトルエン溶液は十分に希薄であり，また液面移動に伴う濃度変化は無視できるものとする。

オ　アミノ酸 **D**，**E**，**F** の組み合わせとして正しいものを(1)～(6)から一つ選び，番号で記せ。

(1)　**D**．アラニン　　　　**E**．リシン　　　　**F**．グルタミン酸

(2)　**D**．アラニン　　　　**E**．グルタミン酸　**F**．リシン

(3)　**D**．リシン　　　　　**E**．グルタミン酸　**F**．アラニン

(4)　**D**．リシン　　　　　**E**．アラニン　　　**F**．グルタミン酸

(5)　**D**．グルタミン酸　　**E**．アラニン　　　**F**．リシン

(6)　**D**．グルタミン酸　　**E**．リシン　　　　**F**．アラニン

Ⅱ 次の文章を読み，以下の問カ～シに答えよ。なお，構造式は例にならって解答せ
よ。

(例)

$$H-\underset{\underset{H}{|}}{\overset{\overset{H}{|}}{C}}-\underset{\underset{H}{|}}{\overset{\overset{H}{|}}{C}}-\overset{\overset{H}{|}}{C}=\overset{\overset{H}{|}}{C}-H$$

分子式 $C_4H_{10}O$ で表されるすべての異性体 8 種類を用意した。沸点の高い方から順
番にこれらの化合物に A_1，A_2，A_3，… と試料番号をつけると，沸点は以下の表に
示すとおりであった。なお，A_3 と A_4 の沸点は完全に同一であった。試料 A_1～A_8 を
用いて，以下に示す実験 1 を行い試料 B_1～B_8 を得た。また，試料 B_1～B_8 を用いて
実験 2 の操作を行い，試料 C_1～C_8 を得た。

試料	沸点
A_1	118 ℃
A_2	108 ℃
A_3	99 ℃
A_4	99 ℃
A_5	83 ℃
A_6	39 ℃
A_7	35 ℃
A_8	33 ℃

実験 1：A_1～A_8 のそれぞれの試料に希硫酸酸性中，二クロム酸カリウムを穏やかな
　　　　条件で作用させた後，有機成分を蒸留によって精製した。A_1 を用いた場合
　　　　に得られた有機成分を B_1，A_2 からのものを B_2，以下同様に番号をつけて
　　　　B_8 までの試料が得られた。B_1～B_8 の中で最も沸点が高かった試料では，実
　　　　験 1 の操作前後で沸点に変化はなかった。

実験 2：B_1～B_8 のそれぞれの試料に，十分な量のアンモニア性硝酸銀の水溶液を作
　　　　用させた後，酸性にして，有機成分を蒸留によって精製した。B_1 を用いた
　　　　場合に得られた有機成分を C_1，B_2 からのものを C_2，以下同様に番号をつけ
　　　　て C_8 までの試料が得られた。C_1～C_8 の中で最も沸点が高かった試料は C_1
　　　　であった。

〔問〕

カ　試料 A_1～A_5 と試料 A_6～A_8 では沸点に大きな開きがある。その原因となる分子
　　間力は何か。

キ　試料 A_1～A_8 のうち，実験 1 で化学変化が起こったものは何種類か。また，化学
　　変化した場合，反応の前後で，(あ)すべて沸点が高くなった，(い)すべて沸点が低くな

った，㋒沸点が高くなったものと低くなったものがある，のいずれが正しいか。記号で解答せよ。

ク　試料 $B_1 \sim B_8$ の中に同一の化合物はあるか。あれば，その構造式を示せ。

ケ　試料 B_1 の化合物の構造異性体の中には不斉炭素原子を有する化合物がいくつかある。そのうち一つの構造式を示せ。

コ　A，B，C 各試料群の中で最も沸点の高い化合物の沸点をそれぞれ T_A，T_B，T_C とする。不等号あるいは等号を用いて，沸点の大小関係を示せ。以下の解答例を参考に T_A，T_B，T_C の関係が明確になるように記述すること。

解答例：　$T_A > T_B > T_C$，$T_A = T_B > T_C$

不適切な例：　$T_A < T_B > T_C$（T_A と T_C の大小関係が不明）

サ　A，B，C 計 24 個の試料の中には同一の化合物も存在する。この点を考慮し，24 個すべての試料中には実際に何種類の化合物が存在するか解答せよ。

シ　多くの有機化合物には複数の水素原子が含まれているが，化合物中の水素原子の中には化学的性質が同一であり，等価なものも存在する。例えば，メタンやベンゼン，ジメチルエーテルなどの化合物では分子内に存在するすべての水素原子が等価であり，1 種類の水素原子から成り立っているといえる。一方，ジメチルエーテルと同様 2 つのメチル基を有する酢酸メチルでは，メチル基の置かれている環境が異なるため，分子内に 2 種類の水素原子が存在する。また，ブロモエタンの場合にも，分子内に 2 種類の水素原子が存在することになる。$A_1 \sim A_8$ の 8 種類の化合物の中で，分子内の水素原子の種類が最も少ない化合物の構造式をすべて示せ。

43 炭素の同素体，ジアステレオ異性体

（2003 年度　第 3 問）

次の I，II（(a)，(b)）の各問に答えよ。必要があれば，原子量として下の値を用いよ。

H：1.0　　C：12.0　　O：16.0

I　次の文章を読み，以下の問**ア～オ**に答えよ。

1985 年に 60 個の炭素原子からなる分子，フラーレン（C_{60}）が発見された。この化合物は図 3 － 1 のようなサッカーボール状の炭素骨格を持っている。この化合物の炭素ー炭素間の結合は図 3 － 1 に示したように単結合と二重結合のみからなっており，その二重結合の数は z 個である。

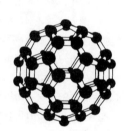
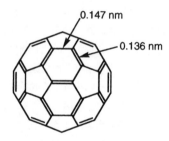

0.147 nm

0.136 nm

図 3 － 1　C_{60} の分子模型（左）と構造式（右）
　　　　　分子模型の球は炭素原子を表す。手前の原子を大きめに示してある。
　　　　　構造式は左図を正面から見たもので，炭素原子は省略してある。

発見当初，炭素原子からなる六角形の構造はベンゼンのような構造（すべての炭素ー炭素間の結合が等価）であると想像されていた。しかし，構造解析の結果，図 3 － 1 に示したような 1,3,5-シクロヘキサトリエンの構造であることがわかった。C_{60} の結晶は適当な条件を選ぶと電気を通すことで科学者の興味を集めているが，炭素の単体としては C_{60} の他にも①電気を通す**A**と電気を通さない**B**の二つが知られている。C_{60} を発煙硫酸（三酸化硫黄を濃硫酸に溶かしたもの）で処理し，続いてその生成物に水を加えて加熱すると多数のヒドロキシル基を分子の表面に有する $C_{60}(OH)_{n}$ の組成を持つ化合物が生成した。この反応では未反応の C_{60} が一部残ったので，得られた C_{60} と $C_{60}(OH)_{n}$ の混合物に溶媒**C**を加え，溶解度の違いを利用して精製した。つまり，②未反応の C_{60} を溶媒**C**に溶かし出して取り除いた。残った $C_{60}(OH)_{n}$ をヨウ化メチルと反応させ，すべてのヒドロキシル基をメチルエーテルに変換し $C_{60}(OCH_{3})_{n}$ とした。③この化合物の組成を調べるために凝固点降下の実験を行って n の数を決定した。

〔問〕

ア　z はいくつか。

イ　もしベンゼン分子（C_6H_6）が 1,3,5-シクロヘキサトリエン構造を持っていると仮定すると，どのような性質が期待されるか。次の記述の中からあてはまるものすべての番号を選べ。

(1)　臭素分子を室温下，暗所で加えると置換反応が進行する。

(2)　硫酸酸性の過マンガン酸カリウム水溶液を室温下で加えるとその赤紫色が脱色される。

(3)　隣り合った炭素上に置換基を一つずつ持つ置換体には構造異性体が 2 つある。

(4)　触媒を用いて水素を付加させるとシクロヘキサンになる。

ウ　下線部①に示す**A**および**B**は何か。

エ　下線部②で使った溶媒**C**は何か。以下の選択肢の中から一つ選び，その名称を記せ。

　　　　水　　飽和食塩水　　エタノール　　トルエン

オ　下線部③について，n の決定は次のように行った。n はいくつか。有効数字 2 桁で答えよ。

　　　$C_{60}(OCH_3)_n$（123 mg）をベンゼン（50.0 g）に溶解した溶液の凝固点を測定したところ 0.0110 ℃の凝固点降下を示した。なお 1000 g のベンゼンに溶質 1 mol を溶かした溶液の凝固点降下は 5.12 ℃である。

Ⅱ　次の文章を読み，以下の問**カ〜サ**に答えよ。

(a)　立体異性体とは，原子の結合順序が同じであるにもかかわらず，原子や原子団の立体的な配置が異なる異性体のことで，幾何異性体の他に光学異性体や後述のジアステレオ異性体も含まれる。分子内に 1 つの不斉炭素原子を有する化合物には互いに鏡像の関係にある異性体，すなわち光学異性体が存在する。一方，分子内に不斉炭素原子が 2 つ以上存在する場合は，互いに鏡像の関係にはない立体異性体も存在する。これをジアステレオ異性体と呼ぶ。2 つの不斉炭素原子を有する化合物の例としてアミノ酸のL-トレオニンをあげることができ，①図 3 − 2 の通りL-トレオニンを含めて 4 種類の立体異性体が存在する。しかしながら，不斉炭素原子が 2 つあっても，②3 種類の立体異性体しか存在しない場合もある。また，③数多くの不斉炭素原子を含む化合物である α-グルコースと α-ガラクトースも，ジアステレオ異性体の関係である。

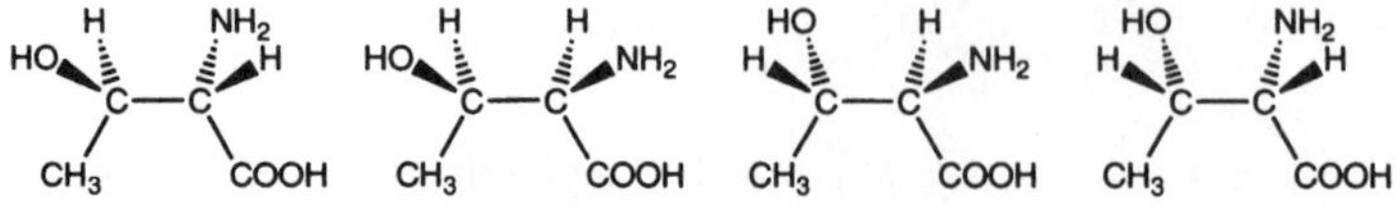

L-トレオニン　　1　　2　　3

— 紙面の手前側に向かう結合を表す
⋯⋯ 紙面の裏側へ向かう結合を表す

図３－２　L-トレオニンの立体異性体

〔問〕

カ　下線部①に関して，L-トレオニンの立体異性体１，２，３のうち，L-トレオニンの光学異性体はどれか。番号で答えよ。

キ　下線部①に関して，L-トレオニンの立体異性体１，２，３のうち，L-トレオニンとジアステレオ異性体の関係にあるものはどれか。番号で答えよ。

ク　下線部②に相当する化合物としてD-酒石酸があげられる。図３－２にならって構造式を描くと，図３－３の４つの構造式を描けるが，このうち２つは同一化合物を表しているため，全体として立体異性体は３種類となる。同一化合物を表している構造式を４～７の番号で答えよ。

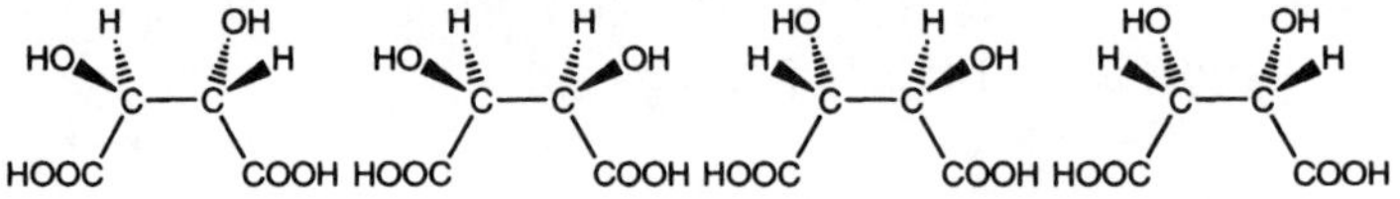

4（D-酒石酸）　　5　　6　　7

図３－３

ケ　下線部③に関して，６員環構造を持ったα-グルコース（図３－４）にはいくつの不斉炭素原子が存在するか。

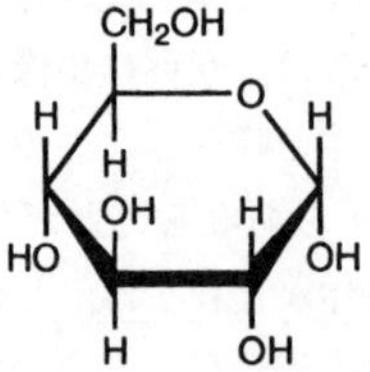

図３－４　α-グルコース

(b)　α-グルコース（$C_6H_{12}O_6$，分子量 = 180）4.5 g を酢酸に溶解して，さらに過剰量の無水酢酸と少量の濃硫酸を加えて加熱したところ，④分子内の５つのヒドロキシル基がすべてアセチル化された生成物が 7.8 g 得られた。この生成物を臭化水素を飽和させた酢酸溶液に溶解して室温で５時間反応させると，分子内の特定のアセ

トキシ基（CH₃COO－）1つだけが臭素原子に置き換わった臭素誘導体が得られた。この化合物中の臭素原子は金属触媒を用いた水素による還元反応により，効率よく水素原子に置換することができた。得られた化合物にメタノール中で水酸化ナトリウムを作用させて，すべてのエステル結合を加水分解し，⑤目的化合物を得た。この目的化合物は銀鏡反応に対して陰性であった。

〔問〕

コ　下線部④の収量は理論的に求められる量の何パーセントにあたるか。有効数字2桁で答えよ。

サ　下線部⑤の化合物の構造を図3－4の例にならって示せ。

44 油脂の構造決定

（2002 年度　第 3 問）

分子量 886 の 2 種類の油脂 **A**，**B** がある。これらの油脂の構造を決定するために以下のような実験を行った。**I**，**II** の記述を読み，以下の問に答えよ。

必要があれば，原子量および気体定数（R）として下の値を用いよ。また，構造式は例にならって解答せよ。

　　H：1.0　　　C：12.0　　　O：16.0　　　$R = 0.082$ L·atm/(K·mol)

$$\text{（例）}\quad CH_3(CH_2)_3CH=CHCH_2-\underset{\underset{CH_3}{|}}{CH}-\underset{\underset{O}{\parallel}}{C}-\!\!\!\bigcirc\!\!\!-OCH_3$$

I　油脂 **A** 132.9 mg を用い，パラジウムを触媒として水素付加を行ったところ，0 ℃，1 atm 換算で 6.72 mL の水素を吸収して油脂 **C** が得られた。また，油脂 **B** に対して同様に水素付加を行っても **C** が得られた。①油脂 **C** 89.0 mg を水酸化ナトリウム水溶液中で加水分解し，反応液を酸性にした後，②有機溶媒で抽出した。この抽出液から単一な直鎖の高級脂肪酸 **D** が得られた。**D** の収量は 82.6 mg であった。

　　以下の問 **ア**〜**エ** に答えよ。

〔問〕

ア　水素吸収量から推定される油脂 **A** の 1 分子中に存在する炭素原子間の不飽和結合の種類と数について，すべての可能性を示せ。結果だけでなく，求める過程も示せ。

イ　下線部①の加水分解反応が完全に進行するとき，生成する脂肪酸の全量は何 mg か。有効数字 3 桁で答えよ。結果だけでなく，求める過程も示せ。

ウ　下線部②で抽出に用いる溶媒として必要な条件を述べ，下記の中から該当する化合物名をすべて挙げよ。

　　　メタノール，エタノール，ジクロロメタン，酢酸，

　　　ジエチルエーテル，アセトン，トルエン

エ　高級脂肪酸 **D** の分子式を示せ。結果だけでなく，求める過程も示せ。

II　炭素原子間に二重結合を持つ化合物にオゾンを反応させると，下式に示すようなオゾニドを形成する。このオゾニドは，パラジウムを触媒として水素を反応させると 2 分子のアルコールに還元される。この一連の反応は還元的オゾン分解と呼ばれる反応のひとつで，炭素原子間の二重結合の位置を化学的に決定する方法として用いられる。また，炭素原子間に三重結合が存在する場合にも，類似の分解反応により三重結合が切断される。

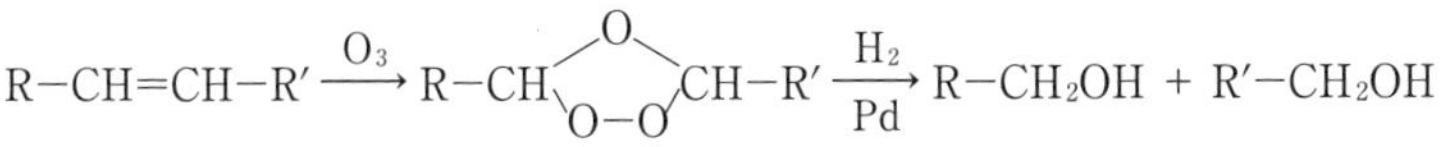

$$R-CH=CH-R' \xrightarrow{O_3} R-CH\underset{O-O}{\overset{O}{\diagdown\diagup}}CH-R' \xrightarrow[Pd]{H_2} R-CH_2OH + R'-CH_2OH$$

オゾニド

　油脂Aに上述の還元的オゾン分解反応を行ったところ，EとFと二価アルコールGを得た。Eは分子式 $C_6H_{14}O$ を有する一価アルコールであった。Fを加水分解したところ，グリセリンと高級脂肪酸Dとヒドロキシ酸Hが得られた。Hの組成は質量百分率で炭素 62.0 %，水素 10.4 %，酸素 27.6 %であった。

　油脂Bについて同様の還元的オゾン分解反応を行ったところ，EとGに加えて，Fの代わりにIが得られた。Iを加水分解したところ，Fを加水分解した場合と同様に，グリセリンとDとHが得られた。また，Aは偏光面を回転させ不斉炭素を持つことを示したのに対し，Bはそのような作用を示さなかった。

　以下の問オ〜クに答えよ。

〔問〕

オ　油脂中に炭素原子間の不飽和結合が存在することを確認する方法の中から，水素付加やオゾン分解以外の方法を2つ挙げよ。

カ　化合物Hの分子式を求めよ。結果だけでなく，求める過程も示せ。

キ　油脂Aの構成成分である高級不飽和脂肪酸の構造式を示せ。結果だけでなく，求める過程も示せ。

ク　油脂Aおよび油脂Bの構造式を示せ。なお，脂肪酸の構造式はその炭化水素基部分の違いに応じて R-COOH，R'-COOH 等と略記する。この例にならって，油脂A，Bの脂肪酸炭化水素基部分は略記してよい。

45 有機化合物の極性，エステルのけん化

（2001 年度　第 3 問）

次の I，II の各問に答えよ。

I　次の文章を読み，以下の問ア〜エに答えよ。

　有機化合物の性質を表すのに，"極性"という語がしばしば用いられている。極性は，分子を構成する各原子の性質，配列，あるいは配置にしたがって，分子内に生ずる正負の電荷に基づく分子の電気的非対称性を概念的に表現したものである。すなわち，有機化合物の極性はその分子内に含まれる官能基の種類や配列などにより決定される。個々の物質についていえば，タンパク質の構成単位である　(a)　のように，同一分子内に　(b)　基と　(c)　基を持つ化合物は，極性の極めて高い化合物である。また，セルロースの構成単位である　(d)　のような糖類も，分子内に極性を有する　(e)　基を数多く持っているので，極性の高い化合物である。これに対して，ヘキサンなどの炭化水素や油脂などは極性が低い。

　極性が近い化合物同士は，互いによく混じり合う。この性質を利用して，有機化合物の分離，精製によく用いられる溶媒抽出が行われる。

〔問〕
ア　(a)　〜　(e)　の空欄に適切な語句を入れよ。
イ　次に示す有機化合物を極性の高い順に並べよ。
　　　エタノール，酢酸エチル，酢酸，シクロペンタン
ウ　低級脂肪酸と高級脂肪酸では，どちらの方が極性の高い化合物であるか。3 行程度の理由とともに記せ。
エ　低級脂肪酸と高級脂肪酸からなる油脂を，アルカリ性条件下で加水分解した溶液がある。この溶液から，低級脂肪酸と高級脂肪酸を，酢酸エチル，ヘキサンを用いる溶媒抽出で分離したい。その方法を 3 行程度で述べよ。

II　次の文章を読み，以下の問オ〜ケに答えよ。必要があれば，原子量として下の値を用いよ。また，構造式は例にならって解答せよ。

　　H：1.0　　C：12.0　　O：16.0

　（例）

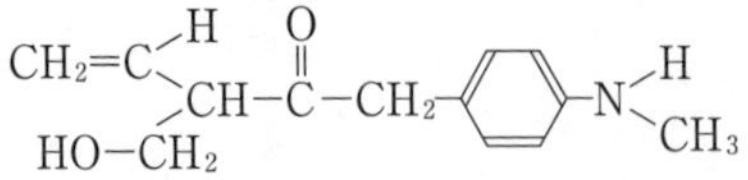

$$CH_2=C \overset{\displaystyle \substack{H\\|}}{\underset{\displaystyle CH-C}{}} \quad CH_2$$

化合物 A は $C_{16}H_{16}O_2$ の分子式を持つ構造未知のエステルであり，不斉炭素を持っ

ていて，光学異性体が存在する。この化合物 A 2.00 g にエタノール 20 mL を加え，更に 4 mol/L 水酸化ナトリウム水溶液 10 mL を加えて室温で撹拌した。化合物 A が完全に反応したのを確認した後に，有機化合物を分離，精製したところ，酸性化合物 B および化合物 C をそれぞれ 1.07 g，0.82 g 得た。化合物 B は，過マンガン酸カリウムで酸化すると化合物 D となった。また，化合物 D は加熱することで容易に脱水して化合物 E を与えた。

化合物 B ～ E はいずれもベンゼン環を一つ持つ。化合物 B ～ D の元素分析を行った結果は表 1 に示したとおりで，炭素，水素以外の残りの元素はいずれも酸素であった。

化合物 B の分子量を求める目的で，純水 50.0 g に 0.069 g の化合物 B を溶かした溶液の凝固点を測定したところ，0.019 ℃の凝固点降下を示した。一方，化合物 B 0.146 g をベンゼン 40.0 g 中に溶かした溶液の凝固点降下は 0.071 ℃であった。化合物 B は，ベンゼン中では　(f)　分子が　(g)　という弱い相互作用で会合しているために，見かけの分子量が実際の分子量の約　(f)　倍に算出されたと考えられる。

なお，1000 g の純水およびベンゼンに溶質 1 mol を溶かした溶液の凝固点降下は，それぞれ 1.86 ℃，5.12 ℃とする。

表 1　元素分析の結果

化合物	C（%）	H（%）
B	70.5	5.9
C	78.7	8.3
D	57.8	3.6

〔問〕

オ　下線部で，エタノールを加えないと，化合物 A の反応の進行が非常に遅い。理由を 1 行程度で述べよ。

カ　化合物 B，C の分子式を示せ。結果だけでなく，求める過程も示せ。

キ　　(f)　，　(g)　の空欄に最も適切な語句を入れよ。(f)については，整数値を入れ，求める過程も示せ。

ク　化合物 A の構造式を示せ。ただし，光学異性体については考慮しなくてよい。結果を導いた過程も示せ。

ケ　化合物 A の反応で，すべての化合物 A が化合物 B と C に変換されたとすると，実際に得られた量は理論的に得られる量のそれぞれ何%にあたるか。有効数字 2 桁で解答せよ。結果だけでなく，求める過程も示せ。

46 芳香族の分離，元素分析，トリペプチド

（2000年度　第3問）

次のI，IIの各問に答えよ。必要があれば，原子量として下の値を用いよ。また，構造式は例にならって解答せよ。

H：1.0　　C：12.0　　N：14.0　　O：16.0

Na：23.0　　S：32.1　　Cl：35.5

（例） 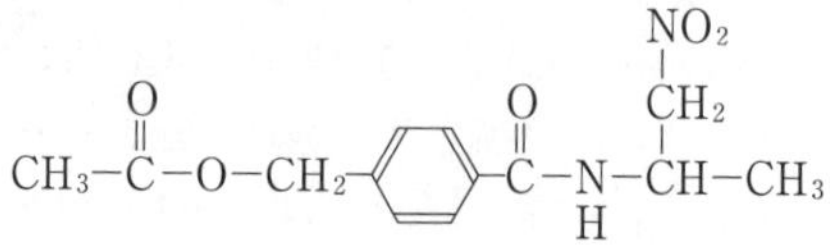　$CH_3-\overset{O}{\underset{\|}{C}}-O-CH_2-\underset{}{\bigcirc}-\overset{O}{\underset{\|}{C}}-\underset{H}{\overset{}{N}}-\underset{}{\overset{NO_2}{\underset{CH_2}{\underset{|}{CH}}}}-CH_3$

I 芳香族化合物に関する実験(a)，(b)の記述を読み，以下の問ア～カに答えよ。

(a) 安息香酸，フェノール，ナフタレンを等量ずつ含む混合物3gをジエチルエーテル40mLに溶解した溶液がある。この溶液に5％炭酸水素ナトリウム水溶液20mLを加えて混ぜ，①分液漏斗を用いて下層のみをフラスコ1に取り，上層は分液漏斗内に残した。続いてこの分液漏斗に5％水酸化ナトリウム水溶液15mLを加え，よく振り混ぜた。静置後に溶液の下層をフラスコ2に，上層をフラスコ3に取り分けた。

〔問〕

ア (a)の下線部①の分液漏斗の操作上，どのようなことに特に注意する必要があるか。炭酸水素ナトリウム水溶液との反応に関連づけて2行程度で説明せよ。

イ (a)の操作のあとフェノールを回収するには，フラスコ1～3のうちのどのフラスコに取った溶液にどのような操作を行えばよいか。フラスコの番号と操作の概略を2行程度で答えよ。

(b) フェノール9.5gと濃硫酸21.5mLを混合し，まず湯浴であたためた。生じた溶液を冷却後，濃硝酸47.5mL中にゆっくりと加えた。このとき気体の発生が観測された。発生が止まってから湯浴であたためた後，冷水300mL中に注ぐと，化合物Xが結晶として得られた。これをろ過して洗浄した後，再結晶を行い，得られた純粋な結晶を乾燥後，重量を測定すると，18.2gであった。

　　化合物Xは炭素，水素，窒素，酸素からなる有機化合物である。これを燃焼させて重量法で元素分析する方法を図3－1に示した。試料の入った白金皿と酸化銅（II）を燃焼管に入れ，乾いた酸素ガスを流しながら試料を燃焼させる。この燃焼管の出口には，塩化カルシウムを充填したU字管Aとソーダ石灰を充填したU字管B

をつなぎ，ここで吸収された化合物の重量を測定して元素分析を行う。

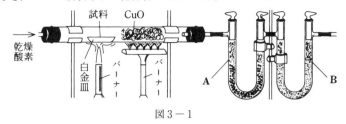

図3－1

〔問〕

ウ　U字管AとU字管Bのつなぐ順番を逆にしてはならない理由を1行程度で答えよ。

エ　化合物X 21.3 mg を上記の方法で元素分析した結果，U字管Aの重量が2.5 mg，U字管Bの重量が24.6 mg それぞれ増加した。化合物Xの構造式を示せ。結果だけでなく，求める過程も示すこと。

オ　得られた純粋な化合物Xの量は，理論的に得られる量の何%か。小数点以下1桁まで示せ。結果だけでなく，求める過程も示すこと。

カ　化合物Xにアンモニアを作用させると何が生成するかを記せ。

II　次の文章を読み，以下の問キ〜コに答えよ。

分子量が 500 以下の化合物Aの化学構造を決定するため以下の実験を行った。

化合物Aを塩酸で完全に加水分解し，生成物をペーパークロマトグラフィーで展開すると，ニンヒドリンで発色する3つの成分が存在することがわかった（図3－2参照）。これらの化合物の性質を調べるため，イオン交換クロマトグラフィーを用いてそれぞれを取り分けることとした。イオン交換樹脂は，ポリスチレン樹脂を濃硫酸と反応させて作製したものを用いた。この樹脂は（　(1)　）イオンを（　(2)　）基の水

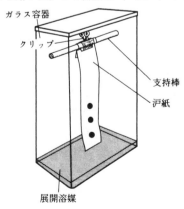

図3－2

素イオンと交換して付着するため，（　(2)　）基との親和性が高い化合物ほど樹脂に付着しやすい。このイオン交換樹脂をカラムにつめ，500 mg の化合物 A を加水分解して得た混合物を水に溶かして，カラムに上から注いだ。初めに溶離液として水を流したところ，化合物 B が溶出した。このことから，化合物 B は酸性アミノ酸であることがわかった。その後，塩酸の濃度を徐々に高くした溶離液を流したところ，化合物 C，D の順にカラムから溶出した。なお，化合物 C と D は塩酸塩の形で得られたため，①イオン交換樹脂を用いて塩酸を除いた。これら 3 つの化合物の分子式と収量を次表に示した。化合物 B，C，D はいずれも炭素，水素，窒素，酸素のみからなる，タンパク質を構成する α-アミノ酸で，炭素鎖に枝分かれがなく，化合物 C にのみメチル基があった。

A は化合物 B，C，D が（　(3)　）の比で脱水縮合した化合物である。そこで，アミノ酸の結合の順序を決定するため，化合物 A を塩酸で短時間加水分解したところ，一部のペプチド結合が加水分解されずに残り，化合物 E と F が新たに得られた。それぞれを分離して，塩酸で完全に加水分解したところ，化合物 E からは化合物 C と D が，化合物 F からは化合物 B と D が得られた。酵素のトリプシンは塩基性アミノ酸のカルボキシル基が形成したアミド結合を加水分解する。化合物 A をトリプシンで処理したところ，化合物 C と F が生成した。これらの結果および化合物 A の元素分析値（C，47.0 %；H，7.3 %；N，16.9 %で残りは酸素）から，化合物 A の構造式を推定することができた。

表　化合物 B，C，D の分子式と収量

	分　子　式	収量（mg）
化合物 B	$C_4H_7NO_4$	200
化合物 C	$C_3H_7NO_2$	134
化合物 D	$C_6H_{14}N_2O_2$	220

〔問〕

キ　（　(1)　）～（　(3)　）に適当な語句あるいは数値をいれよ。なお，(1)には「陽」または「陰」のいずれかがはいる。

ク　下線部①で，どのような種類のイオン交換樹脂を用い，どのような操作を行うと，化合物 D から塩を形成した塩酸を除去できるか。その方法を 2 行程度で答えよ。

ケ　化合物 C の構造式を記せ（アミノ酸の光学異性体は考慮しなくてよい）。

コ　化合物 A の構造式を記せ（アミノ酸の光学異性体は考慮しなくてよい）。

47 アルカン・ベンゼンの置換反応

(1999年度 第3問)

次のⅠ，Ⅱの各問に答えよ。必要があれば，原子量として下の値を用いよ。

H：1.0　　C：12.0　　O：16.0　　S：32.1

Ⅰ　次の文章を読み，以下の問ア～オに答えよ。

　天然ガスや石油の主要な成分であるアルカンは一般に化学的に安定な物質である。しかし，アルカンと塩素の混合気体に紫外光を照射すると速やかに反応して，アルカンの水素原子が塩素原子に置換された化合物が得られる。

〔問〕

ア　メタンと塩素の反応によって，メタンの一塩素置換生成物であるクロロメタンが生成する反応を化学反応式で示せ。

イ　プロパンを同様に反応させたところ，2種類の一塩素置換生成物であるAおよびBが得られた。AとBを分離し，それぞれをさらに塩素と反応させると，Aからは3種類の二塩素置換生成物が得られ，Bからは2種類の二塩素置換生成物が得られた。AとBの構造式を書け。また，Aから得られた3種類の二塩素置換生成物の構造式を書け。

ウ　プロパンの8個の水素原子のうち，置換されてAを与える水素原子をH_a，置換されてBを与える水素原子をH_bとする。H_aとH_bの水素原子1個あたりの置換され易さが同じであると仮定したとき，プロパンと塩素の反応で生成するAとBの物質量の比はいくつと予想されるか。簡単な整数比で表せ。

エ　実際にプロパンと塩素の反応を行って生成したAとBの物質量の比を調べたところ，9：11であった。水素原子1個あたりで比較するとH_bはH_aに対して何倍置換され易いといえるか。有効数字2桁で答えよ。結果だけではなく，計算の過程や考え方も記せ。

オ　実験室では塩素は，図1の装置によって酸化マンガン(Ⅳ)に濃塩酸を加えて発生させることができるが，この装置から発生する塩素は水と塩化水素を含んでいる。2個の洗気ビンを用いてそれらを取り除き，乾燥した塩素を集気ビンに捕集したい。図2に示した洗気ビン，および図3に示した捕集装置から適当なものを選び，記号①～⑩で示した各装置の接続部分をゴム管でつないで図4のように装置全体を組み立てるものとする。(a)，(b)，および(c)に対応する接続部分をそれぞれ記号（②～⑩）の中から選んで記せ。

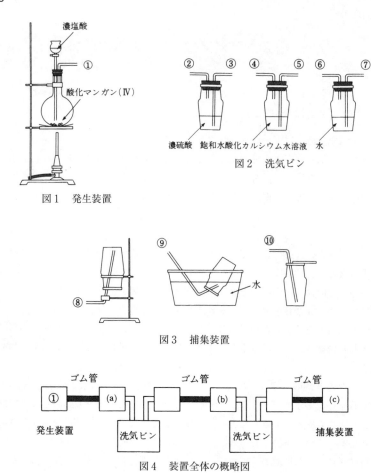

図1　発生装置

図2　洗気ビン

図3　捕集装置

図4　装置全体の概略図

Ⅱ　次の文章を読み，以下の問力〜ケに答えよ。

　ベンゼンおよび無機試薬 **X**，**Y** を用いて次の実験(a)，(b)を行った。

(a)　ベンゼンを **X** と加熱したところ化合物 **P** が生成した。**P** の元素分析による質量百分率はそれぞれ炭素 45.5 %，水素 3.8 %，硫黄 20.3 % であり，残りは酸素であった。

(b)　ベンゼンを **X** および **Y** の混合物と反応させると，ベンゼンの一置換体 **Q** が生成した。次に，ここで得られた **Q** の 4.0 g を丸底フラスコにはかりとり，粒状の金属スズ 14.0 g，続いて濃塩酸 30 mL を加えた。(1)丸底フラスコを穏やかに加熱したのち，液体部分を三角フラスコに移し，(2)10 mol/L の水酸化ナトリウム水溶液 80 mL を加えた。この混合物を十分に冷却してからジエチルエーテル 100 mL を加え，分

　液漏斗でよく振り混ぜた。静置したのちジエチルエーテル層を分け取り，蒸留して
ジエチルエーテルを除いたところ，塩基性化合物 **R** が得られた。

〔**問**〕

カ　実験(a)の生成物 **P** の分子式を示せ。また，**P** に酢酸ナトリウム水溶液を加えた時
　　に起こる変化を化学反応式で示し，そのような変化の起こる理由を 1 行で説明せよ。

キ　実験(b)で得られる化合物 **Q**，**R** の示性式を示せ。

ク　下線部(1)について，反応混合物のどのような変化により反応が完了したことを確
　　認できるか。1 行で述べよ。

ケ　下線部(2)の操作はどのような目的で行うのか。2 行以内で説明せよ。

第5章　総合問題・複合問題

48 HFの性質と反応，電離平衡，AlとTiの工業的製法，金属の結晶格子 (2023年度　第2問)

■ 次のⅠ，Ⅱの各問に答えよ。

Ⅰ　次の文章を読み，問**ア**〜**オ**に答えよ。

　　フッ化水素 HF は，他のハロゲン化水素とは異なる性質をもつ。また，フッ素
　　　　　　　　　　①
樹脂の原料として用いられるほか，ガラスの表面加工や半導体の製造過程におけ
　　　　　　　　　　　　　　　　②
る酸化被膜の処理においても重要な役割を果たす。

　　気体では HF 2分子が会合し，1分子のようにふるまう二量体を形成する。か
つては低濃度のフッ化水素酸（HF の水溶液）中においても，気体中と同様に二量
体を形成し得ると考えられていた。しかし，凝固点降下の実験で，低濃度のフッ
　　　　　　　　　　　　　　　　　　　　③
化水素酸中における二量体の形成を裏付ける結果は得られていない。現在では
フッ化水素酸中において，主に以下の二つの平衡が成り立つと考えられている。

$$\mathrm{HF} \rightleftarrows \mathrm{H^+ + F^-} \qquad K_1 = \frac{[\mathrm{H^+}][\mathrm{F^-}]}{[\mathrm{HF}]} = 7.00 \times 10^{-4}\,\mathrm{mol \cdot L^{-1}} \quad （式1）$$

$$\mathrm{HF + F^- \rightleftarrows HF_2^-} \qquad K_2 = \frac{[\mathrm{HF_2^-}]}{[\mathrm{HF}][\mathrm{F^-}]} = 5.00\,\mathrm{mol^{-1} \cdot L} \qquad （式2）$$

　　これらの平衡にもとづき，$[\mathrm{H^+}]$と$[\mathrm{HF}]$の関係を考えることができる。ここで
　④
K_1，K_2 は平衡定数であり，$[\mathrm{H^+}]$，$[\mathrm{F^-}]$，$[\mathrm{HF}]$，$[\mathrm{HF_2^-}]$はそれぞれ $\mathrm{H^+}$，$\mathrm{F^-}$，
HF，$\mathrm{HF_2^-}$ のモル濃度を表す。また，以下の問では水の電離は考えないものと
する。

〔問〕

　　ア　下線部①について，HF，塩化水素 HCl，臭化水素 HBr，ヨウ化水素 HI
　　　　を沸点の高いものから順に並べよ。また，沸点の順がそのようになる理由
　　　　を，以下の語句を用いて簡潔に答えよ。

　　　　〔語句〕　水素結合，ファンデルワールス力，分子量

　　イ　下線部②について，二酸化ケイ素 $\mathrm{SiO_2}$ とフッ化水素酸の反応では，2価

の酸である A が生成する。SiO$_2$ と気体のフッ化水素の反応では，正四面体形の分子 B が生成する。A と B の分子式をそれぞれ答えよ。

ウ　下線部③について，フッ化水素酸中の二量体の形成が凝固点降下に与える影響を考える。ある濃度のフッ化水素酸中において，二量体を形成すると仮定したときに，凝固点降下の大きさは二量体を形成しないときと比べてどうなると考えられるか，理由とともに簡潔に答えよ。ただし，ここではフッ化水素酸中の HF の電離は考えないものとする。

エ　下線部④について，十分に低濃度のフッ化水素酸は弱酸としてふるまうため，式 1 の平衡を考えるだけでよい。式 1 のみを考え，pH が 3.00 のフッ化水素酸における HF の濃度[HF]を有効数字 2 桁で求めよ。答えに至る過程も記せ。

オ　下線部④について，(a) 式 1 の平衡のみを考える場合および(b) 式 1 と式 2 の両方の平衡を考える場合における[HF]と[H$^+$]の関係として最も適切なものを，図 2 － 1 のグラフの(1)～(5)からそれぞれ選べ。ただし二量体の形成は考えないものとする。

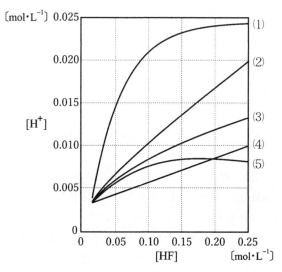

図 2 － 1　フッ化水素酸における[HF]と[H$^+$]の関係

Ⅱ 次の文章を読み，問**カ**～**コ**に答えよ。

金属アルミニウム Al および金属チタン Ti は，地殻に豊富に存在する元素からなる軽金属で，様々な分野で用いられている。

金属 Al の主な工業的製造プロセスでは，原料として酸化アルミニウム Al_2O_3 を主成分とするボーキサイトが用いられる。<u>ボーキサイトに水酸化ナトリウム NaOH 水溶液を加えて高温・高圧とし，不溶物を除去する</u>。不溶物を除去した溶液を冷却し，<u>pH を調整して水酸化アルミニウム $Al(OH)_3$ を沈殿させ</u>，これを 1300 ℃ 程度で熱処理することで高純度の Al_2O_3 を得る。最後に，Al_2O_3 の溶融塩（融解塩）電解により金属 Al を得る。

金属 Ti の主な工業的製造プロセスでは，原料として酸化チタン TiO_2 を主成分とする鉱石などが用いられる。ここでは，TiO_2 を原料として考える。<u>TiO_2 とコークスを 1000 ℃ 程度に加熱し，ここに塩素ガス Cl_2 を吹き込むことで，塩化チタン $TiCl_4$ を得る</u>。<u>蒸留精製した $TiCl_4$ を金属マグネシウム Mg を用いて還元することで，金属 Ti を得る</u>。この過程で生成した<u>塩化マグネシウム $MgCl_2$ は，溶融塩電解により，金属 Mg と Cl_2 としたのち</u>，再利用される。

金属 Al と金属 Ti の性質の違いとして，<u>展性・延性の違い</u>が挙げられる。金属 Al は展性・延性が高く加工性に優れる。金属 Ti は展性・延性が低く変形しにくいため，強度が要求される用途に用いられる。

〔問〕

カ 下線部⑤に関して，ボーキサイトに含まれる化合物として，Al_2O_3，酸化鉄 Fe_2O_3，二酸化ケイ素 SiO_2 を考える。これらの中で，加熱下で NaOH 水溶液と反応し，溶解する<u>化合物をすべて挙げ</u>，<u>各化合物と NaOH 水溶液の化学反応式</u>を書け。

キ 下線部⑥に関して，3 価の Al イオンは，溶液中では水分子 H_2O あるいは水酸化物イオン OH^- が配位した錯イオン $[Al(H_2O)_m(OH)_n]^{(3-n)+}$（$m$，$n$ は整数，$m + n = 6$）および沈殿 $Al(OH)_3$（固）として存在し，それらが平衡状態にあるとする。平衡状態における錯イオンの濃度の pH 依存性が図2−2のように表されるとき，錯イオンの濃度の合計が最も低くなり，$Al(OH)_3$（固）が最も多く得られる pH を整数で答えよ。

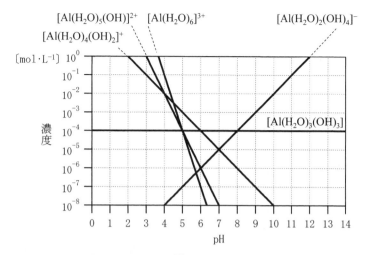

図 2 ― 2　pH と錯イオンの濃度の関係

ク　下線部⑦，⑧，⑨に関して，それぞれの化学反応式を書け。また，全体としての化学反応式を書け。下線部⑦の反応では，コークスは C のみからなるものとし，CO₂ まで完全に酸化されるものとする。下線部⑨の反応に関しては，溶融塩電解全体としての化学反応式を書け。

ケ　下線部⑨に関して，2 価の Mg イオンの還元には，$MgCl_2$ 水溶液の電気分解ではなく，溶融塩電解が用いられる理由を簡潔に述べよ。

コ　下線部⑩に関して，結晶構造から考察する。金属原子が最も密に詰まった平面（ここでは最密充填面と呼ぶ）の数は結晶構造によって異なり，最密充填面の数が多い金属結晶ほど変形しやすい傾向がある（注）。金属 Ti の結晶構造は六方最密構造に分類されるが，理想的な六方最密構造からずれた構造をとる。ここでは，図 2 ― 3 に示すような図中の矢印方向に格子が伸びた結晶構造を考える。このとき，最密充填面の数は 1 つとなる。一方，金属 Al は面心立方格子の結晶構造をとる（図 2 ― 4）。図 2 ― 5 の(i)〜(iii)の中から，面心立方格子の最密充填面として最も適切なものを答えよ。また，面心立方格子における最密充填面の数を答えよ。互いに平行な面は等価であるとし，1 つと数えること。

（注）　金属に力が加わるとき，金属原子層が最密充填面に沿ってすべるように移動しやすいことが知られている。

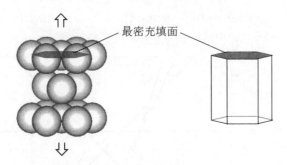

図2－3　六方最密構造の模式図と最密充填面
　　　　球は金属原子を示す。矢印は理想的な六方最密構造からのずれの方
　　　　向を示している。

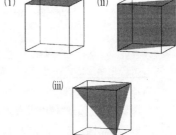

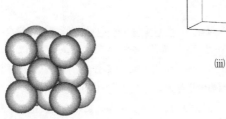

図2－4　面心立方格子の模式図
　　　　球は金属原子を示す。

図2－5　面心立方格子の最密充填面
　　　　（網掛け部分）の候補

49 化学平衡，不均一触媒のはたらき，コロイド溶液，浸透圧

（2023 年度　第 3 問）

次の I，II の各問に答えよ。必要があれば以下の値を用いよ。

元　素	H	N	O	Fe
原子量	1.0	14.0	16.0	55.8

気体定数 $R = 8.31 \times 10^3$ Pa・L/(K・mol)，アボガドロ定数 $N_A = 6.02 \times 10^{23}$/mol，円周率 $\pi = 3.14$，標準状態：273 K，1.01×10^5 Pa
すべての気体は，理想気体としてふるまうものとする。

I　次の先生と生徒の議論を読み，問ア～オに答えよ。

先生　アンモニア NH_3 は，空気中の窒素 N_2 と水素 H_2 から合成されているのを知っているかい？

$$N_2(気) + 3 H_2(気) = 2 NH_3(気) + 92.0 \text{ kJ}$$

最近では，二酸化炭素を排出しないエネルギー源として注目されているよ。

生徒　授業で習いました。 a の原理と呼ばれる平衡移動の原理があっ①て，この反応では b 圧にするほど，また， c 熱反応なので d 温にするほど，アンモニア生成の方向へ平衡が移動するのですね。でも，反応速度を増加させるためには e 温にしなければなりません。

先生　そうだ。産業上極めて重要な化学反応だけれど，とても困難な反応なんだ。この反応を可能としているのが触媒だ。触媒は一般的に，図 3 ―1 のように，触媒反応を起こす金属と，それを支える担体とからなっているんだ。触媒を用いたアンモニア合成法は，触媒を開発した人の名前から，ハーバー・ボッシュ法とも呼ばれているんだ。ここでは， a の原理とともに，アンモニア合成法について考えてみよう。

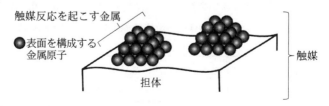

図 3 ―1　触媒の構造

先生 ある触媒 1.00 g 上へ吸着した窒素の体積 V と圧力 p の関係を図 3 ― 2 に示しているよ。真空状態から大気の圧力 p_0 まで少しずつ窒素の圧力 p を大きくし、吸着した窒素量を標準状態における体積 V〔mL〕に換算して図に表しているんだ。窒素は触媒表面に可逆的に吸着する(図 3 ― 3 左)。<u>触媒上に窒素分子が一層で吸着すると考えると、一分子が占有する面積が分かれば、吸着量から触媒の表面積を求めることができるね。</u>② この吸着した窒素は、圧力を下げることで完全に脱離するんだ。再度圧力を大きくして窒素を吸着させても、同じ量を吸着するんだ。

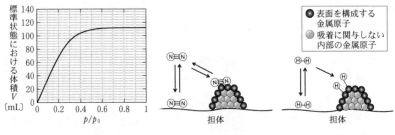

図 3 ― 2　触媒 1.00 g への窒素の吸着体積と圧力の関係図

図 3 ― 3　N_2(左)および H_2(右)の触媒表面への吸着(断面図)

先生 水素の方はどうなるか、知っているかい?

生徒 窒素が担体と金属のいずれにも分子のまま吸着するのに対して、水素分子は表面金属原子に対しては原子状に解離して強く吸着する(図 3 ― 3 右)から、容易に脱離せず圧力に対して不可逆とみなせる吸着現象であると聞きました。

先生 そうだね。だから水素の吸着体積と圧力の関係図は、図 ┃ f ┃ で表される形になるんだ。この場合、水素を解離する金属上に、水素原子と表面金属原子が 1 対 1 で水素が吸着するから、金属だけの表面積を求めることができる。担体を含めた触媒全体の表面積が算出できる窒素とは対照的だね。

生徒 <u>金属 1.00 mol に対して、水素原子が 0.100 mol しか吸着しないとすると、表面を構成している金属原子が 10 % しかないことを示すのですね。</u>③

先生 そうだね。さて、吸着した窒素に対して触媒が果たすべき役割を考えてみよう。ハーバー・ボッシュ法に ┃ e ┃ 温が必要な理由が他に分かるか

い？

生徒 触媒には　 g 　という能力が必要になり，そのために　 e 　温が必要になります。

先生 その通り。　 a 　の原理だけではなく，触媒についても勉強になったね。

生徒 はい。私も大学で，アンモニア合成を簡単にする触媒研究に挑戦します！

〔問〕

ア 下線部①に関して，　 a 　～　 e 　にあてはまる語句を記せ。

イ 下線部②に関して，窒素一分子の占有面積を $0.160\,\mathrm{nm^2}$（$1\,\mathrm{nm} = 10^{-9}\,\mathrm{m}$）とし，触媒 $1.00\,\mathrm{g}$ に対する標準状態の窒素の飽和吸着量を図3―2から読み取ると，触媒 $1.00\,\mathrm{g}$ の表面積は何 $\mathrm{m^2}$ か，有効数字2桁で答えよ。答えに至る過程も記せ。

ウ 図　 f 　に相当する図で最も適切なものを図3―4の(i)～(iii)の中から一つ選べ。なお，吸着3回目以降の結果は2回目と同じであった。

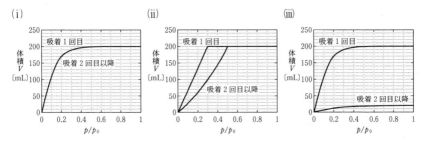

図3―4　触媒 $10.0\,\mathrm{g}$ への水素の吸着体積と圧力の関係図
体積 V は，$300\,\mathrm{K}$，$1.01 \times 10^5\,\mathrm{Pa}$ における換算
体積である。

エ 下線部③に関して，ある触媒 $10.0\,\mathrm{g}$ 上に $300\,\mathrm{K}$ で水素を吸着させた。この触媒上の金属が $5.00 \times 10^{-2}\,\mathrm{mol}$ であったとして，**ウ**で選んだ図から水素の吸着量を読み取ると，表面を構成している金属原子は何％になるか，有効数字2桁で答えよ。答えに至る過程も記せ。

オ　 g 　にあてはまる語句を10文字程度で答えよ。

Ⅱ　次の文章を読み，問**カ〜サ**に答えよ。

コロイド溶液は，粒子の表面状態や大きさに依存したふるまいを示す。水酸化
鉄(Ⅲ)粒子を 53.4 g/L の濃度で純水中に分散したコロイド溶液を用いて，以下
の 2 つの実験を行った。なお，粒子は半径のそろった真球であり，実験の過程で
溶解しないものとする。また，コロイド溶液の密度は粒子の濃度によらず一定
で，純水の密度 1.00 g/cm^3 と同じとしてよい。

実験 1 ：粒子表面の電荷は，粒子表面のヒドロキシ基と溶液中のイオンとの可逆
　　　　反応(図 3 — 5)により，pH に応じて変化する。コロイド溶液の pH を
　　　　3.0 に調整した。このコロイド溶液を電気泳動した結果，粒子は
　　　　　　 h 　　 極側へ移動した。また，pH ＝ 3.0 のコロイド溶液に水酸化
　　　　ナトリウム水溶液を徐々に添加していったところ，ある時点で沈殿を生
　　　　じた。なお，粒子表面の電荷が全体として 0 となる pH(等電点)は，
　　　　7.0 だった。

実験 2 ：半透膜で仕切られた U 字管の左側にコロイド溶液，右側に純水をそれ
　　　　ぞれ 10.0 mL ずつ入れた。液面の高さの変化がなくなるまで待った結
　　　　果，左右の液面の高さの差 Δh〔cm〕は 1.36 cm となった(図 3 — 6)。粒
　　　　子の半径によらず，粒子の組成は Fe(OH)$_3$，粒子の単位体積当たりに
　　　　含まれる鉄(Ⅲ)イオンの数は 4.00 × 10^4 mol/m^3 であるものとする。
　　　　これらから，粒子の半径 r_1〔m〕は 　　 i 　　 m と算出される。なお，
　　　　この実験では溶液中のイオンの影響は考えなくてよいものとし，コロイ
　　　　ド溶液および純水の温度を 300 K，U 字管の断面積を 1.00 cm^2，大気
　　　　圧 1.01 × 10^5 Pa に相当する水銀柱の高さを 76.0 cm，水銀の密度を
　　　　13.6 g/cm^3 とする。

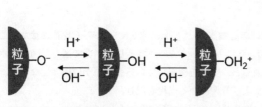

図 3 — 5　粒子表面のヒドロキシ基とコロイド溶液
　　　　　中の水素イオン，水酸化物イオンの可逆
　　　　　反応

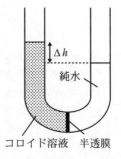

図 3 — 6　実験 2 の模式図

〔問〕

カ 　　h　　にあてはまる語句を答えよ。また，その理由を図 3 — 5 の反応
にもとづいて述べよ。

キ 下線部④に関して，その理由を図 3 — 5 の反応にもとづいて述べよ。

ク 下線部⑤に関して，この結果から推定される，液面の高さの変化がなく
なった後の U 字管左側のコロイド溶液中の粒子のモル濃度は何 mol/L
か，有効数字 2 桁で答えよ。答えに至る過程も記せ。なお，コロイド溶液
は希薄溶液であり，粒子 6.02×10^{23} 個を 1 モルとする。

ケ 下線部⑥に関して，粒子の半径を 1.00×10^{-8} m と仮定した場合の，粒
子 1 モルあたりの質量は何 g か，有効数字 2 桁で答えよ。答えに至る過
程も記せ。

コ 　　i　　にあてはまる値は 1.00×10^{-8} よりも大きいか小さいか，理由
とともに答えよ。

サ 実験 2 と同様の実験を，粒子の質量濃度が同じく 53.4 g/L，半径 r が r_1
よりも大きい水酸化鉄(Ⅲ)コロイド溶液を用いて行ったとする。得られる
Δh と r の関係として最も適切なものを図 3 — 7 の(1)~(5)の中から一つ選
べ。また，その理由を簡潔に述べよ。

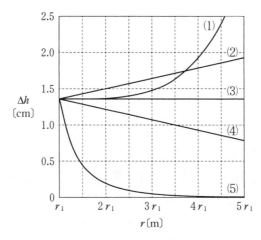

図 3 — 7　r と Δh の関係

50 熱化学方程式，ヘスの法則，錯イオンの構造，プルシアンブルーの結晶格子

(2022 年度　第 2 問)

次の I，II の各問に答えよ。必要があれば以下の値を用いよ。

元　素	H	C	N	O	K	Fe
原子量	1.0	12.0	14.0	16.0	39.1	55.8

物質（状態）	CH_4（気）	CO_2（気）	H_2O（液）
生　成　熱 [kJ/mol]	75	394	286

アボガドロ定数 $N_A = 6.02 \times 10^{23}$/mol，気体定数 $R = 8.31 \times 10^3$ Pa・L/(K・mol)

I　次の文章を読み，問**ア**〜**オ**に答えよ。

　　火力発電の燃料として，天然ガスよりも石炭を用いる方が，一定の電力量を得①る際の二酸化炭素 CO_2 排出が多いことが問題視されている。そこで，アンモニア NH_3 を燃料として石炭に混合して燃焼させることで，石炭火力発電からの②CO_2 排出を減らす技術が検討されている。

　　従来 NH_3 は，主に天然ガスに含まれるメタン CH_4 と空気中の窒素 N_2 から製造されてきた。その製造工程は，以下の 3 つの熱化学方程式で表される反応によ③り，CH_4（気）と N_2（気）と H_2O（気）から，NH_3（気）と CO_2（気）を生成するものである。

　　（反応 1 ）　CH_4（気）+ H_2O（気）= CO（気）+ 3 H_2（気）− 206 kJ

　　（反応 2 ）　CO（気）+ H_2O（気）= H_2（気）+ CO_2（気）+ 41 kJ

　　（反応 3 ）　N_2（気）+ 3 H_2（気）= 2 NH_3（気）+ 92 kJ

　　このように得られる NH_3 は，燃焼の際には CO_2 を生じないものの，製造工程④で CO_2 を排出している。発電による CO_2 排出を減らすために石炭に混合して燃焼させる NH_3 は，CO_2 を排出せずに製造される必要がある。

　　そこで，太陽光や風力から得た電力を使い，水の電気分解により得た水素を用いる NH_3 製造法が開発されている。

〔問〕

ア　下線部①に関して，石炭燃焼のモデルとして C(黒鉛)の完全燃焼反応(**反応 4**)，天然ガス燃焼のモデルとして CH_4(気)の完全燃焼反応(**反応 5**)を考える。C(黒鉛)1.0 mol，CH_4(気)1.0 mol の完全燃焼の熱化学方程式をそれぞれ記せ。ただし，生成物に含まれる水は H_2O(液)とする。また，**反応 4** により 1.0 kJ のエネルギーを得る際に排出される CO_2(気)の物質量は，**反応 5** により 1.0 kJ のエネルギーを得る際に排出される CO_2(気)の物質量の何倍か，有効数字 2 桁で答えよ。

イ　下線部②に関して，NH_3(気)の燃焼反応(**反応 6**)からは N_2(気)と H_2O(液)のみが生じるものとする。C(黒鉛)と NH_3(気)を混合した燃焼(**反応 4** と **反応 6**)により 1.0 mol の CO_2(気)を排出して得られるエネルギーを，**反応 5** により 1.0 mol の CO_2(気)を排出して得られるエネルギーと等しくするためには，1.0 mol の C(黒鉛)に対して NH_3(気)を何 mol 混ぜればよいか，有効数字 2 桁で答えよ。答えに至る過程も示せ。

ウ　下線部③の製造工程により 1.0 mol の NH_3(気)を得る際に，エネルギーは吸収されるか放出されるかを記せ。また，その絶対値は何 kJ か，有効数字 2 桁で答えよ。答えに至る過程も示せ。

エ　CO_2 と NH_3 を高温高圧で反応させることで，肥料や樹脂の原料に用いられる化合物 A が製造される。1.00 トンの CO_2 が NH_3 と完全に反応した際に，1.36 トンの化合物 A が H_2O とともに得られた。化合物 A の示性式を，下記の例にならって記せ。

　　　　示性式の例：$CH_3COOC_2H_5$

オ　下線部④に関して，下線部③の製造工程により 1.0 mol の NH_3(気)を得る際に排出される CO_2(気)の物質量を有効数字 2 桁で答えよ。また，この CO_2 排出を考えたとき，**反応 6** により 1.0 kJ のエネルギーを得る際に排出される CO_2(気)の物質量は，**反応 5** により 1.0 kJ のエネルギーを得る際に排出される CO_2(気)の物質量の何倍か，有効数字 2 桁で答えよ。

Ⅱ 次の文章を読み，問**カ**〜**コ**に答えよ。

　金属イオン M^{n+} は，アンモニア NH_3 やシアン化物イオン CN^- などと配位結合し，錯イオンを形成する。金属イオンに配位結合する分子やイオンを配位子とよぶ。図2−1に NH_3 を配位子とするさまざまな錯イオンの構造を示す。銅イオン Cu^{2+} の錯イオン(a)は4配位で正方形をとる。<u>錯イオン(b)は2配位で直線形，錯イオン(c)は6配位で正八面体形，錯イオン(d)は4配位で正四面体形をとる。</u>⑤

　正八面体形をとる錯イオンは最も多く存在し，図2−2に示すヘキサシアニド鉄(Ⅱ)酸イオン $[Fe(CN)_6]^{4-}$ はその一例である。鉄イオン Fe^{3+} を含む水溶液にヘキサシアニド鉄(Ⅱ)酸カリウム $K_4[Fe(CN)_6]$ を加えると，古来より顔料として使われるプルシアンブルーの濃青色沈殿が生じる。図2−3に，この反応で得られるプルシアンブルーの結晶構造を示す。<u>Fe^{2+} と Fe^{3+} は1：1で存在し，⑥ CN^- の炭素原子，窒素原子とそれぞれ配位結合する。鉄イオンと CN^- により形成される立方体の格子は負電荷を帯びるが，格子のすき間にカリウムイオン K^+ が存在することで，結晶の電気的な中性が保たれている。</u>しかし，K^+ の位置は一意に定まらないため，図2−3では省略している。<u>格子のすき間は微細な空間⑦ となるため，プルシアンブルーは気体やイオンの吸着材料としても利用される。</u>

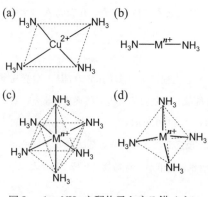

(a) (b) (c) (d)

図2−1　NH_3 を配位子とする錯イオン

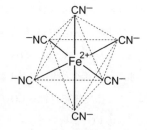

図2−2　ヘキサシアニド鉄(Ⅱ)
　　　　酸イオン $[Fe(CN)_6]^{4-}$
　　　　Fe^{2+} に結合する6つ
　　　　の CN^- を示している。

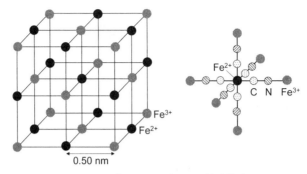

図 2 ― 3　プルシアンブルーの結晶構造

　周期的に配列する鉄イオンとシアン化物イオンの一部を取り出した構造である。Fe^{2+} と Fe^{3+} は CN^- を介して結合するが、左図では CN^- を省略し、Fe^{2+} と Fe^{3+} を実線で結んでいる。右図は、Fe^{2+} に結合する 6 つの CN^- と、これらの CN^- に結合する 6 つの Fe^{3+} を示している。

〔問〕

　カ　下線部⑤に示した錯イオン(b)、(c)、(d)について、中心の金属イオンとして最も適切なものを、以下の(1)〜(3)の中から一つずつ選べ。
　　　(1)　Co^{3+}，(2)　Zn^{2+}，(3)　Ag^+

　キ　Cu^{2+} を含む水溶液に、少量のアンモニア水を加えると、青白色沈殿が生じる。この青白色沈殿に過剰のアンモニア水を加えると、錯イオン(a)が生じる。下線部⑧に対応するイオン反応式を記せ。

　ク　下線部⑥より、プルシアンブルーを構成する K、Fe、C、N の割合を、最も簡単な整数比で示せ。

　ケ　図 2 ― 3 に示すように、隣接する鉄イオン間の距離は 0.50 nm である。プルシアンブルーの密度は何 g/cm^3 か、有効数字 2 桁で答えよ。答えに至る過程も示せ。

　コ　下線部⑦について、プルシアンブルー 1.0 g あたり、300 K、1.0×10^5 Pa に換算して 60 mL の窒素 N_2 が吸着した。図 2 ― 3 に示す一辺が 1.00 nm のプルシアンブルーの中に、N_2 が何分子吸着したか。小数点第 1 位を四捨五入して整数で答えよ。答えに至る過程も示せ。N_2 は理想気体とみなしてよいものとする。

51 水素吸蔵物質を含む気体の平衡，アミノ酸・酵素の反応
（2021年度　第2問）

次のⅠ，Ⅱの各問に答えよ。必要があれば以下の値を用いよ。

気体定数 $R = 8.31 \times 10^3$ Pa·L/(K·mol) $= 8.31$ J/(K·mol)

$\sqrt{2} = 1.41$, $\sqrt{3} = 1.73$, $\sqrt{5} = 2.24$

Ⅰ　次の文章を読み，問**ア～キ**に答えよ。

　ある水素吸蔵物質（記号 **X** で表す）は式1の可逆反応により水素を取り込み（吸蔵し）**X** H$_2$ となる。

$$\text{X H}_2(\text{固}) \rightleftharpoons \text{X}(\text{固}) + \text{H}_2(\text{気}) \tag{式1}$$

　気体物質が平衡状態にある場合，各成分気体の濃度の代わりに分圧を用いて平衡定数を表すことができ，この平衡定数を圧平衡定数という。式1の反応が平衡状態にある場合，その圧平衡定数 $K_\text{p}^{(1)}$ は水素の分圧 p_{H_2} を用いて

$$K_\text{p}^{(1)} = p_{\text{H}_2}$$

と表すことができる。また，水素の分圧が $K_\text{p}^{(1)}$ より小さいとき，式1の反応は起こらない。

　内部の体積を自由に変えることのできるピストン付きの密閉容器に，水素を含む混合気体と，その物質量よりも十分大きい物質量の **X** を入れ，以下の実験を行った。式1の反応は速やかに平衡状態に達するものとし，527℃において $K_\text{p}^{(1)} = 2.00 \times 10^5$ Pa とする。また，**X** への水素以外の成分気体の吸蔵は無視でき，**X** および **X** H$_2$ 以外の物質は常に気体として存在するものとする。気体はすべて理想気体とし，容器内の固体の体積は無視できるものとする。

実験1：容器を水素 1.50 mol とアルゴン 1.20 mol で満たした。その後，<u>容器内の混合気体の圧力を 2.70×10^5 Pa，温度を 527℃ に保ったまま，長時間放置した</u>①。このとき，**X** に水素は吸蔵されていなかった。その後，温度を 527℃ に保ちながら徐々に圧縮すると，<u>ある体積になったとき</u>②，水素の吸蔵が始まった。その後，さらに圧縮すると，<u>混合気体の圧力は 2.20×10^6 Pa となった</u>③。

実験 2 ：容器を水素 1.50 mol とヨウ素 1.20 mol で満たした。その後，容器内の混合気体の圧力を 2.70×10^5 Pa，温度を 527 ℃ に保ったまま，式 2 の反応が平衡状態に達するまで放置した。

$$H_2(気) + I_2(気) \rightleftharpoons 2 HI(気) \qquad (式 2)$$

このとき，容器内にヨウ化水素は 2.00 mol 存在しており，また，X に水素は吸蔵されていなかった。その後，温度を 527 ℃ に保ちながら徐々に圧縮すると，<u>ある体積になったとき</u>，水素の吸蔵が始まった。
④
その後，さらに平衡状態を保ちながら圧縮すると，<u>混合気体の圧力は</u>
⑤
<u>2.20×10^6 Pa となった。</u>

〔問〕

ア　下線部①のときの混合気体の体積は何 L か，有効数字 2 桁で答えよ。

イ　下線部②のときの混合気体の圧力は何 Pa か，有効数字 2 桁で答えよ。

ウ　下線部②のときと同じ体積と温度で，容器に入れる水素とアルゴンの全物質量を一定としたまま，全物質量に対する水素の物質量比 x を変えて圧力を測定した。このとき，x と容器内の混合気体の圧力の関係として適切なグラフを，以下の図 2 ― 1 に示す(1)～(4)の中から一つ選べ。ただし，X は容器内にあり，混合気体を容器に入れる前に水素は吸蔵されていないものとする。

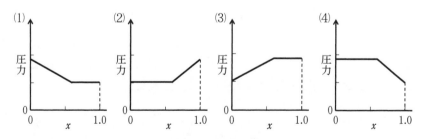

図 2 ― 1　水素の物質量比 x と容器内の混合気体の圧力の関係

エ　下線部③のとき，X は何 mol の水素を吸蔵したか，有効数字 2 桁で答えよ。答えに至る過程も記せ。

オ　式 2 の反応の圧平衡定数を有効数字 2 桁で答えよ。

カ　下線部④のときの混合気体の圧力は何 Pa か，有効数字 2 桁で答えよ。答

えに至る過程も記せ。

キ 下線部⑤のときのヨウ化水素の分圧は何 Pa か，有効数字 2 桁で答えよ。答えに至る過程も記せ。

II 次の文章を読み，問**ク～シ**に答えよ。

　生物の体内では様々なタンパク質が化学反応に関わり，生命活動の維持に寄与している。タンパク質は，約 20 種類のアミノ酸がペプチド結合を介して直鎖状につながった高分子で，一般に図 2 ― 2 のヘモグロビンの様に複雑な立体構造をとる。

　タンパク質の中で酵素として働くものは，立体構造の決まった部位に特定の化合物を結合させ，生体内の化学反応の速度を大きくする役割を持つ。例えばカタラーゼと呼ばれる酵素は，生体反応で発生し毒性を持つ過酸化水素を速やかに分解する。

　また，酵素の中には，それ自身を構成するカルボキシ基など，酸塩基反応に関わる特定の官能基から，酵素に結合した基質 Y へ水素イオン H^+ を供給することで，式 3 で示される反応を促進するものがある。

$$Y + H^+ \longrightarrow YH^+ \tag{式 3}$$

　反応後，酵素の官能基は水から十分大きい速度で H^+ を獲得し，反応前の状態に戻ることで新たな Y へ H^+ を供給する。酵素の周りにある水から Y への H^+ の供給よりも，酵素の官能基から Y への H^+ の供給が十分に速く起こる場合，Y に H^+ が供給される速度は溶液の pH によらず一定となる。

図 2 ― 2　ヘモグロビンの立体構造

〔問〕

ク　下線部⑥に関連して，図2－3の構造式で示される(a)アラニン，(b)アスパラギン酸，(c)リシン，それぞれの水溶液に塩酸を加えて酸性にし，さらにアミノ酸の濃度が同一となるよう水で希釈した。ここへ一定の濃度の水酸化ナトリウム水溶液を滴下したとき，滴下した水酸化ナトリウム水溶液の体積 V_{NaOH} に対する pH の変化について，(a)〜(c)の3種類のアミノ酸それぞれに対応するものを，図2－4に示した(5)〜(7)のグラフより選べ。

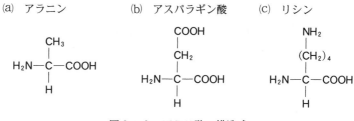

(a)　アラニン　　　　(b)　アスパラギン酸　　　(c)　リシン

図2－3　アミノ酸の構造式

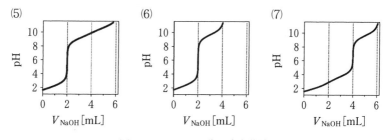

(5)　　　　　　　　　　(6)　　　　　　　　　　(7)

図2－4　アミノ酸の滴定曲線

ケ　下線部⑦について，ウレアーゼと呼ばれる酵素は，尿素 $(NH_2)_2CO$ がアンモニアと二酸化炭素に加水分解する反応を促進する。この反応の化学反応式を示し，反応開始時のアンモニアの生成速度は尿素の減少速度の何倍か答えよ。

コ　下線部⑧について，H_2O_2(液) と H_2O(液) の生成反応の熱化学方程式をそれぞれ記せ。また，H_2O_2(液) から H_2O(液) と酸素への分解反応の反応熱を求め，有効数字2桁で答えよ。ただし，H_2O_2(液) と H_2O(液) の生成熱はそれぞれ 187.8 kJ/mol，285.8 kJ/mol とする。

サ 下線部⑧について，H_2O_2(液)がH_2O(液)と酸素に分解する反応の速度定数は，カタラーゼを加えることで27℃で10^{12}倍大きくなる。過酸化水素の分解反応の反応速度定数kが，定数A，分解反応の活性化エネルギーE_a，気体定数R，絶対温度Tを用いて式4で表されるとき，カタラーゼの存在下におけるE_aを求め，有効数字2桁で答えよ。答えに至る過程も記せ。ただし，27℃におけるカタラーゼを加えない場合のE_aは75.3 kJ/mol とし，Aはカタラーゼの有無によらず一定とする。

$$\log_{10} k = -\frac{E_a}{2.30\,RT} + A \qquad (式4)$$

シ 下線部⑨に関連して，H^+の供給について説明した次の文章中の d ， e にあてはまる語句を，以下よりそれぞれ一つ選べ。ただし，酵素は高いpH領域においても変性を起こさないものとする。

　　高いpH領域では，H^+を供給する官能基からH^+が失われ，H^+が酵素の周りの水からYに供給される。このとき，酵素とYの濃度が一定とすると，溶液のpHの増加に伴い，式3の反応速度はpHの d 関数に従って e する。

　　 d … 1次，2次，指数，対数

　　 e … 増加，減少

52 滴定による Cl⁻ の定量，水素吸蔵合金の結晶格子

(2021 年度　第 3 問)

次の I，II の各問に答えよ。必要があれば以下の値を用いよ。

元　素	H	C	O
原子量	1.0	12.0	16.0

AgCl の溶解度積(25 ℃)　$K_{sp1} = 1.6 \times 10^{-10}\ \text{mol}^2/\text{L}^2$

Ag_2CrO_4 の溶解度積(25 ℃)　$K_{sp2} = 1.2 \times 10^{-12}\ \text{mol}^3/\text{L}^3$

アボガドロ定数　$N_A = 6.02 \times 10^{23}/\text{mol}$

$\sqrt{2} = 1.41,\ \sqrt{3} = 1.73,\ \sqrt{5} = 2.24,\ \sqrt{6} = 2.45$

I　次の文章を読み，問ア～オに答えよ。

　　試料水溶液中の塩化物イオン Cl⁻ の濃度は，塩化銀 AgCl とクロム酸銀 Ag_2CrO_4 の水への溶解度の差を利用した滴定実験により求めることができる。ここに $x\ \text{mol/L}$ の Cl⁻ を含む試料水溶液が 20.0 mL ある。試料水溶液には，あらかじめ指示薬としてクロム酸カリウム K_2CrO_4 を加え，クロム酸イオン CrO_4^{2-} の濃度を $1.0 \times 10^{-4}\ \text{mol/L}$ とした。試料水溶液に $1.0 \times 10^{-3}\ \text{mol/L}$ の硝酸銀 $AgNO_3$ 水溶液を滴下すると，すぐに白色沈殿(AgCl)が生じた。さらに $AgNO_3$ 水溶液を滴下すると白色沈殿の量が増加し，ある滴下量を超えると試料水溶液が赤褐色を呈した。この赤褐色は Ag_2CrO_4 の沈殿に由来する。

　　本滴定実験において，AgCl により濁った水溶液が赤褐色を呈したと目視で認められた終点は，Ag_2CrO_4 が沈殿し始める点(当量点)とは異なる。そこで，対照実験として，試料水溶液と同体積・同濃度の K_2CrO_4 水溶液に炭酸カルシウムを添加し，下線部②の赤褐色を呈する直前の試料水溶液と同程度に濁った水溶液を用意した。この濁った水溶液に，滴定に用いたものと同濃度の $AgNO_3$ 水溶液を滴下し，下線部②と同程度の呈色を認めるのに必要な $AgNO_3$ 水溶液の体積を求めた。対照実験により補正を行った結果，当量点までに滴下した $AgNO_3$ 水溶液は 16.0 mL であることがわかった。実験はすべて 25 ℃ で行った。

〔問〕

ア この滴定実験は，試料水溶液の pH が 7 から 10 の間で行う必要がある。pH が 10 より大きいと，下線部③とは異なる褐色沈殿が生じる。この褐色沈殿が生じる反応のイオン反応式を答えよ。

イ 本滴定実験に関連した以下の(1)〜(5)の文のなかで，誤りを含むものを二つ選べ。

(1) 対照実験により得られた下線部④の値を，下線部②で赤褐色を呈するまでに滴下した $AgNO_3$ 水溶液の体積より差し引くことにより，当量点までの滴下量を求めることができる。

(2) フッ化銀は水への溶解度が大きいため，本滴定実験は，フッ化物イオンの定量には適用できない。

(3) $AgCl$ は，塩化ナトリウム $NaCl$ 型構造のイオン結晶であるが，$NaCl$ とは異なり水への溶解度は小さい。これは，Na と Cl の電気陰性度の差と比べて，Ag と Cl の電気陰性度の差が大きいためである。

(4) 問**ア**の褐色沈殿に水酸化ナトリウム水溶液を加えると，錯イオンが生成することにより沈殿が溶解する。

(5) 試料水溶液の pH が 7 より小さいと，$CrO_4{}^{2-}$ 以外に，クロムを含むイオンが生成するため，正確な定量が難しくなる。

ウ 当量点において，試料水溶液中に溶解している Ag^+ の物質量は何 mol か，有効数字 2 桁で答えよ。答えに至る過程も記せ。

エ 当量点において，試料水溶液中のすべての Cl^- が $AgCl$ として沈殿したと仮定し，下線部①の x を有効数字 2 桁で答えよ。答えに至る過程も記せ。

オ 実際には，当量点において，試料水溶液中に溶解したままの Cl^- がごく微量存在する。この Cl^- の物質量は何 mol か，有効数字 2 桁で答えよ。答えに至る過程も記せ。

Ⅱ 次の文章を読み，問**カ**〜**コ**に答えよ。

水素 H_2 は，太陽光や風力等の再生可能エネルギーにより水から製造可能な燃料として注目されている。燃料電池自動車は，1.0 kg の H_2 で 100 km 以上走行できる。しかし，1.0 kg の H_2 は 1 気圧 25℃ における体積が 1.2×10^4 L と大

きいため，燃料として利用するには H_2 を圧縮して貯蔵する技術が必要となる。燃料電池自動車では，1.0 kg の H_2 を 7.0×10^7 Pa に加圧して25 ℃における体積を18 L にしている。H_2 を輸送する際には，-253 ℃に冷却して液化し，1.0 kg の H_2 を14 L にしている。また，炭化水素への可逆的な水素付加反応を用いて，H_2 を室温で液体の炭化水素として貯蔵する技術も開発されている。たとえば，<u>トルエンに水素を付加し，トルエンと同じ物質量のメチルシクロヘキサンを得る反応</u>が用いられる。
⑤

1.0 kg の H_2 を適切な金属に吸蔵させると，液化した 1.0 kg の H_2 よりも小さな体積で貯蔵することができる。Ti-Fe 合金は，Fe 原子を頂点とする立方体の中心に Ti 原子が位置する単位格子を持つ（図3−1）。この合金中で H_2 は水素原子に分解され，水素原子の直径以上の大きさを持つすき間に水素原子が安定に存在できる。このとき，<u>6個の金属原子からなる八面体の中心◎（図3−2）に水素原子が位置する。</u>
⑥

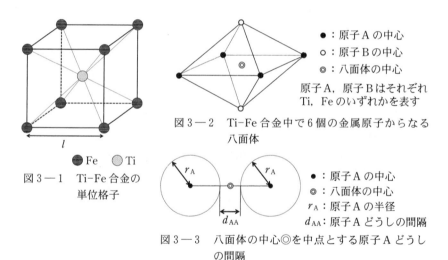

図3−1 Ti-Fe 合金の
　　　単位格子

●：原子 A の中心
○：原子 B の中心
◎：八面体の中心

原子A，原子Bはそれぞれ
Ti，Fe のいずれかを表す

図3−2　Ti-Fe 合金中で6個の金属原子からなる
　　　八面体

●：原子 A の中心
◎：八面体の中心
r_A：原子 A の半径
d_{AA}：原子 A どうしの間隔

図3−3　八面体の中心◎を中点とする原子 A どうし
　　　の間隔

〔問〕

　カ　下線部⑤に関して，1.0 kg の H_2 をトルエンとすべて反応させて得たメチルシクロヘキサンの25 ℃における体積は何 L か，有効数字2桁で答えよ。ただし，メチルシクロヘキサンの密度は 0.77 kg/L（25 ℃）である。

　キ　下線部⑥に関して，Ti-Fe 合金の単位格子の一辺の長さ $l = 0.30$ nm，Ti の原子半径 0.14 nm，Fe の原子半径 0.12 nm のとき，図3−2 の八面体

において隣り合う原子Aと原子Bは接する。一方，図3—3に例を示す，八面体の中心◎を中点とする原子どうしの間隔(原子Aどうしはd_{AA}，原子Bどうしはd_{BB})は0より大きな値をとり，八面体の中心◎にすき間ができる。このとき，d_{AA}，d_{BB}それぞれをlおよび原子A，Bの半径r_A，r_Bを用いて表せ。さらに，d_{AA}，d_{BB}のどちらが小さいかを答えよ。

ク 図3—2において，原子A，Bの組み合わせにより八面体は2種類存在し，このうち原子AがTiで原子BがFeである八面体の中心◎にのみ水素原子が安定に存在できる。この理由を，原子どうしの間隔と水素原子の大きさを比較して述べよ。ただし，Ti-Fe合金中の水素原子の半径は0.03 nmとする。

ケ 原子AがTiである八面体の中心◎にのみ水素原子が1個ずつ吸蔵されるとき，Ti-Fe合金中の水素原子の数はTi原子の数の何倍かを答えよ。

コ La-Ni合金(図3—4)もH_2を水素原子として吸蔵する。図中の面α，βは，ともに一辺aの正六角形である。この合金は金属原子1個あたり1個の水素原子を吸蔵した結果，$a = 0.50$ nm，$c = 0.40$ nmとなる。図3—4の結晶格子中に吸蔵される水素原子の数を答えよ。さらに，このように1.0 kgのH_2を吸蔵したLa-Ni合金の体積は何Lか，有効数字2桁で答えよ。

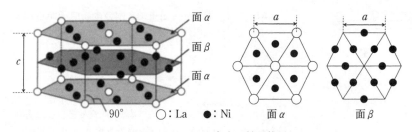

図3—4 La-Ni合金の結晶格子

53 空気の成分分析と人工光合成，分子・イオンの電子式と CO_2 結晶

（2020 年度　第 2 問）

次の I，II の各問に答えよ。必要があれば以下の値を用いよ。

元　素	H	C	N	O	Cl	Ar
原子量	1.0	12.0	14.0	16.0	35.5	39.9

アボガドロ定数　$N_A = 6.02 \times 10^{23}$/mol

$\sqrt{2} = 1.41$，$\sqrt{3} = 1.73$

I　次の文章を読み，問**ア〜カ**に答えよ。

　空気は N_2 と O_2 を主成分とし，微量の希ガス（貴ガス）や H_2O（水蒸気），CO_2 などを含んでいる。レイリーとラムゼーは，①空気から O_2，H_2O，CO_2 を除去して得た気体の密度が②化学反応で得た純粋な N_2 の密度より大きいことに着目し，Ar を発見した。

　空気中の CO_2 は，緑色植物の光合成によって還元され，糖類に変換される。この反応に着想を得て，③光エネルギーによって CO_2 を CH_3OH や $HCOOH$ などの有用な化合物に変換する人工光合成の研究が行われている。

〔問〕

ア　希ガスに関する以下の(1)〜(5)の記述から，正しいものをすべて選べ。

　(1)　He を除く希ガス原子は 8 個の価電子をもつ。

　(2)　希ガスは，放電管に封入して高電圧をかけると，元素ごとに特有の色に発光する。

　(3)　He は，全ての原子のうちで最も大きな第 1 イオン化エネルギーをもつ。

　(4)　Kr 原子の電子数はヨウ化物イオン I^- の電子数と等しい。

　(5)　Ar は，HCl より分子量が大きいため，HCl よりも沸点が高い。

イ　空気に対して，以下の一連の操作を，操作 1 →操作 2 →操作 3 の順で行い，下線部①の気体を得た。各操作において除去された物質をそれぞれ答えよ。ただし，空気は N_2，O_2，Ar，H_2O，CO_2 の混合気体であるとする。

　　操作 1：NaOH 水溶液に通じる

　　操作 2：赤熱した Cu が入った容器に通じる

　　操作 3：濃硫酸に通じる

ウ　問**イ**の実験で得た気体は，同じ温度と圧力の純粋な N_2 よりも密度が 0.476 ％大

きかった。問イの実験で得た気体中の Ar の体積百分率，および，実験に用いた空気中の Ar の体積百分率はそれぞれ何％か，有効数字 2 桁で答えよ。ただし，空気中の N_2 の体積百分率は 78.0％ とする。

エ　問イの実験で，赤熱した Cu の代わりに赤熱した Fe を用いると，一連の操作後に得られた気体の密度が，赤熱した Cu を用いた場合よりも小さくなった。その理由を，化学反応式を用いて簡潔に説明せよ。

オ　下線部②について，NH_4NO_2 水溶液を加熱すると N_2 が得られる。この反応の化学反応式を記せ。また，反応の前後における窒素原子の酸化数を答えよ。

カ　下線部③について，CO_2 と H_2O から HCOOH と O_2 が生成する反応を考える。この反応は，CO_2 の還元反応と H_2O の酸化反応の組み合わせとして理解できる。それぞれの反応を電子 e^- を用いた反応式で示せ。

Ⅱ　次の文章を読み，問キ～コに答えよ。

　④多くの分子やイオンの立体構造は，電子対間の静電気的な反発を考えると理解できる。例えば，CH_4 分子は，炭素原子のまわりにある四つの共有電子対間の反発が最小になるように，正四面体形となる。同様に，H_2O 分子は，酸素原子のまわりにある四つの電子対（二つの共有電子対と二つの非共有電子対）間の反発によって，折れ線形となる。電子対間の反発を考えるときは，二重結合や三重結合を形成する電子対を一つの組として取り扱う。例えば，CO_2 分子は，炭素原子のまわりにある二組の共有電子対（二つの C=O 結合）間の反発によって，直線形となる。

　多数の分子が分子間力によって引き合い，規則的に配列した固体を分子結晶とよぶ。例えば，CO_2 は低温で図 2－1 に示す立方体を単位格子とする結晶となる。図 2－1 の結晶中で，CO_2 分子の炭素原子は単位格子の各頂点および各面の中心に位置し，⑤酸素原子は隣接する CO_2 分子の炭素原子に近づくように位置している。

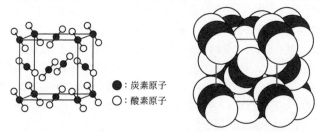

図 2－1　(左)CO_2 の結晶構造の模式図。(右)分子の大きさを考慮して描いた CO_2 の結晶構造。

〔問〕

キ いずれも鎖状の HCN 分子および亜硝酸イオン NO_2^- について，最も安定な電子配置（各原子が希ガス原子と同じ電子配置）をとるときの電子式を以下の例にならって示せ。等価な電子式が複数存在する場合は，いずれか一つ答えよ。

(例) $\ddot{O}::C::\ddot{O}$ $\left[\begin{array}{c} H:\ddot{O}:H \\ H \end{array}\right]^+$

ク 下線部④の考え方に基づいて，以下にあげる鎖状の分子およびイオンから，最も安定な電子配置における立体構造が直線形となるものをすべて選べ。

HCN　　NO_2^-　　NO_2^+　　O_3　　N_3^-

ケ 図2−1に示す CO_2 の結晶について，最も近くにある二つの炭素原子の中心間の距離が 0.40nm であるとする。このとき，CO_2 の結晶の密度は何 g/cm^3 か，有効数字2桁で答えよ。答えに至る過程も記せ。

コ 下線部⑤について，CO_2 の結晶中で，隣り合う CO_2 分子の炭素原子と酸素原子が近づく理由を，電気陰性度に着目して説明せよ。

54 リンの化合物と燃料電池，CuFeS₂ の反応と電解精錬

(2019年度 第2問)

次の I，II の各問に答えよ。必要があれば以下の値を用いよ。

元　素	H	O	P	Ca	Ni	Cu	Au
原子量	1.0	16.0	31.0	40.1	58.7	63.5	197

ファラデー定数　$F = 9.65 \times 10^4 \, \mathrm{C/mol}$

I　次の文章を読み，問ア～オに答えよ。

　①リン酸カルシウムを含む鉱石に，コークスを混ぜて強熱すると P_4 の分子式で表される黄リン（白リンとも呼ばれる）が得られる。黄リンを空気中で燃焼させると白色の十酸化四リンが得られる。十酸化四リンは，強い吸湿性を持ち乾燥剤や脱水剤に利用され，水と十分に反応するとリン酸になる。リン酸は，図2－1に示したように，水素－酸素燃料電池の電解質として使われる。

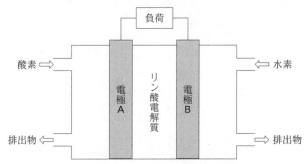

図2－1　リン酸電解質を用いた水素-酸素燃料電池の模式図

〔問〕

ア　下線部①の反応は以下の化学反応式で表される。

$$2Ca_3(PO_4)_2 + 10C \longrightarrow P_4 + 10CO + 6CaO$$

上記の反応は，十酸化四リンを生成する第一段階の反応と，十酸化四リンと炭素の間の第二段階の反応の組み合わせとして理解できる。それぞれの反応の化学反応式を示せ。

イ　下図は，無極性分子の十酸化四リンの分子構造の一部を立体的に示したものである。この構造を解答用紙に描き写し，他の必要となる構造を描き加えることで分子構造を完成させよ。

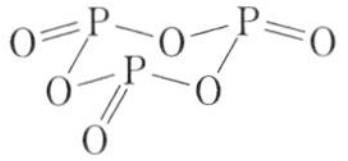

$$O=P-O-P=O$$
$$O \diagdown P \diagup O$$
$$O$$

ウ　図2－1の電極**A**と電極**B**でのそれぞれの反応を電子 e^- を用いた反応式で示せ。また，正極となる電極は電極**A**と電極**B**のどちらであるかを答えよ。

エ　図2－1の燃料電池を電圧 $0.50\,V$ において，10時間作動させたところ，$90\,kg$ の水が排出された。このとき，電池から供給された電力量は何Jか，有効数字2桁で答えよ。答えに至る過程も記せ。なお，$1J = 1C\cdot V$ である。

オ　燃料電池の性能を評価する指標の一つに，発電効率が用いられる。発電効率は，燃料に用いた物質の燃焼熱のうち，何%を電力量に変換できたかを示す指標である。図2－1の燃料電池が作動する際の反応は，全体として，水素の燃焼反応として捉えることができ，水素の燃焼熱は $286\,kJ/mol$ である。問**エ**の電池作動時の発電効率は何%か，有効数字2桁で答えよ。

Ⅱ　次の文章を読み，問**カ**〜**サ**に答えよ。

　ある黄銅鉱から得られた試料**C**は，$CuFeS_2$ を主成分とし，不純物としてニッケルおよび金を含んでいた。この試料**C**から銅と鉄を精製するため，以下の実験を行った。

実験1：試料**C**を酸素とともに強熱すると気体**D**が発生し，硫黄を含まない固体**E**が得られた。気体**D**は水に溶解することで，亜硫酸水溶液として除去した。

実験2：固体**E**をさらに強熱すると融解し，上下二層に分離した。上層からは金属酸化物の混合物である固体**F**が，下層からは金属の混合物である固体**G**が得られた。固体**F**にニッケルおよび金は含まれなかった。

実験3：固体**F**を希硝酸中で加熱すると，Cu^{2+} イオンと Fe^{3+} イオンを含む水溶液**H**が得られた。

実験4：水溶液**H**に過剰量の塩基性水溶液**X**を加えると，銅を含まない赤褐色の固体**I**が得られた。

実験5：固体**I**を強熱すると Fe_2O_3 が得られた。この得られた ②$\underline{Fe_2O_3$ をメタンの存在下で強熱したところ，純粋な鉄が得られた}。

実験6：固体**G**を陽極，黒鉛を陰極として，硫酸銅(Ⅱ)水溶液中で電解精錬を行ったところ，陰極側で純粋な銅が得られた。

〔問〕

カ 気体Dの化学式を答えよ。

キ 実験3の水溶液Hに適切な金属を加えることでCu²⁺イオンのみを還元できる。以下の金属のうち，この方法に適さない金属が一つある。その金属を答え，用いることができない理由を二つ述べよ。

   ニッケル スズ 鉛 カリウム

ク 実験4の水溶液Xとして適切な溶液の名称を答えよ。

ケ 固体Iの化学式を答えよ。

コ 下線部②では，鉄のほかに二酸化炭素と水が生成した。$1.0\,\text{mol}$の鉄を得るのにメタンは何mol必要か，有効数字2桁で答えよ。

サ 実験6の電解精錬において，$1.00\,\text{L}$の硫酸銅（Ⅱ）水溶液中，$3.96 \times 10^5\,\text{C}$の電気量を与えた。固体G中の銅，ニッケル，金の物質量の比は，$94.0 : 5.00 : 1.00$であり，陽極に用いた固体G中の物質量の比は電解精錬前後で変わらなかった。電解精錬後の水溶液のニッケル濃度は何g/Lか，有効数字3桁で答えよ。与えられた電気量は，全て金属の酸化還元反応に用いられ，水溶液の体積および温度は電解精錬前後で変わらないものとする。

55 酸化還元滴定，$M_AM_BX_3$ 型結晶構造

（2019 年度　第 3 問）

次の I，II の各問に答えよ。

I　次の文章を読み，問ア〜オに答えよ。

酸化還元滴定を行うために以下の溶液を調製した。

溶液A：0.100 mol/L のチオ硫酸ナトリウム（$Na_2S_2O_3$）水溶液。

溶液B：ある物質量のヨウ化カリウム（KI）とヨウ素（I_2）を水に溶かして 1.00 L とした水溶液。

次に以下の実験を行った。

実験 1：溶液Bから 250 mL を取り，水を加えて希釈し 1.00 L とした。ここから 100 mL を取り，これに溶液Aを滴下した。溶液が淡黄色になったところでデンプン溶液を数滴加えると，溶液は青紫色になった。さらに，溶液Aを滴下し，溶液が無色になったところで，滴下をやめた。滴下した溶液Aの全量は，15.7 mL であった。

実験 2：少量の硫化鉄（II）に希硫酸をゆっくり加えて，気体Cを発生させた。溶液Bから 250 mL を取り，この溶液に気体Cをゆっくり通して，反応させた。この溶液に水を加えて希釈し 1.00 L とした。ここから 100 mL を取り，これに溶液Aを滴下した。溶液が淡黄色になったところでデンプン溶液を数滴加えると，溶液は青紫色になった。さらに溶液Aを滴下し，溶液が無色になったところで，滴下をやめた。滴下した溶液Aの全量は，10.2 mL であった。

〔問〕

ア　実験 1，2 では，ヨウ素とチオ硫酸ナトリウムが反応し，テトラチオン酸ナトリウム（$Na_2S_4O_6$）が生じる。この化学反応式を記せ。

イ　実験 2 で気体Cとヨウ素との間で起こる反応を化学反応式で記せ。また，反応の前後で酸化数が変化したすべての元素を反応の前後の酸化数とともに記せ。

ウ　溶液Bを調製するときに溶かしたヨウ素の物質量は何 mol か，有効数字 3 桁で答えよ。答えに至る過程も記せ。

エ　実験 2 で反応した気体Cの物質量は何 mol か，有効数字 3 桁で答えよ。答えに至る過程も記せ。

オ 各滴定に用いたビュレットの最小目盛りは0.1mLであり，滴下した溶液の量には，±0.05mL以内の誤差があるとする。このビュレットを用いた場合，実験に用いる各溶液の濃度を変えると，求められる気体**C**の物質量の誤差の範囲に影響が及ぶことがある。以下に挙げた(1)～(4)の中で，求められる気体**C**の物質量の誤差の範囲が最も狭くなるものを選び，その理由を述べよ。

(1) 溶液**A**のチオ硫酸ナトリウムの濃度を2倍にする。

(2) 溶液**A**のチオ硫酸ナトリウムの濃度を0.5倍にする。

(3) 溶液**B**のヨウ素の濃度を2倍にする。

(4) 溶液**B**のヨウ素の濃度を0.5倍にする。

Ⅱ 次の文章を読み，問**カ**〜**シ**に答えよ。必要があれば以下の値を用いよ。

$$\sqrt{2} = 1.41, \quad \sqrt{3} = 1.73$$

二種類の陽イオンM_A，M_Bと一種類の陰イオンXからなるイオン結晶には，図3－1に示す結晶構造をもつものがある。この結晶構造では，一辺の長さがaの立方体単位格子の中心にM_Aが，頂点にM_Bが位置し，Xは立方体のすべての辺の中点にある。

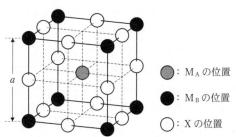

図3－1　M_A，M_B，Xからなるイオン結晶の構造

〔問〕

カ 図3－1に示すイオン結晶の組成式をM_A，M_B，Xを用いて表せ。

キ M_AおよびM_Bの配位数をそれぞれ答えよ。

ク 図3－1の結晶構造において，M_AとXをすべて原子Yに置き換え，すべてのM_Bを取り除いたとする。このとき，Yの配列は何と呼ばれるか答えよ。

ケ 図3－1の結晶構造において，M_AとXをすべて陰イオンZに置き換え，単位格子のすべての面の中心に新たにM_Bを付け加えたとする。このときに得られるイオン結晶の組成式を，M_BとZを用いて表せ。また，この構造をもつ物質を一つ答えよ。

コ　図3－1の結晶構造をもつ代表的な物質として，M_A が Sr^{2+}，M_B が Ti^{4+}，X が O^{2-} であるチタン酸ストロンチウムがある。その単位格子の一辺は $a=0.391\,nm$ である。イオン半径 $0.140\,nm$ をもつ O^{2-} と，Sr^{2+} および Ti^{4+} が接していると仮定して，各陽イオンの半径は何 nm か，小数第3位まで求めよ。

サ　図3－1の結晶構造をもつイオン結晶の安定性には，構成イオンの価数の組み合わせが重要である。X を O^{2-} とし，表3－1にある M_A と表3－2にある M_B からそれぞれ一つを選んでイオン結晶を作るとする。価数の観点から安定な M_A と M_B の組み合わせをすべて答えよ。

表3－1　M_A のイオン半径 r_A

M_A	Ca^{2+}	Cs^+	La^{3+}	Ce^{4+}
r_A[nm]	0.134	0.188	0.136	0.114

表3－2　M_B のイオン半径 r_B

M_B	Fe^{3+}	Zr^{4+}	Mo^{6+}	Ta^{5+}
r_B[nm]	0.065	0.072	0.059	0.064

シ　図3－1の結晶構造をもつイオン結晶の安定性には，構成イオンの相対的な大きさも重要となる。その尺度として，以下のパラメータ u を用いることとする。

$$u=\frac{r_A+r_X}{r_B+r_X}$$

ここで，r_A，r_B，r_X は，それぞれ M_A，M_B，X のイオン半径である。X が O^{2-}（$r_X=0.140\,nm$）のとき，問**サ**で選択した M_A と M_B の組み合わせの中で，パラメータ u の値に基づき，最も安定と予想されるものを答えよ。また，その理由を記せ。

56 分子の形，結晶構造，スズの反応と凝固点，アルカリ金属，クラウンエーテル錯体 (2016年度　第2問)

次の I，II の各問に答えよ。

I　次の文章を読み，問ア〜オに答えよ。必要があれば以下の値を用いよ。

$$\sqrt{2} = 1.41, \quad \sqrt{3} = 1.73, \quad \sqrt{5} = 2.24$$

　炭素の単体および化合物は，4個の価電子を隣接する原子と共有することで共有結合を形成する。一般に，分子の形状や共有結合性の結晶の構造は価電子の反発の影響を受ける。例えば，①メタン分子は4つの共有電子対の反発を最小とするために正四面体型の形状をとり，水分子は2つの共有電子対と2つの非共有電子対の反発によって折れ線型の形状となる。②ダイヤモンドは炭素原子が隣接する4個の原子と共有結合を形成した正四面体が連なった構造（図2−1）をとり，電気伝導性を示さない。

　黒鉛は，炭素原子が隣接する3個の原子と共有結合を形成し，蜂の巣状の平面構造が積層した構造をとる。黒鉛の一層分からなるシート状の物質はグラフェンとよばれ，ダイヤモンドとは異なり電気伝導性を示す。一方，③六方晶窒化ホウ素の一層分からなるシート状の物質（h-BN シート）は，グラフェンとよく似た平面構造（図2−2）をもつが，電気伝導性を示さない。

　炭素の同族元素であるスズは，炭素とは異なり複数の安定な酸化数（+2 と +4）を持つことから，その化合物は酸化還元反応に利用できる。例えば，④塩化スズ(II)は還元剤やめっき剤に用いられる。スズは合金の原料としても重要で，⑤スズと鉛を主成分とするはんだは，スズと鉛のいずれの単体よりも融点が低く，他の金属とよくなじむことから金属の接合に用いられてきた。

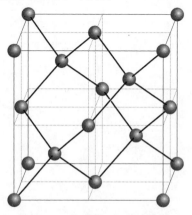

図2−1　ダイヤモンドの単位格子

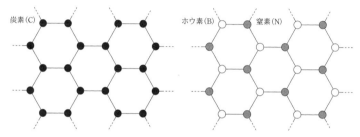

図2－2　グラフェン（左）とh-BNシート（右）の構造

〔問〕

ア　下線部①を参考にし，以下の分子(1)～(3)について，電子式と分子形状を表2－1
にならってそれぞれ記せ。ただし，分子形状については語句群から選んで記せ。同
じ語句を繰り返し選んでもよい。

（分子）(1)　NH_3　　　(2)　CO_2　　　(3)　BF_3

（語句群）【直線　　折れ線　　正三角形　　正方形　　正四面体　　三角すい】

表2－1　メタンおよび水分子の電子式と分子形状

化学式	電子式	分子形状
CH_4	H $\ddot{}$ H:C:H $\ddot{}$ H	正四面体
H_2O	H:$\ddot{O}$:H	折れ線

イ　下線部②のダイヤモンドの単位格子において，原子を球とみなし，隣接する原子
は互いに接しているとする。このとき，単位格子の体積に占める原子の体積の割合
（％）を有効数字2桁で答えよ。答えに至る過程も記せ。

ウ　下線部③に関して，h-BNシートが電気伝導性を示さない理由を，価電子に着目
して30字程度で説明せよ。

エ　下線部④に関連した以下の(1)～(5)の文で誤っているものをすべて選べ。

(1)　ニトロベンゼンに塩酸と塩化スズ(Ⅱ)を加えて加熱すると，アニリン塩酸塩が
得られた。

(2)　過マンガン酸カリウムの酸性水溶液に塩酸酸性の塩化スズ(Ⅱ)水溶液を加える
と，黒色の沈殿が生成した。

(3)　塩化スズ(Ⅱ)水溶液に亜鉛板を浸すと，スズが析出した。

(4)　スズをめっきした鉄板に傷を付けて放置すると，露出した鉄が赤色にさびた。

(5)　酢酸銀(Ⅰ)の酢酸酸性水溶液に塩化スズ(Ⅱ)水溶液を滴下すると，塩素ガスが
発生して銀が析出した。

オ 下線部⑤に関して，1.0kg のスズを融解した液体を溶媒とし，23g の鉛を均一に溶かした。このスズ—鉛合金の融液を十分ゆっくり冷却すると，図2—3のような温度変化を示した。図2—3中の**A**で示す時間領域において，単体のスズの場合とは異なり，時間とともに温度が下がる理由を30字程度で説明せよ。ただし，融液から析出する固体は純粋なスズであると考えてよい。

また，凝固点が220℃のスズ—鉛合金を得るには，1.0kg のスズ融液に何gの鉛を溶かせば良いかを有効数字2桁で答えよ。答えに至る過程も記せ。

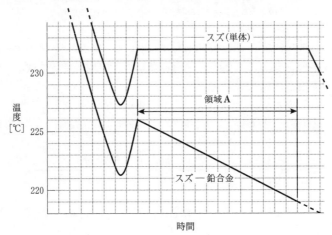

図2—3　単体のスズおよびスズ—鉛合金を冷却した時の温度と時間の関係

Ⅱ　次の文章を読み，問**カ**〜**ケ**に答えよ。

　周期表の中で水素を除く1族元素をアルカリ金属といい，身近な例としてリチウムやナトリウム，カリウムなどが挙げられる。アルカリ金属の結晶内での原子配列は体心立方格子であり，他の金属に比べて融点が特に低い。⑥アルカリ金属の融点が低いのは　a　が弱いからであり，これは金属の単位体積あたりの自由電子の密度が低いためである。また，アルカリ金属は族の下方ほど融点が　b　。これはアルカリ金属の　c　が族の下方にいくほど増大するためと説明できる。アルカリ金属を十分な量の純酸素ガス中で加熱すると，リチウムは酸化物 Li_2O，ナトリウムは過酸化物 Na_2O_2，カリウムは超酸化物 KO_2 を生じる。⑦超酸化カリウム KO_2 は二酸化炭素と反応して酸素を放出することから，避難用酸素マスクなどに活用されている。⑧アルカリ金属は水や酸素だけでなく水素とも反応し，イオン性の水素化物を生じる。例えば水素化ナトリウム NaH は，還元剤や塩基として様々な化学反応に活用されている。

アルカリ金属イオンは，酸素原子が環状に配置された王冠形の化合物であるクラウンエーテルと錯イオンを形成する。⑨図2－4に示すクラウンエーテルAは，溶液中でアルカリ金属イオンM^+と錯イオン$A \cdot M^+$を形成するが，この平衡反応はアルカリ金属イオンM^+のイオン半径に応じて顕著に異なる平衡定数Kを示す（表2－2）。ここで，クラウンエーテルAとK^+の反応の平衡定数が最大となるのは，Aの空隙の大きさに対してK^+の大きさが最適であるためと考えられている。

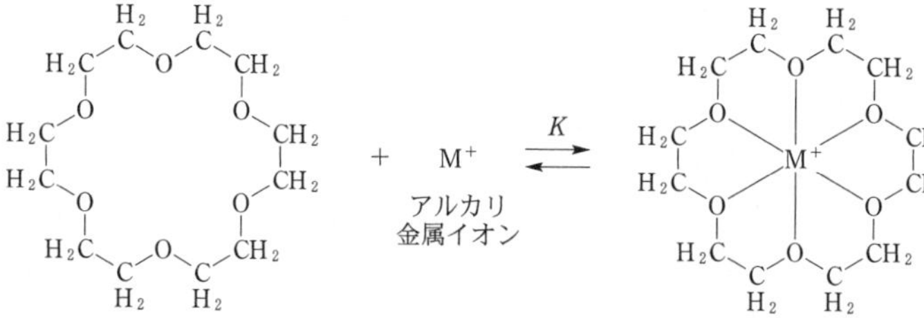

クラウンエーテルA　　　　錯イオン$A \cdot M^+$

図2－4　錯イオン$A \cdot M^+$が形成される反応

溶液中に存在する陰イオンや溶媒分子は省略されている。図中のKはこの反応の平衡定数を示す。

表2－2　クラウンエーテルA，Bと各アルカリ金属イオンの反応の平衡定数K

陽イオン(イオン半径)	平衡定数K[$L \cdot mol^{-1}$]の常用対数$\log_{10}K$	
	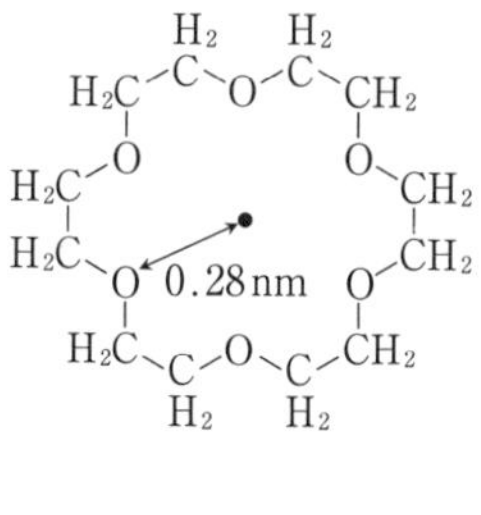 クラウンエーテルA	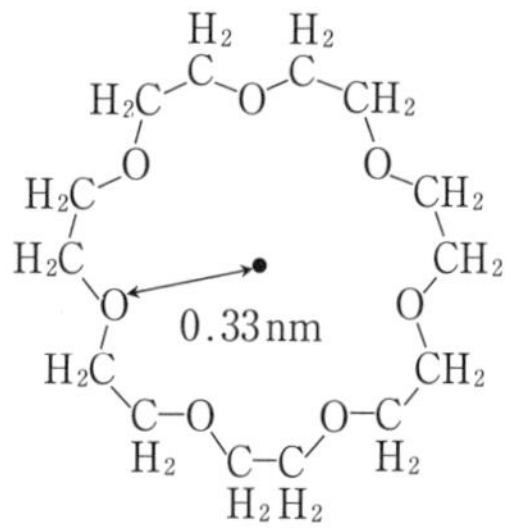 クラウンエーテルB
Li^+　(0.076nm)	3.0	
Na^+　(0.095nm)	4.4	
K^+　(0.13nm)	6.0	
Rb^+　(0.15nm)	5.3	
Cs^+　(0.17nm)	4.8	

クラウンエーテルA，B内の黒点は中心を表し，両矢印はクラウンエーテルの中心と酸素原子の中心の距離を示す。

〔問〕

カ 下線部⑥に関して，| a |〜| c |に当てはまる最も適切な語句を以下より一つずつ選べ。

| a | 金属結合　　共有結合　　配位結合
　　　ファンデルワールス力

| b | 高　い　　　低　い

| c | 価電子数　　原子半径　　電気陰性度
　　　ファンデルワールス力

キ 下線部⑦に関して，この反応の化学反応式を記せ。また，超酸化物イオン O_2^- に含まれる全電子数を記せ。

ク 下線部⑧に関して，水素化ナトリウムを構成するナトリウムと水素のどちらが陽イオン性が強いかを答え，その理由を 30 字程度で説明せよ。また，水素化ナトリウムと水が反応する際の化学反応式を記せ。

ケ 下線部⑨に関して，表 2-2 のクラウンエーテル B が錯イオン B・M^+ を生成する反応の平衡定数が最大となるアルカリ金属イオン（Li^+，Na^+，K^+，Rb^+，Cs^+）を予想せよ。また，その根拠を 100 字以内で説明せよ。必要であれば図を用いてもよい。ただし図は字数に数えない。

57 水素の燃焼熱，結晶格子，化学平衡と反応速度式

(2014 年度　第 1 問)

次の I，II の各問に答えよ。

I　次の文章を読み，問ア〜オに答えよ。必要があれば以下の値を用いよ。

元　素	H	Li	C
原子量	1.0	6.9	12.0

結　合	H−H	H−O	O=O
結合エネルギー〔kJ·mol^{-1}〕	436	463	496

アボガドロ定数 $N_A = 6.0 \times 10^{23}$ mol^{-1}

1 mol の水素ガス H$_2$ の燃焼反応は，下記の熱化学方程式(1)で与えられる。

$$H_2 \text{（気）} + \frac{1}{2}O_2 \text{（気）} = H_2O \text{（液）} + 286 \text{kJ} \tag{1}$$

この反応は，石炭や石油等の化石燃料を燃焼させたときに発生する二酸化炭素や窒素酸化物を出さないので，水素ガスは地球に優しい燃料の候補として注目されている。

また，水素ガスは質量あたりの燃焼エネルギーがあらゆる物質の中で最大である。石炭，石油が燃えて二酸化炭素と水になるとき，質量 1 g あたりの燃焼エネルギーは，それぞれ約 30 kJ，約 46 kJ である。それに対して，水素ガスの質量 1 g あたりの燃焼エネルギーは　　a　　kJ である。

これらの理由から，水素ガスを自動車等の燃料に使うという魅力的な見通しが生まれる。しかし，水素ガスが燃料として一般的に利用されるためには克服しなければならない問題がいくつかある。まずは，十分な量の水素ガスをどうすれば確保できるかという問題である。地球上に水素は大量に存在するが，ほぼすべての水素は化合物に組み込まれていて，水素ガスとしてはほとんど存在しない。したがって，燃料に使う水素ガスを得るには，水素を含む化合物から水素ガスを製造する必要がある。燃料に使う水素ガスは，主に，天然ガスの主成分であるメタン CH$_4$ と水蒸気 H$_2$O の反応により製造されている。その反応は，下記の熱化学方程式(2)で与えられる。

$$CH_4 \text{（気）} + 2H_2O \text{（気）} = 4H_2 \text{（気）} + CO_2 \text{（気）} - 165 \text{kJ} \tag{2}$$

しかし，この水素ガス製造法は化石燃料に依存しており，二酸化炭素の発生を抑えることにはならない。そのため化石燃料を用いずに水素ガスを効率的に製造する方法の研究開発が続けられている。

克服しなければならないもう一つの問題は，水素の貯蔵と輸送に関してである。室

温の1気圧下では，水素ガスの体積は質量1gあたり約12Lにもなる。体積を減らすために加圧すると肉厚の金属容器が必要となり，その質量のために，質量あたりの燃焼エネルギーが高いという水素ガスの利点が失われる。体積を減らす他の方法として，水素ガスを金属と反応させて化合物を作る方法がある。たとえば，水素ガスと金属リチウム Li を反応させて①固体の LiH を作ると，その体積は水素の質量1gあたり，わずか　b　mL になる。その化学反応式は式(3)で与えられる。

$$H_2 + 2Li \longrightarrow 2LiH \tag{3}$$

　生成した LiH を水と反応させると水素ガスが生成し，これを燃料に使うことができる。水素貯蔵の効率を上げるために，様々な水素化合物に関する研究が続けられている。

〔問〕

ア　熱化学方程式(1)から　a　の値を有効数字2桁で求めよ。

イ　表に示した結合エネルギーを用いて，水素ガスの質量1gあたりの燃焼エネルギーを有効数字2桁で求めよ。求めた値が上記アで求めた　a　の値と一致するか否かを答えよ。また，その理由を40字程度で述べよ。

ウ　熱化学方程式(2)の反応を用いてメタンから水素ガスを製造し，その水素ガスを燃焼してエネルギーを得る場合，メタンの質量1gあたり何 kJ の燃焼エネルギーが得られるか。有効数字2桁で求めよ。ただし，水の蒸発熱は $44\,kJ\cdot mol^{-1}$ とする。

エ　Li 原子の最外殻電子に働く原子核の正電荷は，他の電子の電荷で打ち消されて，近似的に +1 と考えられる。下線部①の固体の LiH 中では，Li 原子と H 原子の間に電荷の偏りが起きている。どちらの原子に負電荷が偏るか答えよ。また，その理由を，Li 原子と H 原子の電子配置に基づいて，40字程度で述べよ。

オ　　b　の値を有効数字2桁で求めよ。ただし，LiH の結晶構造は，図1−1に示す塩化ナトリウム型構造をとり，隣り合う Li 原子と H 原子の距離は $0.20\,nm$ とする。

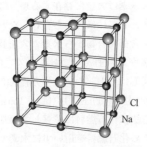

図1−1　塩化ナトリウム型構造

Ⅱ　次の文章を読み，問カ～サに答えよ。

　化学反応式が一見して単純であっても，複数の反応によって反応物が生成物へ変化する場合がある。例えば，気体の水素分子 H_2 と気体のヨウ素分子 I_2 から気体のヨウ化水素分子 HI が生成する次の反応を考えよう。

$$H_2 + I_2 \xrightarrow{k_1} 2HI \tag{4}$$

　ここで k_1 は反応速度定数である。この反応は 600 K 以上の高温において進行し，9 kJ·mol^{-1} の発熱反応である。反応(4)では逆反応は考慮しなくてよい。また，HI の生成速度 v_{HI} は次式で表されるように，H_2 のモル濃度 $[H_2]$ と I_2 のモル濃度 $[I_2]$ の積に比例することが実験事実として知られている。

$$v_{HI} = k_1 [H_2][I_2] \tag{5}$$

　(5)式が成り立つことから，一見すると H_2 と I_2 が衝突し，反応(4)が進行するように見える。しかし，次の二つの反応の組み合わせによって HI が生成する説が有力である。

$$I_2 \rightleftharpoons 2I \tag{6}$$

$$H_2 + 2I \xrightarrow{k_2} 2HI \tag{7}$$

ここで k_2 は反応速度定数である。ヨウ素原子 I は気体として存在し，反応(6)では平衡が成立している。反応(7)では逆反応は考慮しなくてよい。また，H_2 はほとんど解離しないものとする。反応(6)の正反応は，150 kJ·mol^{-1} の　c　反応であり，平衡定数は，

$$K = \frac{[I]^2}{[I_2]} \tag{8}$$

で表される。$[I]$ は I のモル濃度である。

　反応(6)で生成した I は，H_2 と衝突し，②エネルギーの高い中間状態を経由して，反応(7)に従って HI が生成する。反応(7)による HI の生成速度 v_{HI} は，

$$v_{HI} = k_2 [H_2][I]^2 \tag{9}$$

で表される。③反応(6)の正反応，逆反応の速度が反応(7)に比べて圧倒的に速く，常に平衡が成立しているとする。このとき，HI の生成速度 v_{HI} は，$[H_2]$ と $[I_2]$ の積に比例し，実験事実と合致する。

　この例から分かるように，単純な化学反応式で記述される化学反応でも，実際に起きている過程は複雑な場合がある。

〔問〕

カ　空欄　c　に当てはまる語句は吸熱か発熱か答えよ。その理由を 30～50 字程度で記せ。

キ　反応(6)において，圧力一定で温度を上昇させたとき，平衡はどちらに移動するか

答えよ。その理由を 40～80 字程度で記せ。

ク　下線部②は何と呼ばれる状態か答えよ。

ケ　反応(7)の反応熱は何 $kJ \cdot mol^{-1}$ か，有効数字 3 桁で答えよ。

コ　下線部③において，反応(7)の反応速度が $[H_2]$ と $[I_2]$ の積に比例することを示せ。また，k_1, k_2, K の間に成り立つ関係式を記せ。

サ　反応(6)の正反応・逆反応の速度よりも，反応(7)の反応速度の方が圧倒的に速いとしよう。このとき，HI の生成速度は $[H_2]$ と $[I_2]$ に対してどのような依存性をもつか。例えば，$[H_2][I_2]^2$ に比例する，のように答えよ。

58 酸化還元反応，ハロゲン化アルカリのイオン半径と溶解熱
(2014 年度　第 2 問)

次の I，II の各問に答えよ。必要があれば以下の値を用いよ。

元 素	H	C	O	S	K	Cr	Mn	Fe
原子量	1.0	12.0	16.0	32.1	39.1	52.0	54.9	55.8

I　次の文章を読み，問ア〜キに答えよ。

　クロム化合物は，ギリシャ語の色（クロマ）が語源であるように酸化数や構造によって様々な色を呈する。①二クロム酸カリウムを水に溶かし，水酸化カリウムを用いて溶液を塩基性にすると溶液は黄色になり，この溶液を希硫酸を用いて酸性にすると赤橙色になる。酸化数が+6のクロム化合物は，有機化合物に対する酸化剤としてよく用いられる。

　マンガン化合物は，幅広い酸化数をとり得る。酸化マンガン(IV)は，過酸化水素を水と酸素に分解する優れた触媒である。過マンガン酸カリウムは，強力な酸化作用を有し，その水溶液は特徴的な赤紫色を呈することから，酸化還元滴定によく用いられる。

　これらを踏まえて，以下の実験1〜3をおこなった。

実験1：ある濃度の二クロム酸カリウムの希硫酸溶液2.0mLと2-プロパノール2.0 mLを試験管に入れた。図2−1のように試験管に誘導管をつけて，この溶液を65〜70℃に加熱したところ，溶液の色が緑色に変化した。反応終了時に，氷水で冷やされた試験管には②反応生成物である無色透明の液体が0.30 g溜まった。

実験2：ある温度で3.0%（質量パーセント）の過酸化水素水1.0mLに粉末の酸化マンガン(IV)10mgを加えると，過酸化水素は完全に分解し，過酸化水素1.0molあたり98kJの反応熱が観測された。

実験3：硫化鉄(II)と書かれた試薬瓶に入っている試薬中の硫化鉄(II)の純度を求めるために以下の実験をおこなった。過マンガン酸カリウム1.6gを希硫酸20 mLに溶かし，水を用いて25mLに希釈した。瓶の中の試薬1.0gを希硫酸100mLに加えると，③気体が発生し，試薬はすべて溶解した。④この溶液を十分に煮沸した後，調製した⑤過マンガン酸カリウム溶液で滴定したところ，5.4mL滴下したところで終点に達した。

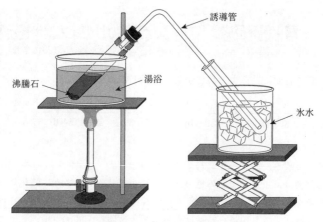

図2−1　実験1の反応装置

〔問〕

ア 下線部①の化学反応式を記せ。

イ 下線部②の化合物の構造式を記せ。

ウ 実験1で用いた二クロム酸カリウム溶液の濃度は何 $mol \cdot L^{-1}$ か。有効数字2桁で答えよ。下線部②の化合物が生成する反応の化学反応式および答えに至る過程も記すこと。ただし，氷水で冷やされた試験管には下線部②の化合物のみが溜まったとする。

エ 実験2の反応を酸化マンガン(Ⅳ)20mg を用いておこなう場合，過酸化水素 1.0 mol あたり何 kJ の反応熱が観測されるか。有効数字2桁で答えよ。

オ 下線部③の気体の化学式を記せ。また，その気体の特徴として正しいものを下記の選択肢(1)〜(6)の中からすべて選べ。

(1) 水溶液は弱酸性を示す。

(2) 水溶液は弱アルカリ性を示す。

(3) 下方置換で捕集できる。

(4) 上方置換で捕集できる。

(5) 黄緑色の気体である。

(6) 褐色の気体である。

カ 下線部④に関して，溶液を煮沸せずに滴定すると，硫化鉄(Ⅱ)の純度の実験値が 100％（質量パーセント）を超えてしまった。この理由を 40〜60 字程度で説明せよ。

キ 実験3の結果から，試薬中の硫化鉄(Ⅱ)の純度（質量パーセント）を有効数字2桁で求めよ。下線部⑤の反応の化学反応式および答えに至る過程も記すこと。ただ

し，試薬に含まれる不純物は，過マンガン酸カリウムとは反応しないものとする。

Ⅱ　次の文章を読み，問ク～セに答えよ。

アルカリ金属は　a　が大きく，常温で激しく水と反応する。一方，銅や銀は
　a　が小さいため，水と反応しないが，　b　の大きい硝酸を用いると⑥一酸化
窒素を発生し溶ける。また，アルカリ金属 M はハロゲン X_2 と反応し，ハロゲン化
物 MX を生成する。MX の水に対する溶解度はアルカリ金属イオン M^+ とハロゲン
化物イオン X^- のイオン半径の大きさと関係がある。MX の水への溶解は次の熱化学
方程式(1)で表される。

$$MX（固）+ aq = M^+aq + X^-aq + Q \tag{1}$$

MX の溶解熱 Q が大きい程，MX の溶解度は高い。ここで，MX の溶解の過程を
MX のイオン化と水和に分けて，次のように考える。

固体の MX(固) が気相のイオン M^+(気) と X^-(気) へイオン化するときの熱化学
方程式は式(2)で表される。

$$MX（固）= M^+（気）+ X^-（気）+ Q_{イオン化}{}^{注)} \tag{2}$$

M^+(気) と X^-(気) の間には静電気的な引力が働き，イオン化熱 $Q_{イオン化}{}^{注)}$ は負で，
$Q_{イオン化}$ の大きさはイオン間の距離に反比例する。そこで，$Q_{イオン化}$ と M^+ のイオン半
径 r_M，X^- のイオン半径 r_X との間に，近似的に式(3)が成り立つとする。

$$Q_{イオン化} = -\frac{\alpha}{r_M + r_X} \quad （\alpha は正の定数） \tag{3}$$

つづいて，M^+(気)，X^-(気) の水和はそれぞれ熱化学方程式(4)と(5)で表される。

$$M^+（気）+ aq = M^+aq + Q_M \tag{4}$$
$$X^-（気）+ aq = X^-aq + Q_X \tag{5}$$

Q_M および Q_X は正で，イオン半径が小さいほど大きい。水和熱 $Q_{水和}$ は Q_M と Q_X の
和で表される。そこで，$Q_{水和}$ と M^+ のイオン半径 r_M，X^- のイオン半径 r_X との間に，
近似的に式(6)が成り立つとする。

$$Q_{水和} = Q_M + Q_X = \beta\left(\frac{1}{r_M} + \frac{1}{r_X}\right) \quad （\beta は正の定数） \tag{6}$$

MX の溶解熱 Q におよぼす $Q_{イオン化}$ と $Q_{水和}$ の効果を考えると，$Q_{イオン化}$ の絶対値が
　c　ほど，また $Q_{水和}$ が　d　ほど，MX の溶解度は高くなる。

ここで，陽イオンが同じで陰イオンの異なる2種類のアルカリ金属のハロゲン化物，
塩 A，B について考える。A の陰イオン半径は陽イオン半径と等しく（$r_X = r_M$），B
の陰イオン半径は陽イオン半径の半分である（$r_X = 0.5 r_M$）。B の $Q_{イオン化}$ から A の
$Q_{イオン化}$ を差し引くと　e　となり，一方，B の $Q_{水和}$ から A の $Q_{水和}$ を差し引くと
　f　となる。したがって，陰イオン半径が変わると，$Q_{イオン化}$ と $Q_{水和}$ の変化の度合

204

いが異なり，MX の溶解熱が変化する。このため，陰イオン半径の異なる MX について水に対する溶解度の違いを推測することができる。

注）$Q_{イオン化}$ には固体の MX(固) が気体の MX(気) へ変化する昇華熱が含まれる。

〔問〕

ク 空欄　a　，　b　それぞれにあてはまる適切な用語を選択肢(1)〜(6)の中から選びその番号を記せ。

(1) 酸　性　　　(2) 塩基性　　　(3) イオン化傾向

(4) 酸化力　　　(5) 電気陰性度　　　(6) 原子半径

ケ 下線部⑥に関して，銅と希硝酸との化学反応式を記せ。

コ 空欄　c　，　d　それぞれにあてはまる適切な語を選択肢(1)および(2)から選びその番号を記せ。

(1) 大きい　　　　　　　　(2) 小さい

サ 空欄　e　，　f　それぞれにあてはまる式を α, β, r_M を用いて記せ。

シ NaF のイオン化熱 Q_{NaF}，Na^+ イオンおよび F^- イオンの水和熱 Q_{Na}，Q_F，イオン半径 r_{Na}，r_F を以下に示す。NaF について式(3)および(6)の定数 α, β を有効数字2桁で求めよ。

Q_{NaF}[kJ·mol^{-1}]	Q_{Na}[kJ·mol^{-1}]	Q_F[kJ·mol^{-1}]	r_{Na}[nm]	r_F[nm]
−923	406	524	0.12	0.12

ス シで求めた α, β を用い，塩**A**と塩**B**のどちらの溶解度が高いか答えよ。また，その理由を $Q_{イオン化}$ と $Q_{水和}$ の絶対値の変化量を比較し50字程度で述べよ。

セ ハロゲン化物イオンのイオン半径を以下に示す。リチウムイオンのイオン半径は 0.09nm である。ハロゲン化リチウムについて，溶解度が最も高いと考えられる塩と溶解度が最も低いと考えられる塩の化学式をそれぞれ記せ。

ハロゲン化物イオン	F^-	Cl^-	Br^-	I^-
イオン半径[nm]	0.12	0.17	0.18	0.21

59 キレート剤と溶媒抽出・電解精錬，元素と結晶

(2013 年度　第 2 問)

次の I，II の各問に答えよ。必要があれば以下の値を用いよ。
Cu の原子量　63.5

I　次の文章を読み，問ア〜カに答えよ。

レアメタルや貴金属等はさまざまな製品に幅広く用いられており，それらの希少性・重要性から多くのリサイクル技術が開発されている。通常，製品には複数の金属が混在しており，目的とする金属を回収するには，溶解，沈殿，溶媒抽出，電解精錬など複数の化学操作が用いられる。

まず溶解と沈殿の例として，金と銀を含む固体（固体A）からの金と銀の回収を考える。最初に固体Aに濃硝酸を加えてろ過する。このろ液に少量のアンモニア水を加えると，褐色を呈する　a　の沈殿が生じ，一方の金属を回収することができる。また，このろ過操作で残った固体を取り出して，2 種類の酸　b　と　c　を加えて再びろ過すると，もう一方の金属が溶解したろ液を得ることができる。

金属の純度をさらに高めるために，溶媒抽出法が用いられる。溶媒抽出法では，混ざり合わない 2 つの液体，例えば水と極性の小さい有機溶媒を振り混ぜて目的成分を一方の液相に抽出する。特に金属の抽出操作では，キレート剤を用いる。キレート剤とは 1 つの分子中に金属イオンへ配位できる原子を 2 つ以上持つ試薬である。

例として，キレート剤である 8-キノリノール（HQ と表記）によるインジウムイオン（In^{3+}）の抽出を考える。HQ は，水層と有機層に分配し，ある pH 条件では図 2−1 のように水層において一価の酸として働き，Q^- と H^+ に電離する。

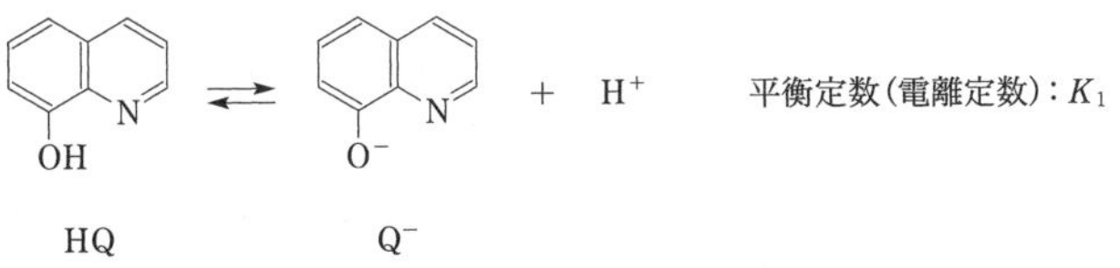

図 2−1　HQ の電離平衡

また，分配の平衡定数 K_2 は有機層および水層における HQ 濃度 [HQ]_有機層 および [HQ]_水層 を用いて $K_2 = $[HQ]_有機層/[HQ]_水層 と表すことができる。以上の条件のもと，有機層へ溶解させた HQ は水層へ移動して，①In^{3+} と錯体を形成して全体として無電荷となり，有機層へ抽出される。このとき，In^{3+} に配位する原子の数は 6 である。

純度の向上には電解精錬も用いられる。ここでは銅の電解精錬を考える。純度が低い粗銅で構成される陽極（アルミニウム，銀，鉄を含む）と，純銅で構成される陰極とを体積 2.0L の硫酸銅(II)水溶液に入れて，0.30V で電気分解を行う。その結

果，②陽極の質量は112.0g減少して，陰極の質量は110.0g増加した。また，水溶液中の硫酸銅(Ⅱ)の濃度は0.020mol·L^{-1}減少した。③このとき，陽極の下に陽極泥と呼ばれる沈殿が生じた。

〔問〕

ア ［ a ］にあてはまる化学式と［ b ］，［ c ］にあてはまる物質名を記せ。

イ ［ a ］の沈殿に過剰のアンモニア水を加えるとイオンとして溶解する。このイオンの化学式を記せ。

ウ In^{3+} が存在しないとき，HQ の有機層への分配の程度を表す分配比 D = $[HQ]_{有機層}/([HQ]_{水層}+[Q^-]_{水層})$ を，水層における水素イオン濃度 $[H^+]_{水層}$，および K_1，K_2 を用いて表せ。

エ 下線部①に関して，生成する錯体の構造を記せ。なお，In^{3+} と配位結合する原子については，その原子と In^{3+} を点線で結び配位結合していることを明示すること。立体構造を表記する必要はない。

オ 下線部③に関して，陽極泥を構成する金属元素を沈殿した理由とともに記せ。

カ 下線部②に関して，陽極の減少量112.0gのうち銅以外の重量を有効数字2桁で求めよ。ただし，水溶液の体積変化は無視できるものとする。

Ⅱ　元素に関する以下の文章を読み，問**キ**～**シ**に答えよ。

元素を太陽系における物質量が大きい順に並べると，水素，［ d ］，酸素，炭素，窒素となる。［ d ］は第［ e ］族元素に属し，イオン化エネルギーが全ての元素の中で最も大きい。一方，酸素のイオン化エネルギーは，第2周期元素の平均値に近い。酸素の同素体であるオゾンは，成層圏で太陽からの紫外線を吸収し，地球表層の生物を紫外線の有害な作用から保護している。生物や化石燃料の主要構成元素である炭素の同位体のうち，質量数［ f ］の同位体は，半減期（半分が放射壊変して別の同位体に変化するのに要する時間）が5730年の放射性同位体で，考古学試料などの年代測定に用いられている。大気中の二酸化炭素に含まれる放射性炭素の比率はほぼ一定であるが，④地球に到達する宇宙線強度の変化，化石燃料の使用，1945年以降の核実験の影響などによって変動してきた。窒素は空気の約8割を占め，アミノ酸をはじめとする多くの生体物質に含まれており，生命活動を支える重要な元素の1つである。

〔問〕

キ ［ d ］にあてはまる元素名と［ e ］，［ f ］にあてはまる数値を記せ。

ク 第［ e ］族，第3周期の元素は，80K以下の低温で面心立方格子の結晶となり，その単位格子の1辺の長さは0.526nmである。この結晶における原子間距離（最

近接の二つの原子間の距離）を有効数字 2 桁で求めよ。ただし単位格子の中には 4 個の原子があるものとする。計算の過程も記せ。必要ならば以下の値を用いよ。

$$\sqrt{2} = 1.41, \quad \sqrt{3} = 1.73, \quad \sqrt{5} = 2.24$$

ケ　**ク**で述べたように，第　e　族，第 3 周期の元素の結晶は低温条件でなければ存在できないが，同じく第 3 周期に属する塩素を含む KCl は室温でも安定に結晶が存在できる。その理由を両者の結合の性質に着目して 50 字から 100 字程度で記せ。

コ　標準状態で 44.8L の空気（モル分率 0.20 の酸素を含む）に紫外線を照射したところ，オゾンが生成した。反応後の気体の体積は，反応前と比べて標準状態で 1.4 L 減少していた。反応後の気体に含まれているオゾンのモル分率を有効数字 2 桁で求めよ。計算の過程も記せ。ただし，紫外線の照射によって起こる反応はオゾンの生成のみと考える。

サ　下線部④の影響により，大気中の二酸化炭素に含まれる放射性炭素の比率は変動してきた。宇宙線強度の増加，および化石燃料の使用は，放射性炭素の比率を増加させるか，減少させるか。それぞれについて記せ。

シ　一般的に分子の形は，共有電子対，非共有電子対，不対電子の間の静電的な反発などの効果を反映して決まる。たとえば水分子は，2 つの非共有電子対と 2 つの O−H 結合の共有電子対との反発により，非共有電子対を含めて考えれば正四面体に近い形状になるため折れ曲がった分子構造をとる。これらをふまえて，以下の選択肢(1)〜(4)から，分子またはイオン全体として極性をもつものを全て選び，その番号を記せ。

(1)　二酸化窒素　　　　(2)　四酸化二窒素

(3)　三フッ化窒素　　　(4)　アンモニウムイオン

60 溶解と凝固点降下，会合平衡と浸透圧

(2012年度　第1問)

次のⅠ，Ⅱの各問に答えよ。必要があれば以下の値を用いよ。

元　素	Na	Cl
原子量	23.0	35.5

Ⅰ　次の文章を読み，問ア〜オに答えよ。

　塩化ナトリウム（NaCl）は，ナトリウムイオン（Na$^+$）と塩化物イオン（Cl$^-$）が静電気的引力により結びついたイオン結晶である。強いイオン結合で結びついたNaCl結晶ではあるが，①極性溶媒である水に入れるとその結合は切れ，Na$^+$とCl$^-$に電離して水和イオンとなり，溶解する。

　1気圧のもとで，純水は0℃で凍るが，NaClを水に溶かすと，凝固し始める温度は0℃以下になる。このような現象を凝固点降下と呼ぶ。凝固点は冷却曲線を調べることにより知ることができる。例えば，純水をゆっくり冷やしていくと0℃で氷が析出し始め，すべて氷になるまで0℃のままである。従って，冷却曲線は，図1−1のように0℃においてある時間一定となる。

　今，ある濃度のNaCl水溶液をゆっくり冷やしたときの冷却曲線が，図1−2のようになったとする。溶液が十分希薄であるとすると，凝固点降下度から，このNaCl水溶液の濃度（質量パーセント）は　 a 　%と見積もられる。

　NaClは，30℃では濃度27％まで水に溶ける。30℃で色々な濃度のNaCl水溶液を準備し，冷却曲線を調べた。その結果，凝固点は，濃度が低い水溶液を用いた実験では濃度に比例して降下し，濃度が高くなると比例関係からずれてさらに降下するようになった。しかしながら，②凝固点は，濃度23％の水溶液で最も低い温度に達したのち，それ以上の濃度の水溶液では変化しなくなった。

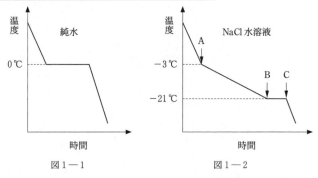

図1−1　　　　　　　　　　図1−2

〔問〕

ア　下線部①について，水分子 H_2O の形状と電荷の偏りを図示せよ。

イ　下線部①について，水溶液中で Na^+ は水分子とどのように結びついて存在しているか，1〜2行程度で説明せよ。

ウ　　　a　　を有効数字2桁で求めよ。求める過程も記せ。ただし，水のモル凝固点降下は $1.85\,K \cdot kg/mol$ とする。

エ　図1-2に示す冷却曲線において，A点（-3℃）とB点（-21℃）の間で冷却曲線が右下がりになる理由を，この間で起きている状態の変化に基づいて1〜2行程度で述べよ。

オ　下線部②について，最も低い凝固点は何℃か。その理由とともに1〜2行程度で答えよ。

Ⅱ　次の文章を読み，問カ〜ケに答えよ。

合成高分子であるポリスチレン（PS）はスチレンの重合により合成される。重合開始剤を加え，全てのスチレンを連鎖的に反応させた後に，片方の末端に官能基Xを導入したPS-Xを合成した。

PS-Xのトルエン溶液では，官能基間の会合により，2分子のPS-Xからなる会合体 $(PS\text{-}X)_2$ が生成し，単分子であるPS-Xとの間に(1)式の平衡が成立する。27℃における平衡定数は $K = 0.25\,L/mol$ である。

$$2PS\text{-}X \rightleftharpoons (PS\text{-}X)_2 \tag{1}$$

PS-Xの分子量を決定するために以下の実験を行った。$10\,g$ のPS-Xをトルエンに溶解し，1Lの溶液とした。この溶液を，溶媒のみを通す半透膜で隔てられた容器の左側に入れ，右側には液面が同じ高さになるようにトルエンを入れた（図1-3）。十分な時間の経過後，　　b　　の液面が高くなって安定した。この液面差をゼロにするために必要な圧力は浸透圧と呼ばれる。③温度27℃において測定された浸透圧は $1.2 \times 10^3\,Pa$ であった。

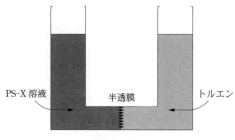

PS-X溶液　　半透膜　　トルエン

図1-3

（注）　PS-Xは全て同じ分子量であり，トルエンに完全に溶解し，官能基は解離せず，

分子間の2分子会合にのみ寄与するものとする。必要ならば，次の値を用いよ。

気体定数 $R \fallingdotseq 8.3 \times 10^3 \, Pa \cdot L/(K \cdot mol)$，

$\sqrt{2} \fallingdotseq 1.41$，$\sqrt{3} \fallingdotseq 1.73$，$\sqrt{5} \fallingdotseq 2.24$

〔問〕

カ $\boxed{b}$ に適切な語句を入れよ。

キ 濃度 10 g/L のスチレンのトルエン溶液の浸透圧は 27℃ で 2.4×10^5 Pa であった。重量濃度が同じであるにもかかわらず，下線部③の PS-X 溶液の浸透圧の方がはるかに小さい理由を 1～2 行程度で述べよ。

ク 27℃ において(1)式の平衡が成立した時，会合前の PS-X 1 モルに対して会合体 (PS-X)$_2$ が何モル形成されるかを有効数字2桁で答えよ。解答に至る過程も示せ。

ケ 問クの結果に基づいて，PS-X の分子量を有効数字2桁で答えよ。解答に至る過程も示せ。

61 電気陰性度と極性，アンモニア水溶液の電離平衡

(2011年度 第1問)

次の I，II の各問に答えよ。

I 次の文章を読み，問ア〜カに答えよ。

表1−1は各元素の原子1個あたりのイオン化エネルギー I と電子親和力 E の値を示している。

表1−1

元素	イオン化エネルギー (I) $(\times 10^{-19} \mathrm{J})$	電子親和力 (E) $(\times 10^{-19} \mathrm{J})$
H	21.8	1.2
C	23.4	2.1
O	29.7	5.4
F	33.4	5.6

表中の値は原子1個あたりである

米国の化学者マリケンは分子の極性を考える際に，まず極端な構造として二原子分子 XZ のイオン構造を考えた。つまり

$\quad$ X^+Z^- または X^-Z^+

である。XZ という分子が全体では中性を保ちながら X^+Z^- というイオンの対をなす構造になるためには，X原子から電子を奪い，Z原子に電子を与えればよい。その結果放出されるエネルギーは，$E_Z - I_X + \Delta$ で与えられる。ここで，E_Z はZ原子の電子親和力，I_X はX原子のイオン化エネルギー，Δ はクーロン力による安定化エネルギーである。一方，XZ という分子が X^-Z^+ というイオン構造になった場合に放出されるエネルギーは $E_X - I_Z + \Delta$ で与えられる。ここで，E_X はX原子の電子親和力，I_Z はZ原子のイオン化エネルギーである。どちらのイオン構造がより安定であるかは，これらの差

$\quad$ $x_{XZ} = $ $\boxed{\text{a}}$

を考えればよい。x_{XZ} が正の場合は，X^+Z^- がより安定に，x_{XZ} が負の場合は，X^-Z^+ がより安定になる。上式を変形してわかるように，$\boxed{\text{b}}$ の値がより大きい原子が分子中で負の電荷を帯びると考えられる。マリケンは $\boxed{\text{b}}$ の1/2を原子の電気陰性度とした。

構成する原子の電気陰性度の違いから，分子が極性をもつことがある。極性の大きさは，電気双極子モーメントの大きさによって記述される。例えば二原子分子であれ

ば，2つの原子間の距離を L，それぞれの原子の電荷を $+\delta$，$-\delta$ とすると，電気双極子モーメントの大きさは $L\delta$ である。電気双極子モーメントの大きさが 0 の分子を無極性分子という。

(注)　ここで定義した電気陰性度は一般にマリケンの電気陰性度と呼ばれるもので，エネルギーの単位を持つ。電気陰性度には他にポーリングの電気陰性度と呼ばれるものがあり，両者は近似的には比例関係にある。

〔問〕

ア　[a] を与えられた記号を用いて表せ。

イ　[b] を E, I を用いて表せ。

ウ　酸素原子について [b] を有効数字 3 桁で求めよ。

エ　次の二原子分子を極性の大きな順番に左から並べ，理由とともに記せ。ただし，原子間距離は同じと仮定せよ。

　　① CH　　　　　　② OH　　　　　　　③ HF

　　(注)　これらの分子は必ずしも安定であるとは限らない。

オ　HF 分子の電気双極子モーメントの大きさは 6.1×10^{-30} C·m である。HF の原子間距離を 9.2×10^{-11} m とすると，分子の中ではどちらの原子からどちらの原子に電子が何個分移動したとみなすことができるか。ただし，電子の持つ電荷の絶対値は 1.6×10^{-19} C とする。有効数字 2 桁で答えよ。答に至る過程も示せ。

カ　二酸化炭素分子は無極性であるが，二酸化窒素分子は極性を有する。それぞれについて理由を説明せよ。

Ⅱ　次の文章を読み，問キ〜サに答えよ。問ケ〜サについては答に至る過程も示せ。

　アンモニア水溶液の電離平衡

　　　$NH_3 + H_2O \rightleftharpoons NH_4^+ + OH^-$

の正反応および逆反応の反応速度について考える。正反応の反応速度は

　　　$v_1 = k_1 [NH_3]$

逆反応の反応速度は

　　　$v_2 = k_2 [NH_4^+][OH^-]$

と表される。ただし，k_1 および k_2 は反応速度定数である。

　反応速度定数を決定するために次のような実験を行った。温度 20℃ の希薄なアンモニア水溶液を用意した。その水溶液の温度を瞬間的に 25℃ まで上昇させた。電離定数の温度依存性のため，平衡移動が起こった。このときの $[OH^-]$ の時間変化を，水溶液の電気伝導度を測定することにより調べた。その結果を図 1−1 に示した。図 1−1 の実線は $[OH^-]$ の時間変化，破線は時間が十分経過した後の $[OH^-]$ の値

を示す。図1－1の実線のグラフの傾きを解析し，時間変化率 $\Delta[\mathrm{OH^-}]/\Delta t$ を，
$[\mathrm{OH^-}]$ の平衡濃度からのずれ

$$x = [\mathrm{OH^-}] - [\mathrm{OH^-}]_{eq}$$

の関数としてグラフにしたものを図1－2に示した。ただし，記号 $[\cdots]_{eq}$ は25℃の
電離平衡における分子やイオンの濃度を表す。理論的には $[\mathrm{OH^-}]$ の時間変化率は x
の2次式

$$\frac{\Delta[\mathrm{OH^-}]}{\Delta t} = Ax^2 + Bx \tag{1}$$

で表される。図1－2のデータでは，式(1)中の x^2 の項が小さく無視できるため，グ
ラフが直線になったと考えられる。

25℃におけるアンモニアの電離定数は $K_b = 1.7 \times 10^{-5} \mathrm{mol \cdot L^{-1}}$ である。電離平衡
においては，正反応と逆反応の速度が等しく，

$$k_1[\mathrm{NH_3}]_{eq} = k_2[\mathrm{NH_4^+}]_{eq}[\mathrm{OH^-}]_{eq}$$

であるため，関係式

$$K_b = \frac{k_1}{k_2}$$

が成立する。また，アンモニアの水への溶解度の温度依存性は無視できるとする。

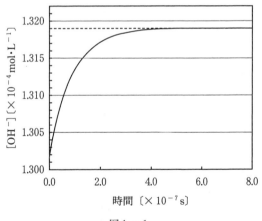

図1－1

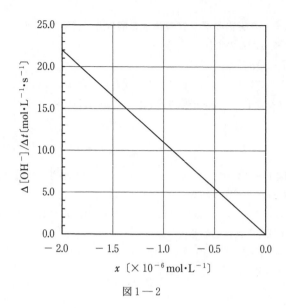

図1―2

〔問〕

キ $\Delta[OH^-]/\Delta t$ を k_1, k_2, $[NH_3]$, $[NH_4^+]$, および $[OH^-]$ を用いて表せ。

ク x の定義から OH^- の濃度は $[OH^-]=[OH^-]_{eq}+x$ と表すことができる。$[NH_4^+]$ を $[NH_4^+]_{eq}$ および x を用いて表せ。また，$[NH_3]$ を $[NH_3]_{eq}$ および x を用いて表せ。

ケ 式(1)中の B を，k_1, k_2, $[NH_4^+]_{eq}$, および $[OH^-]_{eq}$ を用いて表せ。

コ k_2 を，B, K_b, および $[OH^-]_{eq}$ を用いて表せ。

サ 図1―1および図1―2のデータにもとづいて k_2 の値を求め，有効数字2桁で答えよ。

62 リチウムイオン電池, Pd 錯イオンの構造と反応
(2010 年度　第 2 問)

次の I, II の各問に答えよ。必要があれば以下の値を用いよ。

元素	Li	C	O	Al	Co
原子量	6.9	12.0	16.0	27.0	58.9

ファラデー定数：$F = 9.65 \times 10^4 \, \text{C} \cdot \text{mol}^{-1}$

I　次の文章を読み, 問ア～オに答えよ。

　一度放電したら, 充電して再び用いるのが困難な電池を一次電池という。リチウムの単体が一次電池の負極として広く用いられるのは, 高い電圧を取り出すのに有利なためである。アルカリ金属である①リチウムの単体は水と激しく反応するため, 電解質には有機溶媒やポリマーが用いられる。

　一方, 繰り返し充電と放電が可能な電池を二次電池といい, 中でもリチウムイオン二次電池は携帯機器の電源として急速に普及した。リチウムの単体からなる電極は充電と放電の繰り返しには適していないため, 負極には②黒鉛を電極の表面に接着したものが用いられる。また, 正極には電極表面にコバルト酸リチウム $LiCoO_2$ を接着したものが用いられる。

　充電のときには, 図 2－1 のように電解質中で正極側をプラス, 負極側をマイナスとする電圧を加える。負極では③黒鉛が電解質中のリチウムイオンと反応し, 炭素とリチウムからなる化合物が形成される（反応 1）。この反応と同時に,④正極の $LiCoO_2$ は, 電解質へリチウムイオンが引き抜かれて $Li_{(1-x)}CoO_2$ $(0 < x \leqq 1)$（＊注）へ変化する（反応 2）。一方, 放電のときには, 負極では炭素とリチウムの化合物がリチウムイオンを放出して黒鉛へ戻る反応（反応 3）が起こるのと同時に, 正極では $Li_{(1-x)}CoO_2$ が電解質からリチウムイオンを受け取って $LiCoO_2$ へと戻る反応（反応 4）が起こり, 外部回路に電流が発生する。

（＊注）　化合物の中には, 各元素の構成比を整数で表現することが困難なものがあり, その場合は小数を用いて化学式を表現することがある。例えば本文中の化合物 $Li_{(1-x)}CoO_2$ $(0 < x \leqq 1)$ は, 充電反応の進行に伴って $LiCoO_2$ 中の Li がところどころ失われている。失われた Li の量が充電前に存在した Li のうちの割合 x に相当するとき, 化合物全体で平均した組成は $Li : Co : O = 1-x : 1 : 2$ となっている。

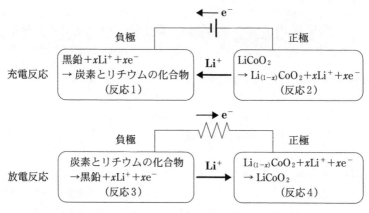

図2—1　リチウムイオン電池の充電反応と放電反応

〔補足説明〕 ―／＼／＼／―の記号は抵抗を示す。

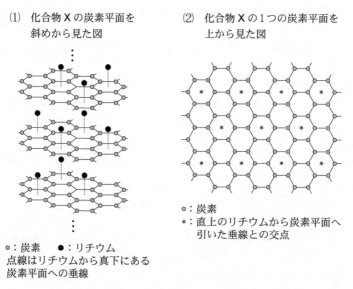

図2—2　炭素とリチウムからなる化合物 X の構造

〔補足説明〕 (1)　炭素平面の六角形のすべての頂点に炭素原子があるものとする。

〔問〕

ア　下線①の反応式を書け。

イ　下線②の黒鉛は炭素の単体であり，ダイヤモンドなどの同素体が存在する。炭素以外の元素の単体のうち，互いに同素体となる物質が存在するものの組み合わせを1つ挙げ，以下の例にならって物質名で答えよ。なお，化学式は使わないこと。

　　（例）　黒鉛とダイヤモンド

ウ　充電後のリチウムイオン電池の負極の表面には，下線③の反応によって化合物Xが生成した。化合物Xは炭素とリチウムだけで構成されており，以下の2つの特徴を持つ。化合物Xに含まれる炭素とリチウムの原子数の比を求めよ。

　　特徴(1)　黒鉛は，炭素が正六角形の網目状に結合した平面（これを炭素平面とよぶ）をつくり，その平面がいくつも積み重なっている。一方，化合物Xは図2－2の(1)のように，黒鉛の各炭素平面の間にリチウムが挿入された構造になっている。

　　特徴(2)　図2－2の(2)に示すとおり，リチウムからその直下にある炭素平面へ垂線を引くと，垂線は炭素のつくる正六角形の中心で炭素平面と交わっている。この垂線と交わる正六角形が互いに隣り合うことなく最密となるように，リチウムが配置されている。

エ　0.60gの化合物Xをリチウムイオン電池の負極に用いて20mAの電流値で放電するとき，放電が可能な最大の時間（秒）を有効数字2桁で計算せよ。ただし，負極においては図2－1の反応3以外の反応は起こらないものとする。なお，途中の計算過程も記すこと。

オ　$LiCoO_2$ の Co のうちの一部を Al と入れ替えてつくった化合物 $LiCo_{(1-y)}Al_yO_2$ $(0<y<1)$ を正極に用いて充電を行うと，下線④と同様の反応によって $Li_{(1-x)}Co_{(1-y)}Al_yO_2$ が生じる。$LiCoO_2$ と $LiCo_{(1-y)}Al_yO_2$ それぞれ 1.96g を正極に用いて充電を行い，両方の正極の x が等しくなるように充電を停止したところ，$LiCo_{(1-y)}Al_yO_2$ を用いた正極に充電された電荷量は 9.65×10^2 C であった。また充電後の $Li_{(1-x)}CoO_2$ と $Li_{(1-x)}Co_{(1-y)}Al_yO_2$ の重量の差は 4.2×10^{-3} g であった。x と y の値を有効数字2桁で求めよ。なお，途中の計算過程も記すこと。

Ⅱ　次の文章を読み，問カ～ケに答えよ。

水酸化銅（Ⅱ）$Cu(OH)_2$ は，濃アンモニア水中で(1)式の反応を起こし，正電荷を持った正方形構造の錯イオンとなる。

$$Cu(OH)_2 + 4NH_3 \longrightarrow \begin{bmatrix} H_3N & NH_3 \\ & Cu \\ H_3N & NH_3 \end{bmatrix}^{2+} + 2OH^- \tag{1}$$

また，塩化パラジウム（Ⅱ）$PdCl_2$ に濃アンモニア水を加え，加熱を続けると，(2)

式の反応が起こり，塩化パラジウム(Ⅱ)は正電荷を持った正方形構造の錯イオン**A**となる。

$$\mathrm{PdCl_2 + 4NH_3 \longrightarrow \begin{bmatrix} H_3N \\ H_3N \end{bmatrix} \!\! Pd \!\! \begin{matrix} NH_3 \\ NH_3 \end{matrix}^{2+} + 2Cl^-} \qquad (2)$$

A

　このように，銅(Ⅱ)やパラジウム(Ⅱ)の錯イオンは正方形構造をとりやすいことが知られている。

〔問〕

カ (1)式および(2)式において，NH_3と金属イオンの間の化学結合は何結合と呼ばれるか。

キ 塩化パラジウム(Ⅱ)の水溶液に，塩化パラジウム(Ⅱ)に対して2倍の物質量の$NaCl$を加えると，塩化パラジウム(Ⅱ)は負の電荷をもった錯イオン**B**となる。錯イオン**B**の構造式を示せ。

ク (2)式の反応の後，未反応のアンモニアを完全に取り除き，錯イオン**A**に対して2倍の物質量のHClを加えると，電荷を持たない化合物**C**が沈殿する。この時，化合物**C**に対して2倍の物質量の塩化アンモニウムが生成する。ここで化合物**C**に対して，正方構造を有する2種類の異性体を考えることができる。この2種類の異性体の構造式を，その違いがわかるように示せ。

ケ 錯イオン**A**および錯イオン**B**の水溶液を混合すると，化合物**D**が沈殿する。化合物**D**と化合物**C**は構成する元素の組成が等しく，かつ化合物**D**は化合物**C**の2倍の式量を持つ。化合物**D**の構造式を示せ。

63 鉄の化合物の反応，アルカンの燃焼熱

(2009 年度　第 1 問)

次の I，II の各問に答えよ。必要があれば以下の値を用いよ。

元素	H	C	N	O	Fe
原子量	1.0	12.0	14.0	16.0	55.8

I　次の文章を読み，問ア〜カに答えよ。

　夜空に浮かんだ火星が赤く見えるのは，火星の地表に赤鉄鉱という鉱石が多量に含まれているからである。赤鉄鉱は酸化鉄(III)Fe_2O_3 を主成分とし，鉄が酸素や水と反応することによって生成する。2004 年，米国の火星探査機オポチュニティは，火星の地表から採取した岩石の顕微鏡観察を行ない，液体の水の作用でできたと考えられる球状の赤鉄鉱を発見した。また，探査機スピリットによって火星の地表で針鉄鉱という鉱石も見出された。針鉄鉱は酸化水酸化鉄(III)$FeO(OH)$ を主成分とし，水中での化学反応により生成する。このような発見から，かつて火星には液体の水が存在し，生命誕生の機会があったと推測されている（＊脚注）。

　水中における鉄酸化物の生成は，以下の反応により始まる。

$$Fe \longrightarrow Fe^{2+} + 2e^- \tag{1}$$

$$2H_2O + O_2 + 4e^- \longrightarrow 4OH^- \tag{2}$$

ここで，式(1)は金属鉄が鉄イオンとなって水中に溶解し，電子 e^- が放出される酸化反応，式(2)は式(1)で放出された電子によって水中に溶けこんだ酸素が還元される反応を表す。次にこれらの反応の生成物から，水酸化鉄(II)$Fe(OH)_2$ が生成する。

$$Fe^{2+} + 2OH^- \longrightarrow Fe(OH)_2 \tag{3}$$

　水酸化鉄(II)は水中の酸素によってさらに酸化され，水酸化鉄(III)$Fe(OH)_3$ が生じる。

$$4Fe(OH)_2 + 2H_2O + O_2 \longrightarrow 4Fe(OH)_3 \tag{4}$$

　最後に，①水酸化鉄(III)の脱水反応によって，酸化水酸化鉄(III)や酸化鉄(III)が生成する。

〔問〕

ア　Fe の原子番号は 26 である。Fe_2O_3 において，鉄イオンの K 殻，L 殻，M 殻に含まれる電子数をそれぞれ記せ。

イ　体積 V の Fe がすべて酸化されて体積 aV の Fe_2O_3 になったとき，a の値を有効

（＊脚注）　2008 年，米国の探査機フェニックスは，火星の地表のすぐ下に氷が存在することを確認した。

数字 2 桁で求めよ。答に至る過程も示せ。ただし，Fe と Fe_2O_3 の密度はそれぞれ 7.87 $g \cdot cm^{-3}$ と 5.24 $g \cdot cm^{-3}$ とする。

ウ 下線部①について，Fe_2O_3 および $FeO(OH)$ が生成する反応を反応式で示せ。

エ 式(1)〜(4)および問**ウ**で求めた反応式を利用して，Fe から $FeO(OH)$ が生成する反応を 1 つの反応式で示せ。

オ 現在の火星の大気圧は 610 Pa であり，その 0.13 % を酸素が占めるとされている。このような酸素分圧下で，25 ℃ の水 1.00×10^3 L 中に溶解する酸素の質量は何 g になるか，有効数字 2 桁で求めよ。答に至る過程も示せ。なお，25 ℃，酸素分圧 1.01×10^5 Pa の下で水 1.00 L に溶ける酸素の質量は 4.06×10^{-2} g であり，ヘンリーの法則が成り立つものとする。

カ 問**オ**において溶解していた酸素がすべて反応したとき，生成する $FeO(OH)$ の質量を有効数字 2 桁で求めよ。答に至る過程も示せ。

Ⅱ 次の文章を読み，問**キ**〜**コ**に答えよ。有効数字は 2 桁とし，答に至る過程も示せ。熱化学反応はすべて 25 ℃，1.01×10^5 Pa における熱量および物質の状態を扱うこととする。

廃棄プラスチックの有効利用法の一つに，プラスチックを焼却したときに発生する熱をエネルギーとして利用する方法がある。①C_nH_{2n+2} の組成式で与えられるアルカンの燃焼熱（1 mol あたり）は炭素数 n が増すにつれて増加する。しかし，図 1-1 に示すように，1 g あたりに換算した燃焼熱は n の増大と共に一定値に近づく傾向がある。②C_nH_{2n} の組成式で与えられるシクロアルカンの場合，$n \geqq 5$ では 1 g あたりの燃焼熱は，n によらず 46〜47 $kJ \cdot g^{-1}$ で一定である。これらのことは，n が 5 から

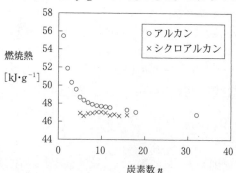

図 1-1 炭素数 n のアルカンおよびシクロアルカンの 1 g あたりの燃焼熱（25 ℃，1.01×10^5 Pa）

12程度のアルカンやシクロアルカンを主成分とする石油系燃料と，n が極めて大きいアルカンである③ポリエチレンおよび④ポリプロピレンでは，同質量あたりの燃焼熱はほとんど変わらないことを意味する。

〔問〕

キ 下線部①に関して，アルカン C_nH_{2n+2} の燃焼の熱化学方程式を書け。ただし，アルカン1gあたりの燃焼熱を状態によらず $46.0\,kJ\cdot g^{-1}$ とする。

ク 燃焼熱は結合エネルギーの値から近似的に求めることができる。下線部②，③に関連して，シクロオクタン C_8H_{16} およびポリエチレンそれぞれの，1gあたりの燃焼熱を，表1－1の結合エネルギーを用いて推定せよ。ただし，ポリエチレンは図1－2に示す化学構造をもつと仮定し，その重合度 m は 10,000 とする。

表1－1 結合エネルギー

結 合	C–H	C–C	C=O	O=O	O–H
結合エネルギー $[kJ\cdot mol^{-1}]$	4.1×10^2	3.7×10^2	8.0×10^2	5.0×10^2	4.6×10^2

$$H\text{–}(CH_2\text{–}CH_2)_{\overline{m}}\,H$$

図1－2 ポリエチレンの化学構造式

ケ 下線部④のポリプロピレンの原料であるプロピレンは，以下の長鎖アルカンの分解反応によって合成される。

$$C_nH_{2n+2} \longrightarrow CH_2=CH-CH_3 + C_{n-3}H_{2n-4}$$

プロピレンの燃焼熱が $2.04 \times 10^3\,kJ\cdot mol^{-1}$ であるとき，この反応の反応熱を求めよ。ただし，炭素数 n と炭素数 $n-3$ のアルカンの燃焼熱は問**キ**で求めた熱化学方程式から求めよ。

コ プロピレンは，以下のプロパンの脱水素反応によっても合成できる。

$$CH_3-CH_2-CH_3 \longrightarrow CH_2=CH-CH_3 + H_2$$

プロピレンとプロパンの燃焼熱が，それぞれ $2.04 \times 10^3\,kJ\cdot mol^{-1}$ と $2.20 \times 10^3\,kJ\cdot mol^{-1}$ であるとき，この反応の反応熱を求めよ。必要であれば，水に関する熱量として表1－2の値を用いよ。

表1－2 水に関する熱量 $[kJ\cdot mol^{-1}]$

融解熱(0℃)	6.02
蒸発熱(25℃)	44.3
蒸発熱(100℃)	40.6
生成熱(25℃，気体)	242

（各熱量は圧力によらないものとする。）

64 ガラス中の金属元素の分析，同位体の存在比

（2009年度 第2問）

次のⅠ，Ⅱの各問に答えよ。必要があれば以下の値を用いよ。

元素	H	Na	S	Fe	Cu	Pb
原子量	1.0	23.0	32.1	55.8	63.5	207.2

$\log_{10}2 = 0.301$，$\log_{10}3 = 0.477$，$\log_{10}5 = 0.699$

Ⅰ　次の文章を読み，問ア～キに答えよ。

あるガラスに含まれる金属元素を分析するために，以下の実験を行った。ただし，このガラスは，Pb^{2+}，Cu^{2+}，Fe^{2+}，Na^+ を金属イオンとして含むことがわかっている。

実験1：①細粉化したガラス1.0gを白金るつぼにとり，50%硫酸8mLと46%フッ化水素酸8mLを白金るつぼに加えた。次にケイ素をフッ化物として揮発させるため，300℃で1時間加熱した。白金るつぼを冷やし，蒸留水と希硫酸を加えたところ，白色沈殿Aを得た。沈殿をろ過した後，ろ液の全量をメスフラスコに移し，蒸留水で50mLに希釈した。

実験2：実験1で調製した溶液10mLに塩酸10mLを加え，酸性にした。②この溶液に2.0×10^{-3} mol の硫化水素 H_2S を通じたところ，黒色の沈殿 CuS を 2.0×10^{-6} mol 得た。沈殿をろ紙で回収した後，ろ液をビーカーに集め煮沸した。ピペットで硝酸を数滴加えた後，十分量のアンモニア水を加えたところ，赤褐色の沈殿を得た。沈殿はろ紙で集め，ろ液は以下の実験3に使用した。

実験3：円筒形のカラムに，スルホ基（$-SO_3H$）をもった十分量の陽イオン交換樹脂を詰め，カラムの上から十分量の塩酸と蒸留水を流し，カラムを洗浄した。次に，③実験2で得たろ液を十分に煮沸した。このろ液を冷却した後，カラムに流し，さらに20mLの蒸留水をカラムに流し，溶出液を全て回収した（図2−1）。この溶出液を 1.0×10^{-2} mol·L^{-1} の水酸化ナトリウム水溶液で滴定したところ，中和するまでに18.0mLを要した。

図 2 - 1

〔問〕

ア　下線部①について，ガラスの主成分である二酸化ケイ素とフッ化水素との反応式を記せ。

イ　白色沈殿 **A** は何か。化学式で示せ。

ウ　下線部②について，硫化水素の全量が溶液に溶け込んだとする。このとき，溶液中に含まれる硫化水素の全量の濃度 $[H_2S]_{total}$ は以下の式で表される。

$$[H_2S]_{total} = [H_2S] + [HS^-] + [S^{2-}]$$

また，硫化水素は以下に示す 2 段階の電離平衡が成り立つ。

$$H_2S \rightleftharpoons HS^- + H^+ \qquad K_{a1} = 1.0 \times 10^{-7}\ (mol \cdot L^{-1})$$

$$HS^- \rightleftharpoons S^{2-} + H^+ \qquad K_{a2} = 1.0 \times 10^{-14}\ (mol \cdot L^{-1})$$

$[H_2S]_{total}$ に対する $[S^{2-}]$ の割合 $\alpha\ (= [S^{2-}]/[H_2S]_{total})$ を，電離平衡定数 K_{a1}，K_{a2} および $[H^+]$ を用いて表せ。答のみ記すこと。

エ　CuS と FeS の溶解度積 $(K_{sp(CuS)},\ K_{sp(FeS)})$ は以下の式で表される。

$$K_{sp(CuS)} = [Cu^{2+}][S^{2-}] = 4.0 \times 10^{-38}\ (mol^2 \cdot L^{-2})$$

$$K_{sp(FeS)} = [Fe^{2+}][S^{2-}] = 1.0 \times 10^{-19}\ (mol^2 \cdot L^{-2})$$

溶液の pH を 1.0 から 6.0 まで変えた時，$K_{sp(CuS)}/\alpha$ の値と $K_{sp(FeS)}/\alpha$ の値は，それぞれどのように変化するか。横軸に pH，縦軸に $\log_{10}(K_{sp}/\alpha)$ をとって，グラフを描け。答に至る過程も示せ。

オ　下線部②について，Fe^{2+} が溶液中に $4.0 \times 10^{-4}\ mol \cdot L^{-1}$ 存在するとき，FeS が沈殿しない pH の範囲を求め，有効数字 2 桁で答えよ。答に至る過程も示せ。

カ　下線部③について，この操作を行う理由を 30 字以内で記せ。

キ ガラス 1.0 g 中に含まれるナトリウムイオンの重量（g）を有効数字 2 桁で求めよ。答に至る過程も示せ。

Ⅱ 次の文章を読み，問**ク**〜**コ**に答えよ。

　元素の多くは，複数の同位体が一定の比率で混ざった状態で天然に存在する。表 2 ─ 1 に，天然に存在する主な元素の同位体とその存在比（%）をまとめた。これらの元素から構成される分子の質量は，各元素の同位体存在比を反映した分布を示す。例えば天然に存在する二酸化炭素分子の質量分布は，表 2 ─ 2 のようになる。ただし，各同位体原子の相対質量はその質量数と同じであるものとし，分子の質量はその分子を構成する各原子の相対質量の和で表されるものとする。

〔問〕

ク 銅は，^{63}Cu と ^{65}Cu の 2 つの同位体がある一定の比率で混ざった状態で天然に存在する。天然に存在する ^{63}Cu と ^{65}Cu の存在比（%）を有効数字 2 桁で求め，表 2 ─ 1 にならって記せ。ただし，銅の原子量は 63.5 とする。

ケ 天然の同位体比の原子で構成された硝酸銀水溶液 **X** がある。ここに，天然の同位体比の原子で構成された臭化ナトリウム水溶液を添加し，臭化銀を沈殿させた。沈殿した臭化銀の質量分布を表 2 ─ 2 にならって記せ。ただし，臭化銀はその組成式である AgBr として沈殿したものとする。

コ 問ケと同じ硝酸銀水溶液 **X** に，銀原子として ^{109}Ag のみを含む 0.050 mol·L^{-1} の硝酸銀（^{109}AgNO$_3$）水溶液 10.0 mL を添加した後，問ケと同じ臭化ナトリウム水溶液を添加し，臭化銀を沈殿させた。沈殿した臭化銀の質量分布を測定したところ，表 2 ─ 3 に示す結果が得られた。硝酸銀水溶液 **X** に含まれていた硝酸銀の物質量（mol）を有効数字 2 桁で求めよ。答に至る過程も示せ。

表 2 ─ 1

元素	同位体	存在比（%）
C	^{12}C	99
	^{13}C	1
N	^{14}N	100
O	^{16}O	100
Br	^{79}Br	50
	^{81}Br	50
Ag	^{107}Ag	50
	^{109}Ag	50

表 2 ─ 2

質量	存在比（%）
44	99
45	1

表 2 ─ 3

質量	存在比（%）
186	20
188	50
190	30

65 氷熱量計による反応熱の測定，酸化銀電池

(2008 年度 第 1 問)

次の I，II の各問に答えよ。必要があれば以下の値を用いよ。

元素	H	C	N	O	Zn
原子量	1.0	12.0	14.0	16.0	65.4

ファラデー定数：$9.65 \times 10^4 \, \text{C·mol}^{-1}$

I 次の文章を読み，問ア〜オに答えよ。

反応熱を簡便に測定する実験装置の一つに，図1−1に示されるような氷熱量計がある。氷熱量計では，反応容器内で熱の出入りを伴う変化が起こると，氷の融解または水の凝固が起こり，それに伴う体積変化がガラス細管内の水のメニスカスの読みとして測定される。融解・凝固に伴う熱量変化と体積変化は一対一に対応するため，測定しにくい熱量を測定しやすい「長さ」に変換して測定できるのが特長である。また，氷と水が共存している限りは，常に一定温度（0 ℃）で測定できるという利点がある。

氷の融解熱は $6.00 \, \text{kJ·mol}^{-1}$，0 ℃における水と氷の密度はそれぞれ $1.00 \, \text{g·cm}^{-3}$ と $0.917 \, \text{g·cm}^{-3}$ である。氷熱量計のデュワー瓶（熱の出入りを遮断する容器）の中には水 90.0 g と氷 10.0 g が入っているものとし，ガラス細管の穴の断面積は高さによらず一定で $0.0100 \, \text{cm}^2$ とする。また，反応前の反応物の温度は全て 0 ℃と仮定する。

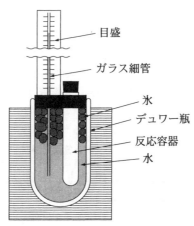

目盛
ガラス細管
氷
デュワー瓶
反応容器
水

図1−1　氷熱量計の概略図

〔問〕

ア 反応容器内で $1.00\ \text{mol·L}^{-1}$ の塩酸と水酸化カリウム水溶液をそれぞれ $6.00\ \text{mL}$ ずつ混合すると，メニスカスが $9.05\ \text{cm}$ 下降した。この反応についての反応熱を求め，熱化学方程式を書け。反応熱の単位は kJ·mol^{-1} とし，有効数字 2 桁で答えよ。答に至る過程も示せ。

イ 反応容器内で水 $10.0\ \text{mL}$ に硝酸アンモニウム $0.500\ \text{g}$ を融解させるとメニスカスが $4.40\ \text{cm}$ 上昇した。この変化における反応熱を求め，熱化学方程式を書け。反応熱の単位は kJ·mol^{-1} とし，有効数字 2 桁で答えよ。答に至る過程も示せ。

ウ 反応容器内で $6.00\ \text{mol·L}^{-1}$ の塩酸と水酸化カリウム水溶液をそれぞれ $15.0\ \text{mL}$ ずつ混合すると，氷がすべて融解した。反応後の水の温度を求めよ。水および溶液の比熱（1 g の物質の温度を 1 ℃ 上げるのに必要な熱量）は溶解している塩の濃度や温度によらず一定で，$4.20\ \text{J·g}^{-1}\text{·K}^{-1}$ とする。デュワー瓶と反応容器の比熱は無視してよい。また，反応前後の溶液の密度は $1.00\ \text{g·cm}^{-3}$ とする。有効数字 2 桁で答えよ。答に至る過程も示せ。

エ イでできた溶液を取り出しゆっくり冷却すると $-2.3\ ℃$ で凝固した。水のモル凝固点降下 K_f（K·kg·mol^{-1}）を求めよ。ただし，硝酸アンモニウムは溶液中で完全に電離し，この溶液の濃度では希薄溶液の凝固点降下の式を用いることができるものとする。有効数字 2 桁で答えよ。答に至る過程も示せ。

オ 多くの固体は融解すると体積が増加するが，氷は逆に体積が減少する。この理由を分子間の結合の観点から 100 字程度で説明せよ。

Ⅱ 次の文章を読み，問カ〜クに答えよ。

アルカリ系ボタン形酸化銀電池は腕時計やカメラ，電子体温計などの電池として使用されてきた。図1－2にアルカリ系ボタン形酸化銀電池の概略図を示す。正極材料には酸化銀（Ag_2O），負極材料には粒状亜鉛，電解液としては水酸化カリウム濃厚水溶液が用いられている。なお，負極材料の粒状亜鉛には，電解液と接していても水素発生が起こらないような工夫が施されている。

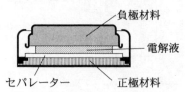

図1－2　アルカリ系ボタン形酸化銀電池の概略図（＊脚注）

〔問〕

カ この電池の正極および負極では，下式のような反応が主反応として起きていると考えられている。

正極：Ag_2O + ___(A)___ + 2e⁻ ⟶ [a]___(B)___ + [b]OH^-

負極：Zn + 2___(C)___ ⟶ ___(D)___ + 2e⁻

また，水に不溶な___(D)___は速やかに下式に示すような反応を起こして電解液に溶解する。

___(D)___ + 2OH^- ⟶ ___(E)___

[a]，[b]に入る数字，___(A)___～___(E)___に入る化学式（イオン式を含む）を答えよ。

キ 0.10 mA の電流を 500 時間放電したときの電気量を答えよ。また，この際，消費された亜鉛の質量（g）を，有効数字 2 桁で答えよ。答に至る過程も示せ。

ク Ag_2O は，大過剰のアンモニア水を加えると錯イオンを形成して溶解する。また，___(D)___も大過剰のアンモニア水を加えると錯イオンを形成する。これらの錯イオンについて，それぞれ立体的な特徴が分かるように構造を図示せよ。

（＊脚注） 実際には，正極材料として，酸化銀粉末と導電剤である黒鉛を混合したものが，負極材料としてはアマルガム化した亜鉛粉末と電解液を混合したものが用いられている。また，セパレーターとしてはセロハンやポリプロピレンなどのフィルムが用いられている。

66 ヨウ素の平衡，NO$_x$の除去法

(2008 年度　第 2 問)

次の I，II の各問に答えよ。必要があれば以下の値を用いよ。

元素	H	C	N	O	I
原子量	1.0	12.0	14.0	16.0	126.9

気体定数：$R = 8.3 \times 10^3 \, \mathrm{Pa \cdot L \cdot K^{-1} \cdot mol^{-1}}$

I　次の文章を読み，問ア〜オに答えよ。

　ハロゲン単体のうち，フッ素，塩素は常温常圧で気体，臭素は液体，ヨウ素は固体として存在する。①フッ素は水と激しく反応し，塩素は水と穏やかに反応する。臭素，ヨウ素の水との反応性はきわめて低い。ヨウ素の水に対する溶解度は低いが，ヨウ化物イオンが共存する溶液では溶解度が上昇する。これはおもに，

$$I_2 + I^- \rightleftharpoons I_3^- \tag{1}$$

の反応で，三ヨウ化物イオン（I_3^-）を形成するためである。ここで，(1)式の平衡定数 K は，ヨウ素，ヨウ化物イオン，三ヨウ化物イオンの濃度をそれぞれ $[I_2]$，$[I^-]$，$[I_3^-]$ で表すと，

$$K = \frac{[I_3^-]}{[I_2][I^-]} \tag{2}$$

で示され，$8.0 \times 10^2 \, (\mathrm{mol \cdot L^{-1}})^{-1}$ の値をとる。

　また，ヨウ素は無極性の有機溶媒によく溶解する。このため，分液漏斗を用いてヨウ素を含む水溶液を水と混ざりあわない無極性有機溶媒とよく振って混合したのち静置すると，ヨウ素を有機溶媒に抽出できる。この場合，有機層のヨウ素濃度（$[I_2]_{有機層}$）と水層のヨウ素濃度（$[I_2]_{水層}$）とは平衡にあり，この状態を分配平衡状態と呼ぶ。このとき分配係数 K_D は，

$$K_D = \frac{[I_2]_{有機層}}{[I_2]_{水層}} \tag{3}$$

で定義され，温度と圧力が一定であれば一定の値となる。

〔問〕

ア　図2−1に示したように，ビーカーに少量のヨウ素の固体を入れ，これに氷水の入った丸底フラスコをかぶせ，ビーカーを 90 ℃の温水につけた。この後ヨウ素にどのような変化が観察されるか，図2−1にならって結果を図示するとともに，60字程度で簡潔に説明せよ。

イ　下線部①で示したフッ素，塩素の水との化学反応式をそれぞれ示せ。

ウ　ヨウ化カリウム水溶液にヨウ素を加え，ヨウ素−ヨウ化カリウム水溶液 1.0 L を

調製したところ，溶液中のヨウ素濃度は 1.3×10^{-3} mol·L^{-1}，ヨウ化物イオン濃度は 0.10 mol·L^{-1} となった。加えたヨウ素の物質量（mol）を，有効数字2桁で求めよ。答に至る計算過程も記せ。ただしヨウ素とヨウ化物イオンとの間には(1)式以外の反応は起こらないものとし，ヨウ素と水との反応は無視せよ。

エ　0.10 mol·L^{-1} のヨウ素の四塩化炭素（テトラクロロメタン）溶液 100 mL を 1.1 L の水と十分に混合し，分配平衡状態に達したときの，水層に移動したヨウ素の物質量（mol）を，有効数字2桁で求めよ。答に至る計算過程も記せ。なお，四塩化炭素層と水層間のヨウ素の分配係数 K_D は，

$$K_D = \frac{[I_2]_{\text{四塩化炭素層}}}{[I_2]_{\text{水層}}} = 89 \tag{4}$$

とする。また，水と四塩化炭素とは全く混ざりあわず，両溶媒中には I_2 のみが存在するものとする。

オ　0.17 mol·L^{-1} のヨウ素の四塩化炭素溶液を，等体積のヨウ化カリウム水溶液と十分に混合した。分配平衡状態に達したとき，水層のヨウ化物イオン濃度は 0.10 mol·L^{-1} となった。このときの四塩化炭素層のヨウ素の濃度を，有効数字2桁で求めよ。答に至る計算過程も記せ。なお，四塩化炭素中には I_2 のみが存在するものとする。

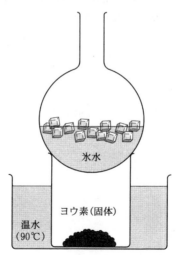

図2—1　ビーカーを温水（90℃）につけた直後の様子

Ⅱ 次の文章を読み，問カ〜ケに答えよ。

自動車の排ガス中には，環境汚染の原因となる窒素酸化物（NO_x）が含まれる。NO_x成分の大半は難水溶性の一酸化窒素であり，大気中へ放出されると水に溶けやすい赤褐色の [(A)] へと酸化される。①[(A)] と大気中の水との反応により生成する酸が酸性雨の原因の一つである。排ガス規制の強化によって，排ガス浄化装置は普及しその性能も向上してきたものの，依然として大気中のNO_xは高い濃度レベルにある。この要因の一つであるディーゼル車の排ガスに対して，近年，尿素を用いた還元反応によるNO_x除去法が検討されている。この除去法では，②尿素を水の存在下で気体 [(B)] と気体 [(C)] へ変化させた後に，排ガスと混合させ，NO_xを [(B)] により水と窒素ガスに分解する反応を利用する。特に，③酸素共存下でもNO_xを還元できるのが本手法の特徴である。

〔問〕

カ [(A)]，[(B)]，[(C)] に当てはまる化学式を示せ。

キ 下線部①に関連した以下の実験を行った。

[(A)] と窒素の混合気体 1.0 L（0℃，1.013×10^5 Pa）を酸素が無い条件で水 10 L に通して反応させたところ，気相中の [(A)] は完全に消失し，この溶液の pH は 5.00 となった。この反応で生成する酸が全て硝酸とするときの，[(A)] と水との化学反応式を記せ。また，反応前の混合気体中での [(A)] の分圧（Pa）を有効数字 2 桁で求めよ。答に至る計算過程も記せ。なお，気体は理想気体とし，硝酸は完全に電離しているものとする。

ク 下線部②の化学反応式を示せ。

ケ 下線部③に関連して，等モルの一酸化窒素と [(B)] が酸素を利用して反応するときの化学反応式を示せ。

67 銅の無電解めっき，ケイ酸塩の構造と性質

（2007年度　第2問）

次の I，II の各問に答えよ。必要があれば下の値を用いよ。

元　素	H	C	N	O	Na	Al	Si	S	Ca	Cu
原子量	1.0	12.0	14.0	16.0	23.0	27.0	28.1	32.1	40.1	63.5

アボガドロ定数：$N_A = 6.0 \times 10^{23}\,mol^{-1}$

気体定数：$R = 8.3\,Pa \cdot m^3 \cdot K^{-1} \cdot mol^{-1} = 0.082\,atm \cdot L \cdot K^{-1} \cdot mol^{-1}$

I　次の文章を読み，問ア〜オに答えよ。

　金属の多くは，空気中で水や水蒸気と接触すると腐食される。金属の表面を，腐食されにくい別の金属の薄膜でおおうと，腐食を防ぐことができる。おもな方法として，無電解めっきと電気めっきがある。めっきは腐食防止以外にさまざまな用途で使われている。たとえば，銅の無電解めっきはガラスやプラスチックなどの絶縁体の表面に導電性を与えるために使用される。

　古典的な銅の無電解めっき液の成分を下に示す。

硫酸銅	$CuSO_4$
ホルムアルデヒド	HCHO
炭酸ナトリウム	Na_2CO_3
水酸化ナトリウム	NaOH
酒石酸ナトリウムカリウム（ロシェル塩）	$KNaC_4H_4O_6$

　①このめっき液を利用してプラスチックにめっきを行ったところ，プラスチック表面上で金属銅が析出し，銅と等モルの水素が発生した。水酸化ナトリウムを加えないと，めっきはまったく進行しなかった。なお，②この古典的なめっき液では副反応が進行し，固体が沈殿した。（現在使われているめっき液では，このような副反応はほとんど進行しない。）

〔問〕

ア　下線部①の過程を化学反応式で示せ。

イ　ホルムアルデヒドの役割を 10 字程度で記せ。

ウ　炭酸ナトリウムの役割を 40 字程度で記せ。

エ　下線部②の副反応で沈殿した物質は酸化銅（I）であった。この副反応を化学反応式で示せ。なお，この反応では気体は発生しない。

オ　一辺が 10 cm のプラスチックの立方体全面に均一に無電解めっきを行ったとこ

ろ，5.5gの質量の増加がみられた。(1)めっきされた銅の薄膜の厚さ（mm）を求め，有効数字2桁で答えよ。(2)めっきにより発生した水素の標準状態での体積（L）を求め，有効数字2桁で答えよ。それぞれ結果だけでなく導く過程も記せ。ただし，銅の結晶構造は，図2－1に示すような面心立方格子であり，銅の単位格子の一辺の長さを$0.36\,nm$（$3.6 \times 10^{-8}\,cm$）とする。

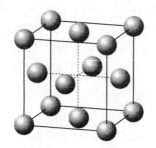

図2－1　銅の単位格子

Ⅱ　次の文章を読み，問カ～シに答えよ。

ケイ酸塩鉱物中では，正四面体のSiO_4が酸素を共有して様々な構造をとる。たとえば，SiO_4が図2－2のように鎖状に無限につながった場合，骨格部分の最小単位は$_{①}SiO_m{}^{n-}$で表される。一方，すべての酸素が隣り合ったSiO_4に共有され，立体的につながるとSiO_2の組成をもつ　あ　になる。

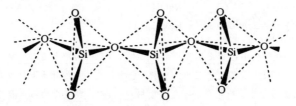

図2－2　SiO_4が無限につながった鎖状イオンの骨格構造

ケイ酸塩またはSiO_2の一部のケイ素がアルミニウムに置き換わったものはアルミノケイ酸塩とよばれる。

ゼオライト（日本語名：沸石）は立体的なネットワーク構造をもったアルミノケイ酸塩であり，ネットワークの空孔に陽イオンと多量の結晶水を含んでいる。その一般式は$_{②}M_aAl_bSi_cO_d \cdot eH_2O$で示される。ここでMはNa，K，Caなどの陽イオンになり易い金属元素であり，a，b，c，d，eはそれぞれ組成を示す整数である。ゼオライトは結晶水が除かれてもネットワーク構造が保たれているため，興味深い性質を示す。

たとえば，A型ゼオライトと呼ばれるものの結晶は，図2－3に示すようなネット

ワーク構造が，図2−4のようにつながってできあがっている。このゼオライトは$Na_{12}Al_{12}Si_{12}O_{48}\cdot27H_2O$の組成をもち，つぎのように合成される。

　③水酸化ナトリウム水溶液中で，ケイ酸ナトリウム（$Na_2SiO_3\cdot9H_2O$）とアルミン酸ナトリウム（$NaAlO_2$）を混合するとゲル状の沈殿が生成し，懸濁する。この懸濁液を加熱すると，ゼオライトの結晶が生じる。

　A型ゼオライトは様々な用途をもち，広範に利用されている。たとえば，④ゼオライト中のナトリウムイオンは容易に他の陽イオンに交換する。⑤この性質を利用して，洗濯用粉石けんにはA型ゼオライトが加えられている。また，加熱により結晶水を除いたゼオライトは，空気の乾燥剤や有機溶媒の脱水剤として利用できる。さらに，乾燥したA型ゼオライトは一定の大きさの入り口をもつ空孔をもつため，直鎖状の脂肪族炭化水素は結晶中に取り込まれるが，芳香族化合物や側鎖をもつ脂肪族炭化水素は取り込まれない。この性質を利用すると，分子の形と大きさによって物質を分離することができる。そのため，分子ふるいとも呼ばれる。

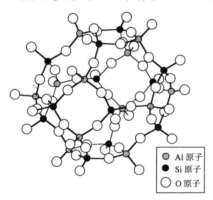

図2−3　A型ゼオライト中のアルミノケイ
　　　　酸イオンの骨格

○ Al 原子
● Si 原子
○ O 原子

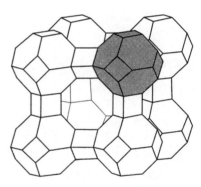

図2−4　A型ゼオライトの模式図
　　　図中の直線は，酸素を共有するアルミニウムとケイ素を結んで構造を単純化して示したものである。灰色の多面体は図2−3に示した部分に相当する。この多面体が，互いに酸素を共有して連結することにより，三次元ネットワークが結晶全体につながっている。

〔問〕

カ　下線部①のイオンのmおよびnを記せ。

キ　　あ　に該当する鉱物名を記せ。

ク　下線部②でMがアルカリ金属のとき，ゼオライトの組成式中のaはb，c，d，eを用いて，また，dはa，b，c，eを用いてそれぞれどのように表せるか。例のよ

うに記せ。例：$a = d + e$

ケ アルミノケイ酸塩の組成については一般に $b \leqq c$ の関係が成立する。これは $b > c$ の組成では不安定になるためであるが，その理由を 40 字程度で記せ。

コ 下線部③におけるA型ゼオライトの合成の反応式を記せ。途中に生成するゲル状物質は考慮しなくてよい。

サ 下線部④で，1.0 g のA型ゼオライトは最大何 mg のカルシウムイオンとイオン交換できるか。有効数字 2 桁で答えよ。

シ 下線部⑤の粉石けん中のゼオライトの果たす役割について，30 字程度で記せ。

68 燃焼とその生成物

(2006年度　第1問)

以下はマイケル・ファラデーによる 1860 年のクリスマス・レクチャー「ロウソク
の化学」の抜粋である。これを読み，後の問 I，II に答えよ。

『レクチャー1―ロウソク：炎とその源・形・動き・光』より

　私達は，皆さんがこうして，ここでの催しに関心を持たれて，見に来て下さっ
たことを光栄に思います。そのお礼に，このレクチャーで「ロウソクの化学」を
ご覧に入れようと思っています。

　…(中略)…

　気流の向き次第で，炎は上にも下にも向くこと
をお目にかけましょう。この小さな実験装置で簡
単にできます。今度はロウソクではありません。
煙が少ないアルコールの炎を使います。ただ，
(A)アルコールだけの炎は見にくいので，別の物質
［原注1］で炎に色をつけています。炎を下に吹
いてやると，気流が曲がるように細工した，この
小さな煙突に，炎が下向きに吸い込まれていくこ
とがわかるでしょう。(図1―1)

図1―1

［原注1］：アルコールに塩化銅(II)を溶かしてあった。

『レクチャー2～3―炎の出す光・水の生成・他』より

　…(中略)…

　この黒い物質は何でしょうか？それはロウソクの中にあるのと同じ炭素です。
それは明らかにロウソク中に存在していたはずです。そうでなければここにある
はずがありません。固体の状態を保っている物質は，それ自身が燃える物であろ
うが，なかろうが，炎の中で明るく輝くのです。

　これは白金製の針金です。高温でも変化しない物質です。(B)これを炎の中で熱
してみると明るく輝いているのがわかるでしょう。炎自身の光が邪魔にならない
ように，炎を弱くしてみます。それでも炎が白金に与えている熱は―炎自身の熱
よりずっと少ないのですが―白金を輝かせています。

　…(中略)…

　ここにはまた（別のビンを取りながら），オイルランプの燃焼で作られた水が
あります。1 リットル（訳注1）の油をきちんと完全に燃やすと，1 リットル以

上の水が生成します。(C)こちらは蜜ロウソクから長い時間をかけて作った水です。このように，ほとんどの燃える物質は，ロウソクのように炎を出して燃える場合，水を生成することがわかります。

『レクチャー4—ロウソクの中の水素・燃えて水に・水の他の成分・酸素』（略）

『レクチャー5—空気中の酸素・大気の性質・二酸化炭素』より

　…（中略）…

　この物質をたくさん手に入れる，いい方法があります。おかげで，この物質のいろいろな性質を探求することができます。この物質は，ほとんどの皆さんが予想もしない所に大量にあります。(D)石灰石はどれでも，ロウソクから発生するこの気体—「二酸化炭素」と言います—を大量に含んでいます。チョーク（訳注2）も貝殻もサンゴも皆，この不思議な気体をたくさん含んでいます。この気体はこういう石の中に「固定」されているのです。

　そして，これはとても重い気体です。空気よりも重いのです。その質量を，この表の一番下に書いておきました。私達がこれまでに見てきた他の気体の質量も，比較のために示してあります。

表1—1　標準状態（0℃，1atm）における28.0Lの気体の質量（訳注1）

水　素	2.50 g
酸　素	40.0 g
窒　素	35.0 g
空　気	36.0 g
二酸化炭素	57.0 g

『レクチャー6—炭素／炭・石炭ガス・呼吸—燃焼との類似性・結び』より

　ご覧に入れたように，炭素は固体の形のままで燃えます。そして皆さんがお気付きのように，燃えた後は固体ではなくなるのです。このような燃え方をする燃料は，あまり多くはありません。…（中略）…

　ここにもう一つ，よく燃える，一種の燃料があります。(E)ご覧のように空気中に振りまくだけで発火します。（発火性鉛［原注2］の詰まった管を割りつつ）この物質は鉛です。とても細かい粒子になっていて，空気が表面にも中にも入り込めるので燃えるのです。しかし，こうやって（管の中身を，鉄板の上に山のように積み上げる），かたまりにすると燃えないのはどうしてでしょうか？そう，空気が入って行けないのです。まだ下に燃えていない部分があるのに，生成したものが離れてくれないので，空気に触れることができず，使われずに終わってしまうのです。何と，炭素と違うことでしょう！(F)先ほどご覧に入れたように，炭

素は燃えて，灰も残さずに酸素の中に溶け込んでいきます。ところが，ここには（燃えた発火性鉛の灰を指して）燃やした燃料よりも沢山の灰があります。酸素が一体化した分だけ，重たいのです。これで皆さんは，炭素と鉛や鉄の違いがおわかり頂けたことと思います。

　　［原注2］：発火性鉛は乾燥した酒石酸鉛をガラス管（片方を封じ，他方を絞っておく）中で，気体の発生がなくなるまで加熱することで得られる。最後にガラス管の開いてあった端をバーナの火で封じる。管を割って中身を空中に振り出すと，赤い閃光を出して燃える。

(Michael Faraday, "*The Chemical History of a Candle*", Dover, New York, 2002 より)

（訳注1）：原文のヤード・ポンド法による記述は，意図を損なわぬよう書き改めた。
（訳注2）：日本では，これと異なる物質でできたチョークも多く使われている。

I　以下の問ア〜エに答えよ。必要であれば次の原子量を用いよ。
　　原子量　H：1.0, C：12.0, N：14.0, O：16.0, Ca：40.1, Pb：207.2

〔問〕

ア　下線部(A)および下線部(B)で観察した光の説明として最も適切なものを(A)，(B)それぞれについて，以下の(1)〜(5)から選び，その番号を答えよ。
　(1)　化合物中の炭素と水素の元素比により波長が異なる発光
　(2)　電球のフィラメントなど高温の物質が出す光で，物質の種類によらない
　(3)　大気中の微粒子が太陽光を散乱して，空が青く見えるのと同じ現象
　(4)　金属原子やそのイオンが，金属に固有の波長の光を放出する現象
　(5)　化合物が電離したときに生成する，陰イオンに特有の色

イ　下線部(C)の蜜ロウソクの成分は，100％セロチン酸（分子式 $C_{26}H_{52}O_2$）であるとする。99 g の蜜ロウソクの燃焼から生成する水の質量を求めよ。答に至る計算過程も示すこと。

ウ　下線部(D)について，この固定された二酸化炭素を取り出す方法を一つ，化学反応式を示した上で説明せよ。

エ　表1-1の窒素および二酸化炭素の質量から，窒素および二酸化炭素の分子量を計算し，上記の原子量から計算される分子量と比較せよ。これらの気体は理想気体であるとする。

II　下線部(E)や下線部(F)のようにファラデーは，炭素と鉛の燃え方の違いを述べている。炭素が燃焼するときには，二酸化炭素が散逸するのに対して，鉛が燃焼するときには，酸化生成物が散逸せずに留まっている。鉛の燃焼直後の状態を考察するために，以下の問オ，カに答えよ。必要であれば，次の生成熱を用いよ。

238

生成熱（25℃）〔単位：kJ·mol^{-1}〕　CO$_2$（気）：394, PbO（固）：219,
PbO$_2$（固）：274

〔問〕

オ　燃焼直後の高温状態では，鉛の酸化物中で一酸化鉛（PbO）が最も安定である。鉛が燃焼して，固体の一酸化鉛を生成する反応の熱化学方程式を書け。

カ　燃焼する前の鉛と酸素の温度は25℃であるとし，燃焼反応の反応熱はすべて，生成物の温度上昇と融解と蒸発に使われるものとする。このとき，燃焼直後の生成物の状態は，固体，液体，気体の何れであるか，あるいはこれらの共存状態であるかを記し，その温度を求めよ。生成物が共存状態である場合は，それぞれの物質量の比も記すこと。また，答に至る計算過程も示すこと。

　物質1molの温度を1K上げるために必要な熱量を「モル比熱」と呼び，一般には温度の関数である。ただし，生成物である一酸化鉛については，固体，液体，気体の各状態の範囲内で，ほぼ一定とみなすことができる。その値を，融点，融解熱，沸点，蒸発熱とともに，以下に示す。

　　モル比熱〔単位：J·K^{-1}·mol^{-1}〕　PbO（固）：55, PbO（液）：65, PbO（気）：38
　　PbO（固）融点：885℃，融点における融解熱：26 kJ·mol^{-1}
　　PbO（液）沸点：1725℃，沸点における蒸発熱：223 kJ·mol^{-1}

69 ケイ素と半導体の製法，ケイ酸塩中のイオン
(2006年度　第2問)

次のI，IIの各問に答えよ。必要があれば下の値を用いよ。

原子量：H：1.0　　C：12.0　　O：16.0　　Mg：24.3　　Al：27.0

　　　　Si：28.1　　Cl：35.5　　Ca：40.1　　Fe：55.8

アボガドロ定数：$6.0 \times 10^{23}\,mol^{-1}$

気体定数：$8.3\,Pa\cdot m^3\cdot K^{-1}\cdot mol^{-1} = 0.082\,atm\cdot L\cdot K^{-1}\cdot mol^{-1}$

I　次の文章を読み，以下の問ア〜カに答えよ。

　ケイ素は半導体としての性質をもち，コンピュータや太陽電池の材料として使われている。コンピュータの集積回路には，できるだけ純粋で大きなケイ素の結晶が必要であり，以下のような方法で製造されている。

　SiO_2 を主成分とするケイ石をコークスとともに加熱し，ケイ素に還元する。得られたケイ素は，鉄，アルミニウム，カルシウムなどの不純物を0.1％程度含む。次に，不純物を含むケイ素を塩化水素（HCl）と反応させ，トリクロロシラン（$SiHCl_3$；沸点31.8℃）とした後，蒸留により精製する。①精製した $SiHCl_3$ を水素（H_2）で還元し，純粋なケイ素を得る。この純ケイ素は微細な結晶の集まりであるため，②二酸化ケイ素のるつぼのなかで融解し，この中に種となる結晶を入れて，これを徐々に引き上げながら冷却することにより大きなケイ素の結晶（単結晶と呼ぶ）を成長させる。この単結晶を薄い板状に切り出し，基板として用いる。

　コンピュータ用の回路には，電気伝導性の高い半導体も必要である。そのためには，上記ケイ素の単結晶（基板）の上に，微量の他元素を添加したケイ素の薄膜を堆積させる。例えば，ケイ素の単結晶を加熱しておき，ここに③シランガス（SiH_4）とともに微量の気体**A**を流すと，単結晶の表面に，気体**A**由来の微量元素を含んだケイ素の薄膜が付着する。この薄膜中では，結晶中のケイ素原子の一部が添加元素と置き換わっている。添加元素は，ケイ素に比べ最外殻電子数が1個多く，④余った電子は結晶中を動き回ることができる。そのため，純粋なケイ素に比べて高い電気伝導性を示す。添加元素の量を制御することにより，必要とする電気伝導性をもった半導体を作り出すことができる。

　なお，ケイ素の結晶構造は図2−1のようであり，単位格子は1辺が0.54nmの立方体である。また，微量の元素を添加しても，単位格子の大きさは変わらないものとする。

240

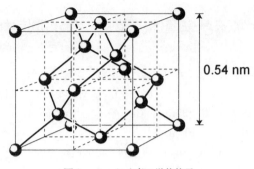

図2－1　ケイ素の単位格子

〔問〕

ア 下線①の化学反応式を書け。

イ 下線②で，金属のるつぼを用いることはできない。この理由を1行程度で述べよ。

ウ 下線③で，気体Aは第3周期の元素と水素との化合物である。気体Aの化学式を記せ。

エ 図2－1の単位格子の中にケイ素原子はいくつ含まれるか。

オ 下線③で，標準状態のSiH$_4$ガスを5.0 mL流したところ，3.0 cm × 3.0 cmの基板の上に，ケイ素の薄膜が90 nm堆積した。流したSiH$_4$ガスのうち，何%が薄膜として堆積したか。有効数字1桁で答えよ。なお，微量の添加元素については無視してよい。結果だけでなく，計算の過程も記せ。

カ 下線④で，単位体積あたりの余分な電子の数は1.0×10^{18} cm^{-3}であった。薄膜中に含まれる添加元素の原子数とケイ素の原子数との比は □ ：1である。四角の中に入る数値を有効数字1桁で答えよ。結果だけでなく，計算の過程も記せ。

Ⅱ 次の文章を読み，問キ～コに答えよ。

地殻は硬い岩石によって構成されている。岩石の成分元素を定量するために，以下のような実験を行った。なお，岩石の主成分はケイ酸塩であり，アルミニウム，鉄，マグネシウム，カルシウムが含まれているものとする。

岩石中のケイ素酸化物は通常ポリマー構造であるため，まずポリマー鎖を短く切断する必要がある。そこで，上記の各元素を含んだ岩石試料を炭酸ナトリウムと混合し，高温で融解してケイ酸塩化合物と金属イオンを含んだ酸化物に分解した。①得られた試料に希塩酸を加え加熱すると，金属イオンは溶解し，ゲル状物質が沈殿した。これをろ過して取り出し，十分に加熱乾燥することで②白色固体を得た。

次に，ろ液中の成分分離を行った。ろ液に硝酸を加え，Fe^{2+}をFe^{3+}に酸化した後，ろ液に純水を加えて500 mLにした。そのろ液を2等分して，溶液(A)，(B)を用意した。

溶液(A)にアンモニア水を加え，沈殿物をろ過して，③固体(C)を得た。溶液(B)にもアンモニア水を加え，生成した沈殿物をろ紙でろ過した。さらに，ろ紙上に残った固体を水酸化ナトリウム水溶液で洗浄し，不溶性の④固体(D)を得た。得られた固体(C)，(D)をそれぞれ，1000℃以上に加熱して，酸化物を得た。⑤固体(C)から得られた酸化物の乾燥質量は，47.2 mg，固体(D)から得られた酸化物の乾燥質量は，31.9 mg であった。

〔問〕

キ 下線①の試料中に含まれるケイ酸塩化合物から，下線②の白色固体が得られるまでの過程を化学反応式で示せ。

ク 下線②の白色固体の名称を述べ，その構造の特徴を簡潔に記せ。

ケ 下線③，下線④の固体(C)，(D)にはどのような化合物が含まれているか，それぞれ化学式で示せ。

コ 下線⑤の酸化物に含まれる各金属イオンについて，溶液(A)中のモル濃度〔mol·L^{-1}〕を，それぞれ有効数字2桁で求めよ。ただし，金属イオンはすべて酸化物になったものとする。結果だけでなく計算の過程も記せ。

70 単分子膜，四酸化二窒素の解離平衡

(2005年度 第1問)

Ⅰ 直鎖状アルカンの末端にカルボキシル基が1個ついたカルボン酸（以下，直鎖状カルボン酸と呼ぶ）を，ベンゼンなどの揮発性溶媒に溶かして水の上に滴下すると，溶媒は揮発し，水面上に直鎖状カルボン酸分子の膜ができる。適当な条件下では，この膜は，直鎖状カルボン酸分子が水面全体に一層に広がった単分子膜となる。

図1－1に示すような横1.00 m，縦0.50 mの容器に入った水の水面を二つに仕切る板を浮かべた。この板は左右に自由に動くことができる。容器の横方向の中央に板を固定し，板の左側に直鎖状カルボン酸Xの溶液を滴下して左側の水面全体に単分子膜を作った。板の固定をはずすと，あたかも単分子膜が板を押しているかのように板が右側に移動した。この板を動かす力は表面圧（P）と呼ばれる。表面圧は単位長さ当たりに働く力として表され，その単位はN·m^{-1}である。単分子膜中で一分子が占める面積をA [m^2] とする。分子Xの単分子膜のPとAの関係を図1－2に実線で示す。また，炭素数が異なる直鎖状カルボン酸Yの単分子膜のPとAの関係を破線で示す。

このような直鎖状カルボン酸単分子膜に関する以下の問ア～エに答えよ。ただし，板と容器の壁が接する場所での直鎖状カルボン酸分子のもれはなく，板の横方向の幅は無視できるものとする。

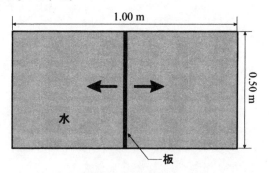

図1－1 水の入った容器と水に浮かべた板を上から見た模式図

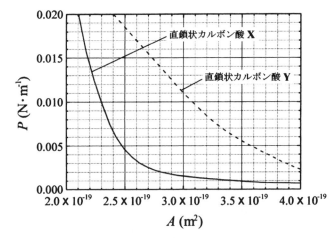

図1－2　表面圧 P と一分子が占める面積 A の関係

〔問〕

ア　図1－2の中で表面圧が十分大きい領域においては，直鎖状カルボン酸分子の長軸が水面に対して立っている。このとき，直鎖状カルボン酸分子の末端のメチル基とカルボキシル基のうち，水面側に向いているのはどちらか。理由とともに30字程度で述べよ。

イ　図1－1の容器の右端に板を固定し，0.019 mol の直鎖状カルボン酸 **X** を1.00 L のベンゼンに溶かした溶液 0.100 mL を水面に滴下して水面全体に単分子膜を作った。板の固定をはずし，容器の左端から 0.50 m のところまで板を押したところ，分子 **X** の単分子膜の表面圧は 0.010 N·m^{-1} になった。この実験結果と図1－2のグラフから，アボガドロ数を有効数字2桁で求めよ。答えだけでなく導く過程も示せ。

ウ　図1－1の容器の横方向の中央に板を固定した。板で仕切られた左右の水面に対して，イで用いた **X** の溶液 0.080 mL を左に，同じモル濃度の **Y** の溶液 0.070 mL を右に滴下したところ，それぞれ水面全体に広がった単分子膜ができた。板の固定をはずすと，板は左右どちらに動くか。答えだけでなく導く過程も示せ。ただし，アボガドロ数は $N_A = 6.0 \times 10^{23}$ を用いよ。

エ　ウにおいて，板はやがて静止した。このときどのような条件が成立しているか。20字程度で述べよ。

II　二酸化窒素 NO_2 は赤褐色の気体であり，常温付近では無色の気体である四酸化二窒素 N_2O_4 と平衡にある。

$$N_2O_4 = 2NO_2 - 57.2 \text{ kJ} \tag{1}$$

この試料気体を図1－3のような断面積の等しい円筒形ガラス容器A，Bに封入して，NO_2による光の吸収を観測することにした。Aは長さ 10 cm，Bは長さ 20 cm であり，いずれも 27℃に保たれている。Aには全圧が 0.0100 atm になるように，またBには全圧が 0.0050 atm になるように，いずれも平衡状態にある二酸化窒素と四酸化二窒素がそれぞれ封入されている。強度の等しい平行光線をガラス容器の一端から入射し，検出器 D_1，D_2 で透過光の強度を測定する。この実験条件下では，ガラス容器を透過した光の強度は，容器内の二酸化窒素の物質量に比例して減少するものとする。

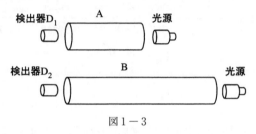

図1－3

〔問〕

オ ガラス容器に封入した気体がすべて四酸化二窒素であるとしたときの物質量を n [mol]，その解離度を a $(0 < a < 1)$ とすると，実際に存在している四酸化二窒素は $n(1 - a)$ [mol] となる。このとき，容器内の気体の全圧 P [atm] と，二酸化窒素の分圧 P_{NO_2} [atm] を与える式をそれぞれ求めよ。ただし，ガラス容器の容積を V [L]，温度を T [K]，気体定数を R [L·atm·K^{-1}·mol^{-1}] とし，気体は理想気体とする。

カ オで求めた式をもとにして，ガラス容器の中の二酸化窒素の物質量を，n および P_{NO_2} を含まない式で表わせ。

キ 検出器 D_1 と D_2 で検出される光の強度は，下のどれに当たるか。

① 等しい   ② D_1 の方が強い   ③ D_2 の方が強い

ク キの解答の根拠を 50～100 字程度で述べよ。

ケ ガラス容器Aを 100℃に加熱した。このときの圧力は，容器内の気体が一種類の理想気体である場合に予想される値より大きかった。このとき，検出器 D_1 で検出される光の強度は 27℃のときに比べてどうなるか。

① 変わらない   ② 強くなる   ③ 弱くなる

コ ケの解答の根拠を 50 字以内で述べよ。

71 気体の結晶化，反応速度と触媒反応

（2004 年度　第 1 問）

I　自然界には高圧下で起こる様々な化学変化や物理現象がある。例えば，地球内部での化学変化は数百万気圧に及ぶ圧力下で起こっている。近年，図 1 － 1 に示したダイヤモンドアンビルセルという簡便な装置を用いることにより，実験室においても百万気圧を超える超高圧を発生させることが可能となった。この装置では，図 1 － 1 のように金属板にあけた小さな穴の中に試料を充填し，これを上下から，もっとも硬い物質であるダイヤモンドで圧縮することにより超高圧を得る。

　　ダイヤモンドアンビルセルを用いて酸素を圧縮する実験を行った。これについて以下の問ア〜エに答えよ。ただし，計算においてはその過程を明示し，答えは有効数字 2 桁で記すこと。また，気体定数 $R = 0.082\,\mathrm{atm \cdot L \cdot K^{-1} \cdot mol^{-1}}$，アボガドロ定数 $N_A = 6.0 \times 10^{23}\,\mathrm{mol^{-1}}$ とする。

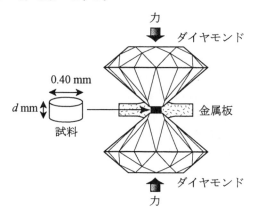

図 1 － 1　ダイヤモンドアンビルセル

〔問〕

ア　実在気体は，理想気体の状態方程式

$$PV = nRT \tag{1}$$

を完全には満たさない。ここで，P，V および n は気体の圧力，体積および物質量を表し，T は温度である。理想気体からのずれを表すパラメーター Z は，

$$Z = \frac{PV}{nRT} \tag{2}$$

で与えられ，理想気体では Z は常に 1 である。図 1 － 2 は，メタン，酸素について，温度 300 K における P と Z の関係を示したものである。低圧において，$Z < 1$ となる原因を 50 字程度で述べよ。

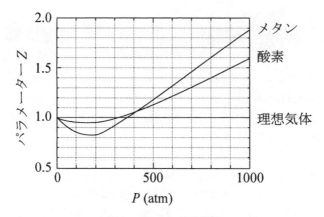

図1－2　ZとPの関係

イ　高圧では$Z > 1$となる原因を50字程度で述べよ。

ウ　温度300 K において，装置の試料空間に 10 atm の酸素を封入した。この時，対向する2つのダイヤモンド面間の距離 d は 0.40 mm であった。これを圧縮し，内部の圧力が 800 atm に達したときの距離 d を求めよ。ただし，試料空間は常に直径 0.40 mm の円柱であり，加圧による温度の変化はなく，酸素の漏れはないものとする。また，酸素は 10 atm では理想気体とみなす。

エ　さらに圧縮すると酸素は約 10 万気圧でオレンジ色の分子結晶となる。図1－3に示すように，この分子結晶は直方体の単位格子をもち，酸素分子の重心がその頂点および各面の中心に位置している。ダイヤモンド面間の距離 d が 0.0020 mm の時にこの酸素分子結晶が生成されたとして，その単位格子の体積を求めよ。

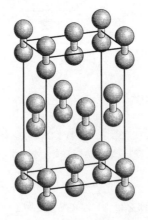

図1－3　酸素分子結晶の構造

Ⅱ　1823年，ドイツの化学者デベライナーは，白金の粉末を酸素と水素の混合気体
にさらすと，白金表面で水が生成することを発見した。この現象は，後に，スウェ
ーデンの化学者ベルセリウスによって"触媒反応"と呼ばれるようになった。この
反応について考えてみよう。

　酸素と水素の混合気体中に置かれた白金の表面では，それぞれの分子が解離して，
酸素原子および水素原子として吸着している。白金表面の温度が高い場合には，こ
れらの酸素原子と水素原子が反応し，次のように，反応中間体であるOHを経て
水分子を生成する。生成した水分子は白金表面から気体中に放出される。

$$O + H \xrightarrow{k_1} OH \tag{1}$$

$$OH + H \xrightarrow{k_2} H_2O \tag{2}$$

ここで，k_1，k_2はそれぞれ反応(1)，(2)の反応速度定数である。白金表面の酸素原子，
水素原子の単位面積当りの物質量（表面濃度，単位は$mol \cdot cm^{-2}$）をそれぞれ $[O]$，
$[H]$ とすると，例えば，反応(1)による OH の生成速度は気体反応と同様に，
$k_1[O][H]$（単位は $mol \cdot cm^{-2} \cdot s^{-1}$）で表される。

　一方，白金表面の温度が低い場合には，白金表面に留まった水分子が，吸着して
いる酸素原子と反応して次のように OH を生成する。

$$O + H_2O \xrightarrow{k_3} 2OH \tag{3}$$

ここで，k_3 は反応(3)の反応速度定数である。

　高温 T_1 および低温 T_2 におけるこれらの反応について，以下の問オ～キに答え
よ。ただし，高温 T_1，低温 T_2 における反応速度定数は表1のようであり，高温
T_1 では反応(3)は起こらない。また，すべての反応は白金表面上でのみ起こるもの
とする。計算においてはその過程を明示し，答えは有効数字2桁で記すこと。

表1　高温 T_1，低温 T_2 における反応(1)，(2)，(3)の反応速度定数

	k_1 $(mol^{-1} \cdot cm^2 \cdot s^{-1})$	k_2 $(mol^{-1} \cdot cm^2 \cdot s^{-1})$	k_3 $(mol^{-1} \cdot cm^2 \cdot s^{-1})$
高温 T_1	5.4×10^6	1.0×10^{12}	—
低温 T_2	2.3×10^{-22}	1.6×10^5	4.4×10^6

〔問〕

オ　高温 T_1 では，反応(1)によって生成した OH は，直ちに反応(2)によって水分子と
なる。このとき，反応(1)による OH の生成速度と反応(2)による OH の消費速度は
等しいと考えてよい。今，何も吸着していない白金を高温 T_1 に保ちながら酸素と
水素の混合気体にさらすと，酸素原子および水素原子の表面濃度がそれぞれ
$[O] = 6.2 \times 10^{-10} \, mol \cdot cm^{-2}$，$[H] = 2.5 \times 10^{-9} \, mol \cdot cm^{-2}$ になった。このときの
水分子の生成速度を求めよ。ただし，酸素原子および水素原子の表面濃度は常に一

定に保たれるものとする。

カ **オ**の条件下で，OH の表面濃度 [OH] を求めよ。

キ 低温 T_2 では，反応速度定数 k_1 が極めて小さいため，反応(1)による OH の生成は起こらないと考えてよい。今，何も吸着していない白金を低温 T_2 に保ちながら酸素と水素の混合気体にさらし，酸素原子と水素原子を**オ**と同様に吸着させたところ，水の生成は見られなかった。これに対し，酸素原子，水素原子の表面濃度に比べてごく少量の水分子を追加して吸着させると，何が起こると予想されるか。理由と共に 100 字程度で述べよ。

72 メタノールの合成・反応

(2002 年度　第1問)

メタノールは低公害自動車燃料の一つに考えられており，また，改質反応により水素を取り出すことができるので水素貯蔵源としても利用できる。メタノールに関する以下の各問に答えよ。ここで，気体はすべて理想気体とする。また，以下に記す化学式において，（気），（液）はそれぞれ気体，液体状態を示す。

解答は有効数字2桁で答えよ。また，結果だけでなく，途中の考え方や式も示せ。必要ならば，$\sqrt{2} = 1.41$，$\sqrt{3} = 1.73$，$\sqrt{5} = 2.24$，$\sqrt{7} = 2.65$ を用いよ。

I　メタノール（CH_3OH）は主に天然ガスから合成されている。天然ガスの主成分であるメタン（CH_4）を水蒸気と反応させると次のような反応が起こる。

$$CH_4 \text{（気）} + H_2O \text{（気）} \longrightarrow CO \text{（気）} + 3H_2 \text{（気）} \tag{1}$$

一酸化炭素（CO）と水素（H_2）の混合気体を合成ガスという。この合成ガスを触媒を用いて反応させると，次のようにメタノールが生成する。

$$CO \text{（気）} + 2H_2 \text{（気）} \rightleftharpoons CH_3OH \text{（気）} \tag{2}$$

以下の問**ア**，**イ**に答えよ。

〔問〕

ア　合成ガスからメタノールが生成する反応(2)の反応熱を求めよ。ただし，反応熱は温度に依存しないものとする。ここで，CO（気）と CH_3OH（液）の生成熱はそれぞれ 111 kJ/mol と 239 kJ/mol であり，CH_3OH（液）の蒸発熱は 35 kJ/mol である。

イ　十分活性な触媒を用いて，反応(2)においてメタノールの生成率を高くするためには，温度や圧力をどのように変えればよいか。理由と共に述べよ。

II　メタノールを合成する反応(2)では，CO と H_2 の物質量の比が 1：2 で過不足無く反応する。一方，メタンと水蒸気から反応(1)により生成する合成ガスの CO と H_2 の物質量の比は 1：3 である。反応(2)を利用して合成ガスを有効にメタノールに変換させるために，反応(1)で得られた合成ガスを取りだし，これに二酸化炭素（CO_2）を加えて，下に示す反応(3)により CO と H_2 の物質量の比を 1：2 になるように調整する。

$$CO_2 \text{（気）} + H_2 \text{（気）} \rightleftharpoons CO \text{（気）} + H_2O \text{（気）} \tag{3}$$

以下の問**ウ**，**エ**に答えよ。

〔問〕

ウ 反応(3)を利用して CO_2 を CO に変換し，上記の調整を行うとき，反応(1)で得られた H_2 の何％が使われるか。

エ 以上の反応(1)～(3)により，メタン 1.0 mol から最大で何 mol のメタノールを合成できるか。

Ⅲ 水素は将来のクリーンなエネルギー源として期待されている。メタノールと水蒸気との反応(4)により，1 mol のメタノールから 3 mol の H_2 を取り出すことができる。

$$CH_3OH（気）+ H_2O（気）\longrightarrow CO_2（気）+ 3H_2（気） \tag{4}$$

反応で得られた混合気体中の H_2 の物質量で表した純度は 75 ％であるが，この混合気体を冷水で洗浄することによって純度を上げることが考えられる。これを確かめるため，反応(4)によりメタノール 0.1 mol から生成した CO_2 と H_2 の混合気体を体積可変の容器に水 5.0 L と共に入れて密封し，0 ℃，1 atm 下で十分長い時間放置した。以下の問**オ**，**カ**に答えよ。

〔問〕

オ このとき，容器中の H_2 の分圧 p_{H_2}〔atm〕と混合気体の体積 V〔L〕はどのような関係式で表されるか。また，CO_2 の分圧 p_{CO_2}〔atm〕と混合気体の体積 V〔L〕との関係式も示せ。温度を T〔K〕，気体定数を R〔L・atm/(K・mol)〕とする。CO_2 は 0 ℃，1 atm 下で水 1.0 L に 0.08 mol 溶け，ヘンリーの法則に従うものとする。ただし，水の蒸気圧と H_2 の水への溶け込みは無視できるものとする。

カ 混合気体中の H_2 の純度は何％か。

73 製塩過程での反応，コバルトの錯イオン

(2002 年度　第 2 問)

次の I，II の各問に答えよ。必要があれば原子量として下の値を用いよ。

H : 1.0	C : 12.0	N : 14.0	O : 16.0	Na : 23.0
Mg : 24.3	S : 32.1	Cl : 35.5	K : 39.1	Ca : 40.1
Co : 58.9	Ag : 107.9			

I　製塩過程に関連する次の文章を読み，以下の問ア〜オに答えよ。必要なら表 1 および表 2 を用いよ。またこの過程で複雑な化合物やイオンは形成されないものとする。

　海の表面付近で採取した海水 1.00 kg をはじめに少し加熱したところ，_①既に海水において過飽和になっていた炭酸カルシウムがまず沈殿し，二酸化炭素が発生した。_②さらに常温付近で蒸発させ質量モル濃度で X 倍に濃縮すると硫酸カルシウムの水和物が沈殿しはじめた。_③この沈殿は濃縮海水中の水の質量 W がはじめの水の質量 W_0 の 10.2 ％になったときに無水物に変化した。蒸発を続けると塩化ナトリウムが沈殿しはじめ，W が 1.87 ％になると沈殿量は約 21 g となった。

〔問〕

ア　下線部①において進行する反応式(1)に当てはまる a，b，Y，Z を書け。ただし a，b は数値，Y，Z は化学式を，また（気），（液），（固），(aq) はそれぞれ気相，液相，固相，水に溶解していることを表す。

$$Ca^{2+}(aq) + \boxed{\quad a \quad} \boxed{\quad Y(aq) \quad}$$
$$= CaCO_3 (固) + \boxed{\quad b \quad} \boxed{\quad Z(液) \quad} + CO_2 (気) \qquad (1)$$

イ　反応式(1)の 25 ℃，1 atm 下の海水における平衡定数 K_1 は

$$K_1 = \frac{p_{CO_2}}{m_{Ca^{2+}}(m_Y)^a} \qquad (2)$$

で与えられる。$m_{Ca^{2+}}$，m_Y はそれぞれ Ca^{2+}，Y の質量モル濃度を，p_{CO_2} は二酸化炭素の分圧を表す。大気と平衡にある海水において $K_{eq} = m_{Ca^{2+}}(m_Y)^a \, [(mol/kg)^{a+1}]$ とすると K_{eq} はいくらか，有効数字 2 桁で求め，単位も記せ。ただし(1)，(2)式における数値 a は同じである。また，平衡定数 K_1 は 9.4×10^5 atm/$(mol/kg)^{a+1}$，p_{CO_2} は 3.3×10^{-4} atm とする。

ウ　1.00 kg の表面海水が大気と平衡に達したときに沈殿する炭酸カルシウムの量を $x \times 10^{-3}$ mol とし，x を求める式を記せ。また最も適当な x の値を次の中から選び番号で答えよ。

(1) 0.80   (2) 1.1   (3) 1.5

エ 下線部②における濃縮液中の硫酸カルシウム水和物の溶解平衡定数 K_2 は

$$K_2 = m_{Ca^{2+}} \cdot m_{SO_4^{2-}} = 3.33 \times 10^{-3} \, (mol/kg)^2 \tag{3}$$

で与えられる。**ウ**において沈殿した炭酸カルシウムの量を考慮して，硫酸カルシウム水和物が飽和に達したとき海水は何倍に濃縮されたかを有効数字2桁で答えよ。ただし濃縮時の炭酸カルシウムのさらなる沈殿および大気中の CO_2 の溶解は無いものとする。

オ 下線部③において硫酸カルシウム水和物は 0.968 g 沈殿し，その全てが無水物に変化し，0.765 g となった。この水和物は何水塩か，整数値で答えよ。

表1　表面海水の主要イオン濃度

イオン	10^{-3} mol/kg
Na^+	468
Mg^{2+}	53.2
Ca^{2+}	10.2
K^+	10.2
Cl^-	545
SO_4^{2-}	28.2
HCO_3^-	2.38

表2　平方根表

n	$\sqrt{n}$	n	$\sqrt{n}$	n	$\sqrt{n}$
10	3.16	24	4.90	39	6.24
11	3.32	26	5.10	40	6.32
12	3.46	27	5.20	41	6.40
13	3.61	28	5.29	42	6.48
14	3.74	29	5.39	43	6.56
15	3.87	30	5.48	44	6.63
17	4.12	31	5.57	45	6.71
18	4.24	32	5.66	46	6.78
19	4.36	33	5.74	47	6.86
20	4.47	34	5.83	48	6.93
21	4.58	35	5.92	50	7.07
22	4.69	37	6.08		
23	4.80	38	6.16		

Ⅱ　次の文章を読み，以下の問**カ〜ケ**に答えよ。

　①塩化コバルト（Ⅱ），塩化アンモニウム，アンモニア水と過酸化水素を反応させたのち，塩酸を加えると，化合物**A**の紫色沈殿を生じた。**A**を分離，精製して分析したところ，コバルトの原子1個に対しアンモニア分子5個，塩化物イオン3個を含むイオン性の化合物であることがわかった。**A**を構成する②陽イオンの構造を調べたところ，アンモニア分子と塩化物イオン合わせて6個がコバルトイオンに配位結合した八面体構造であることがわかった。③配位結合していない塩化物イオンは，化合物の水溶液に硝酸銀水溶液を加えると**B**となってほとんど完全に沈殿した。

〔問〕

カ　下線部①における化合物**A**の合成反応は次の式で与えられる（塩酸は反応式には含まれない）。(c)〜(g)に当てはまる数値と**A**の化学式を答えよ。

$$\boxed{\text{(c)}}\ CoCl_2 + \boxed{\text{(d)}}\ NH_4Cl + \boxed{\text{(e)}}\ NH_3 + H_2O_2$$
$$\longrightarrow \boxed{\text{(f)}}\ \mathbf{A} + \boxed{\text{(g)}}\ H_2O$$

キ　下線部②の陽イオンが何価のイオンであるかを答えよ。またその構造を，下の例にならって立体的に図示せよ。

ク　下線部③において，化合物**A** 2.5 g の水溶液に十分に硝酸銀水溶液を加えたときに得られる沈殿**B**の化合物名を答え，その質量を有効数字2桁で求めよ。

ケ　化合物**A**中のアンモニア分子2個が分子**L** 2個に置換した化合物について，すべての異性体の陽イオンの構造を，下の例にならって立体的に図示せよ。

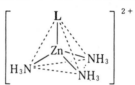

74 石炭の燃焼による排出気体

(2001 年度 第1問)

近年，酸性雨の発生や地球温暖化など，大気にかかわる環境破壊が問題となっている。その原因の一つとして，火力発電所などにおける化石燃料の燃焼からの排出気体の寄与があげられる。化石燃料の一つである石炭の燃焼および排出気体に関する以下の各問に答えよ。なお，気体はすべて理想気体とし，気体定数を 0.082 L·atm·K^{-1}·mol^{-1} とする。必要ならば，以下の数値を用い，有効数字 2 桁で解答せよ。結果だけでなく，途中の考え方や式も示せ。

原子量　H：1.0　　C：12.0　　N：14.0　　O：16.0　　S：32.1

$\log_{10}2 = 0.30$　　$\log_{10}3 = 0.48$　　$\log_{10}7 = 0.85$

I　火力発電所での燃焼過程を以下のように単純化して考えよう。発電所では質量割合で 84 % の炭素，10 % の水素，1.6 % の硫黄，4.4 % の灰分（反応に関与しない固形物）を含む石炭を空気（体積割合で窒素 80 %，酸素 20 % を含む）で完全燃焼させる。このとき発生する熱量の 36 % が電力に変換される。なお，この石炭 1.0 kg が完全燃焼により放出する熱量は 3.5×10^7 J である。燃焼により空気中の酸素ガスは完全に消費され，窒素ガスは反応に寄与せず排出気体に含まれる。また，生成する硫黄酸化物はすべて二酸化硫黄（SO_2）であるとする。反応生成物はすべて気体として存在するとして，以下の問ア～ウに答えよ。

〔問〕

ア　全排出気体中の二酸化炭素（CO_2）の体積割合は何 % か。

イ　石炭 1000 kg の完全燃焼により，227 ℃，2.0 atm の気体が排出された。この排出気体の体積は何 m^3 か。

ウ　日本における年間電力消費量は 3.6×10^{18} J である。これをすべて上述の石炭の燃焼反応により得るとすると，一年間に排出される CO_2 の質量は何 kg か。

II　前述の排出気体は，脱硫装置により硫黄酸化物の大部分が除去された後，大気中に放出される。放出された気体に残留した微量の SO_2 は，大気中に含まれる少量の水滴に溶け込む。これが酸性雨の一因となっている。この状況は，以下の平衡状態によって表すことができるとする。

$$SO_2(gas) + H_2O(liq) \rightleftharpoons SO_2 \cdot H_2O(aq) \tag{1}$$

$$SO_2 \cdot H_2O(aq) \rightleftharpoons HSO_3^-(aq) + H^+(aq) \tag{2}$$

ここで（gas），（liq），（aq）はそれぞれ気相，液相にあること，および水に溶解

していることを意味する。(1)式の平衡は，K_1を平衡定数として，

$$K_1 = \frac{[SO_2 \cdot H_2O\,(aq)]}{p_{SO_2}} \tag{3}$$

で定義される。p_{SO_2}は大気中のSO_2の分圧である。また，(2)式の平衡は，K_2を平衡定数として，

$$K_2 = \frac{[HSO_3^-\,(aq)][H^+\,(aq)]}{[SO_2 \cdot H_2O\,(aq)]} \tag{4}$$

で定義される。以下の問エ，オに答えよ。

〔問〕

エ　上述の水滴中の水素イオン濃度を算出する式を導出せよ。なお，水滴への溶解による大気中のSO_2の減少は無視できるものとする。また，水のイオン積をK_Wとせよ。

オ　脱硫装置で除去されずに大気中に放出されたSO_2は拡散して薄まり，25℃でその分圧が6.4×10^{-6}atmとなった。他の気体の影響がないものとして，問エで得られた式から水滴のpHの値を求めよ。また，必要ならば以下の数値を用いよ。

$K_1 = 1.25\,atm^{-1} \cdot mol \cdot L^{-1}$　　$K_2 = 1.25 \times 10^{-2}\,mol \cdot L^{-1}$

$K_W = 1.0 \times 10^{-14}\,mol^2 \cdot L^{-2}$

75 転炉法による鉄鋼の製錬

（2000 年度　第 1 問）

　鉄鋼の主要な製錬法である高炉―転炉法（図 1 を参照）に関して，簡略化した原理を以下に示す。

　まず，鉄鉱石（すべて Fe_2O_3 とする）を溶鉱炉（高炉）で炭素を用いて還元する。溶鉱炉中では①炭素と Fe_2O_3 が接触し，固体鉄と二酸化炭素ガスを生成する反応と，溶鉱炉下部から吹き込まれた空気中の②酸素ガスと炭素が反応して一酸化炭素ガスを生成し，その一酸化炭素ガスが Fe_2O_3 を還元して固体鉄を生成する反応が起きている。さらに，③固体鉄に炭素が溶解して，炉底に炭素を含む溶融鉄（銑鉄）ができる。

　次に，得られた④銑鉄を転炉内で酸素ガスと反応させることにより，この銑鉄中の炭素を取り除き，純粋な鉄を得る。

　下線部①～④に関する問ア～オに答えよ。なお，下線部①の反応では一酸化炭素ガスは生成せず，下線部②の反応では生成した一酸化炭素ガスはすべて Fe_2O_3 の還元反応に使われるものと仮定する。また，両反応過程での Fe_3O_4 や FeO の生成は考えない。気体はすべて理想気体とし，気体定数を 0.082 L·atm·K^{-1}·mol^{-1} であるとする。必要ならば，以下のデータを用い，有効数字 2 桁で解答せよ。結果だけでなく，途中の考え方や式も示せ。

　原子量　C：12.0　　O：16.0　　Fe：55.8

　4Fe（固体）＋ 3O$_2$（気体）＝ 2Fe$_2$O$_3$（固体）＋ 1630 kJ

　C（固体）＋ O$_2$（気体）＝ CO$_2$（気体）＋ 390 kJ

　上記の熱化学方程式は温度に依存しないものとする。

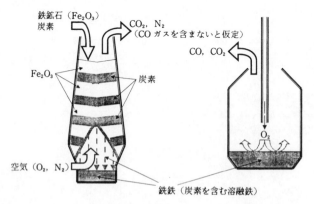

図 1　〔左〕溶鉱炉（高炉）および〔右〕転炉

〔問〕

ア　下線部①，②で炭素，酸素ガスおよび Fe_2O_3 から固体鉄を生成する過程を，それぞれ 1 つの化学反応式で示せ。

イ　上問アで導いた 2 つの化学反応式をそれぞれ熱化学方程式にせよ。また，各反応で固体鉄 2232 kg が生成する場合，それぞれ何 kJ の吸熱または発熱がみられるか。

ウ　下線部①および②の反応により生成する熱の 40 ％が固体鉄の温度を 1500 ℃に上昇させるのに使われる。固体鉄 1.0 モルの温度を 1500 ℃に上昇させるのに必要な熱量は 57 kJ である。生成する固体鉄の何％が下線部①の反応によるものか。

エ　鉄の融点は 1536 ℃であるにもかかわらず，下線部③ではそれより低い温度で融解が始まる。その理由を 2 行以内で述べよ。

オ　下線部④で，1000 kg の銑鉄（炭素を重量比で 4.0 ％含む）に酸素ガスを反応させると，一酸化炭素ガスと二酸化炭素ガスが 1：1 の体積比で発生した。この時，銑鉄中の炭素をすべて除去するために用いられた酸素ガスは 2.0 atm，27 ℃では何 L か。

年度別出題リスト（問題編）

MEMO

MEMO

MEMO

MEMO

MEMO

MEMO